元坝长阳寺观音殿正立面

观音殿梁架结构

观音殿前檐梁架

元坝长阳寺

元坝长阳寺大雄宝殿侧立面

南溪映南塔

细部

塔内彩绘

南溪映南塔

南溪镇南塔立面

南溪镇南塔塔内斗拱

广安代市钟鼓楼现状

松坡楼东侧立面

松坡亭

正立面

梁架结构

旌阳福寿庵戏楼

乐山杨宗祠拥壁

拥壁门楣雕刻

戏楼正脊脊饰

乐山杨宗祠

正堂前檐卷棚及彩画

正堂梁架结构

乐山杨宗祠

渠县赵氏宗祠戏楼

戏楼梁架

正房梁架

渠县赵氏宗祠

兴文禹王宫正殿

全貌

大成殿

岳池县文庙

全景

正立面

城门洞细部

会理县城北门

理县筹边楼

俯瞰

梁架结构

达县红三十军政治部旧址

四川古建筑测绘图集

（第4辑）

四川省文物考古研究院　编

科学出版社
北　京

内 容 简 介

本书收录了四川地区13处古代建筑，包括广元长阳寺、岳池县文庙等13处四川省内各级文物保护单位或文物点，涵盖寺庙、宫观及塔、祠堂、民居等多种建筑类型。通过实测这一古建筑调查的必需手段，表现古建筑的结构和特点，各类型单体建筑配有能代表其特点的照片作为补充，以全面、真实地表现四川古建筑在中国古代建筑中的共性和个性。图纸均为原始实测数据。

本书适合文物保护及管理、建筑历史、仿古建筑设计等领域的专业人员和大专院校相关专业的师生参考阅读。

图书在版编目（CIP）数据

四川古建筑测绘图集，第4辑 / 四川省文物考古研究院编. —北京：科学出版社，2017.5

ISBN 978-7-03-052824-7

Ⅰ. ①四… Ⅱ. ①四… Ⅲ. ①古建筑-建筑测量-四川-图集 Ⅳ. ①TU198-64

中国版本图书馆CIP数据核字（2017）第107495号

责任编辑：雷 英 吴书雷

责任印制：肖 兴 / 封面设计：张 放

科学出版社 出版

北京东黄城根北街16号

邮政编码：100717

http://www.sciencep.com

中国科学院印刷厂 印刷

科学出版社发行 各地新华书店经销

2017年6月第 一 版 开本：889×1194 1/16

2017年6月第一次印刷 印张：22 3/4 插页：10

字数：650 000

定价：248.00元

（如有印装质量问题，我社负责调换）

序　言

四川地域辽阔，民族众多，在“天府之土”上，先民们创造了丰富多彩、光耀夺目的建筑文化。在漫长的历史长河中，四川古建筑兼容并蓄，以巴蜀文化为根，吸收各种外来文化而逐步发展，将建筑、文化、艺术、宗教、音乐、绘画、雕塑等熔为一炉，内涵丰富，博大精深。以成都十二桥遗址、羊子山土台为代表的早期建筑遗迹；以雅安高颐阙、渠县汉阙为代表的汉阙文化；以峨眉山古建筑群、青城山古建筑群为代表的宗教庙宇；以德阳文庙、富顺文庙为代表的文庙建筑；以夕佳山古民居、阆中古民居为代表的民居建筑；以隆昌石牌坊群、开江陶牌坊为代表的四川牌坊，以江油窦圌山云岩寺飞天藏殿、平武报恩寺为代表的木构建筑；以桃坪羌寨、丹巴碉楼为代表的藏羌建筑；以西秦会馆、洛带会馆为代表的各式会馆，此外还有各地的风水塔、古道、石桥……这些都是巴蜀民族乡土建筑遗存的精华，中华文明骄傲的见证，体现了四川地区民族文化的多样性，共同构成了中华民族传统文化遗产，演绎连续文明的发展历程。

四川省文物考古研究院古建石窟设计研究所长期从事四川的地面文物保护规划、修缮设计和监理工作。研究所在地面文物保护实践的古建保护整理和研究方面厚积薄发，目前陆续出版了《四川文庙》（《四川古建筑大系》之一）、《平武报恩寺》。《四川古代牌坊》也将付梓，古建筑保护、研究梯队逐步形成与壮大，特别是在近三年来的向家坝水库文物保护和四川灾后文物抢救保护修缮工程中，研究所的队伍得到了磨练，地面文物保护和研究上了一个新的台阶，取得了初步成果，出现了可喜的新气象。

《四川古建筑测绘图集》是四川省文物考古研究院古建石窟设计研究所工作人员在对各类古建筑测绘的过程中积累的心得和成果。他们本着对文化遗产保护高度负责的态度，细致测绘，组织稿件，特别是在“5·12”汶川大地震灾后重建的繁忙工作中，仍加班加点，整理手稿并电脑绘制，累积成册。其出版的意义不仅是测绘方面原始资料记录的完整公布，而且为文物保护单位的保护和维修提供了依据，更有助于完善这些文物保护单位的“四有”档案，同时对于在古建筑修缮中充分利用和完整保护文物建筑也具有极其重要的现实意义。

《四川古建筑测绘图集》是四川省近年来第一部专门收录古建筑测绘资料的图集，涉及的古建筑不仅有全国重点文物保护单位和省级文物保护单位，也有市（县）级文物保护单位和第三次全国文物普查中新发现的文物点，涵盖的类型有塔、桥、阙、宫观、寺庙、牌坊、民居、祠堂、会馆等。图集以测绘图为主，文字简要介绍为辅，并配有建筑整体和特色局部照片，图文并茂，勘测翔实，是我省文物建筑的珍贵资料。

测绘图集将不定期分册出版，图集将公布20世纪50年代以来的四川省文物考古研究院地面文物保护专业人员的测绘手稿，其中包含原四川三峡部分古建筑测绘分册。

罗哲文先生在《四川古建筑大系》序中有“抚今追昔，感慨不已”之情，在《四川古建筑测绘图集》付梓之际，我和罗老颇有同感，该书的出版必将是四川古建基础保护、研究之幸事。

特为之序。

四川省文物管理局局长 王琼

2010年7月27日

目　　录

元坝长阳寺

长阳寺位于广元市元坝区虎跳镇。长阳寺坐南朝北，由山门、观音殿、大雄宝殿和东、西配殿及东、西厢房组成两进四合院布局的建筑群。

山门面阔十间、进深四间，通高5.19米。穿斗式梁架结构。单檐歇山顶，小青瓦屋面，灰塑脊。

观音殿坐落在须弥座台基上，面阔五间、进深六间，通高6.88米。抬梁穿斗混合式梁架结构。单檐悬山顶，素筒瓦屋面，椽子与瓦之间施望板，灰塑脊。建筑前檐施阑额，阑额上施普柏枋，普柏枋上施10朵斗拱。

大雄宝殿坐落在高0.8米的须弥座台基上，面阔三间、进深五间，通高7.59米。抬梁式梁架结构。单檐歇山顶，屋顶施望板，素筒瓦屋面，砖雕脊饰，四周翼角起翘平缓。建筑外用檐柱十八根，均有侧脚。内设立柱十二根，覆盆式柱础。建筑前后檐施阑额，阑额上施普柏枋，普柏枋至角柱出头。普柏枋上施斗拱32朵，其中转角铺作4朵，柱头铺作16朵，补间铺作12朵，柱头、补间铺作尾部施挑斡，挑斡尾部搭在随檩上。建筑前檐明间设板门，次间设槛墙、槛窗，其余三面均采用抹灰砖墙作为外墙，建筑内外采用石板铺地。

长阳寺重建于明代，清代进行多次修缮。

广元市元坝区文物保护单位。

测绘制图：刘波、范雪松

成图时间：2011年5月

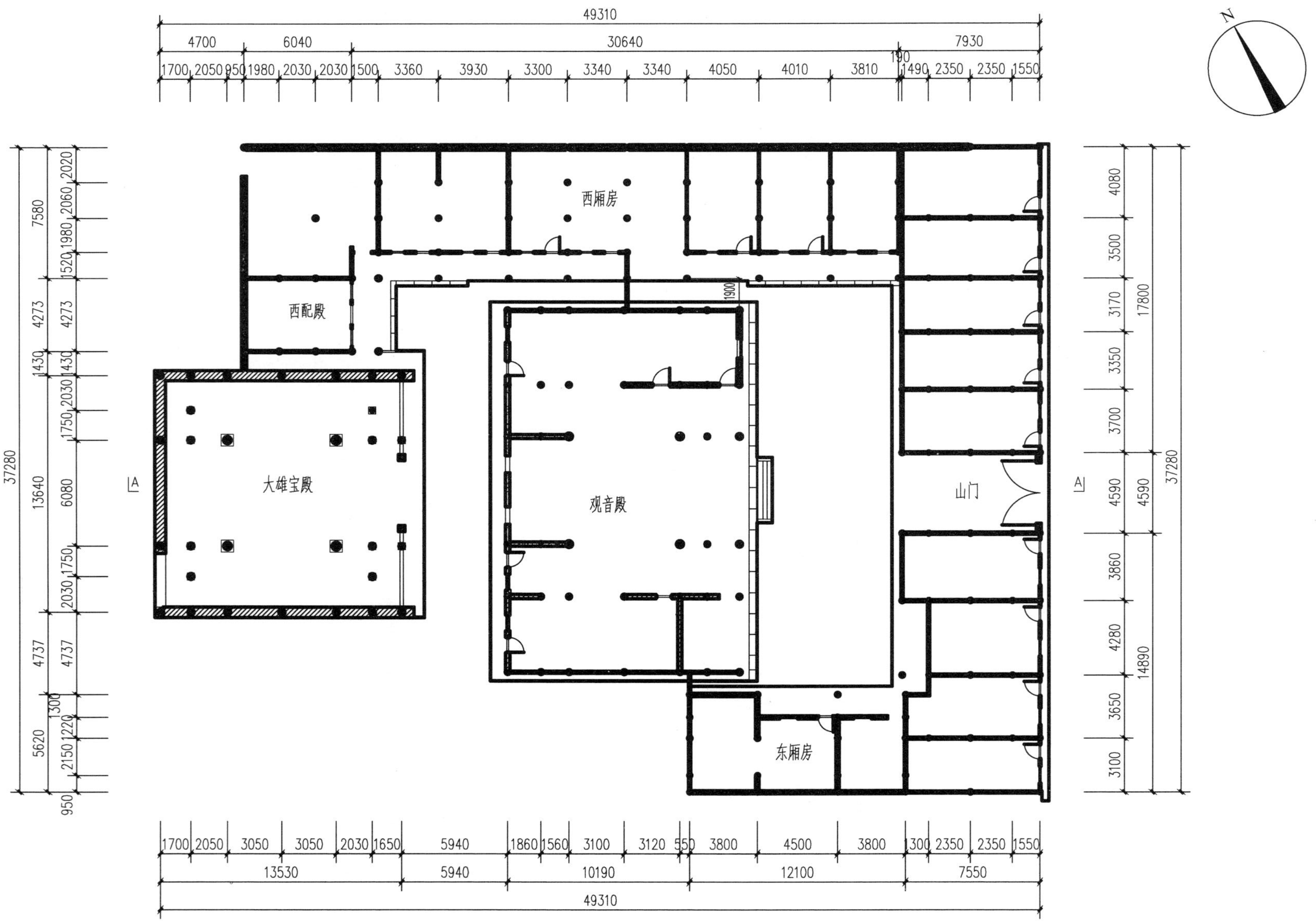

图1　总平面图

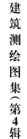

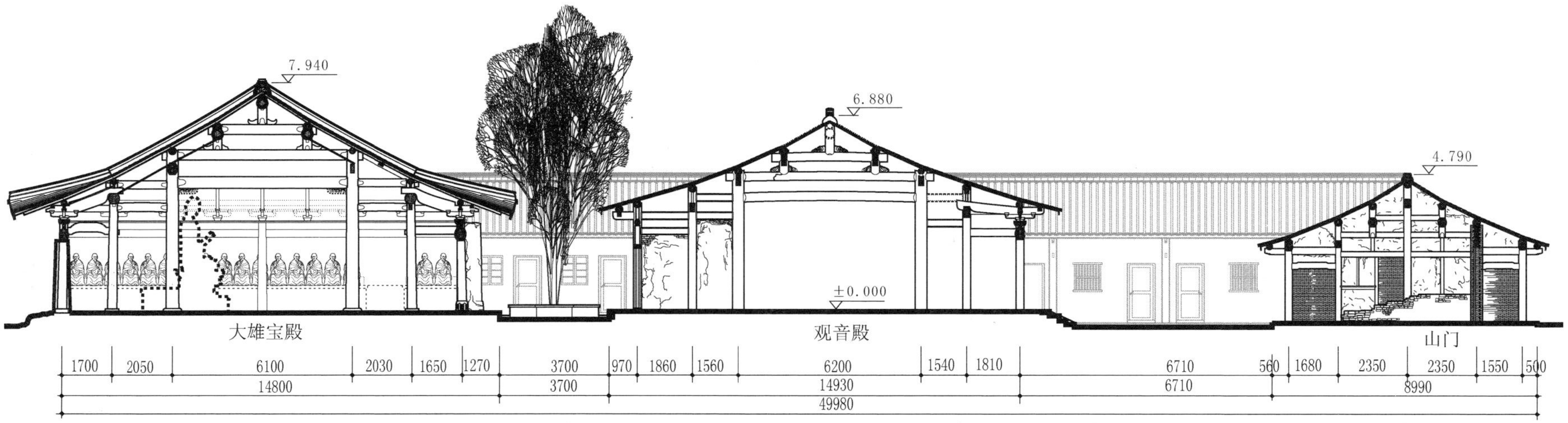

图2 长阳寺A-A总剖面图

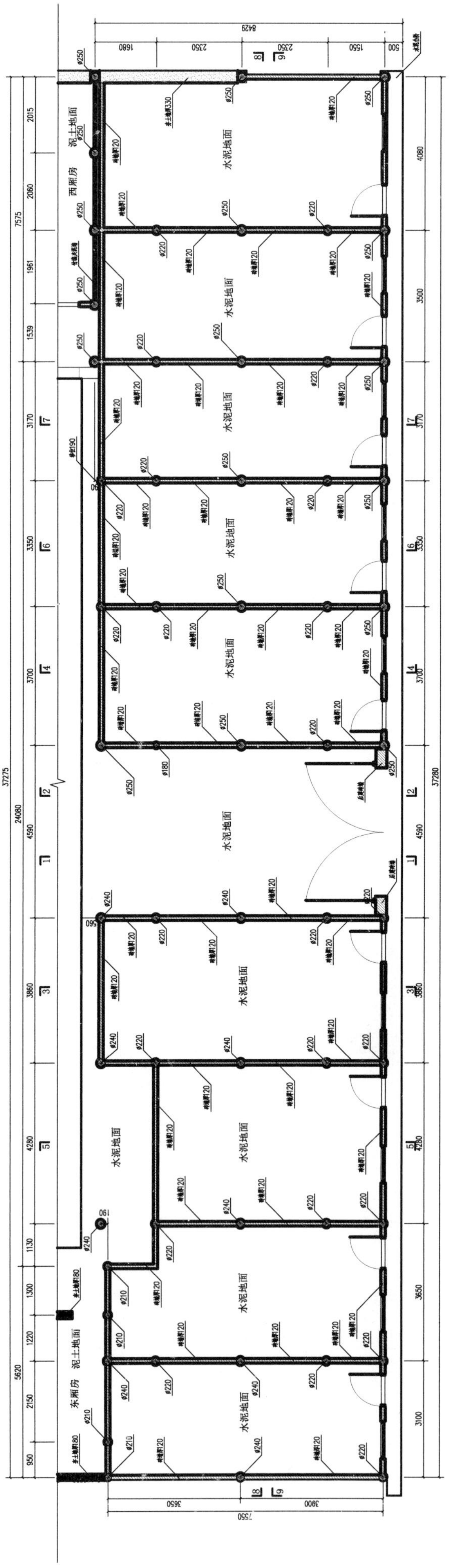

图3 山门平面图

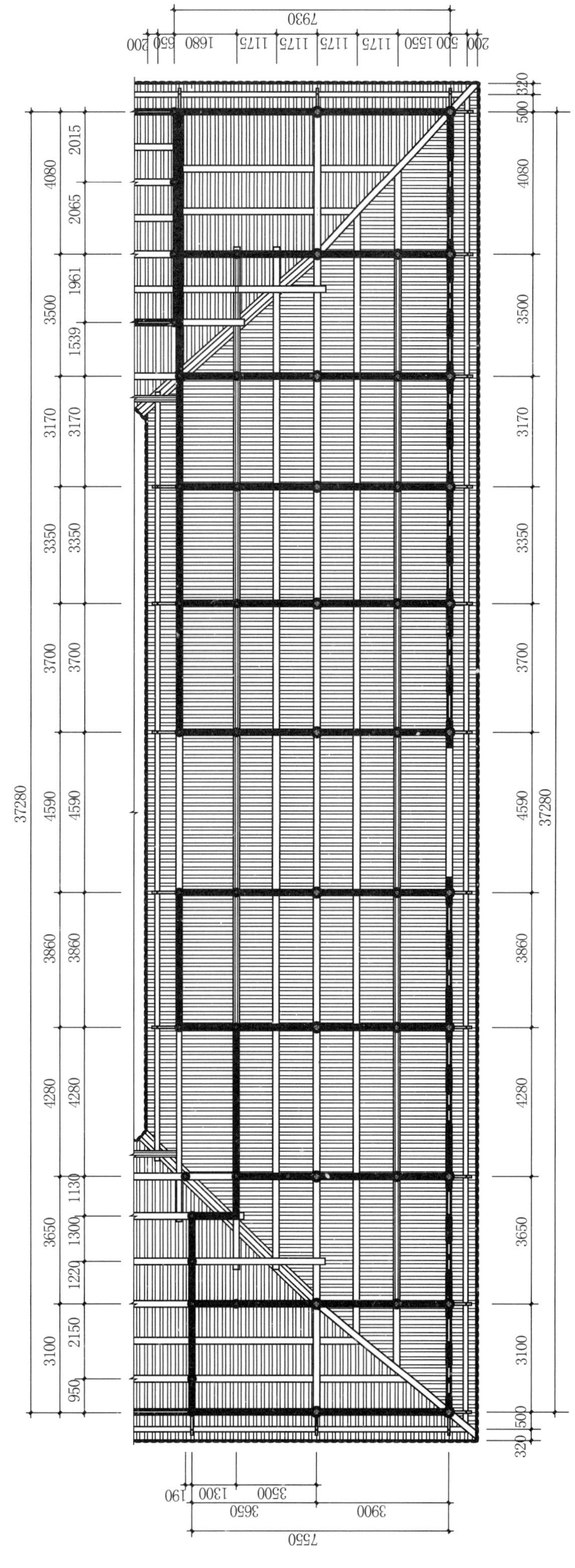
7930
200 650 1680 1175 1175 1175 1175 1550 500 200
4080
3500
3170
3350
3700
4590
3860
4280
3650
3100
37280
2015 2065 1961 1539 3170 3350 3700 4590 3860 4280 1130 1300 1220 2150 950
320 500 4080 3500 3170 3350 3700 4590 3860 4280 3650 3100 500 320
37280
190 1300 3500
3650 3900
7550

图4 山门仰视图

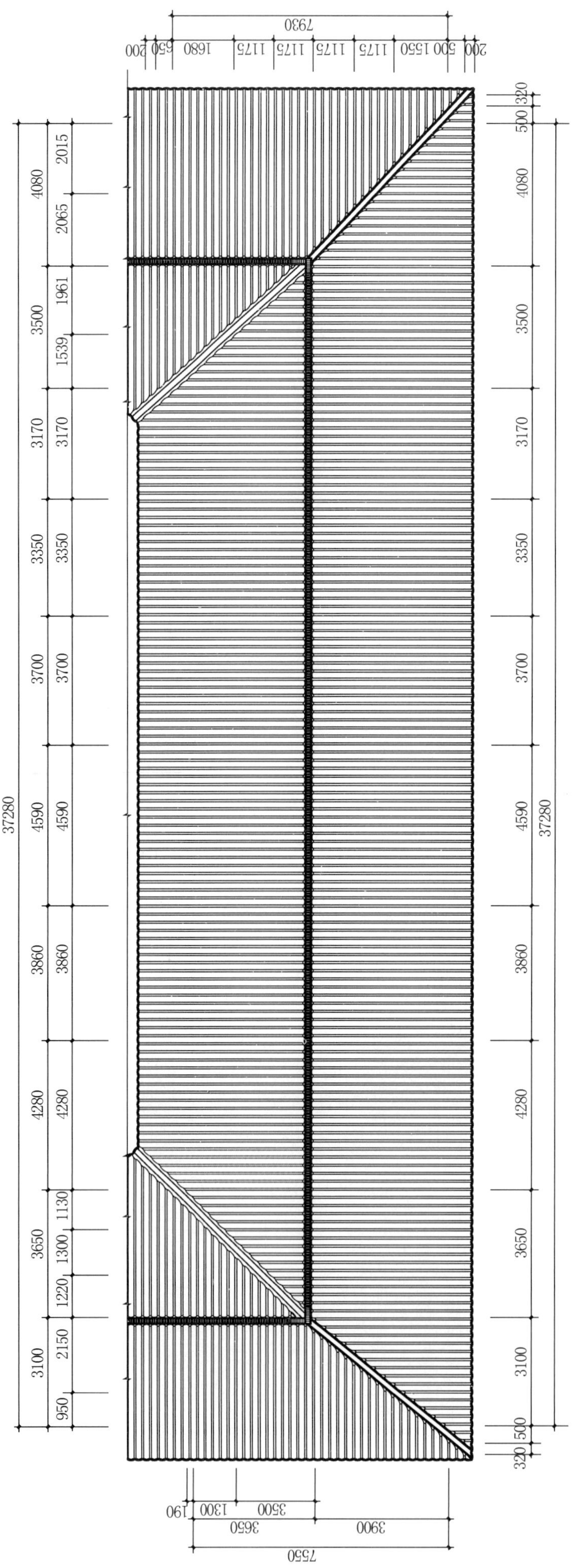
7930
200 650 1680 1175 1175 1175 1175 1550 500 200
320 500 4080 3500 3170 3350 3700 4590 3860 4280 3650 3100 500 320
37280
2015 2065 1961 1539 3170 3350 3700 4590 3860 4280 1130 1300 1220 2150 950
4080 3500 3170 3350 3700 4590 3860 4280 3650 3100
190 1300 3500
3650 3900
7550

图5 山门俯视图

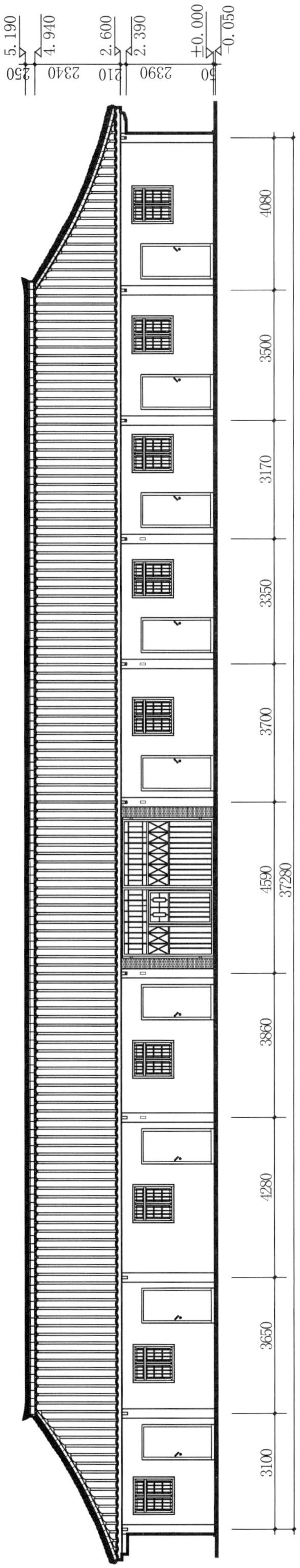

图6 山门正（北）立面图

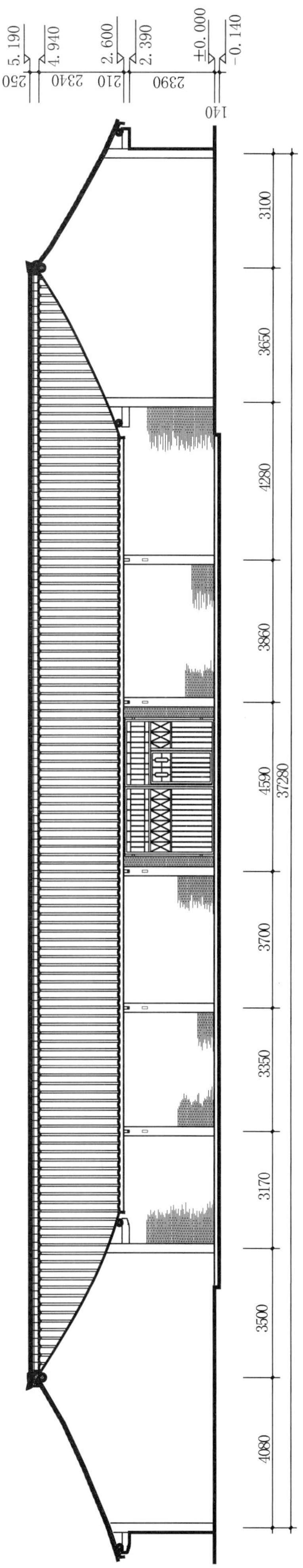

图7 山门背（南）立面图

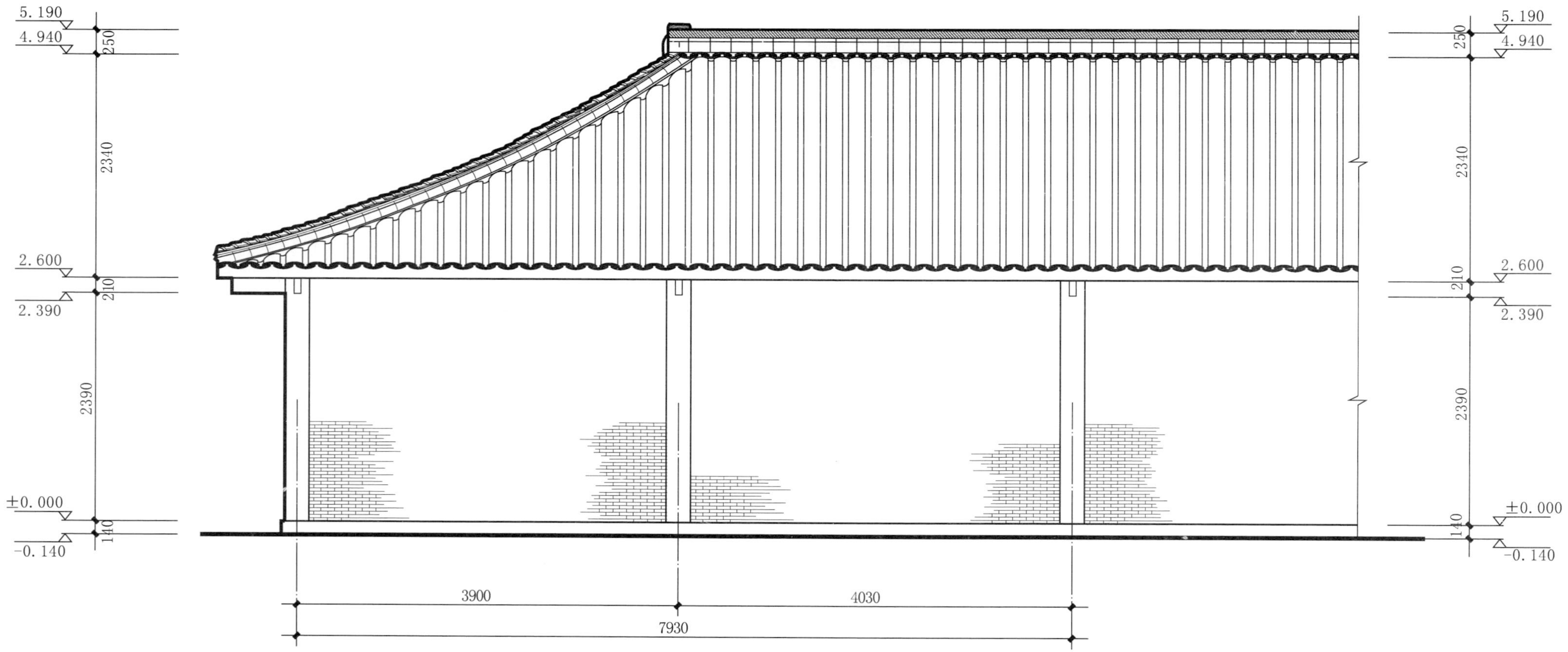
5.190
4.940
250
2340
2.600
210
2.390
2390
±0.000
140
-0.140
5.190
4.940
250
2340
2.600
210
2.390
2390
±0.000
140
-0.140
3900
4030
7930

图8　山门右（西）侧立面图

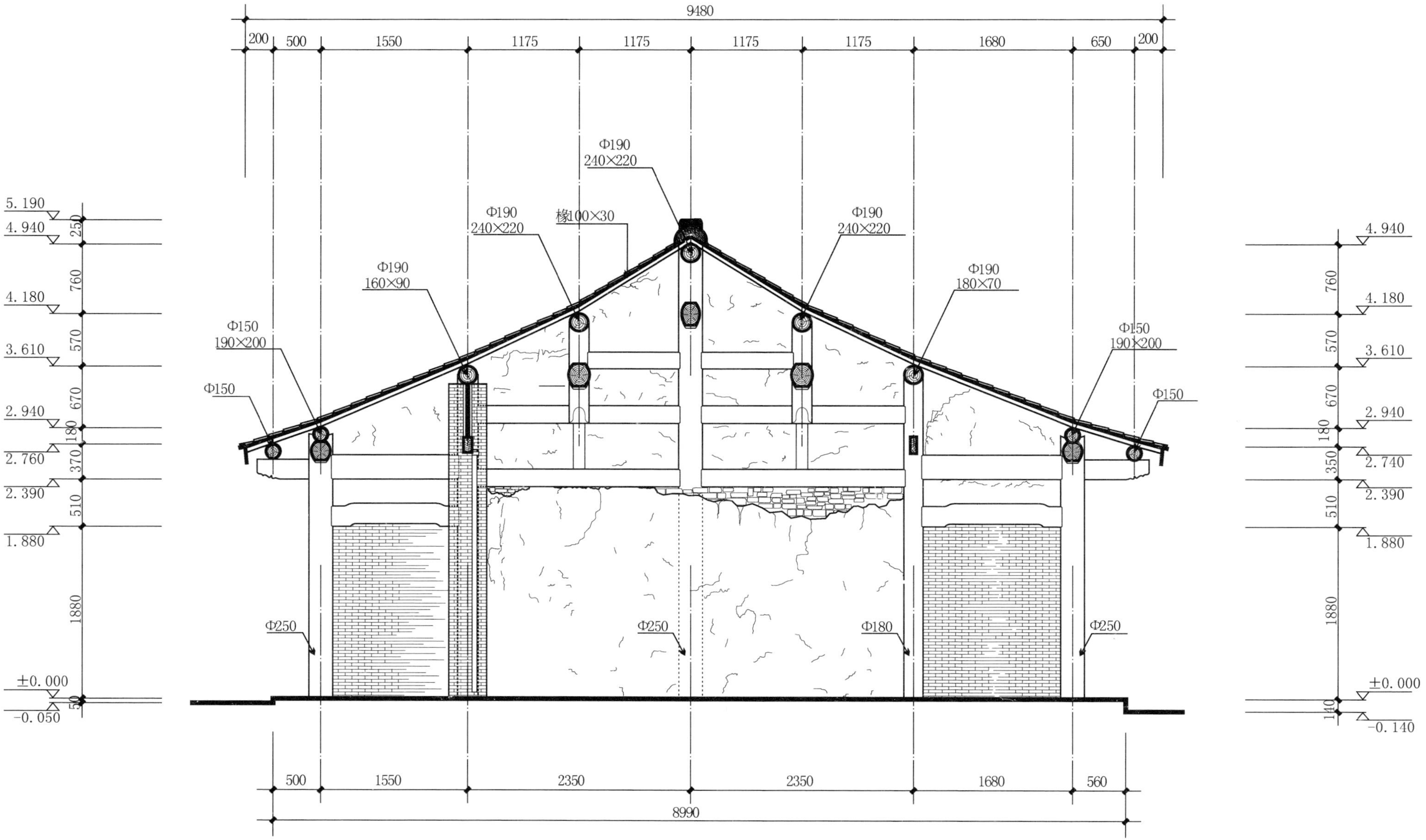

图9 山门明间左1-1剖面图

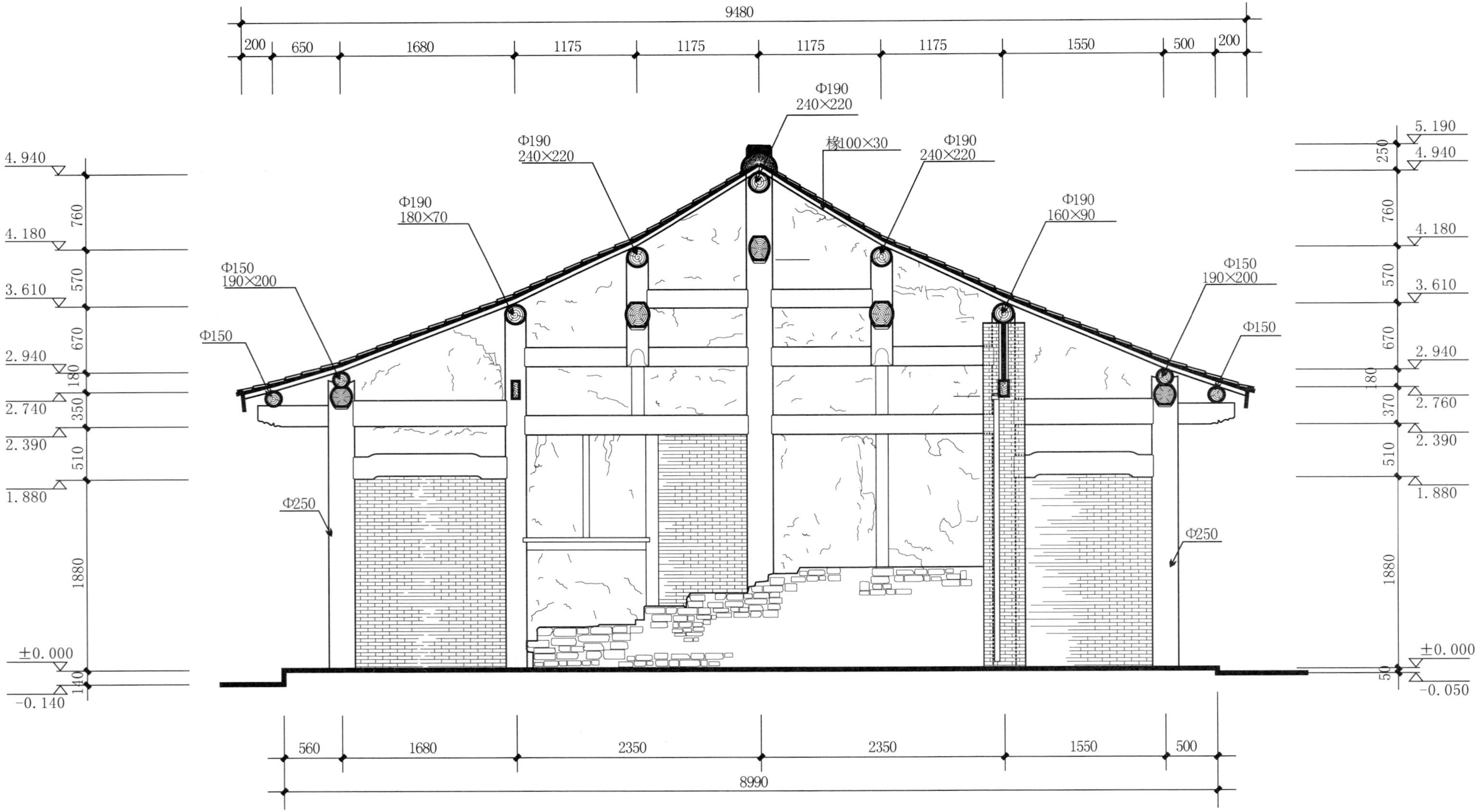
9480
200
650
1680
1175
1175
1175
1175
1550
500
200
Φ190
240×220
椽100×30
Φ190
240×220
Φ190
240×220
Φ190
180×70
Φ190
160×90
Φ150
190×200
Φ150
190×200
Φ150
Φ150
Φ250
Φ250
4.940
760
4.180
570
3.610
670
2.940
180
2.740
350
2.390
510
1.880
1880
±0.000
140
-0.140
5.190
250
4.940
760
4.180
570
3.610
670
2.940
180
2.760
370
2.390
510
1.880
1880
±0.000
50
-0.050
560
1680
2350
2350
1550
500
8990

图10　山门2-2剖面图

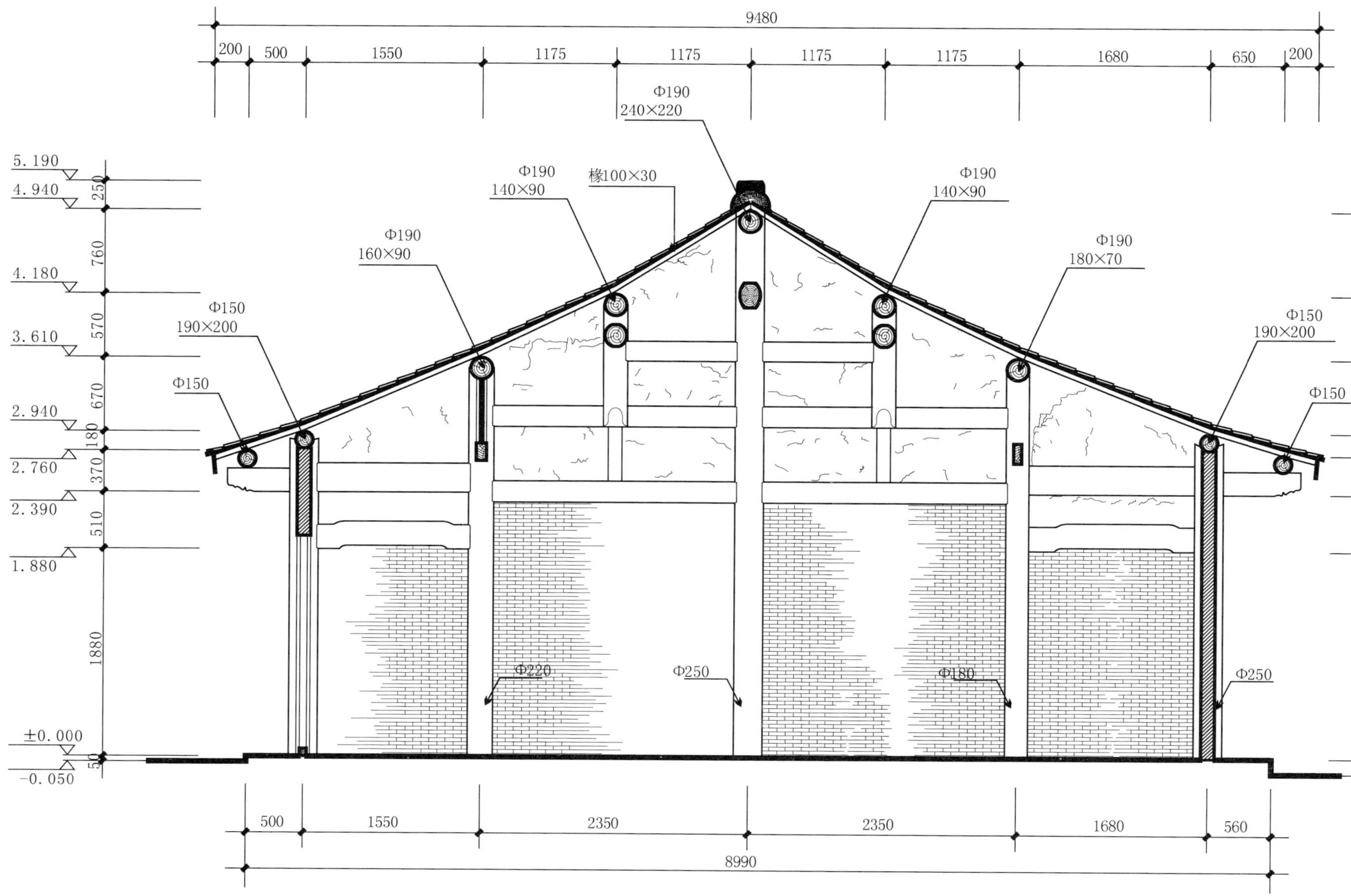
9480
200
500
1550
1175
1175
1175
1175
1680
650
200
Φ190
240×220
椽100×30
Φ190
140×90
Φ190
140×90
Φ190
160×90
Φ190
180×70
Φ150
190×200
Φ150
190×200
Φ150
Φ150
Φ220
Φ250
Φ180
Φ250
5.190
4.940
4.180
3.610
2.940
2.760
2.390
1.880
±0.000
-0.050
250
760
570
670
180
370
510
1880
50
4.940
4.180
3.610
2.940
2.740
2.390
1.880
±0.000
-0.140
760
570
670
180
350
510
1880
140
500
1550
2350
2350
1680
560
8990

图11　山门3-3剖面图

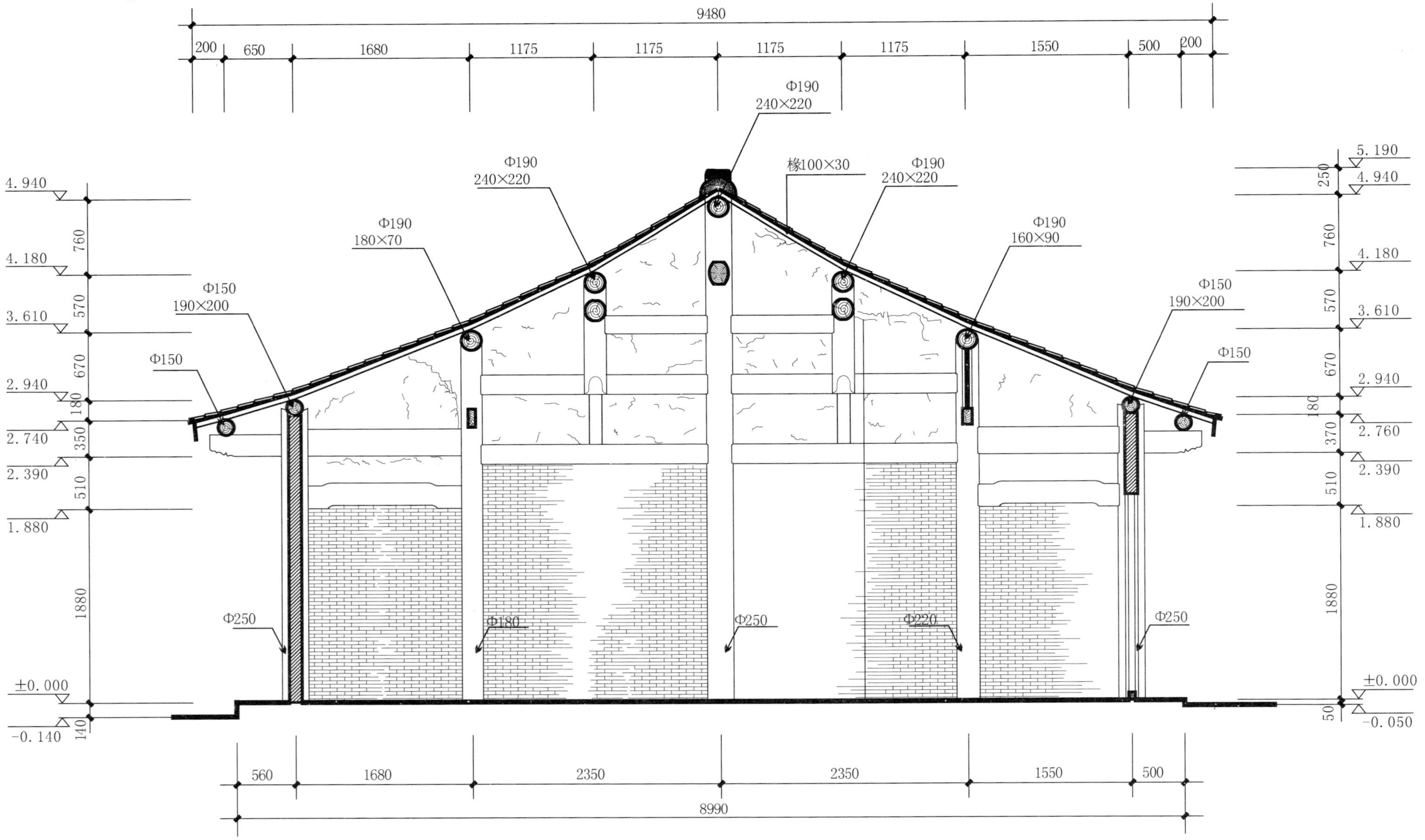
9480
200
650
1680
1175
1175
1175
1175
1550
500
200
Φ190
240×220
Φ190
240×220
椽100×30
Φ190
240×220
Φ190
180×70
Φ190
160×90
Φ150
190×200
Φ150
190×200
Φ150
Φ150
4.940
760
4.180
570
3.610
670
2.940
180
2.740
350
2.390
510
1.880
1880
±0.000
140
-0.140
5.190
250
4.940
760
4.180
570
3.610
670
2.940
180
2.760
370
2.390
510
1.880
1880
±0.000
50
-0.050
Φ250
Φ180
Φ250
Φ220
Φ250
560
1680
2350
2350
1550
500
8990

图12　山门4-4剖面图

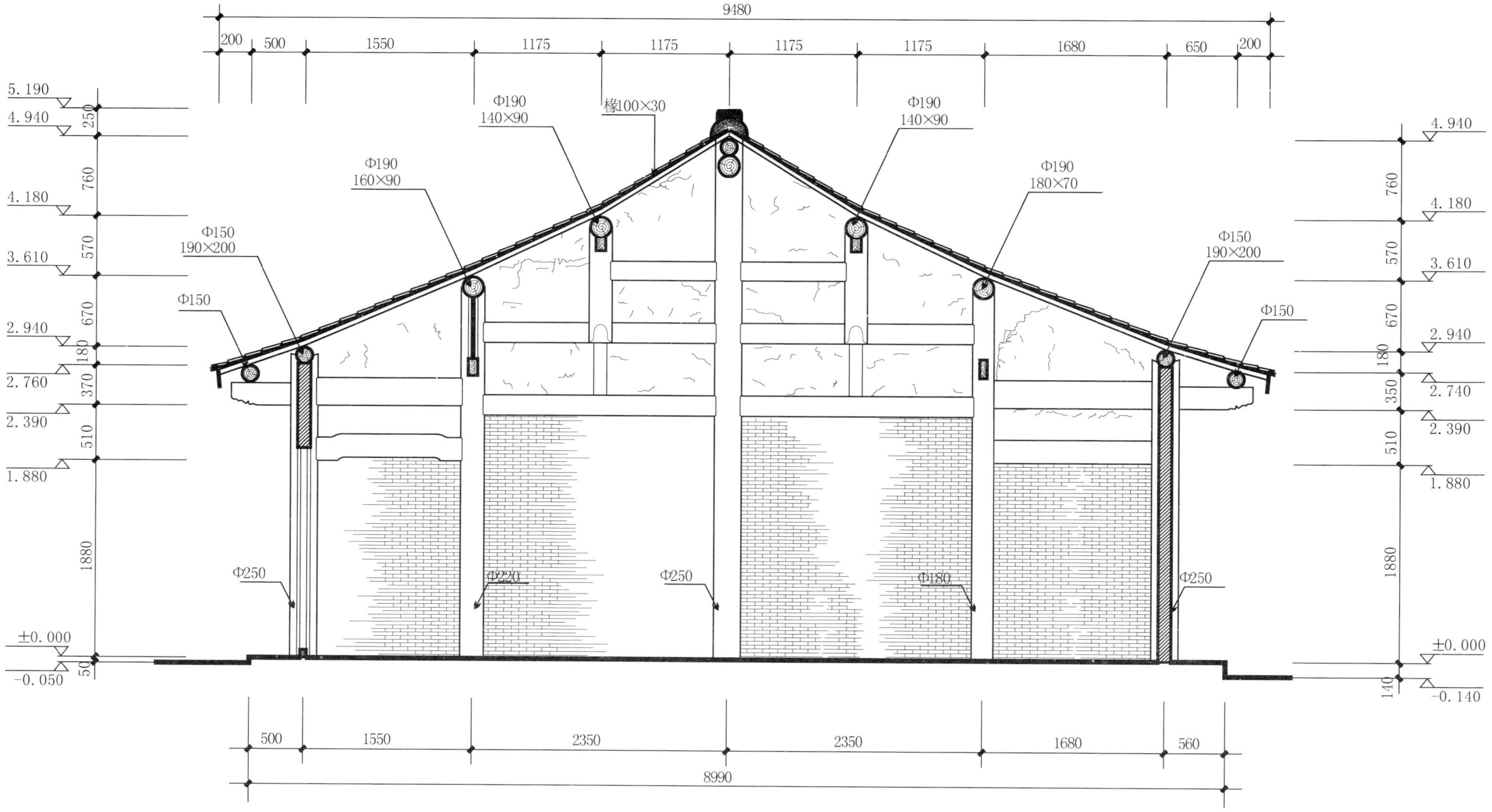
9480
200
500
1550
1175
1175
1175
1175
1680
650
200
5. 190
4. 940
250
760
4. 180
570
3. 610
670
2. 940
180
2. 760
370
2. 390
510
1. 880
1880
±0. 000
-0. 050
50
Φ190
140×90
椽100×30
Φ190
140×90
Φ190
160×90
Φ190
180×70
Φ150
190×200
Φ150
190×200
Φ150
Φ150
Φ250
Φ220
Φ250
Φ180
Φ250
4. 940
760
4. 180
570
3. 610
670
2. 940
180
2. 740
350
2. 390
510
1. 880
1880
±0. 000
140
-0. 140
500
1550
2350
2350
1680
560
8990

图13　山门5-5剖面图

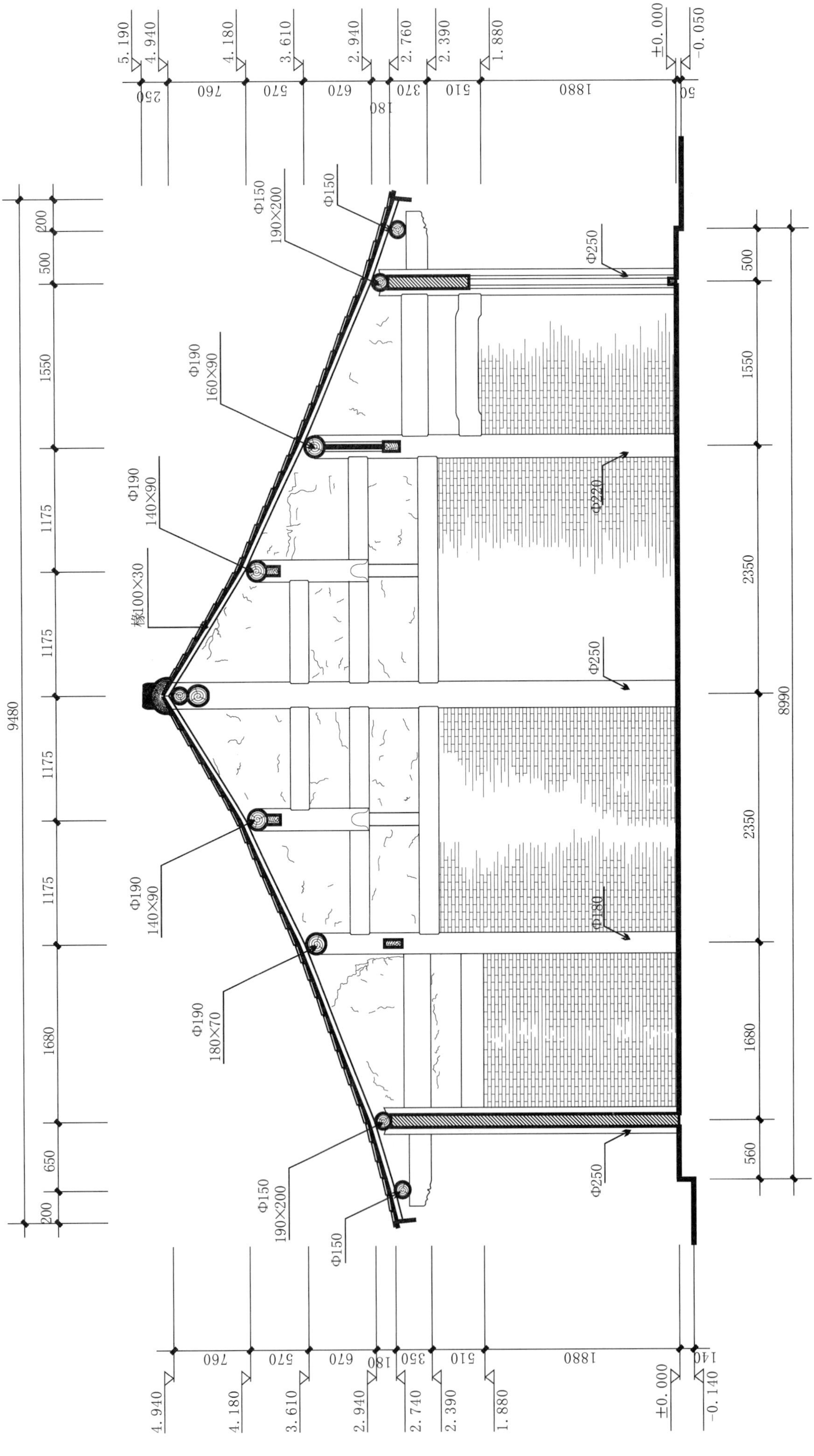
5.190
4.940
4.180
3.610
2.940
2.760
2.390
1.880
±0.000
-0.050
250
760
570
670
180
370
510
1880
50
Φ150
190×200
Φ150
Φ250
Φ190
160×90
Φ190
140×90
椽100×30
Φ220
Φ250
Φ190
140×90
Φ180
Φ190
180×70
Φ150
190×200
Φ150
Φ250
9480
200
500
1550
1175
1175
1175
1175
1680
650
200
500
1550
2350
8990
2350
1680
560
4.940
4.180
3.610
2.940
2.740
2.390
1.880
±0.000
-0.140
760
570
670
180
350
510
1880
140

图14　山门6-6剖面图

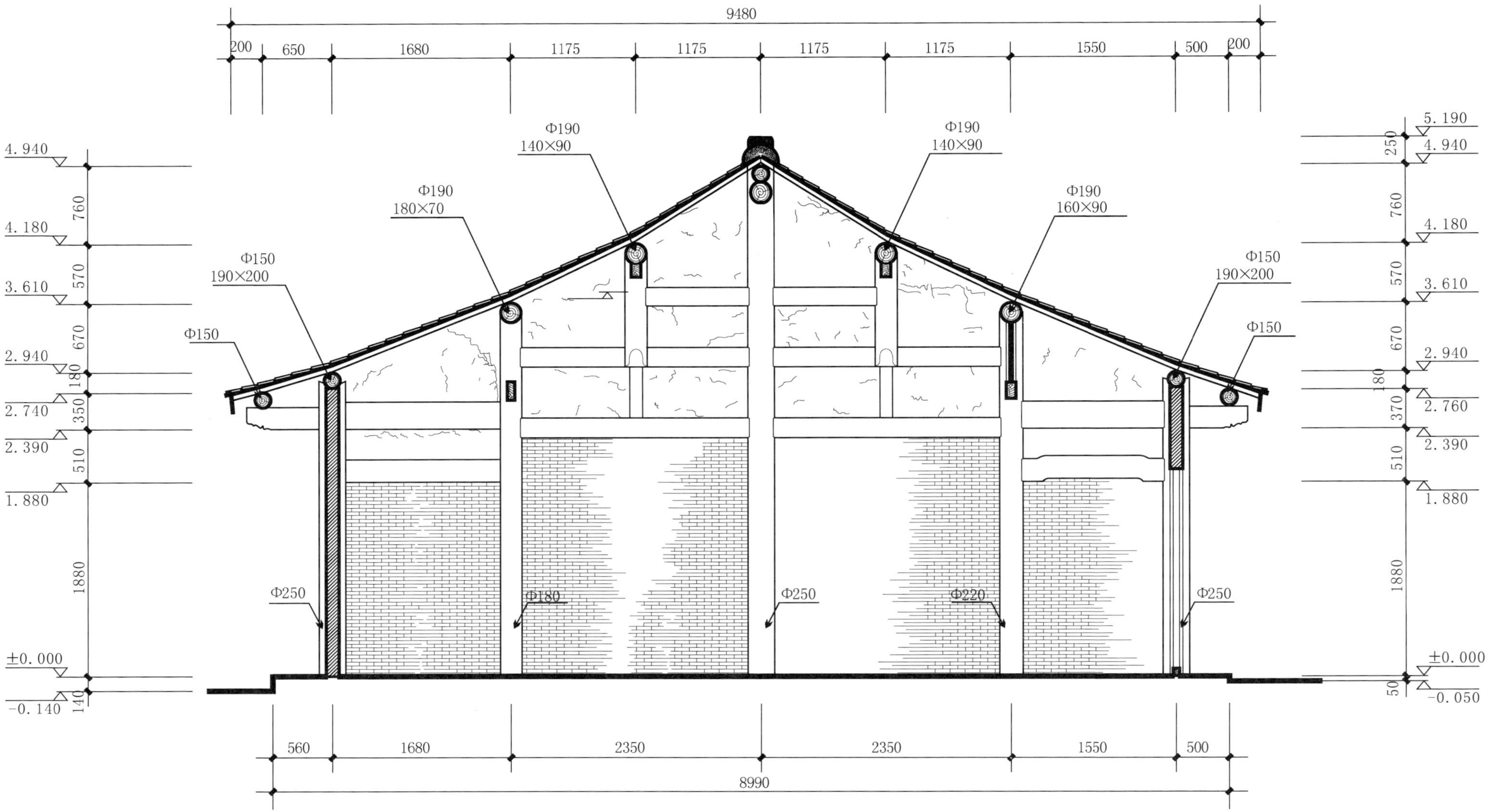
9480
200
650
1680
1175
1175
1175
1175
1550
500
200
Φ190
140×90
Φ190
140×90
Φ190
180×70
Φ190
160×90
Φ150
190×200
Φ150
190×200
Φ150
Φ150
4.940
760
4.180
570
3.610
670
2.940
180
2.740
350
2.390
510
1.880
1880
±0.000
-0.140
140
5.190
250
4.940
760
4.180
570
3.610
670
2.940
180
2.760
370
2.390
510
1.880
1880
±0.000
50
-0.050
Φ250
Φ180
Φ250
Φ220
Φ250
560
1680
2350
2350
1550
500
8990

图15　山门7-7剖面图

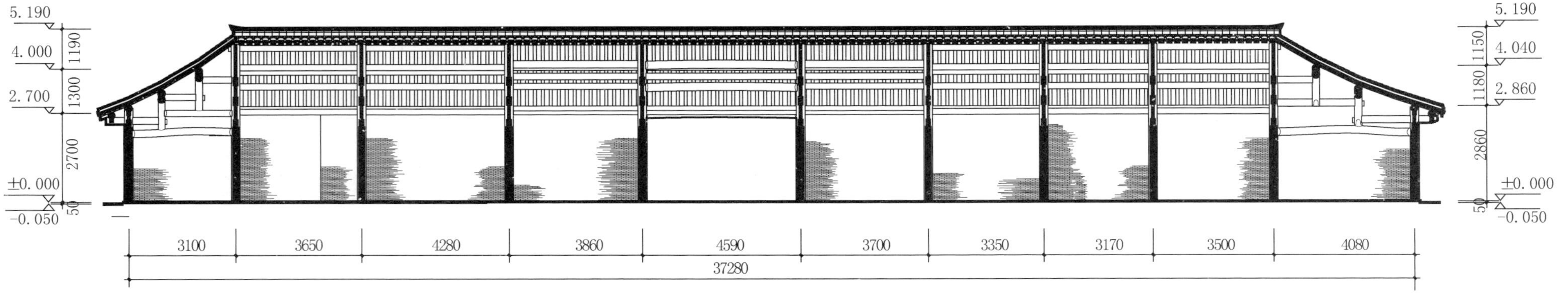

图16　山门8-8剖面图

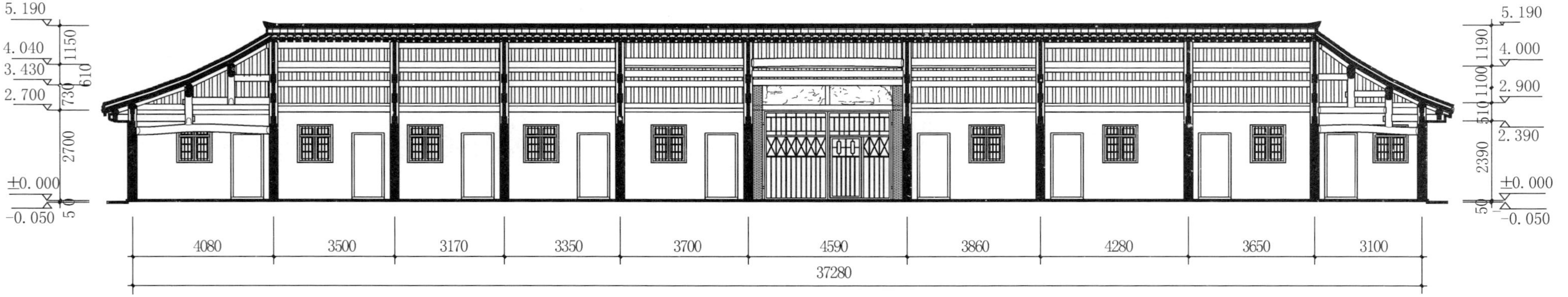

图17　山门9-9剖面图

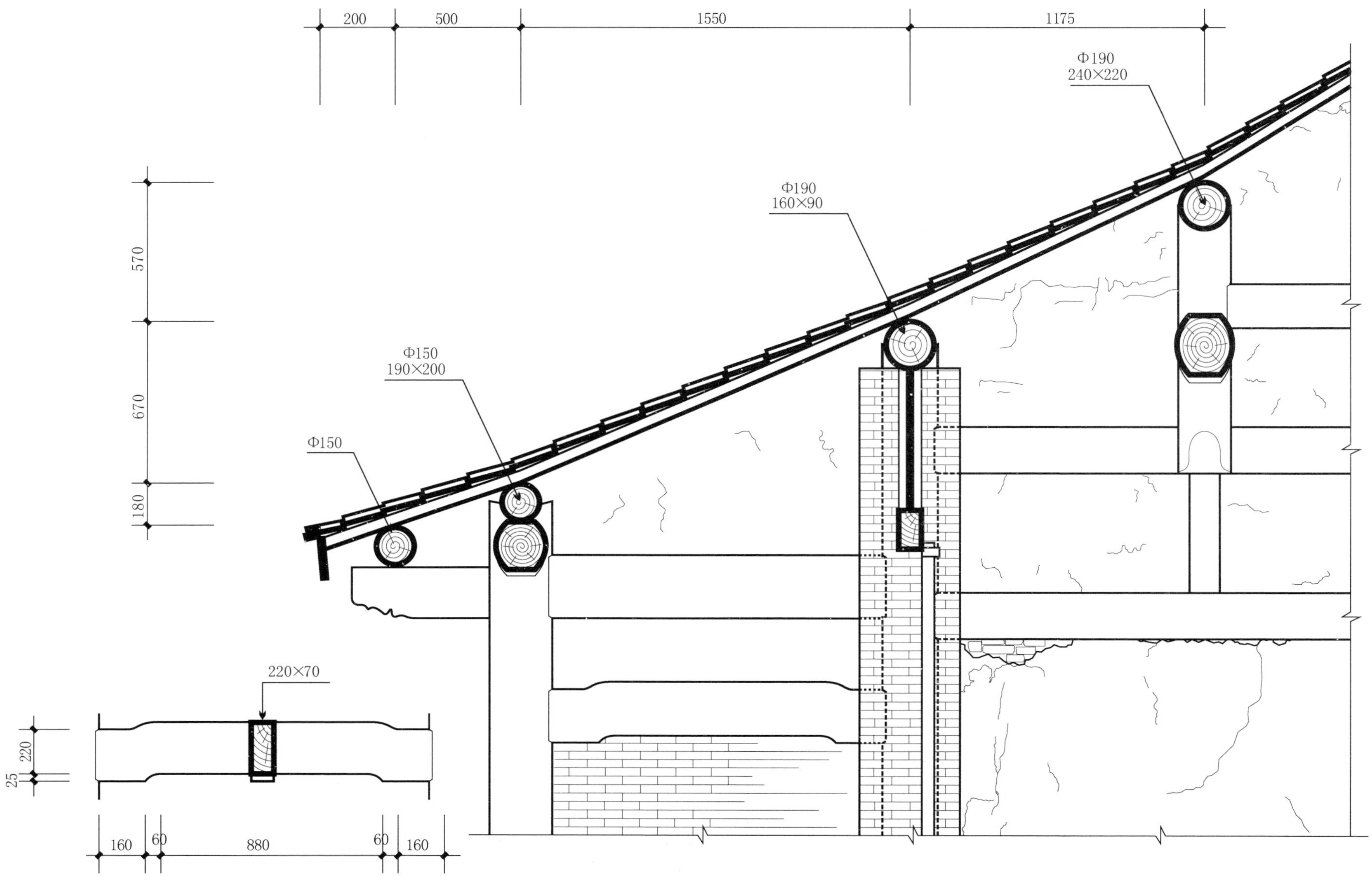

图18　山门明间前檐梁架详图

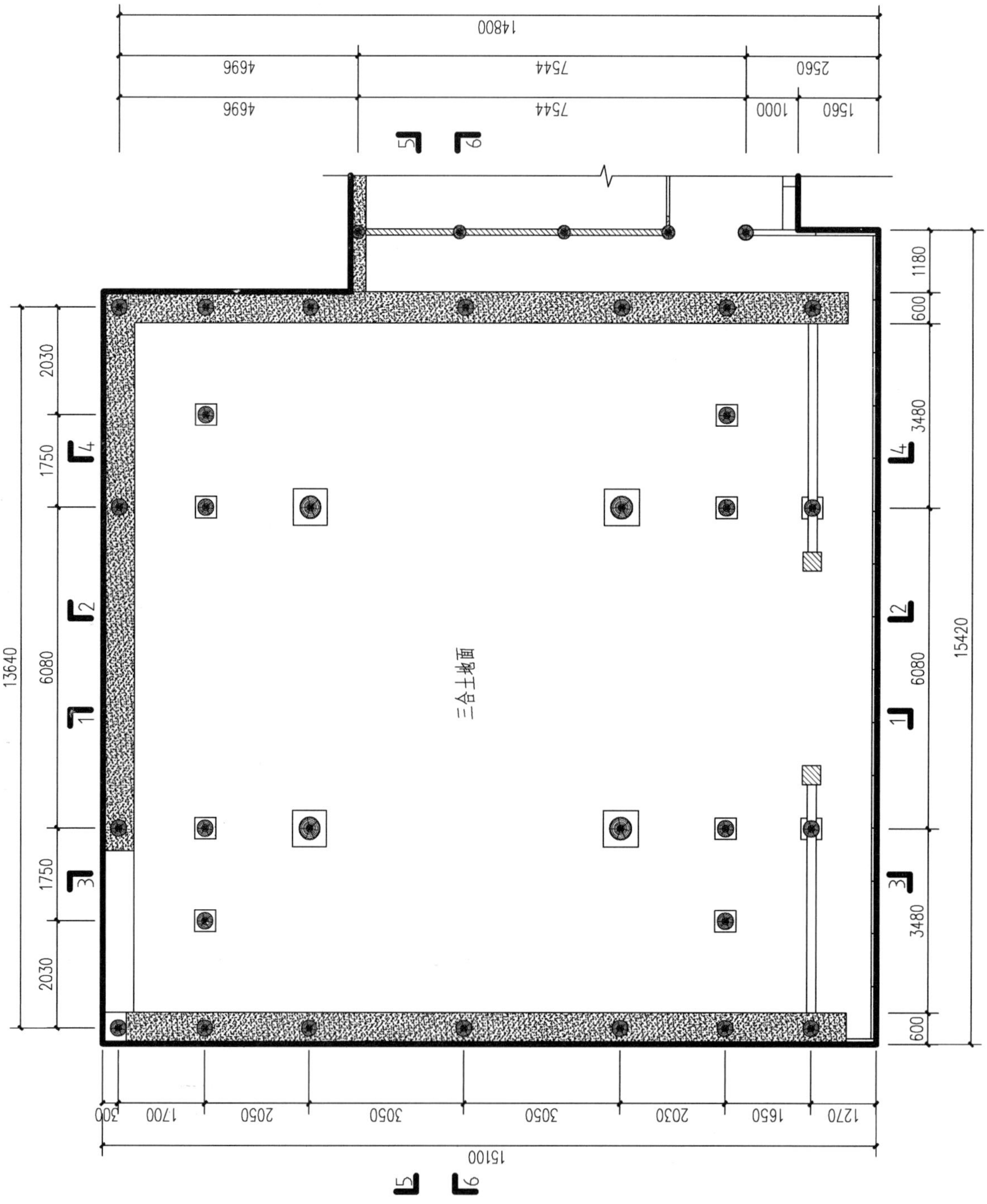
14800
4696
7544
2560
4696
7544
1000
1560
5
6
1180
600
3480
6080
3480
600
15420
13640
2030
1750
6080
1750
2030
4
2
1
3
三合土地面
300
1700
2050
3050
3050
2030
1650
1270
15100

图19 大雄宝殿平面图

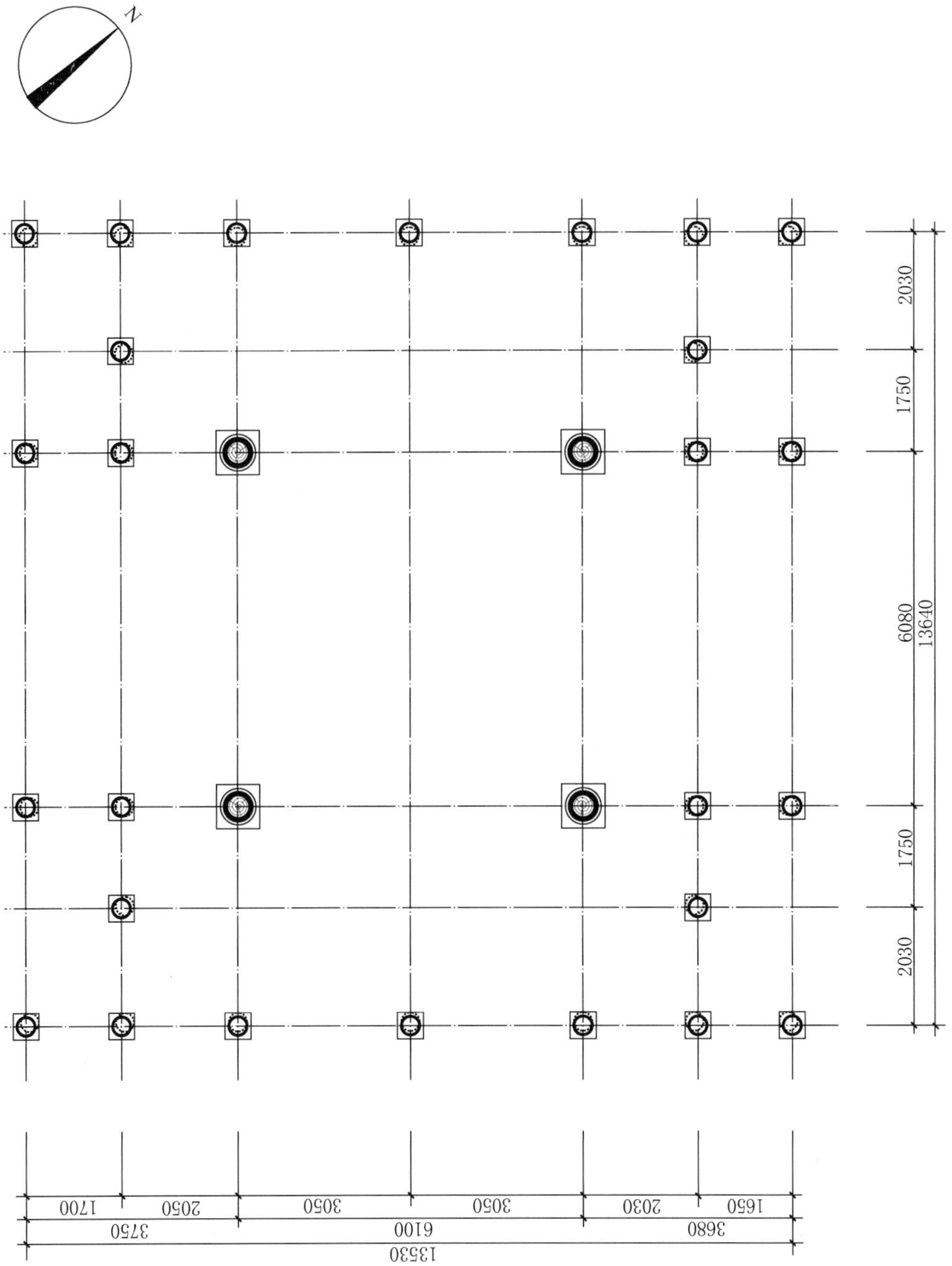

图20 大雄宝殿平面柱网柱侧脚图

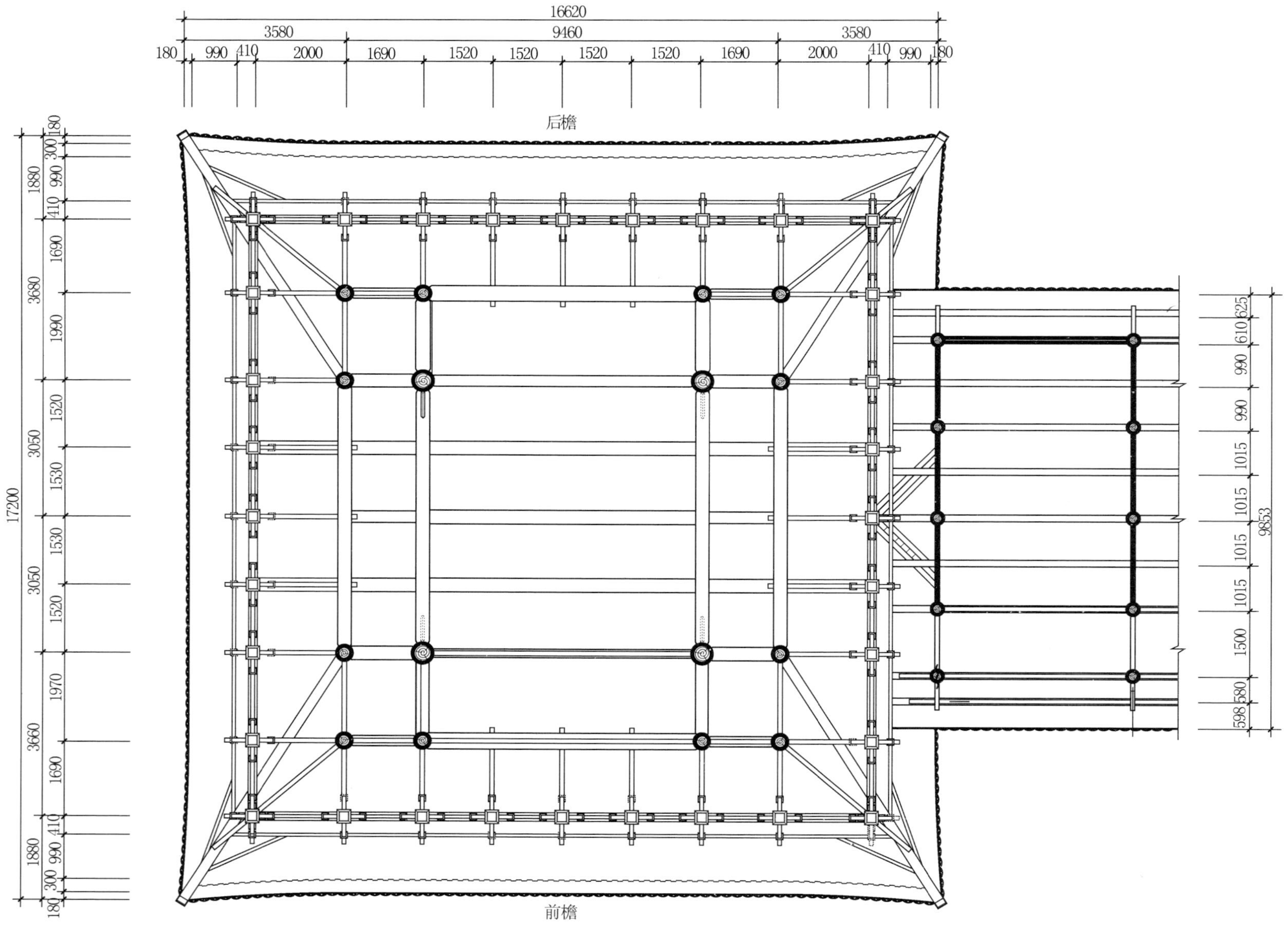

图21 大雄宝殿梁架仰视、斗拱平面图

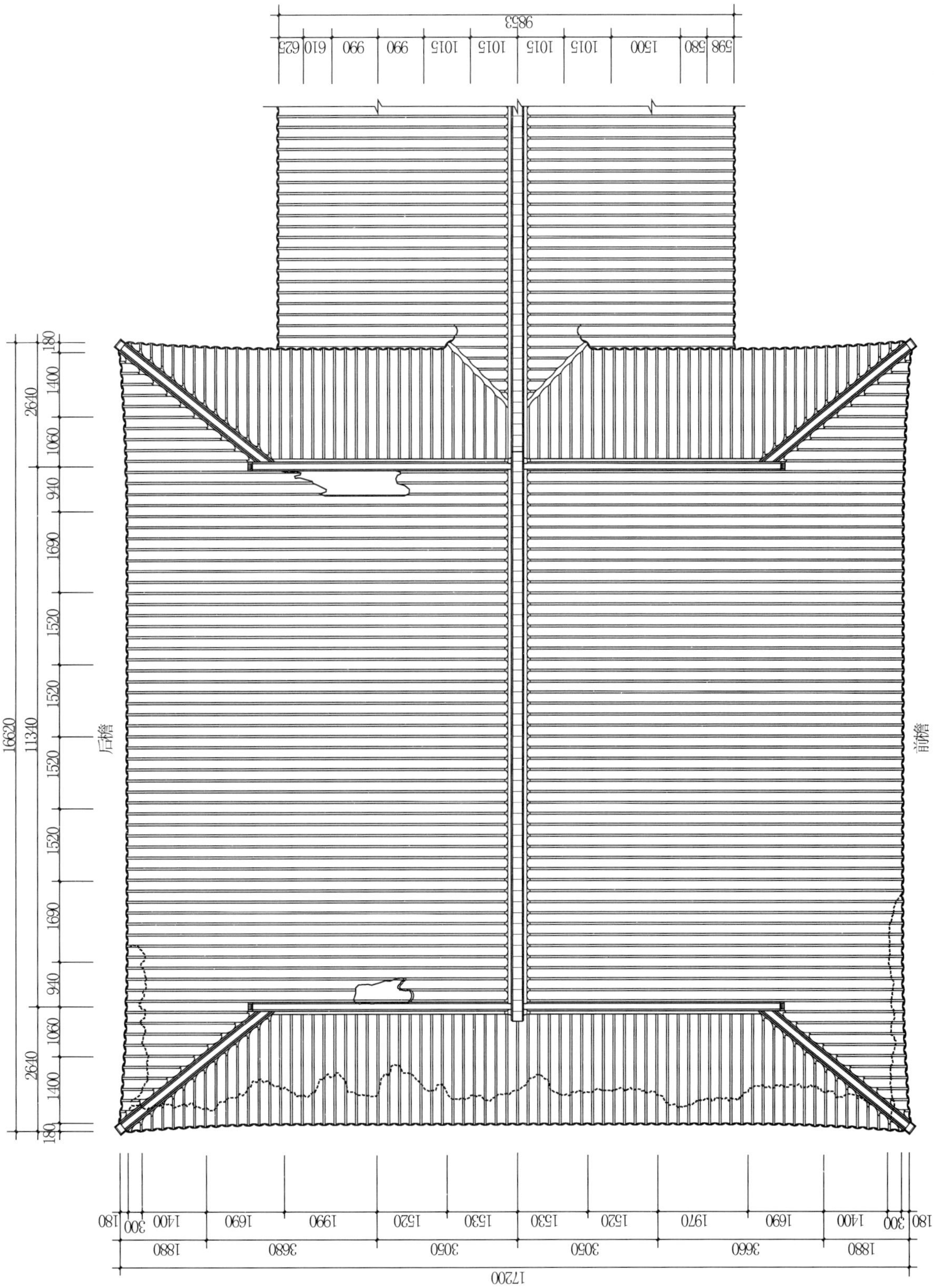

图22 大雄宝殿屋面俯视图

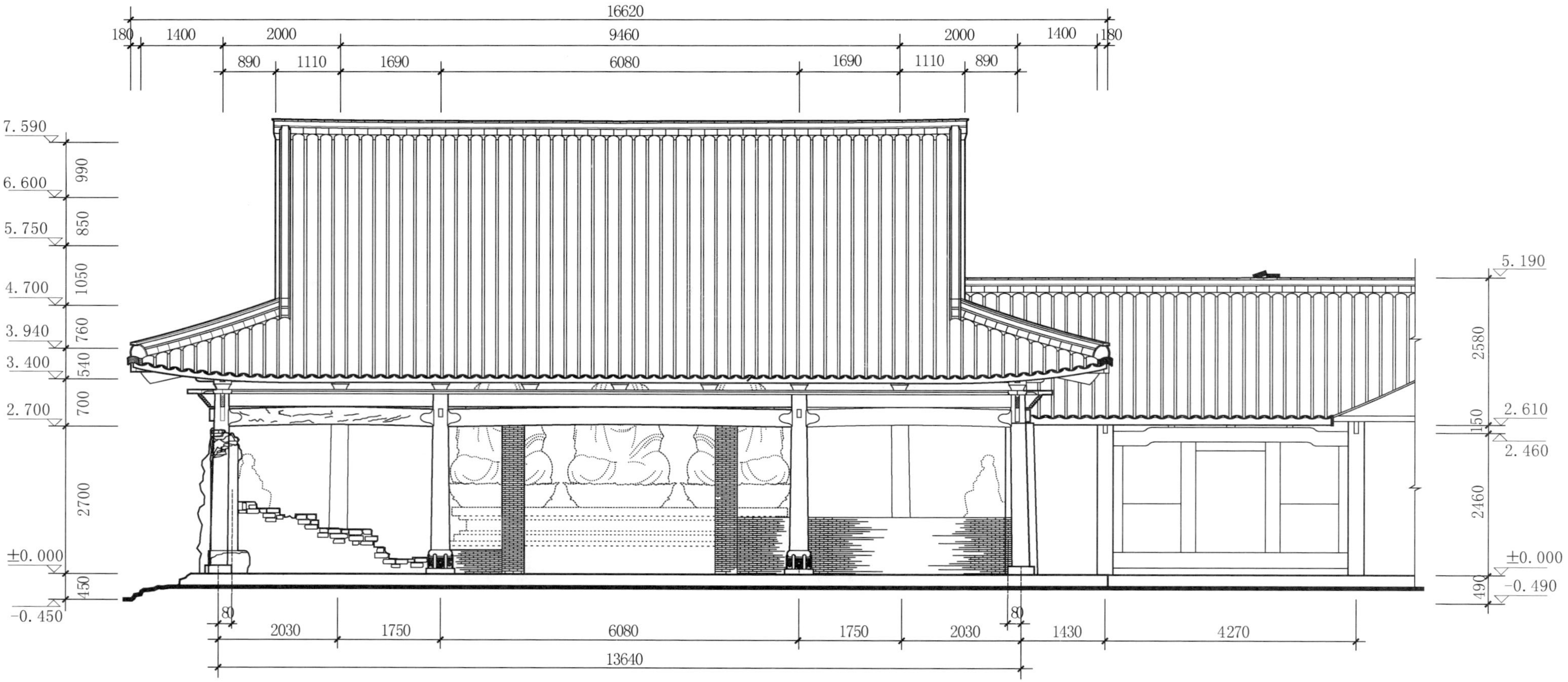

图23　大雄宝殿（北面）正立面图

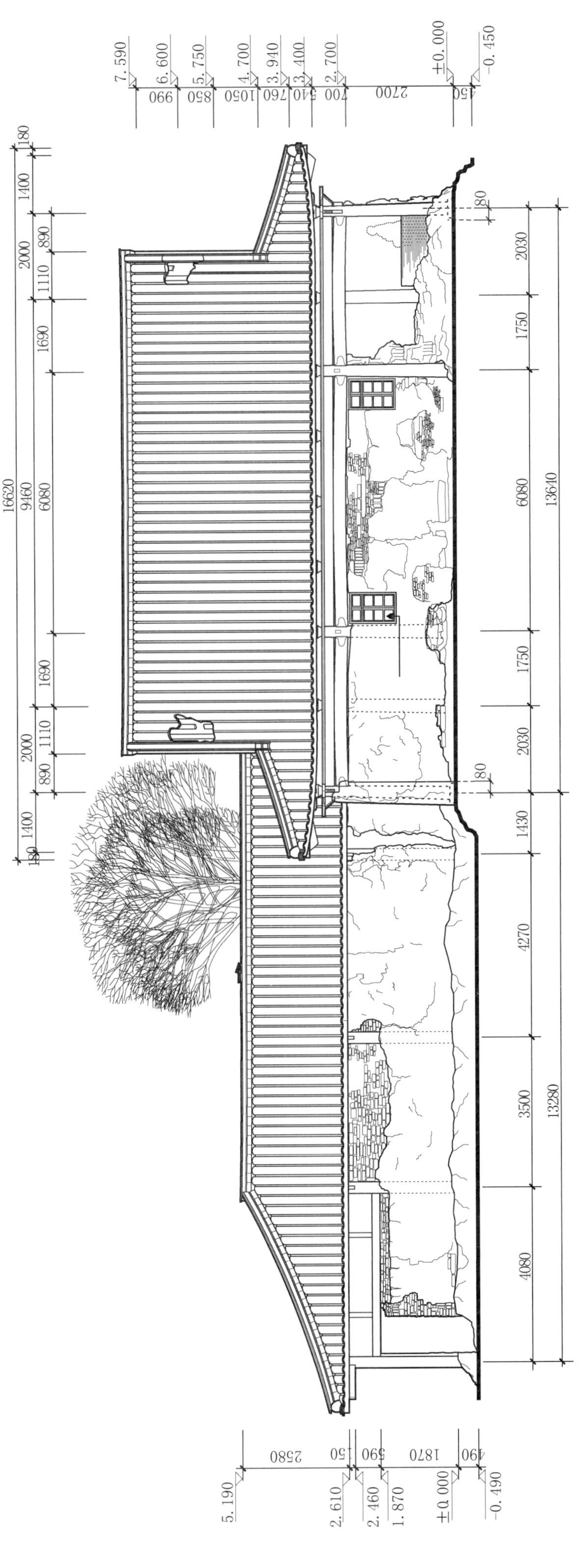

图24 大雄宝殿（南面）背立面图

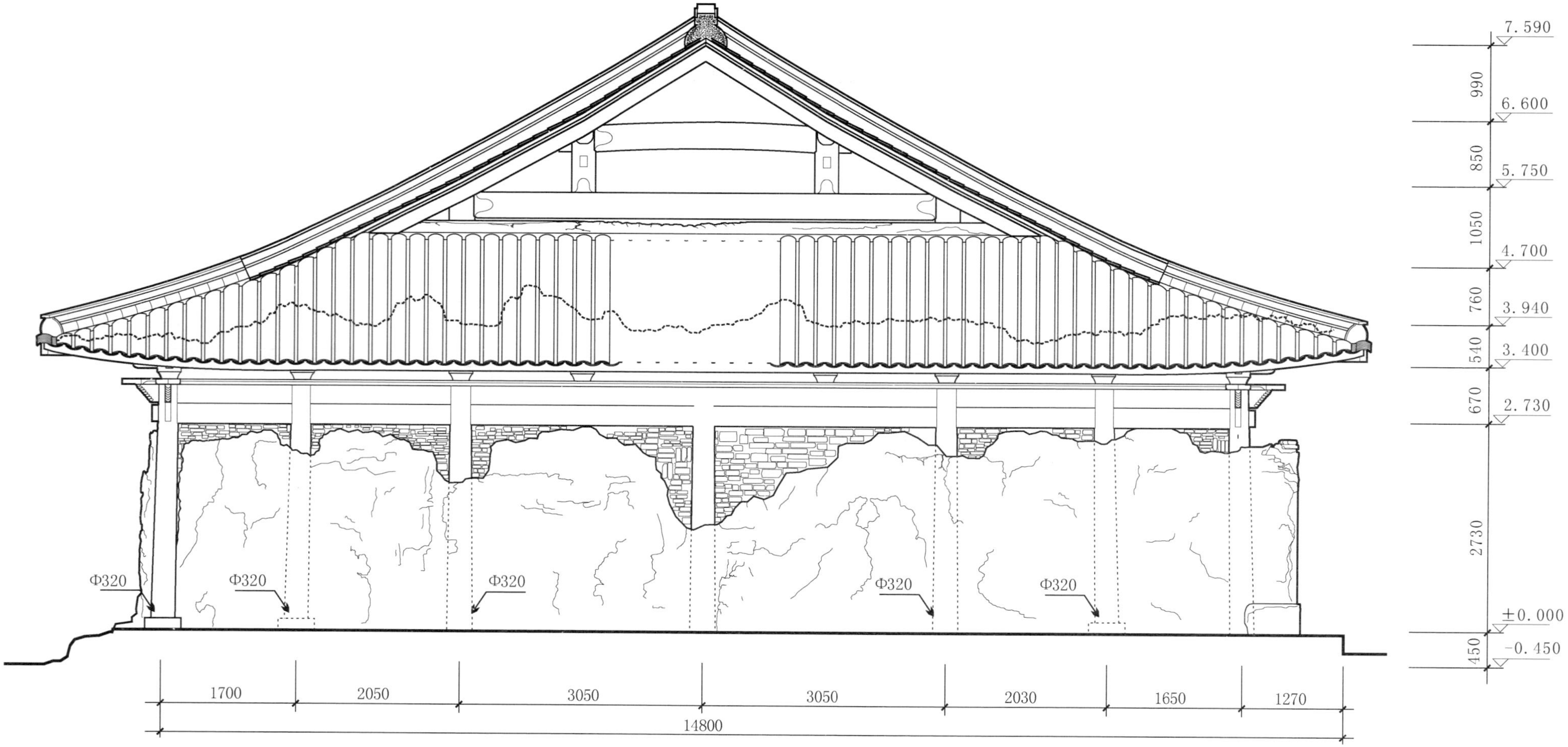

图25 大雄宝殿(东面)侧立面图

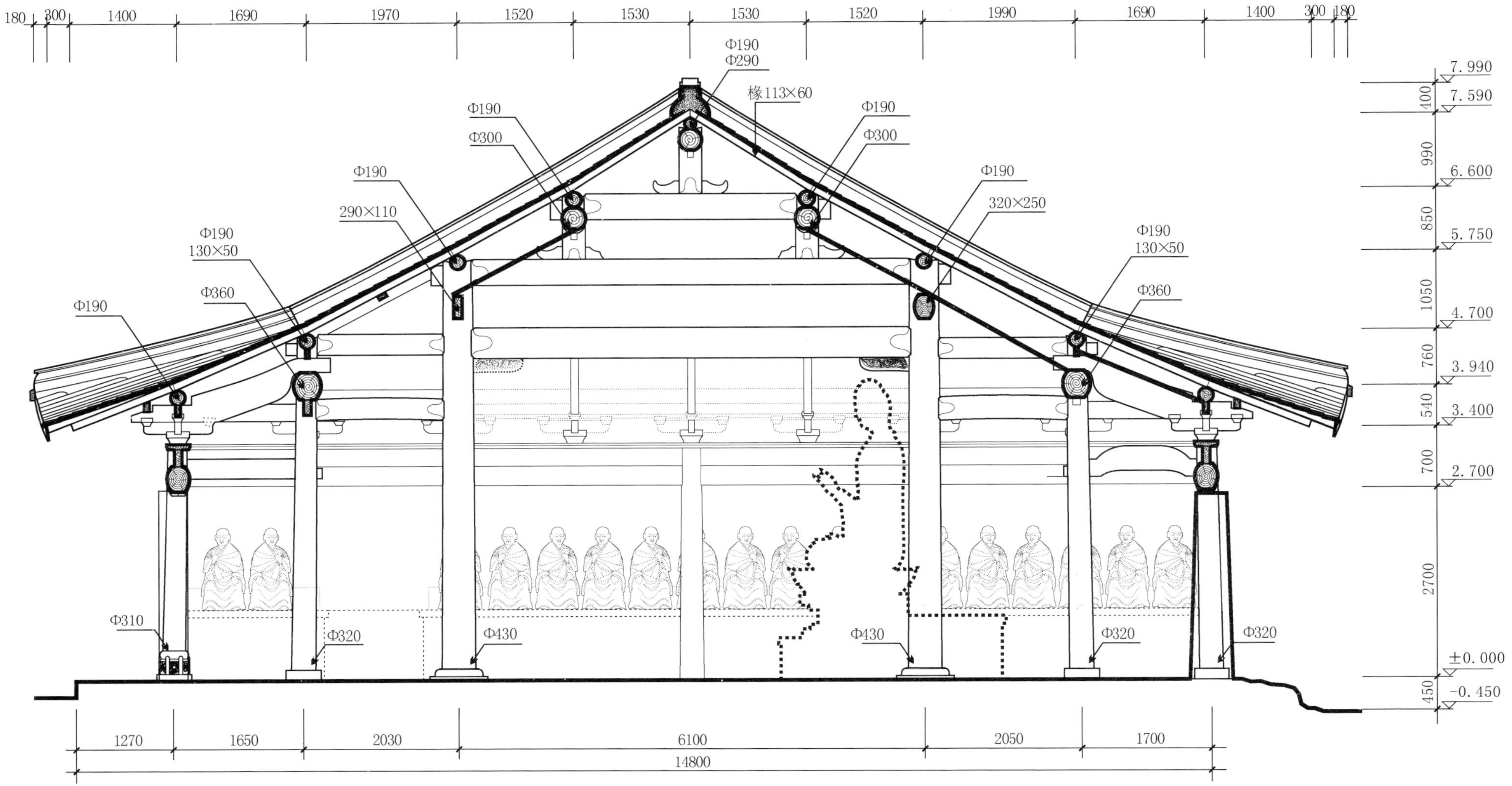

图26 大雄宝殿（明间）1-1剖面图

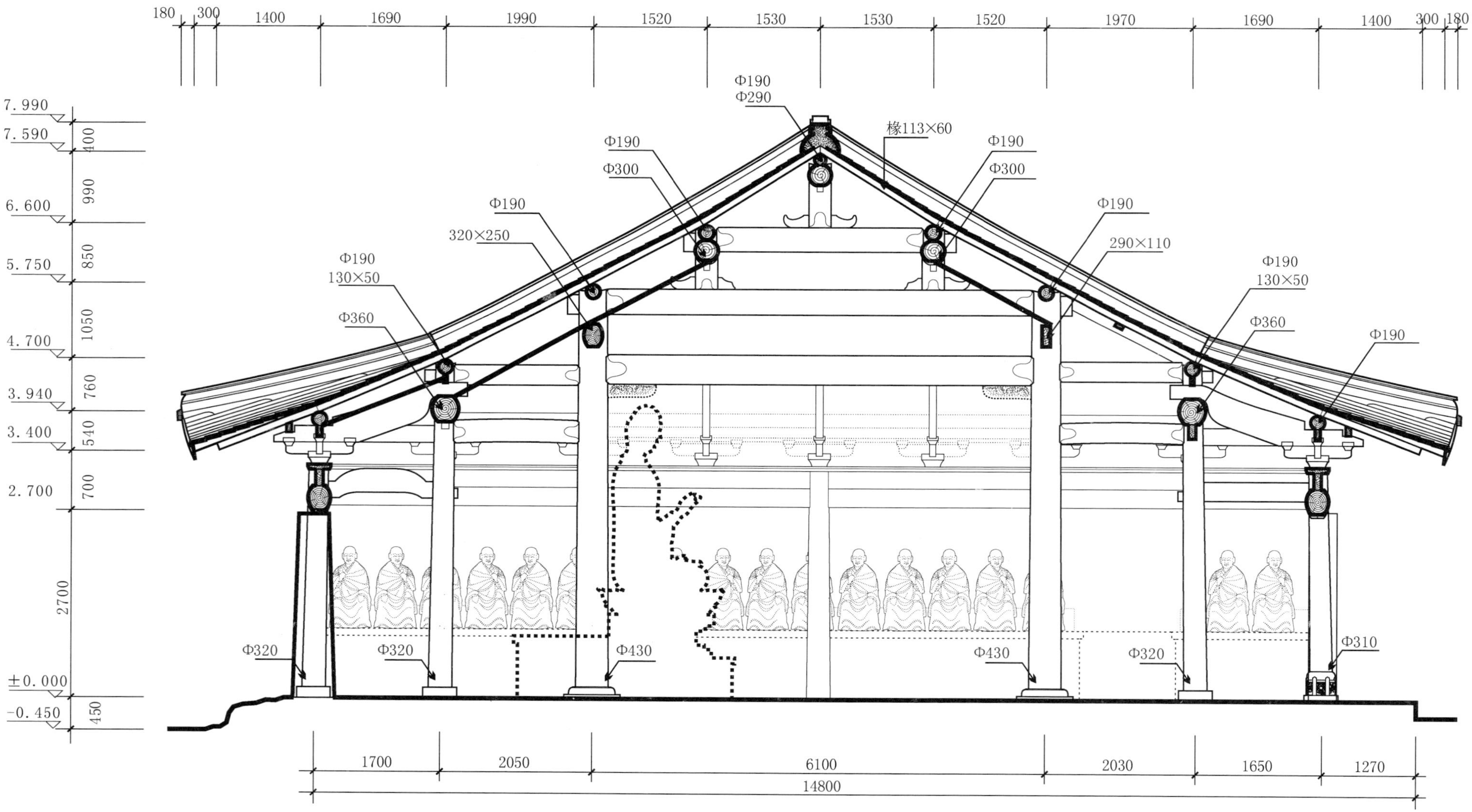

图27 大雄宝殿（明间）2-2剖面图

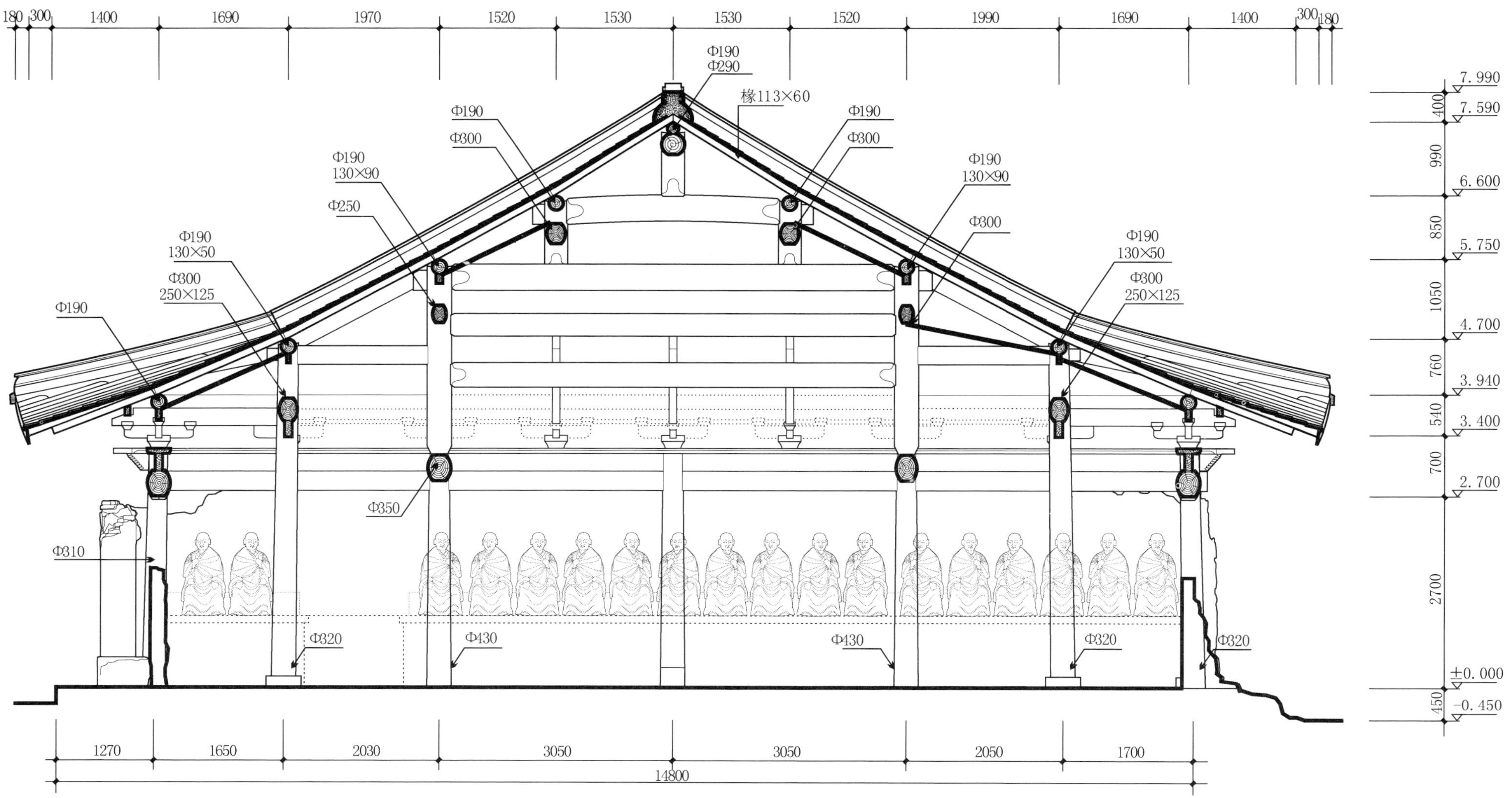

图28 大雄宝殿次间3-3剖面图

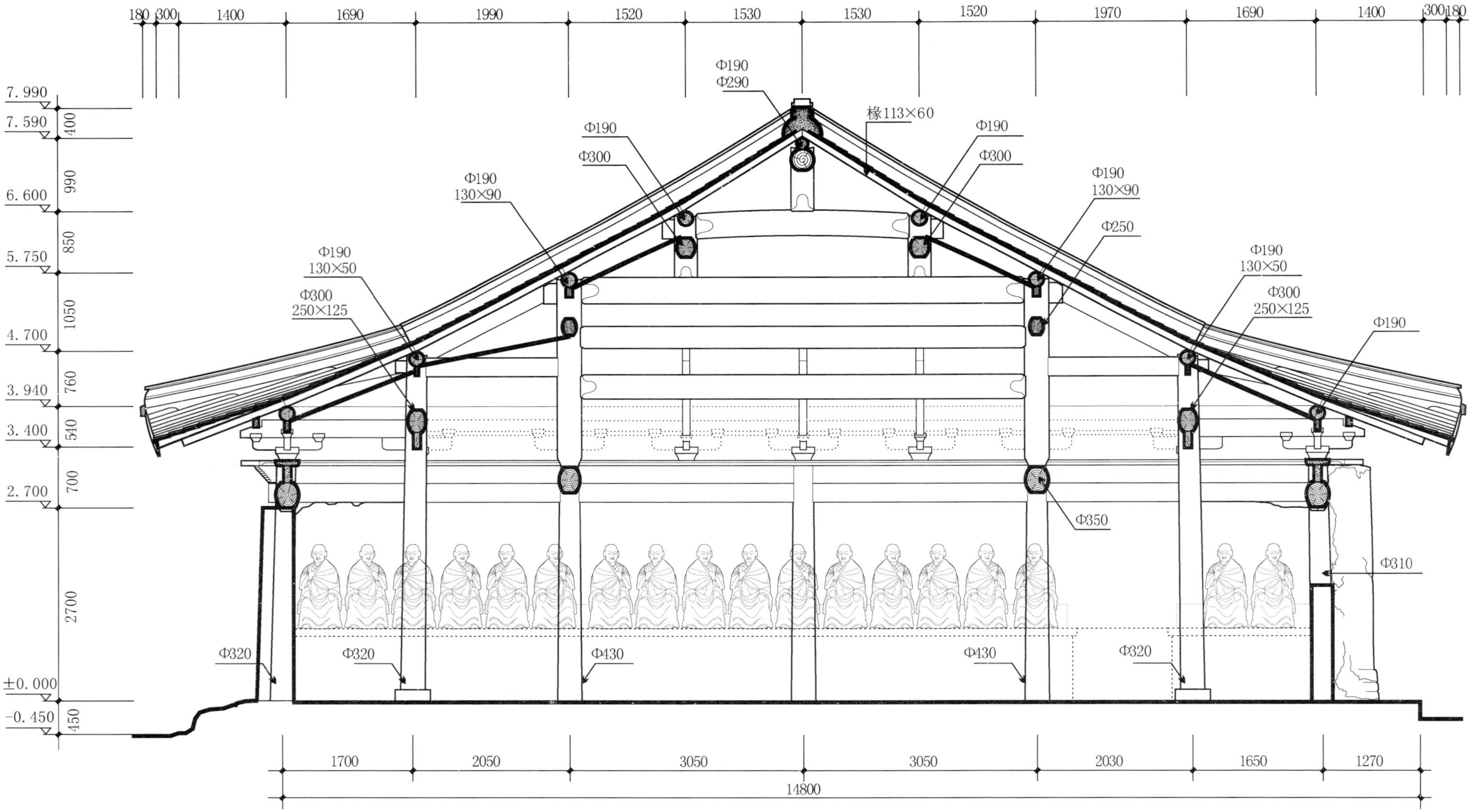
180
300
1400
1690
1990
1520
1530
1530
1520
1970
1690
1400
300
180
7.990
7.590
6.600
5.750
4.700
3.940
3.400
2.700
±0.000
-0.450
400
990
850
1050
760
540
700
2700
450
Φ190
Φ290
椽113×60
Φ190
Φ300
Φ190
130×90
Φ190
130×50
Φ300
250×125
Φ190
Φ300
Φ190
130×90
Φ250
Φ190
130×50
Φ300
250×125
Φ190
Φ350
Φ310
Φ320
Φ320
Φ430
Φ430
Φ320
1700
2050
3050
3050
2030
1650
1270
14800

图29　大雄宝殿次间4-4剖面图

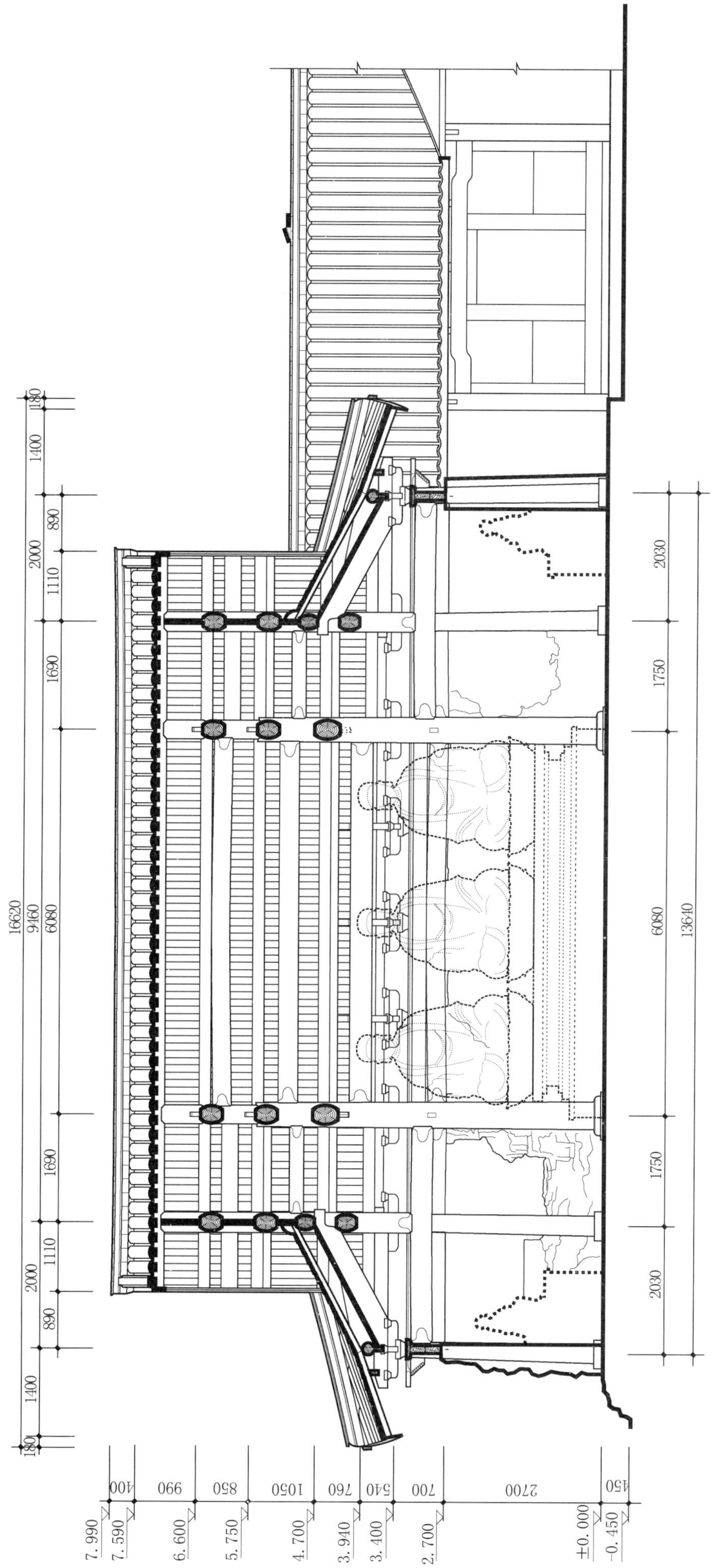
16620
9460
6080
180
1400
890
2000
1110
1690
1750
2030
13640
400
990
850
1050
760
540
700
2700
150
7.990
7.590
6.600
5.750
4.700
3.940
3.400
2.700
±0.000
-0.450

图30 大雄宝殿5-5剖面图

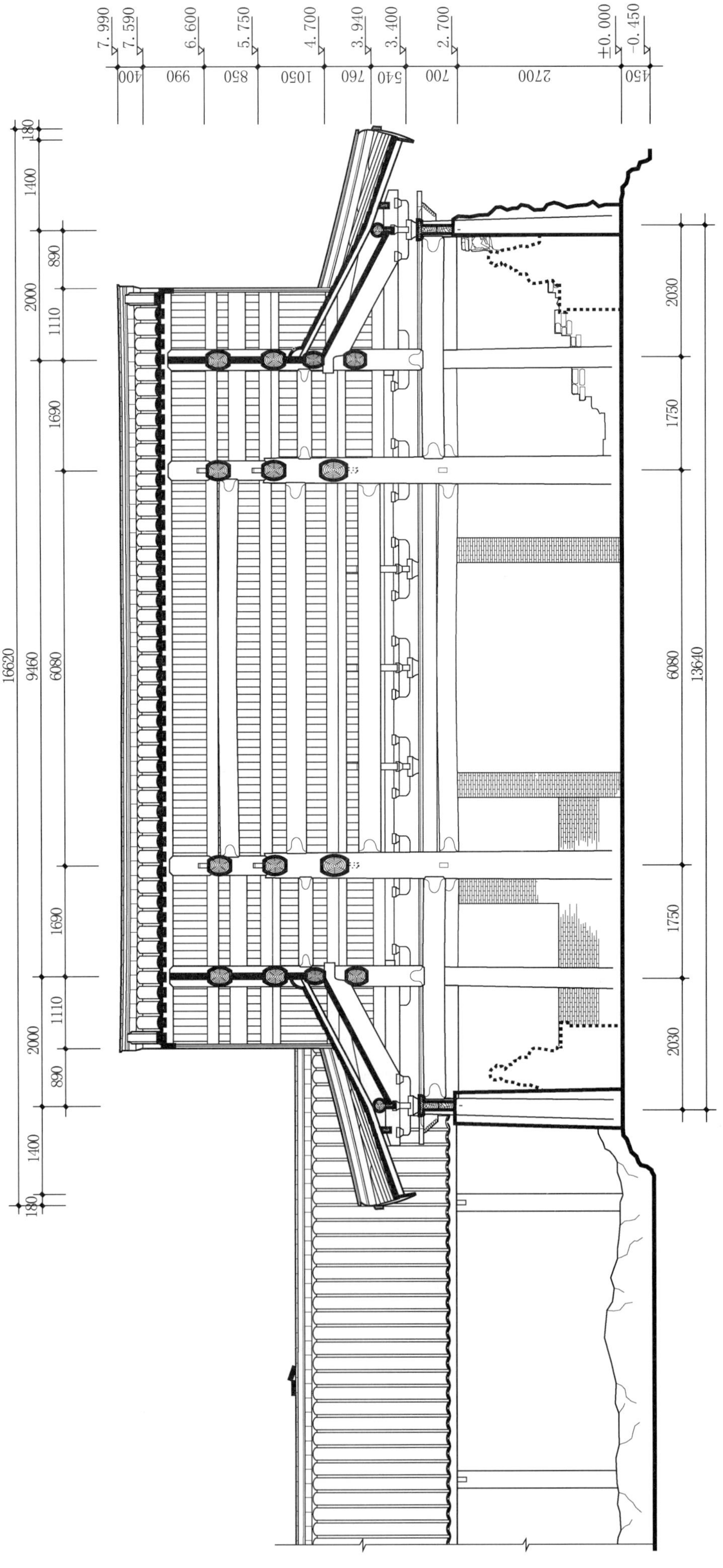

图31　大雄宝殿6-6剖面图

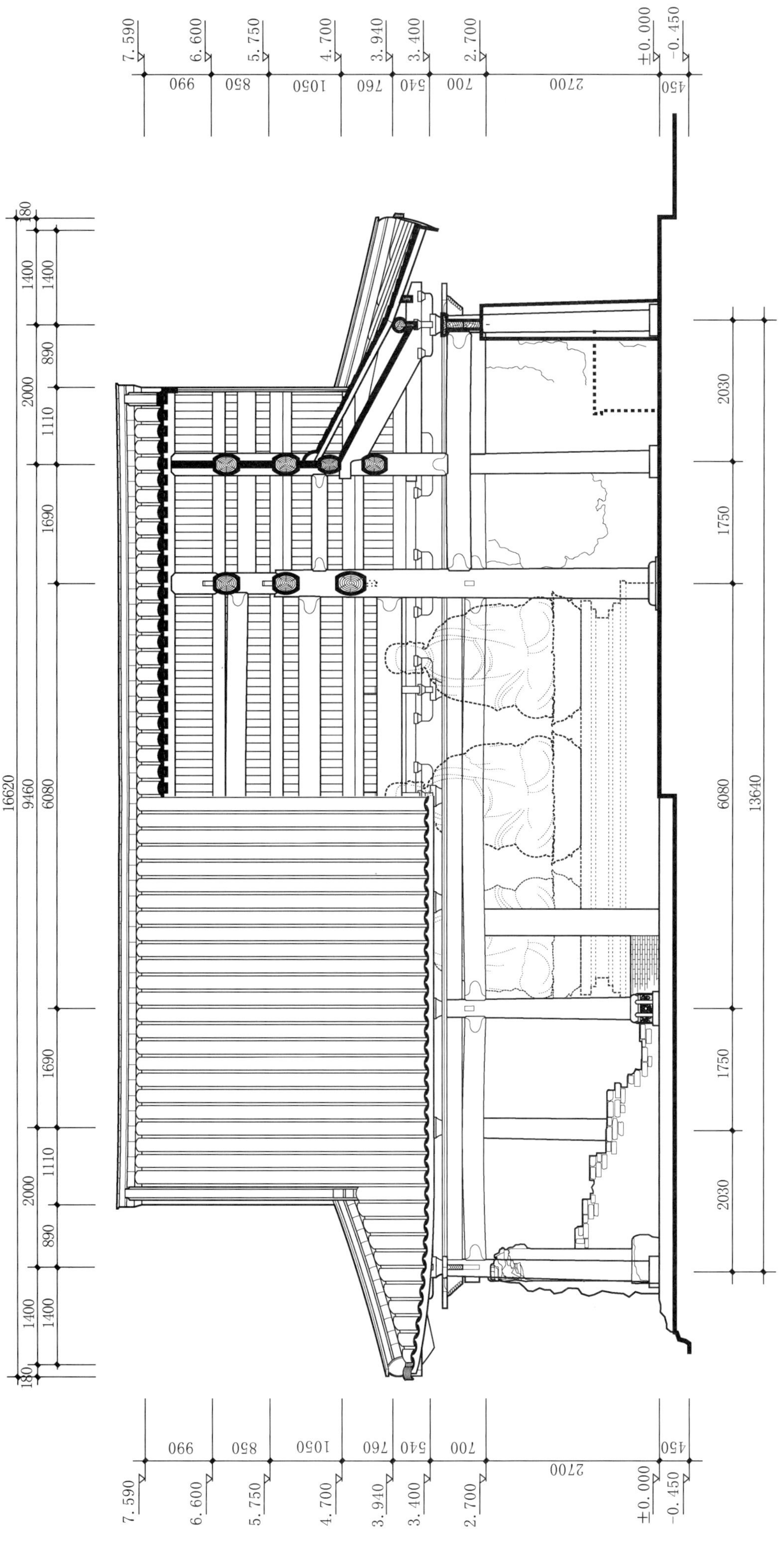

图32 大雄宝殿（北面）正立面、纵剖面交接关系图

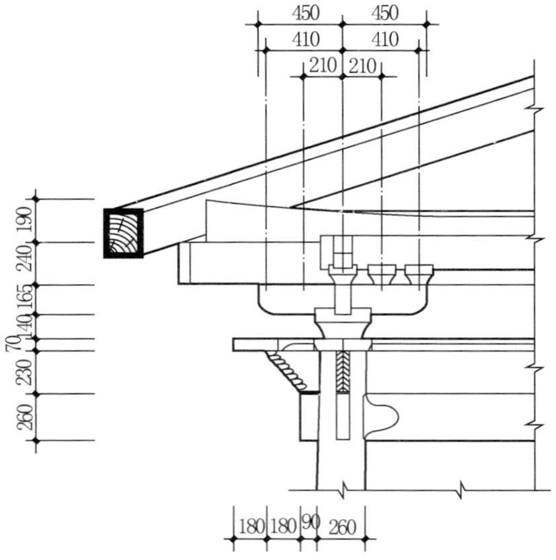

前、后檐转角铺作正立面详图

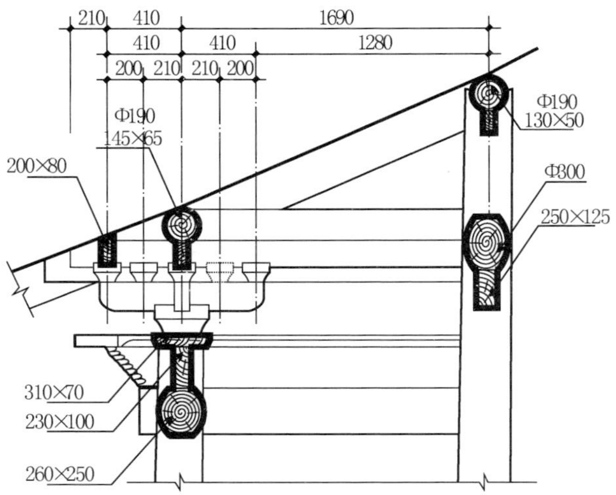

前、后檐转角铺作侧立面详图

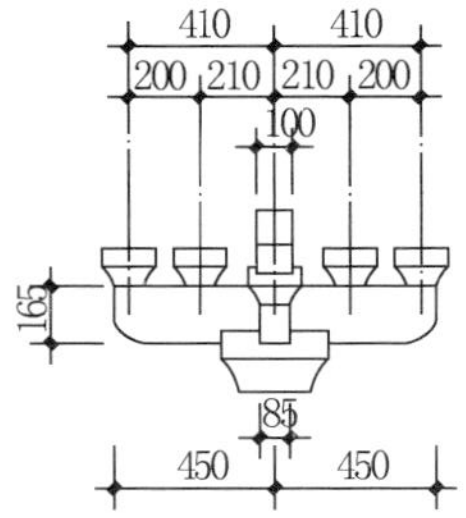

前、后檐转角铺作斗拱正立面详图

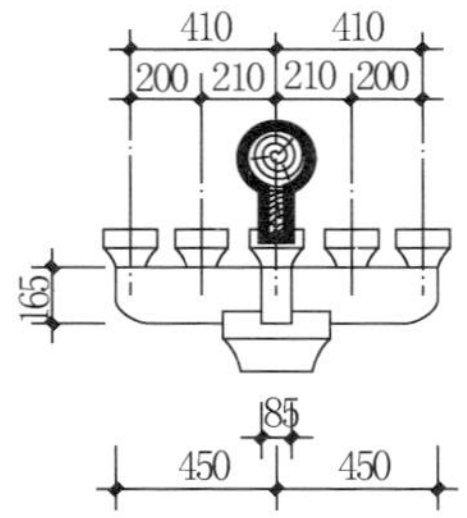

前、后檐转角铺作斗拱侧立面详图

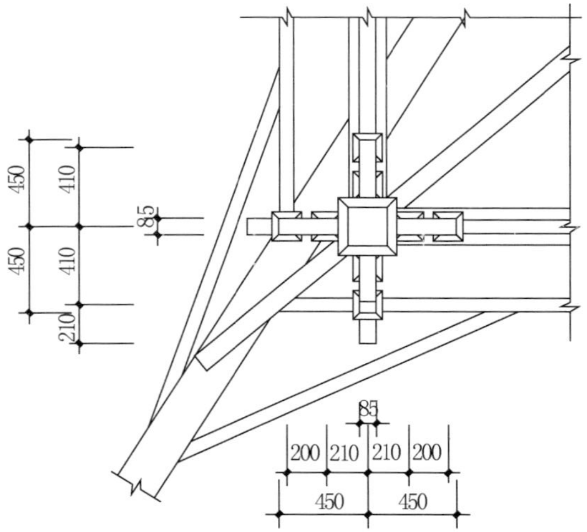

前、后檐转角铺作平面详图

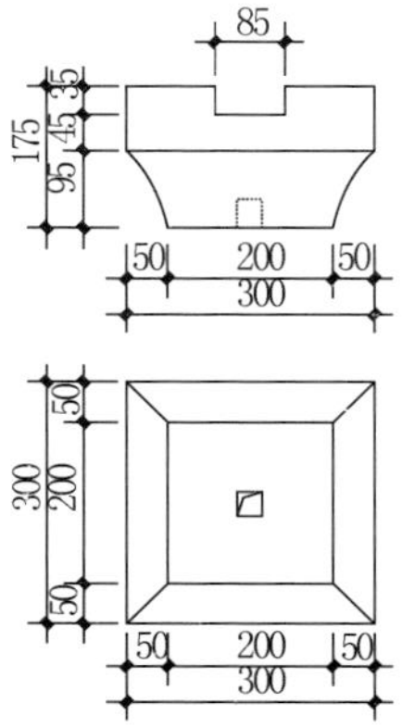

栌斗详图

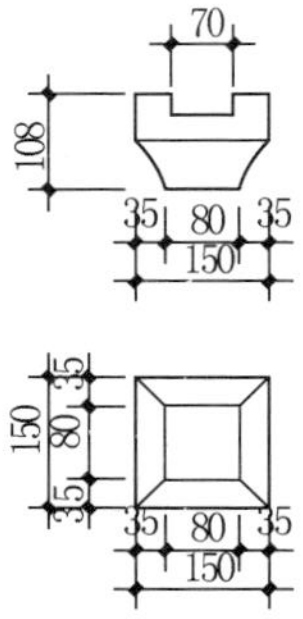

散斗详图

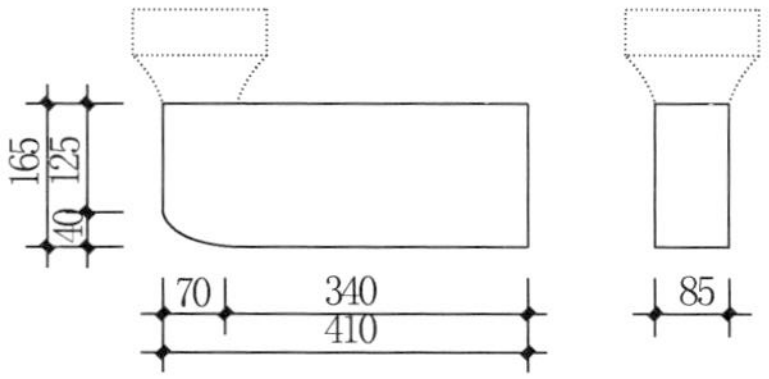

拱详图(一)

图33　大雄宝殿前、后檐转角铺作详图

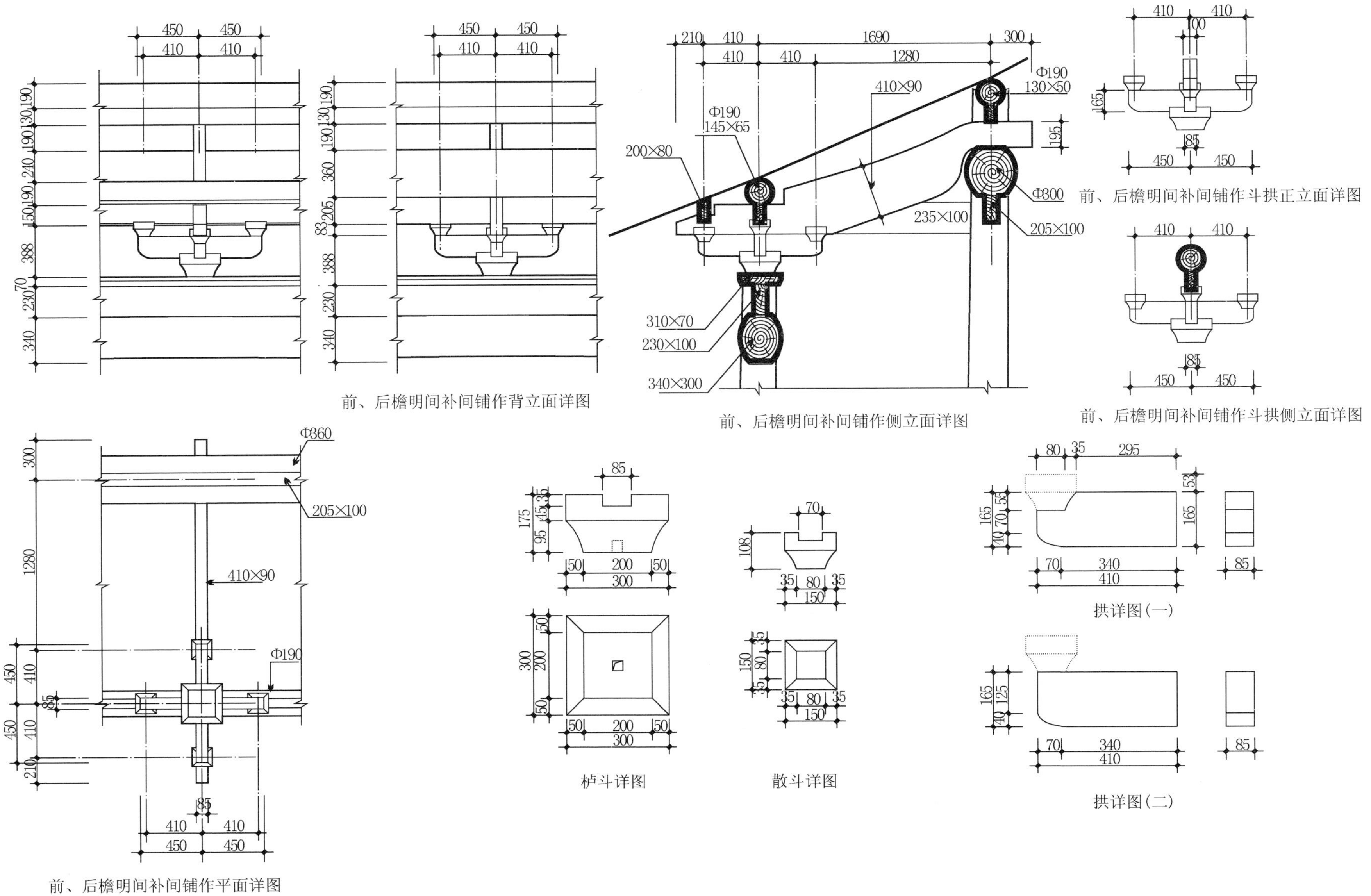

图34　大雄宝殿前、后檐明间补间铺作详图

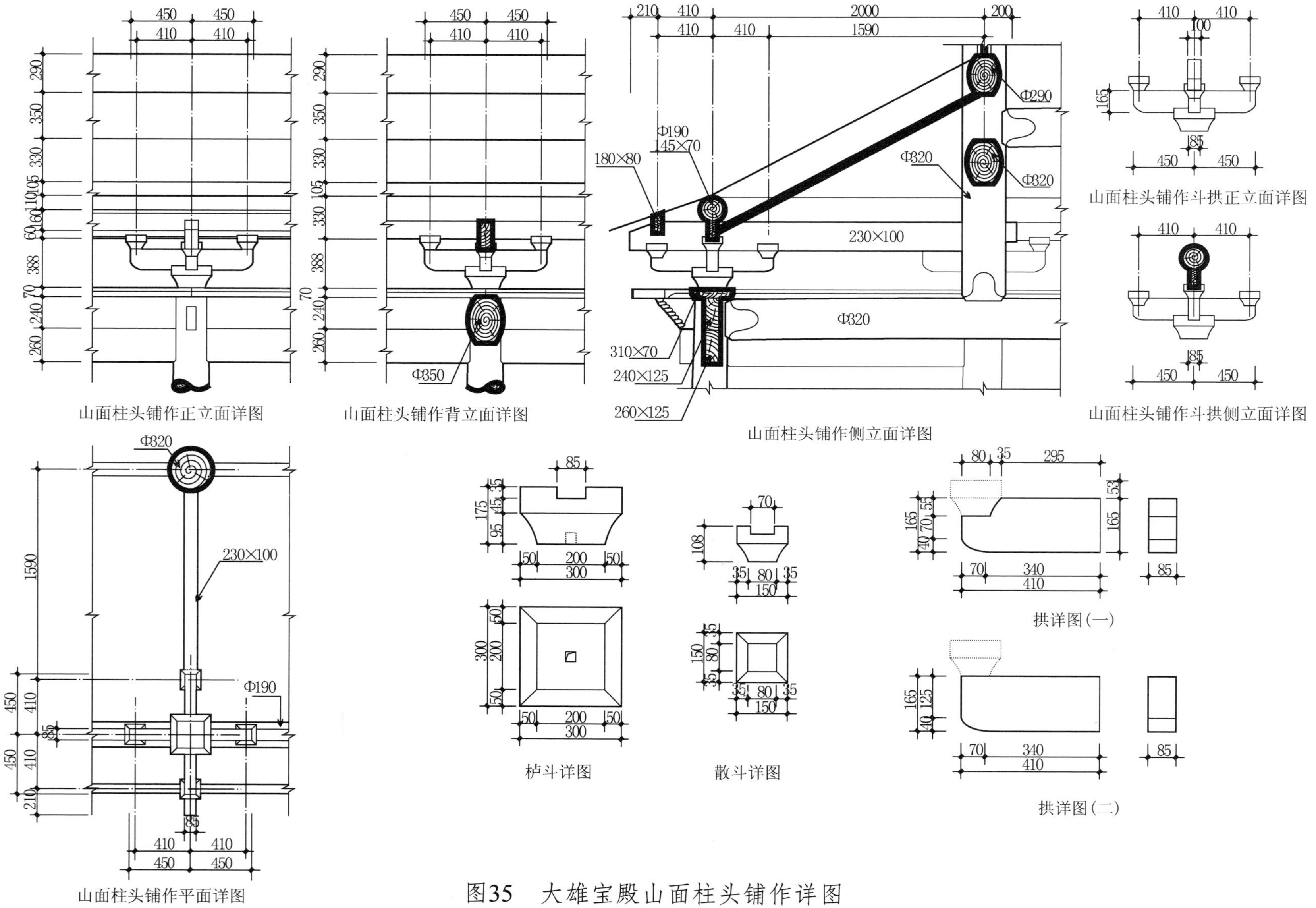
山面柱头铺作正立面详图
山面柱头铺作背立面详图
Φ350
山面柱头铺作侧立面详图
180×80
Φ190
145×70
Φ320
Φ290
230×100
310×70
240×125
260×125
山面柱头铺作斗拱正立面详图
山面柱头铺作斗拱侧立面详图
山面柱头铺作平面详图
Φ190
栌斗详图
散斗详图
拱详图(一)
拱详图(二)

图35　大雄宝殿山面柱头铺作详图

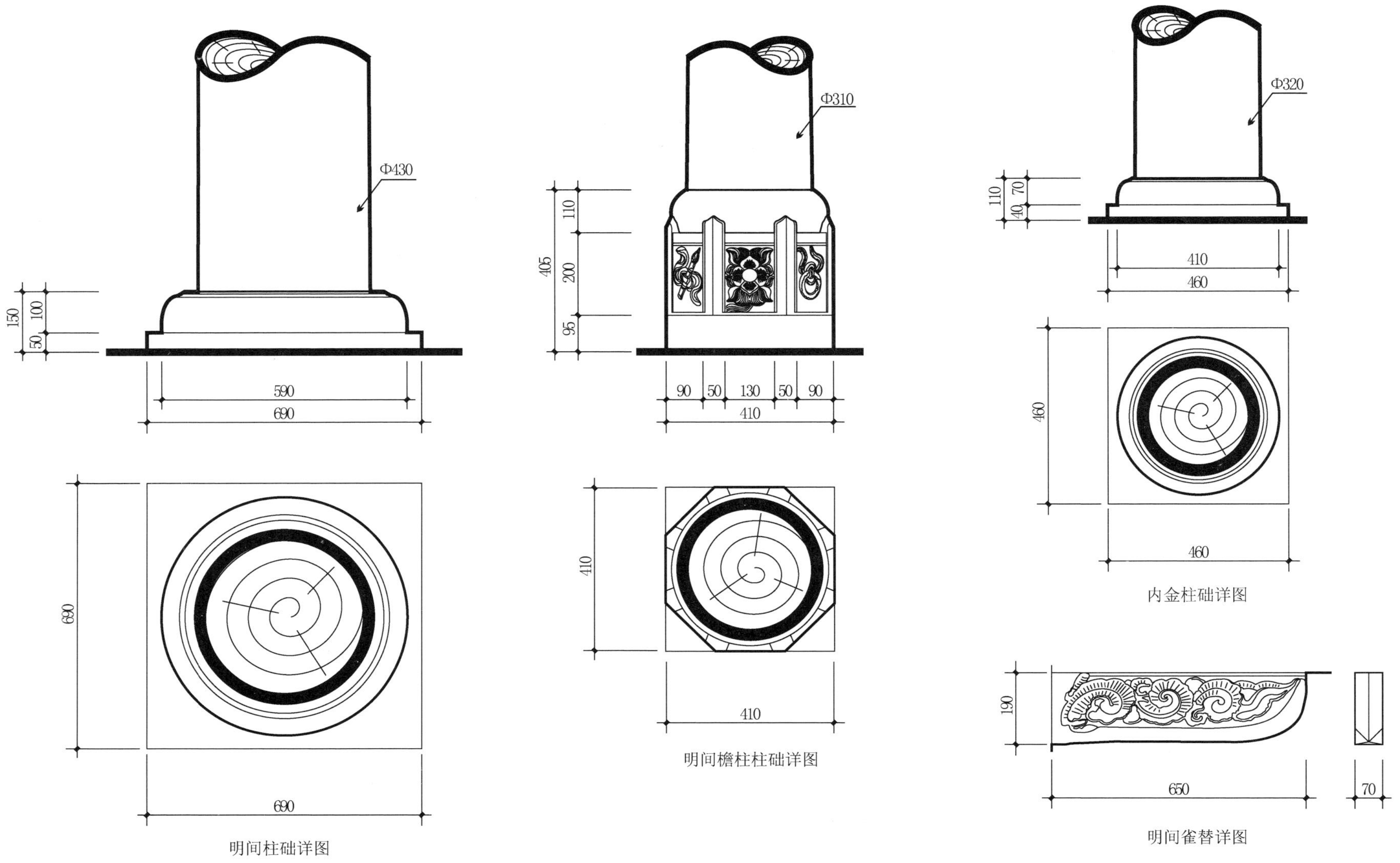
Φ430
150
100
50
590
690
690
690
明间柱础详图
Φ310
405
110
200
95
90
50
130
50
90
410
410
410
明间檐柱柱础详图
Φ320
110
70
40
410
460
460
460
内金柱础详图
190
650
70
明间雀替详图

图36　大雄宝殿柱础、雀替详图

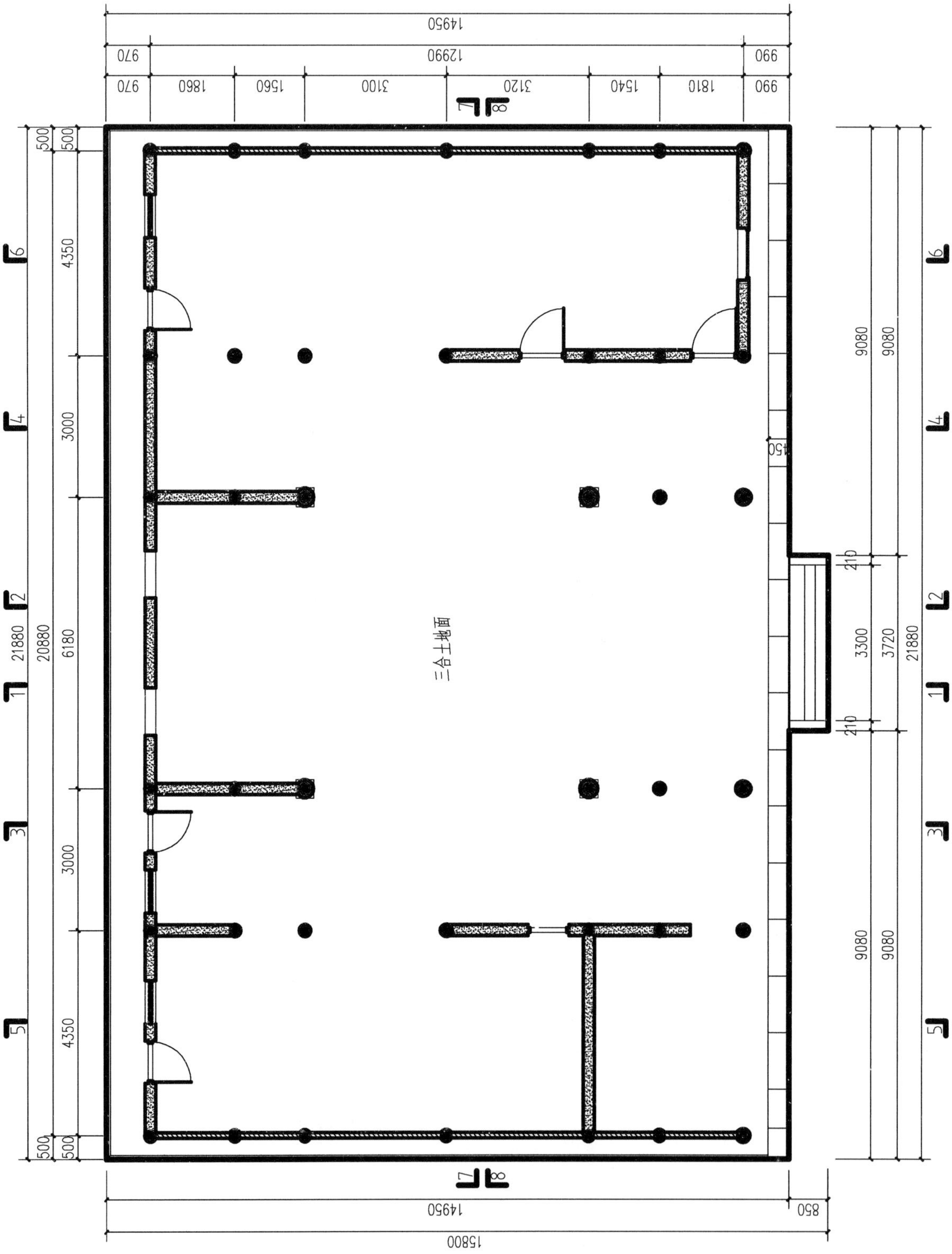
三合土地面
14950
970
12990
990
1860
1560
3100
3120
1540
1810
15800
850
21880
20880
4350
3000
6180
500
9080
3300
3720
210
450

图37　观音殿平面图

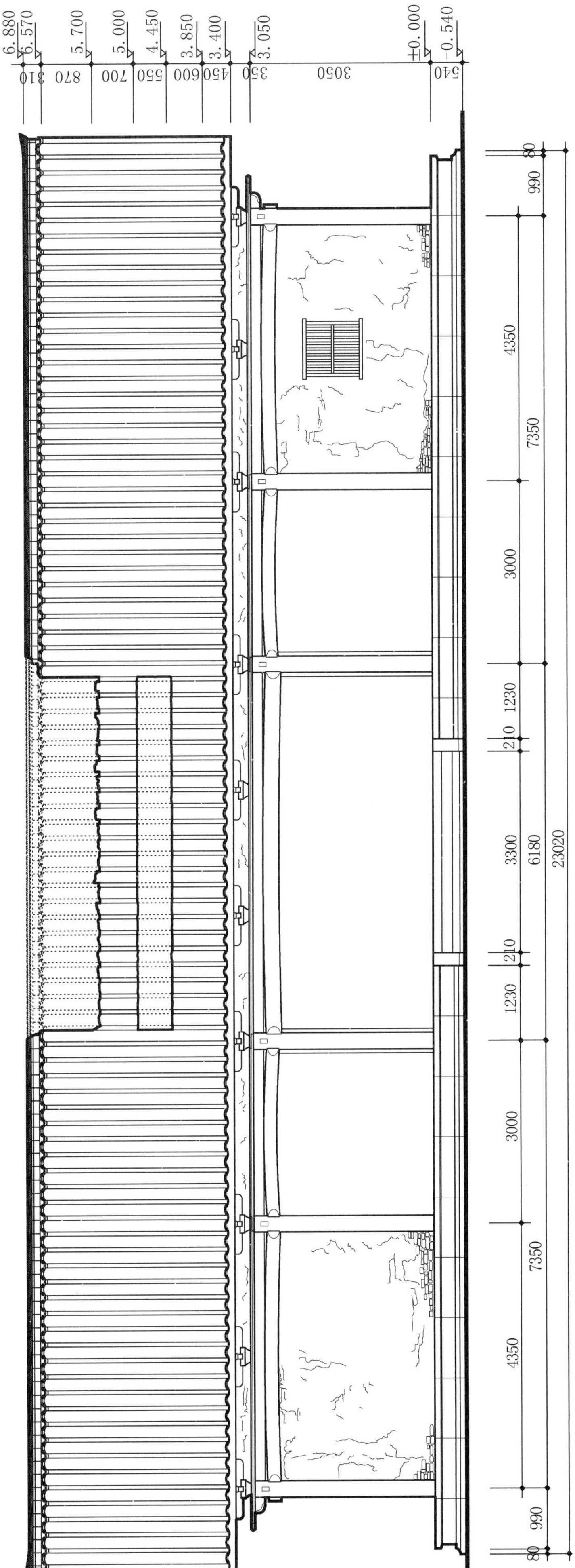

图38 观音殿（北）正立面图

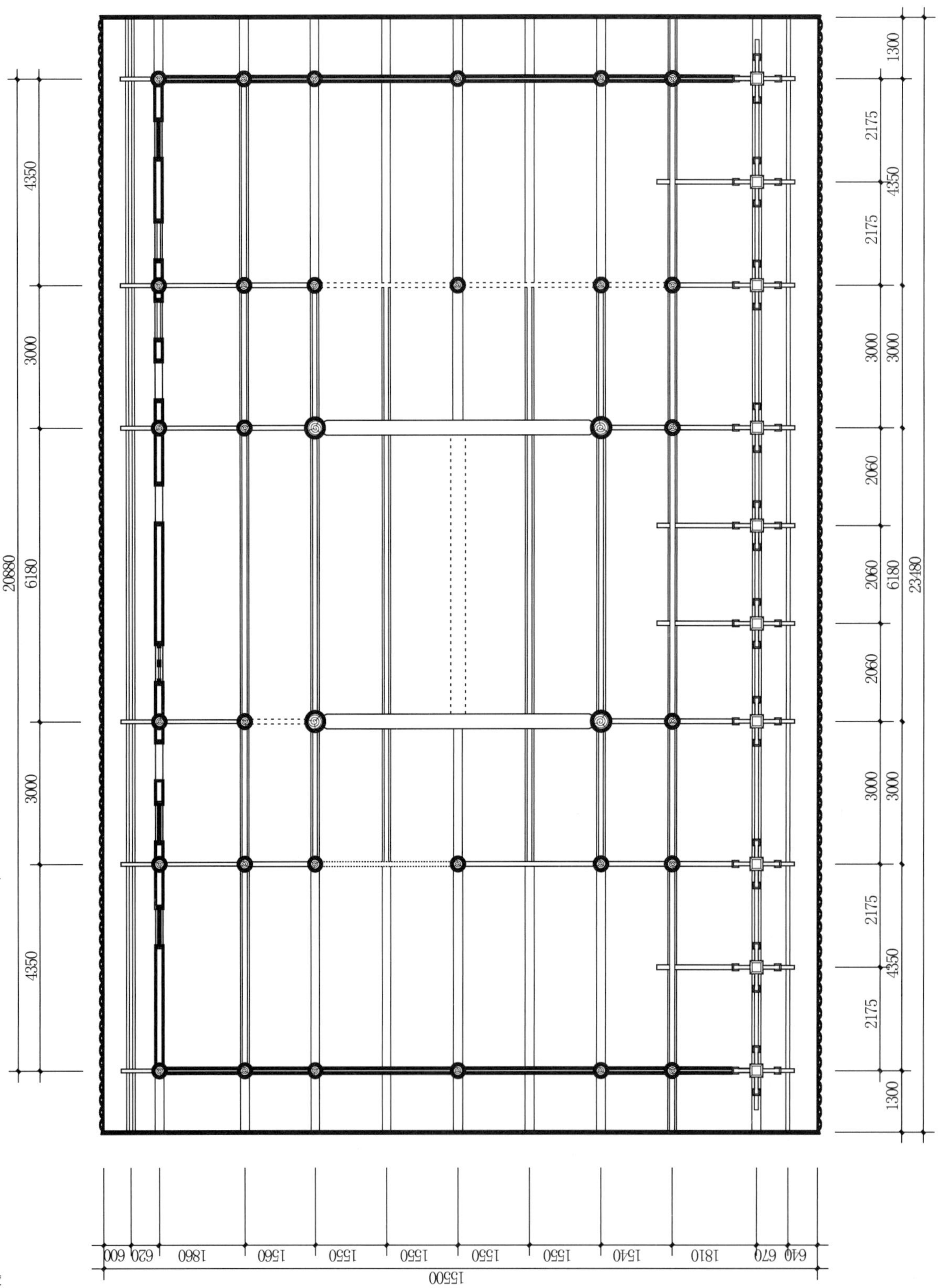

图39 观音殿梁架仰视图

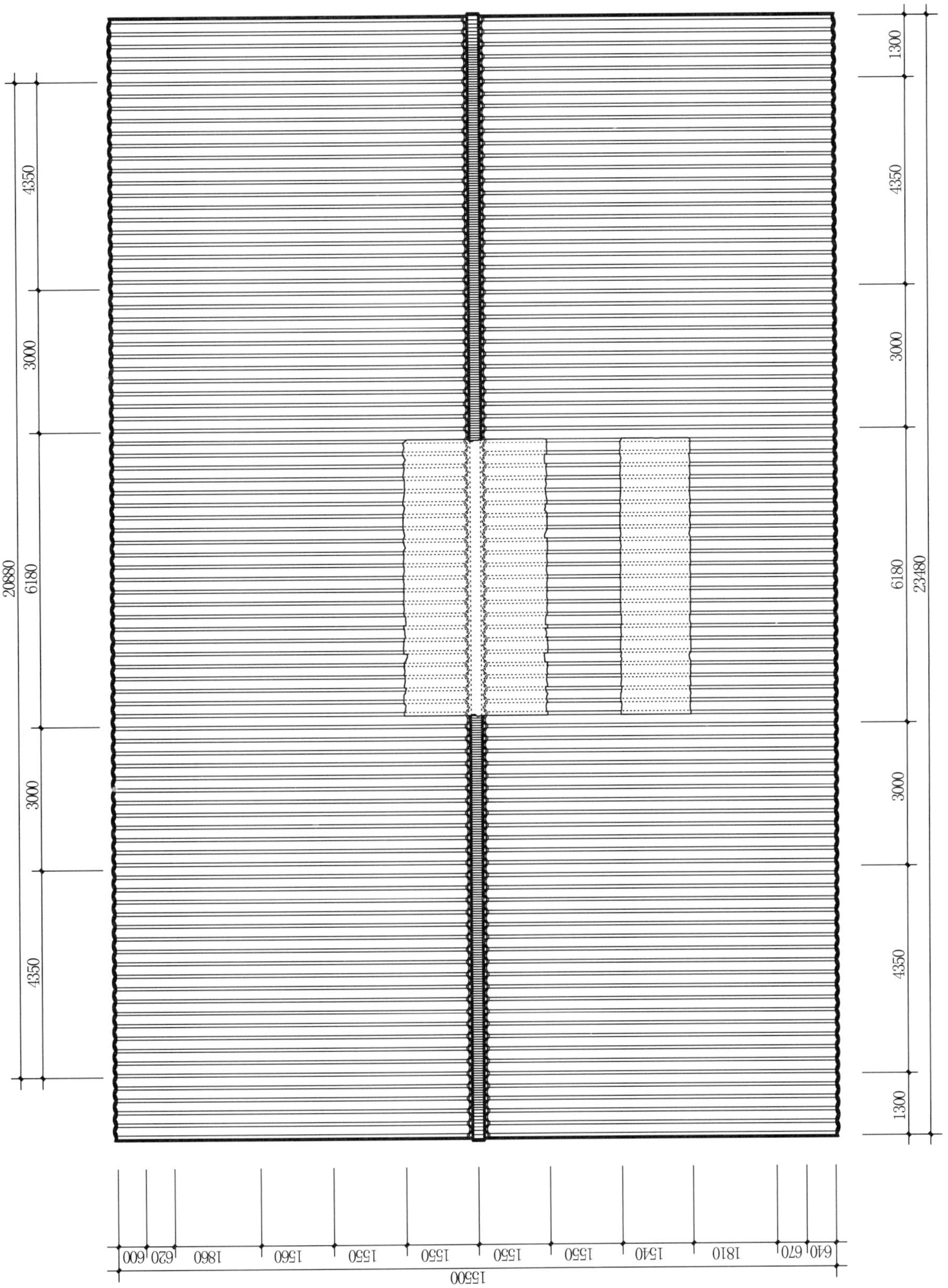

图40 视音殿屋面俯视图

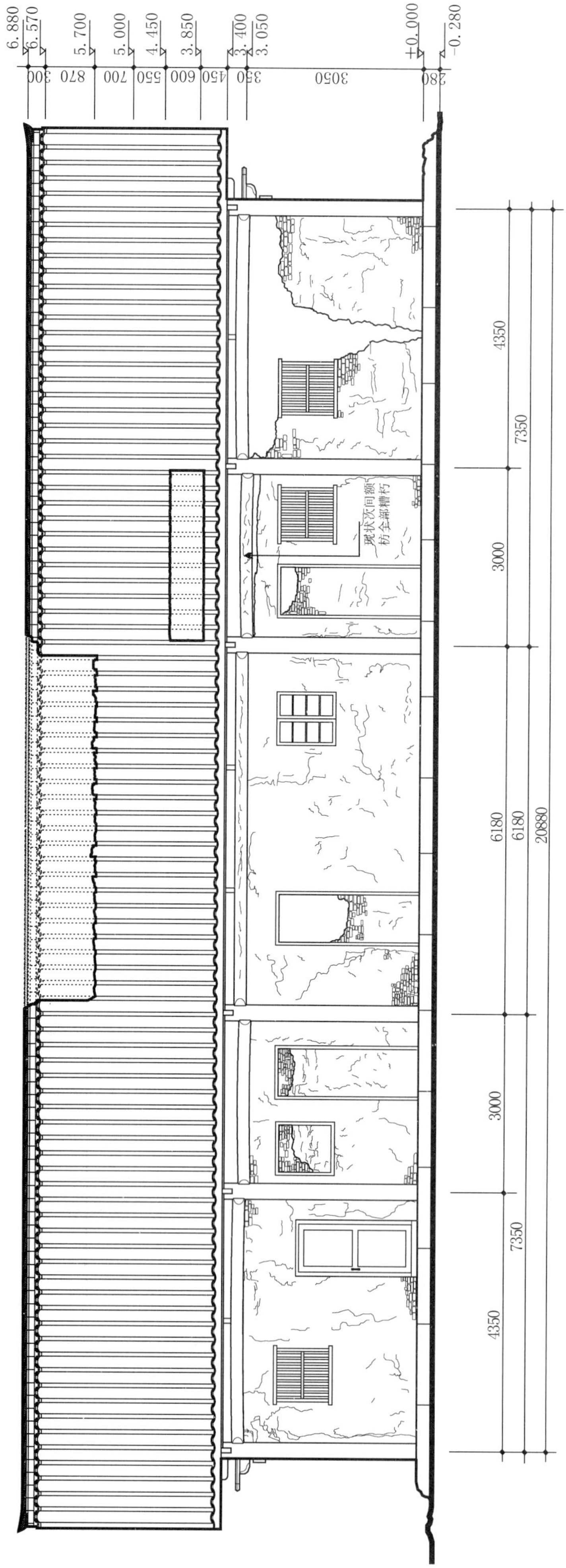

图41 观音殿背（南）立面图

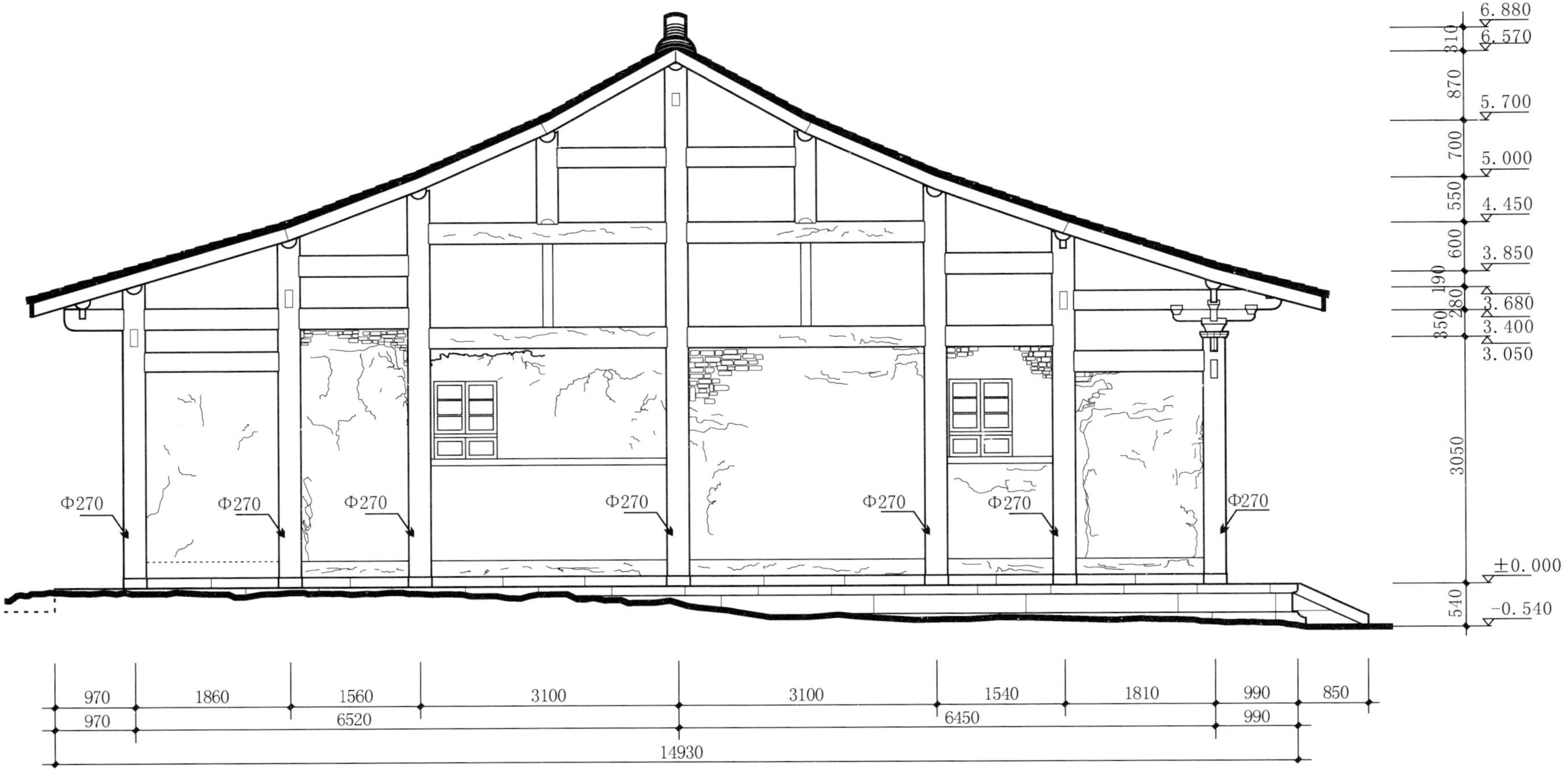

图42　观音殿左侧（东）立面图

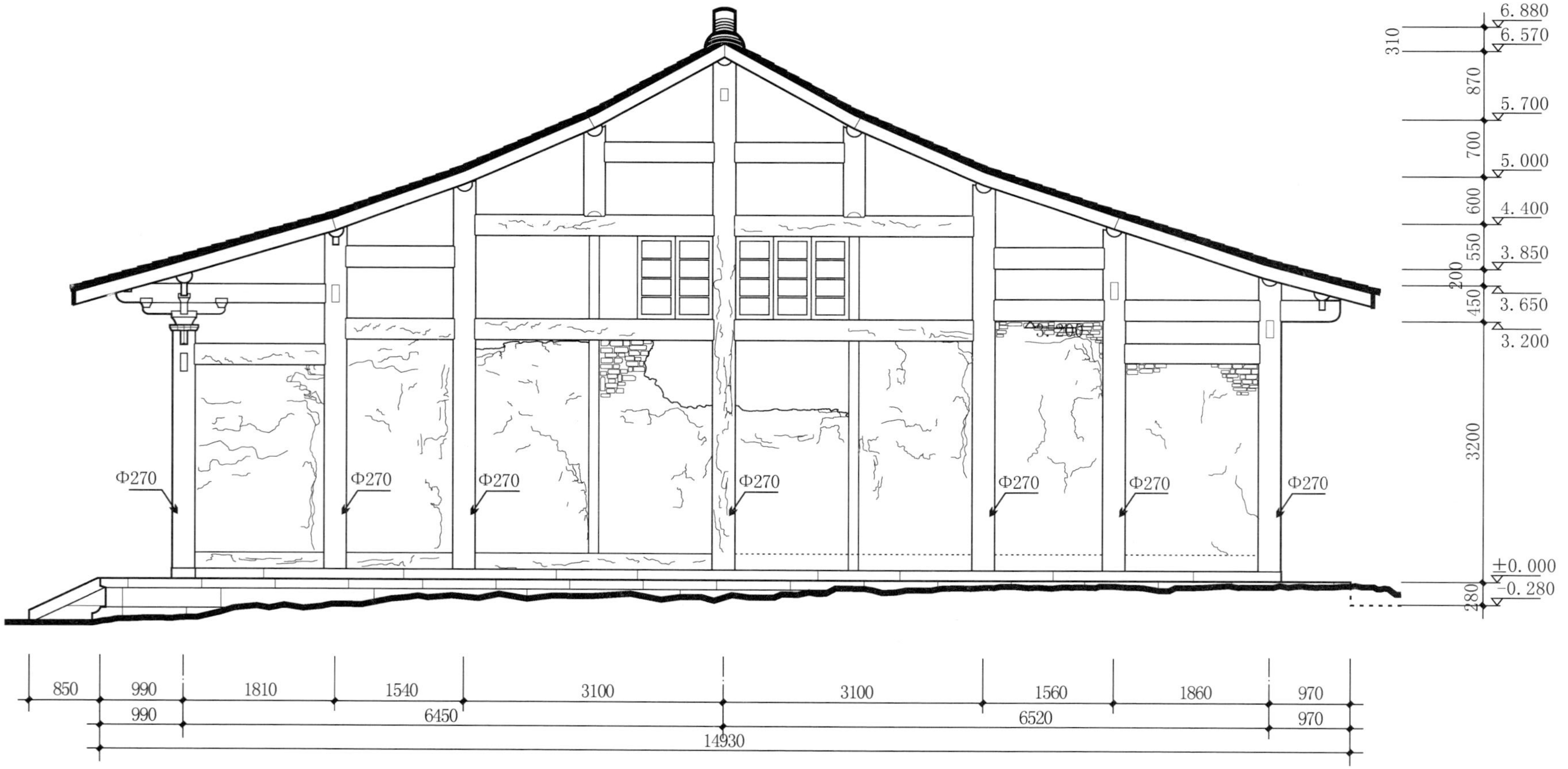

图43　观音殿右侧（西）立面现状图

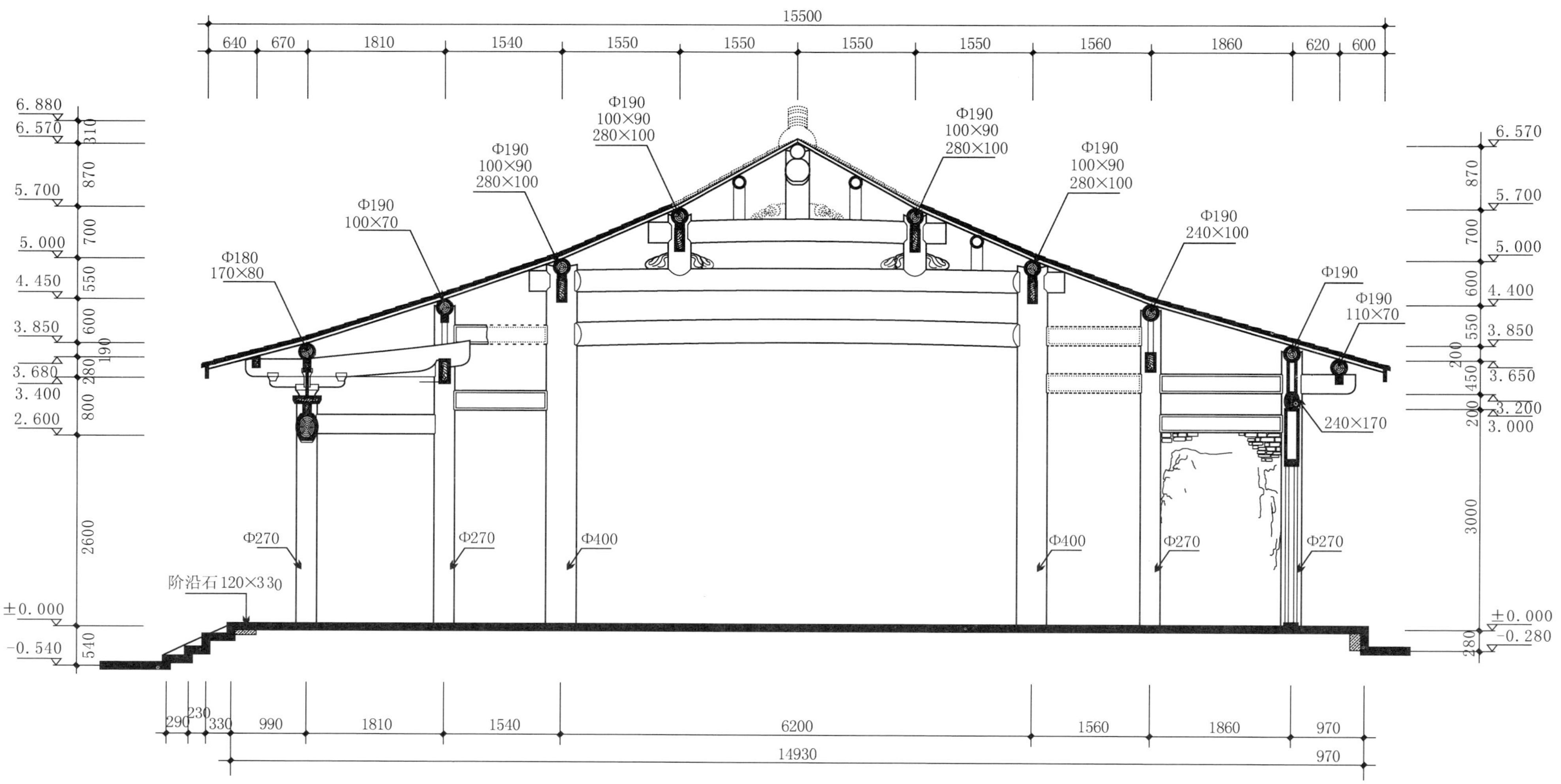

图44 观音殿明间1-1剖面图

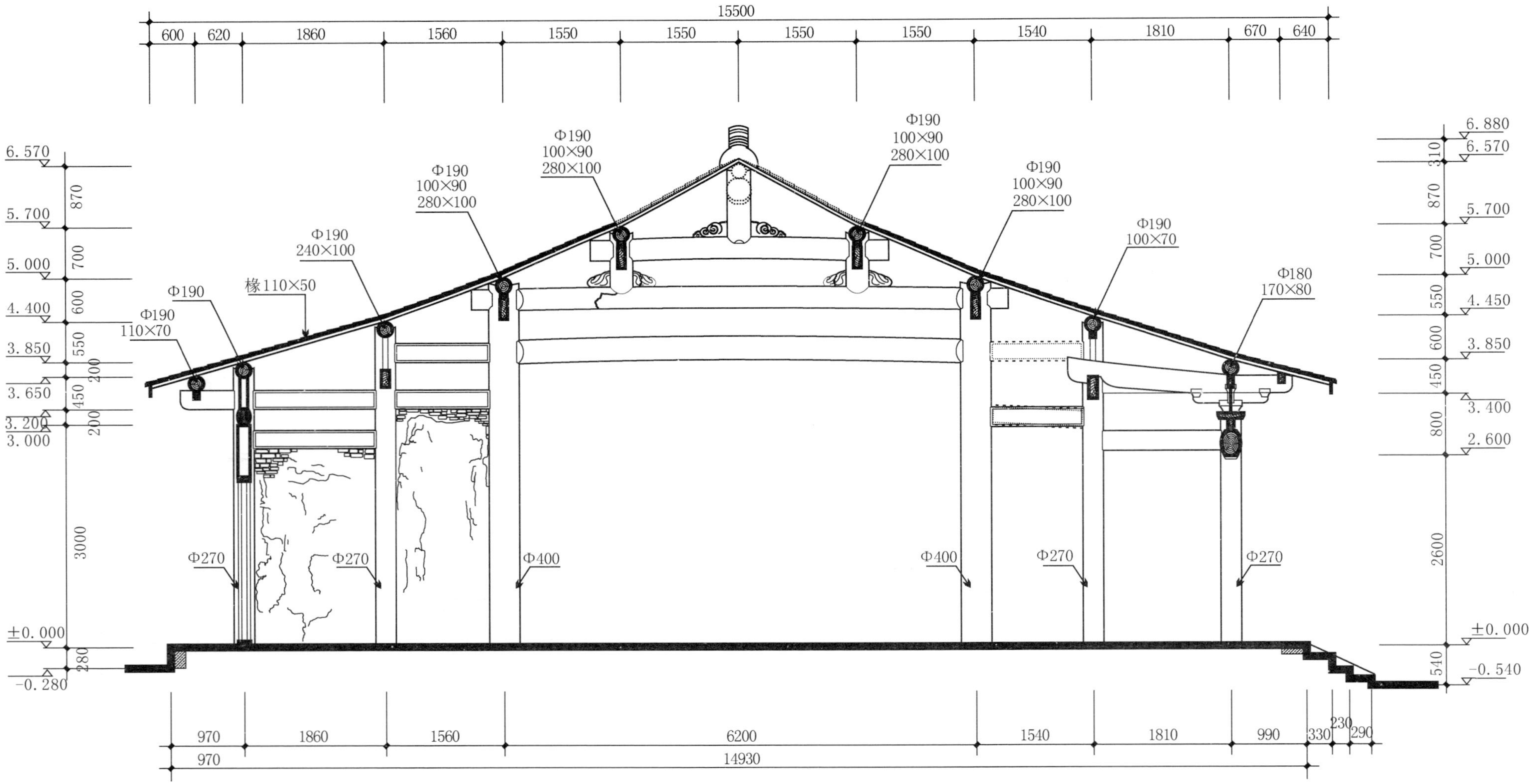

图45　观音殿明间2-2剖面图

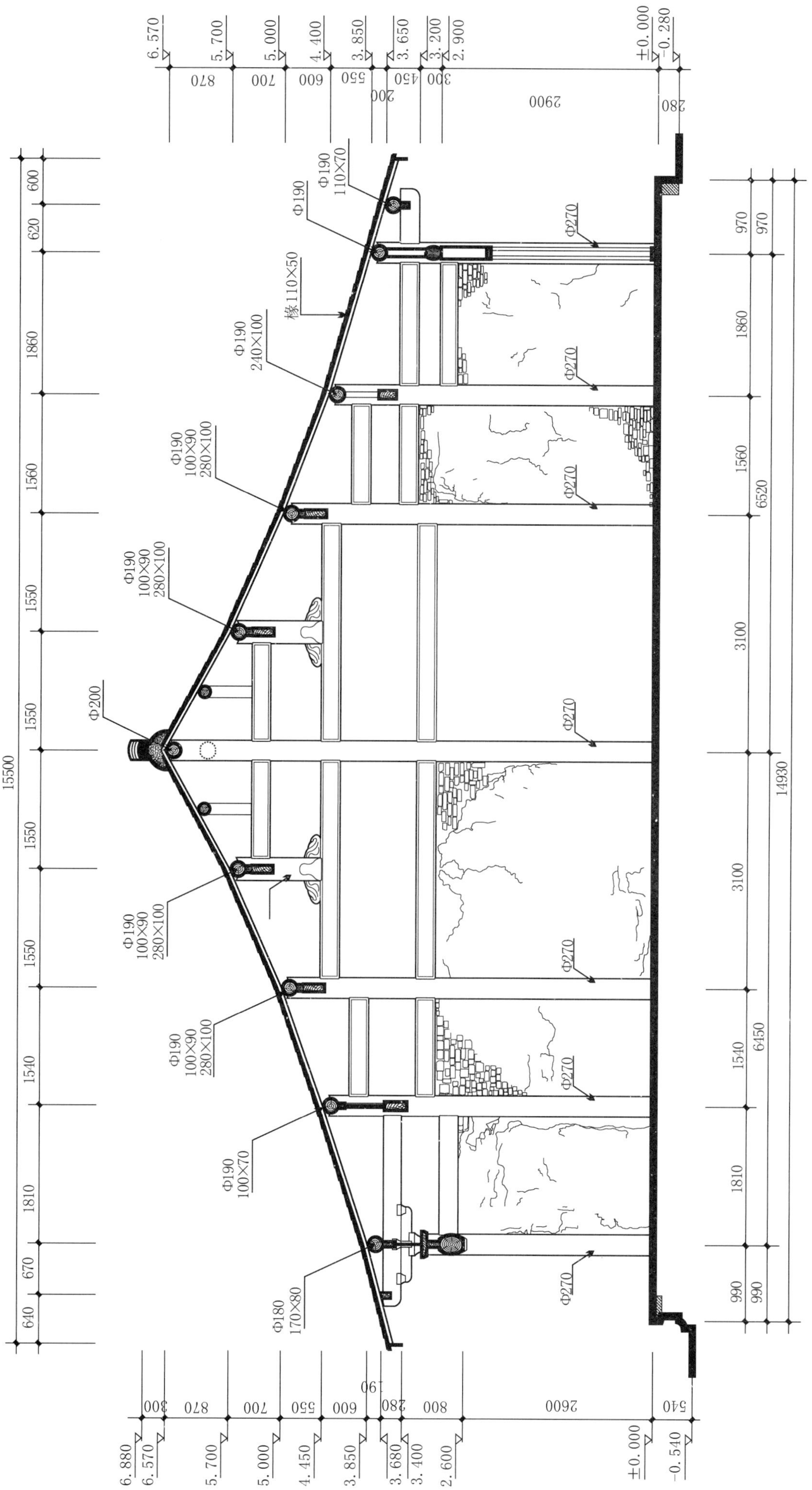

图46 观音殿3-3剖面图

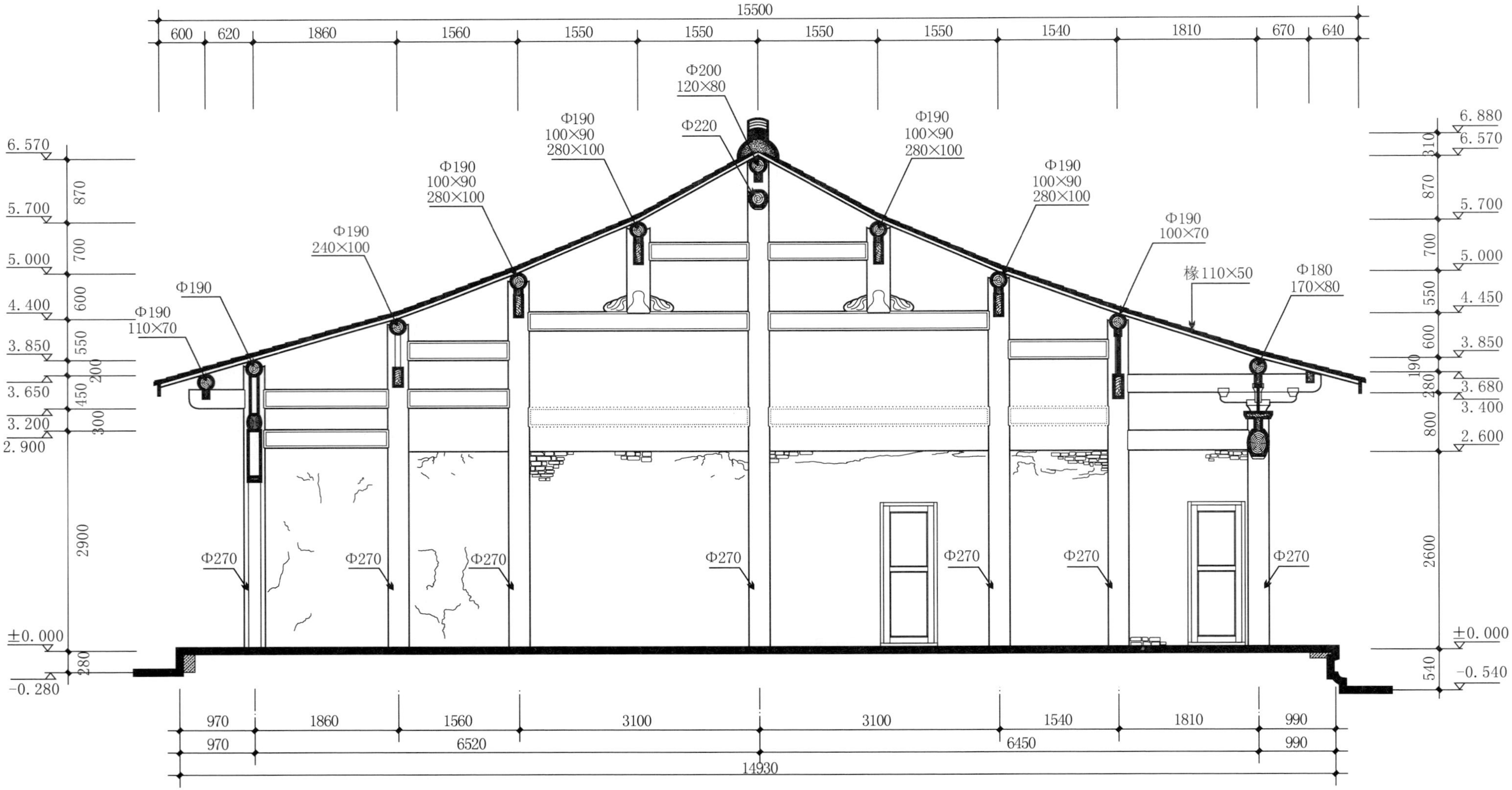

图47 观音殿4-4剖面图

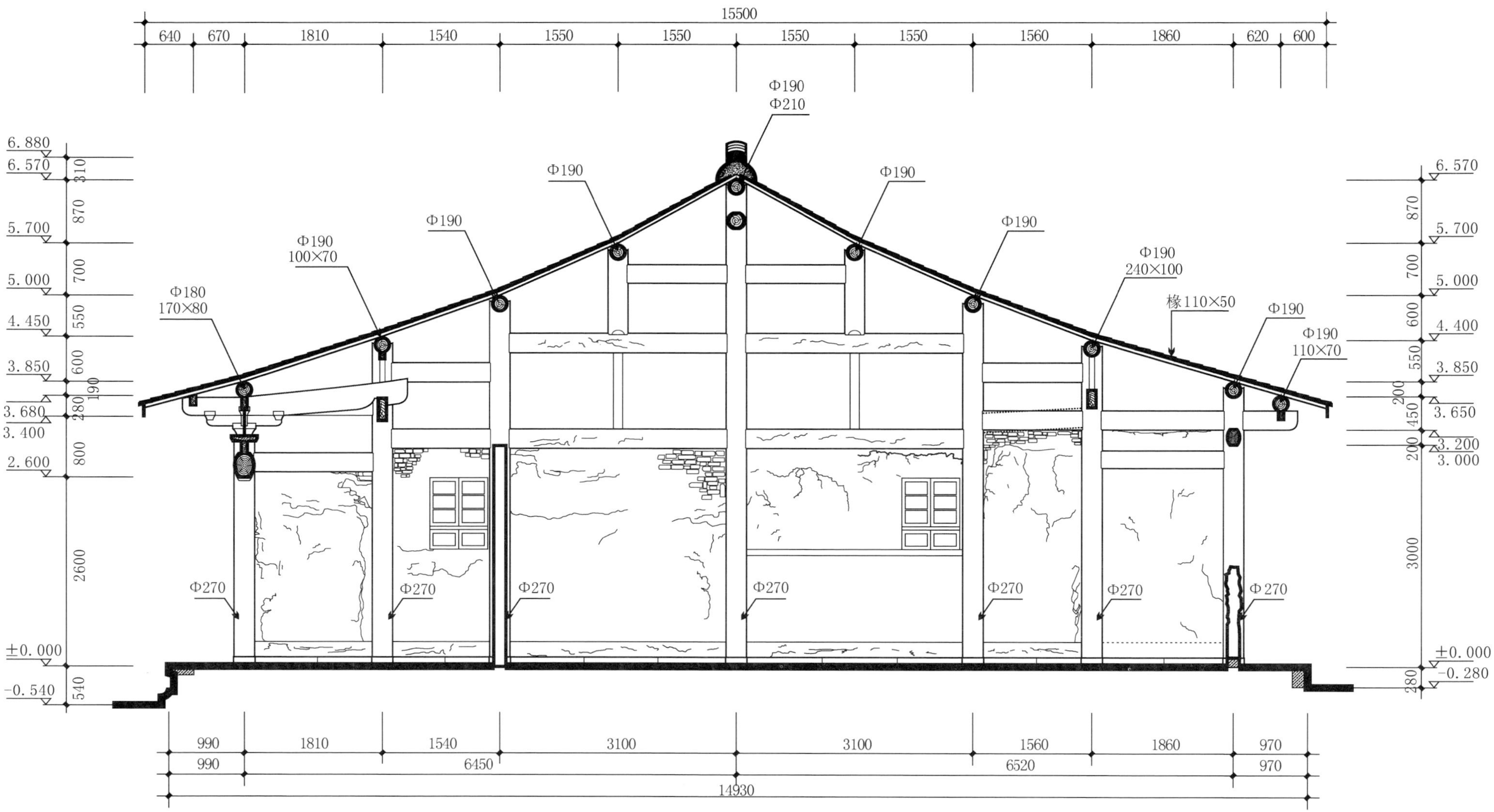

图48　观音殿5-5剖面图

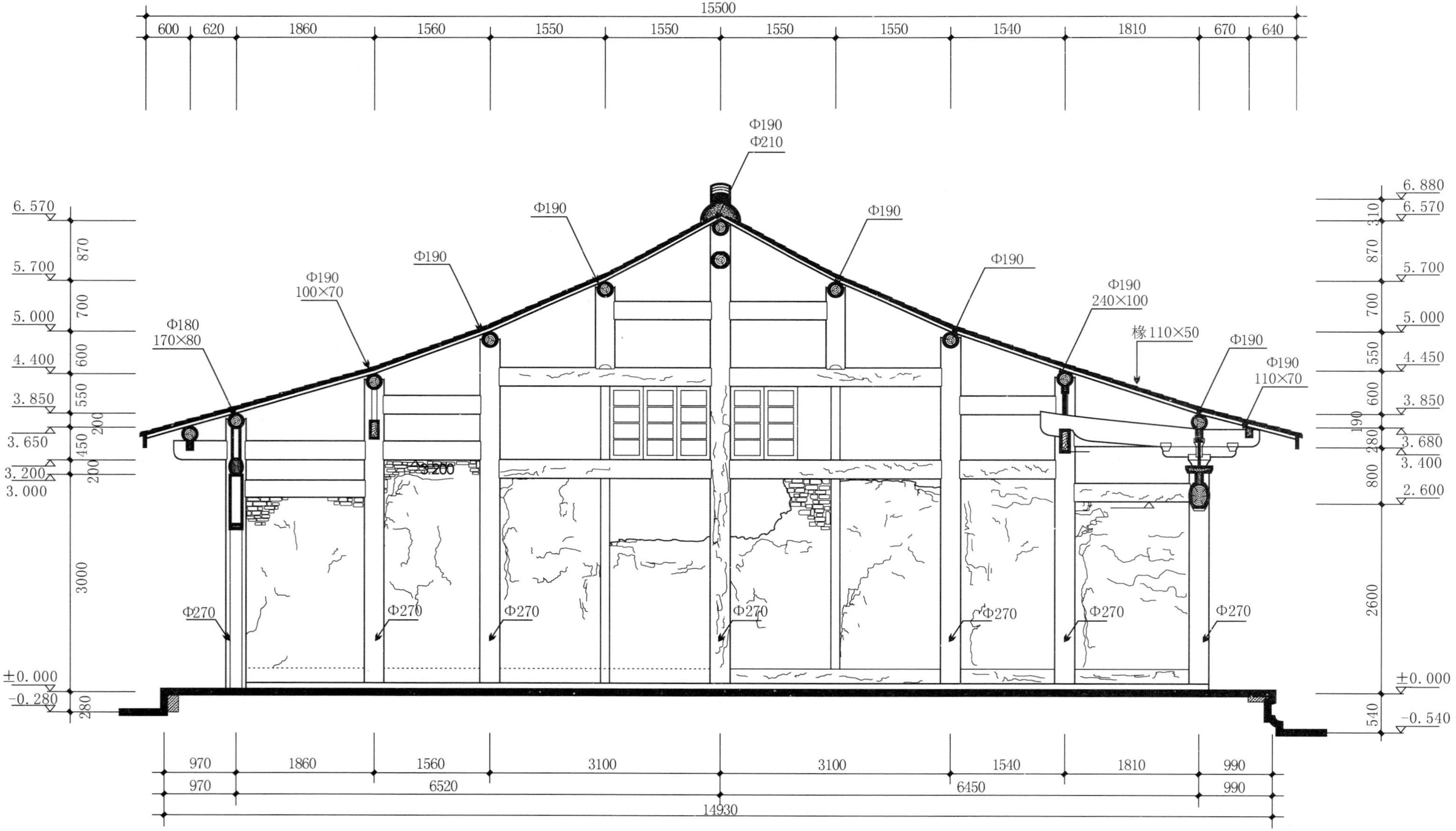

图49　观音殿6-6剖面图

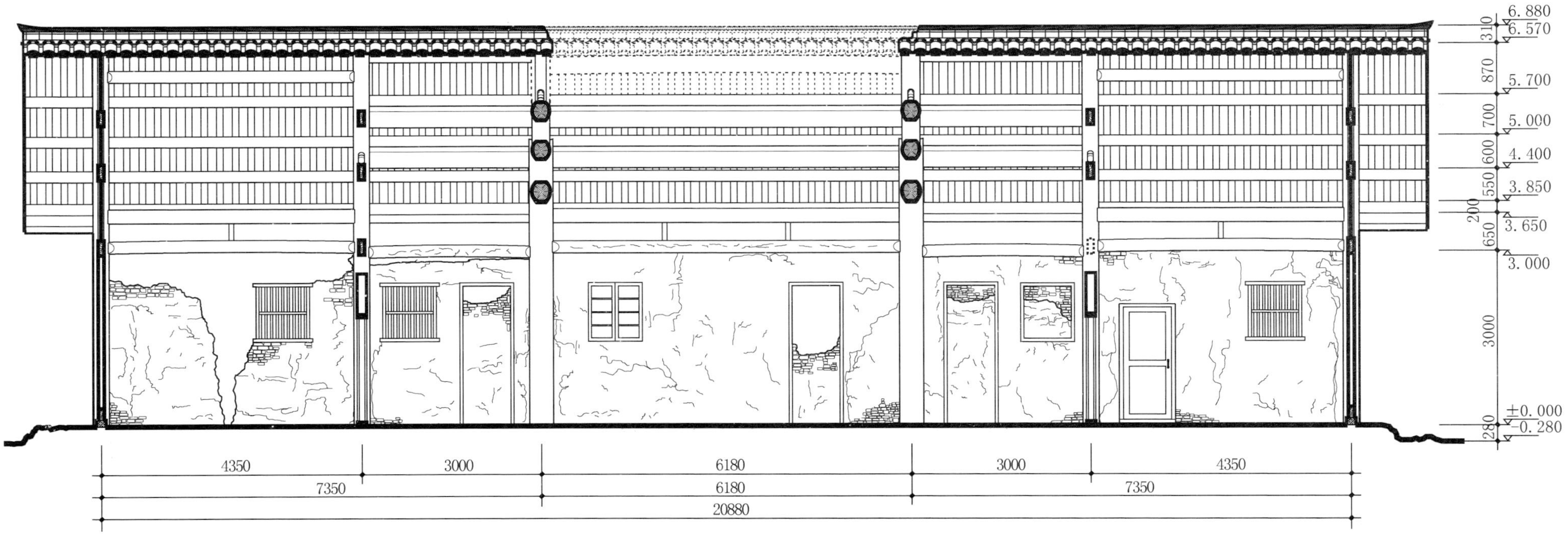

图50　观音殿7-7剖面图

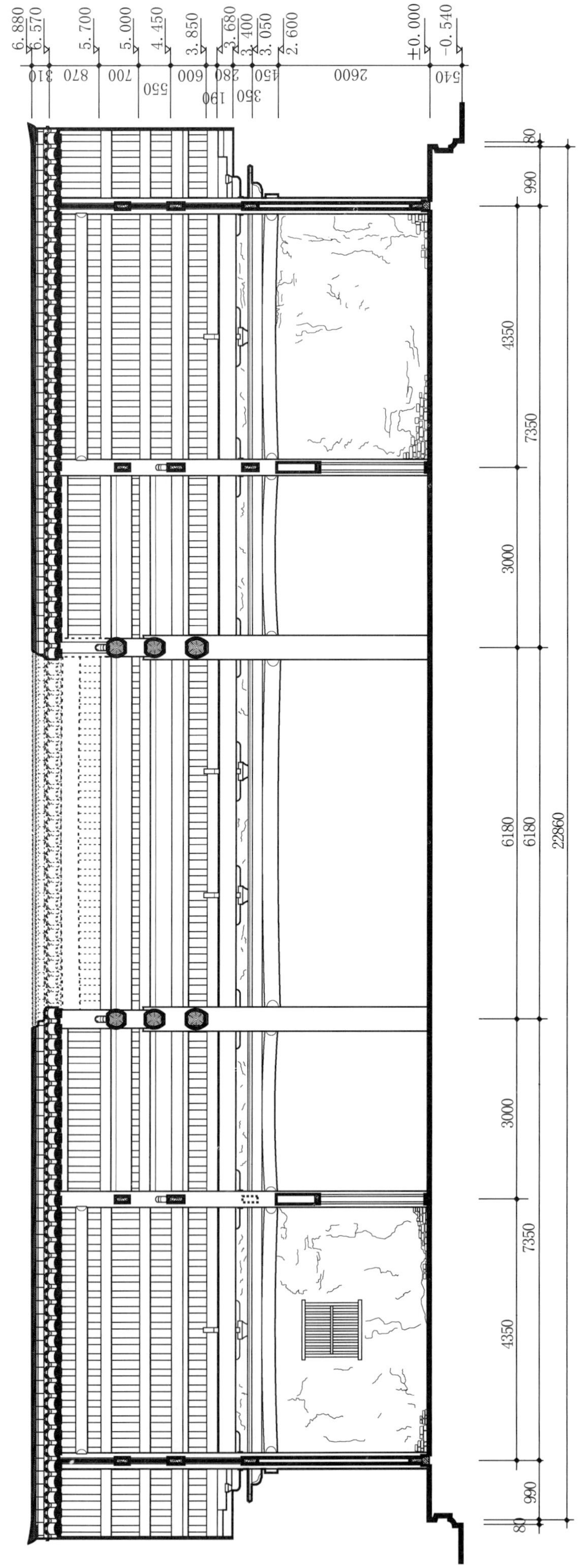

图51 观音殿8-8剖面图

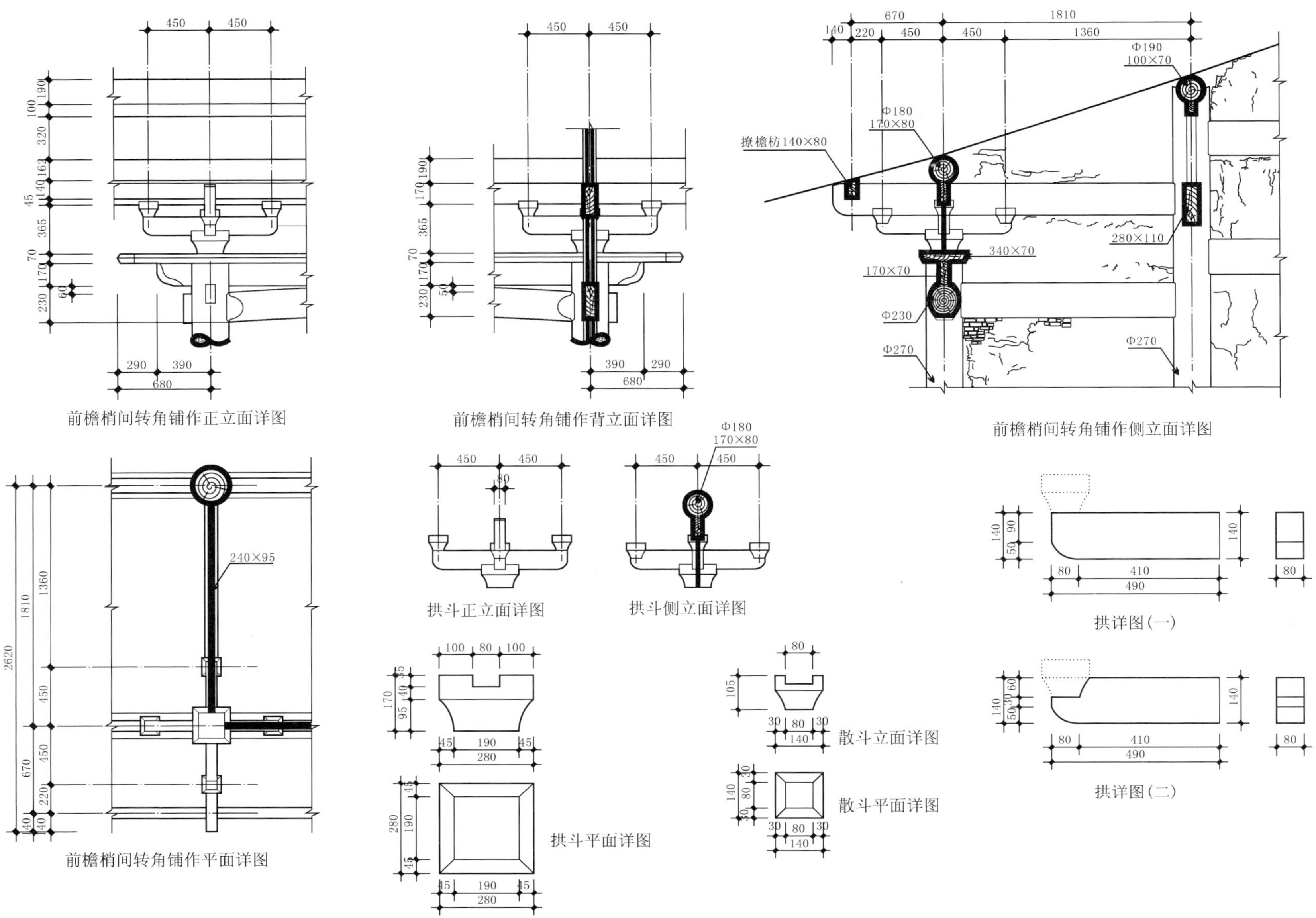
前檐梢间转角铺作正立面详图
前檐梢间转角铺作背立面详图
前檐梢间转角铺作侧立面详图
Φ190
100×70
Φ180
170×80
撩檐枋140×80
280×110
340×70
170×70
Φ230
Φ270
前檐梢间转角铺作平面详图
240×95
拱斗正立面详图
拱斗侧立面详图
拱斗平面详图
散斗立面详图
散斗平面详图
拱详图(一)
拱详图(二)

图52　观音殿前檐梢间转角铺作详图

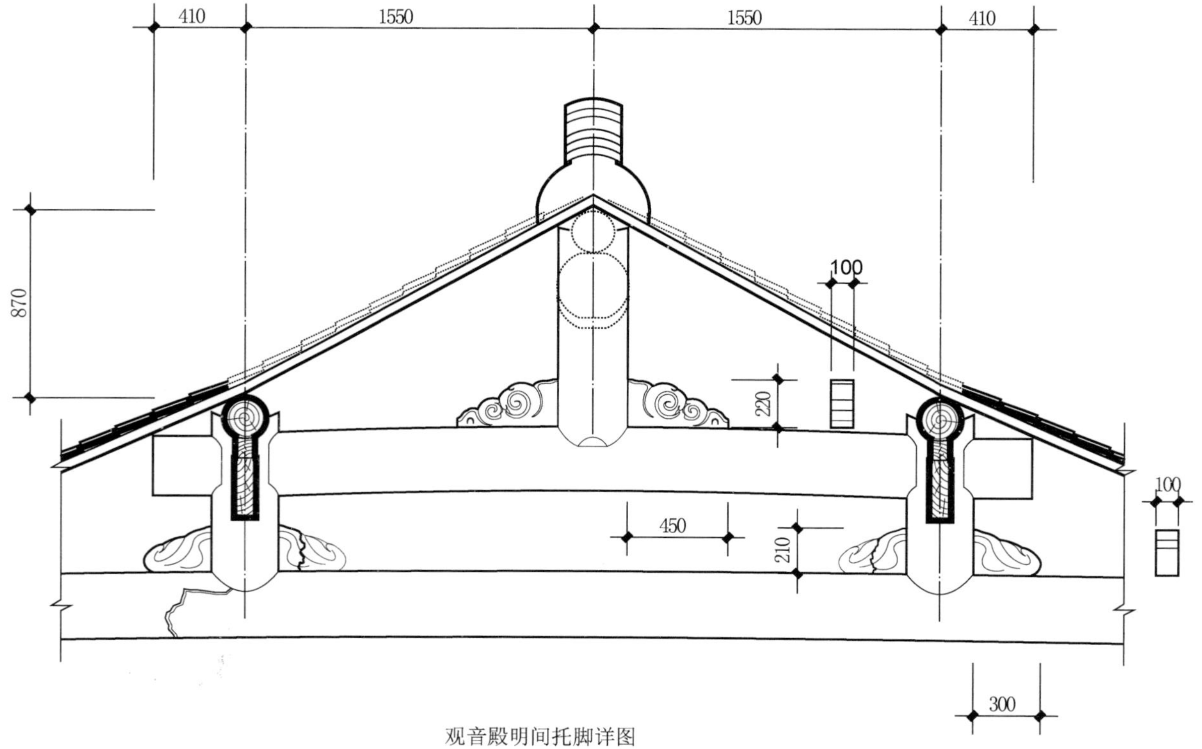

观音殿明间托脚详图

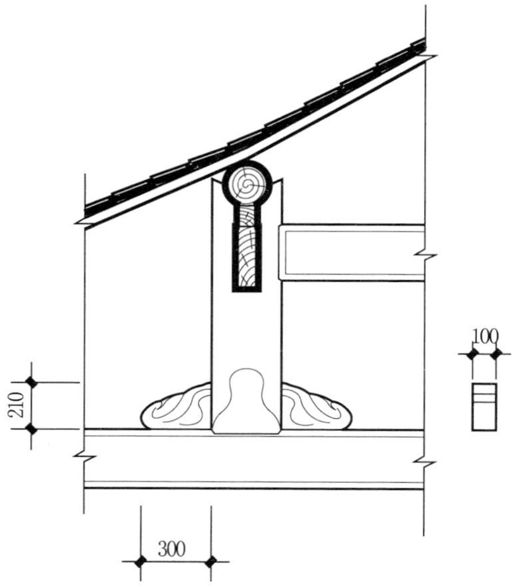

观音殿次间托脚详图

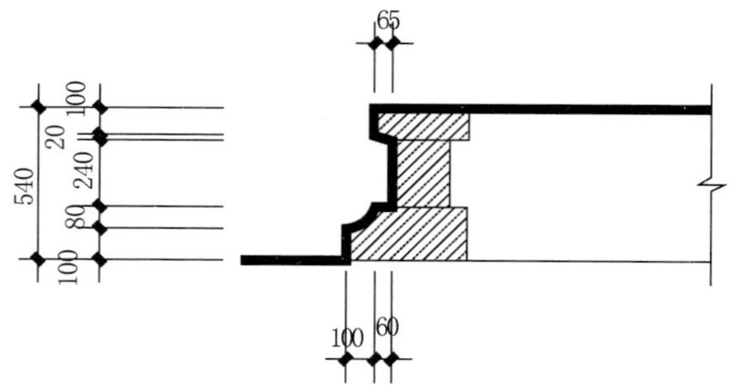

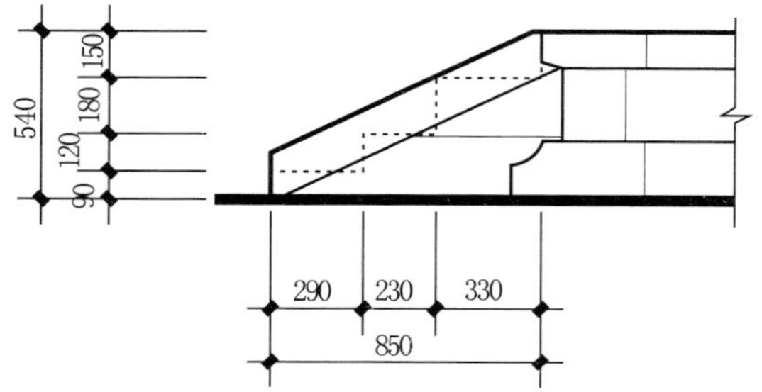

图53　观音殿明、次间托脚及前檐原有须弥座、踏道详图

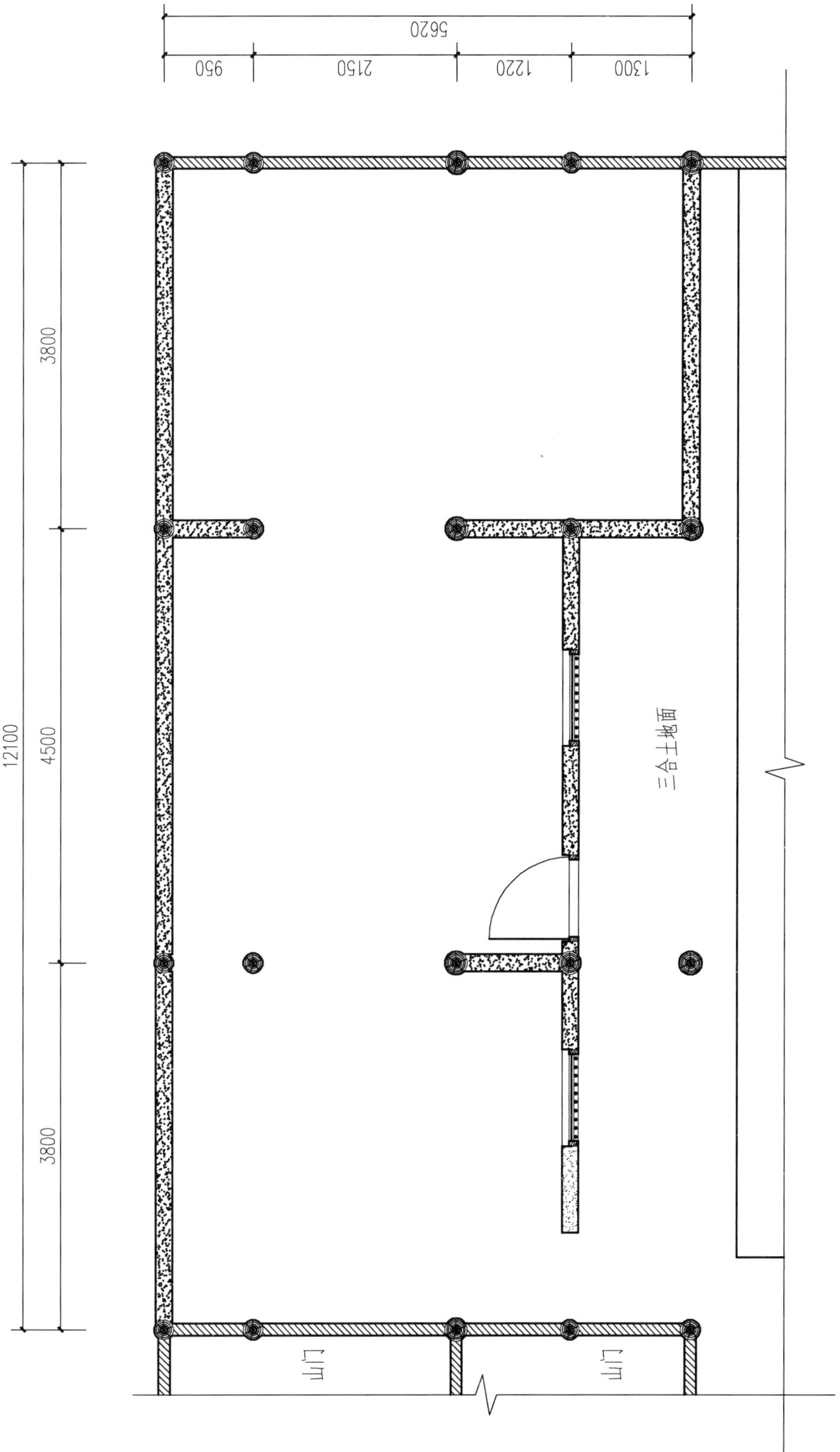

图54 东厢房平面图

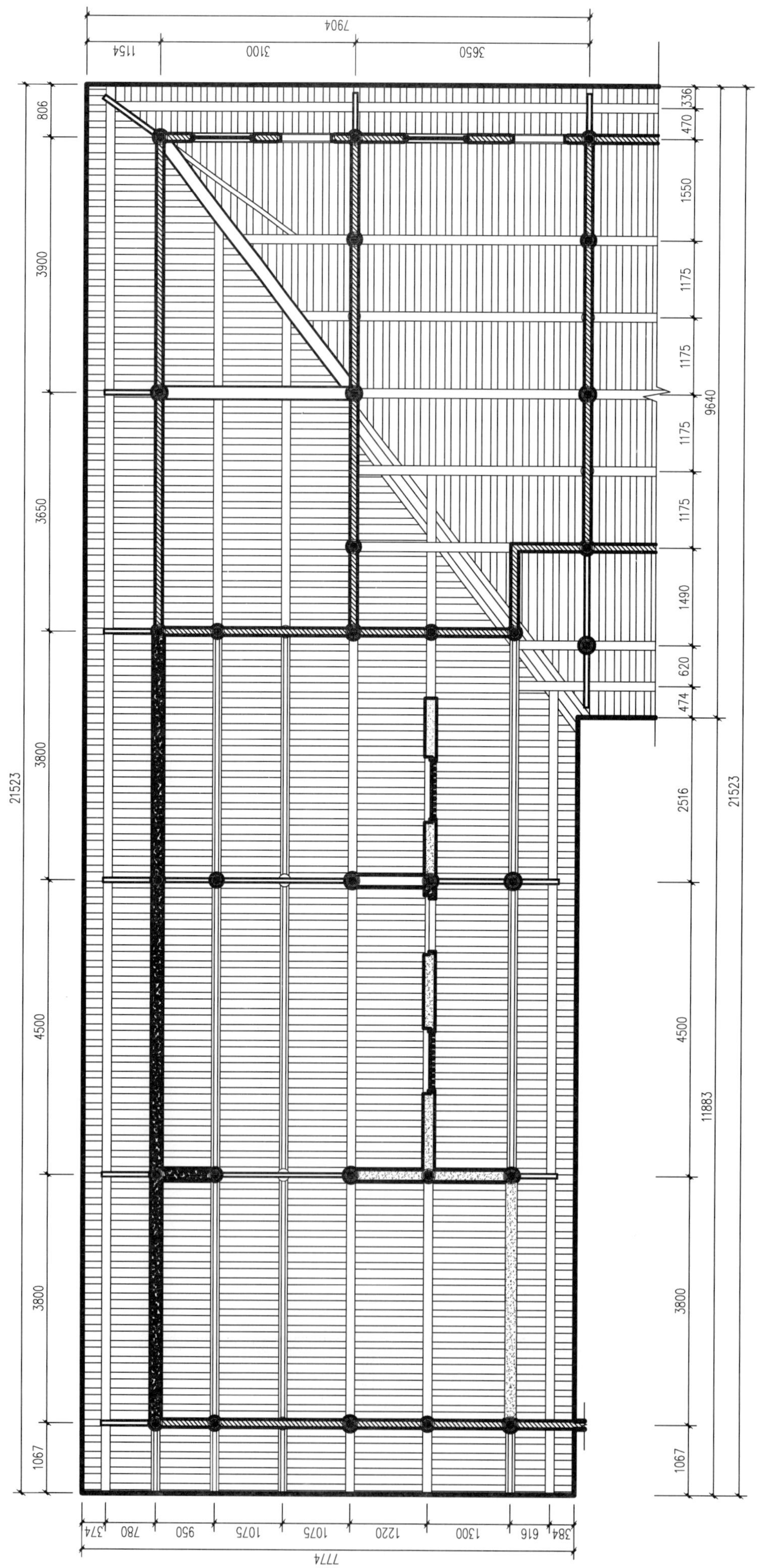
7904
1154
3100
3650
806
3900
3650
3800
4500
3800
1067
21523
336
470
1550
1175
1175
9640
1175
1175
1490
620
474
2516
21523
4500
11883
3800
1067
374
780
950
1075
1075
1220
1300
616
384
7774

图55 东厢房仰视图

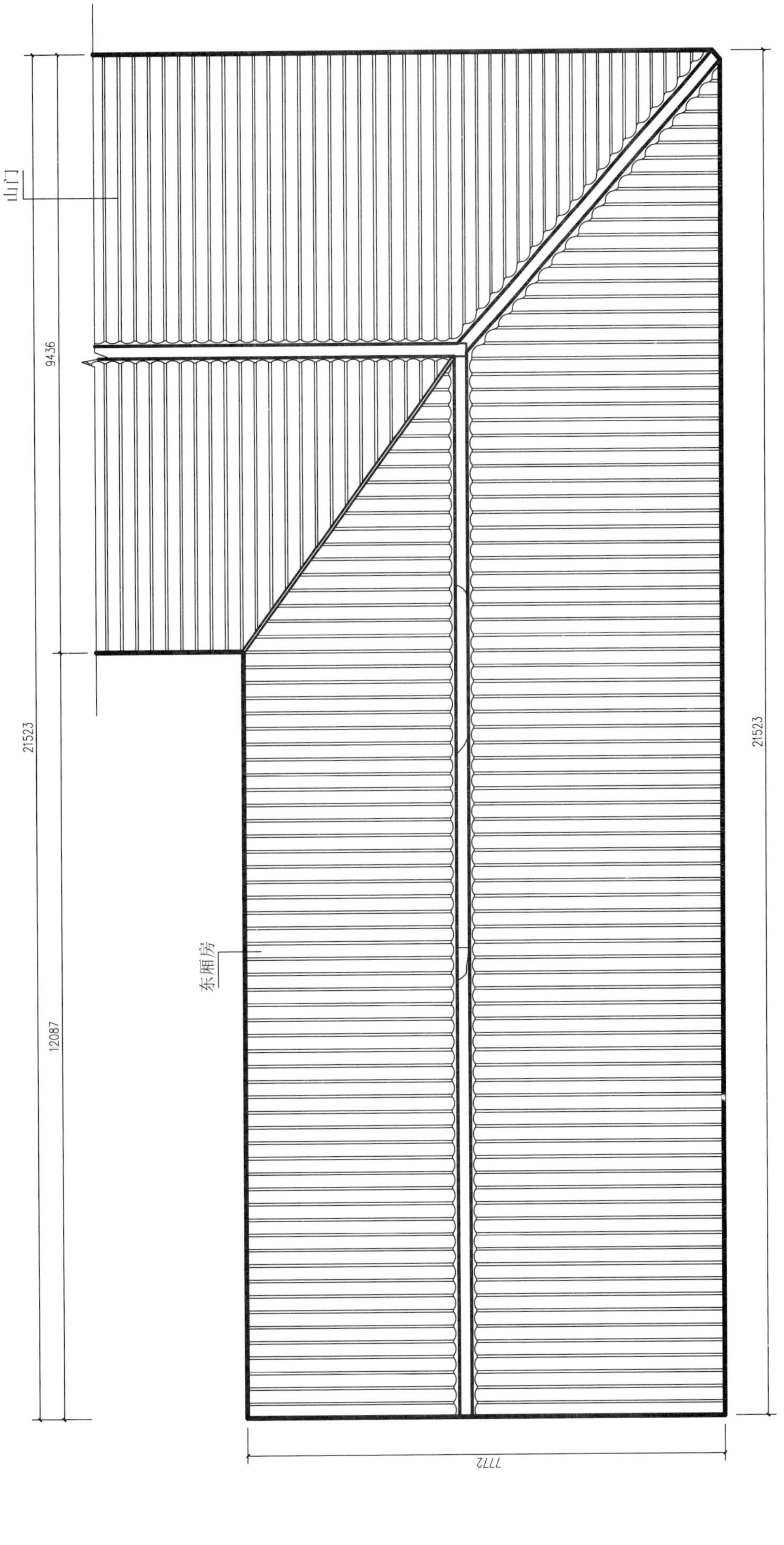

图56 东厢房俯视图

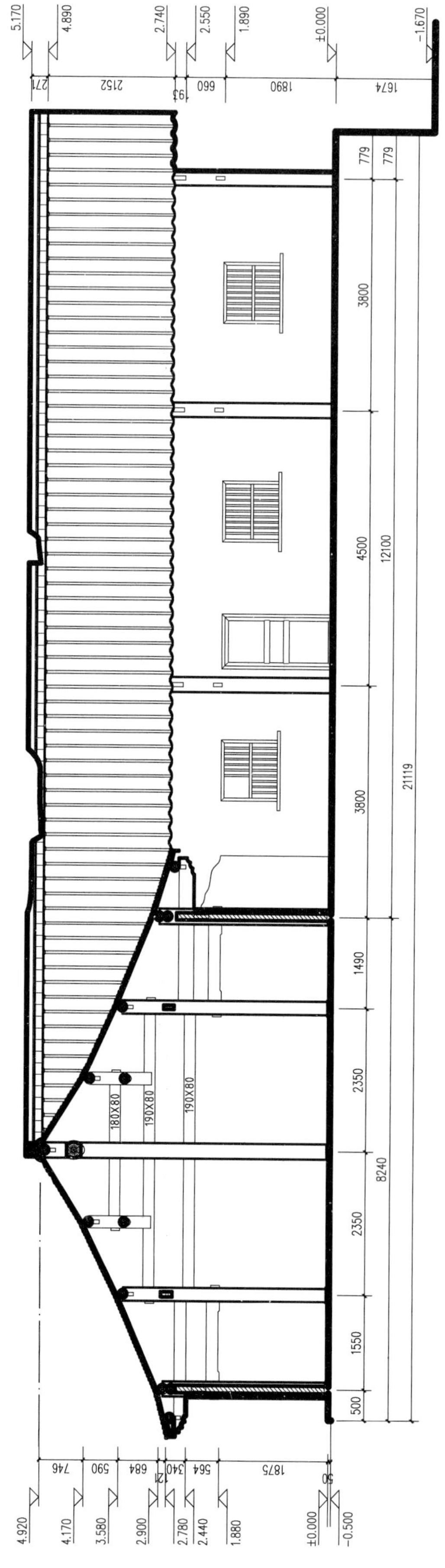

图57 东厢房正（西）立面图

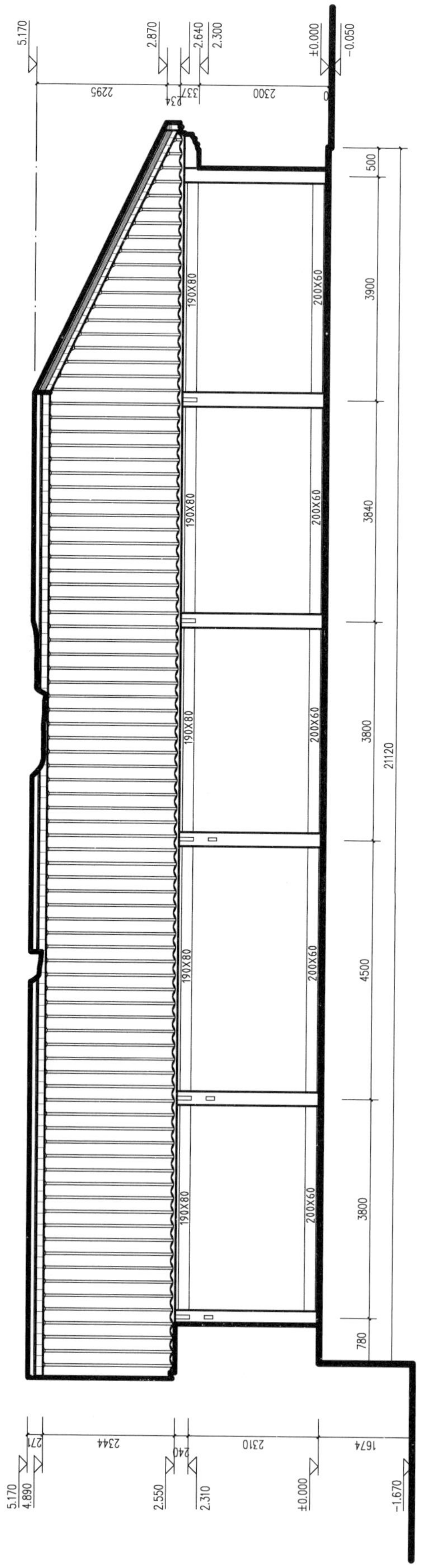

图58 东厢房背（东）立面图

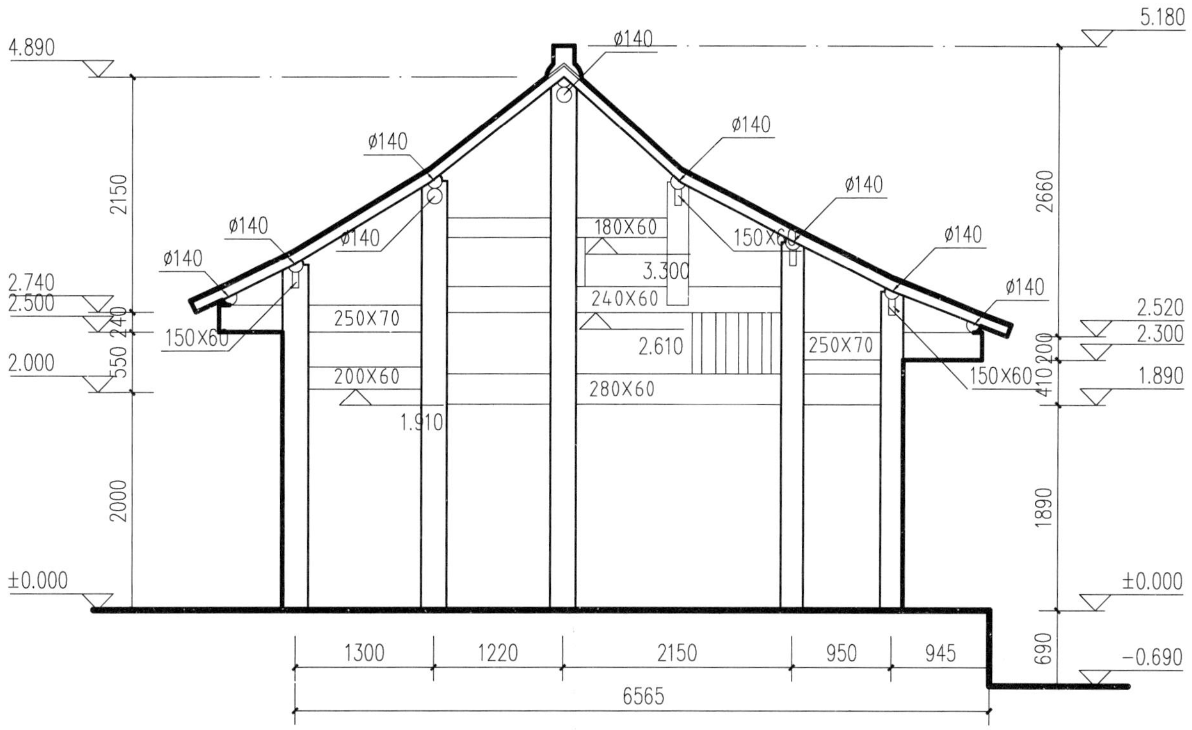

图59　东厢房侧（南）立面图

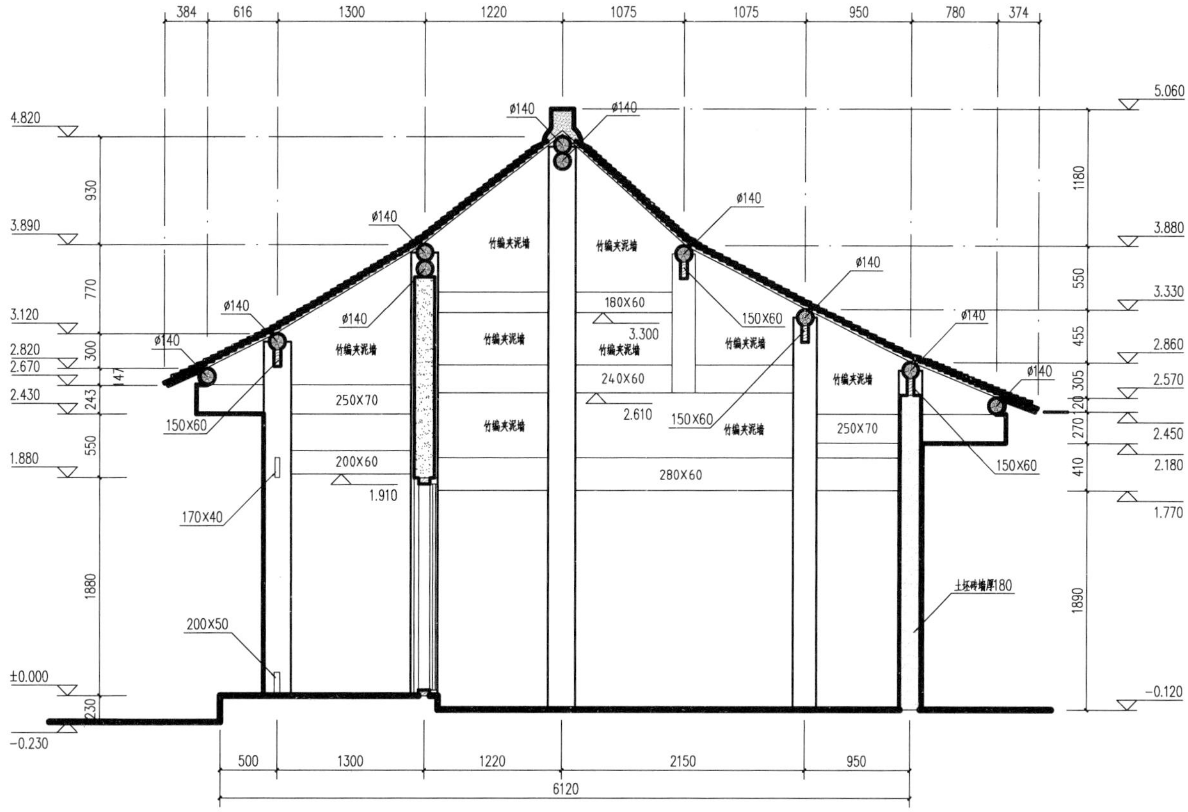

图60　东厢房1-1剖面图

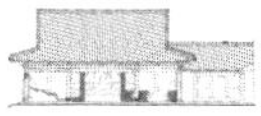

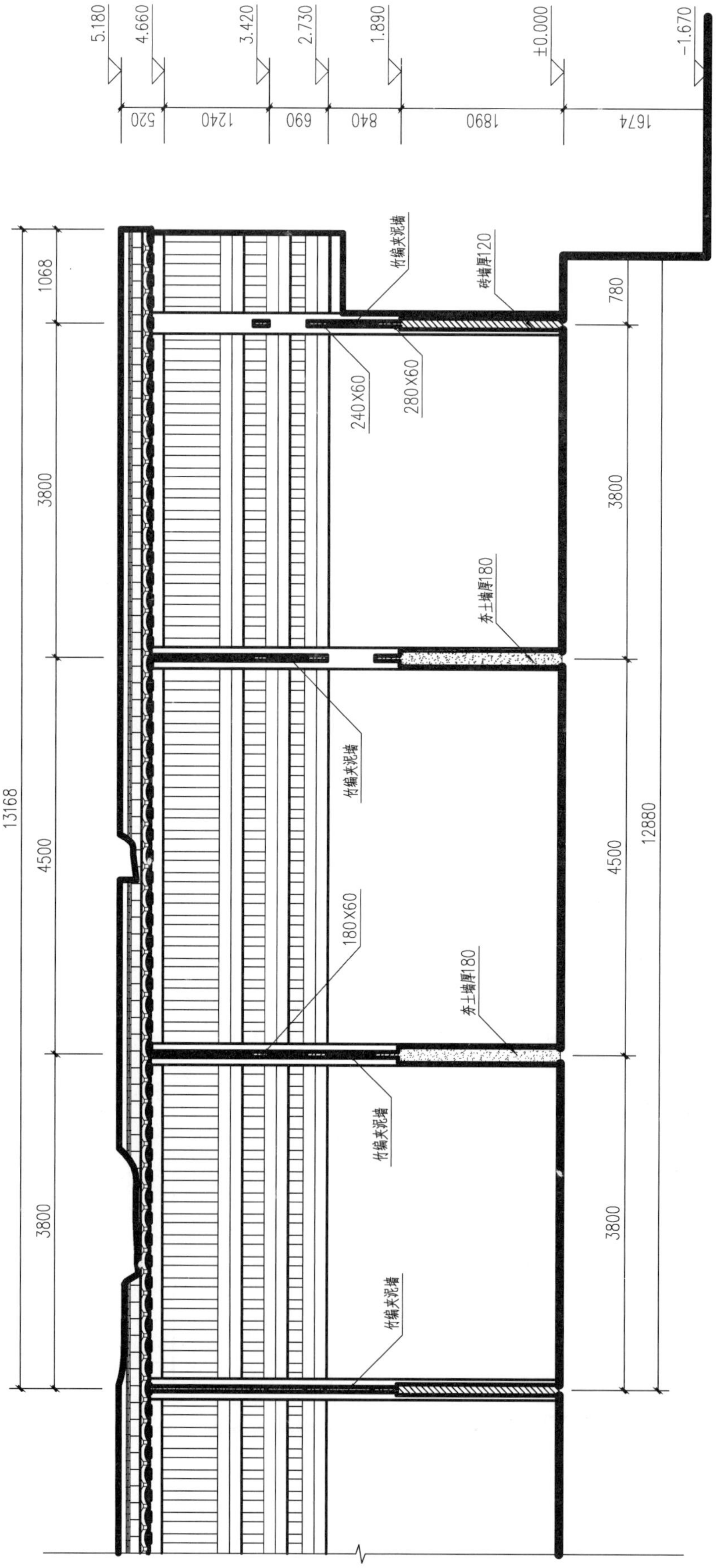

图61 东厢房2-2剖面图

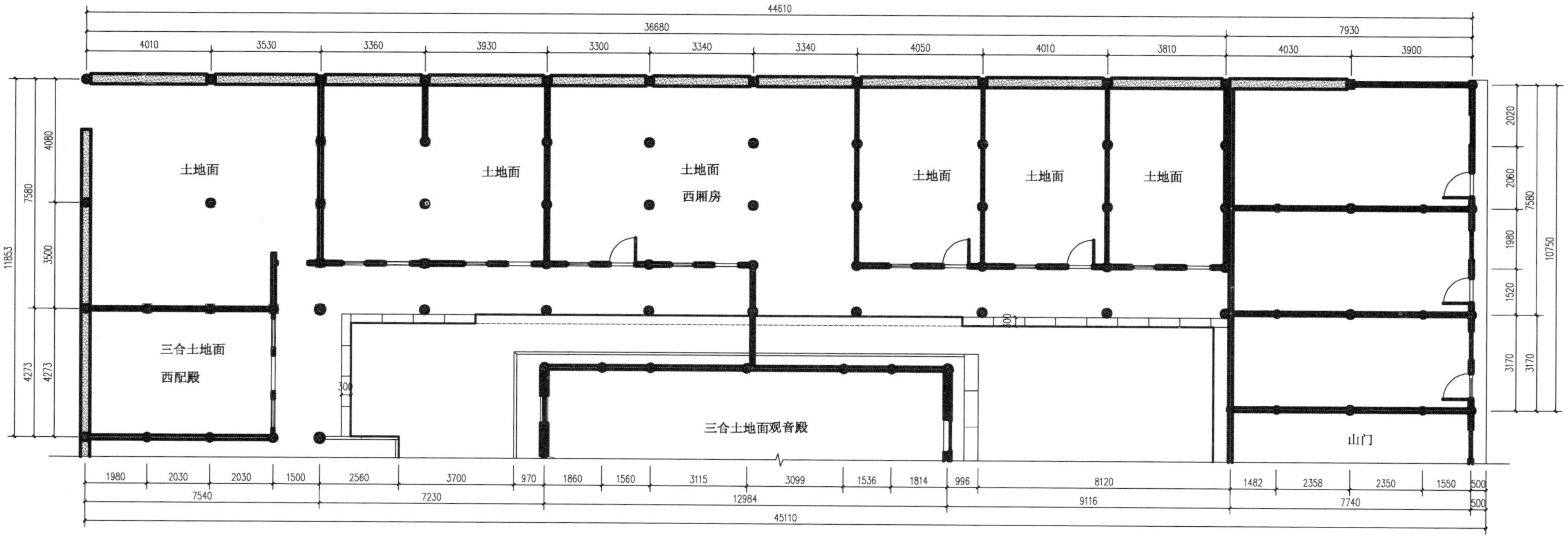

图62 西厢房平面图

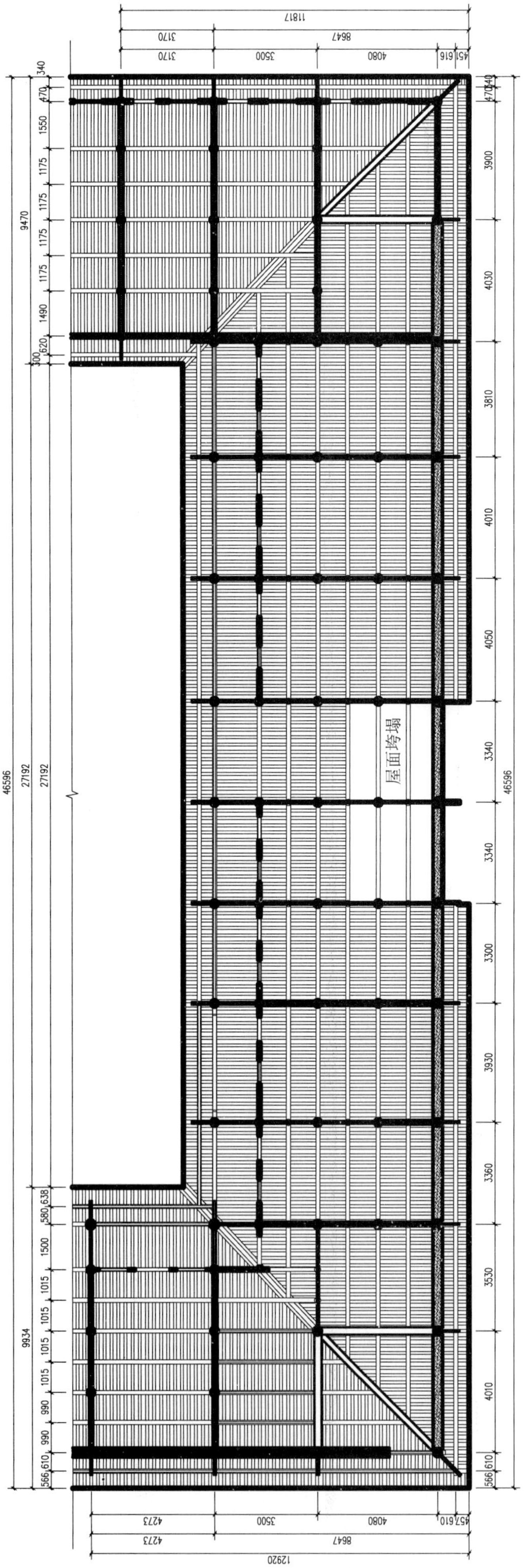

图63 西配殿、西厢房仰视图

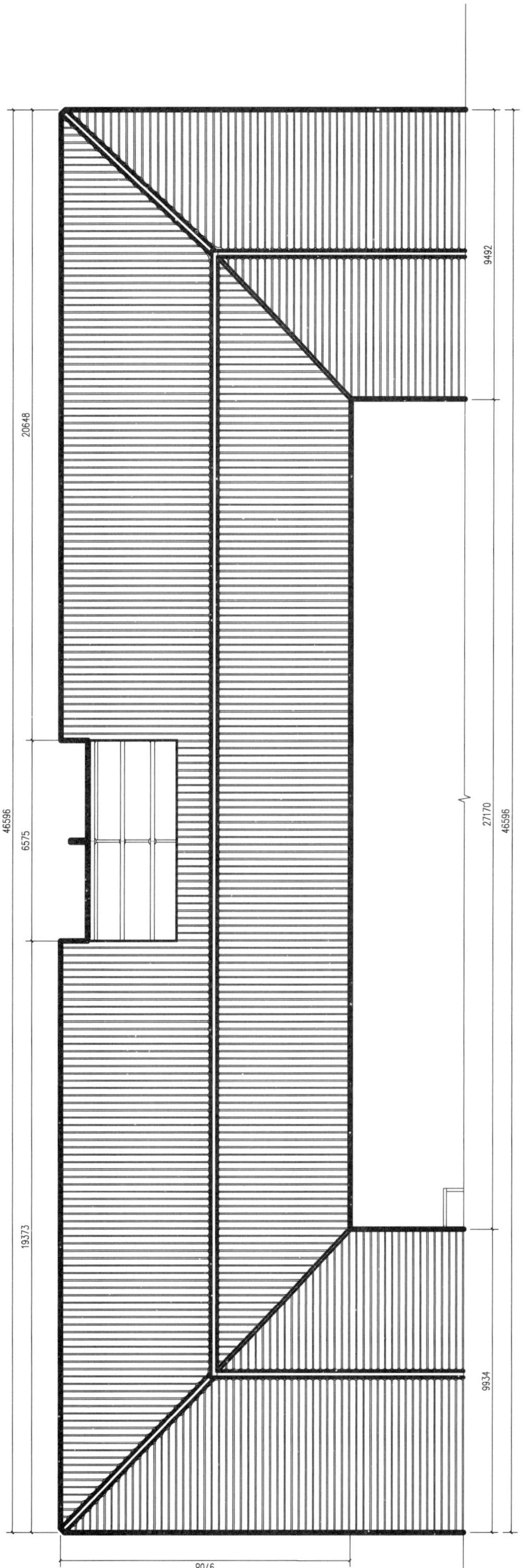

图64　西配殿、西厢房俯视图

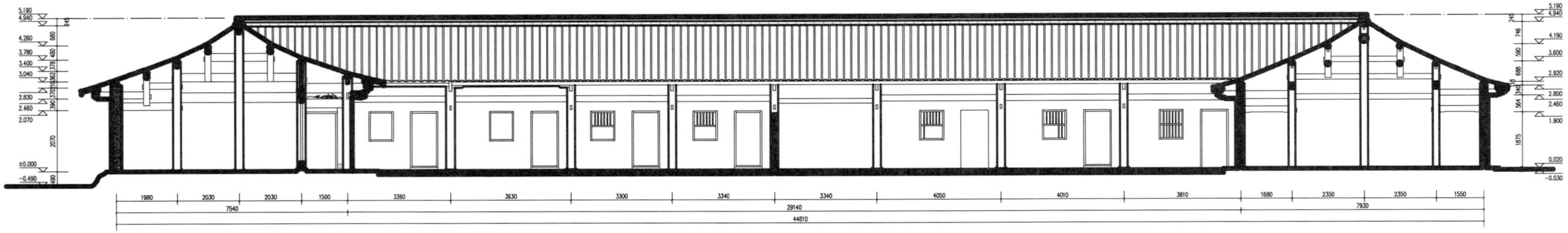

图65　西厢房正（东）立面图

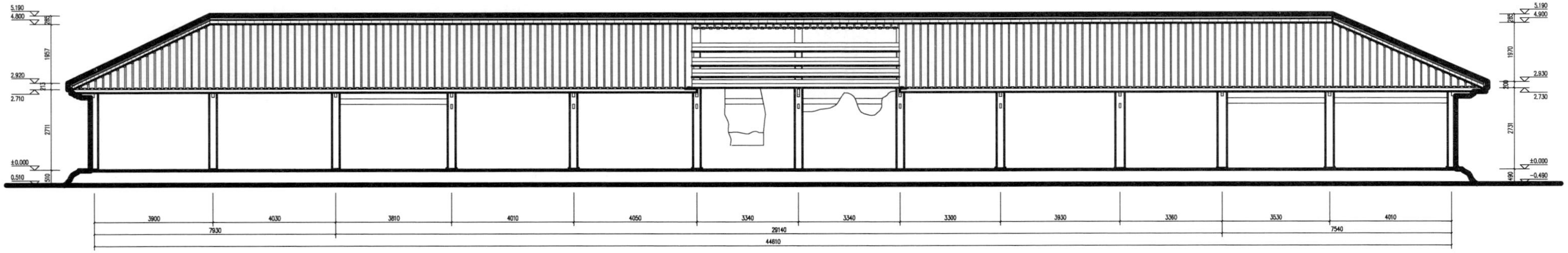

图66　西厢房背（西）立面图

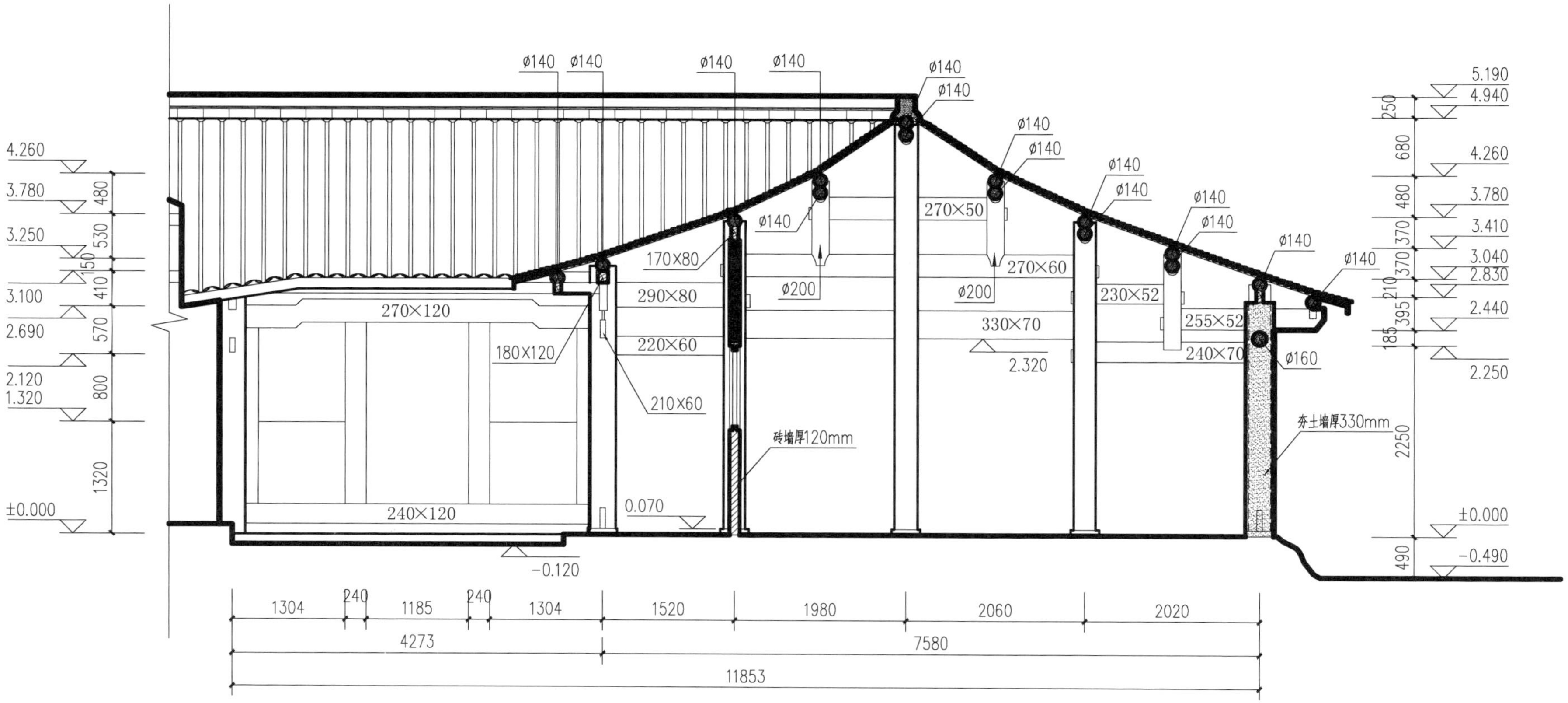

图67　西厢房1-1剖面图

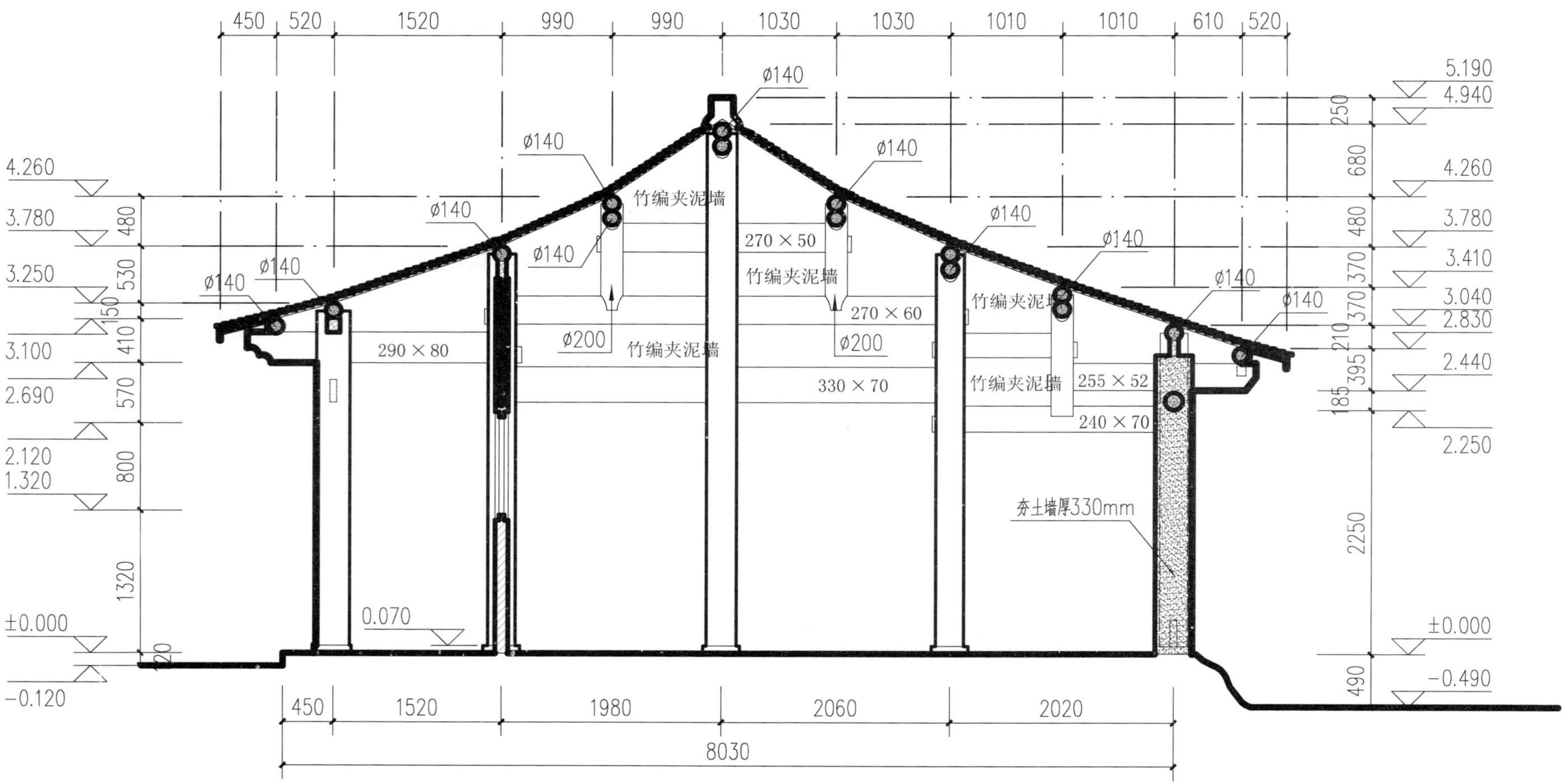

图68　西厢房2-2剖面图

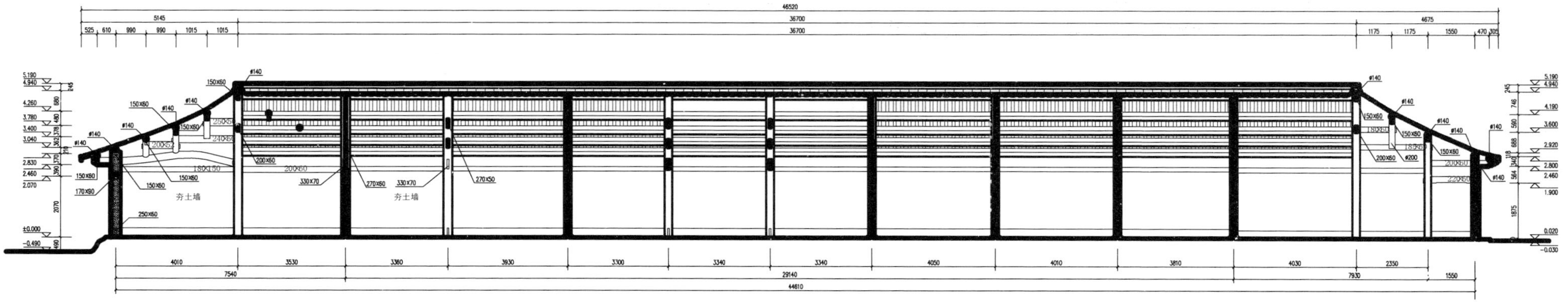

图69　西厢房3-3剖面图

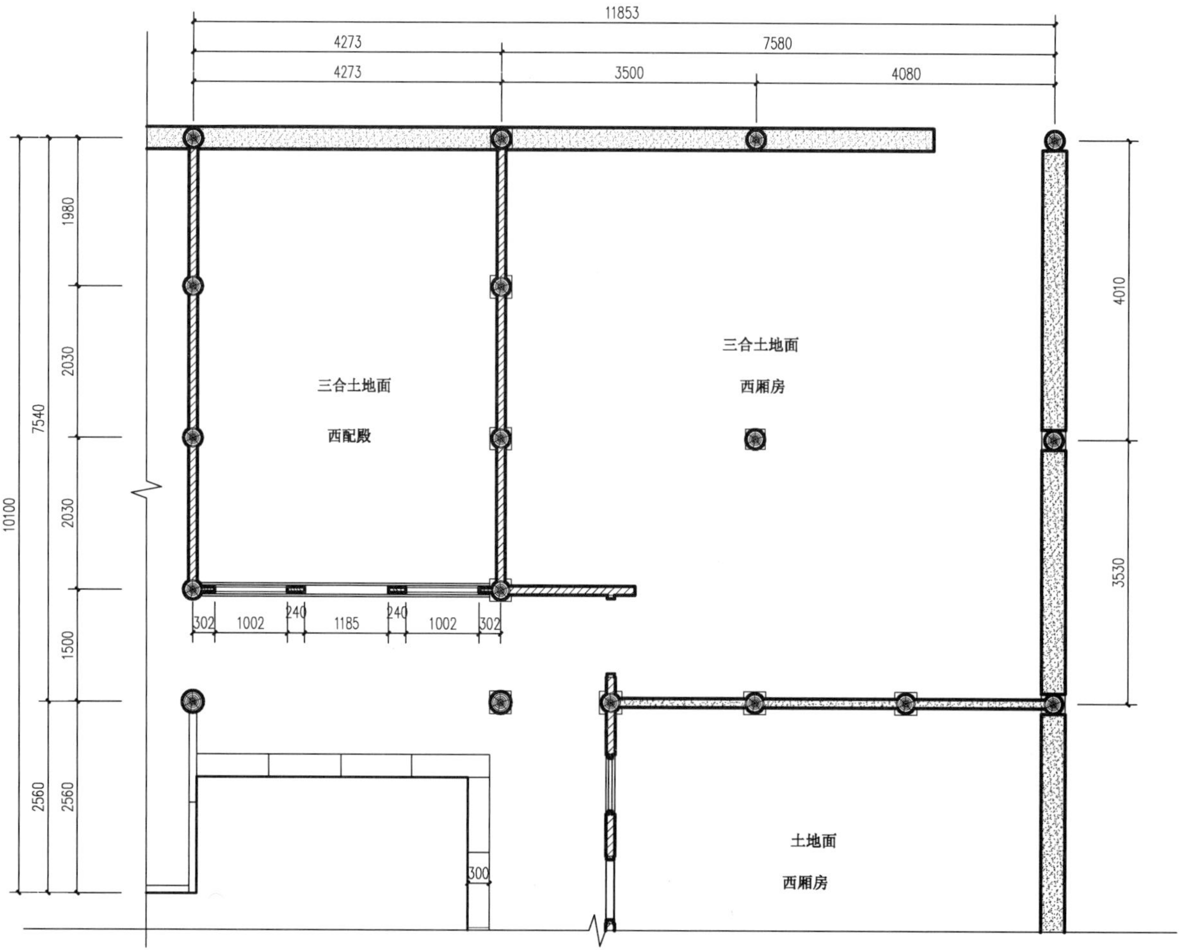

图70　西配殿平面图

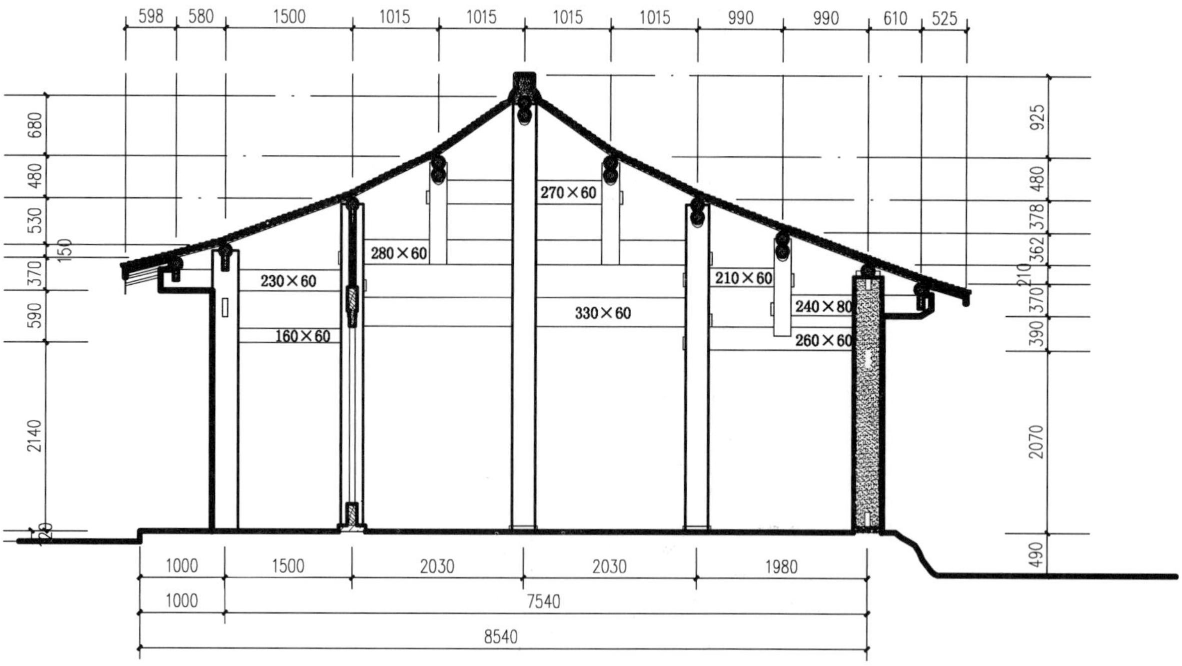

图71　西配殿1-1剖面图

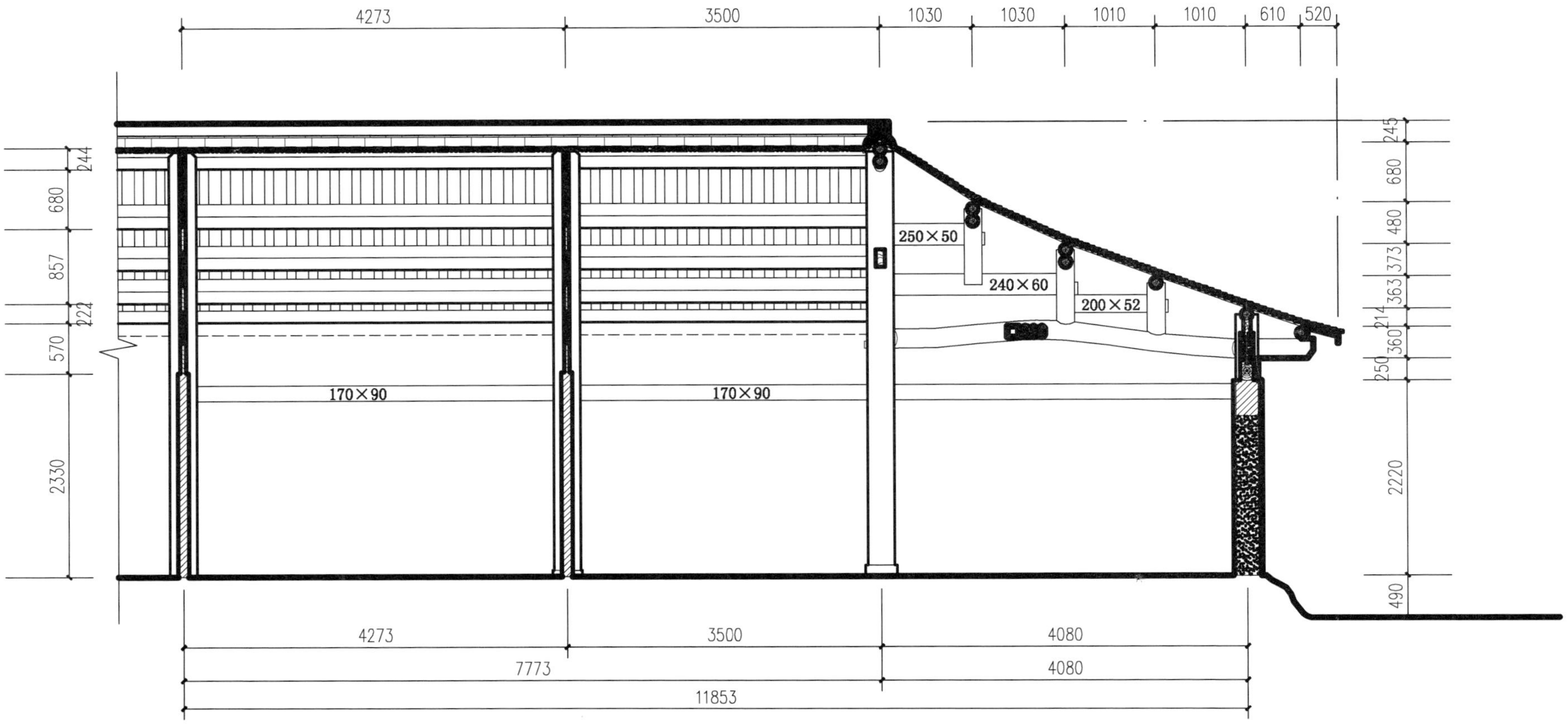

图72　西配殿2-2剖面图

南溪映南塔

映南塔又名南溪新塔，位于宜宾市南溪区江南镇新塔村三组塔山山顶。

映南塔坐南朝北，平面呈正八边形，由塔座、塔身和塔刹三部分组成，通高28米，为楼阁式砖塔。

塔座用五层条石砌筑的素须弥座，塔下为放大的基础，砌筑在黏土夹卵石层上。塔身共七层，用青砖砌筑，外用白灰抹灰。塔的第一、第二层可按顺时针踏道绕塔心室壁盘旋而上。塔内设塔心室每层一个，共二个。第一层塔心室除在塔门一边外，在另外三面石壁上分别设四个小龛，南面、西面各设有一佛龛，塔心室顶部为叠涩方顶，顶端中心用青石板平铺封砌，筑成层间间隔和塔室地坪。第一层塔身建于须弥座上，方形石柱嵌入作为角柱，拱券门开在南面，另七面开券窗，外设腰檐用砖叠涩而成，出檐0.6米。第二层拱券门开在西北面，其余七面为券窗，外设腰檐两重，此层和以上各层皆无角柱。第三层开始楼梯设置在塔中，三层楼梯为南北向，四层就为东西向，各层间错开，一直到顶。塔顶为砖砌八边形塔刹座，上设铁质塔刹。

该塔始建于明代，清嘉庆三年（1798年）重建。

四川省文物保护单位。

测绘制图：胡玉、刘真珍、吕熠、谢尧

成图时间：2011年5月

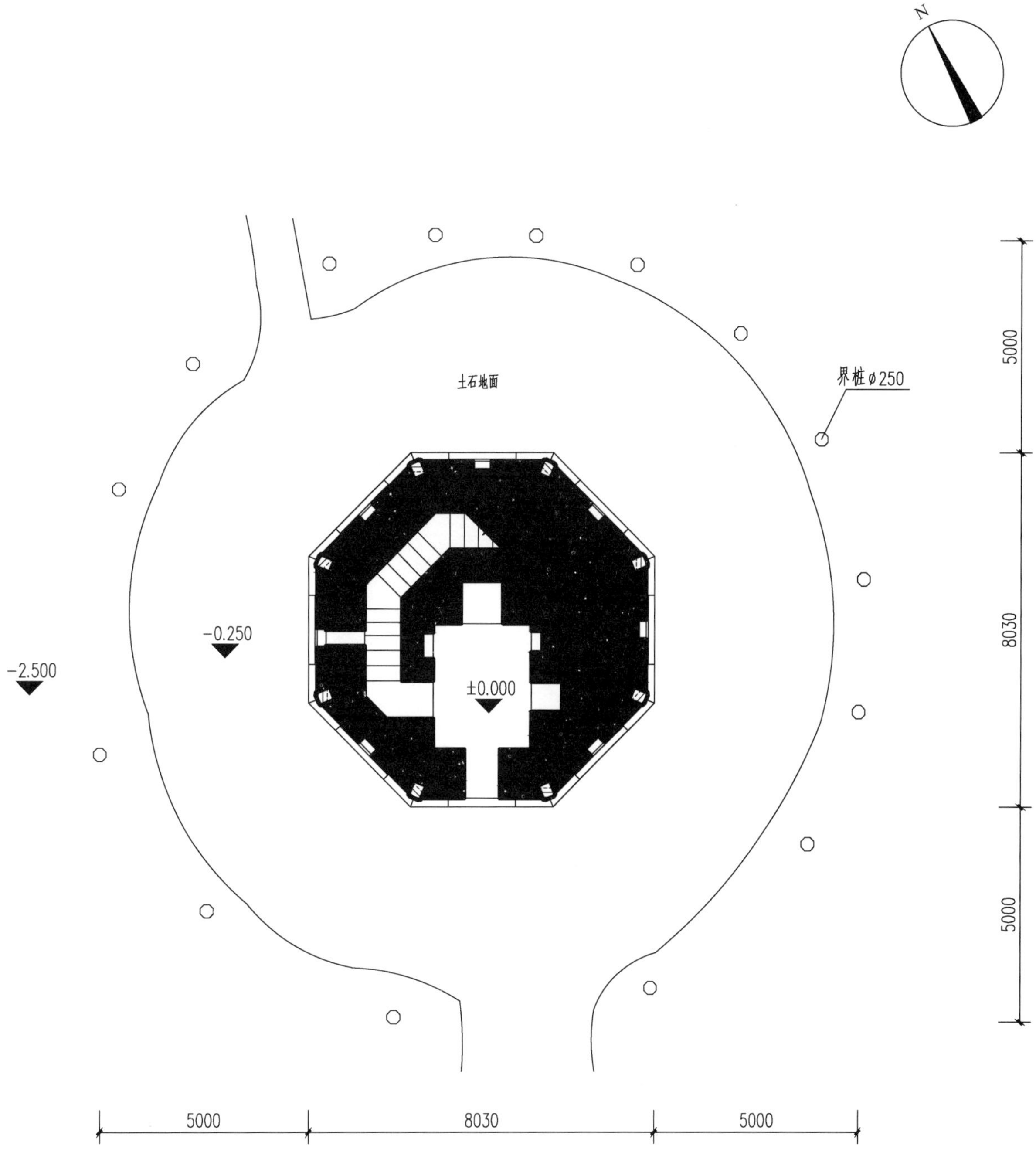

图1　总平面图

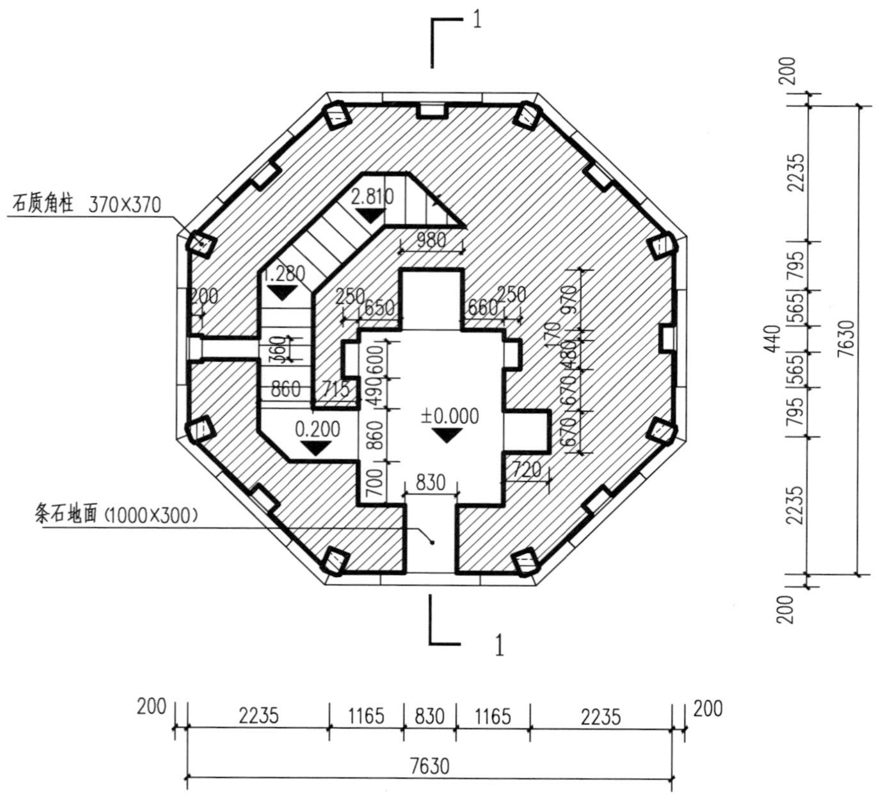

图2 一层平面图

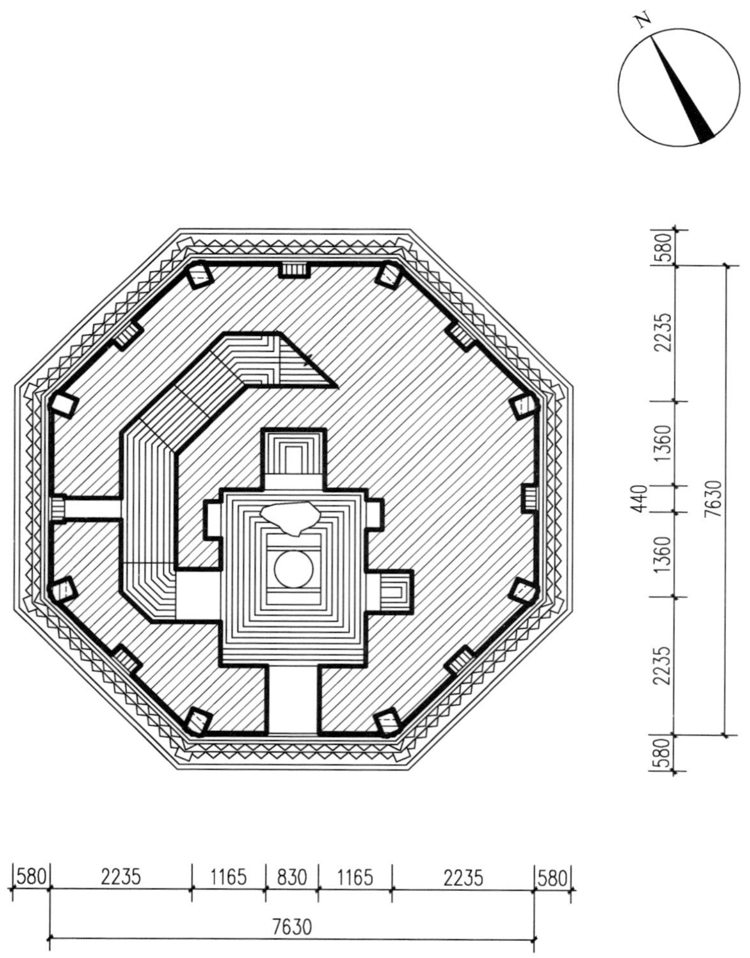

图3 一层仰视图

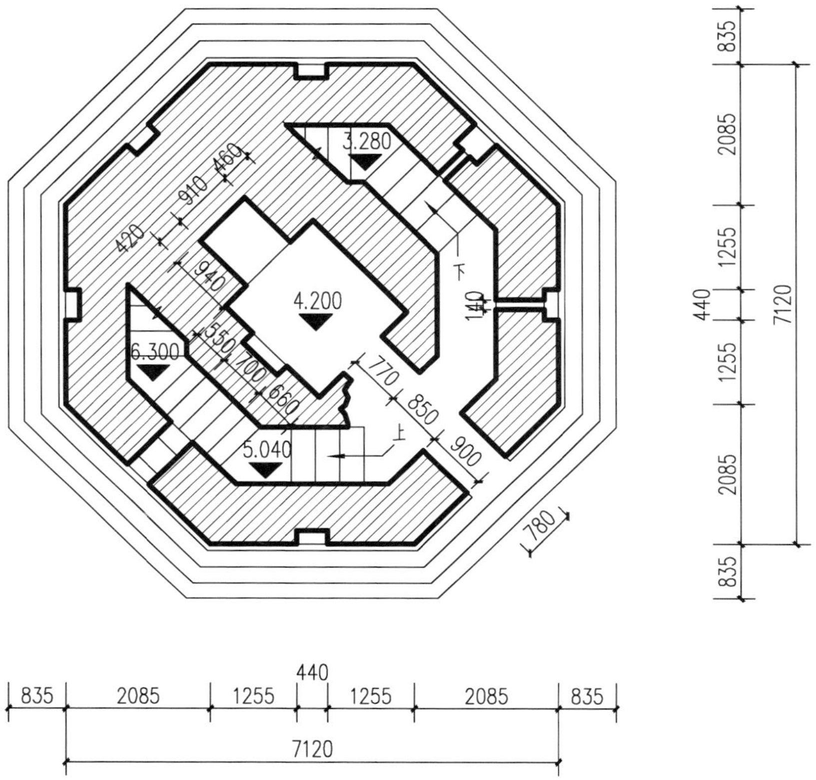

图4　二层平面图

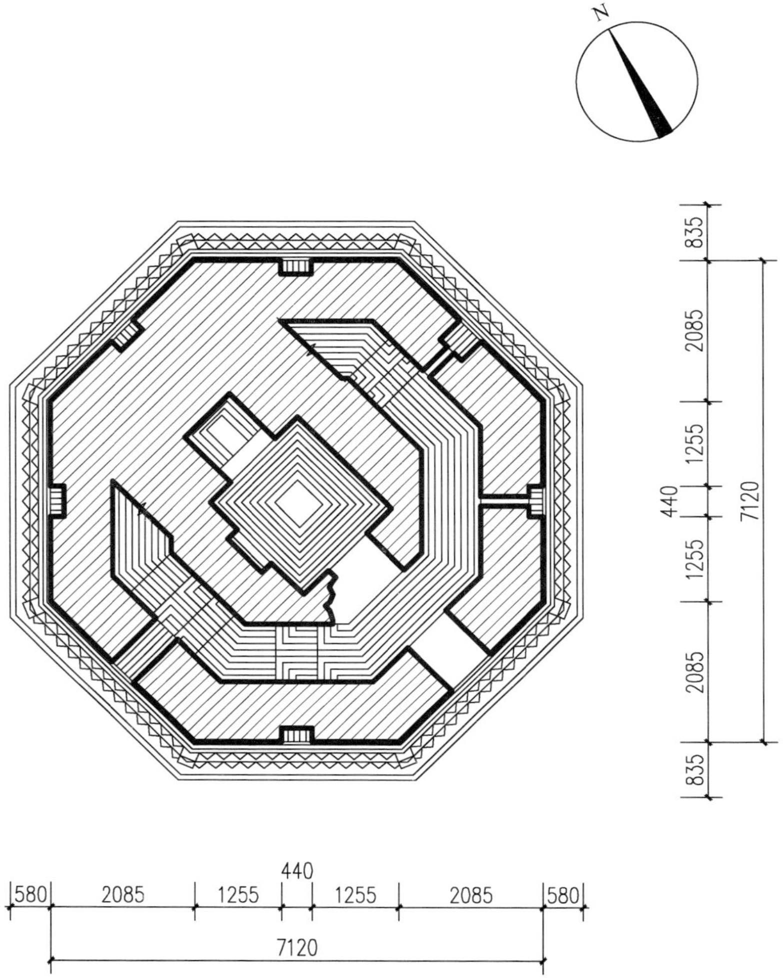

图5　二层仰视图

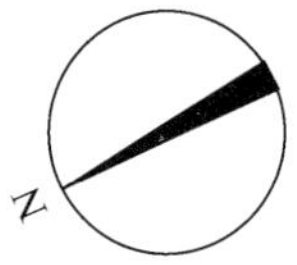
N

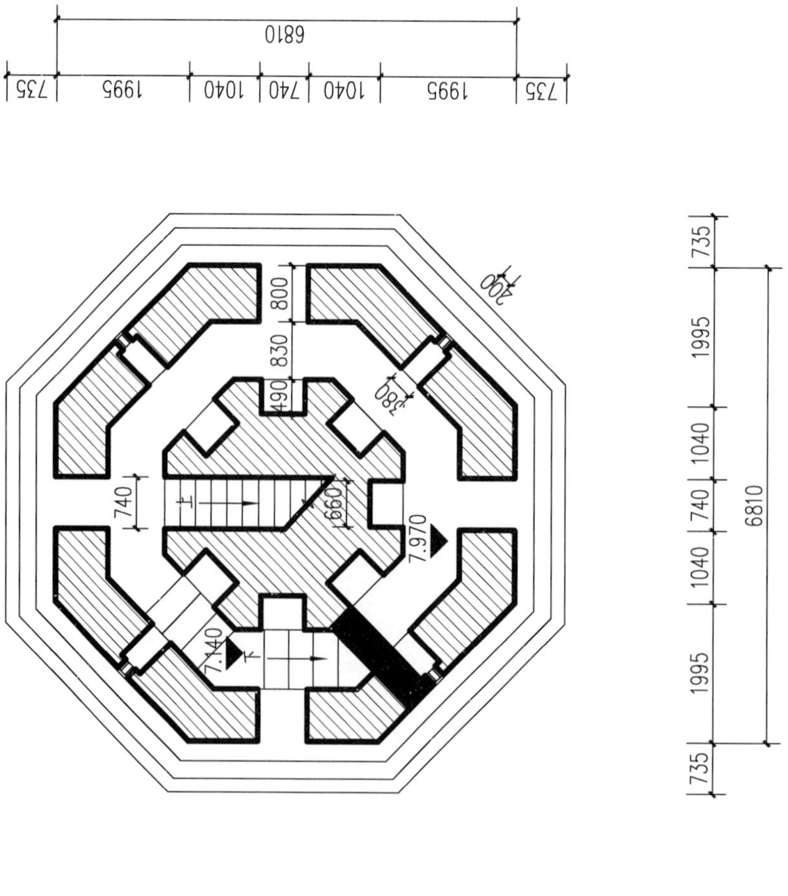
735
1995
1040
740
1040
1995
735
6810
800
830
490
280
200
740
660
7.970
7.140
上

图6　三层平面图

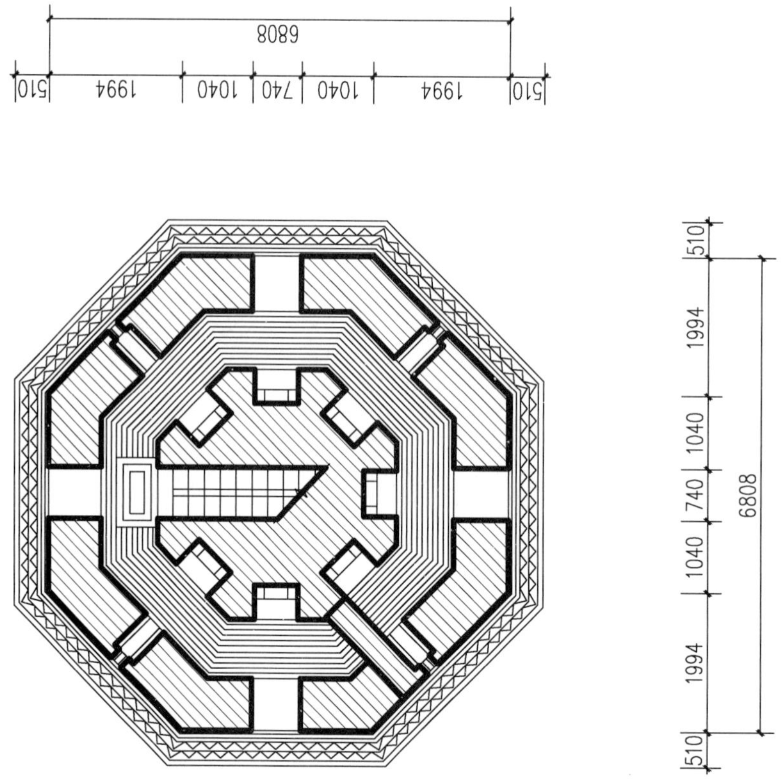
510
1994
1040
740
1040
1994
510
6808

图7　三层仰视图

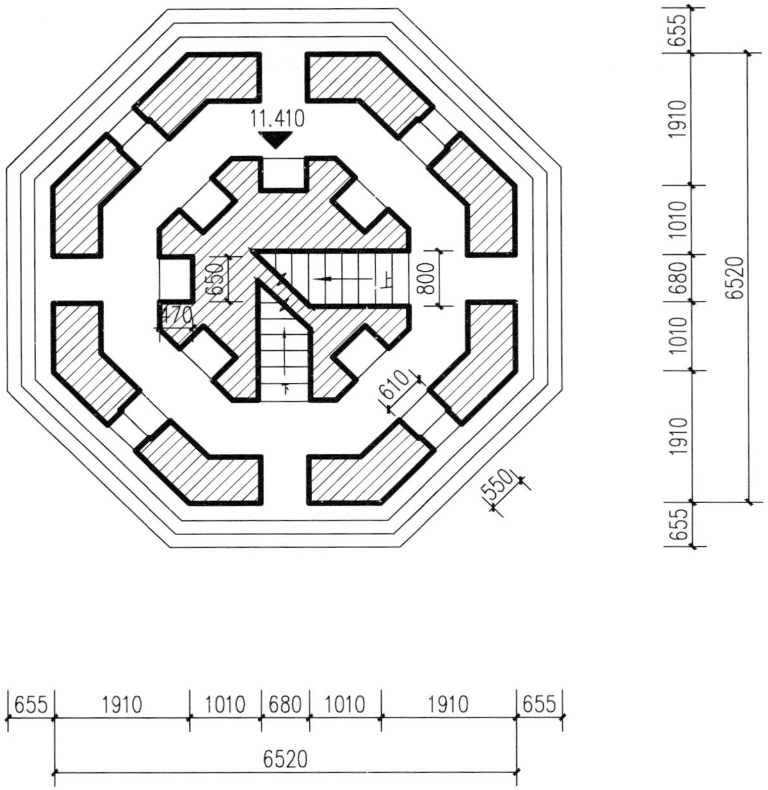
11.410
800
650
470
610
550
655
1910
1010
680
1010
1910
655
6520

图8　四层平面图

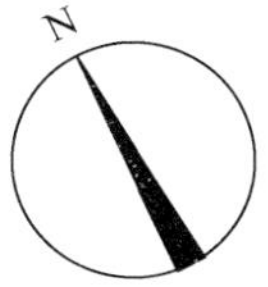

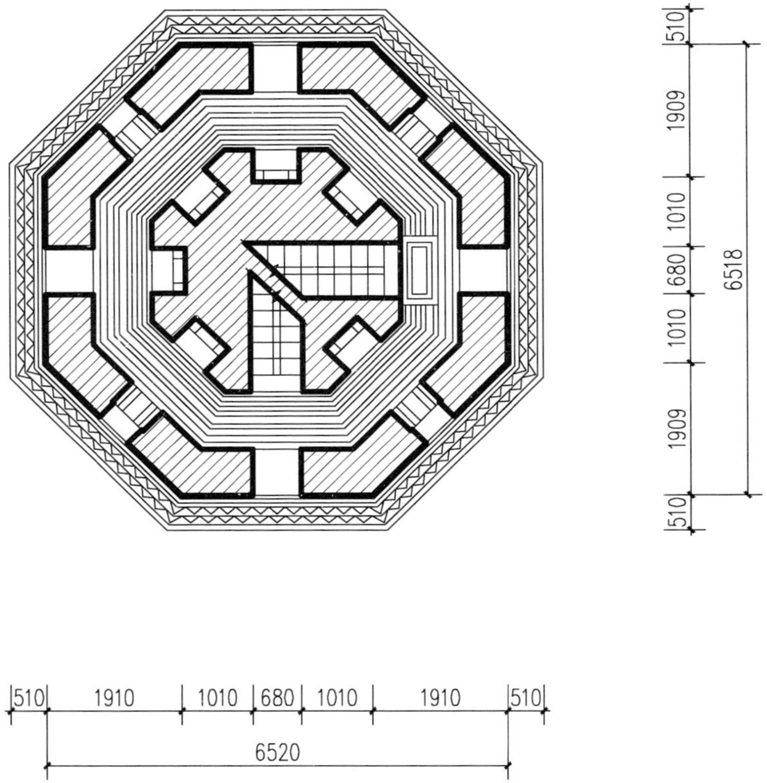
510
1909
1010
680
1010
1909
510
6518
510
1910
1010
680
1010
1910
510
6520

图9　四层仰视图

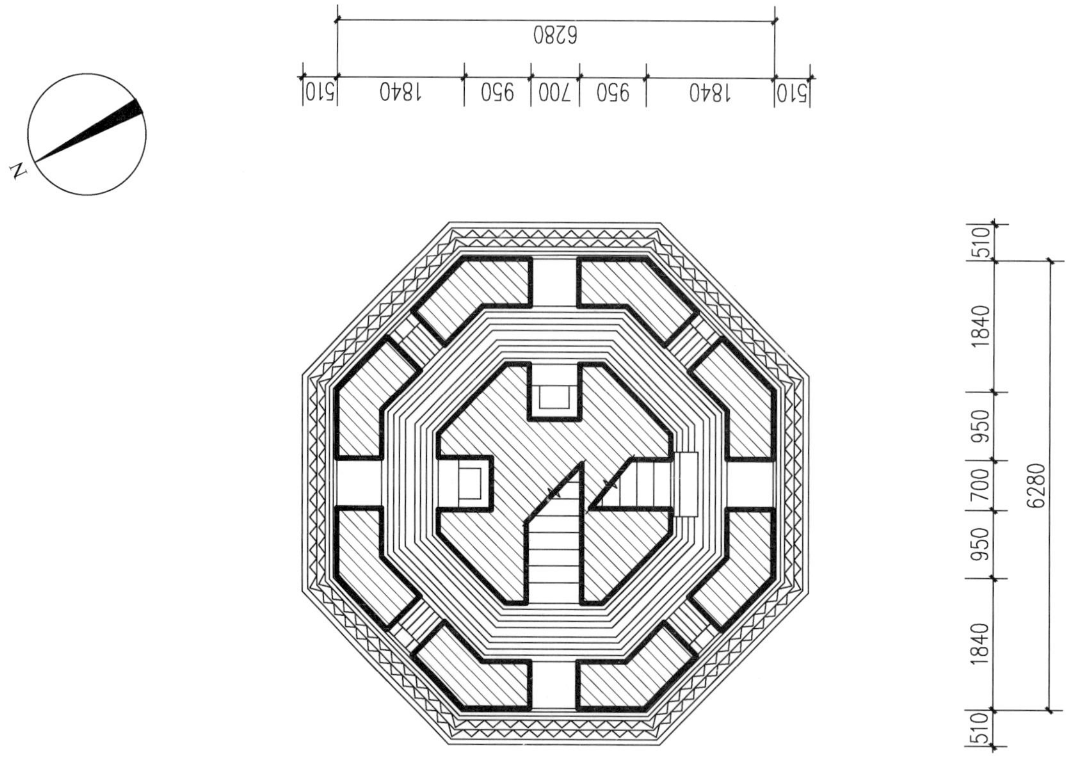
N
510
1840
950
700
950
1840
510
6280

图11　五层仰视图

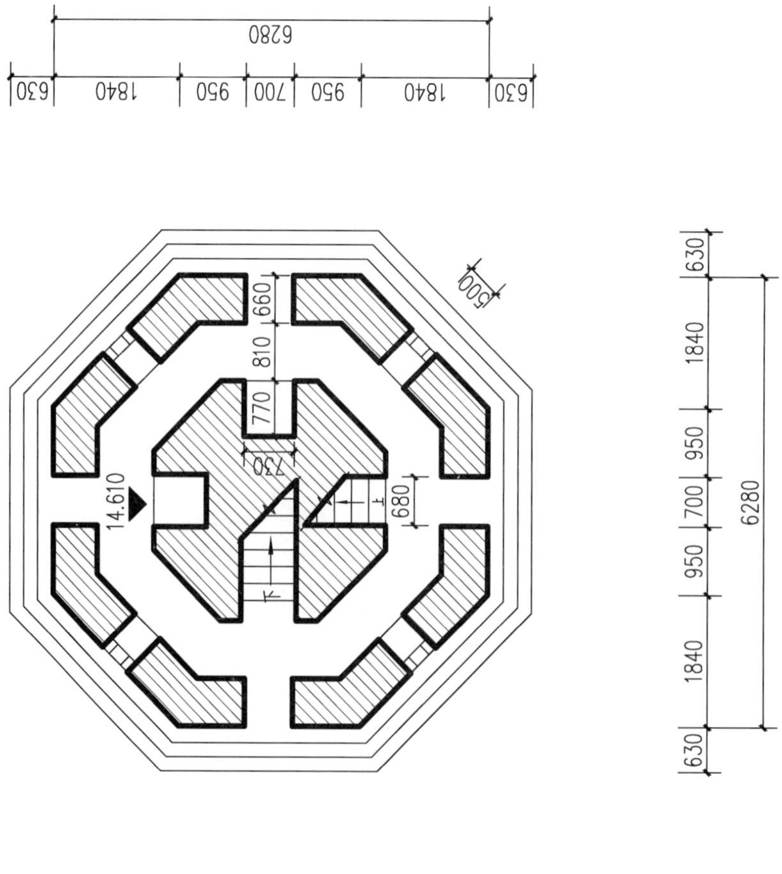
630
1840
950
700
950
1840
630
6280
660
810
770
730
680
500
14.610

图10　五层平面图

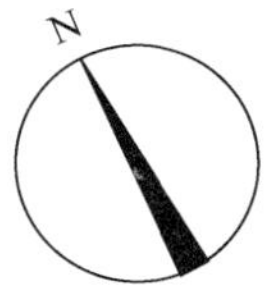
N

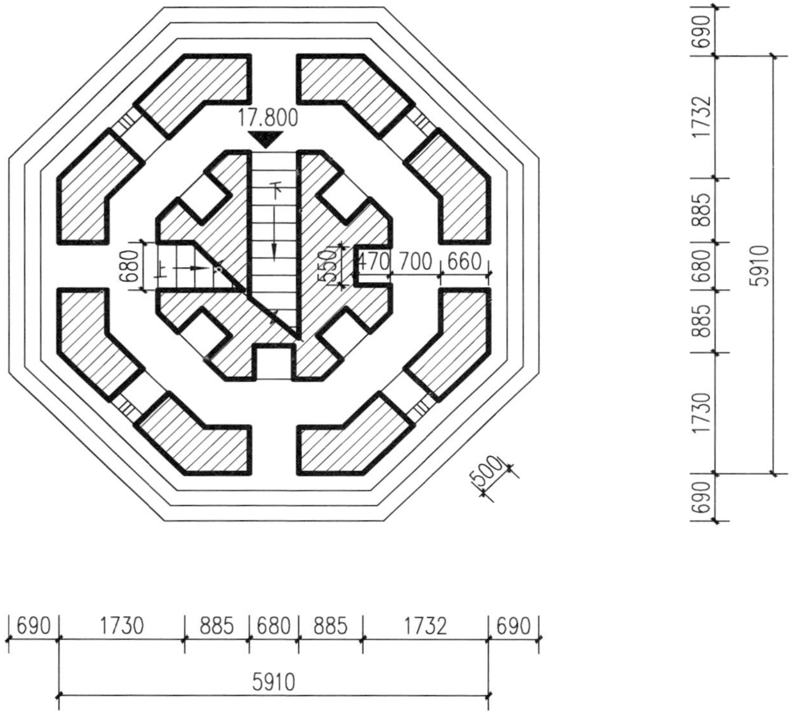
17.800
下
上
680
550
470
700
660
500
690
1730
885
680
885
1732
690
5910
690
1732
885
680
885
1730
690
5910

图12　六层平面图

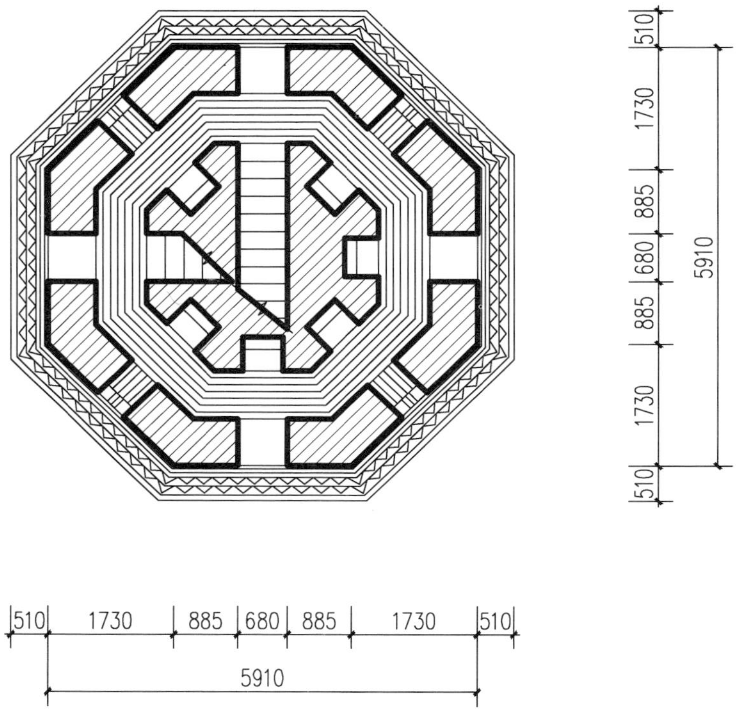
510
1730
885
680
885
1730
510
5910
510
1730
885
680
885
1730
510
5910

图13　六层仰视图

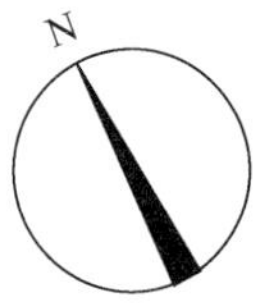

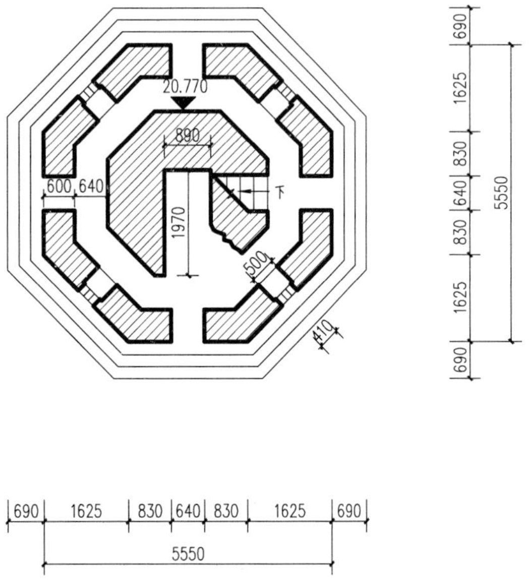

图14　七层平面图

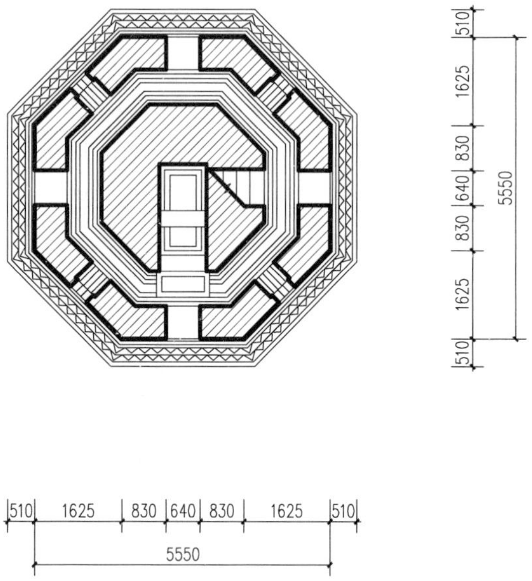

图15　七层仰视图

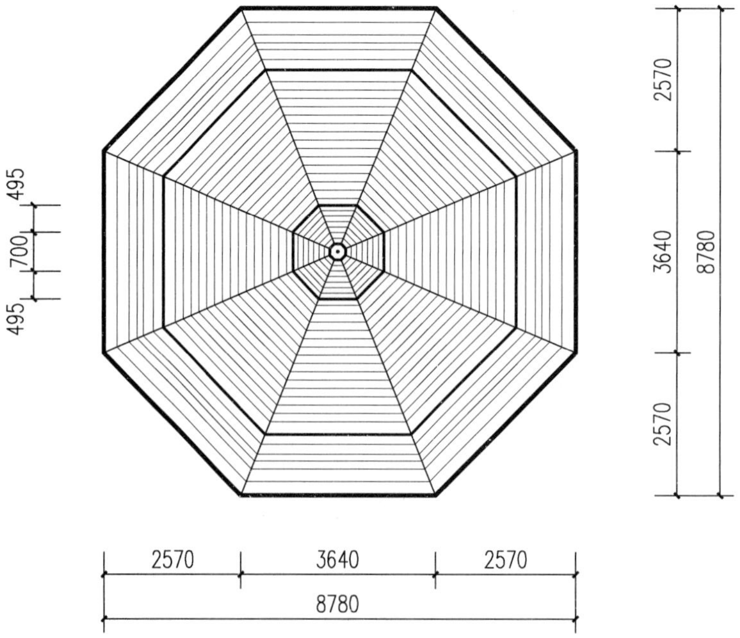

图16　塔顶俯视图

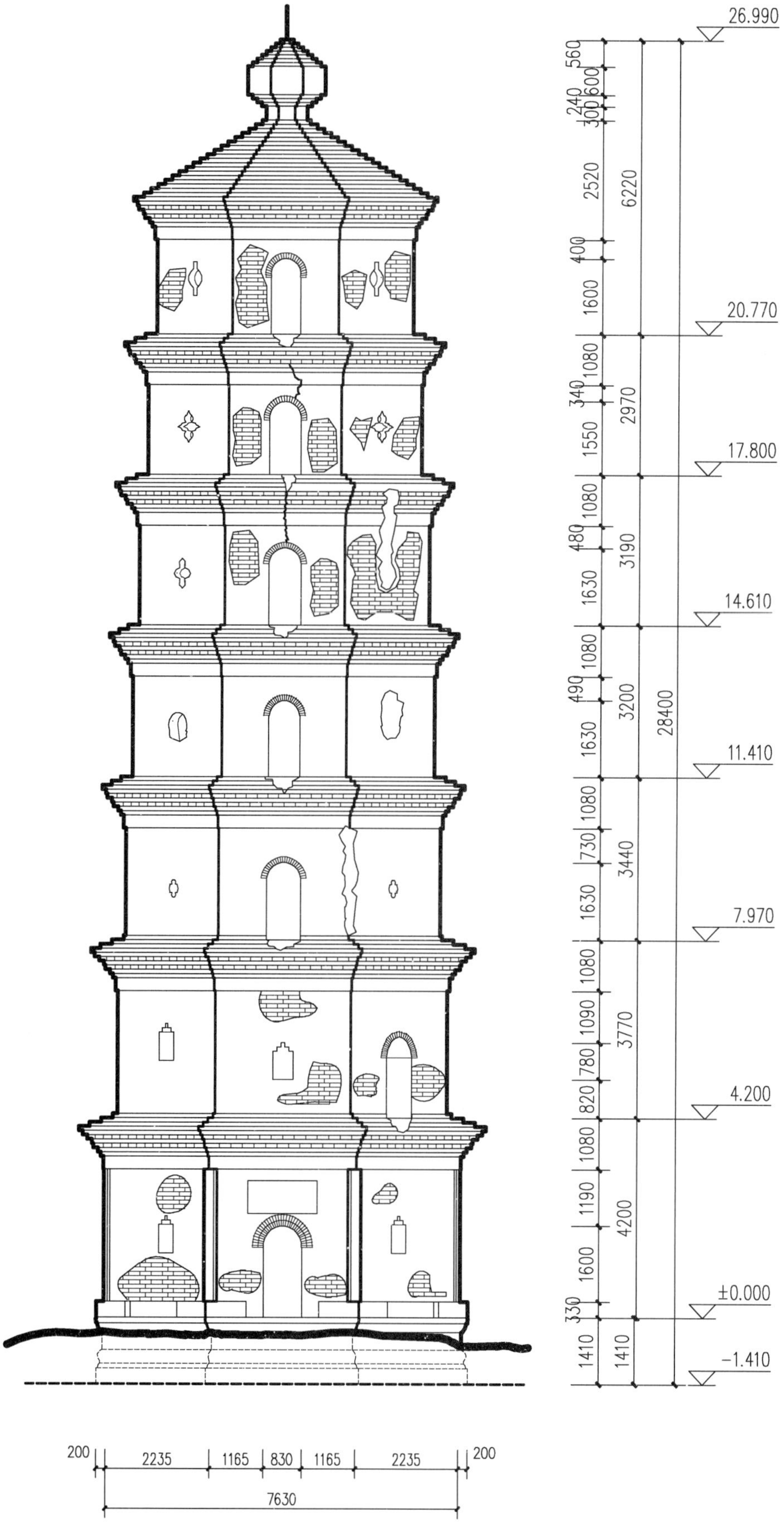
26.990
20.770
17.800
14.610
11.410
7.970
4.200
±0.000
−1.410
560
600
300
240
2520
6220
400
1600
1080
340
2970
1550
1080
480
3190
1630
1080
490
3200
28400
1630
1080
730
3440
1630
1080
1090
3770
780
820
1080
1190
4200
1600
330
1410
1410
200
2235
1165
830
1165
2235
200
7630

图17　北立面图

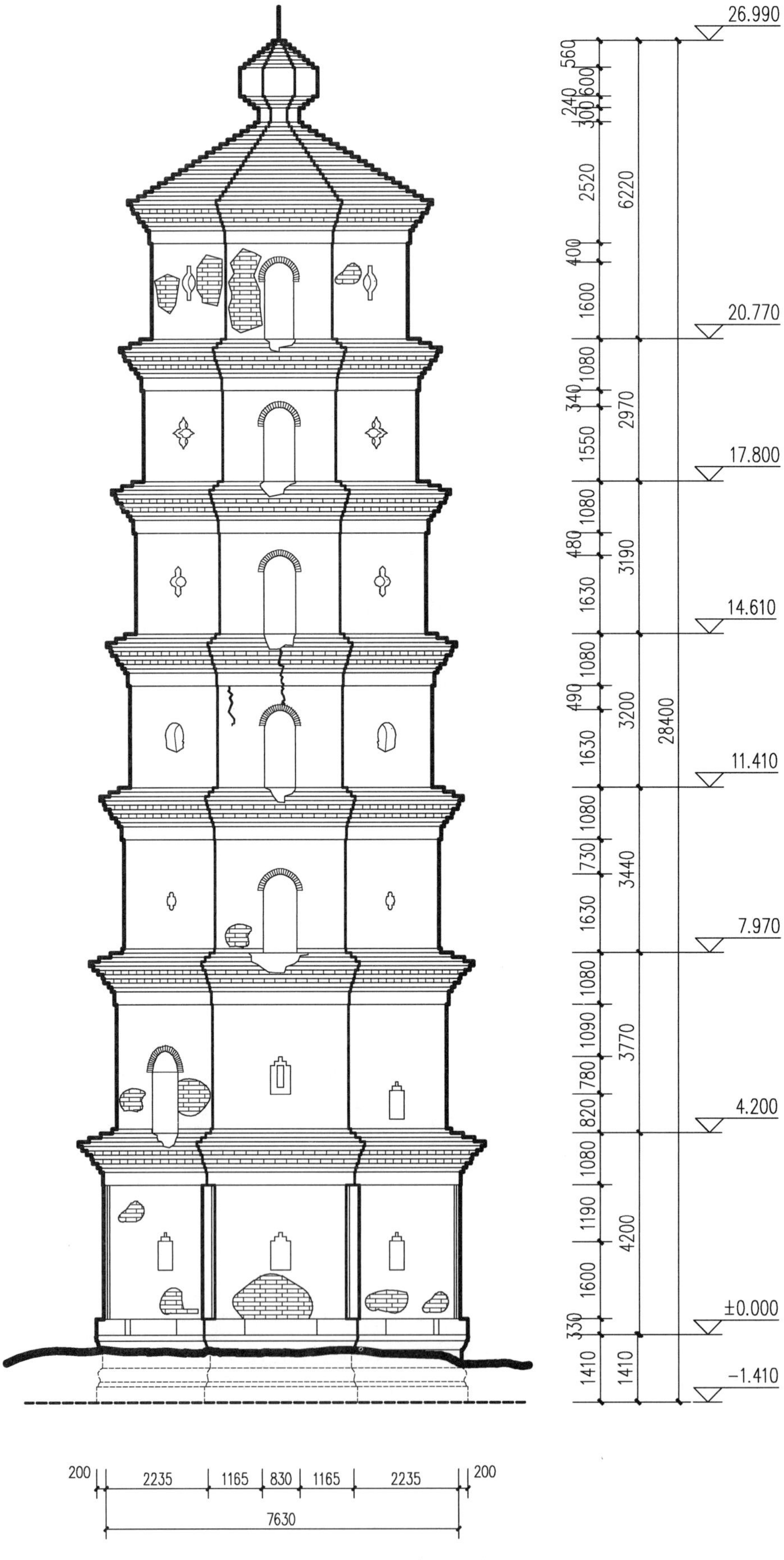
26.990
20.770
17.800
14.610
11.410
7.970
4.200
±0.000
-1.410
560
600
300
240
2520
400
1600
6220
1080
340
1550
2970
1080
480
1630
3190
1080
490
1630
3200
28400
1080
730
1630
3440
1080
1090
780
820
3770
1080
1190
1600
4200
330
1410
1410
200
2235
1165
830
1165
2235
200
7630

图18　西立面图

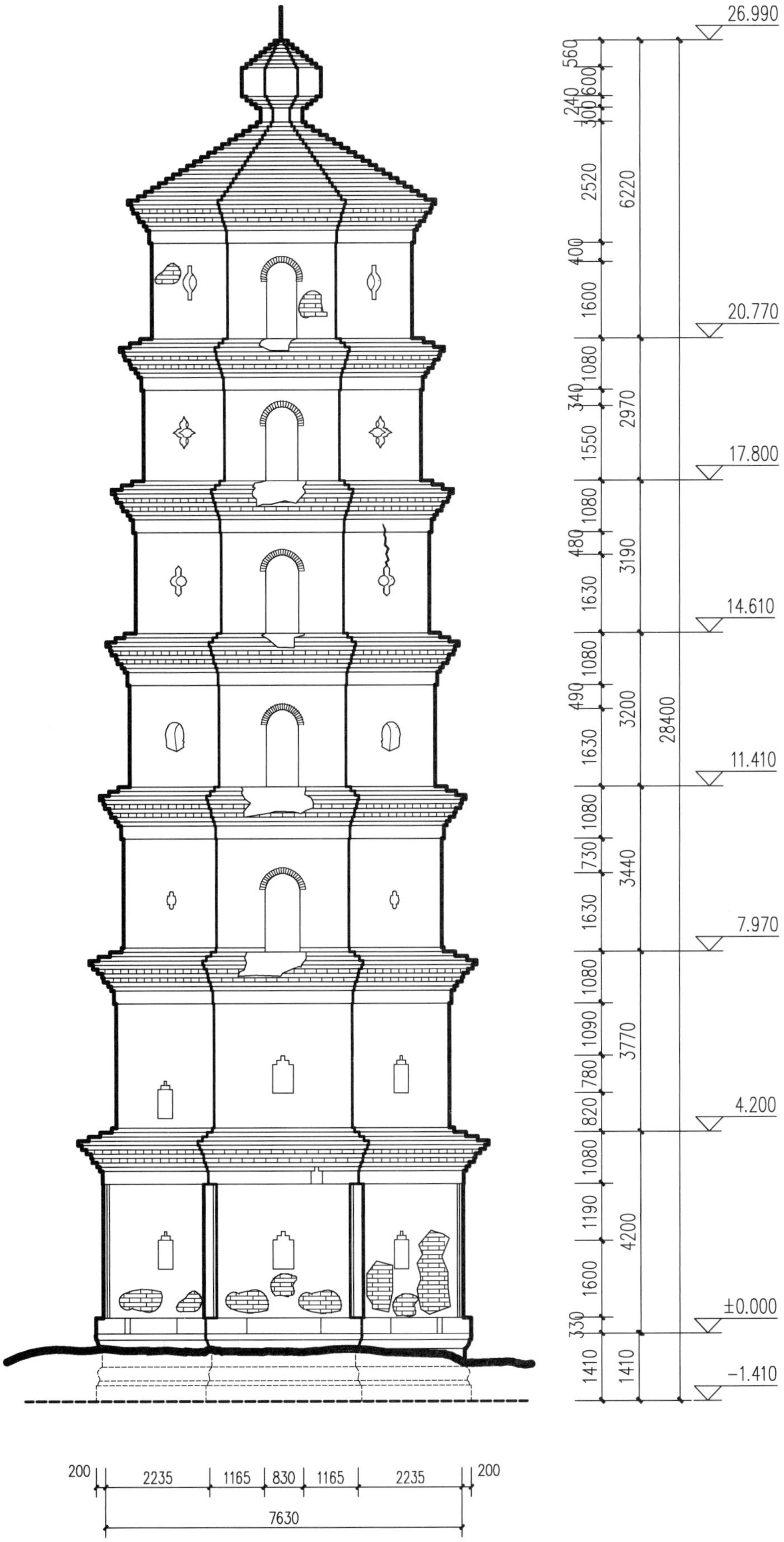
26.990
20.770
17.800
14.610
11.410
7.970
4.200
±0.000
-1.410
560
600
300
240
2520
400
1600
6220
1080
340
1550
2970
1080
480
1630
3190
1080
490
1630
3200
28400
1080
730
1630
3440
1080
1090
780
820
3770
1080
1190
1600
330
4200
1410
1410
200
2235
1165
830
1165
2235
200
7630

图19 南立面图

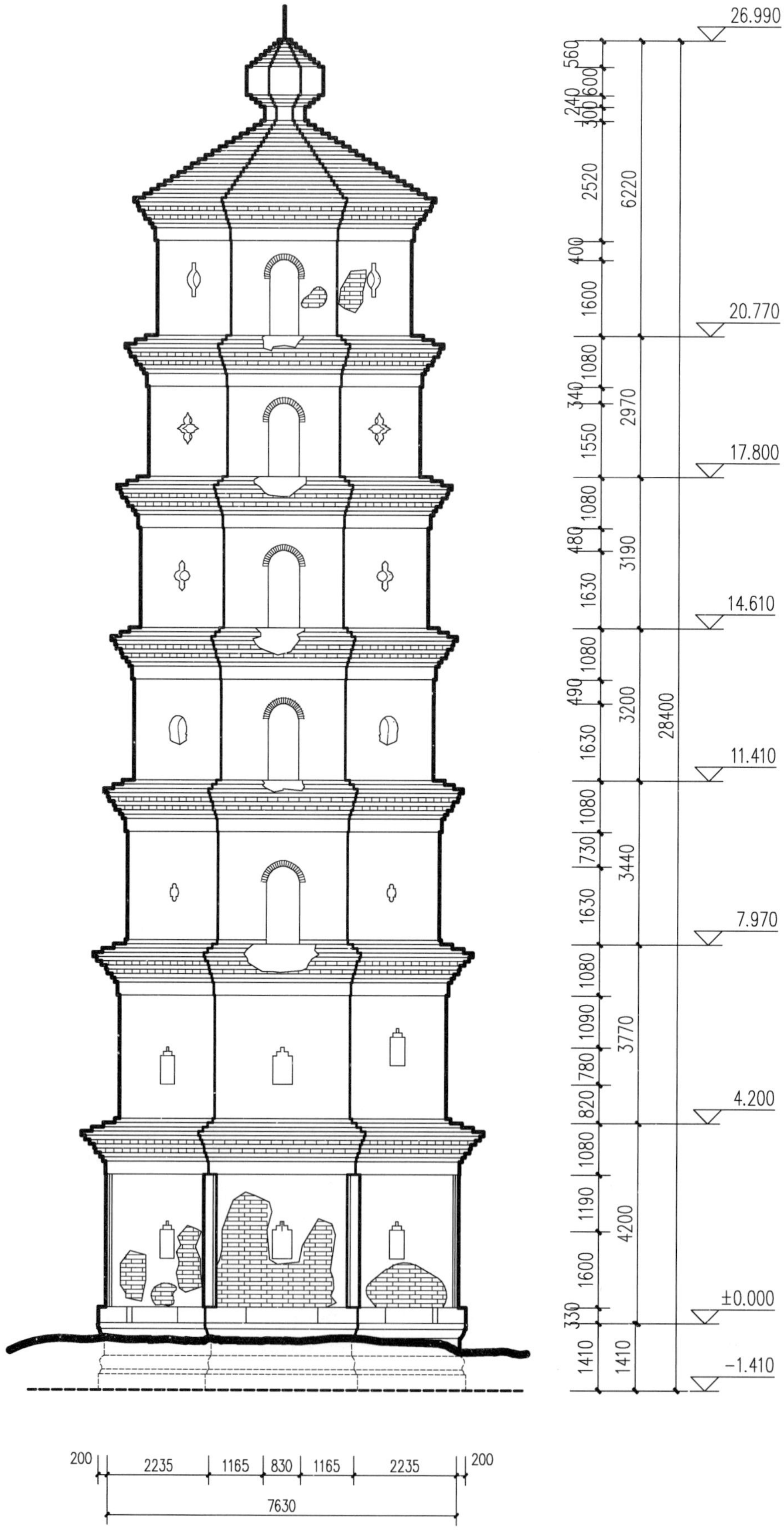
26.990
20.770
17.800
14.610
11.410
7.970
4.200
±0.000
−1.410
560
600
300
240
2520
400
1600
6220
1080
340
1550
2970
1080
480
1630
3190
1080
490
1630
3200
28400
1080
730
1630
3440
1080
1090
780
820
3770
1080
1190
1600
330
4200
1410
1410
200
2235
1165
830
1165
2235
200
7630

图20 东立面图

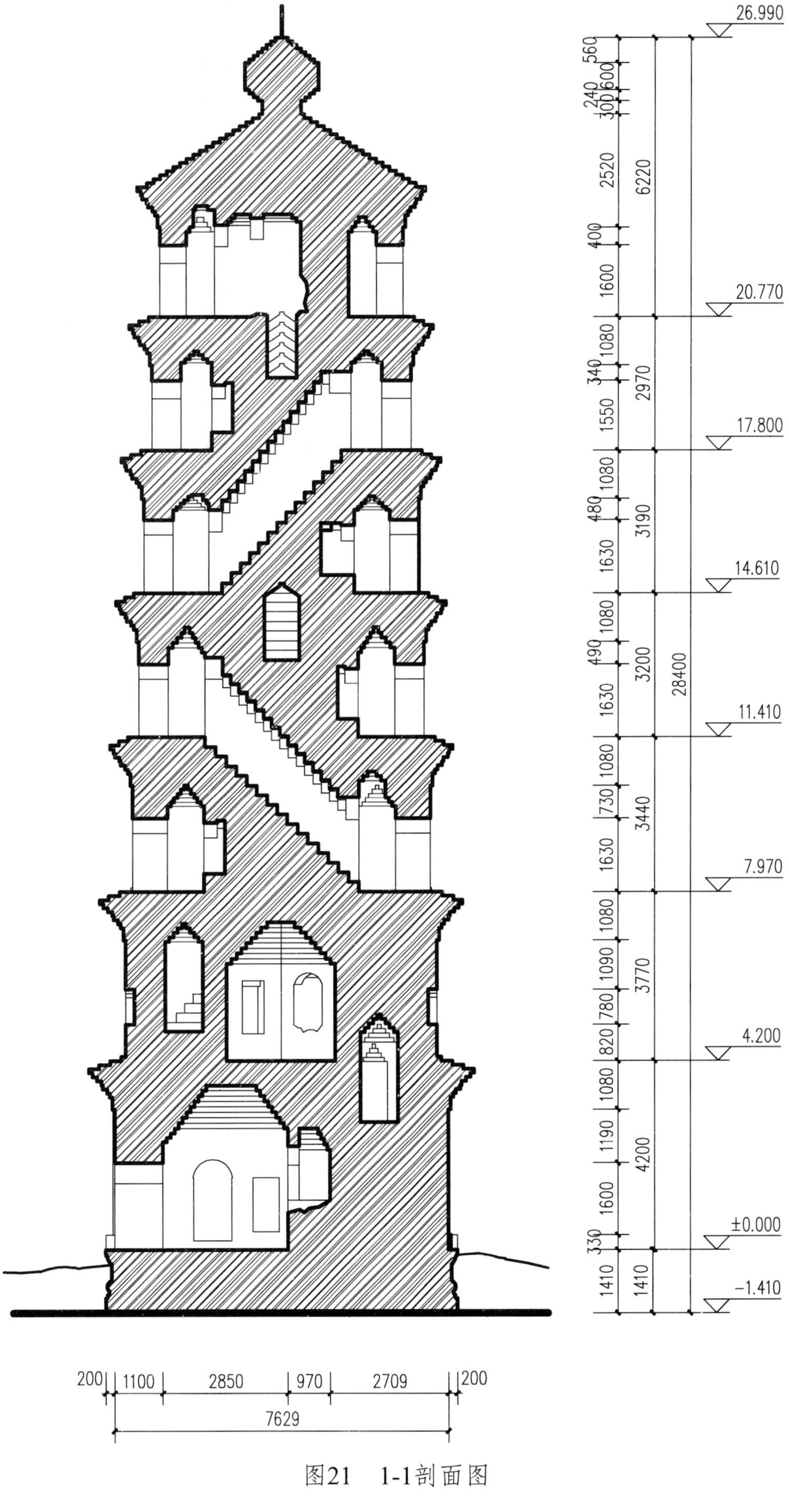
26.990
20.770
17.800
14.610
11.410
7.970
4.200
±0.000
−1.410
560
600
300
240
2520
6220
400
1600
1080
340
2970
1550
1080
480
3190
1630
1080
490
3200
28400
1630
1080
730
3440
1630
1080
1090
3770
780
820
1080
1190
4200
1600
330
1410
1410
200
1100
2850
970
2709
200
7629

图21　1-1剖面图

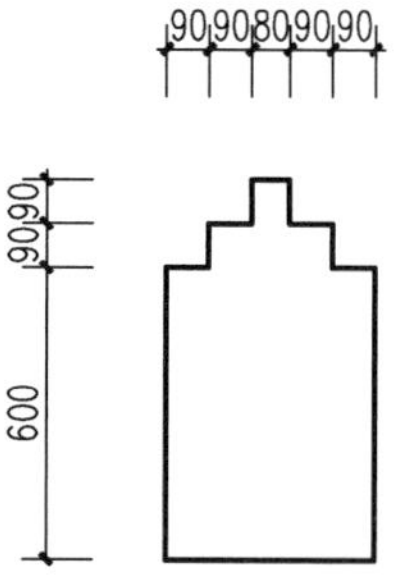

一、二层窗详图

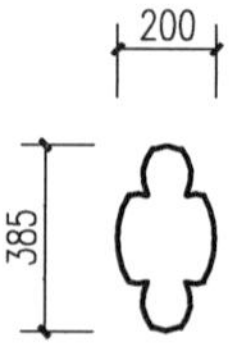

三层窗详图

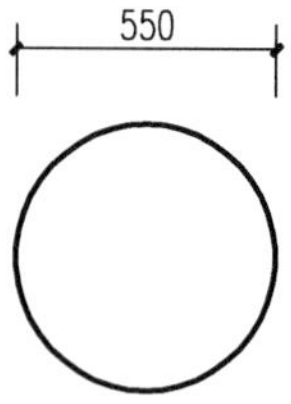

四层窗详图

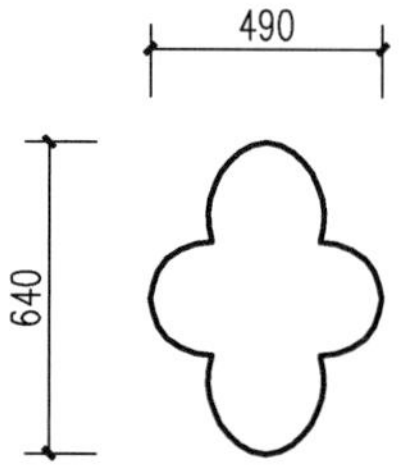

五层窗详图

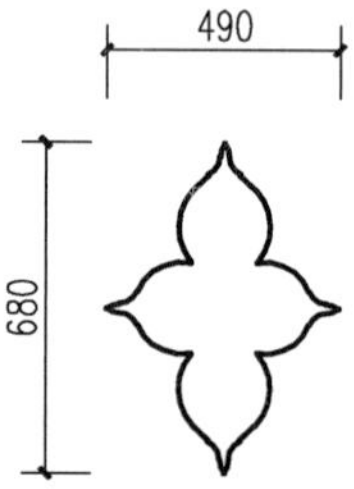

六层窗详图

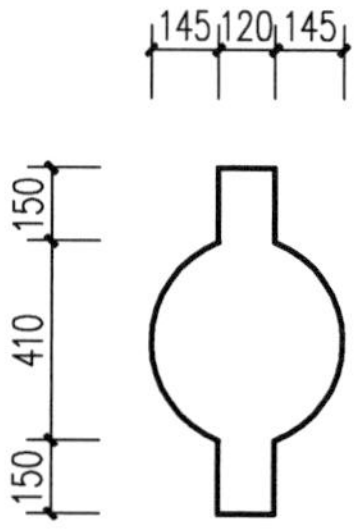

七层窗详图

图22 大样详图

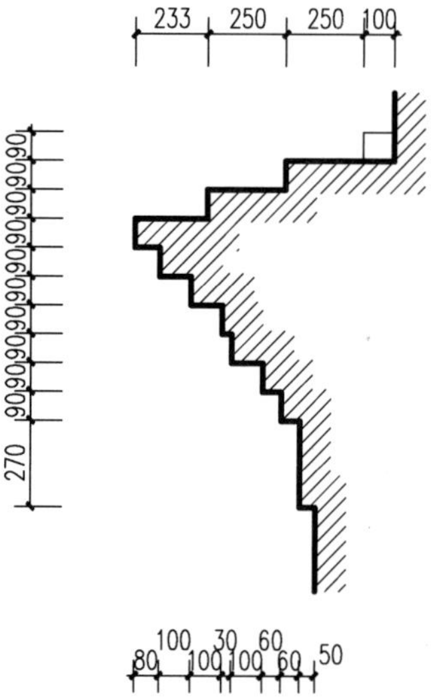

一层、二层出檐详图

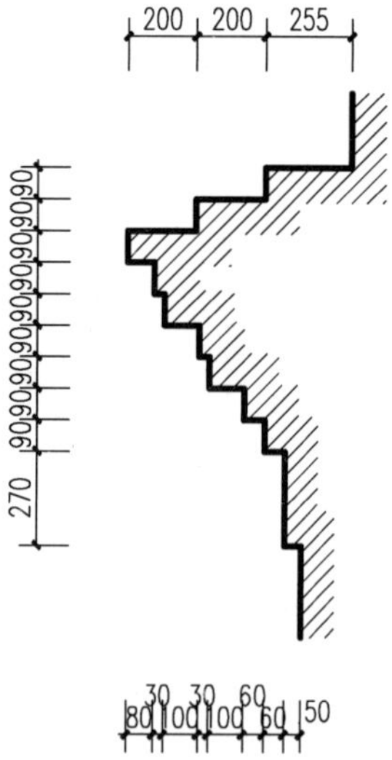

三层、四层出檐详图

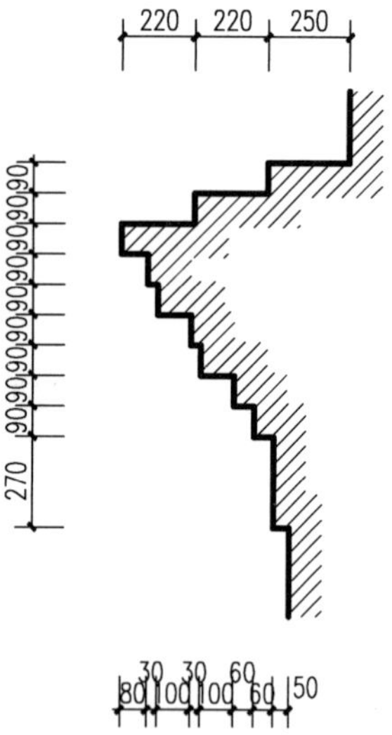

五层、六层出檐详图

图23 大样详图

南溪镇南塔

镇南塔又名南溪老塔，位于宜宾市南溪区江南镇红林村五社一山坡坡顶。

镇南塔属楼阁式塔，坐北向南，平面呈正八边形，由塔座、塔身和塔刹三部分组成，通高24米。塔座为五层条石直接砌筑于山岩上的素须弥座，高度1.6米。塔可顺时针沿着九十四级踏道绕塔心室壁盘旋而上。塔内设塔心室每层一个，共七个。第一层塔心室除在塔门一边外，在另外三面石壁上分别设三个小龛。塔心室顶部为叠涩方顶，顶端中心用青石板平铺封砌，石板上雕刻有二龙戏珠图案，筑成层间间隔和塔室地坪。第一层塔身建于须弥座上，方形石柱嵌入作为角柱，拱券门开在南面，另七面开券窗，外设腰檐用砖叠涩而成，出檐0.6米。第二层拱券门开在西面，其余七面为券窗，外设腰檐两重，此层和以上各层皆无角柱。第三层拱券门开在东面，另七面开挑砖窗，外设腰檐两重。镇南塔的窗共两种式样，三层以上为一种，一、二层为另一种拱券窗。四层、七层开门方向同在北面，五层开门方向在西面，六层开门方向在东面。第八和第九层的腰檐为单层，未设门洞。塔顶用砖砌的八边形塔刹座，座上设铁质塔刹。

塔始建于明代，清代维修。

四川省文物保护单位。

测绘制图：胡玉、刘真珍、吕熠、谢尧

成图时间：2011年5月

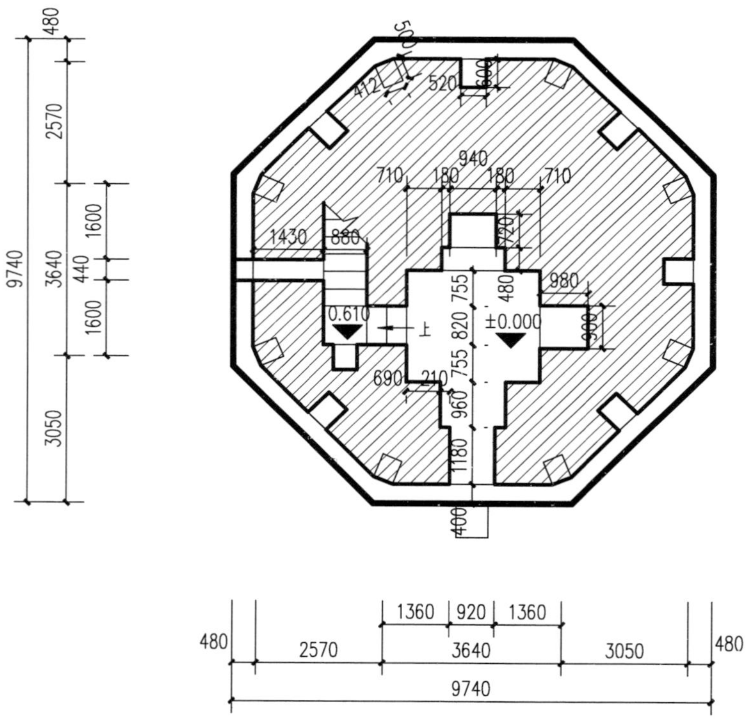

图1　一层平面图

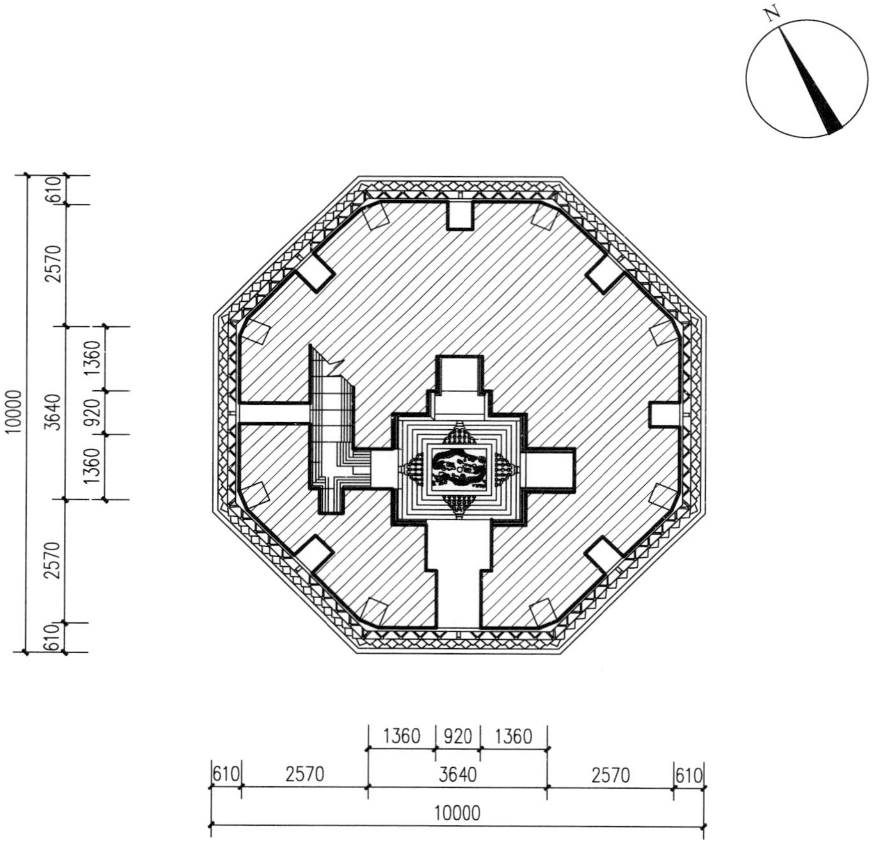

图2　一层仰视图

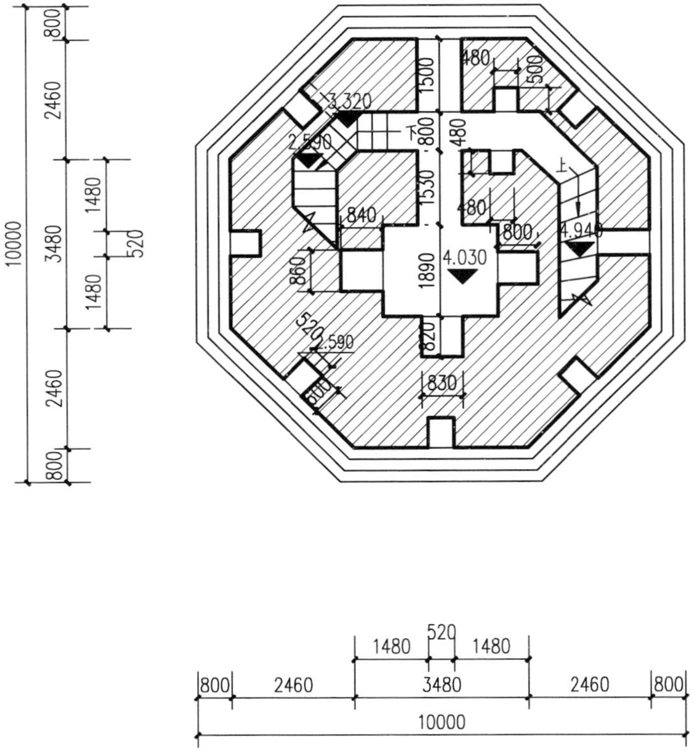

图3　二层平面图

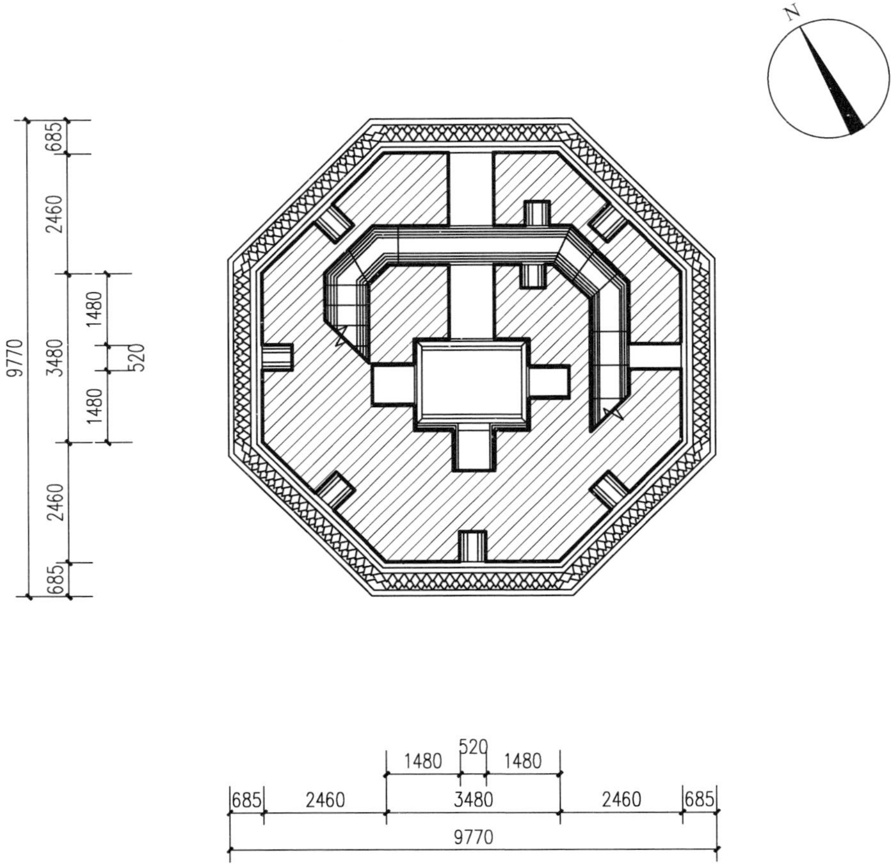

图4　二层仰视图

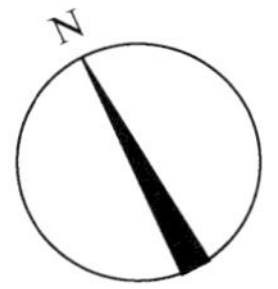

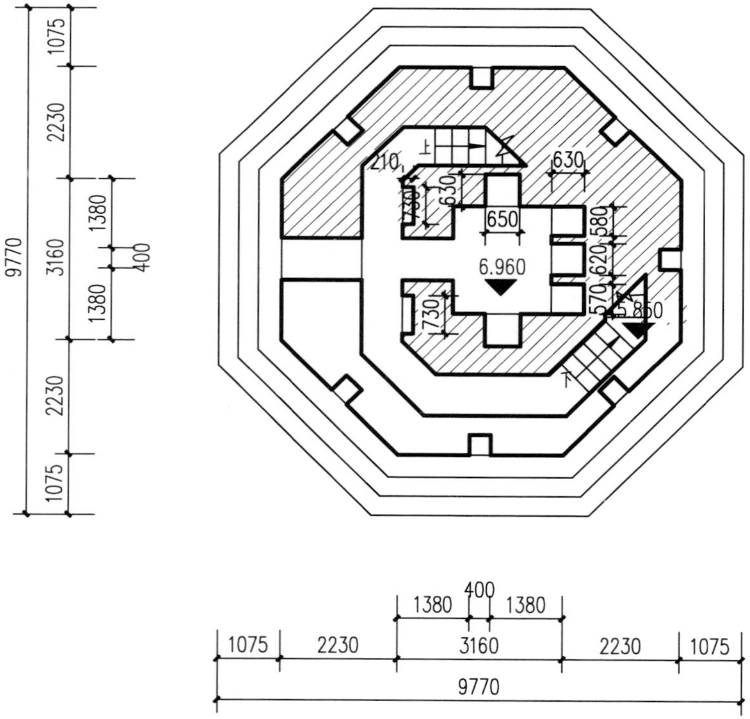

图5　三层平面图

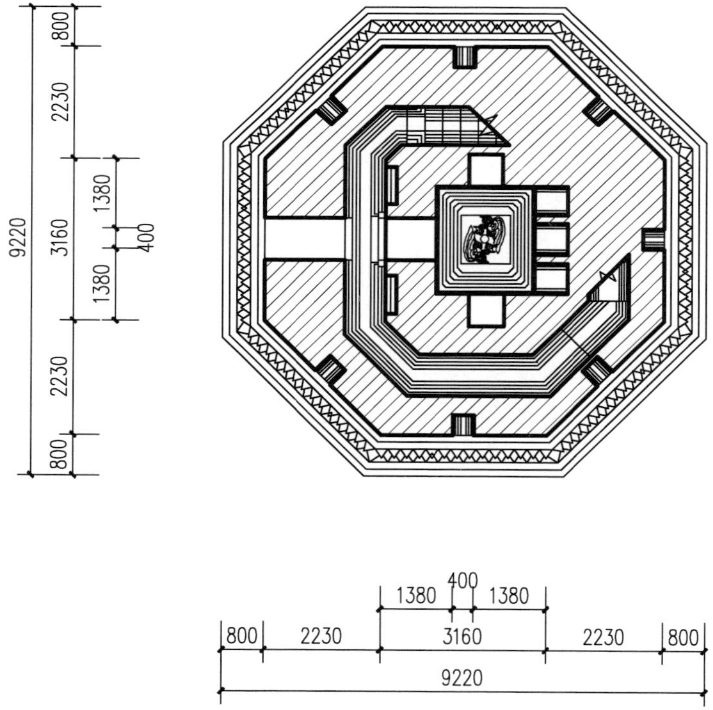

图6　三层仰视图

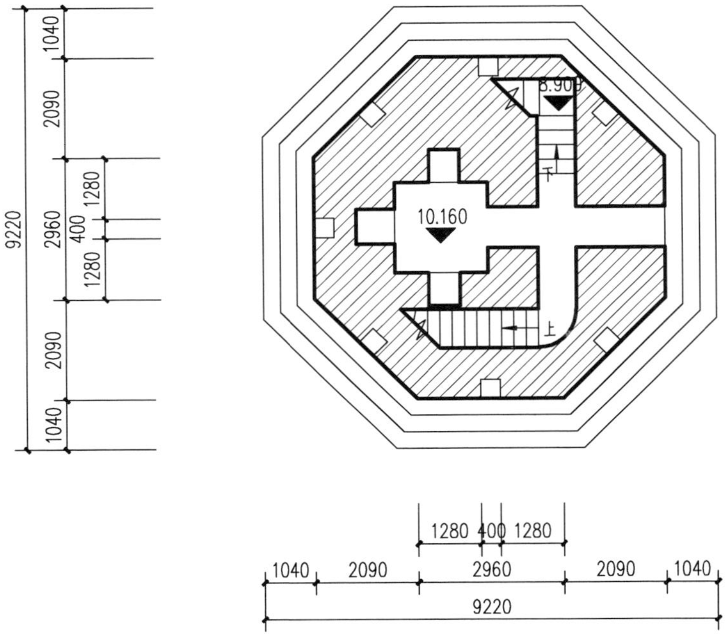

图7　四层平面图

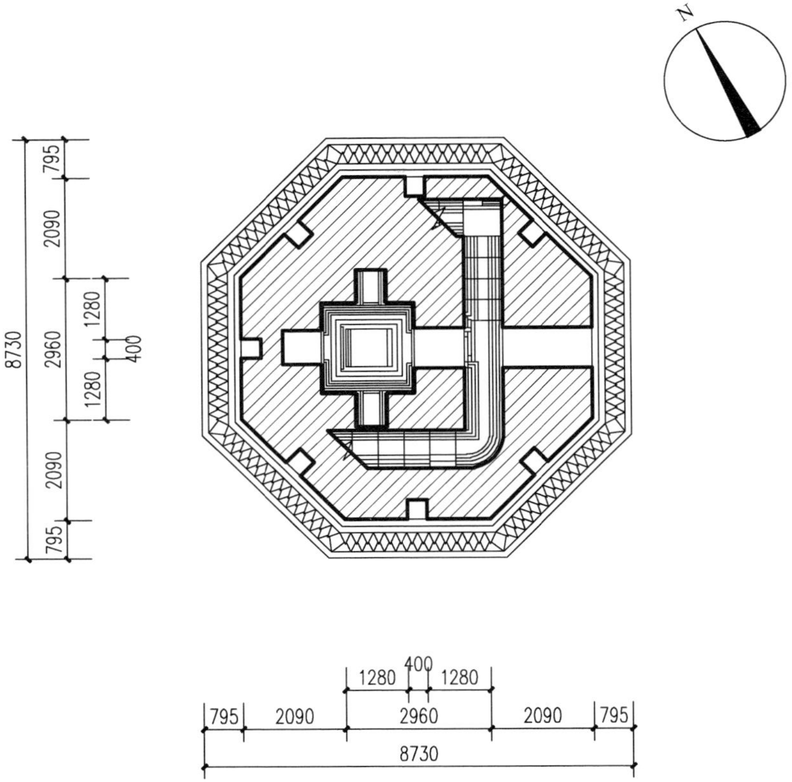

图8　四层仰视图

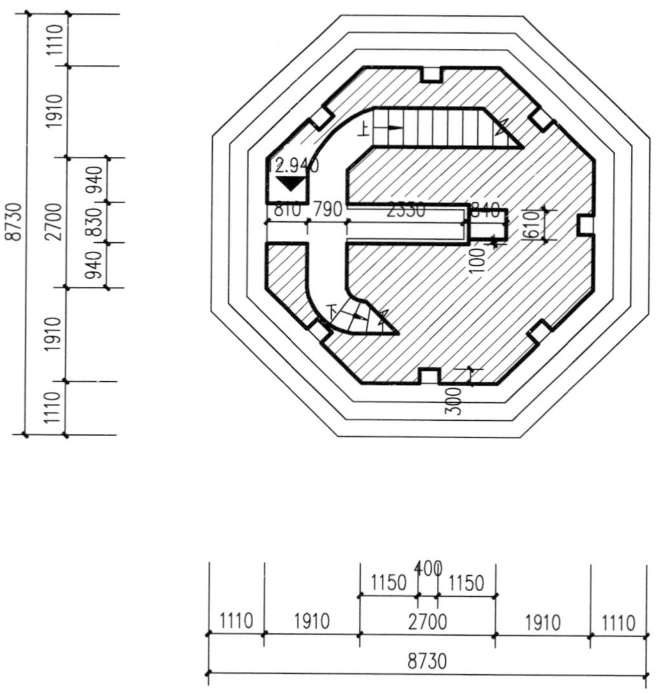

图9　五层平面图

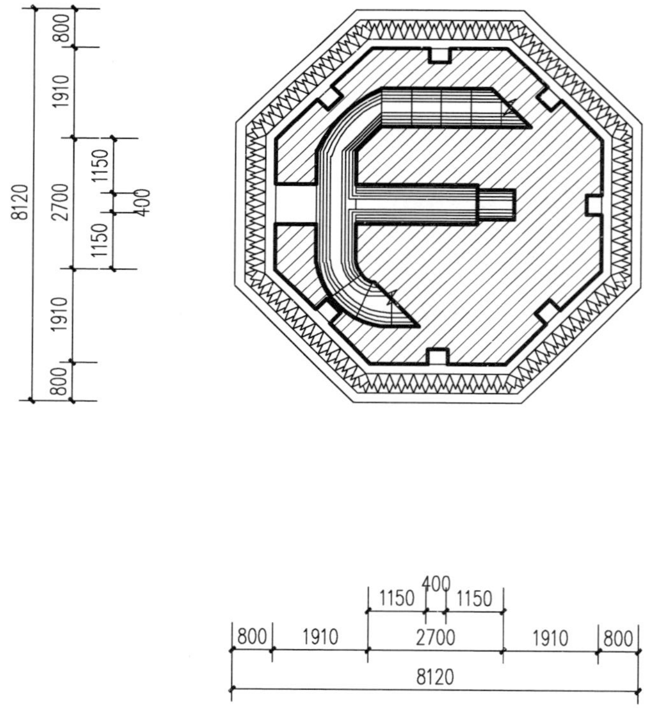

图10　五层仰视图

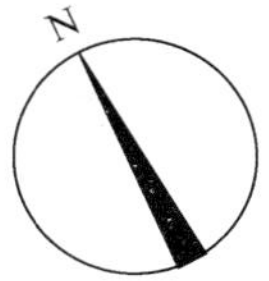

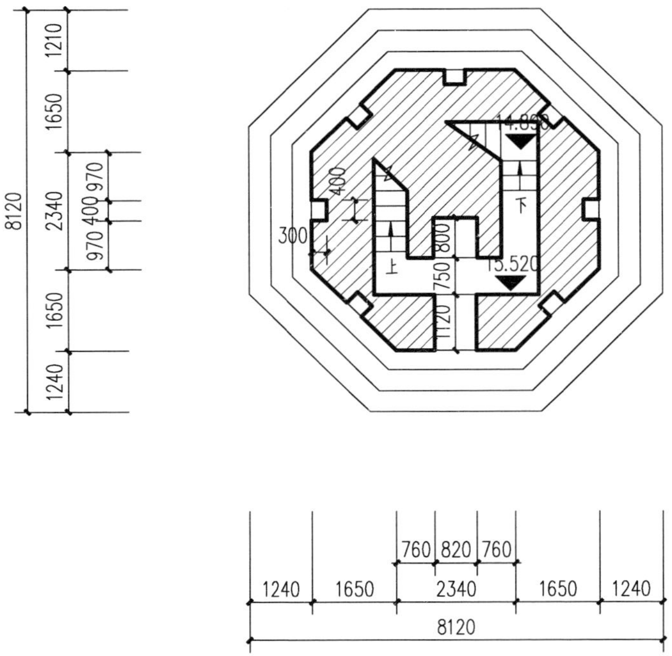

图11　六层平面图

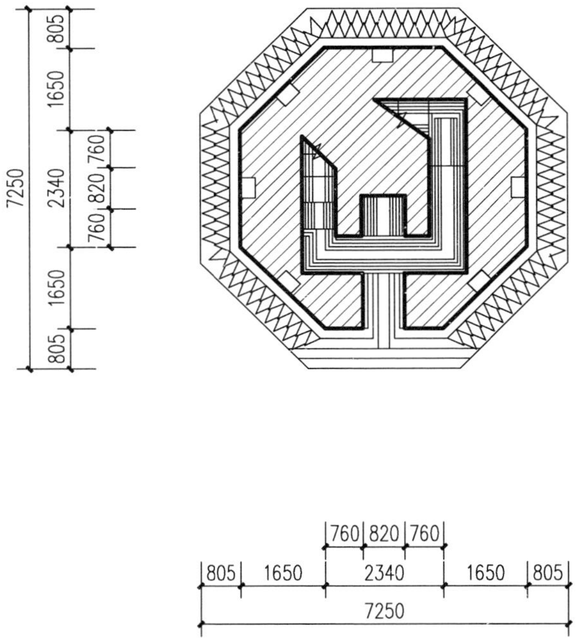

图12　六层仰视图

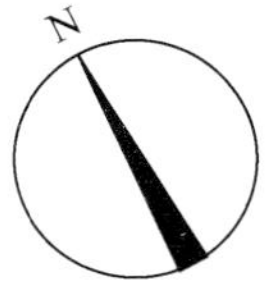

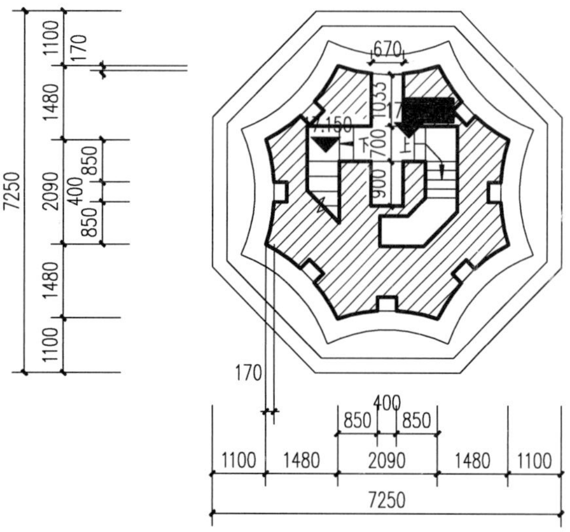

图13　七层平面图

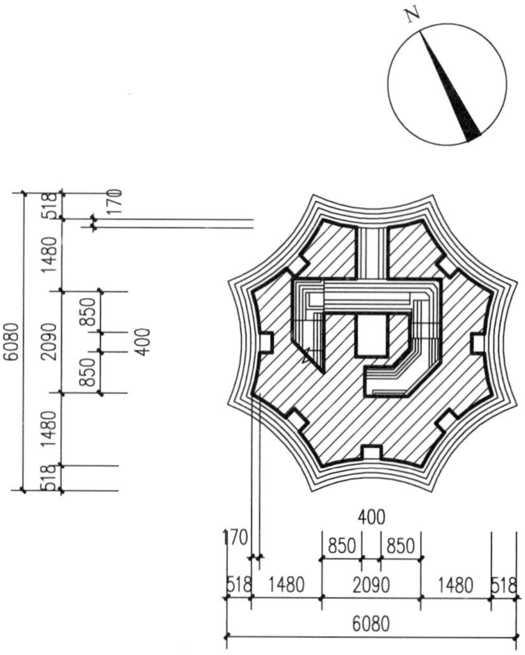

图14　七层仰视图

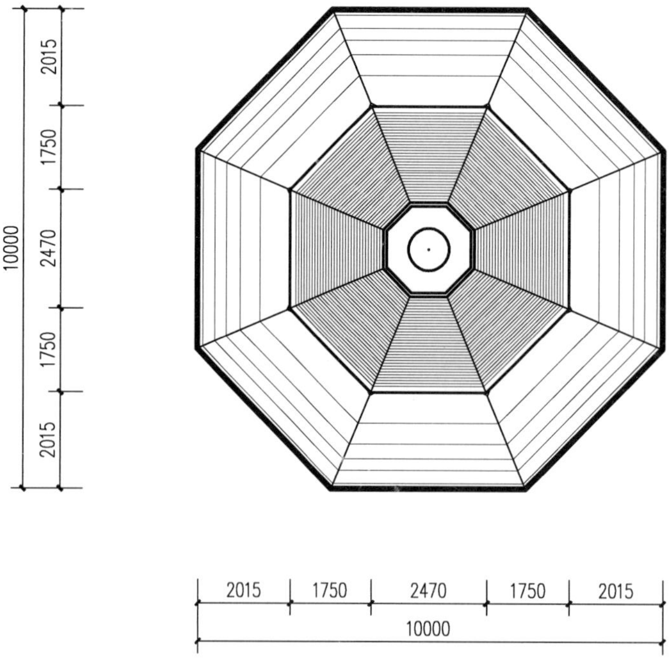

图15　俯视图

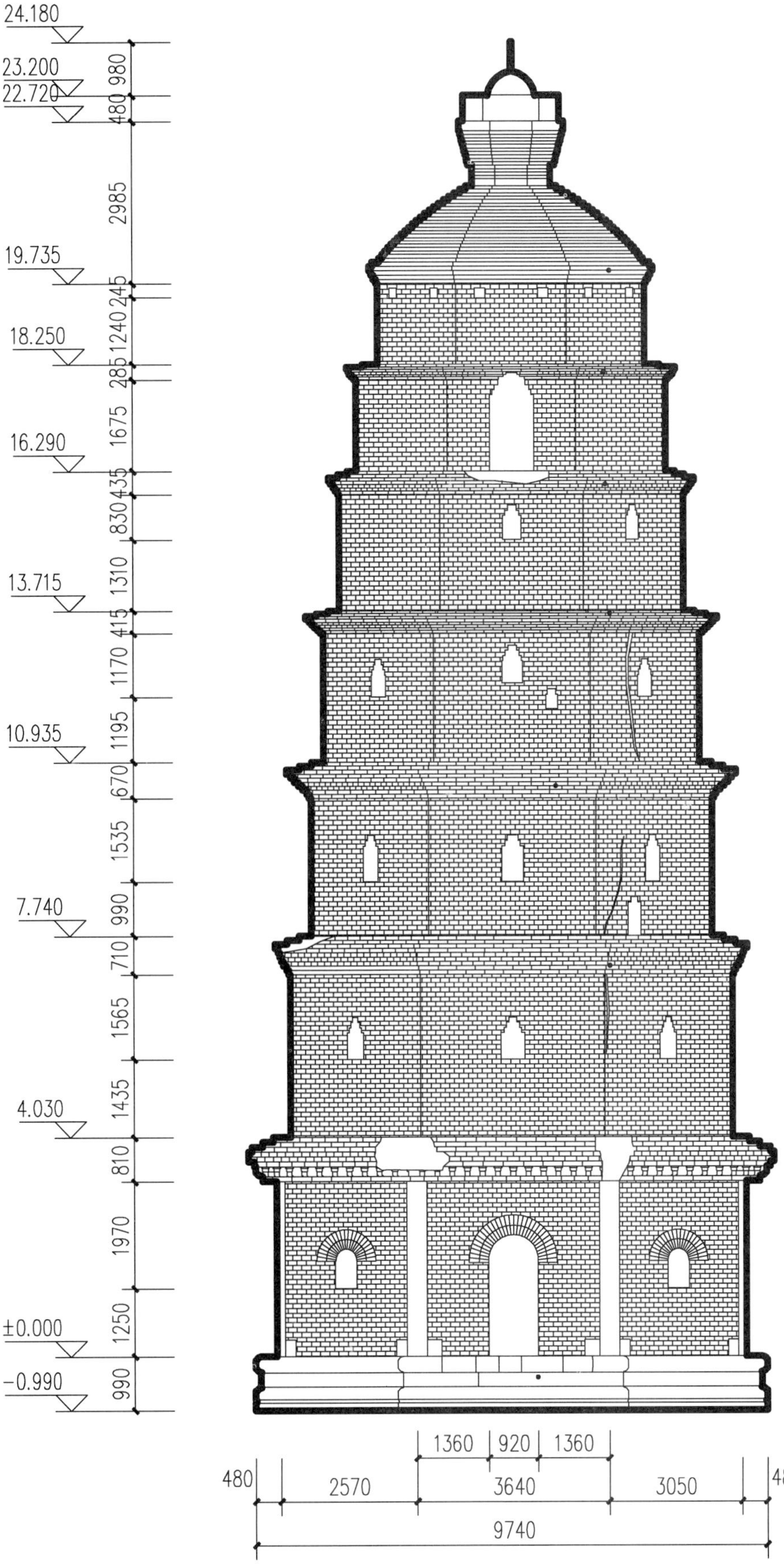
24.180
23.200
22.720
19.735
18.250
16.290
13.715
10.935
7.740
4.030
±0.000
-0.990
980
480
2985
245
1240
285
1675
435
830
1310
415
1170
1195
670
1535
990
710
1565
1435
810
1970
1250
990
1360
920
1360
480
2570
3640
3050
480
9740

图16　北立面图

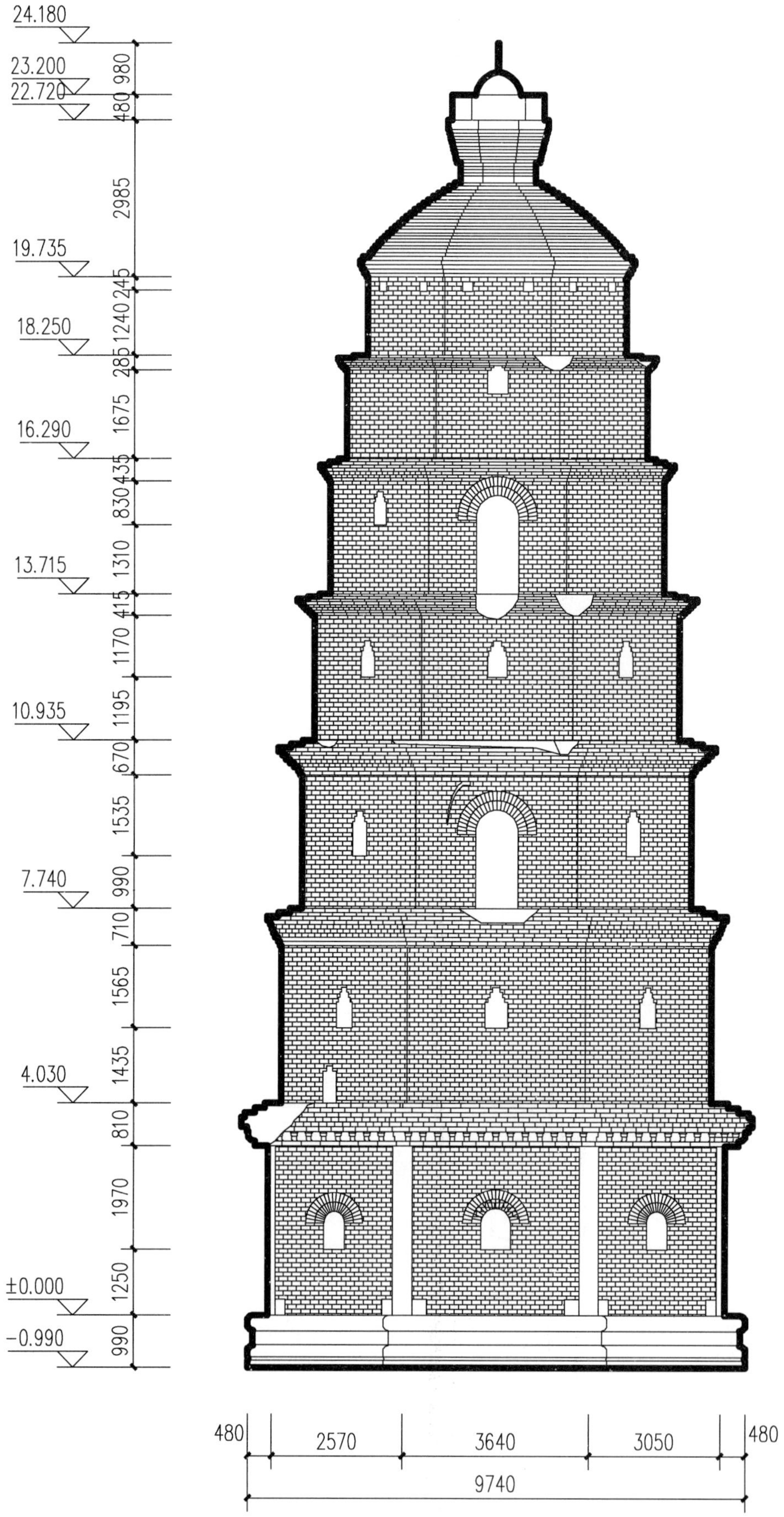
24.180
23.200
22.720
19.735
18.250
16.290
13.715
10.935
7.740
4.030
±0.000
-0.990
980
480
2985
245
1240
285
1675
435
830
1310
415
1170
1195
670
1535
990
710
1565
1435
810
1970
1250
990
480
2570
3640
3050
480
9740

图17 西立面图

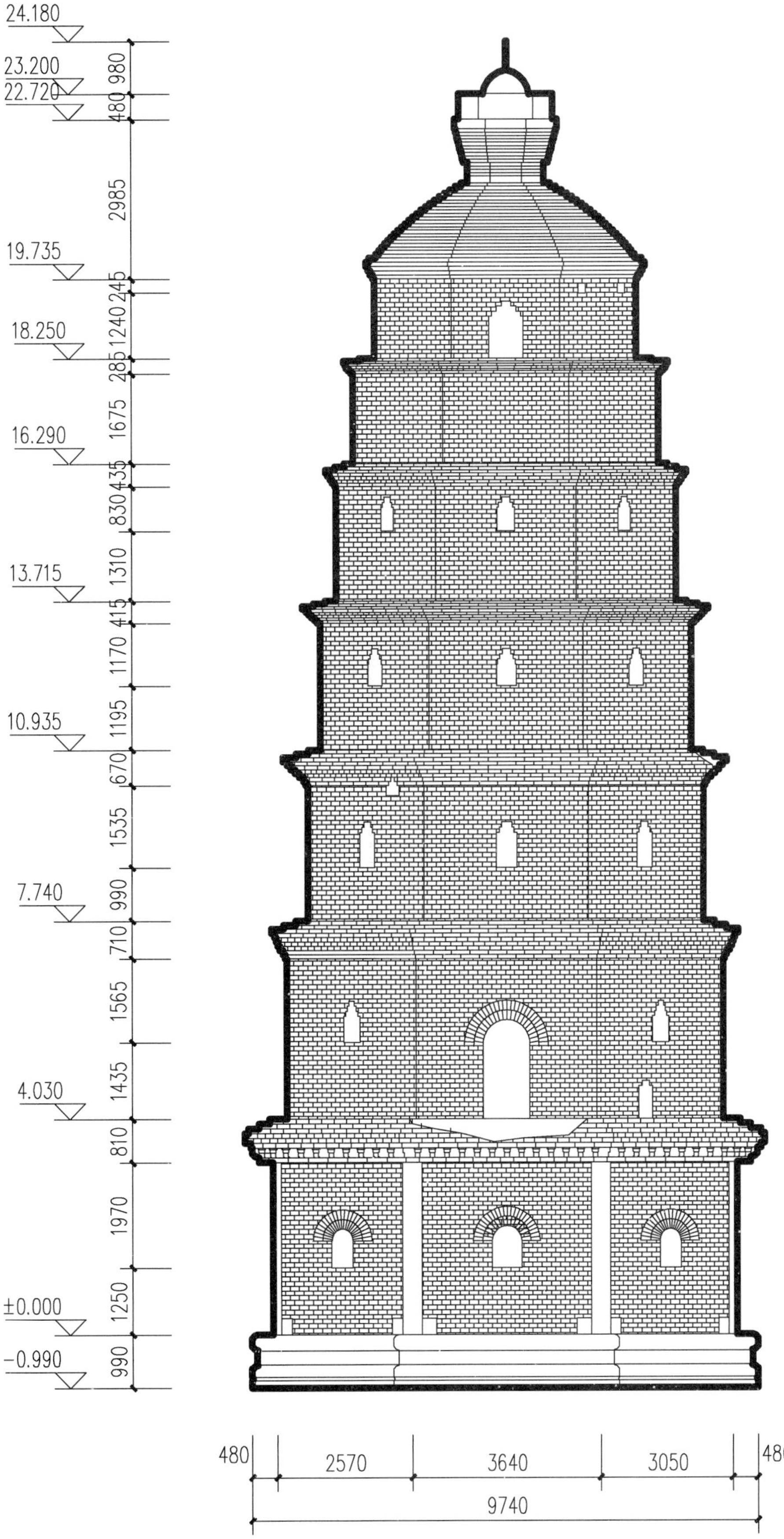
24.180
23.200
22.720
980
480
2985
19.735
245
1240
18.250
285
1675
16.290
435
830
1310
13.715
415
1170
1195
10.935
670
1535
990
7.740
710
1565
1435
4.030
810
1970
1250
±0.000
990
-0.990
480
2570
3640
3050
480
9740

图18　南立面图

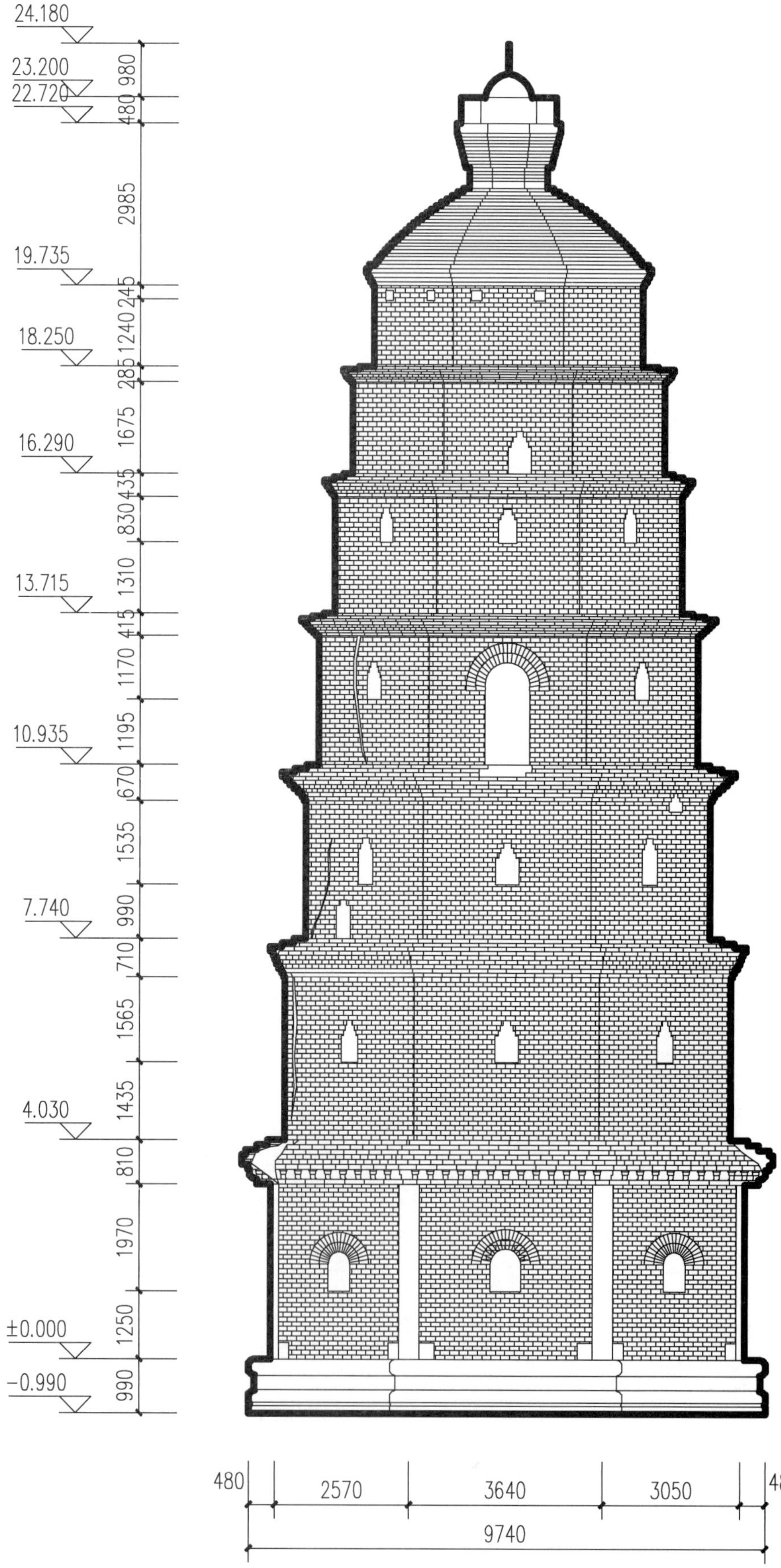
24.180
23.200
22.720
980
480
2985
19.735
245
1240
18.250
285
1675
16.290
435
830
1310
13.715
415
1170
1195
10.935
670
1535
990
7.740
710
1565
1435
4.030
810
1970
1250
±0.000
990
-0.990
480
2570
3640
3050
480
9740

图19 东立面图

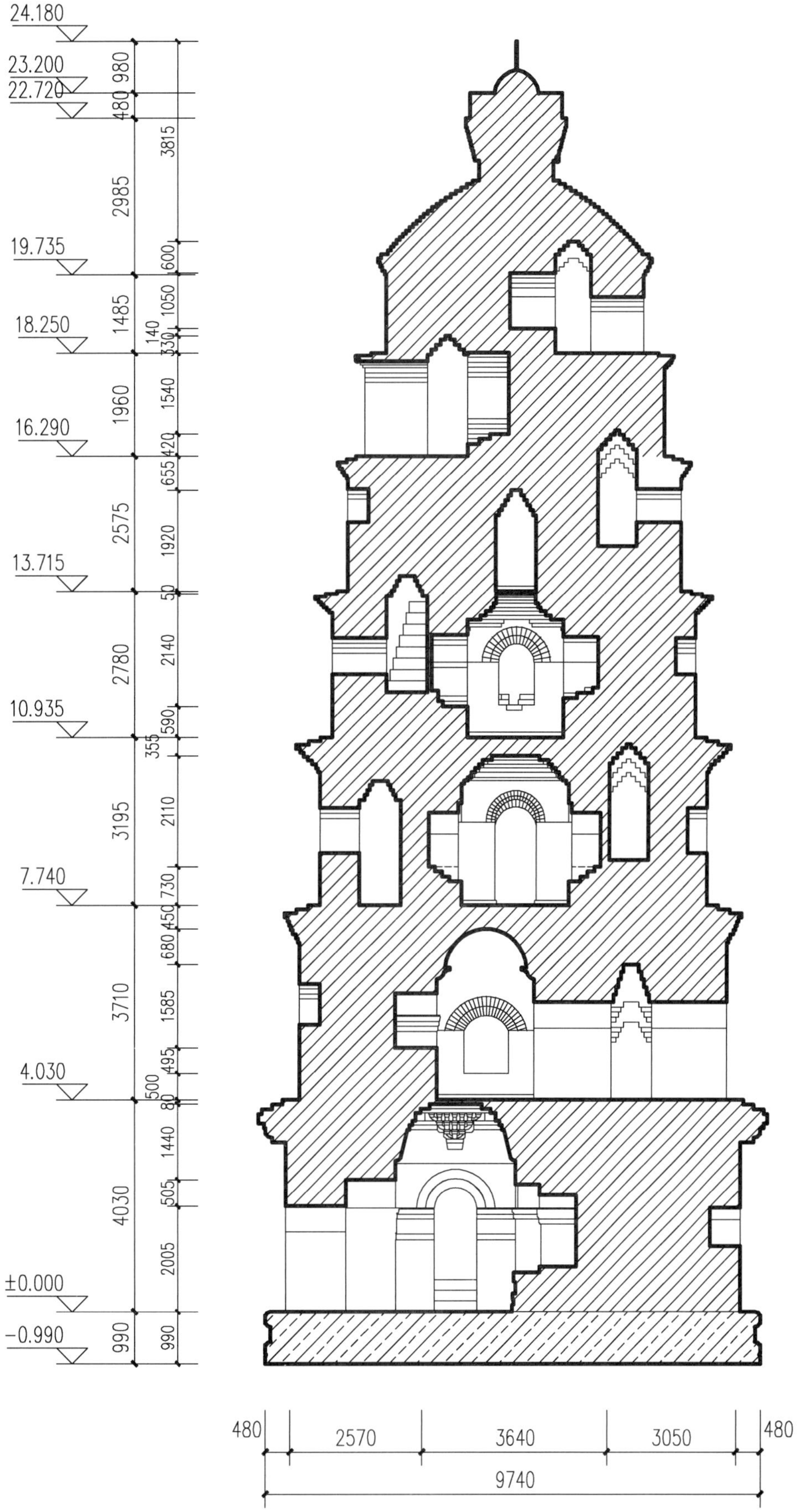
24.180
23.200
22.720
19.735
18.250
16.290
13.715
10.935
7.740
4.030
±0.000
-0.990
980
480
2985
1485
1960
2575
2780
3195
3710
4030
990
3815
600
1050
140
330
1540
420
655
1920
50
2140
590
355
2110
730
450
680
1585
495
500
80
1440
505
2005
990
480
2570
3640
3050
480
9740

图20　剖面图

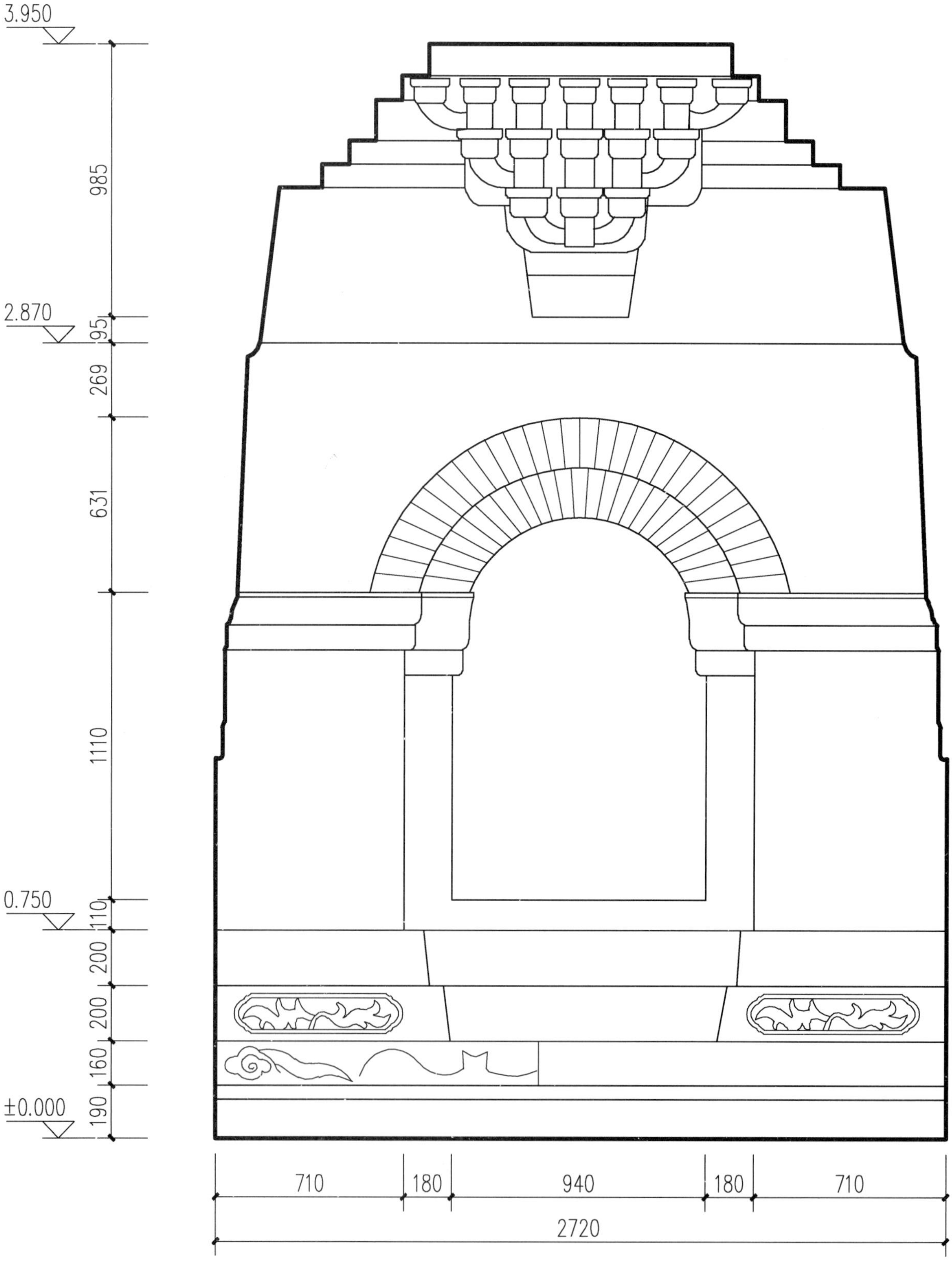

图21　一层内室南立面详图

广安代市钟鼓楼

代市钟鼓楼位于广安市广安区代市镇老街。

钟鼓楼坐北朝南，面阔三间，进深二间。高三层。一层为邻街通道，二层进深二间，穿斗式梁架结构，小青瓦披檐屋面，前后檐设木质槛墙、槛窗。三层为六角形亭阁式建筑，穿斗式梁架结构。攒尖顶，素筒瓦屋面，灰塑脊饰。

该建筑建于民国初年。

广安市文物保护单位。

测绘制图：刘波、范雪松

成图时间：2011年5月

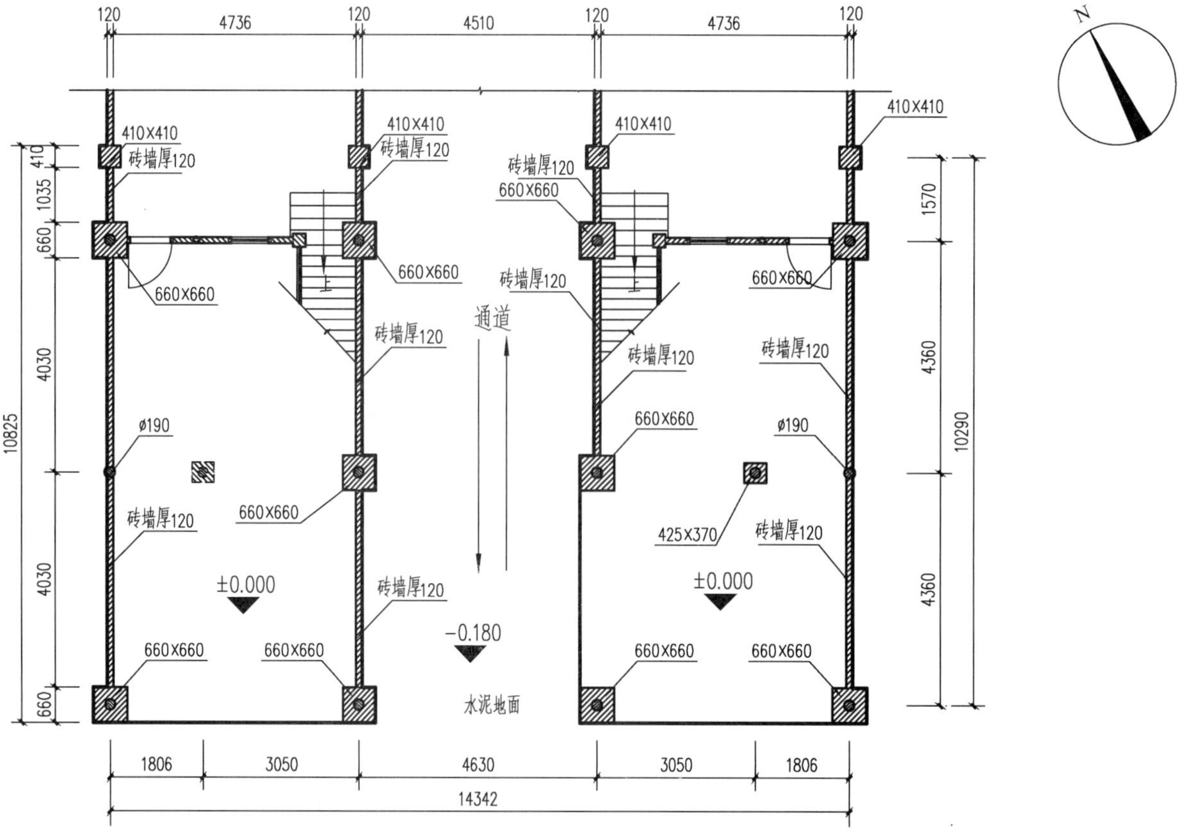

图1　一层平面图

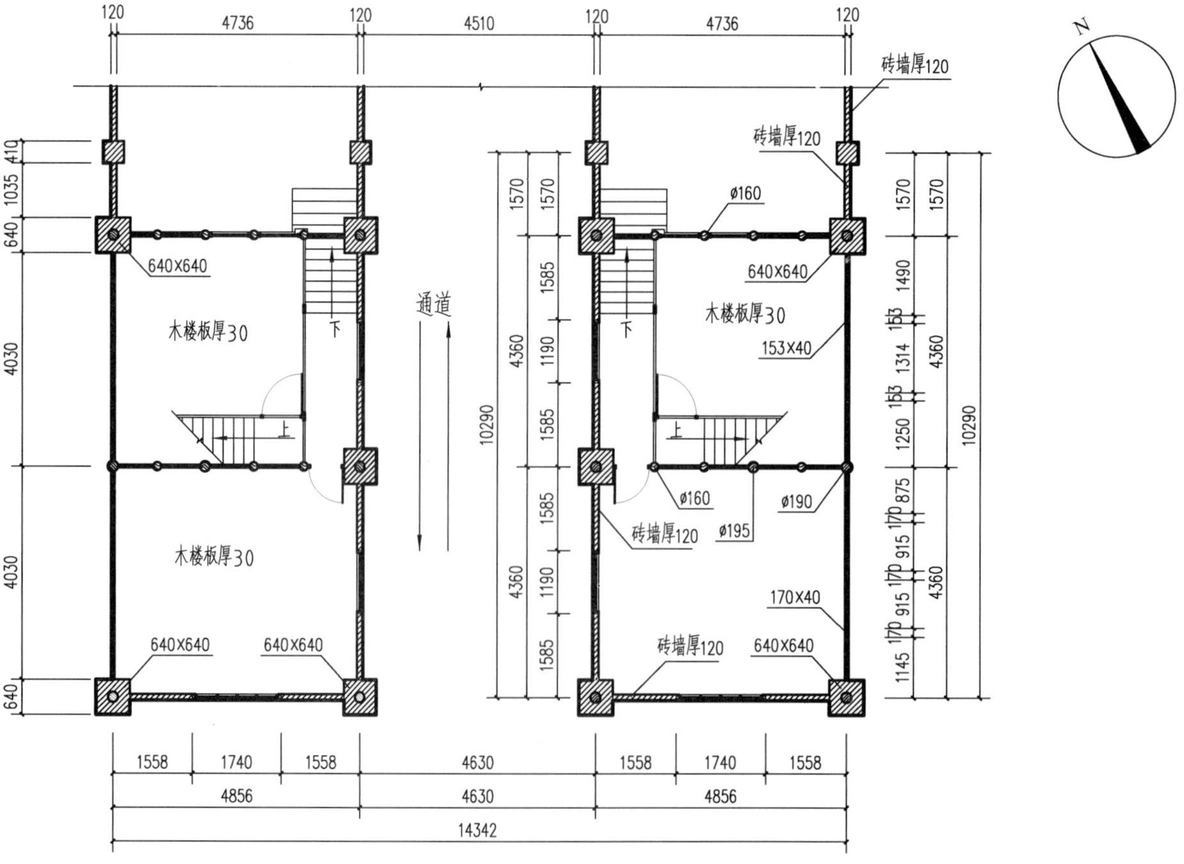

图2　次间二层平面图

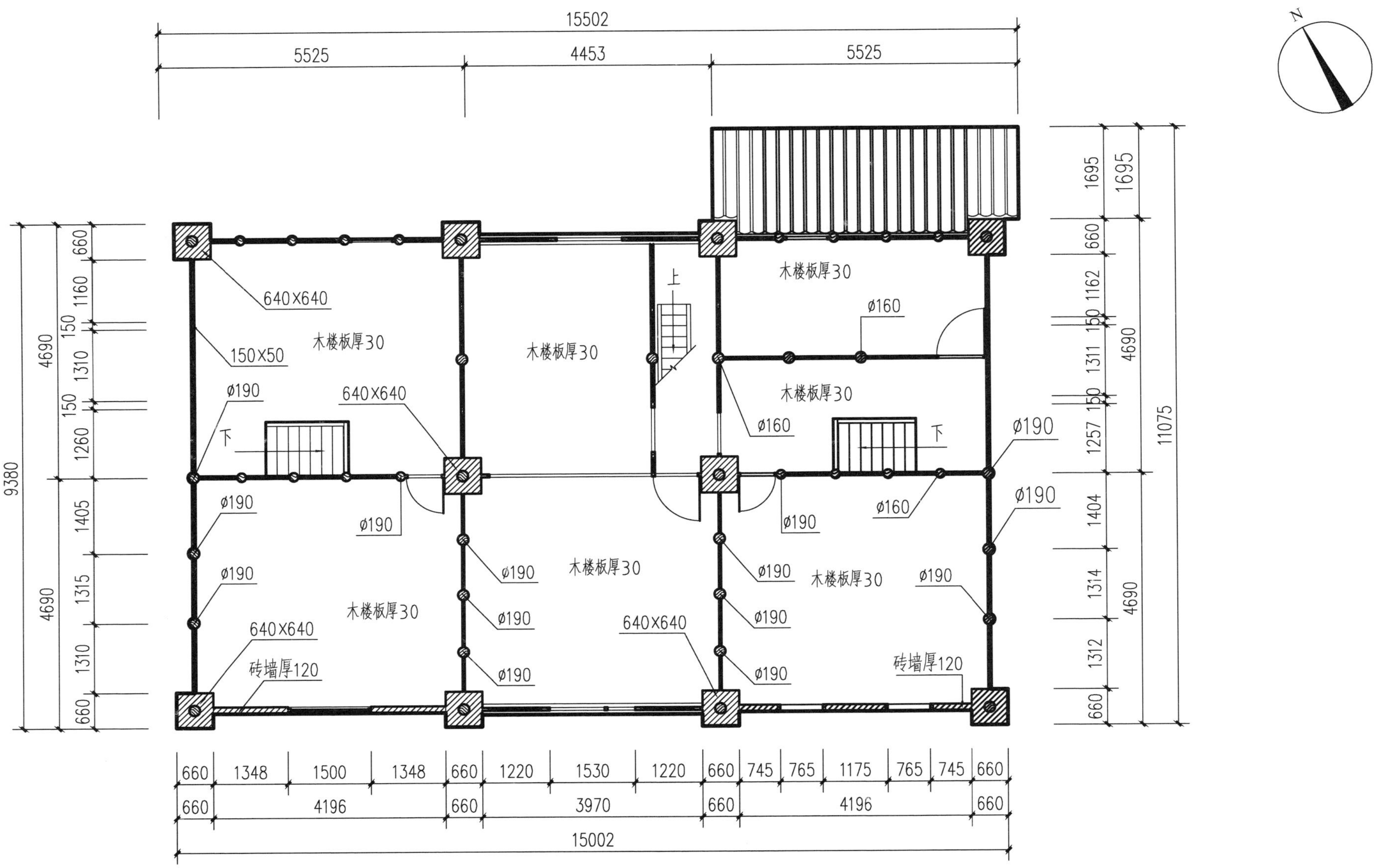

图3 次间三层（明间二层）平面图

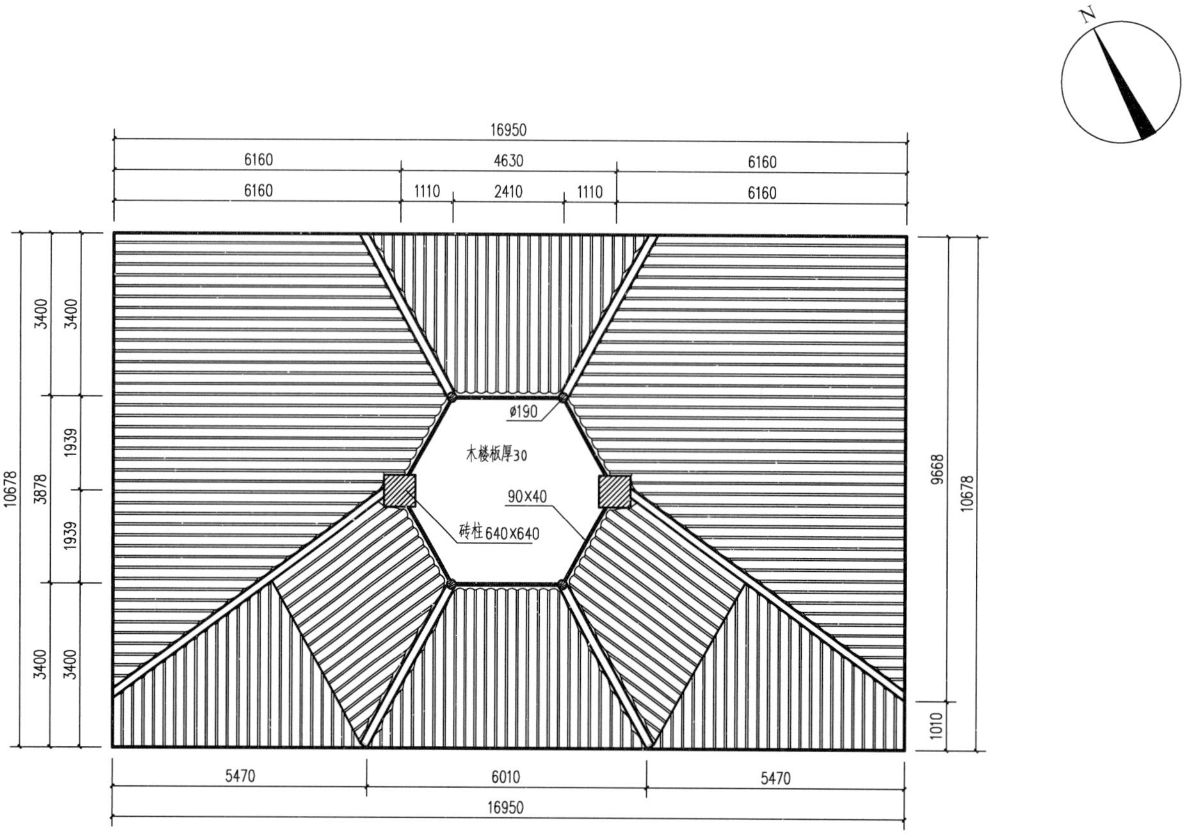

图4　明间三层平面图

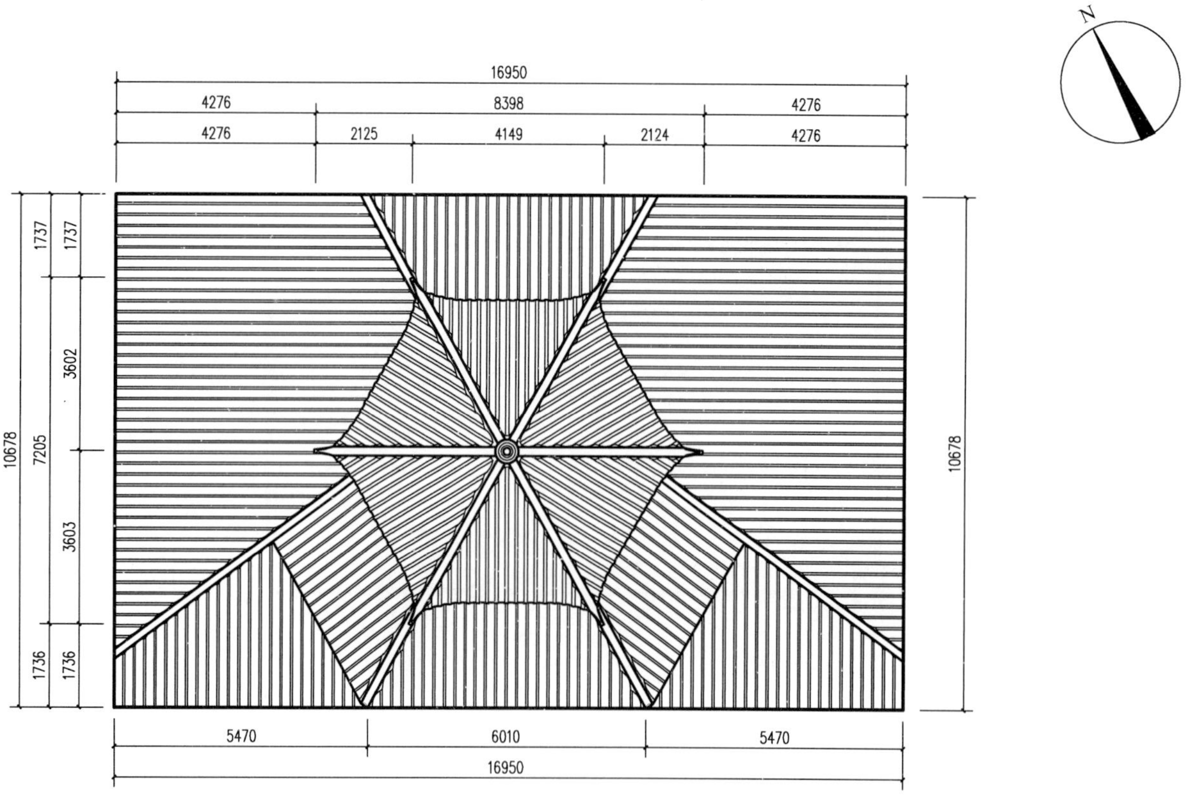

图5　钟鼓楼俯视图

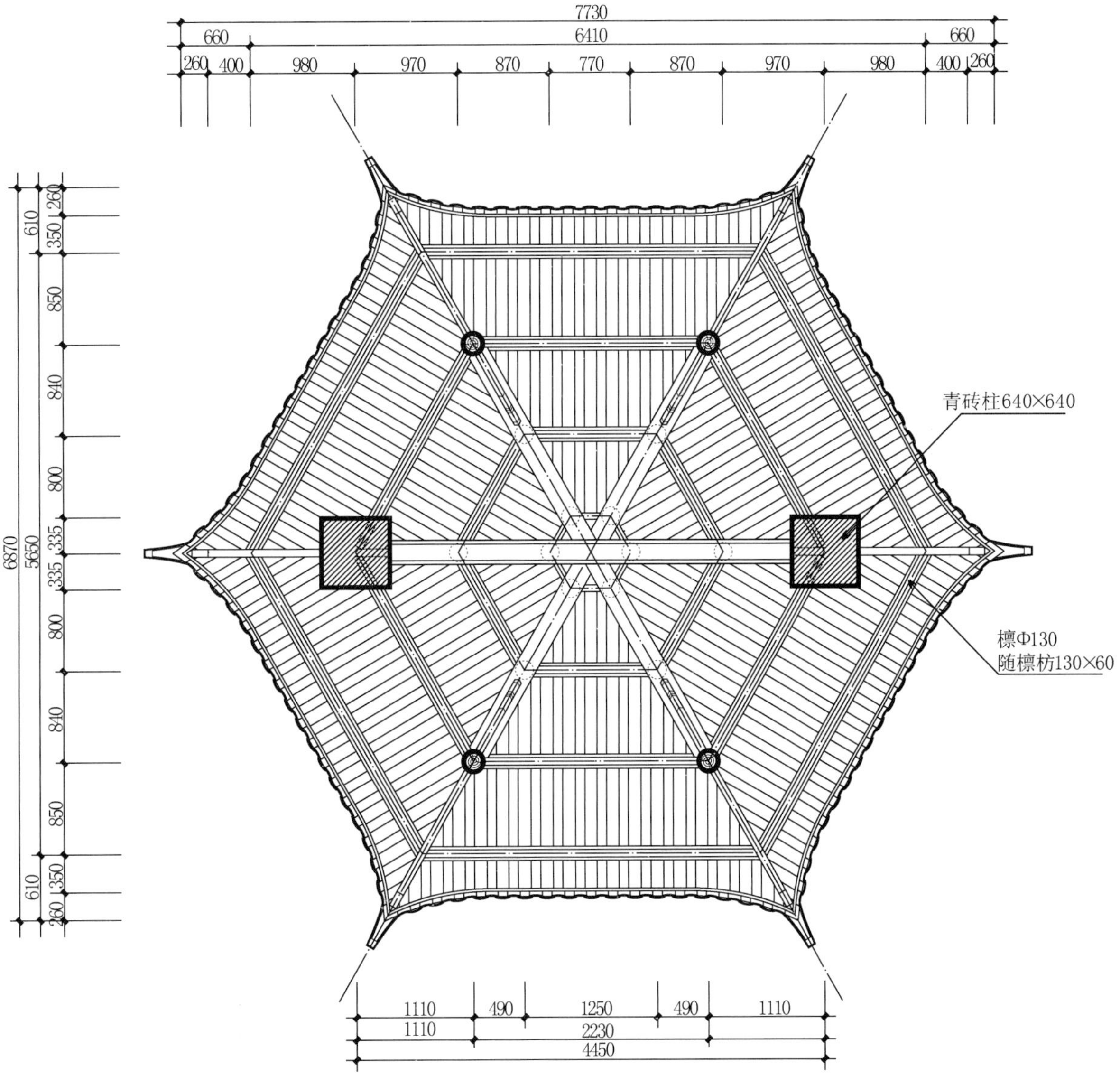
7730
660
6410
660
260
400
980
970
870
770
870
970
980
400
260
6870
5650
610
260
350
850
840
800
335
335
800
840
850
350
610
260
青砖柱640×640
檩Φ130
随檩枋130×60
1110
490
1250
490
1110
1110
2230
4450

图6　顶层仰视图

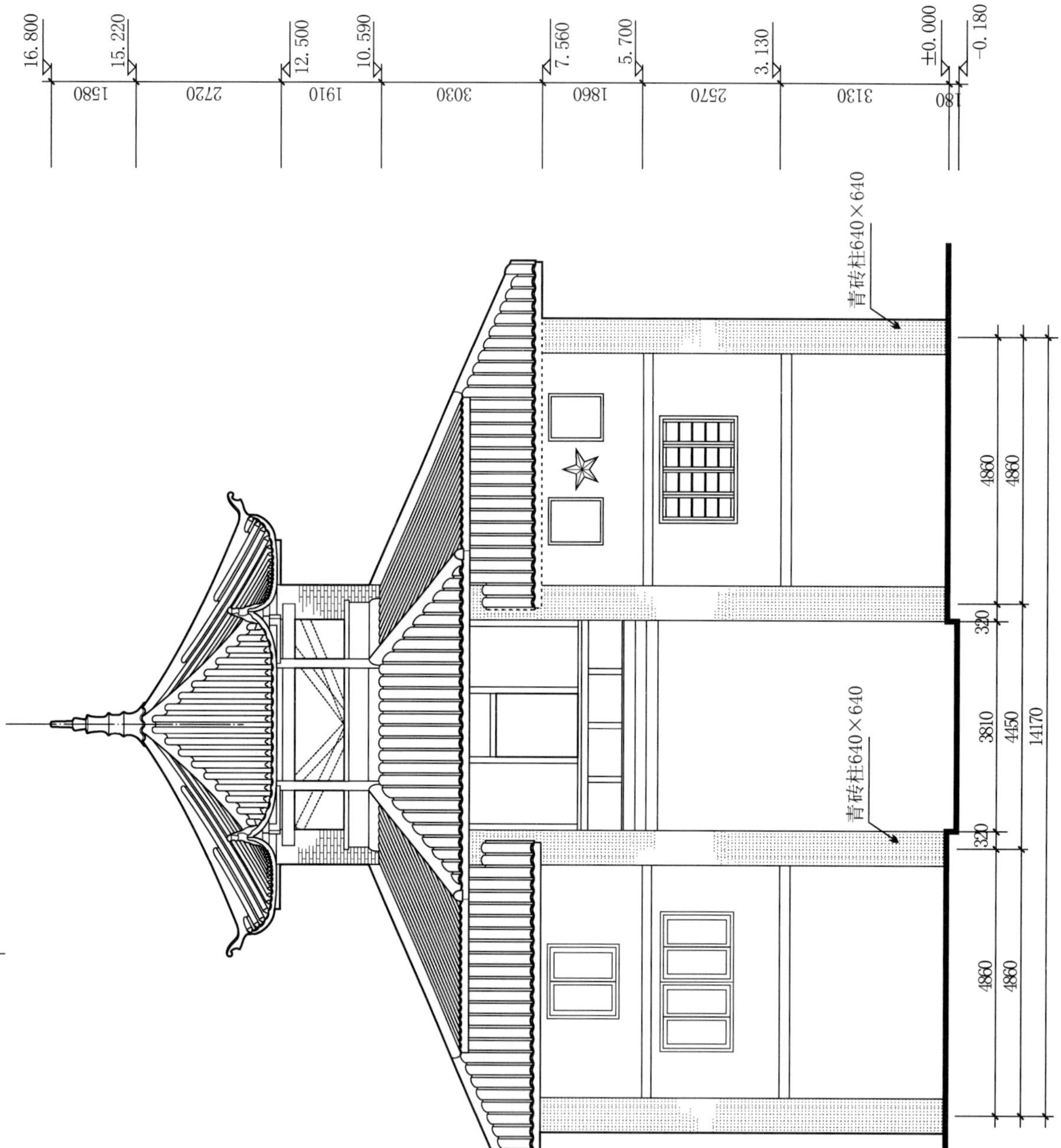
16.800
15.220
12.500
10.590
7.560
5.700
3.130
±0.000
-0.180
1580
2720
1910
3030
1860
2570
3130
180
青砖柱640×640
青砖柱640×640
4860
4860
320
3810
4450
14170
320
4860
4860

图7 正立面图

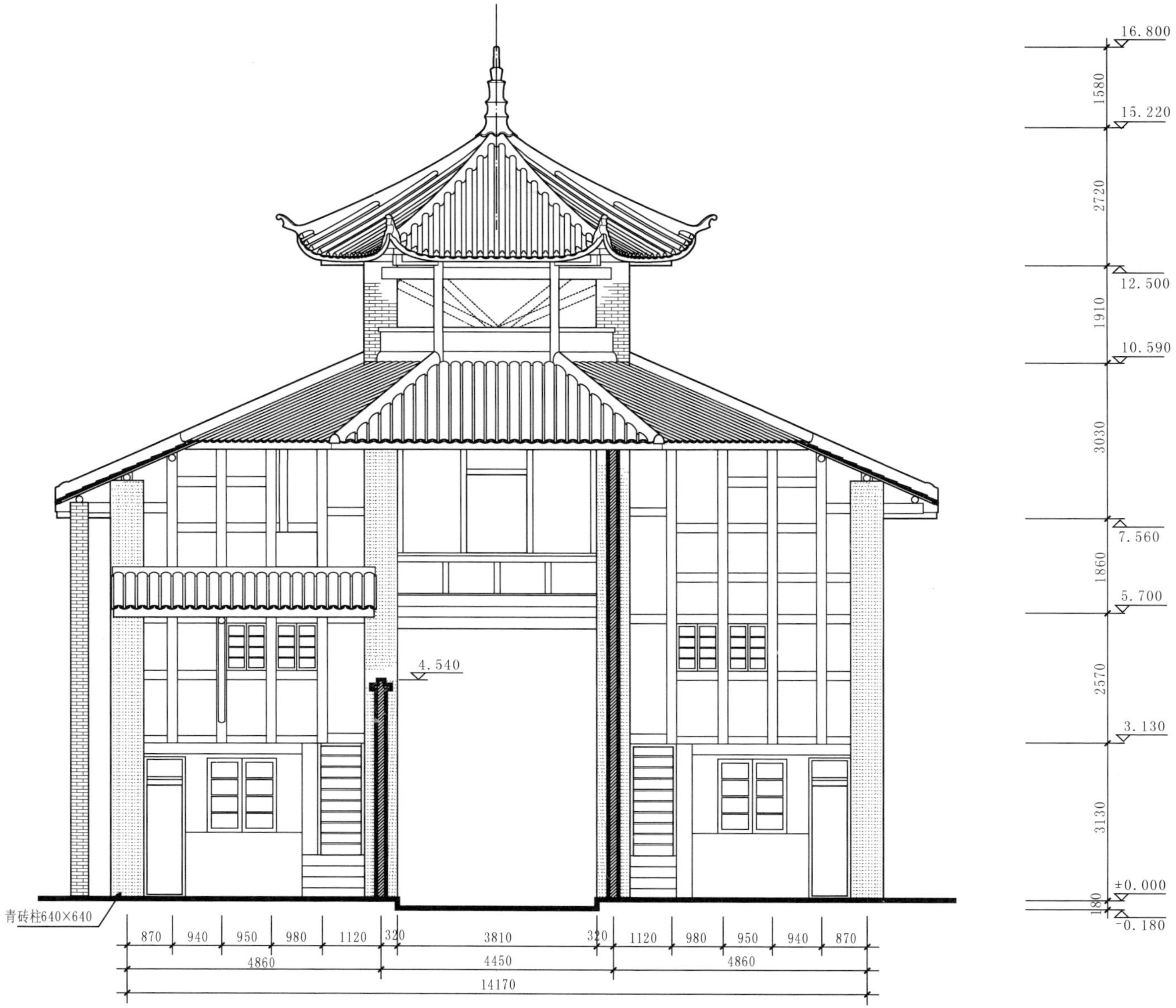
16.800
15.220
12.500
10.590
7.560
5.700
3.130
±0.000
-0.180
1580
2720
1910
3030
1860
2570
3130
180
4.540
青砖柱640×640
870
940
950
980
1120
320
3810
320
1120
980
950
940
870
4860
4450
4860
14170

图8　背立面图

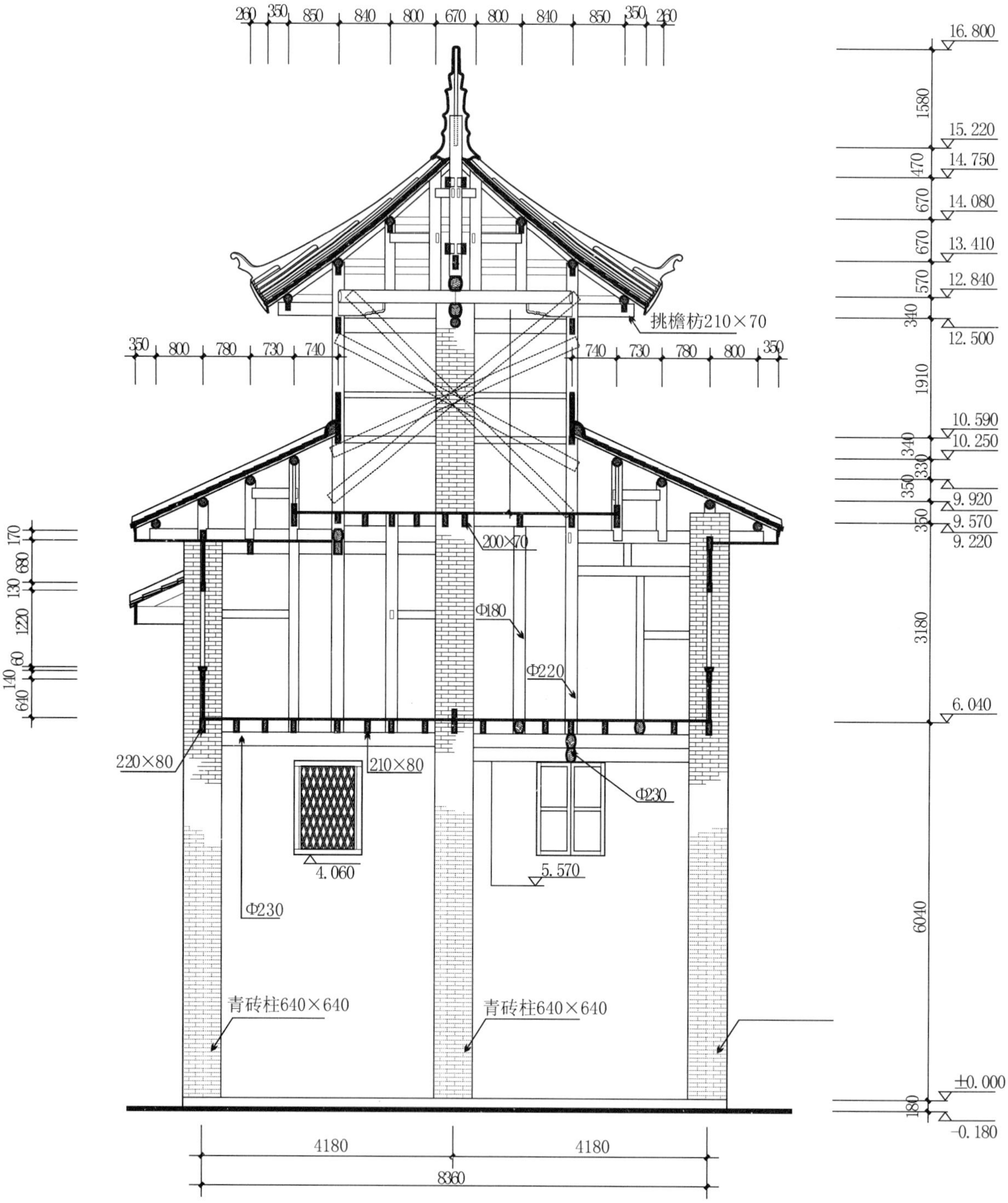

挑檐枋210×70
200×70
Φ180
Φ220
220×80
210×80
Φ230
4.060
5.570
Φ230
青砖柱640×640
青砖柱640×640
16.800
15.220
14.750
14.080
13.410
12.840
12.500
10.590
10.250
9.920
9.570
9.220
6.040
±0.000
-0.180
4180
4180
8360

图9　1-1剖面图

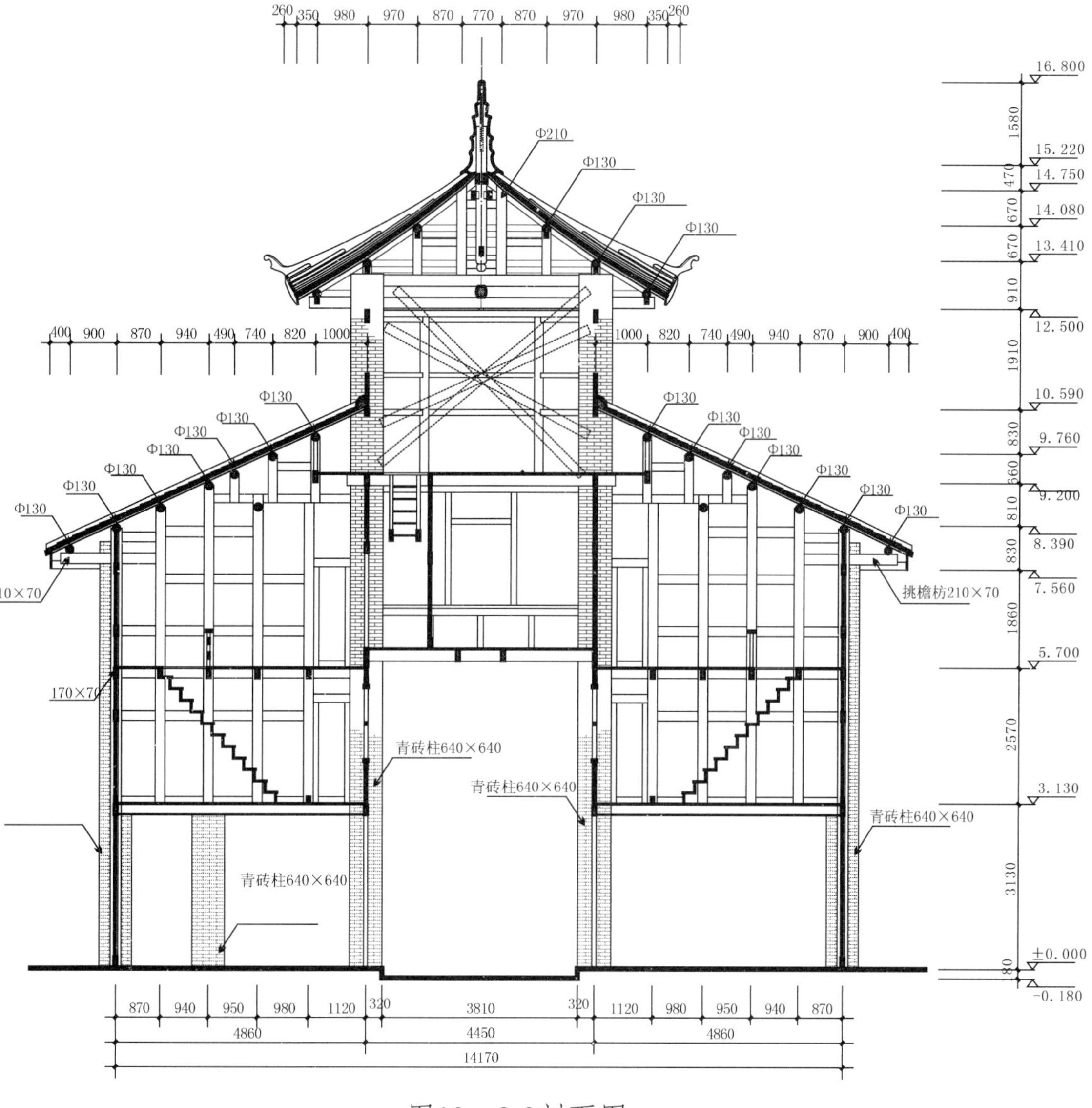
260 350 980 970 870 770 870 970 980 350 260
Φ210
Φ130
400 900 870 940 490 740 820 1000
1000 820 740 490 940 870 900 400
挑檐坊210×70
挑檐枋210×70
170×70
青砖柱640×640
16.800
15.220
14.750
14.080
13.410
12.500
10.590
9.760
9.200
8.390
7.560
5.700
3.130
±0.000
-0.180
1580 470 670 670 910 1910 830 560 810 830 1860 2570 3130 80
870 940 950 980 1120 320 3810 320 1120 980 950 940 870
4860 4450 4860
14170

图10　2-2剖面图

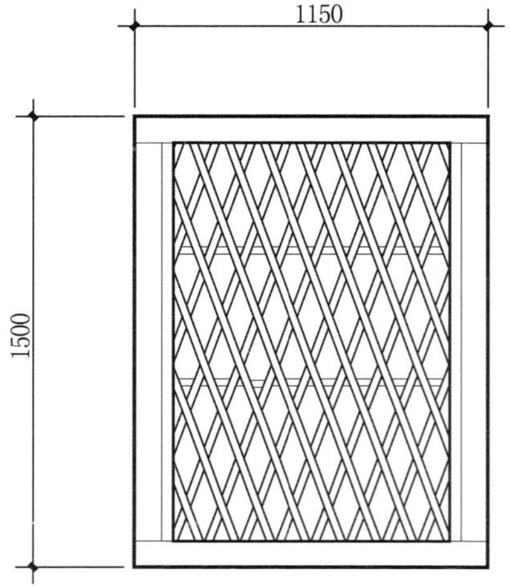
1150
1500

现存原有窗户详图

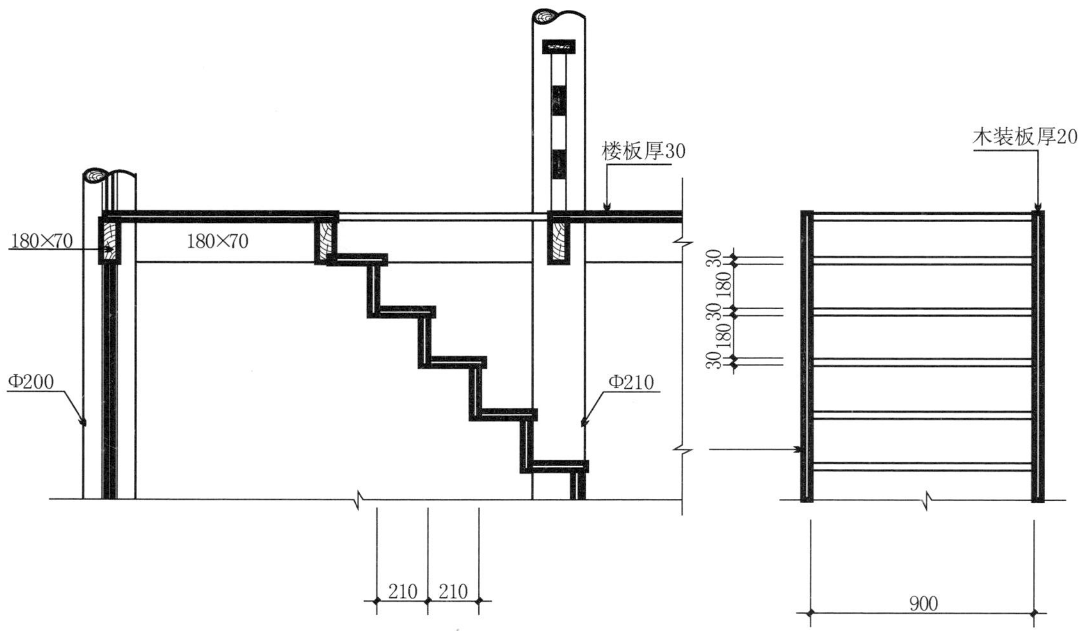
楼板厚30
180×70
180×70
Φ200
Φ210
210
210
木装板厚20
30
180
30
180
30
900

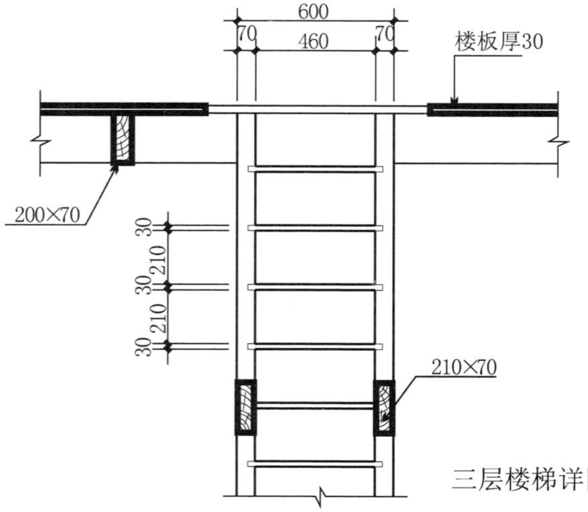
600
70
460
70
楼板厚30
200×70
30
210
30
210
30
210×70

三层楼梯详图

图11　窗户、栏杆详图

叙永松坡楼

松坡楼位于叙永县叙永镇县人民医院内。清乾隆时期贵州盐商在叙永东城修建忠烈宫，祀唐南将军霁云，取名贵州会馆，亦称黔南会馆。原为由大门、松坡楼、松坡亭、围墙组成的建筑群。

大门为仿欧式圆拱门，两侧门柱上出叠涩。

松坡楼高两层，十三架檩，通高10.58米。抬梁穿斗式混合梁架结构。单檐歇山顶。小青瓦屋面，叠瓦脊饰。南、东、西面檐柱用木柱、金柱全部采用石柱，北面无柱，以原山体岩石作为支撑。南面用青砖隔断，上设槛窗；西面采用青砖空斗墙隔断，中间设双扇门，两侧设槛窗；东面采用青砖空斗墙隔断，上设槛窗。

松坡亭面阔一间、进深一间，通高5.66米。穿斗式梁架结构，九檩。单檐四角攒尖顶，素筒瓦屋面，灰塑脊饰。

建于清乾隆年间。

四川省文物保护单位。

测绘制图：刘波、范雪松 、朱绍文

成图时间：2011年5月

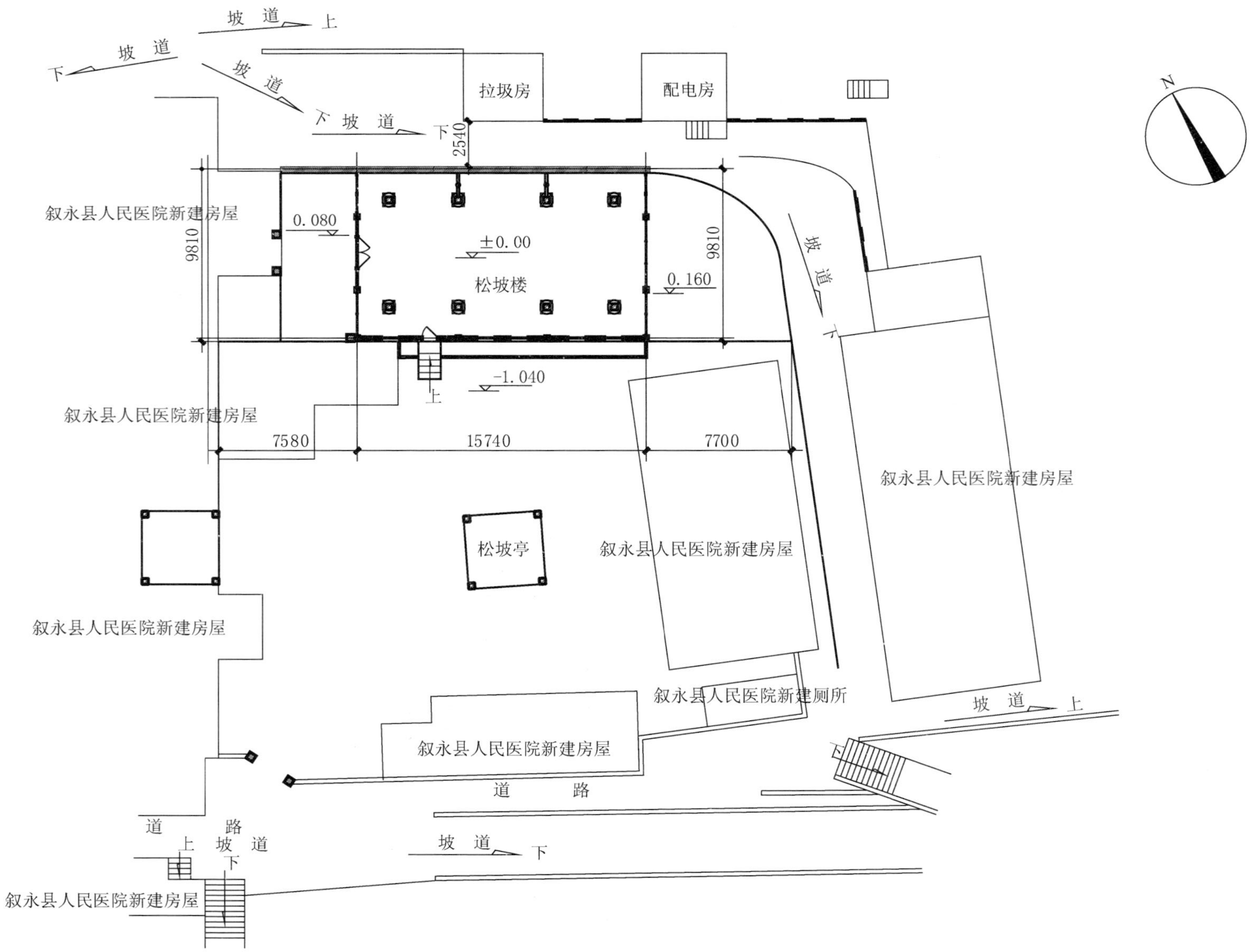
坡 道 上
下 坡 道
坡 道
下 坡 道 下
拉圾房
配电房
2540
N
叙永县人民医院新建房屋
0.080
9810
±0.00
松坡楼
9810
0.160
坡 道 下
-1.040
上
叙永县人民医院新建房屋
7580
15740
7700
叙永县人民医院新建房屋
松坡亭
叙永县人民医院新建房屋
叙永县人民医院新建房屋
叙永县人民医院新建厕所
坡 道 上
叙永县人民医院新建房屋
道 路
道 路
上 坡 道
下
坡 道 下
叙永县人民医院新建房屋

图1 总平面图

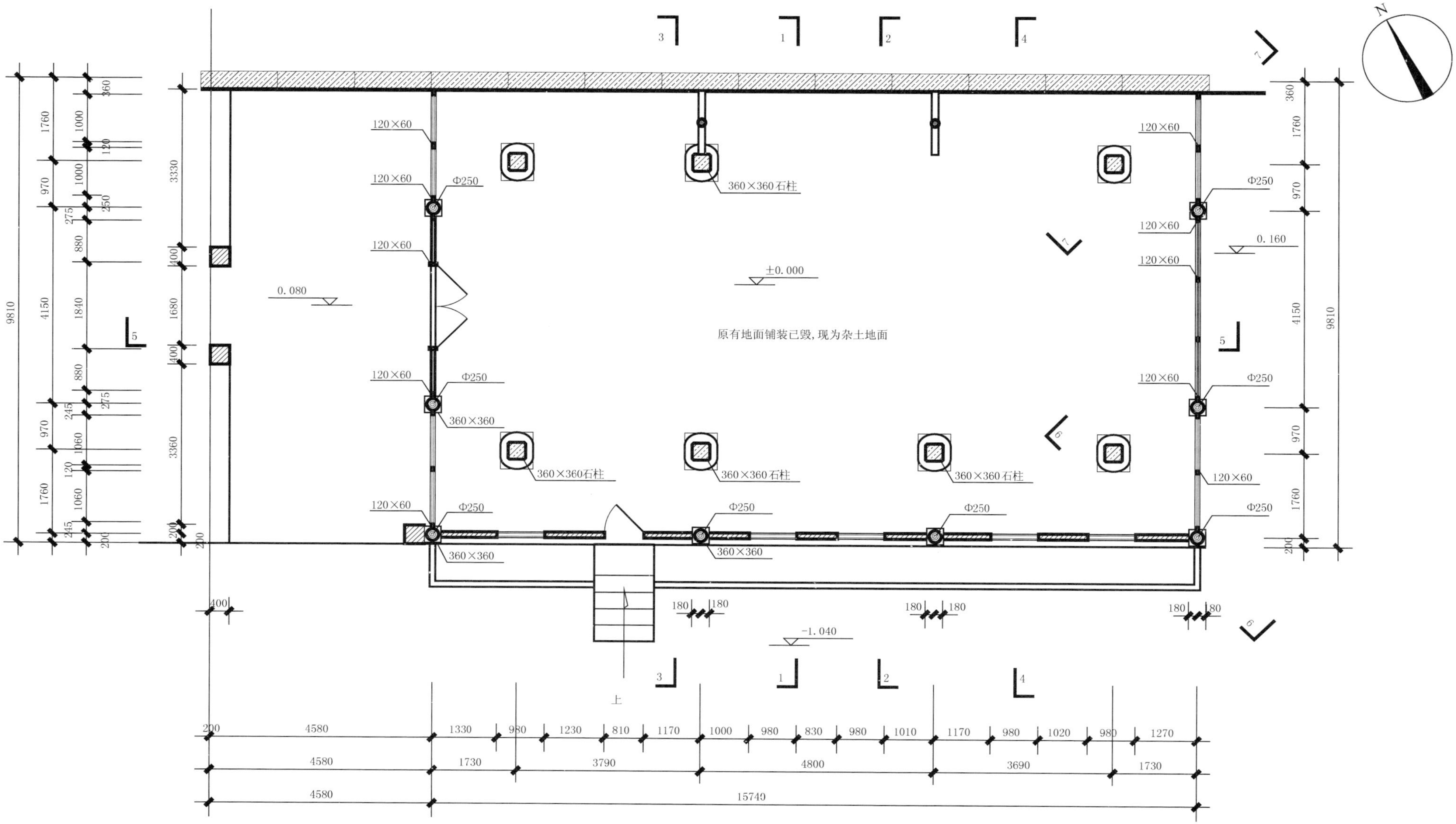
原有地面铺装已毁，现为杂土地面
±0.000
0.080
0.160
-1.040
360×360石柱
360×360
Φ250
120×60
上
N

图2　一层平面图

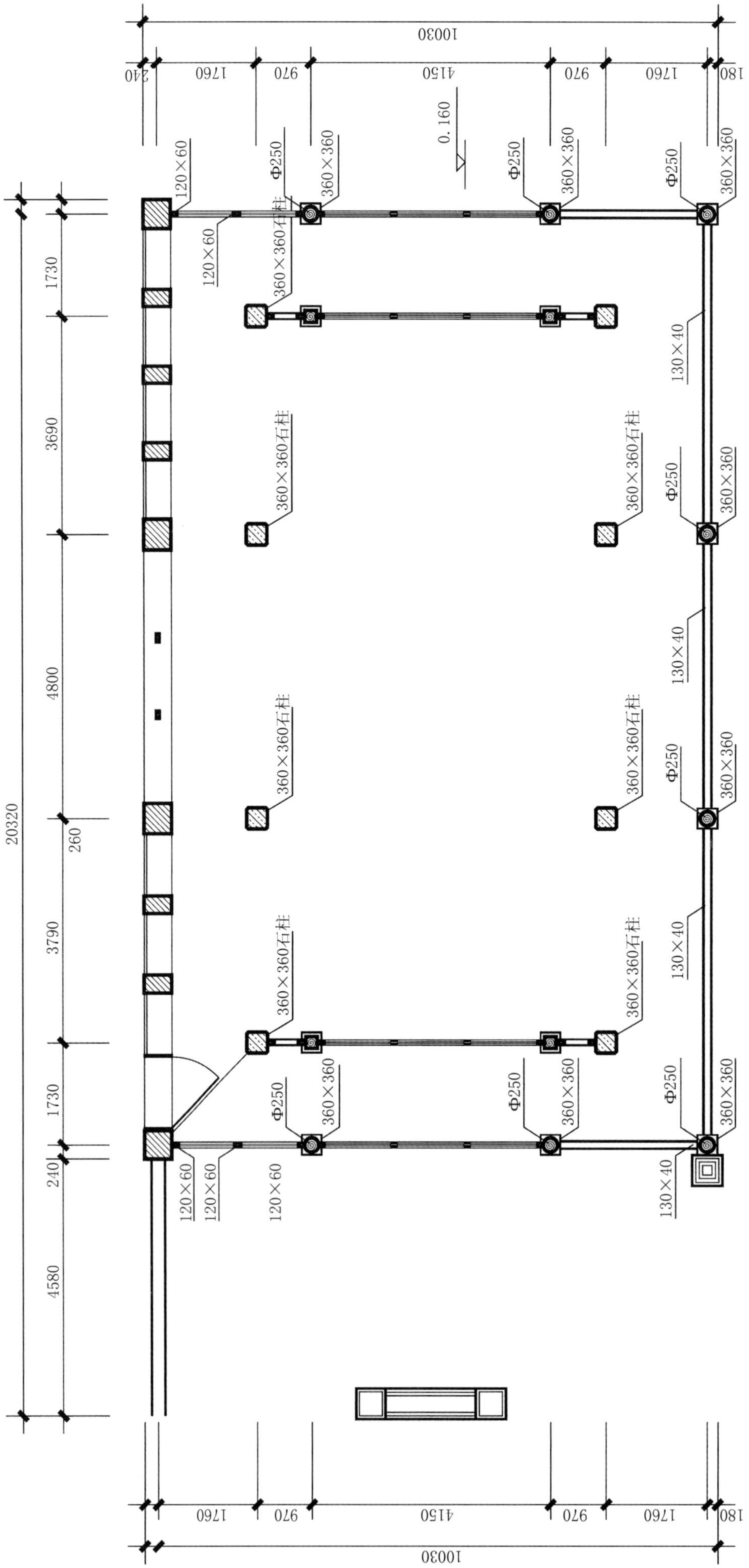
10030
240
1760
970
4150
180
0.160
20320
1730
3690
4800
260
3790
4580
Φ250
360×360
360×360石柱
120×60
130×40

图3 二层平面图

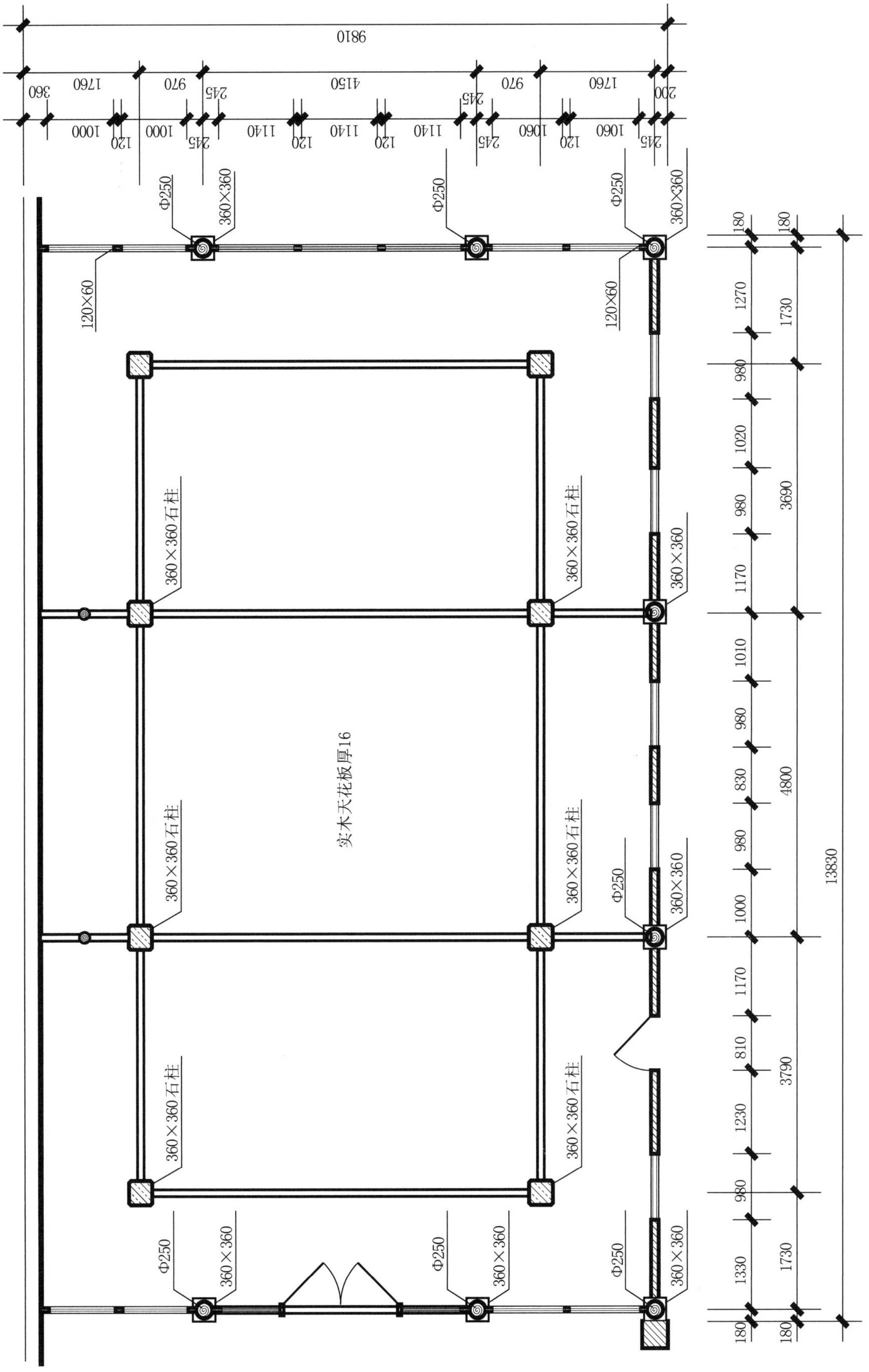

图4　一层仰视图

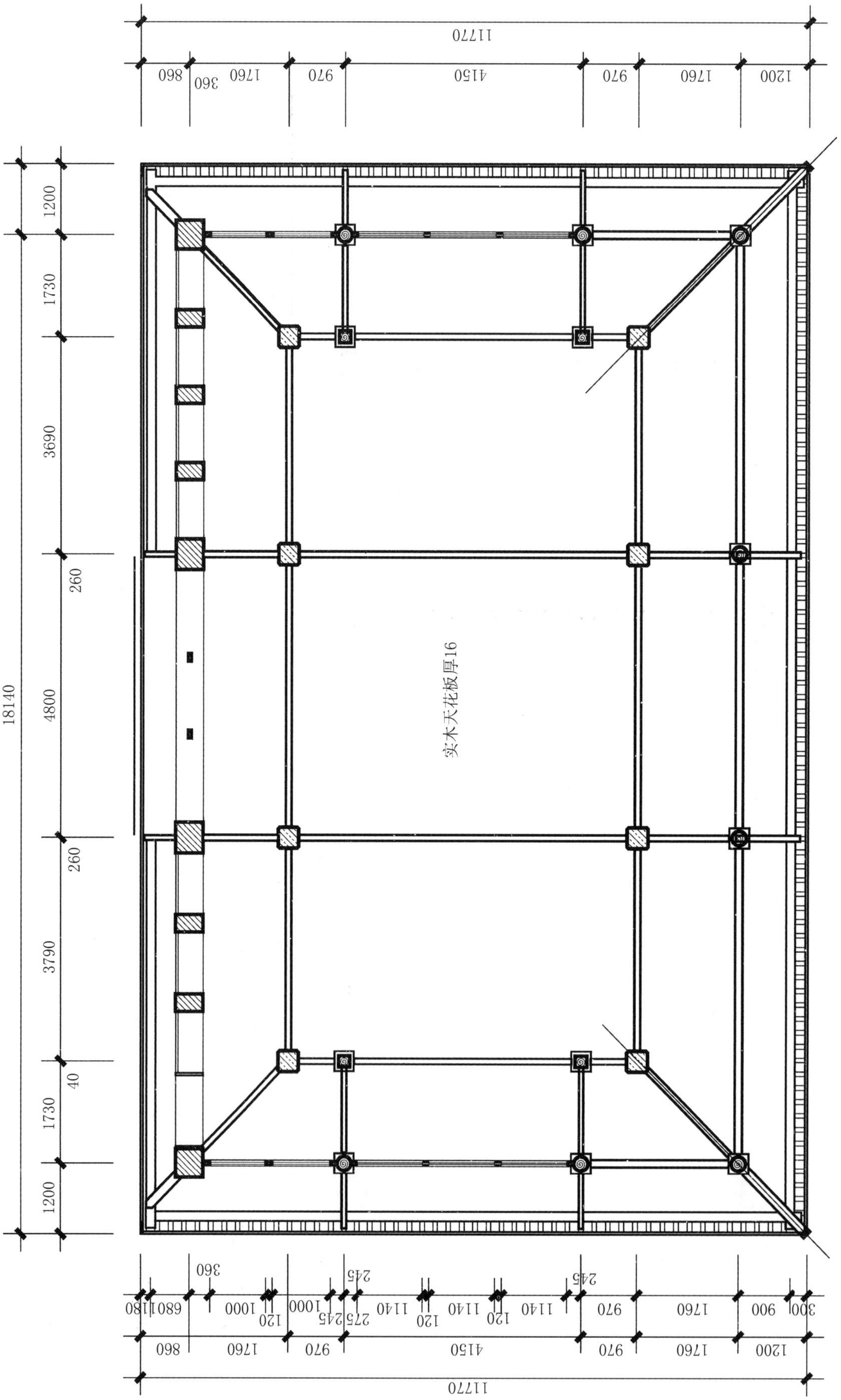
11770
860
360
1760
970
4150
970
1760
1200
18140
1200
1730
3690
260
4800
260
3790
40
1730
1200
实木天花板厚16
1180
680
1000
120
1000
245
275
245
1140
120
1140
120
1140
245
970
1760
900
300
860
1760
970
4150
970
1760
1200
11770

图5 二层仰视图

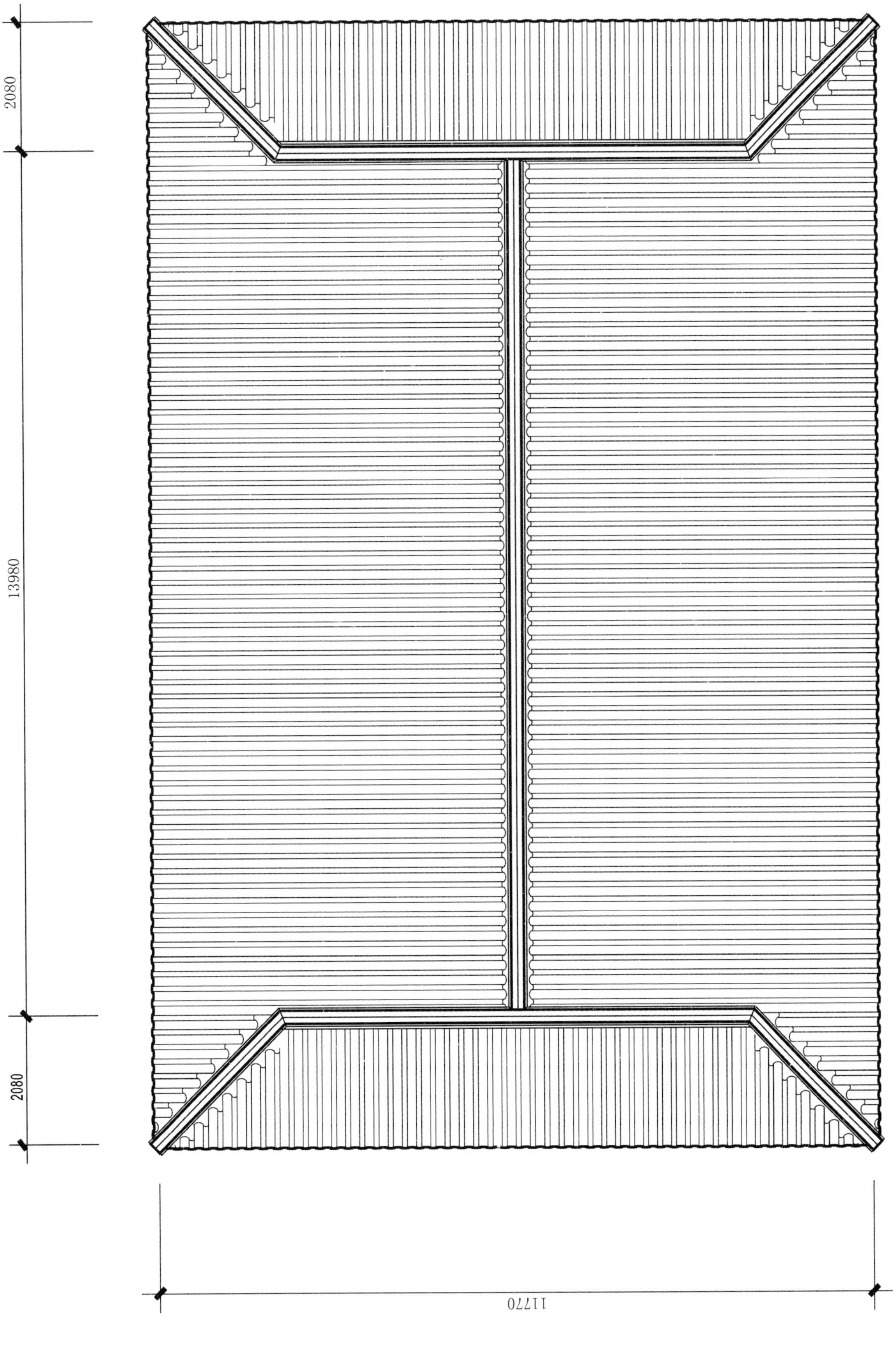
2080
13980
2080
11770

图6 屋顶俯视图

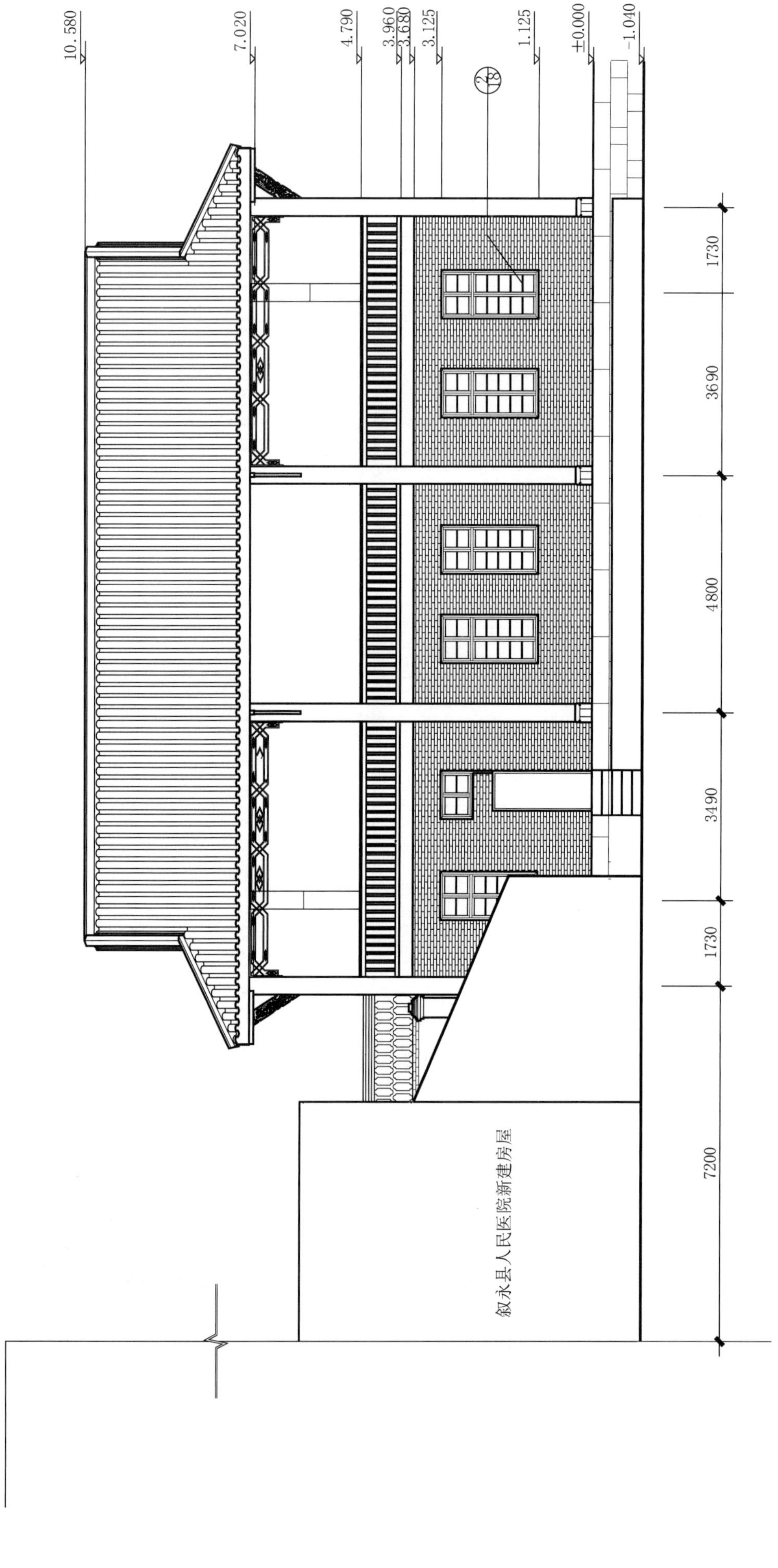
10.580
7.020
4.790
3.960
3.680
3.125
1.125
±0.000
-1.040
1730
3690
4800
3490
1730
7200
叙永县人民医院新建房屋
图7 正立面图

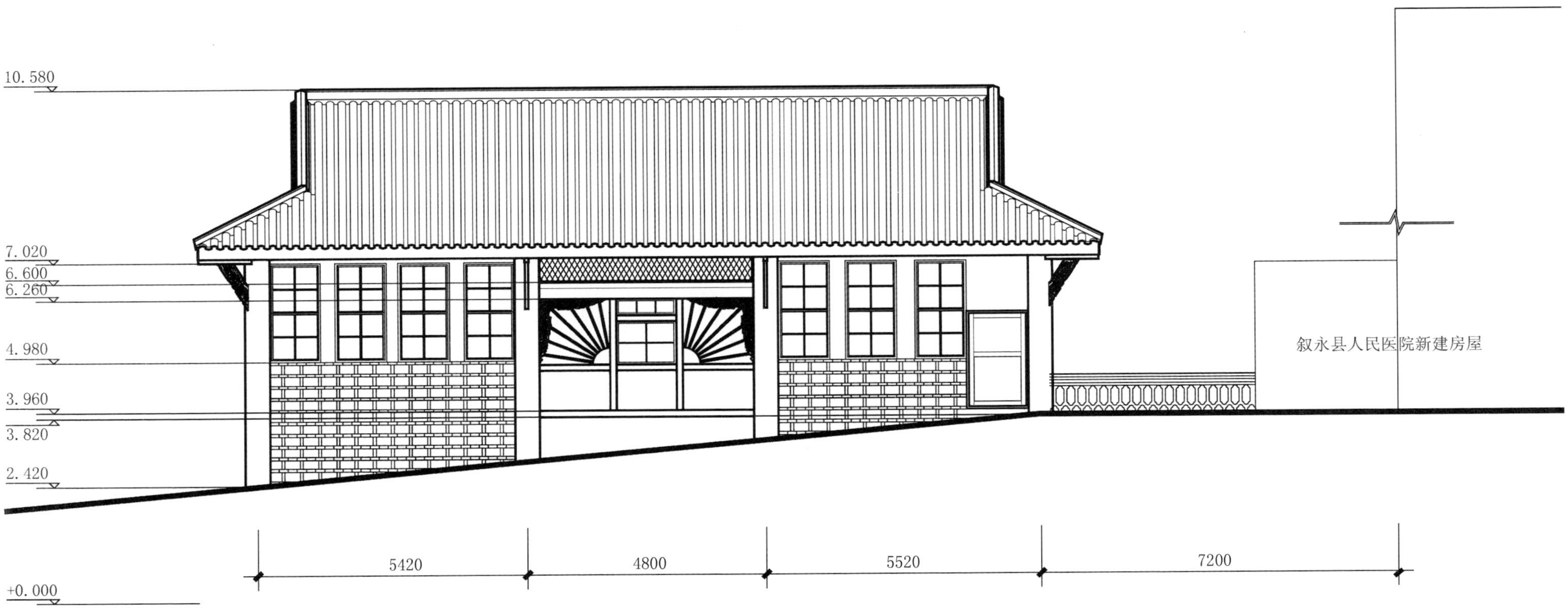
10.580
7.020
6.600
6.260
4.980
3.960
3.820
2.420
+0.000
5420
4800
5520
7200
叙永县人民医院新建房屋

图8　背立面图

10.580
7.020
7.020
1100
4.790
4.980
3.960
3.630
2.520
2.100
1.125
±0.000
0.100
-1.040
1760
970
4150
2730

图9 东侧立面图

10.580
7.020
7.020
1100
4.790
3.960
3.680
3.250
2.520
2.100
1.125
±0.000
-1.040
2730
4150
970
1760

图10　西侧立面图

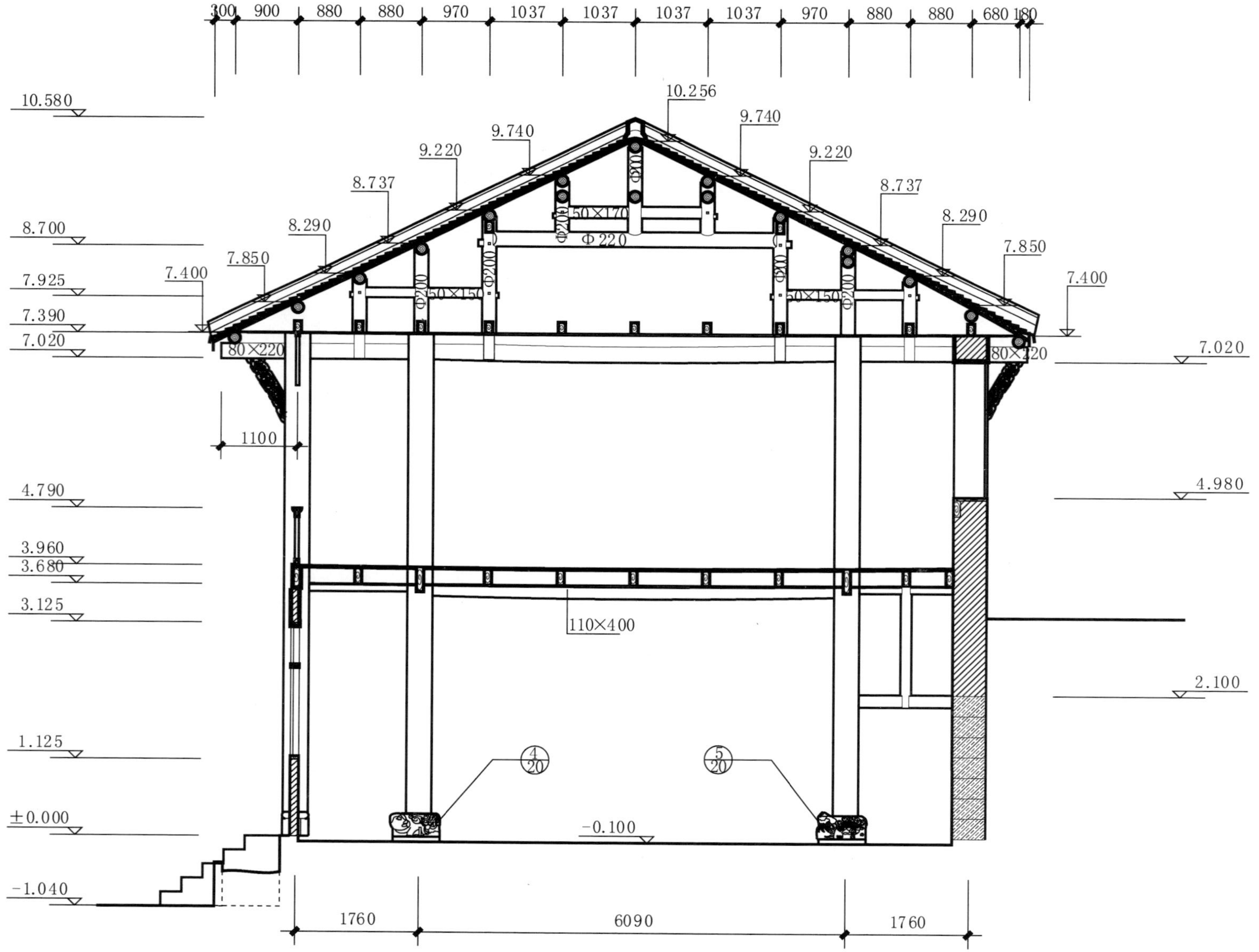
300
900
880
880
970
1037
1037
1037
1037
970
880
880
680
180
10.580
10.256
9.740
9.740
9.220
9.220
8.737
8.737
8.290
8.290
7.850
7.850
8.700
7.925
7.400
7.400
7.390
7.020
7.020
Φ200
Φ220
50×170
50×150
80×220
1100
4.790
4.980
3.960
3.680
3.125
110×400
2.100
1.125
±0.000
-0.100
-1.040
1760
6090
1760

图11　1-1剖面图

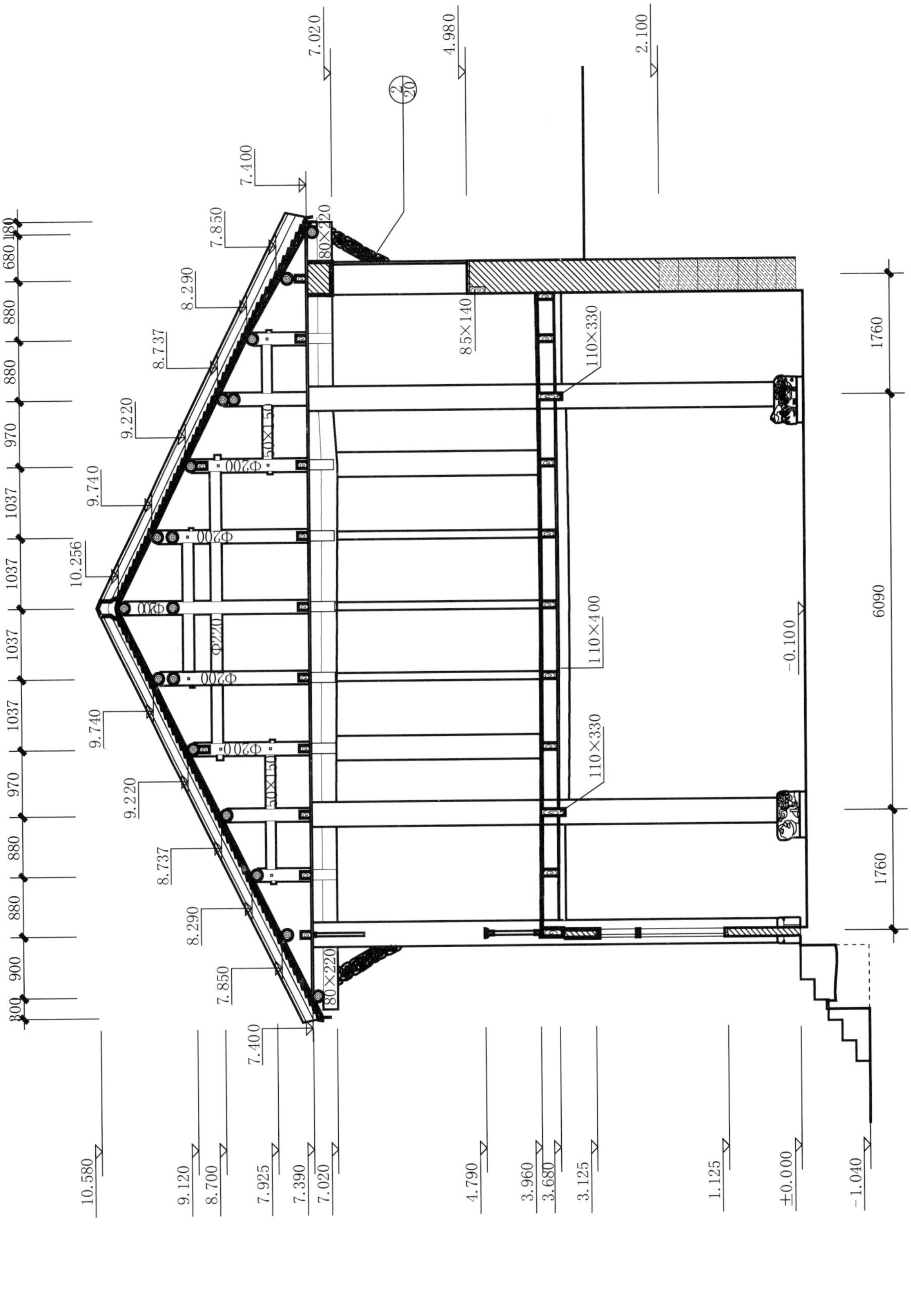
10.580
9.120
8.700
7.925
7.390
7.020
4.790
3.960
3.680
3.125
1.125
±0.000
-1.040
7.400
7.850
8.290
8.737
9.220
9.740
10.256
9.740
9.220
8.737
8.290
7.850
7.400
7.020
4.980
2.100
-0.100
800
900
880
880
970
1037
1037
1037
1037
970
880
880
680
180
80×220
80×220
85×140
110×330
110×400
110×330
50×150
50×150
Φ200
Φ200
Φ200
Φ200
Φ200
Φ220
1760
6090
1760

图12　2-2剖面图

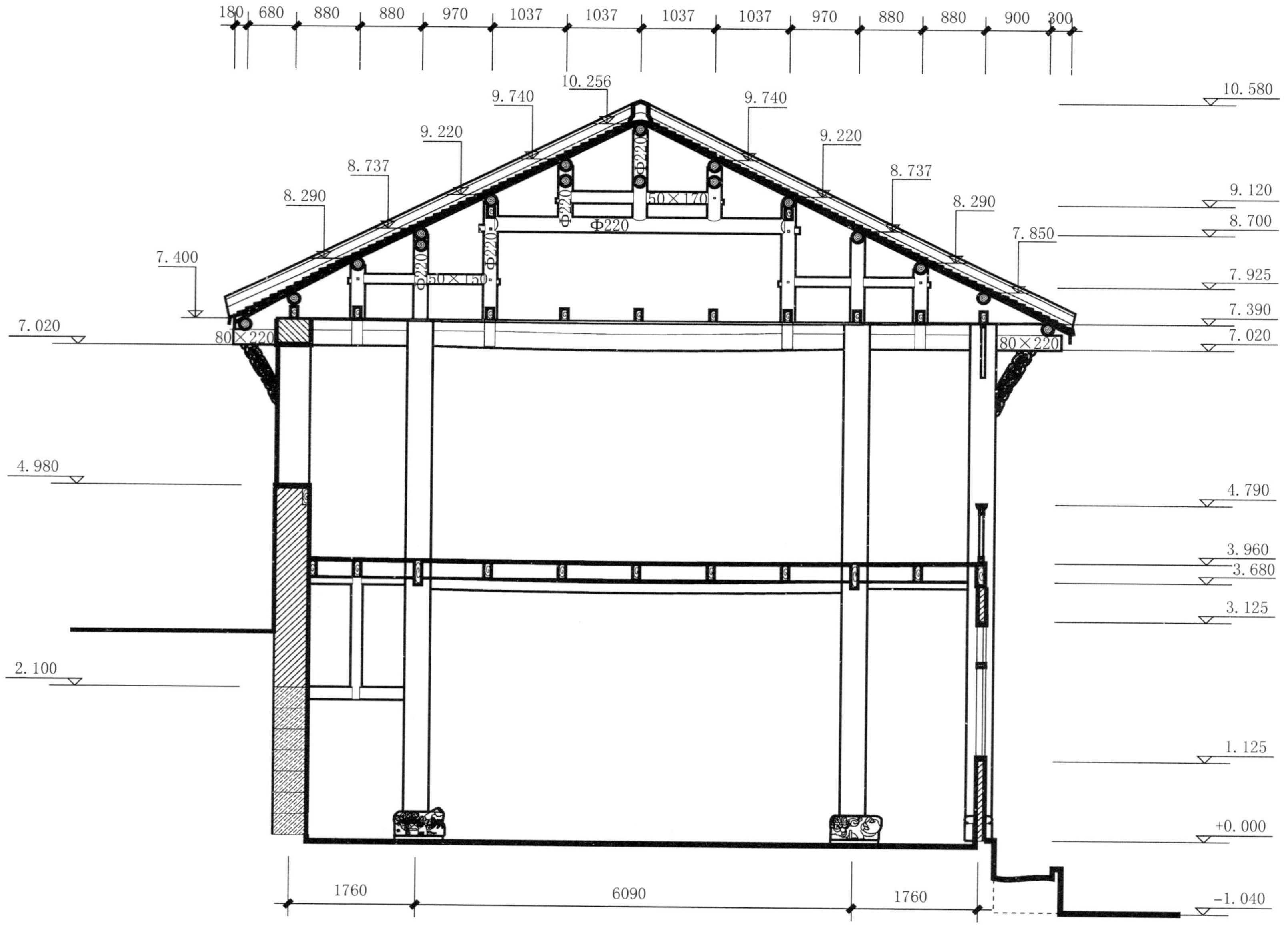
180
680
880
880
970
1037
1037
1037
1037
970
880
880
900
300
10.256
9.740
9.740
9.220
9.220
8.737
8.737
8.290
8.290
7.850
7.400
10.580
9.120
8.700
7.925
7.390
7.020
7.020
80×220
80×220
Φ220
50×170
50×150
4.980
4.790
3.960
3.680
3.125
2.100
1.125
+0.000
-1.040
1760
6090
1760

图13　3-3 剖面图

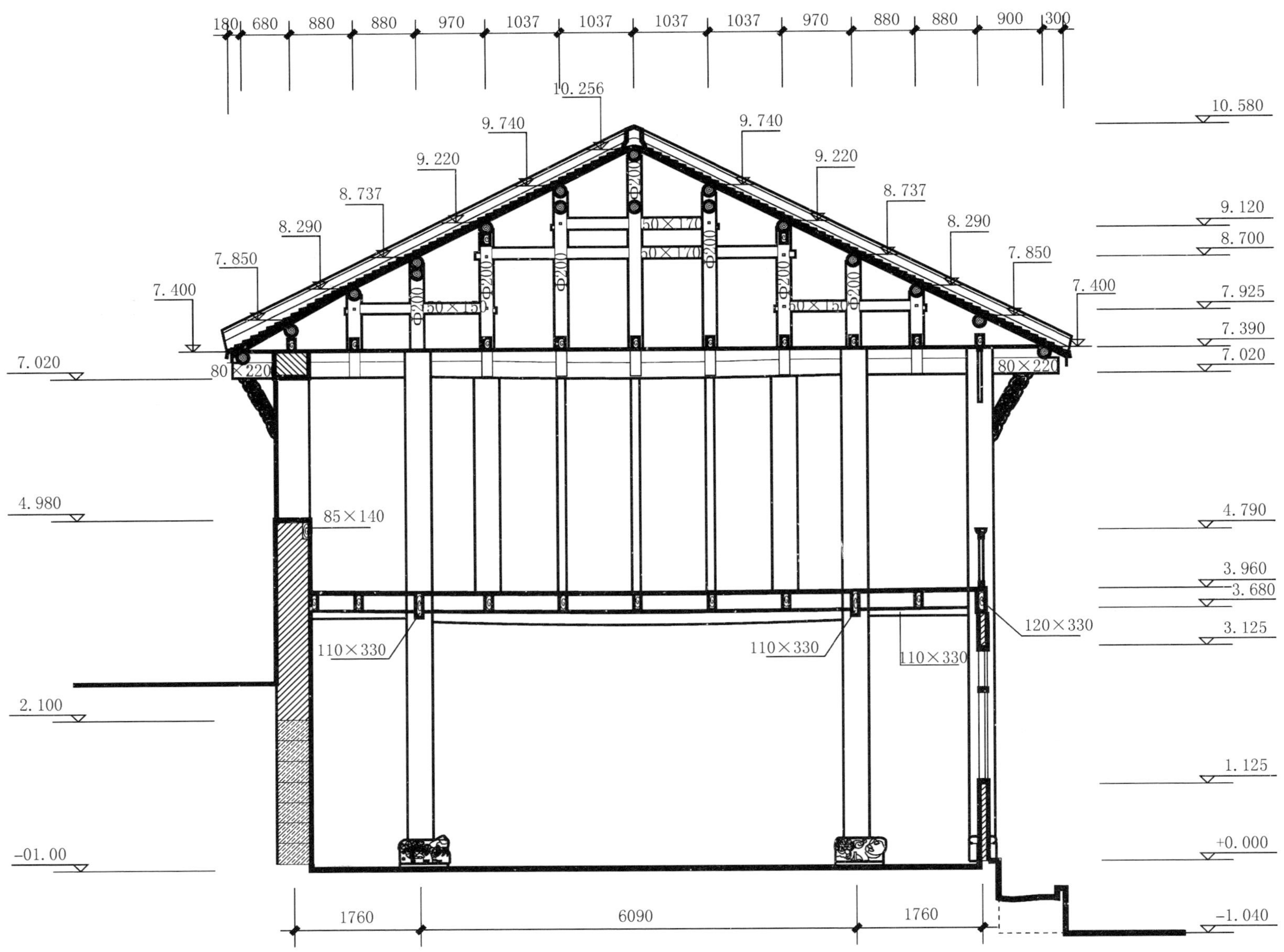
180
680
880
880
970
1037
1037
1037
1037
970
880
880
900
300
10.256
9.740
9.740
9.220
9.220
8.737
8.737
8.290
8.290
7.850
7.850
7.400
7.400
10.580
9.120
8.700
7.925
7.390
7.020
7.020
80×220
80×220
4.980
4.790
85×140
3.960
3.680
3.125
120×330
110×330
110×330
110×330
2.100
1.125
+0.000
-01.00
-1.040
1760
6090
1760

图14　4-4 剖面图

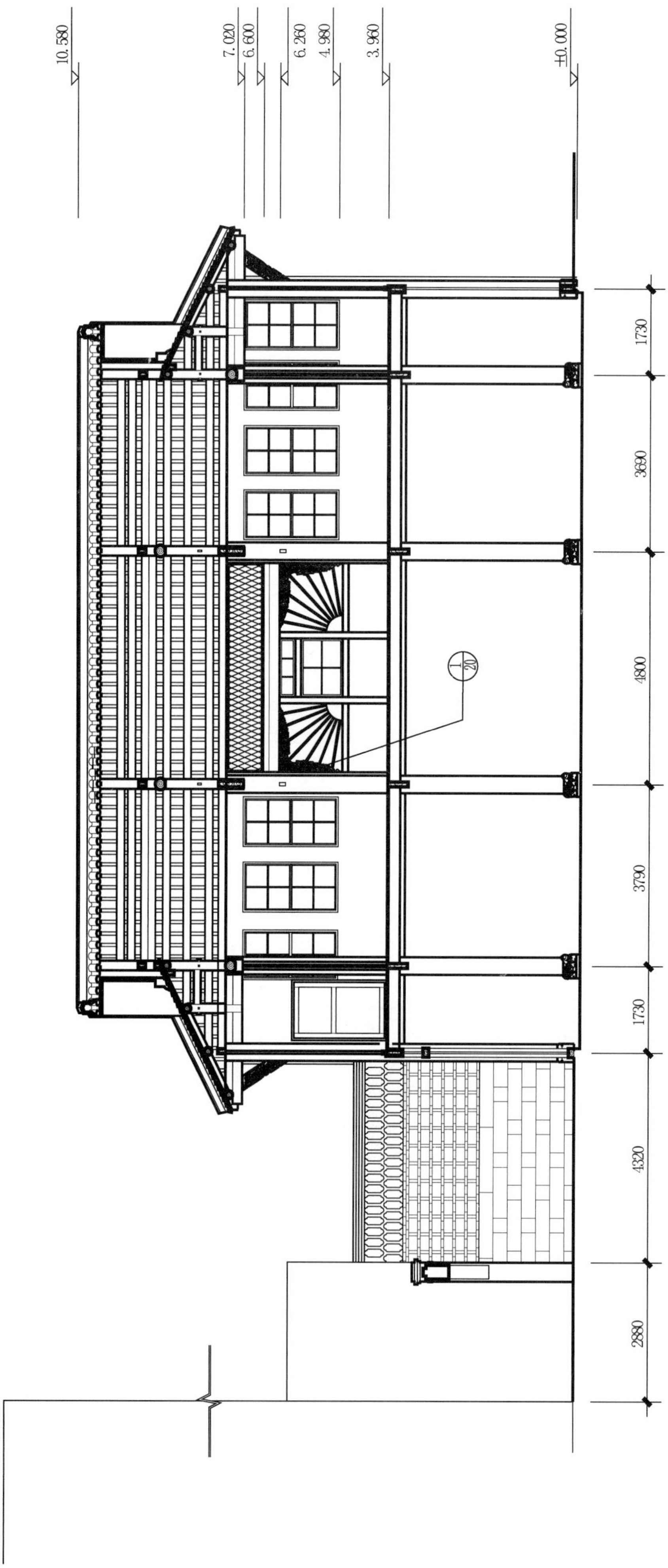
10.580
7.020
6.600
6.260
4.980
3.960
±0.000
1/20
1730
3690
4800
3790
1730
4320
2880

图15　5-5剖面图

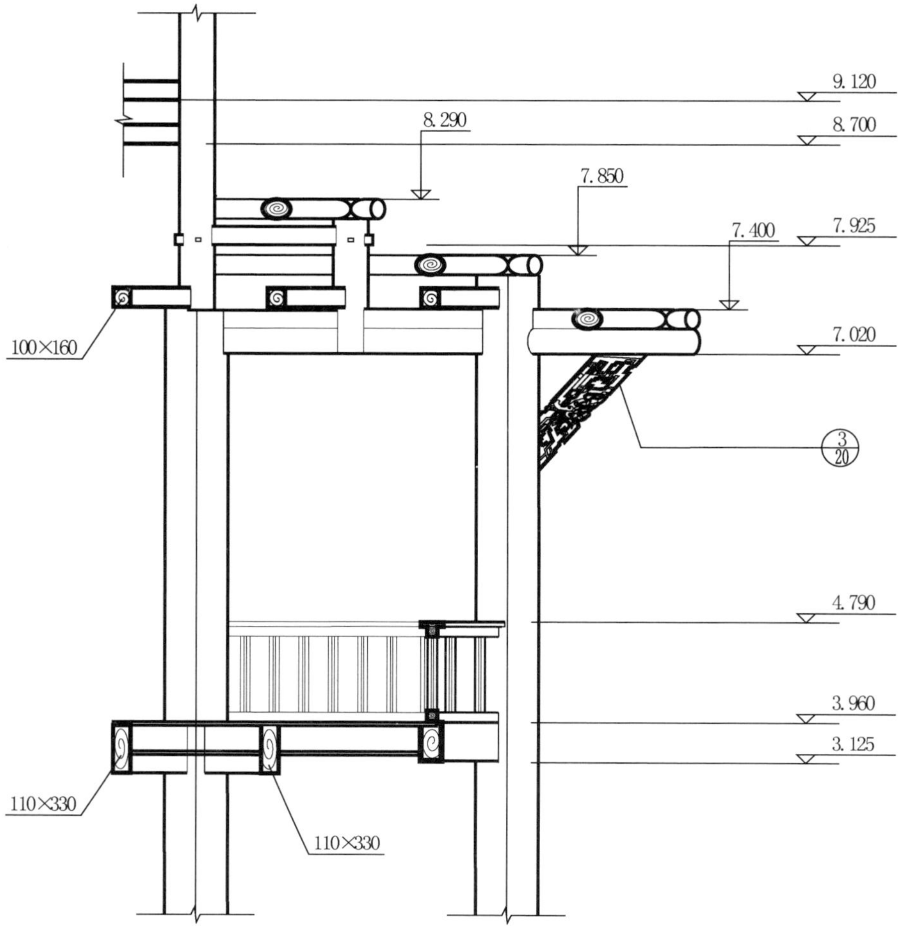

图16　6-6 剖面图

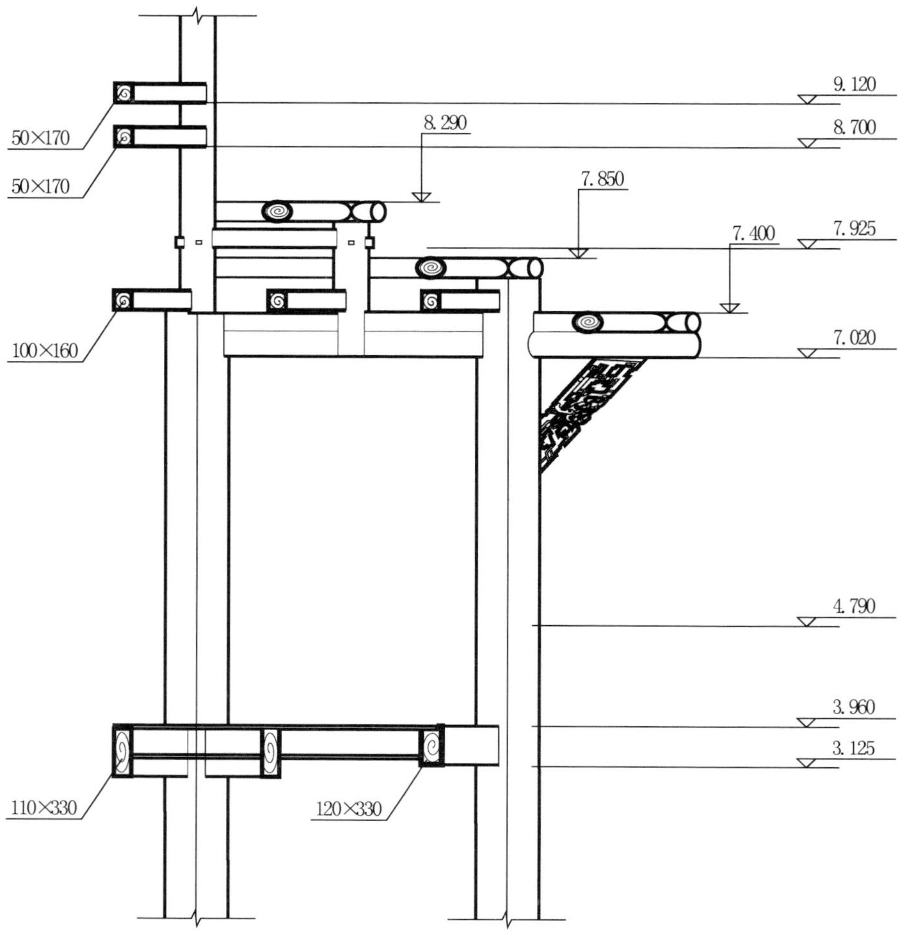

图17　7-7剖面图

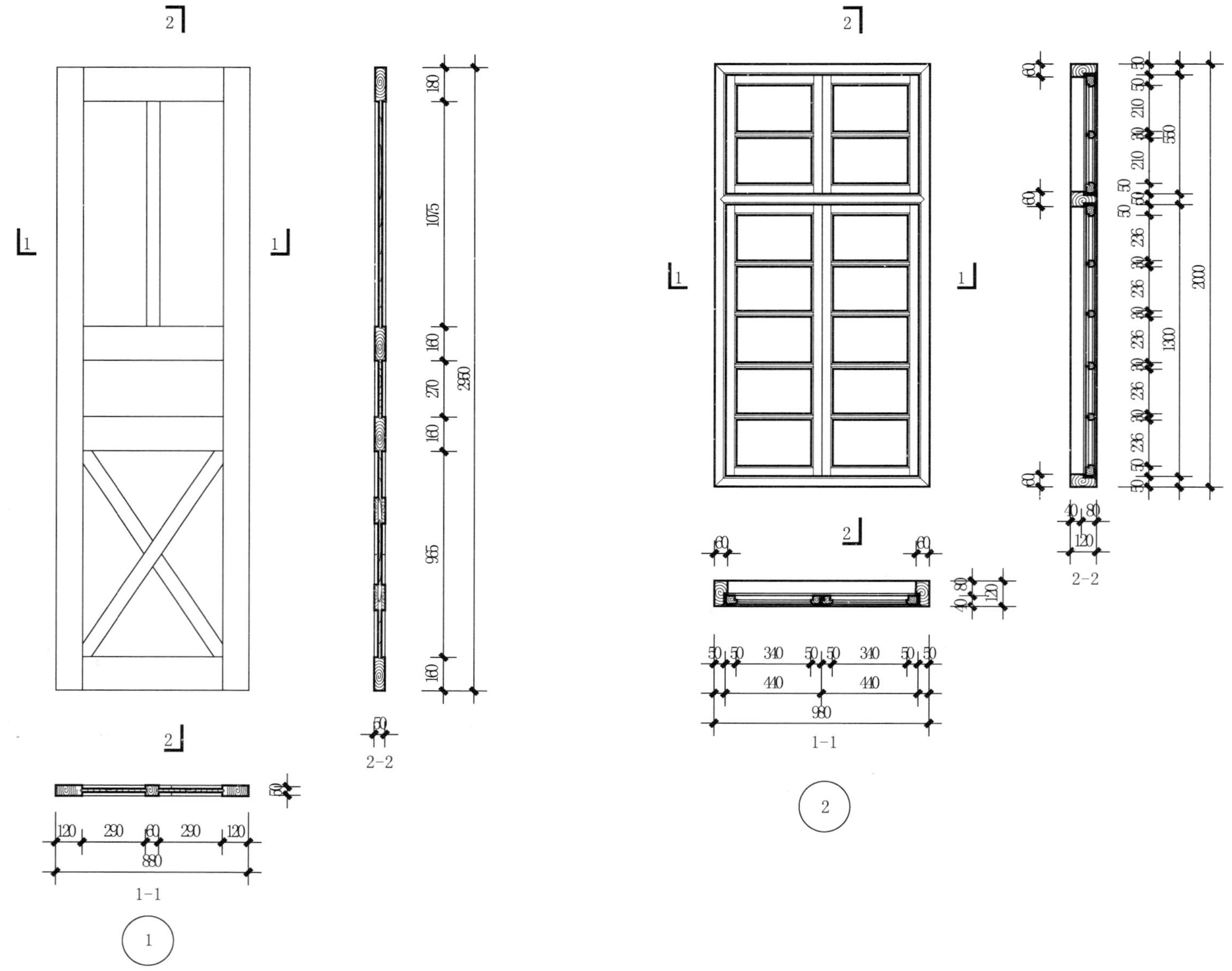

图18　门窗大样详图（一）

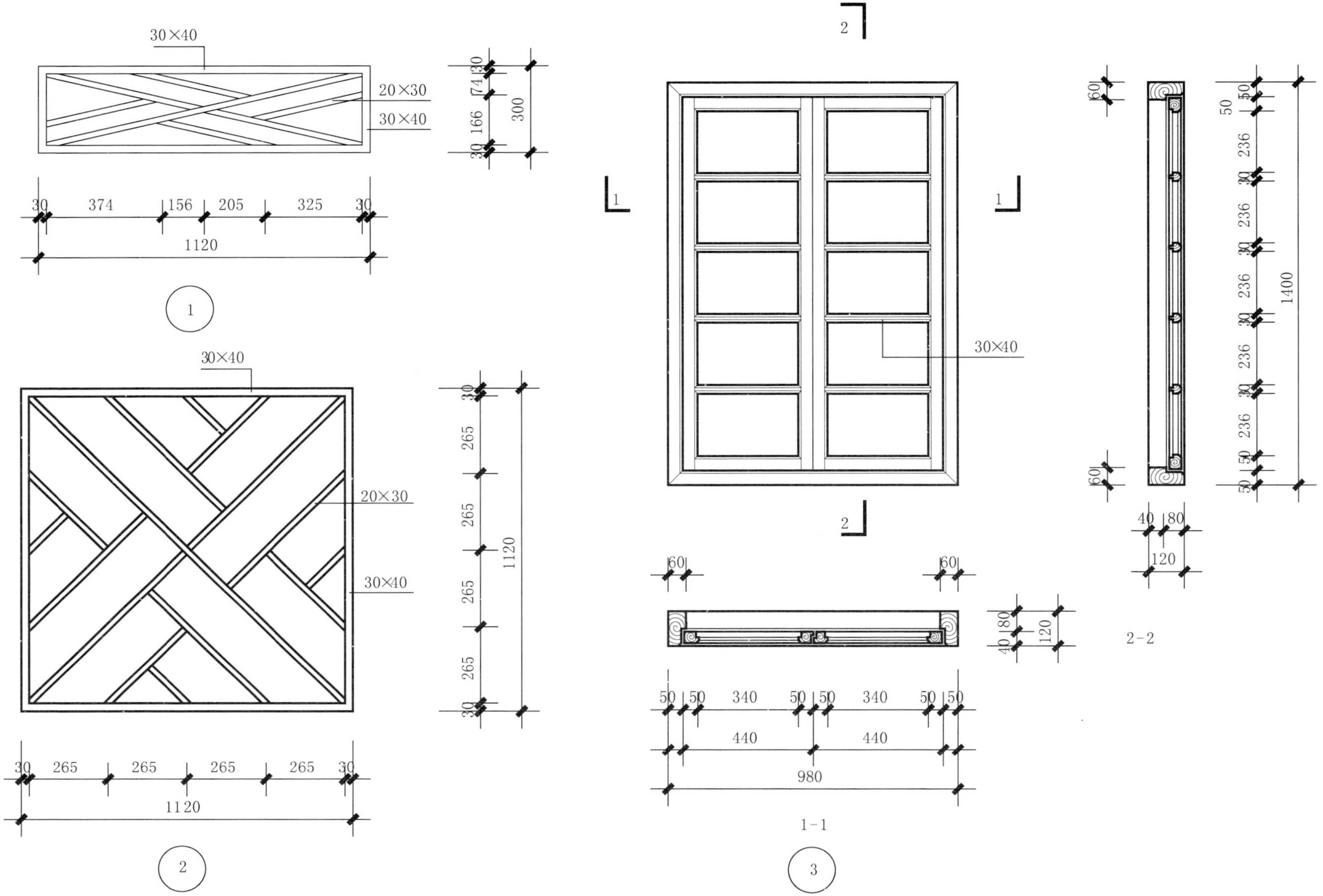

图19　门窗大样详图（二）

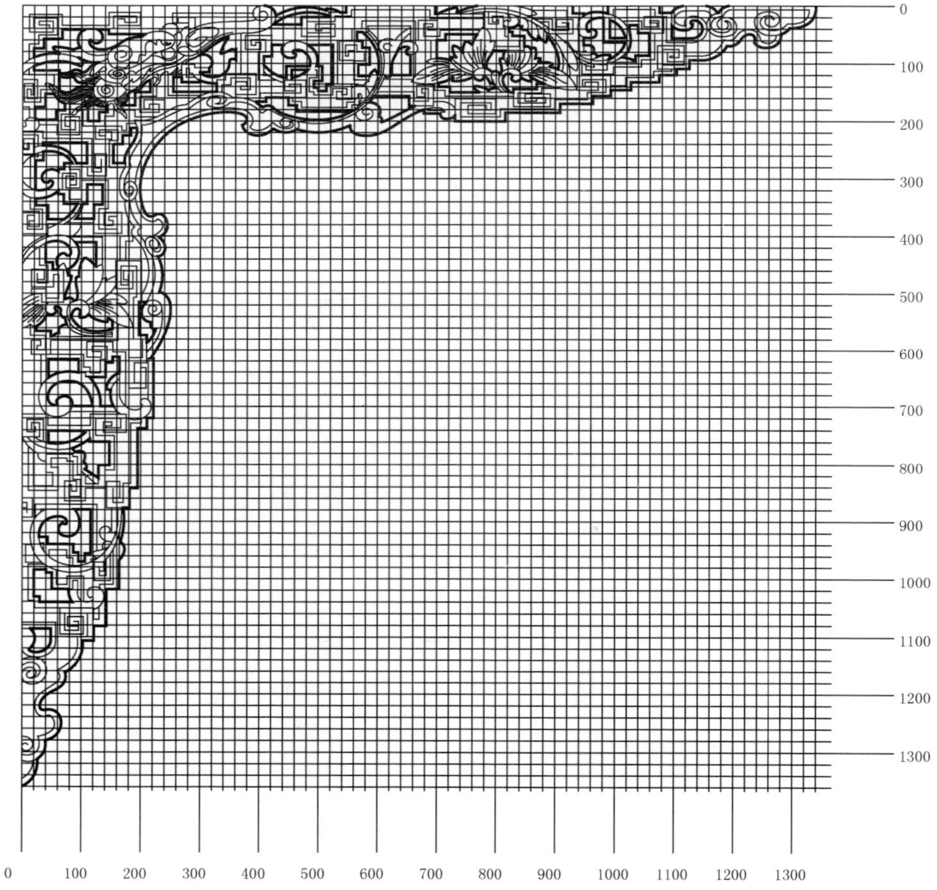

雀替大样

①

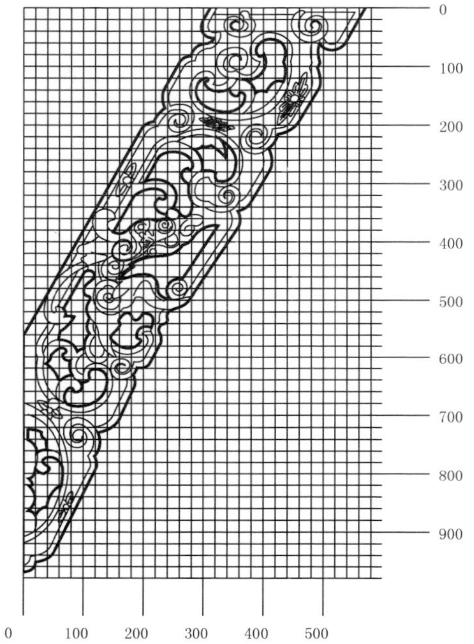

撑拱大样详图

②

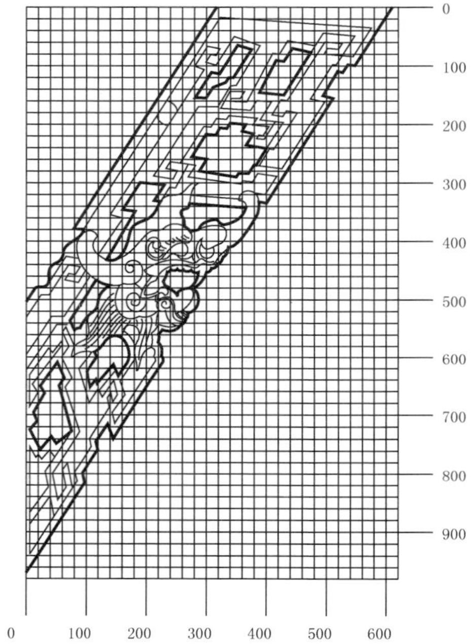

撑拱大样详图

③

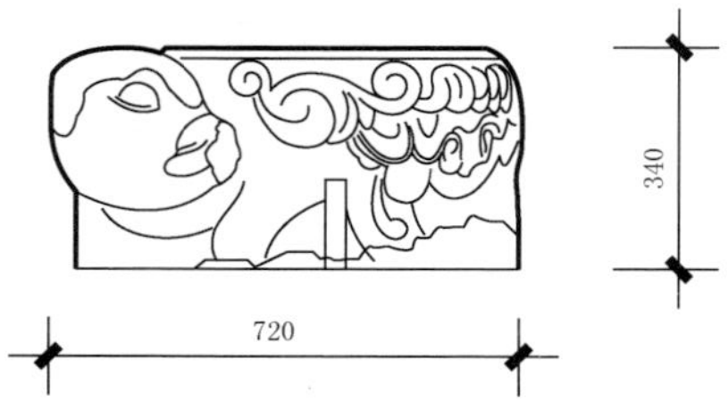

柱础大样详图（一）

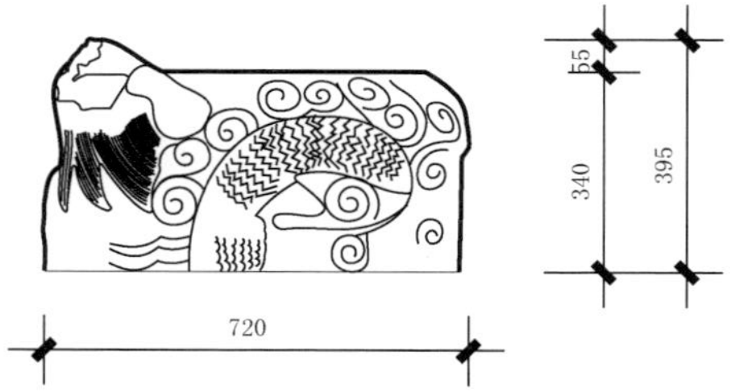

柱础大样详图（二）

④

图20　撑拱、柱础大样详图

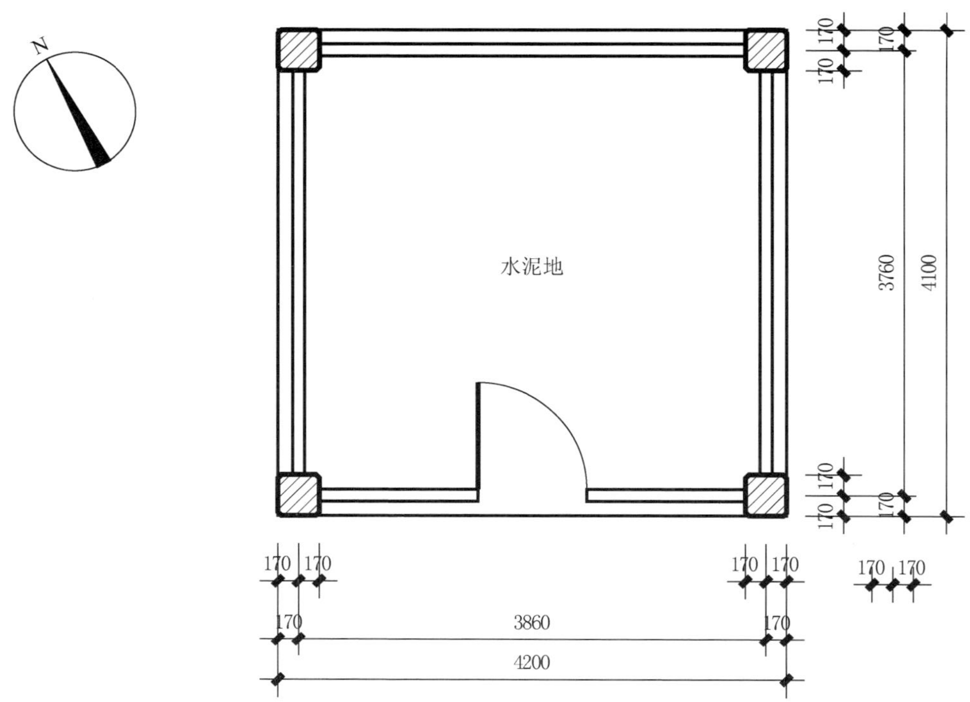
水泥地
170
170
3860
4200
3760
4100

图21　松坡亭平面图

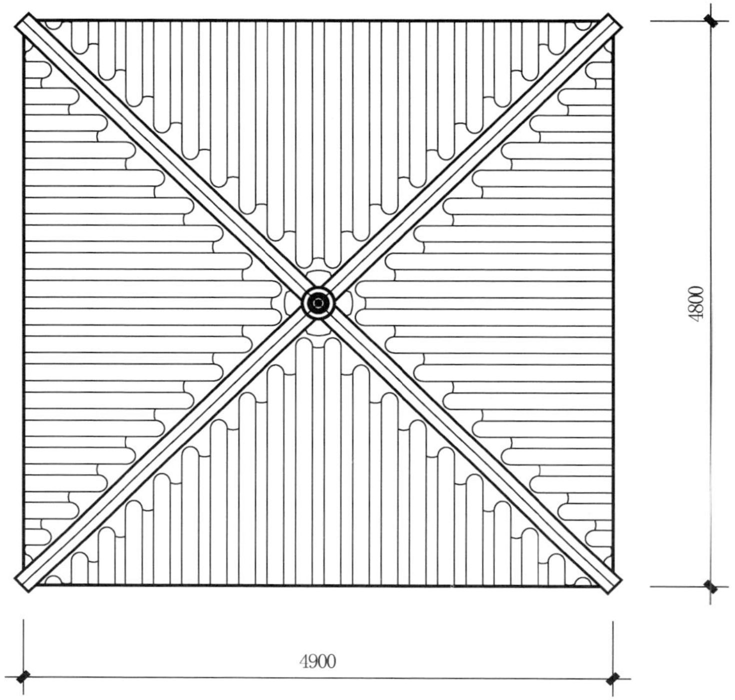
4800
4900

图22　松坡亭屋顶平面图

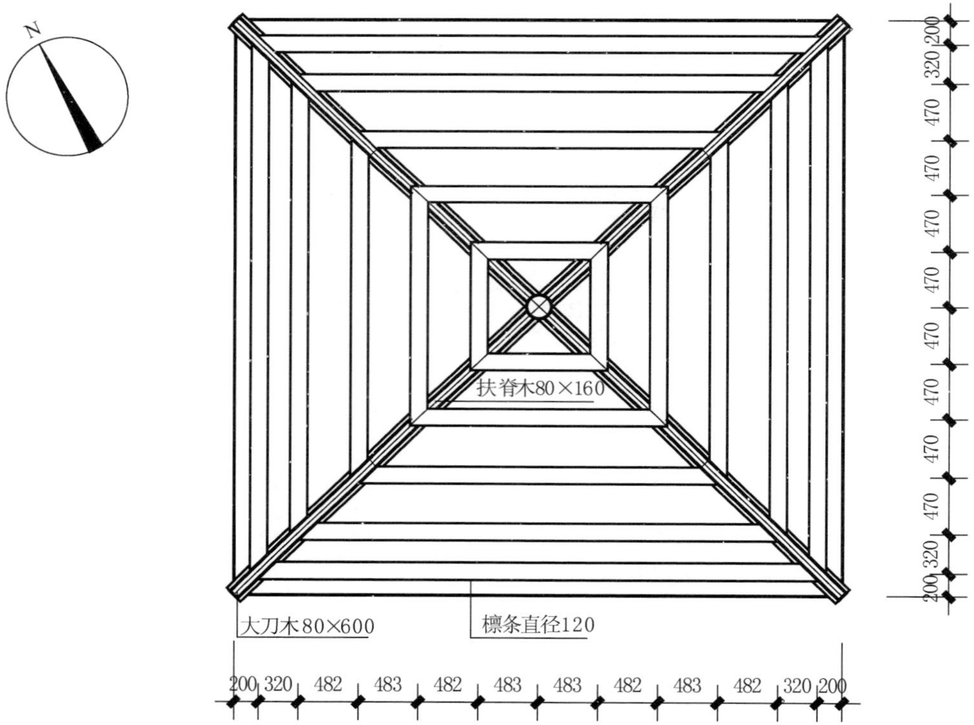

图23　松坡亭屋面结构俯视图

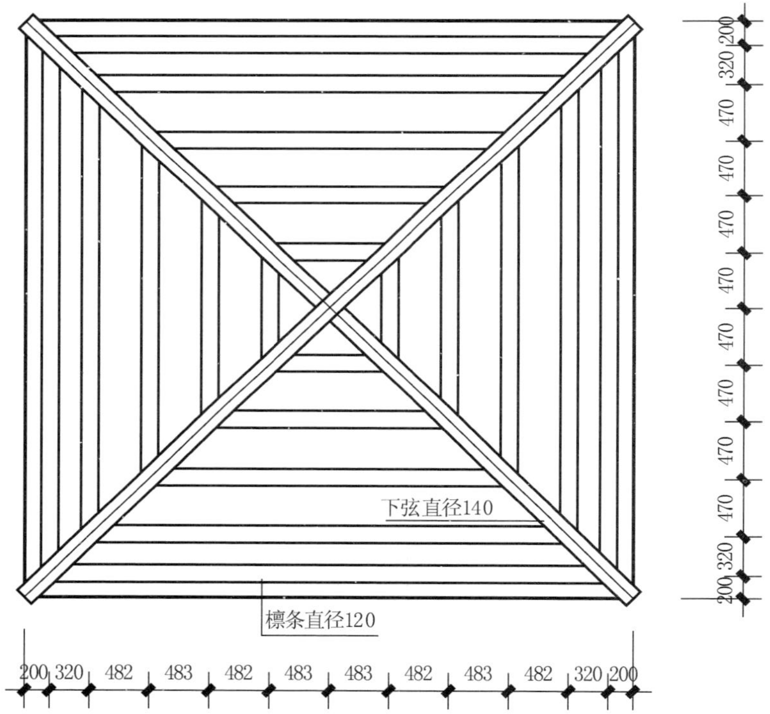

图24　松坡亭屋面结构仰视图

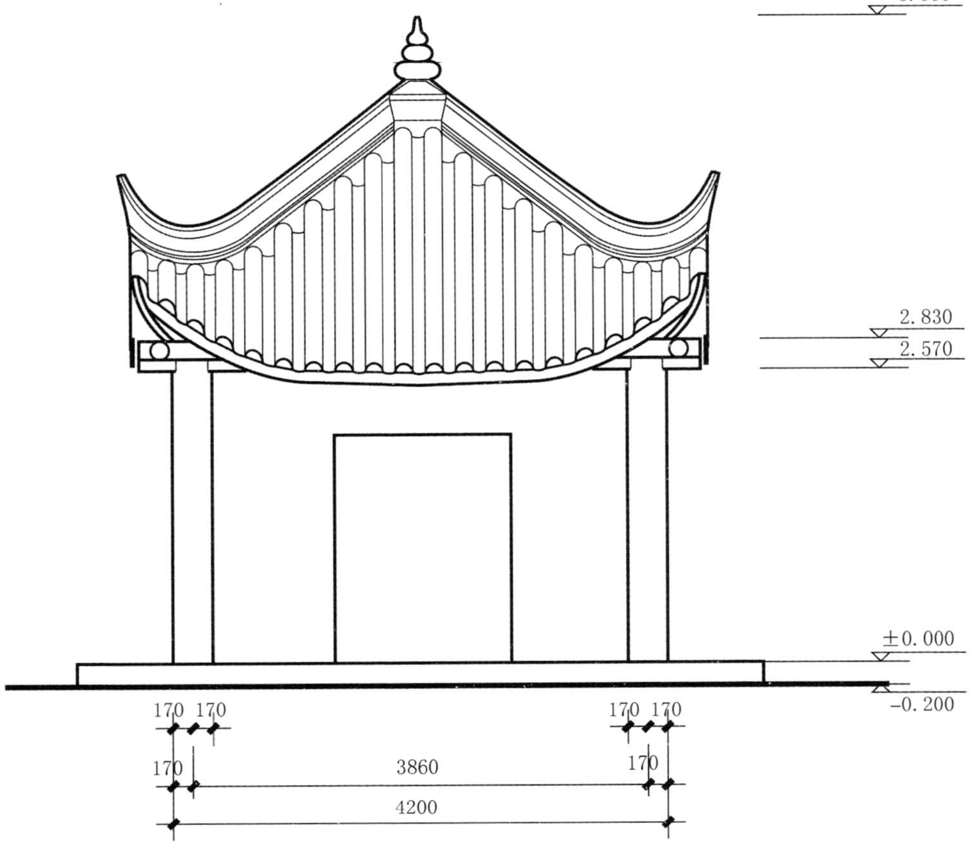
5.660
2.830
2.570
±0.000
-0.200
170 170
170 170
170
3860
170
4200

图25　松坡亭正立面图

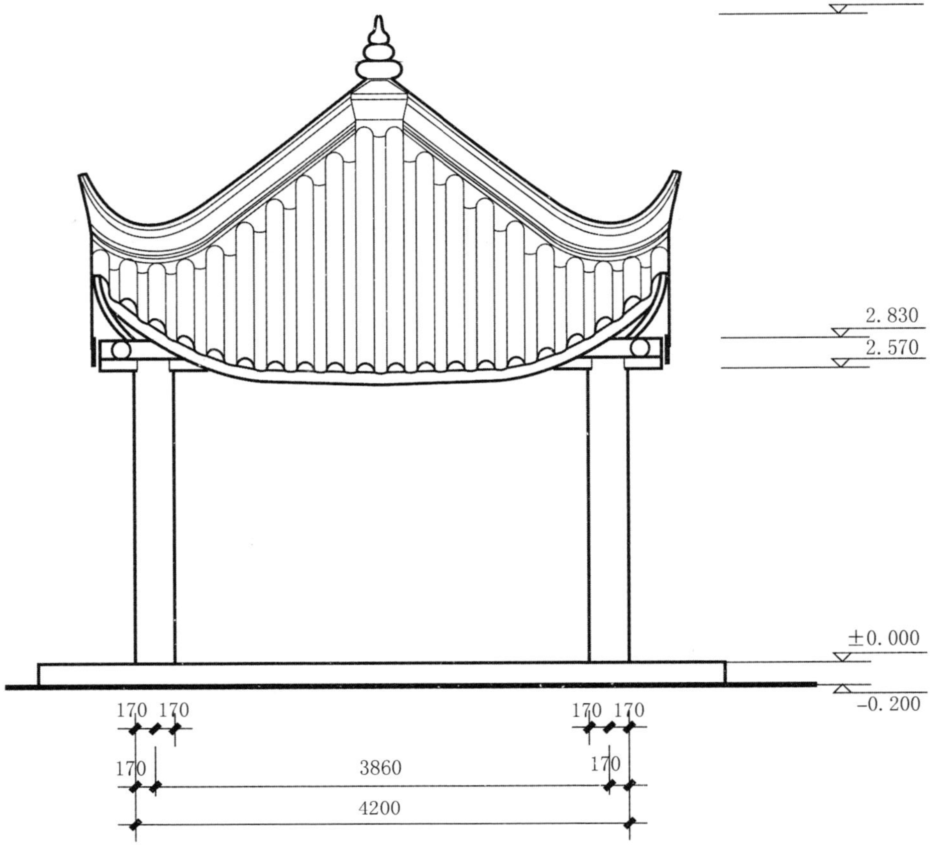
5.660
2.830
2.570
±0.000
-0.200
170 170
170 170
170
3860
170
4200

图26　松坡亭背立面图

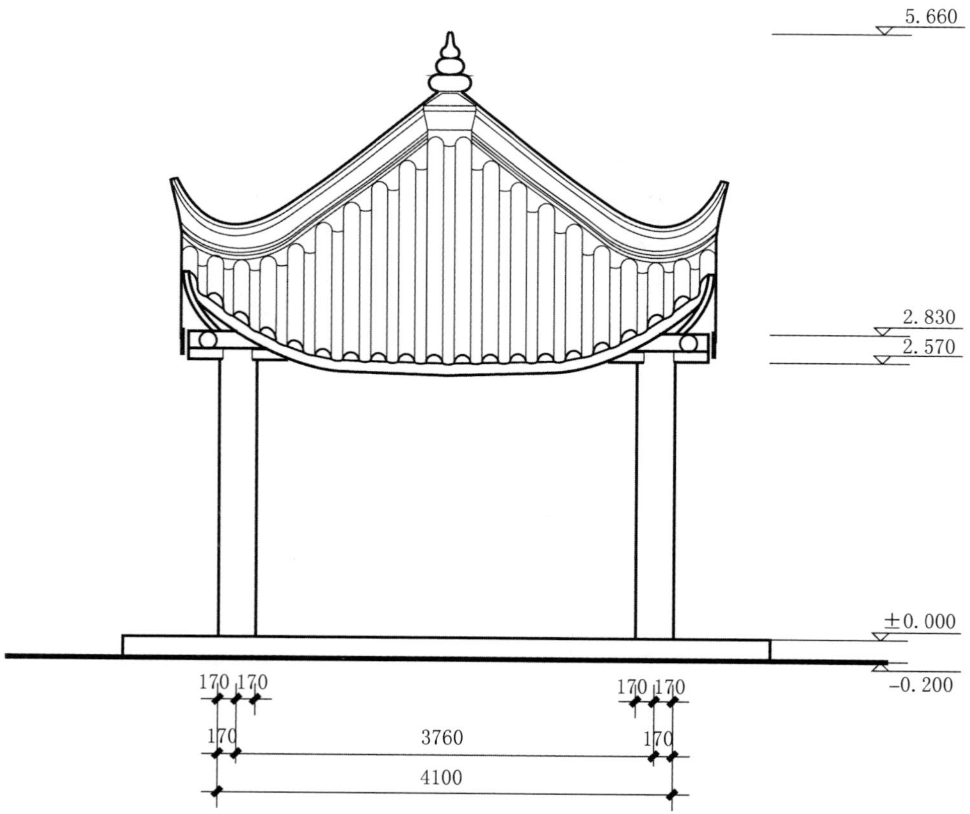
5.660
2.830
2.570
±0.000
-0.200
170 170
170
3760
170 170
170
4100
图27 松坡亭南侧立面图

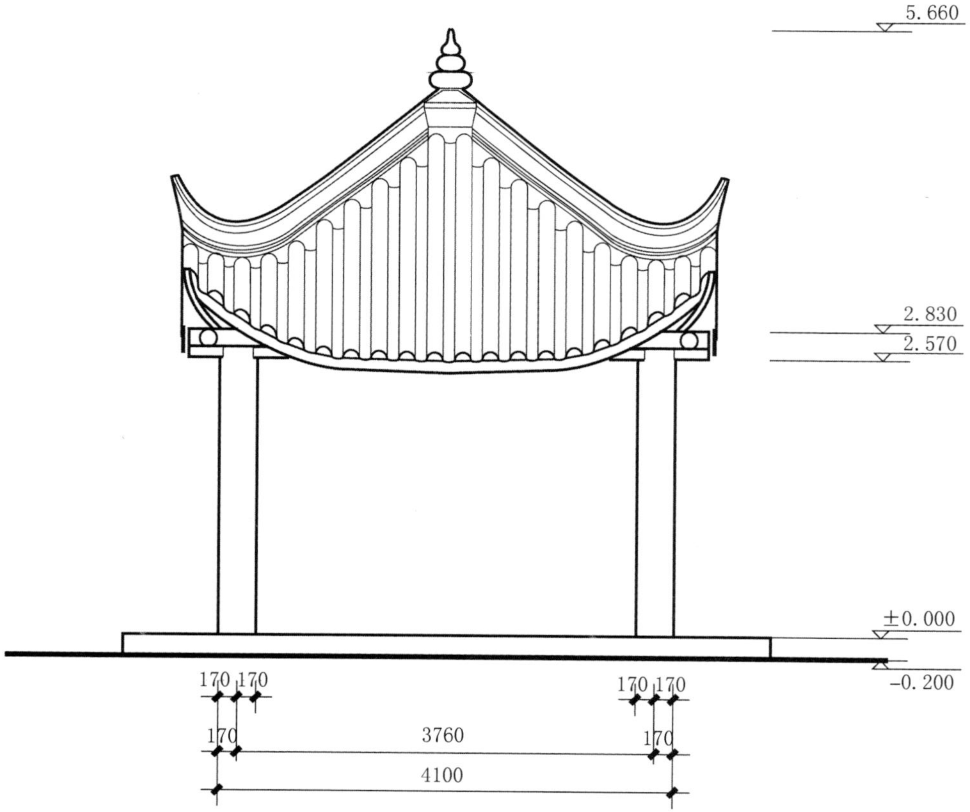
5.660
2.830
2.570
±0.000
-0.200
170 170
170
3760
170 170
170
4100
图28 松坡亭北侧立面图

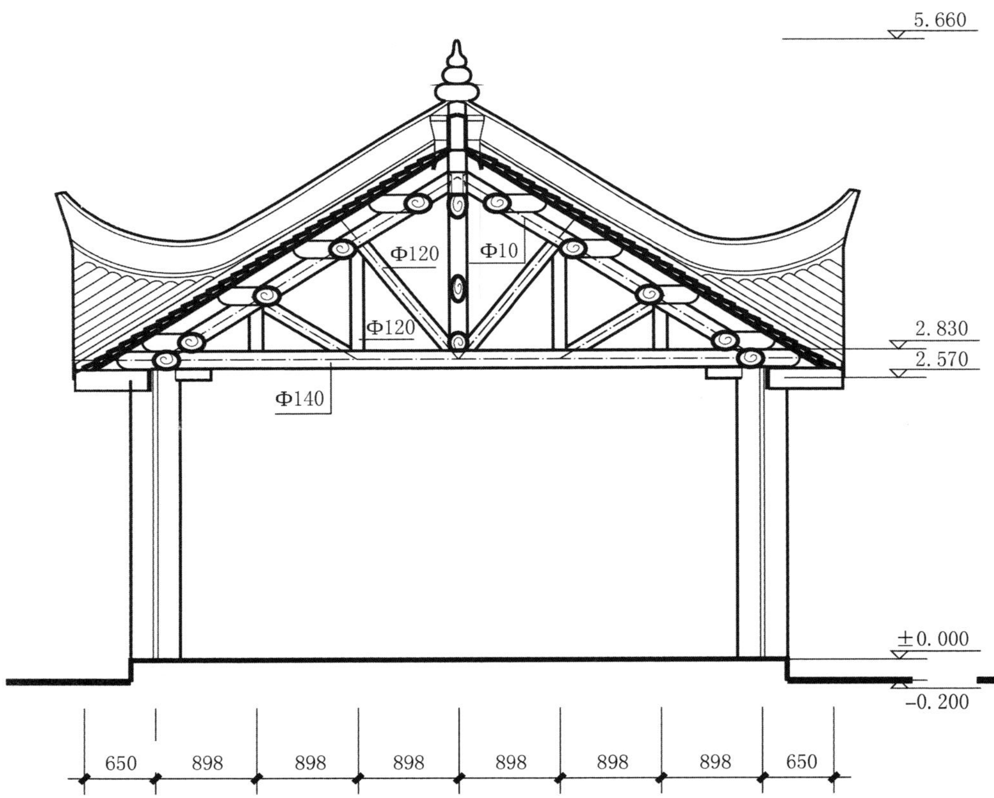

图29　松坡亭1-1剖面图

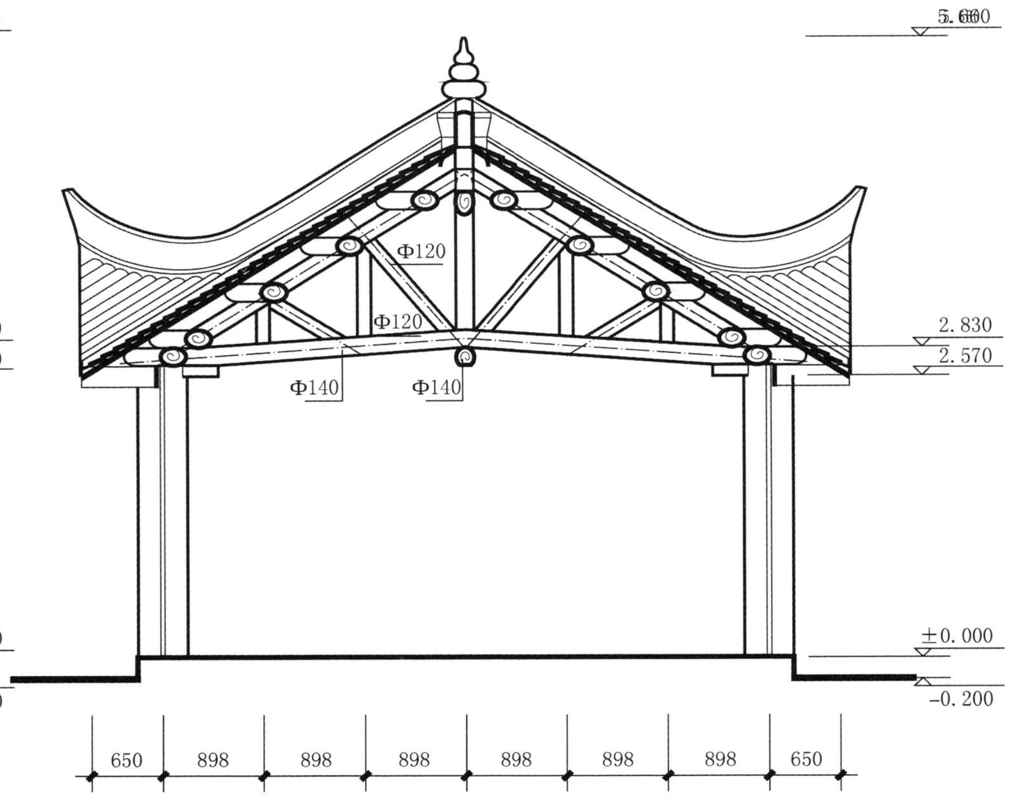

图30　松坡亭2-2剖面图

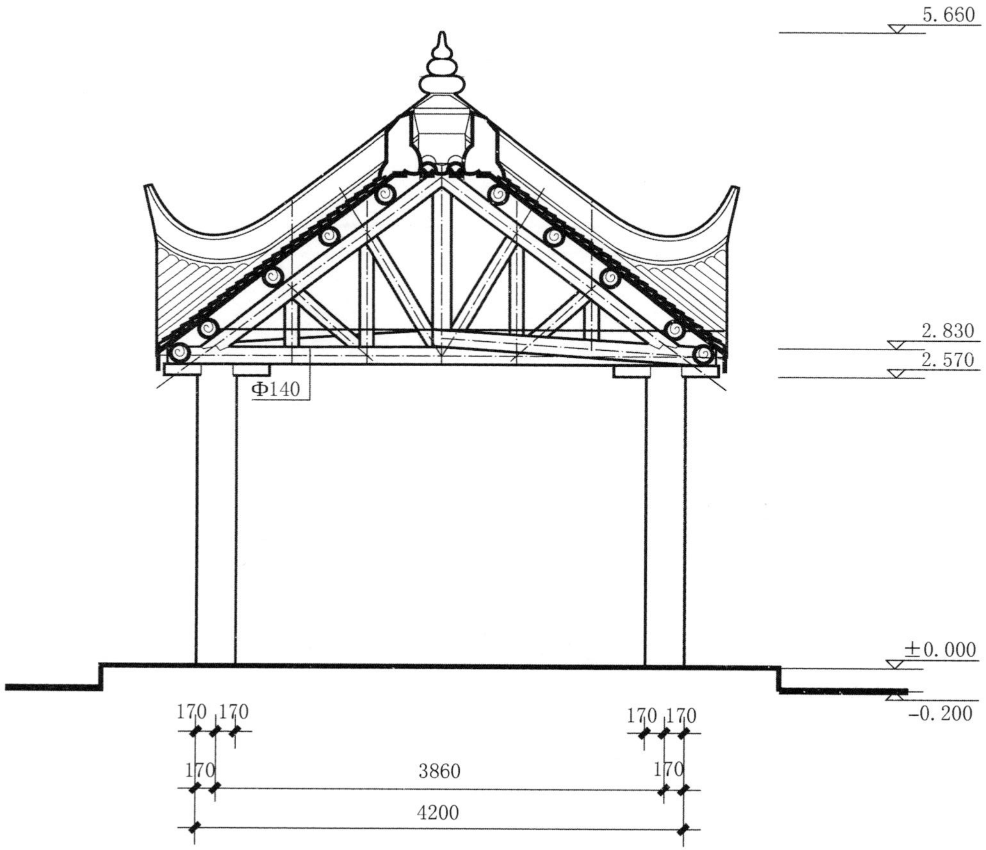

图31　松坡亭3-3剖面图

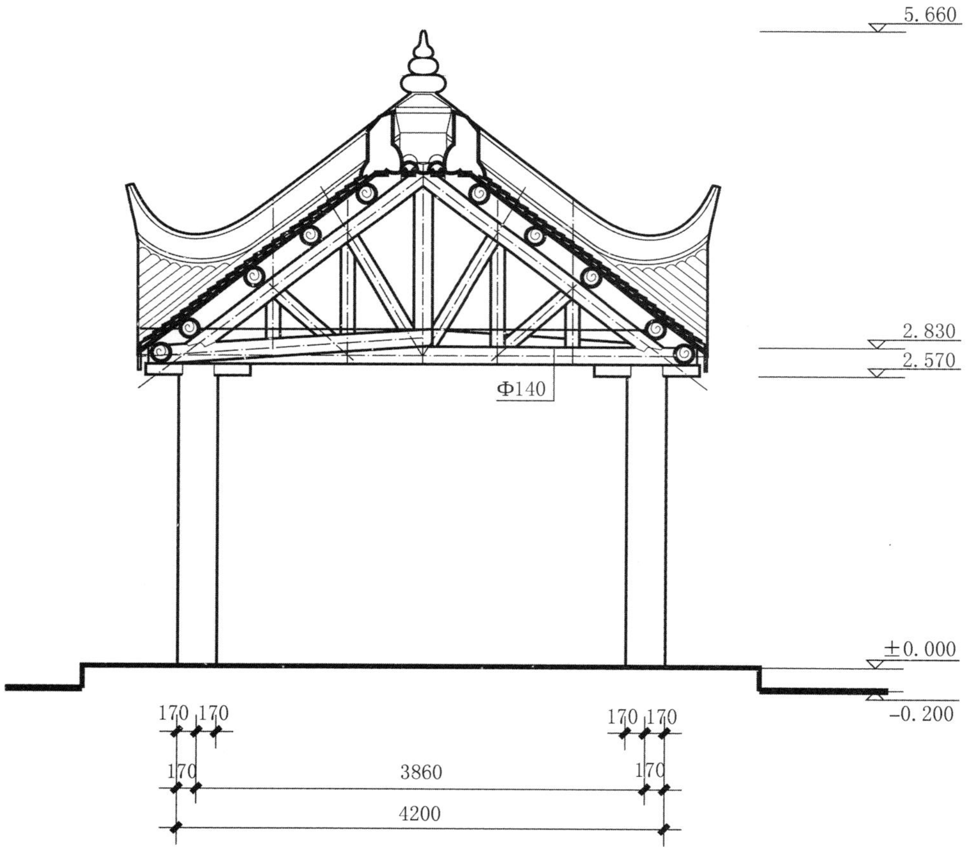

图32　松坡亭4-4剖面图

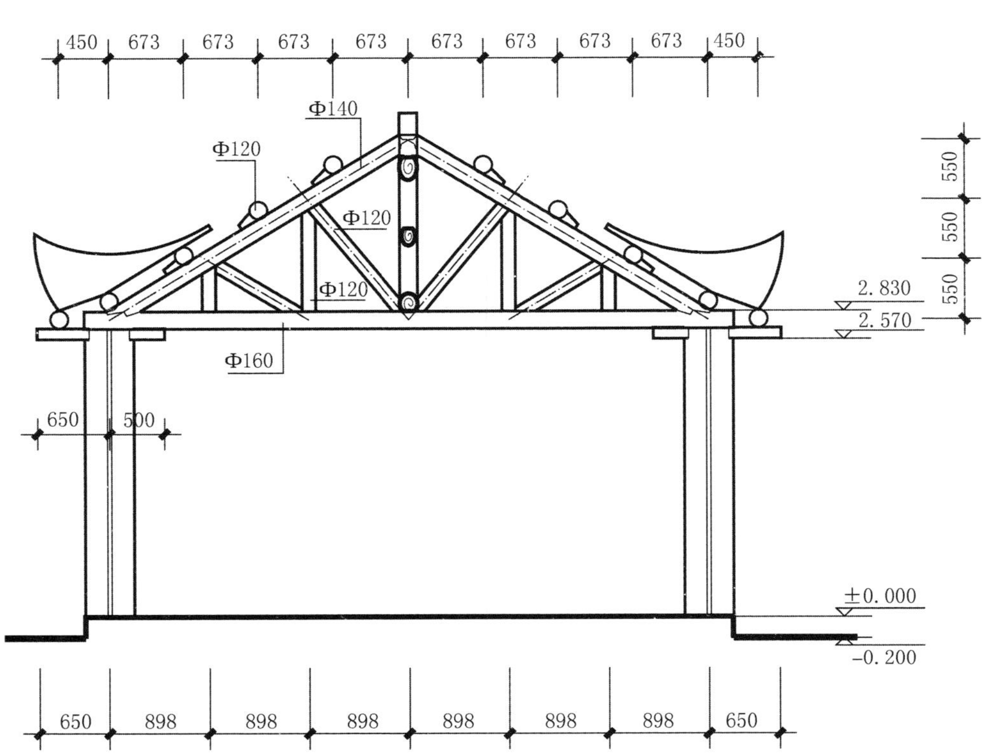

图33　松坡亭1-1剖面屋架图

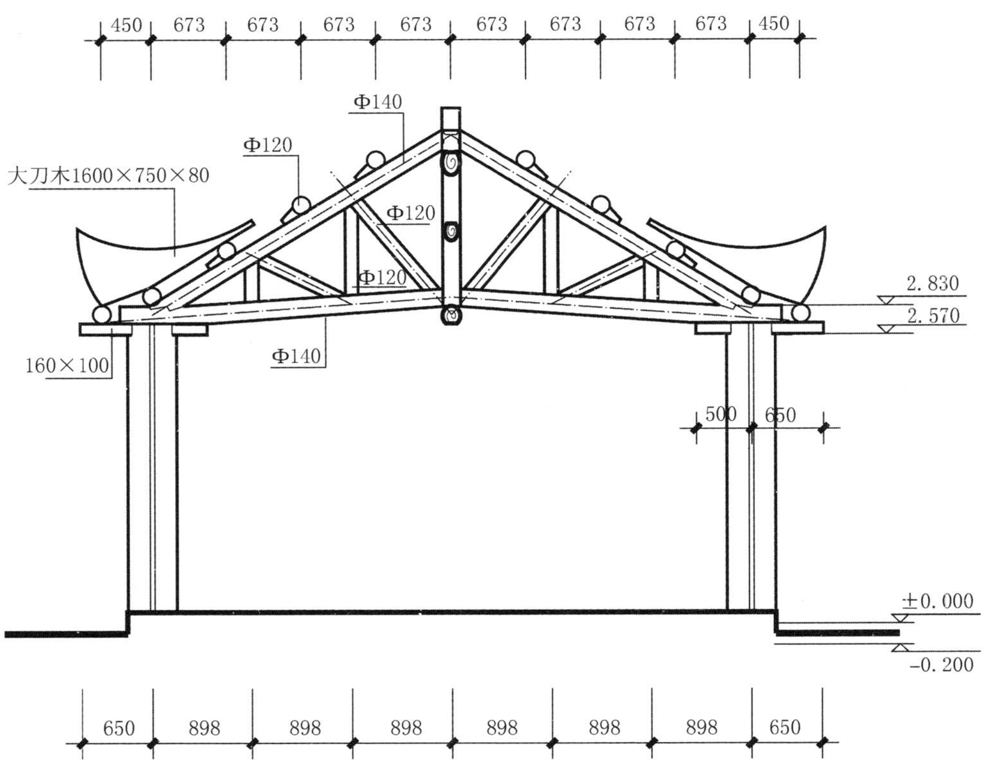

图34　松坡亭2-2剖面屋架图

旌阳福寿庵戏楼

福寿庵戏楼为福寿庵建筑之一，位于德阳市旌阳区和新镇福兴村。戏楼坐北朝南，与山门相连。平面呈长方形，面阔三间，进深四间。整个建筑底部采用石质立柱，上施梁，梁间施楼板枋，上铺木板。二层为戏台，为唱戏场所。戏楼为抬梁穿斗混合式梁架结构。歇山顶，素筒瓦屋面，前后檐屋面均施飞椽，砖雕、灰塑脊饰。一层前檐施石质拱卷门，二层前檐设木质槛窗。

福寿庵戏楼修建于清光绪二十七年（1901年）。

德阳市旌阳区文物保护单位。

测绘制图：刘波、朱绍文

成图时间：2011年5月

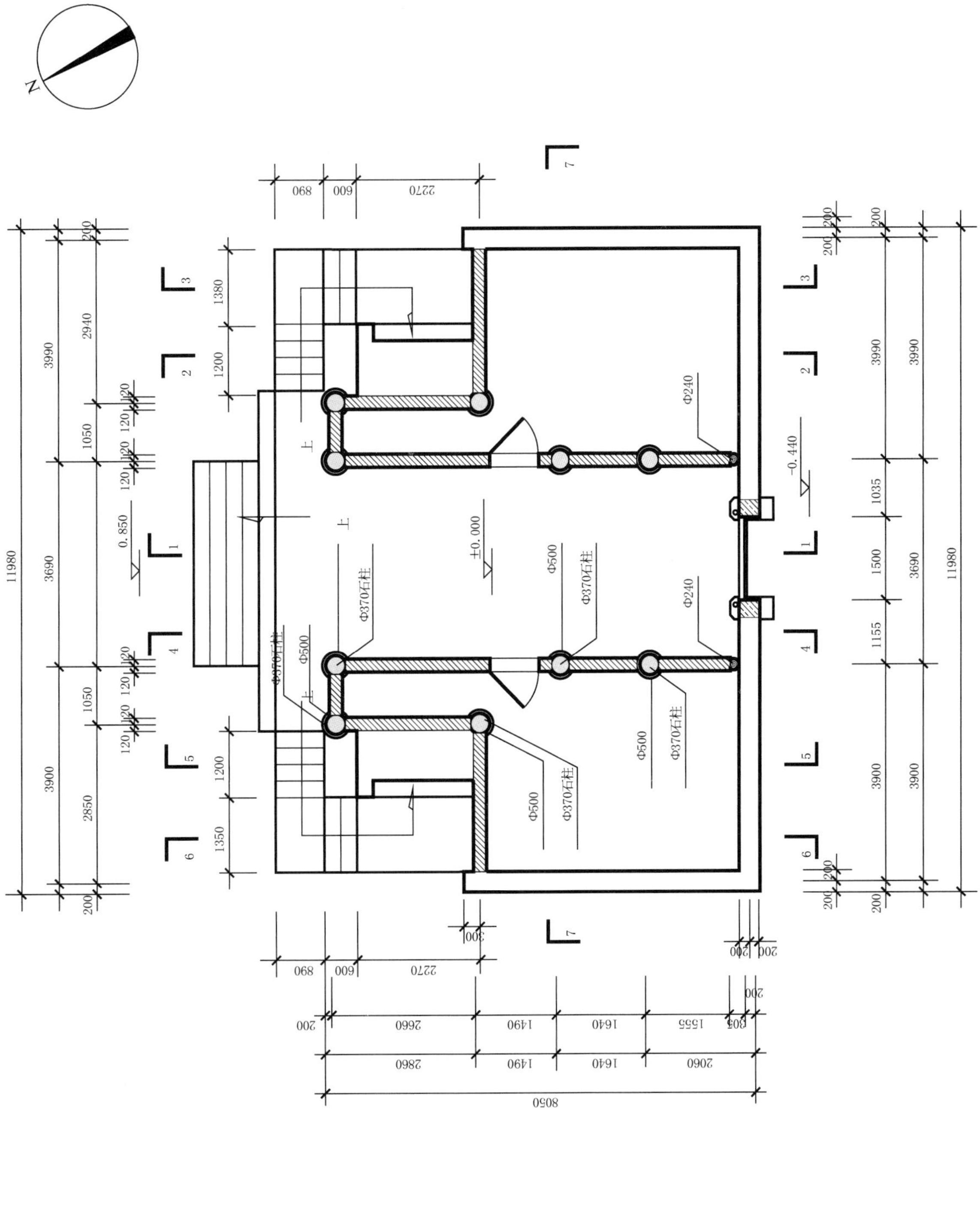

图1 一层平面图

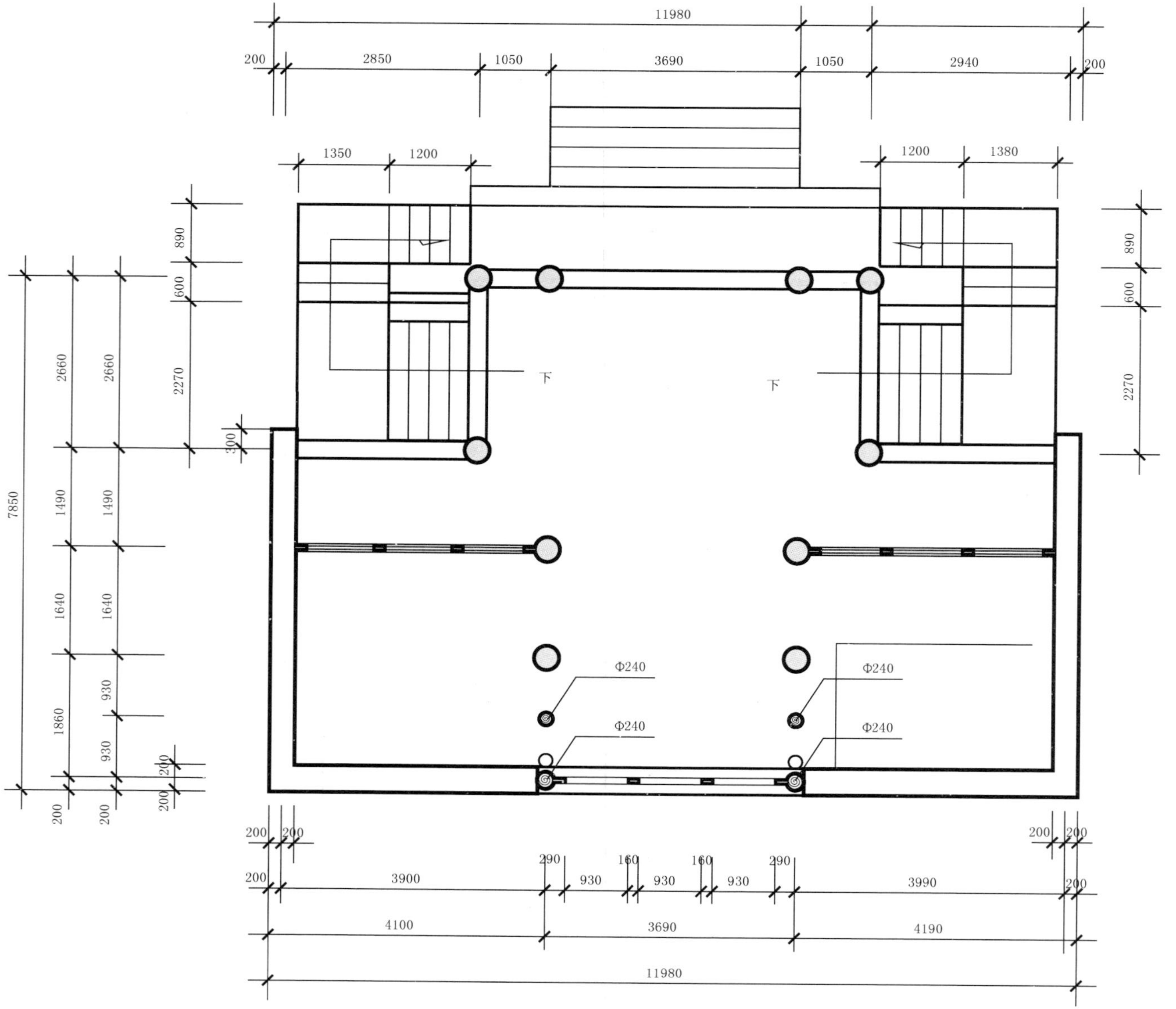
11980
200
2850
1050
3690
1050
2940
200
1350
1200
1200
1380
890
600
2270
890
600
2270
2660
2660
7850
1490
1490
1640
1640
1860
930
930
300
200
200
200
200
下
下
Φ240
Φ240
Φ240
Φ240
200
200
200
200
290
160
160
290
200
3900
930
930
930
3990
200
4100
3690
4190
11980

图2　二层平面图

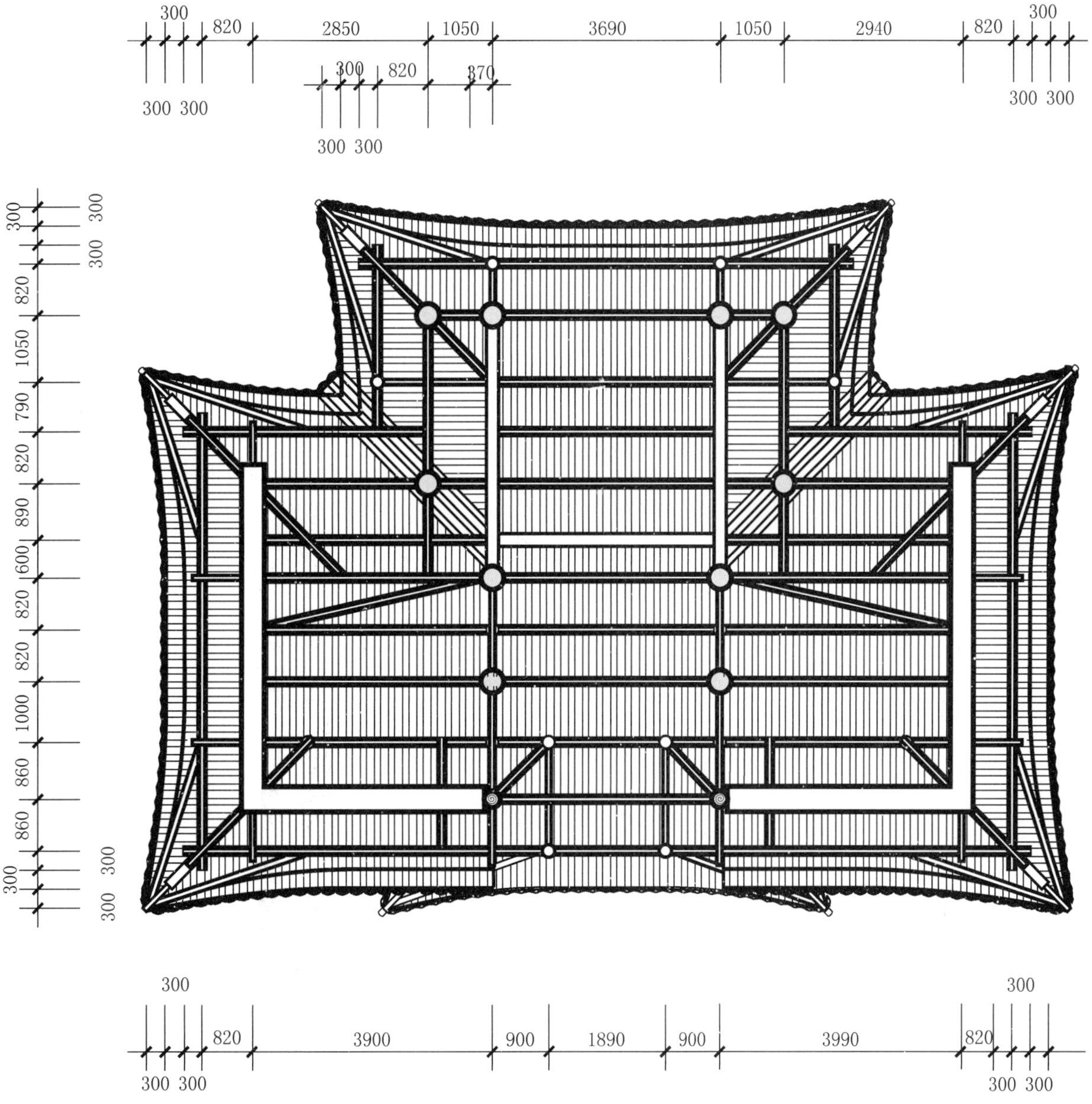
300
820
2850
1050
3690
1050
2940
820
300
300 300
300
820
370
300 300
300 300
300
300
300
300
820
1050
790
820
890
600
820
820
1000
860
860
300
300
300
300
300
820
3900
900
1890
900
3990
820
300
300 300
300 300

图3　屋面仰视图

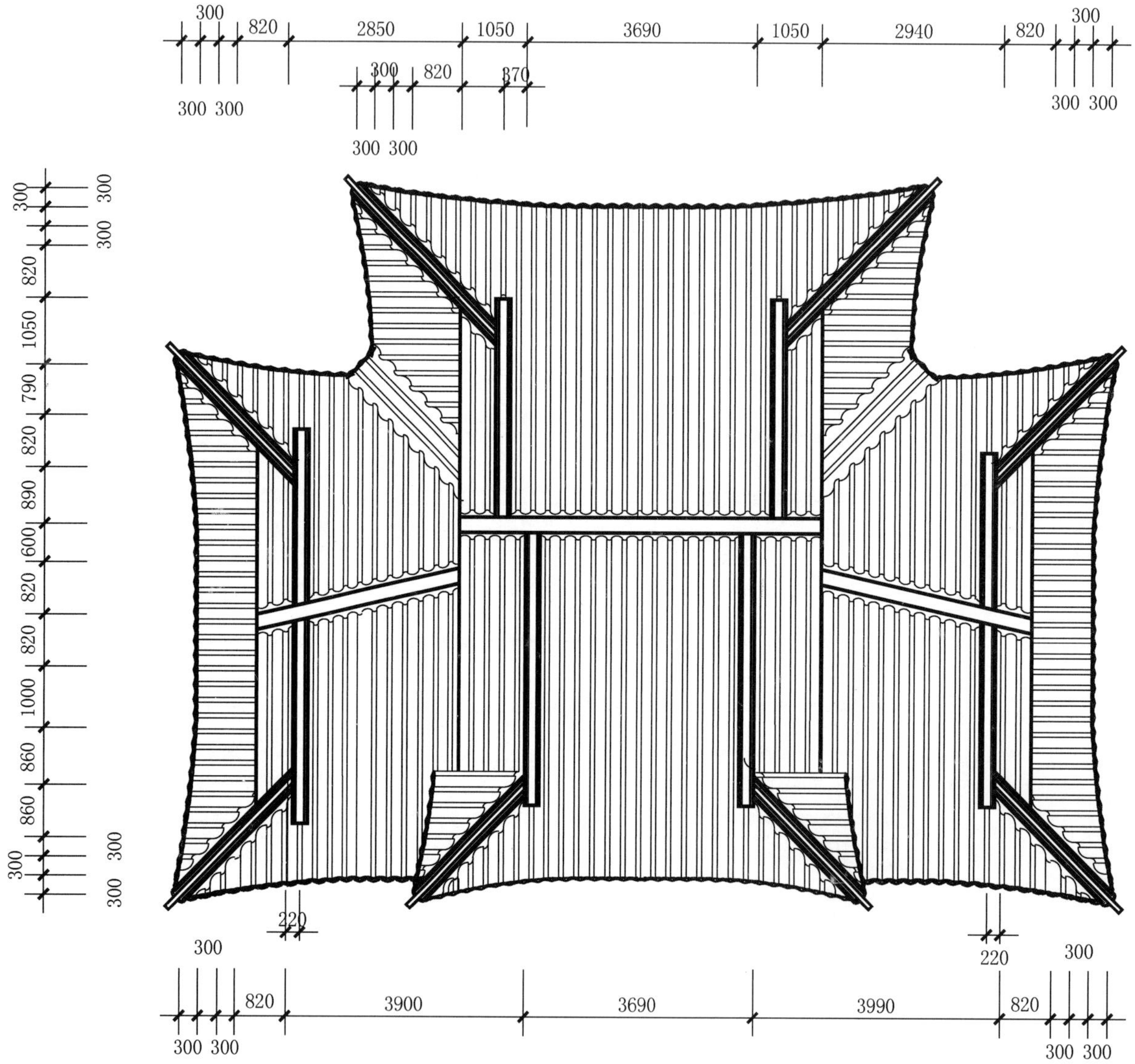
300
300 820 2850 1050 3690 1050 2940 820 300
300 300 300 300
300 820 370
300 300
300 300 300 820 1050 790 820 890 600 820 820 1000 860 860 300 300 300
220 220
300 820 3900 3690 3990 820 300
300 300 300 300

图4 屋面俯视图

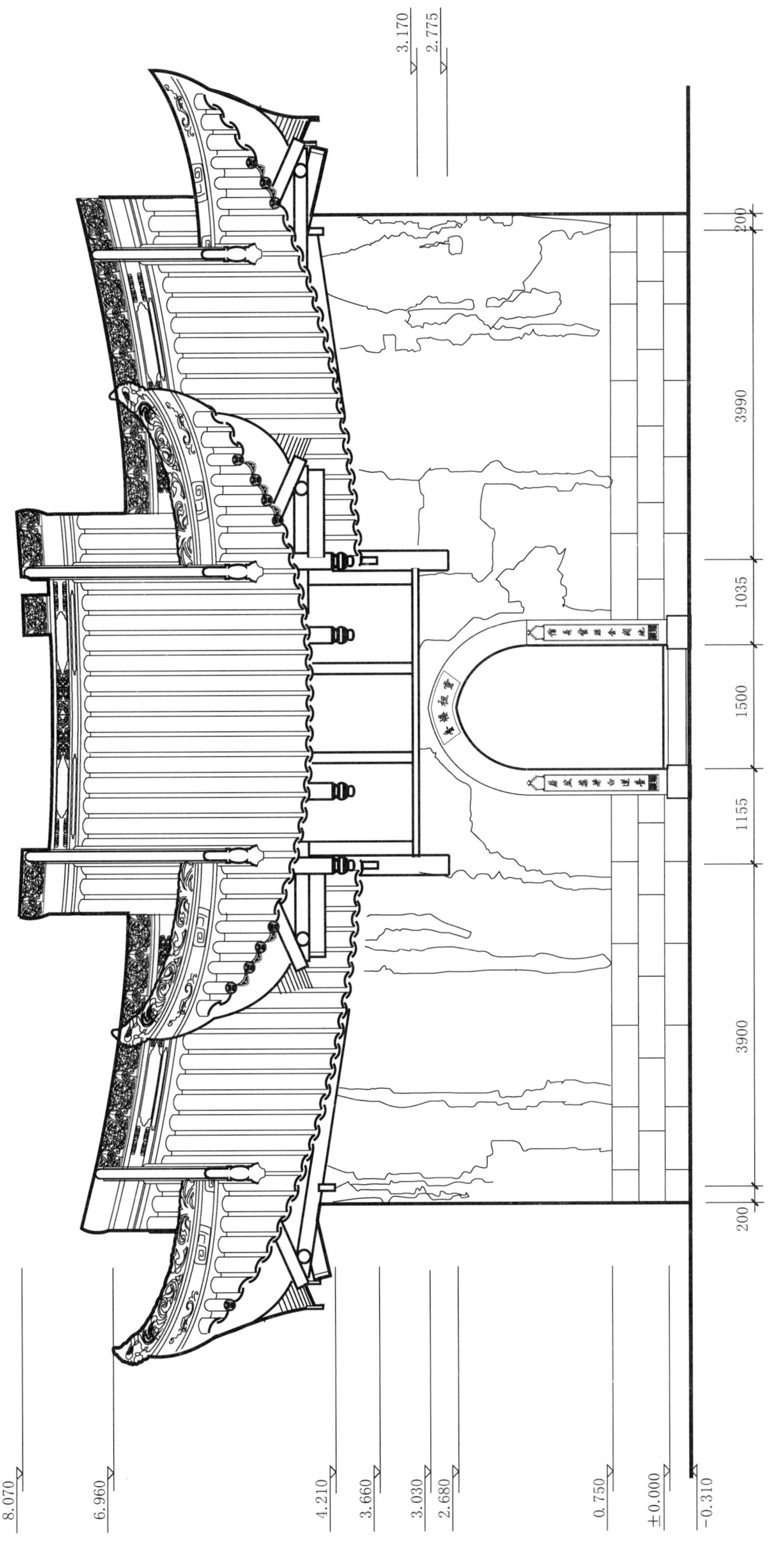

3.170
2.775
200
3990
1035
1500
1155
3900
200
8.070
6.960
4.210
3.660
3.030
2.680
0.750
±0.000
−0.310

图5 正立面图

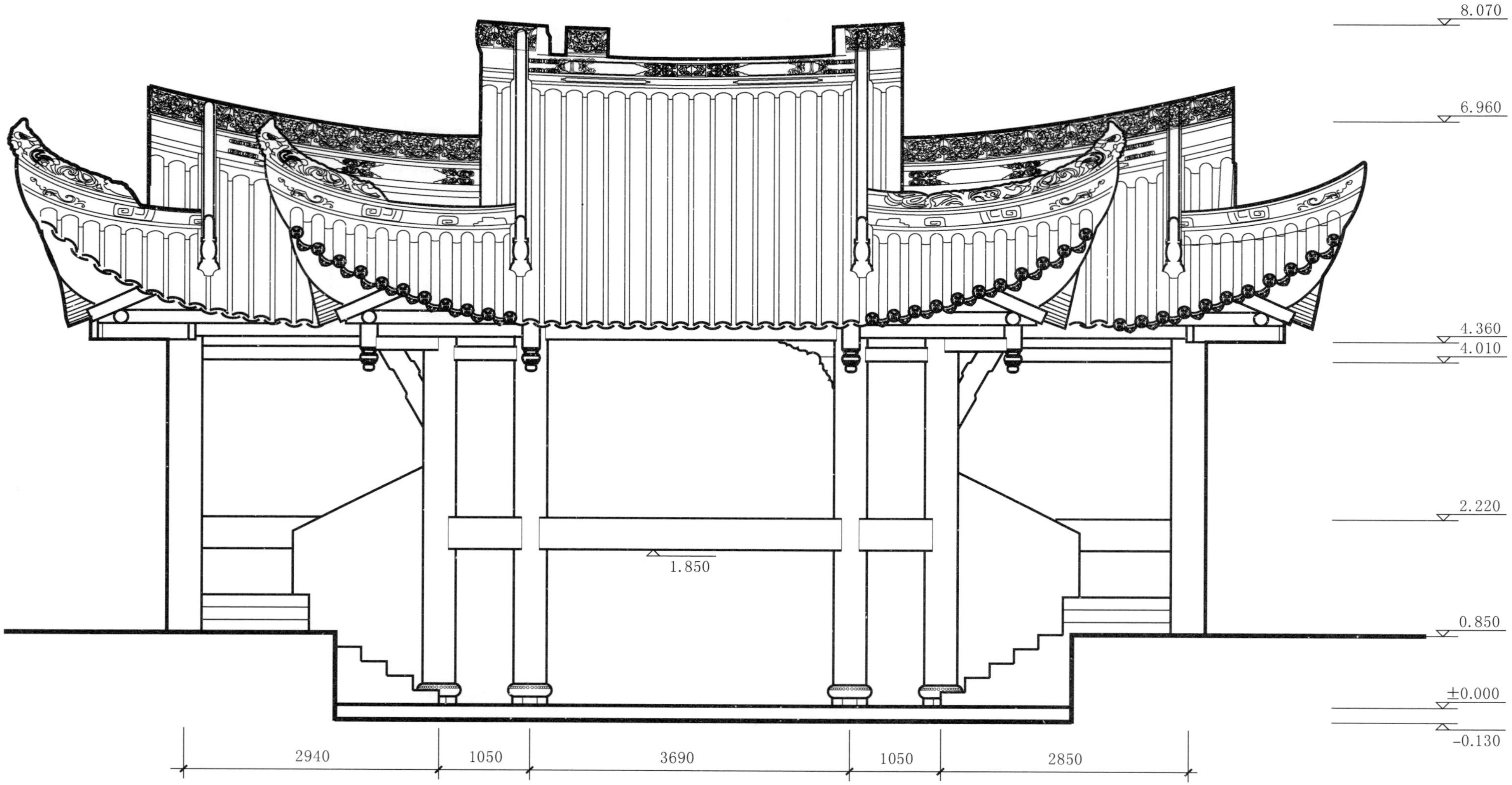
8.070
6.960
4.360
4.010
2.220
1.850
0.850
±0.000
-0.130
2940
1050
3690
1050
2850

图6　背立面图

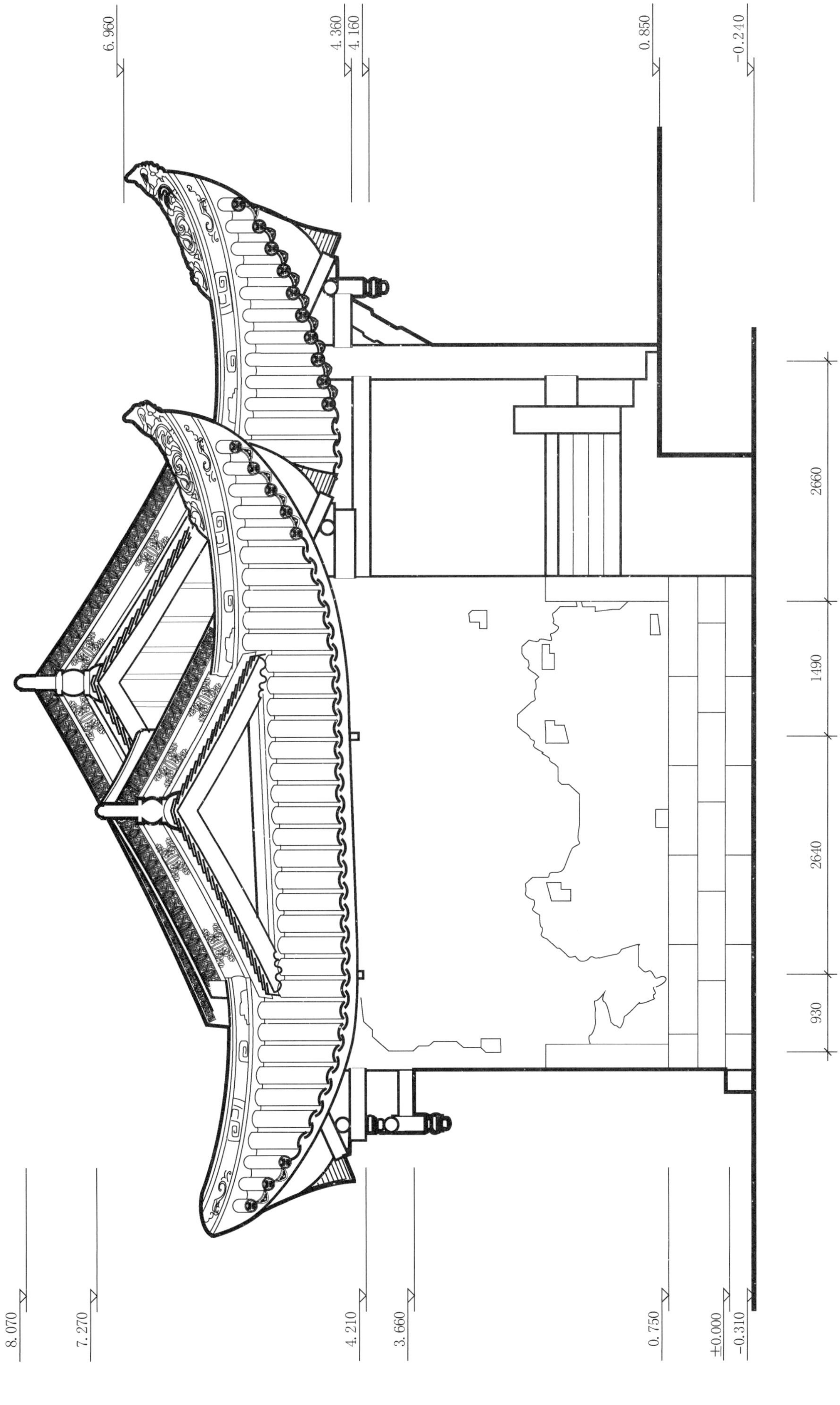
6.960
4.360
4.160
0.850
−0.240
2660
1490
2640
930
8.070
7.270
4.210
3.660
0.750
±0.000
−0.310

图7 东侧立面图

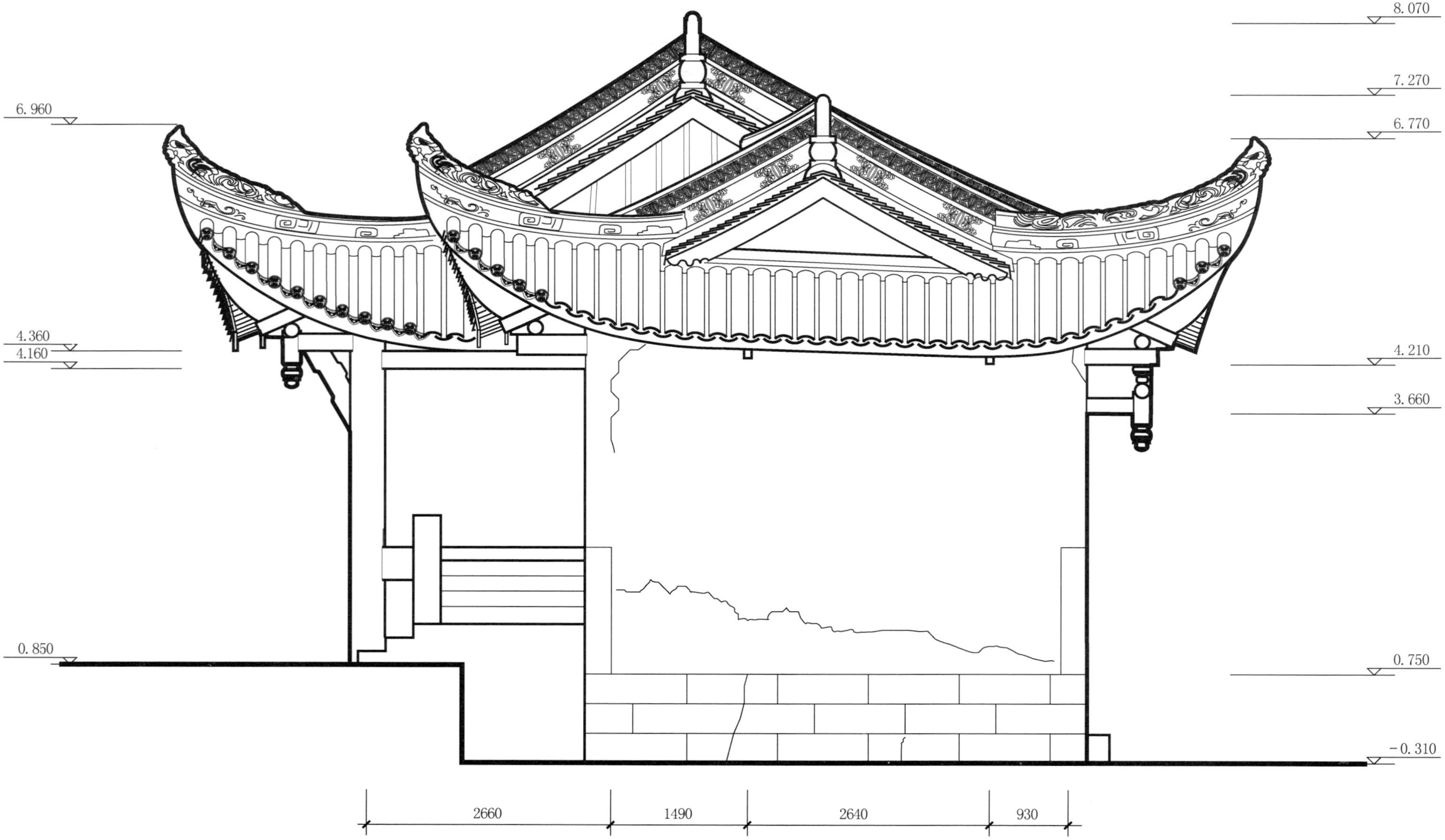
8.070
7.270
6.770
6.960
4.360
4.160
4.210
3.660
0.850
0.750
-0.310
2660
1490
2640
930

图8 西侧立面图

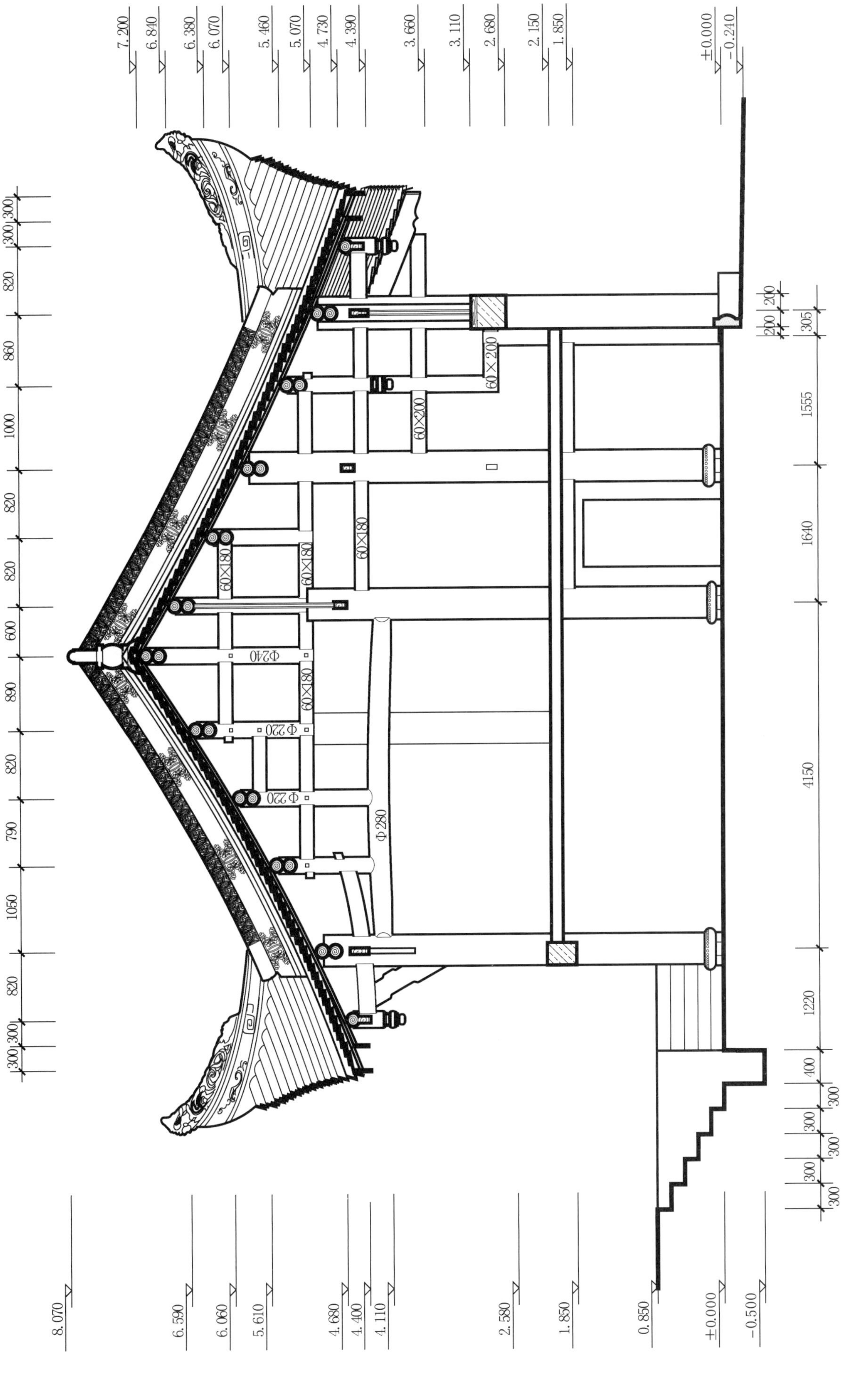
7.200
6.840
6.380
6.070
5.460
5.070
4.730
4.390
3.660
3.110
2.680
2.150
1.850
±0.000
-0.240
8.070
6.590
6.060
5.610
4.680
4.400
4.110
2.580
1.850
0.850
±0.000
-0.500
300
300
820
960
1000
820
820
600
890
820
790
1050
820
300
300
200
200
200
305
1555
1640
4150
1220
400
300
300
300
300
300
300
60×200
60×200
60×180
60×180
60×180
60×180
Φ240
Φ220
Φ220
Φ280

图9 1-1剖面图

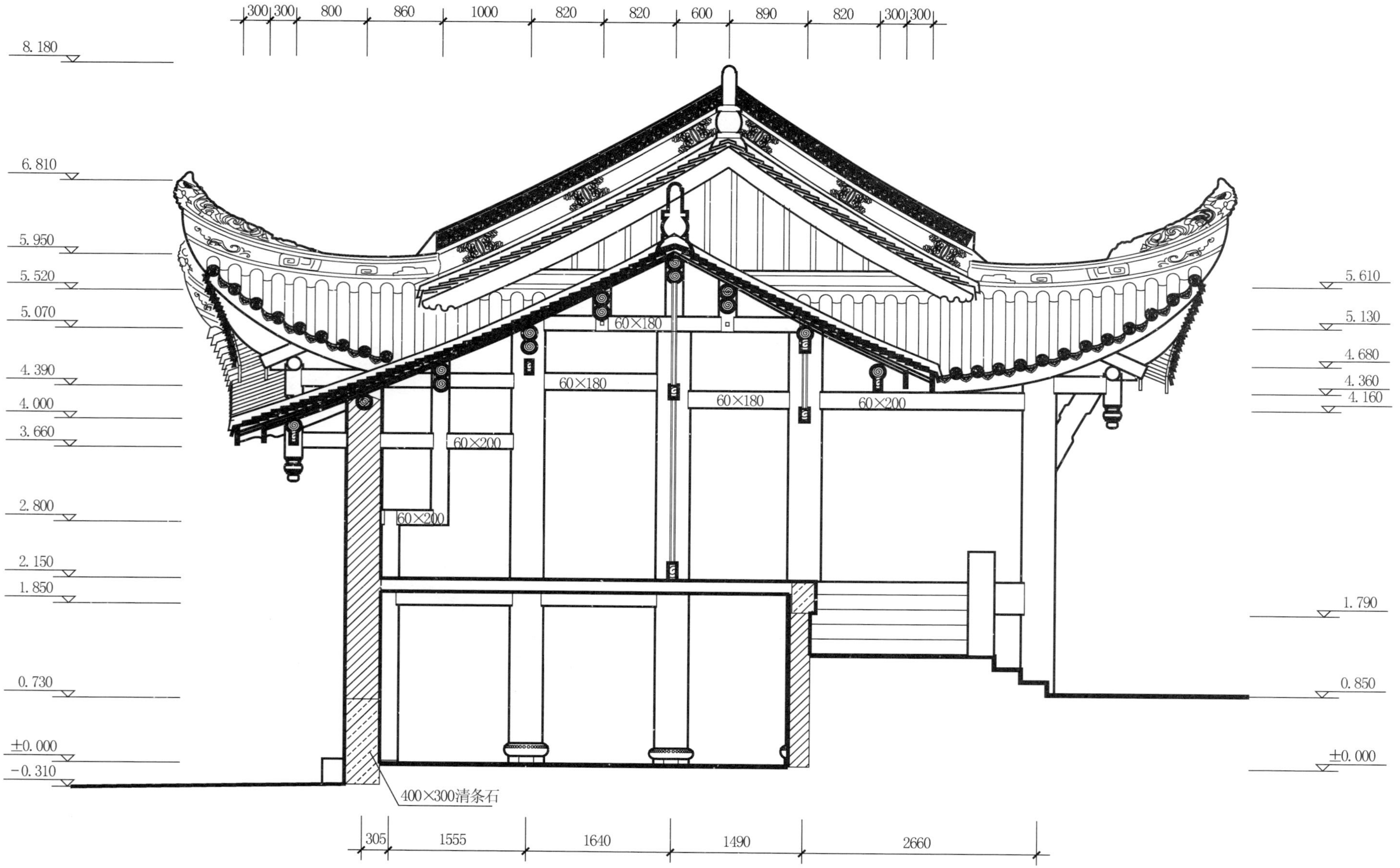
300
300
800
860
1000
820
820
600
890
820
300
300
8.180
6.810
5.950
5.520
5.070
4.390
4.000
3.660
2.800
2.150
1.850
0.730
±0.000
-0.310
5.610
5.130
4.680
4.360
4.160
1.790
0.850
±0.000
60×180
60×180
60×180
60×200
60×200
60×200
400×300清条石
305
1555
1640
1490
2660

图10　2-2剖面图

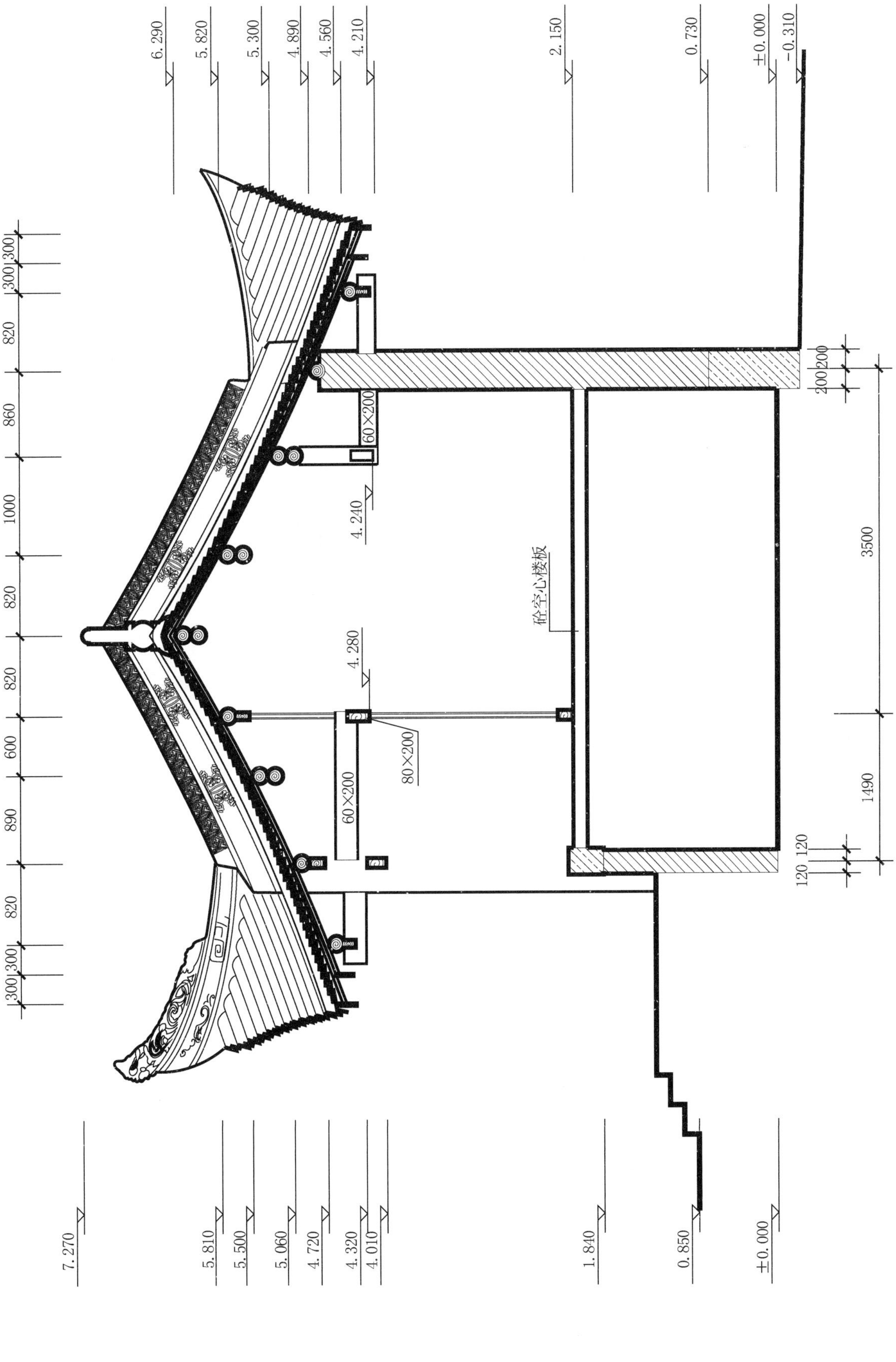
6.290
5.820
5.300
4.890
4.560
4.210
2.150
0.730
±0.000
-0.310
300
300
300
820
860
1000
820
820
600
890
820
300
300
300
4.240
4.280
60×200
80×200
60×200
砼空心楼板
200
200
200
3500
1490
120
120
120
7.270
5.810
5.500
5.060
4.720
4.320
4.010
1.840
0.850
±0.000

图11 3-3剖面图

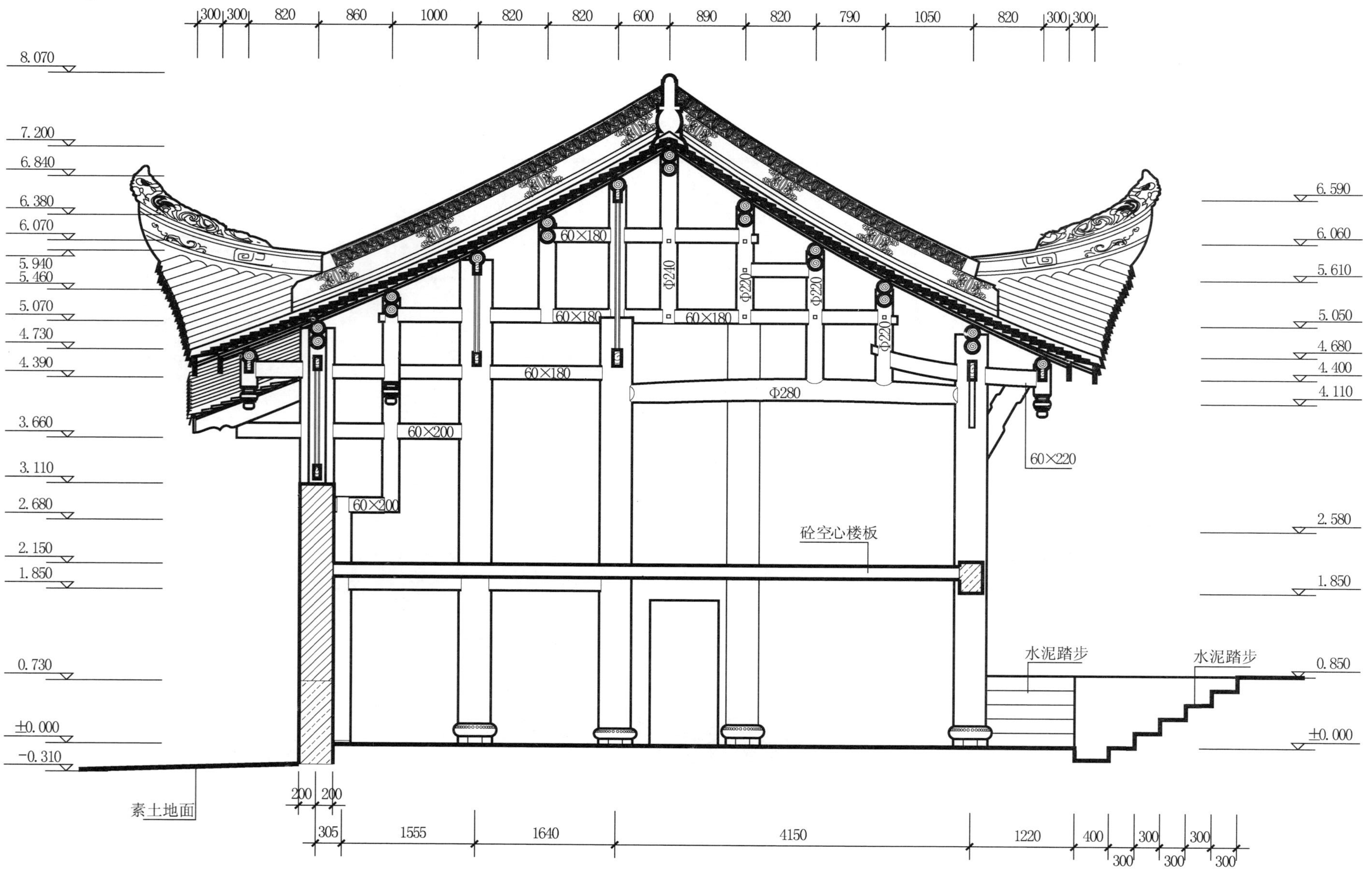
300
300
820
860
1000
820
820
600
890
820
790
1050
820
300
300
8.070
7.200
6.840
6.380
6.070
5.940
5.460
5.070
4.730
4.390
3.660
3.110
2.680
2.150
1.850
0.730
±0.000
−0.310
6.590
6.060
5.610
5.050
4.680
4.400
4.110
2.580
1.850
0.850
±0.000
60×180
60×180
60×180
60×180
60×200
60×200
60×220
Φ240
Φ220
Φ220
Φ220
Φ280
砼空心楼板
水泥踏步
水泥踏步
素土地面
200
200
305
1555
1640
4150
1220
400
300
300
300
300
300
300

图12　4-4剖面图

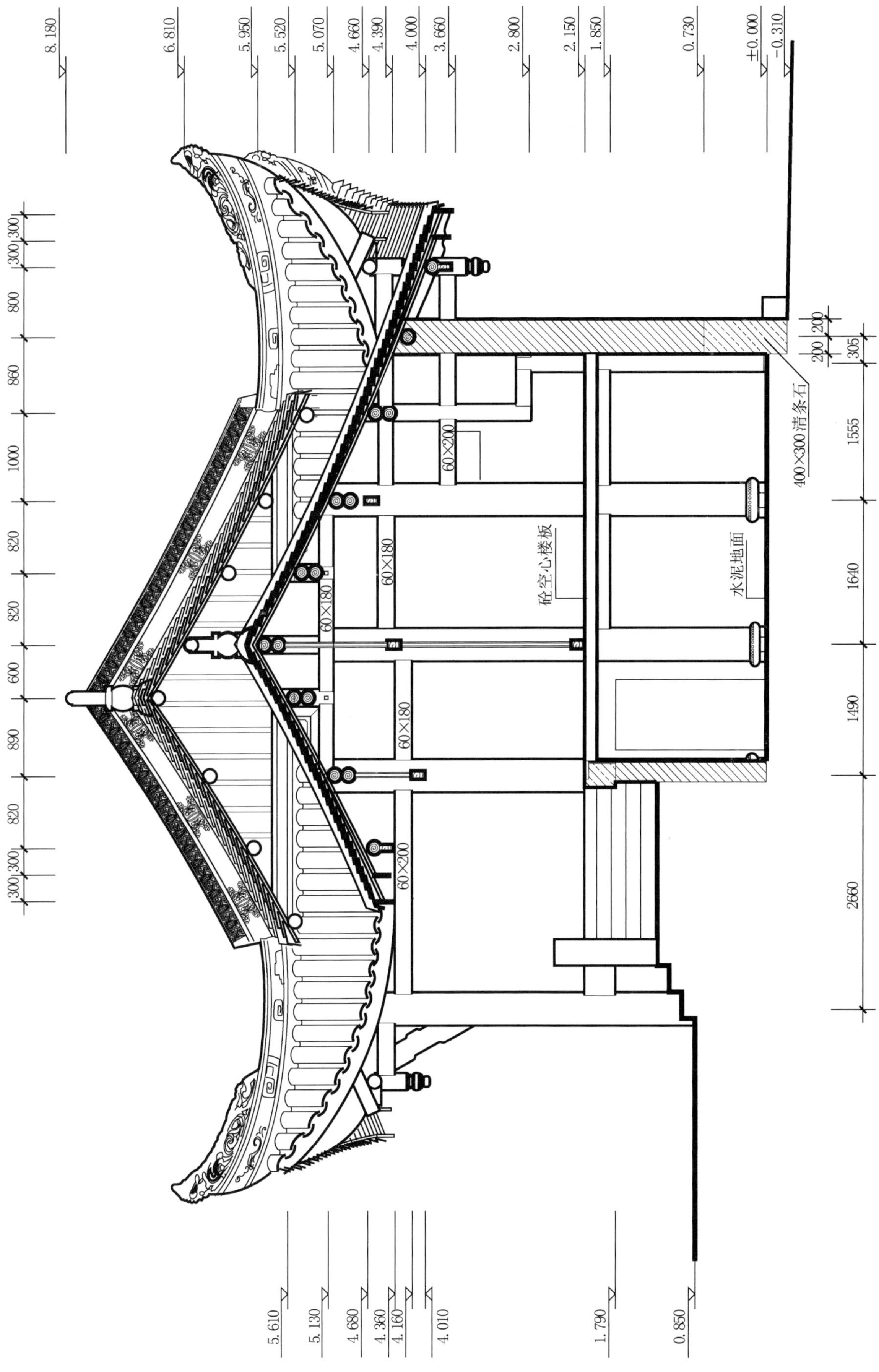
8.180
6.810
5.950
5.520
5.070
4.660
4.390
4.000
3.660
2.800
2.150
1.850
0.730
±0.000
-0.310
5.610
5.130
4.680
4.360
4.160
4.010
1.790
0.850
300
300
800
860
1000
820
820
600
890
820
300
300
200
200
200
305
1555
1640
1490
2660
60×200
60×180
60×180
60×180
60×200
砼空心楼板
水泥地面
400×300清条石

图13 5-5剖面图

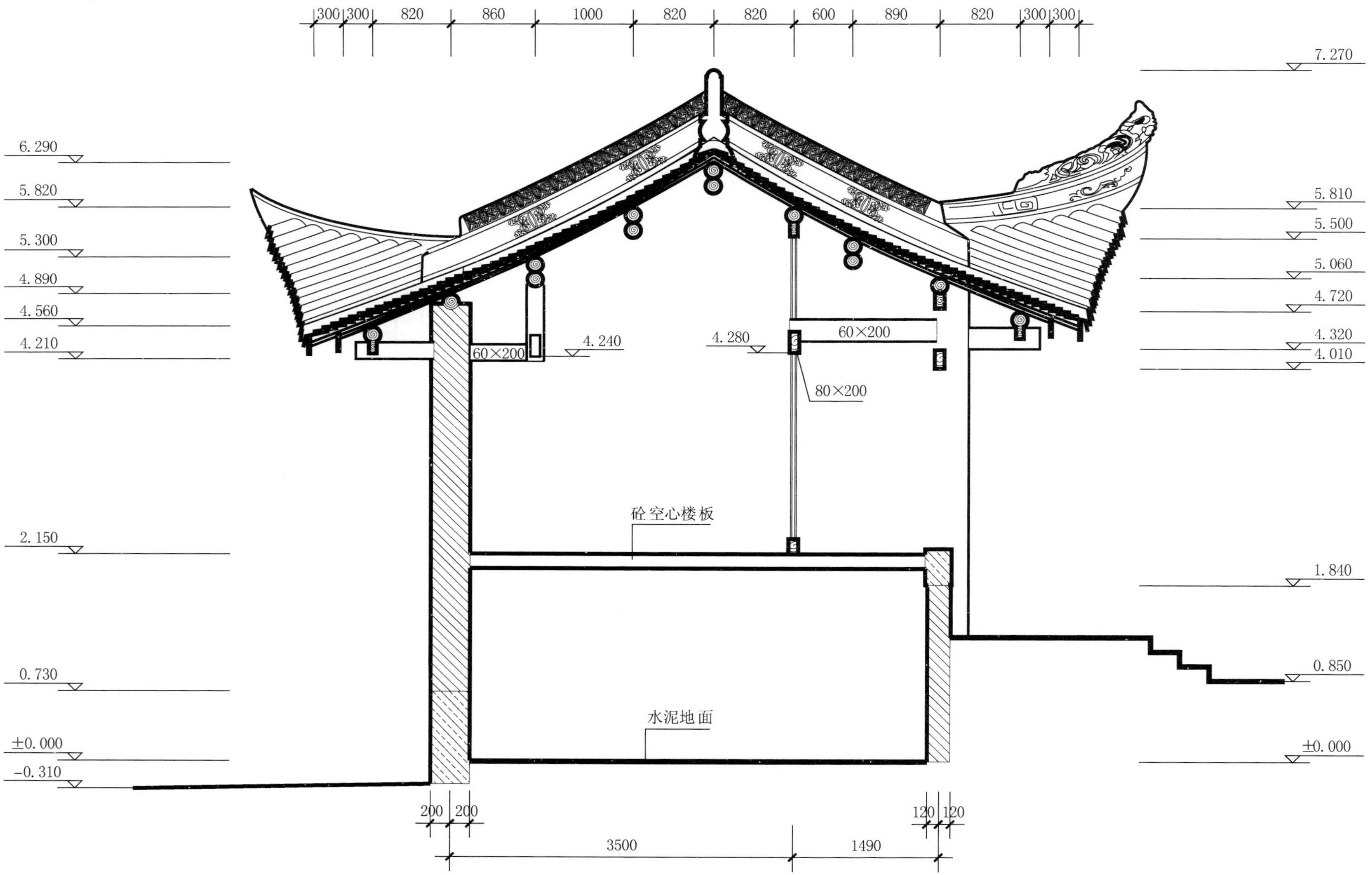
300
300
820
860
1000
820
820
600
890
820
300
300
6.290
5.820
5.300
4.890
4.560
4.210
2.150
0.730
±0.000
-0.310
7.270
5.810
5.500
5.060
4.720
4.320
4.010
1.840
0.850
±0.000
60×200
4.240
4.280
60×200
80×200
砼空心楼板
水泥地面
200
200
120
120
3500
1490

图14　6-6剖面图

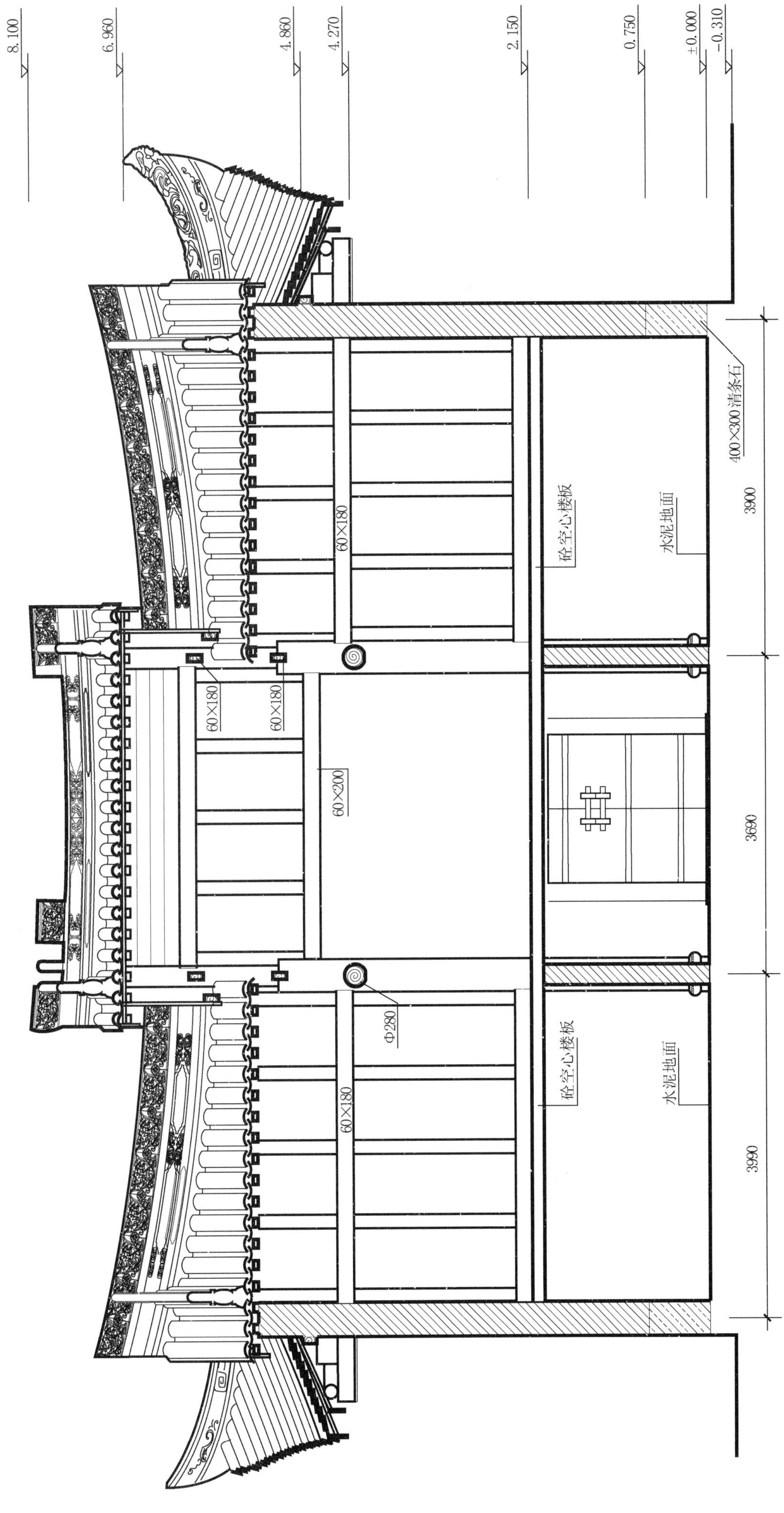

8.100
6.960
4.860
4.270
2.150
0.750
±0.000
-0.310
400×300清条石
60×180
60×180
60×180
60×200
60×180
Φ280
砼空心楼板
水泥地面
砼空心楼板
水泥地面
3900
3690
3990

图15 7-7剖面图

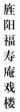

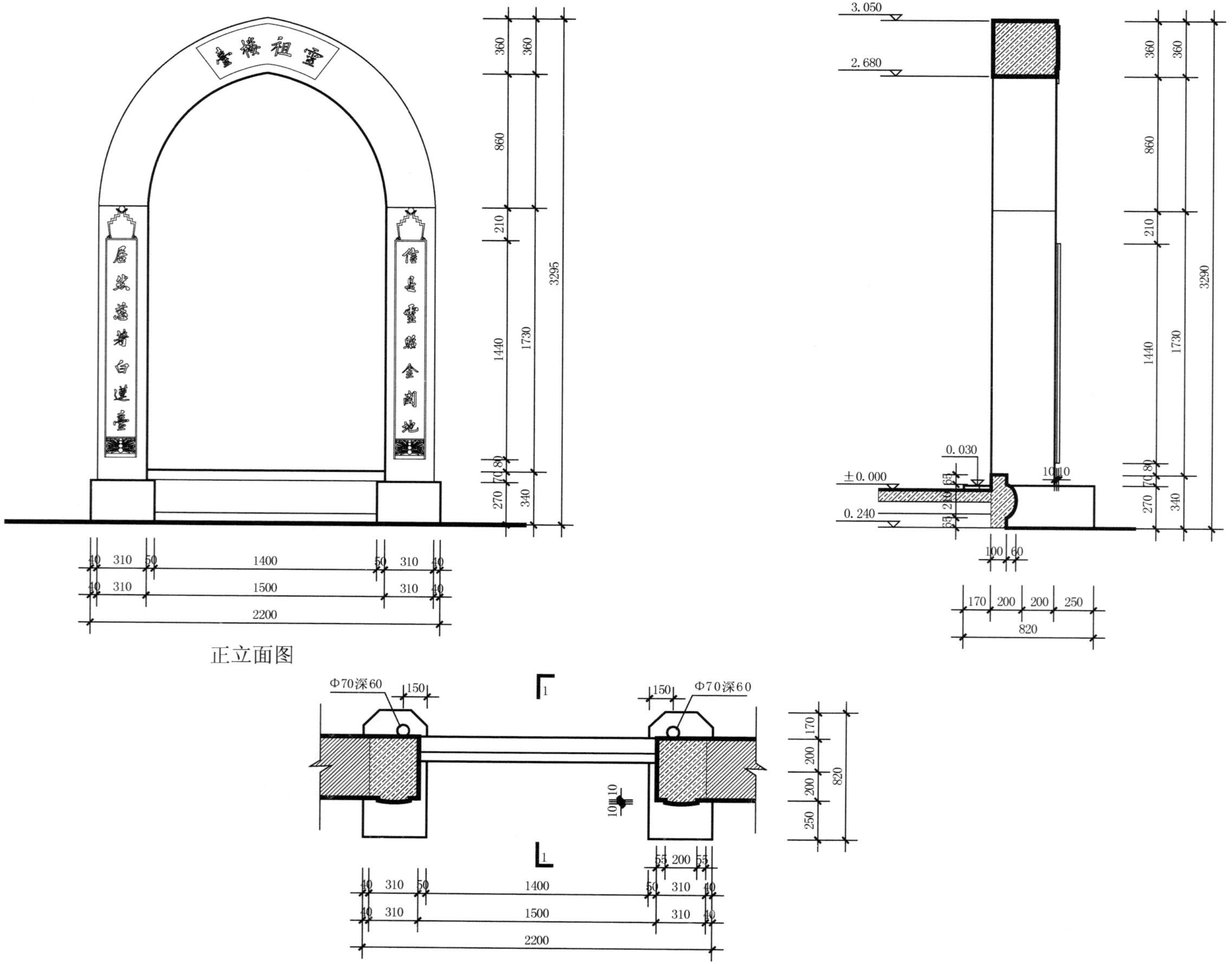

图16　大门平面、立面、剖面详图

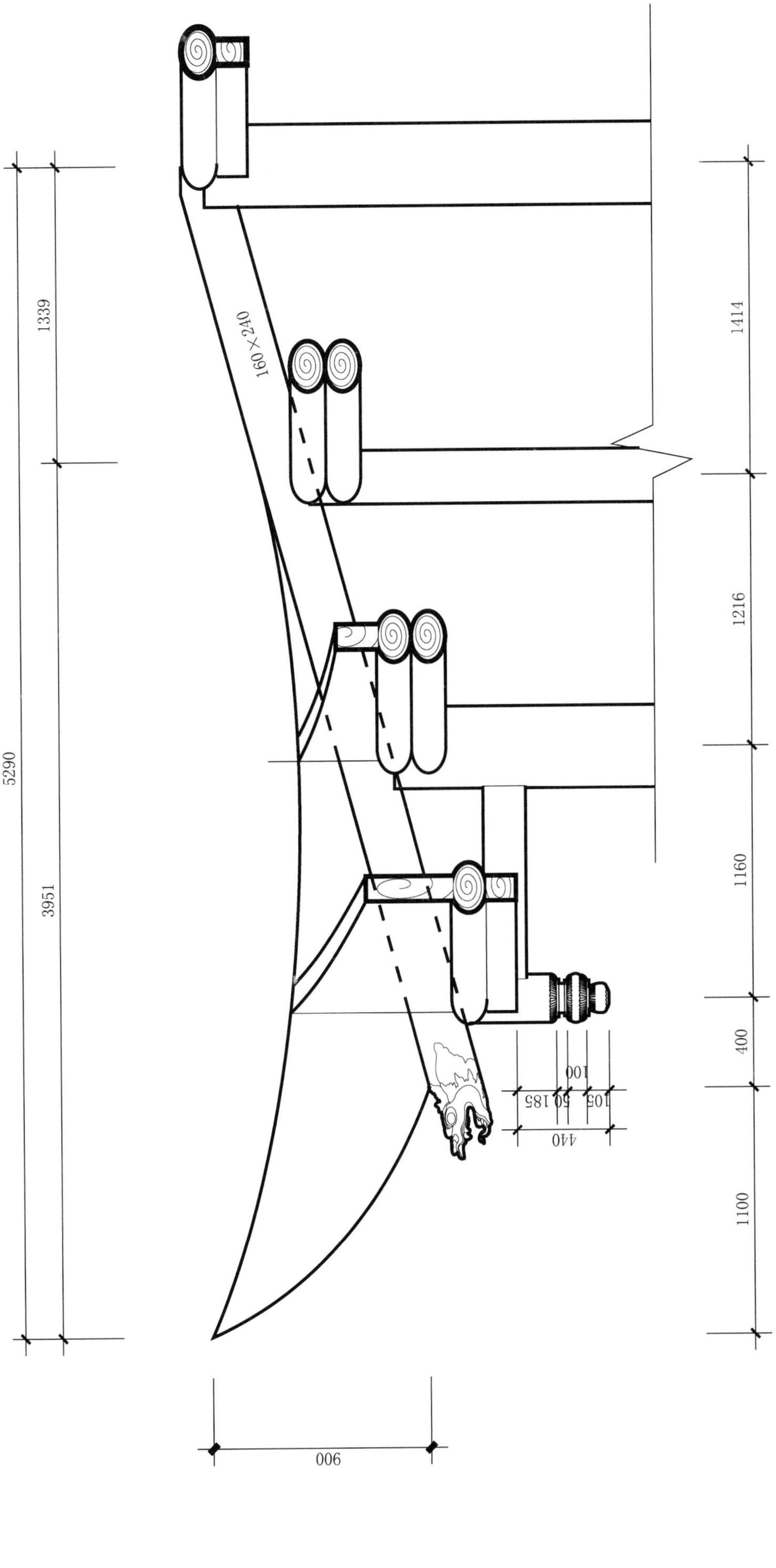
5290
1339
3951
160×240
1414
1216
1160
400
1100
100
105
50
185
440
900

图17 翼角木构件详图

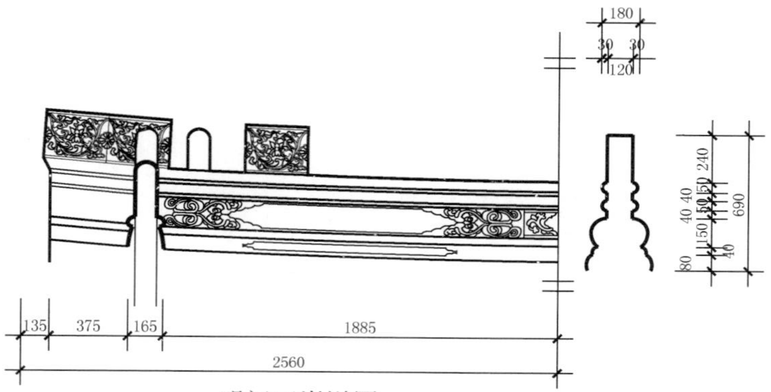

明间正脊详图

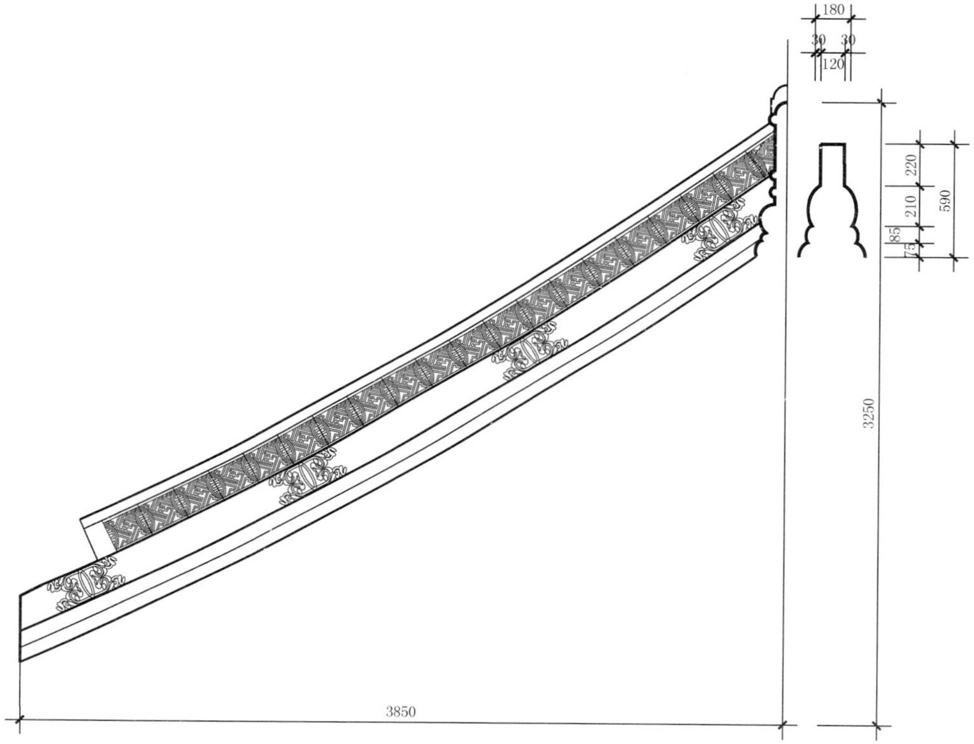

明间垂脊详图

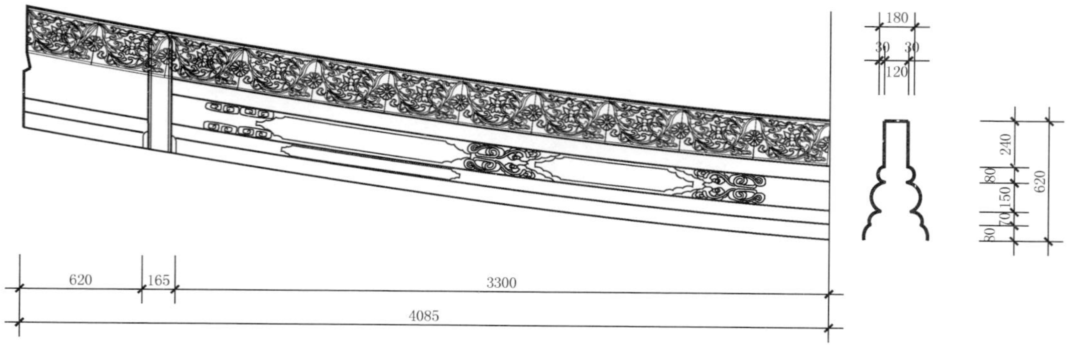

次间正脊详图

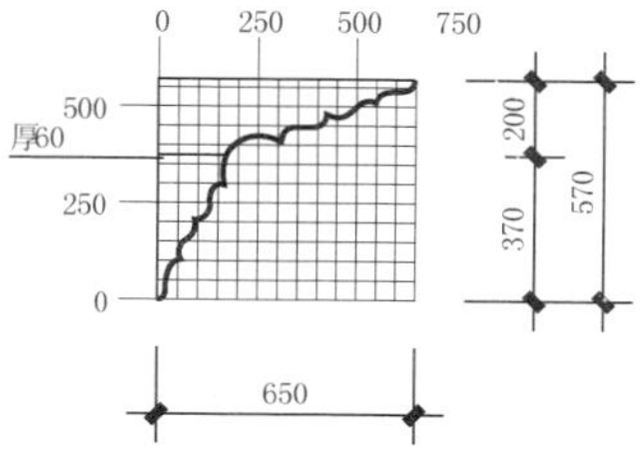

台口牙子详图

图18 次间正脊、明间正脊、明间垂脊、台口牙子详图

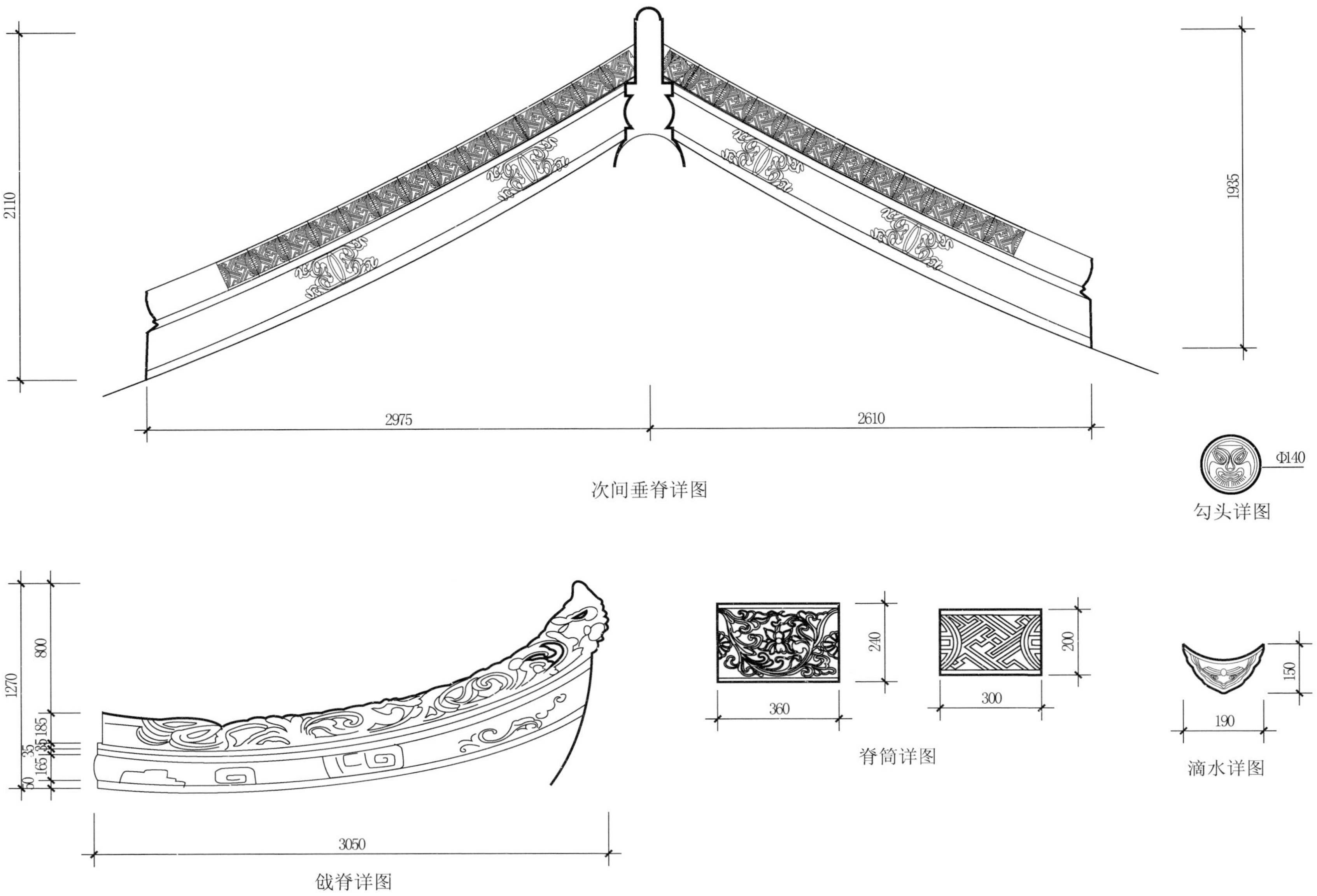
2110
2975
2610
1935
次间垂脊详图
Φ140
勾头详图
1270
800
185
35
35
165
50
3050
戗脊详图
240
360
200
300
脊筒详图
150
190
滴水详图

图19 次间垂脊、脊筒、勾头、滴水、戗脊详图

乐山杨宗祠

杨宗祠位于乐山市五通桥区冠英镇天池村八组。坐西南朝东北，由牌楼式大门、戏楼、前厅、正堂及两侧厢房组成。

大门为牌楼式，五楼庑殿顶，前带“八”字墙。正面三门，正中门上镌刻“杨宗祠”三字。

戏楼与牌楼式大门相连，上下两层。抬梁式木构架。歇山顶，正脊、垂脊、戗脊均为灰塑，垂脊前施花瓶靠背。

前厅平面呈“凹”长方形，面阔五间，带前、后廊。两侧与围墙用砖墙相连，墙上开拱券门。抬梁穿斗混合式梁架结构。悬山顶，小青瓦屋面，叠瓦脊。

正堂平面呈长方形，青砂条石砌筑台基高0.5米。正堂面阔五间、进深四间，前廊为船篷轩，轩柱、椽均施彩画。抬梁穿斗混合式结构。悬山顶，小青瓦屋面。

厢房高两层，与前厅、正堂形成四合院式。面阔三间、进深四间。前檐柱中部施穿枋出硬挑形成二层平座，平座柱间施花栏杆。穿斗式梁架。悬山顶，小青瓦屋面，叠瓦脊。

杨宗祠创建于清乾隆四十二年（1777年）。

乐山市文物保护单位。

测绘制图：丛宇、毛君云、吕熠、崔航、宋艺、戴旭斌

成图时间：2011年5月

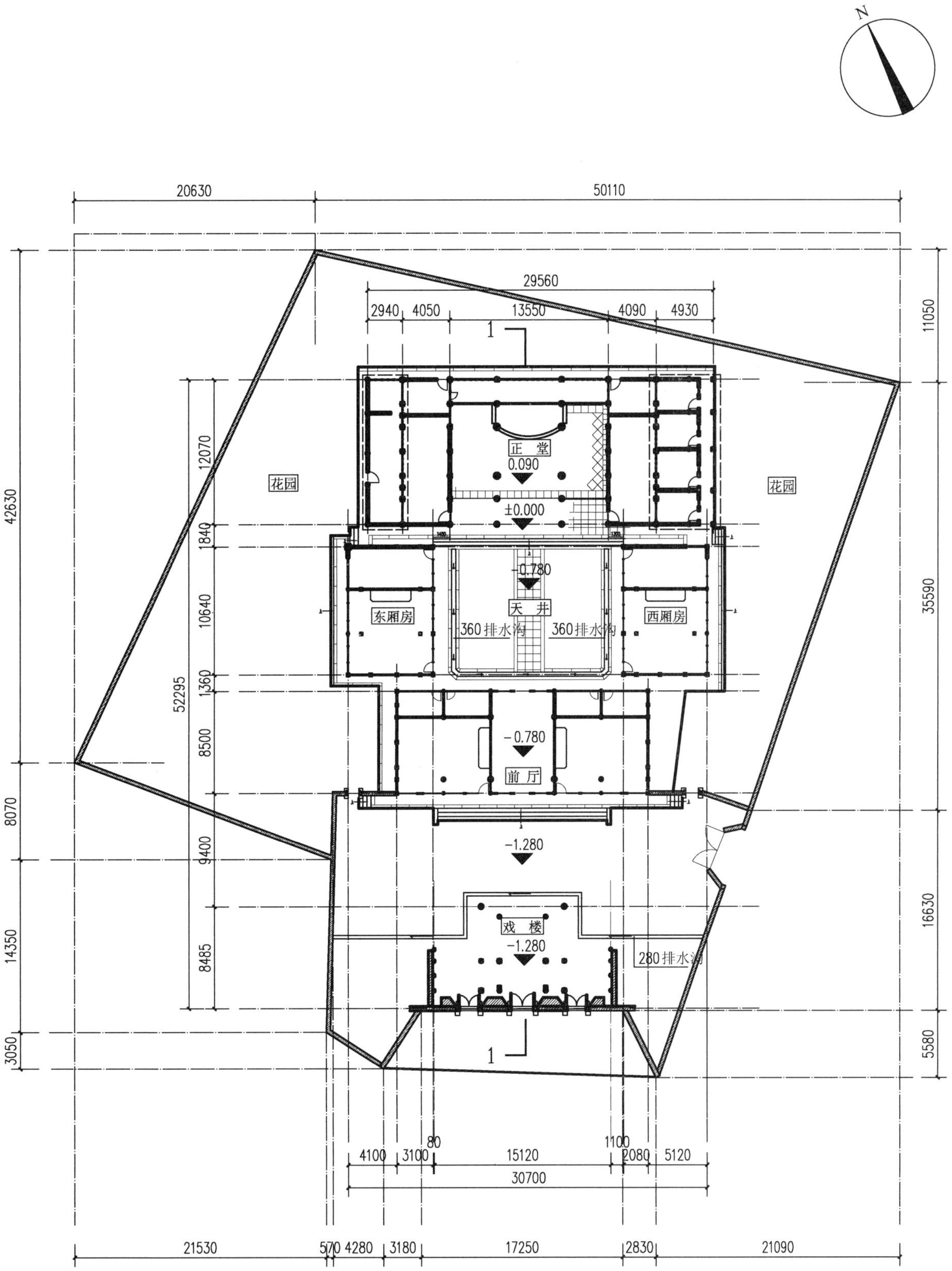
N
20630
50110
29560
2940
4050
13550
4090
4930
11050
42630
12070
1840
10640
1360
8500
52295
35590
8070
9400
14350
8485
3050
16630
5580
正 堂
0.090
±0.000
花园
花园
-0.780
天 井
东厢房
西厢房
360 排水沟
360 排水沟
-0.780
前 厅
-1.280
戏 楼
-1.280
280 排水沟
1
1
80
1100
4100
3100
15120
2080
5120
30700
21530
570
4280
3180
17250
2830
21090

图1　总平面图

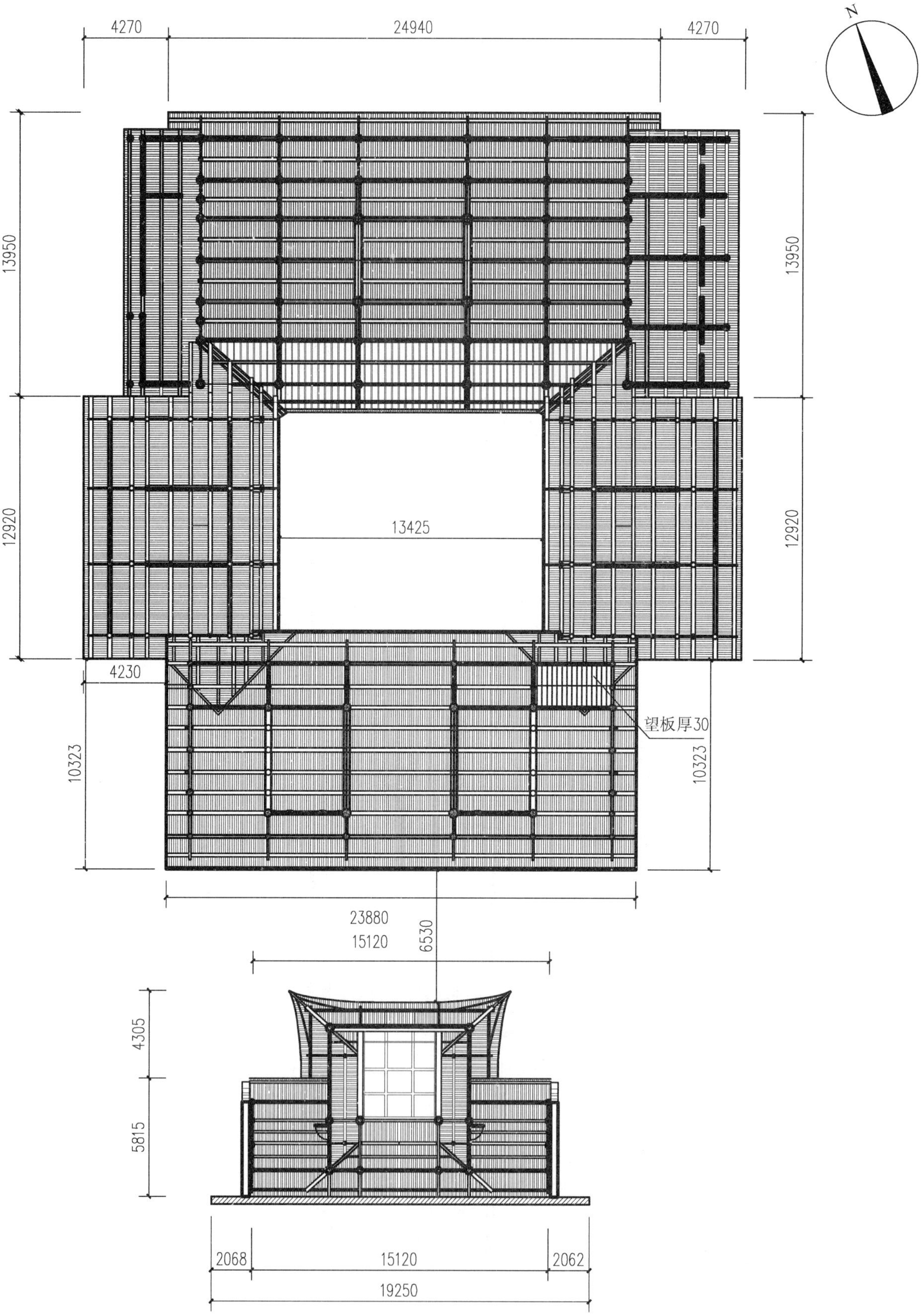
N
4270
24940
4270
13950
13950
12920
12920
13425
4230
望板厚30
10323
10323
23880
15120
6530
4305
5815
2068
15120
2062
19250

图2　建筑群仰视图

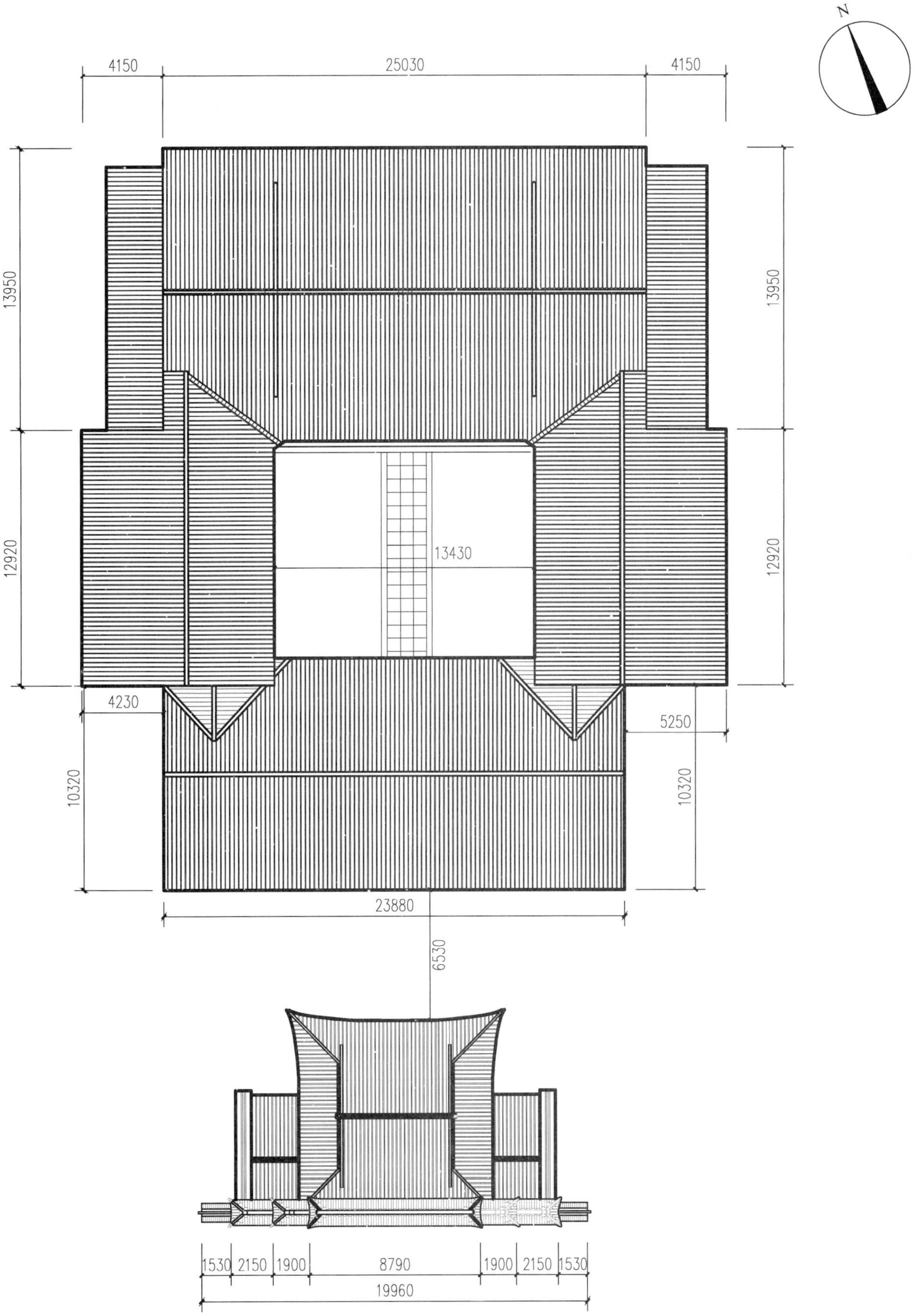
N
4150
25030
4150
13950
13950
12920
12920
13430
4230
5250
10320
10320
23880
6530
1530
2150
1900
8790
1900
2150
1530
19960
图3　建筑群俯视图

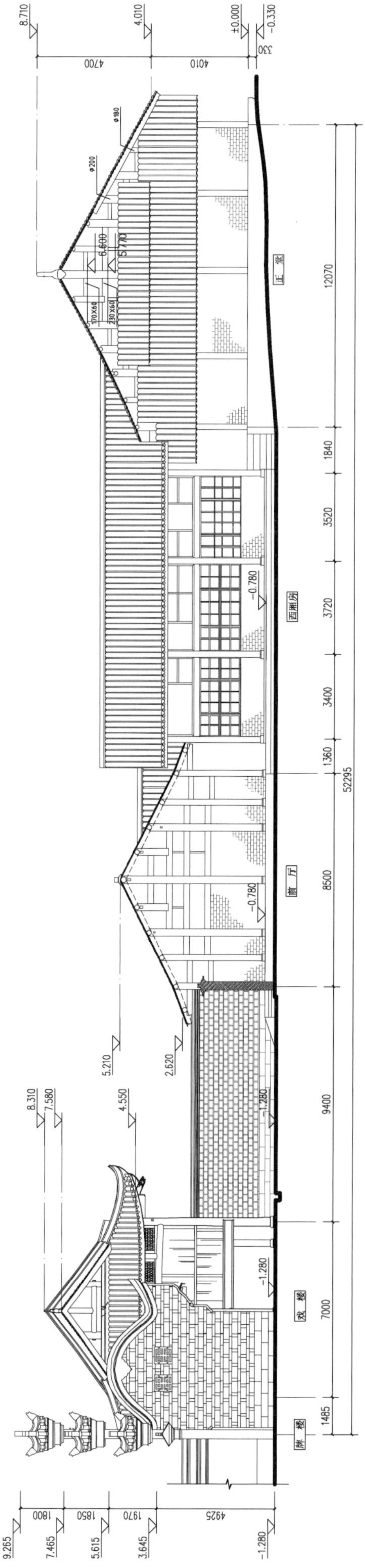

图4　建筑群西侧立面图

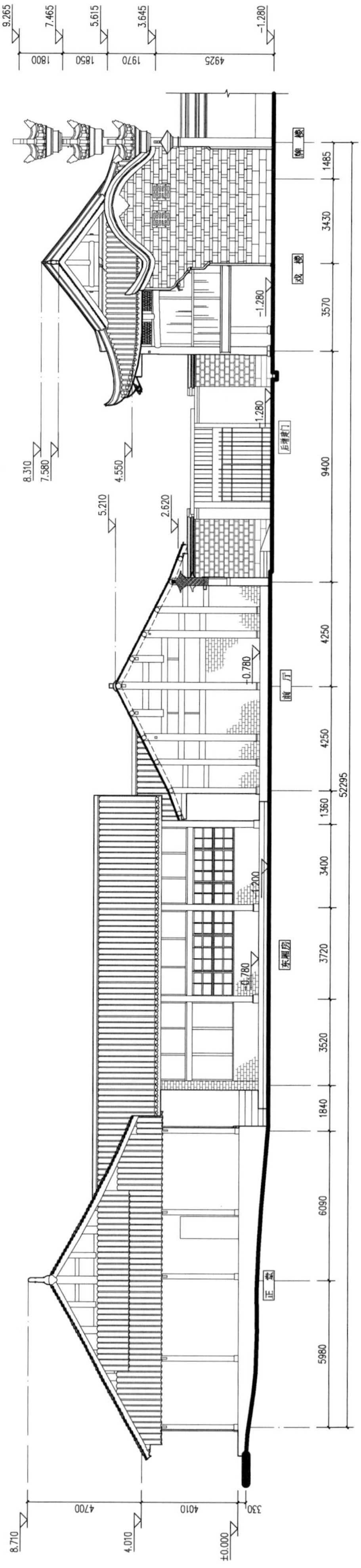

图5　建筑群东侧立面图

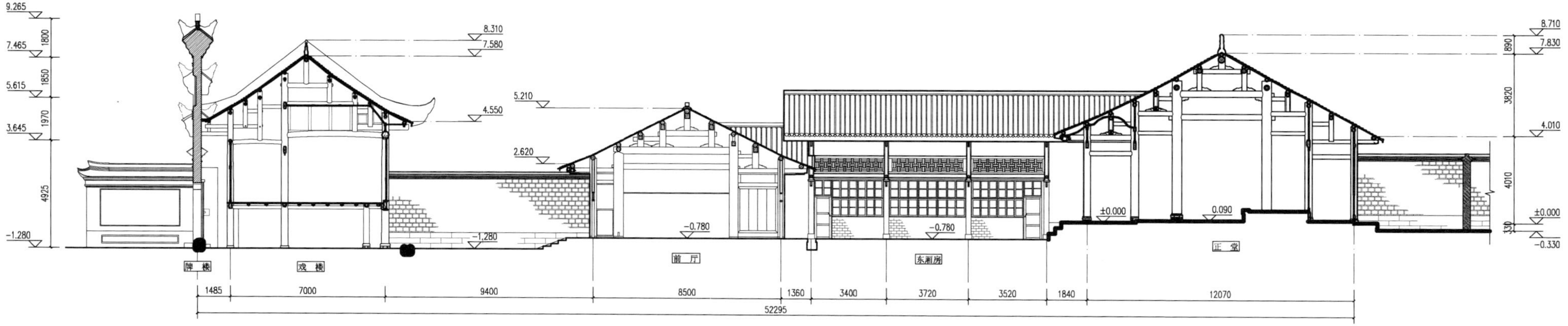
9.265
7.465
5.615
3.645
-1.280
1800
1850
1970
4925
8.310
7.580
4.550
5.210
2.620
-1.280
-0.780
-0.780
±0.000
0.090
8.710
7.830
4.010
±0.000
-0.330
890
3820
4010
330
牌楼
戏楼
前厅
东厢房
正堂
1485
7000
9400
8500
1360
3400
3720
3520
1840
12070
52295

图6 总纵剖面图

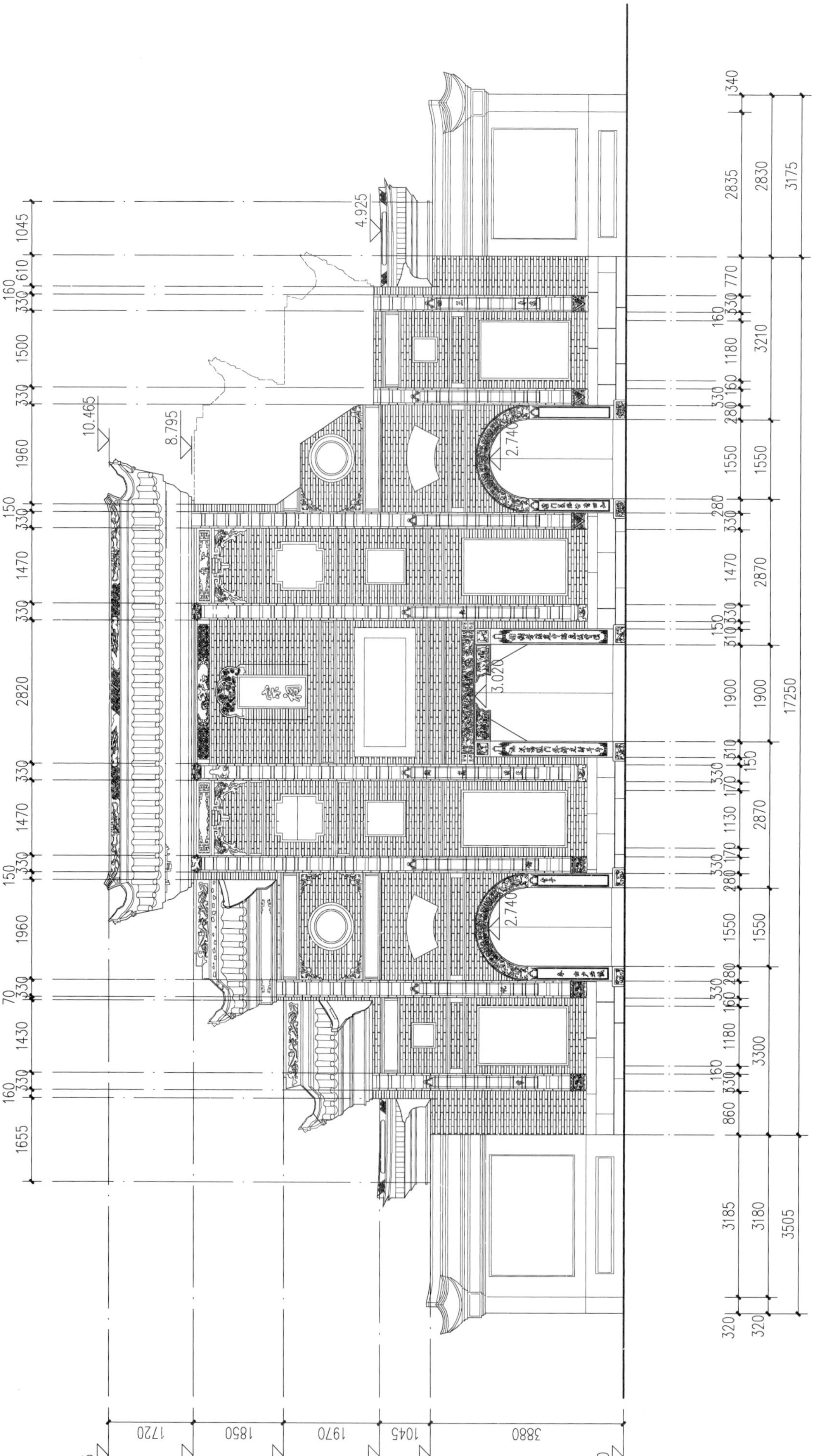
10.465
8.795
4.925
2.740
3.020
10.465
8.745
6.895
4.925
3.880
±0.000
1720
1850
1970
1045
3880
17250
3175
3505
2835
2830
3185
3180
1900
1550
2870
3210
3300
1045
1500
1960
1470
2820
1430
1655

图7 牌楼正立面图

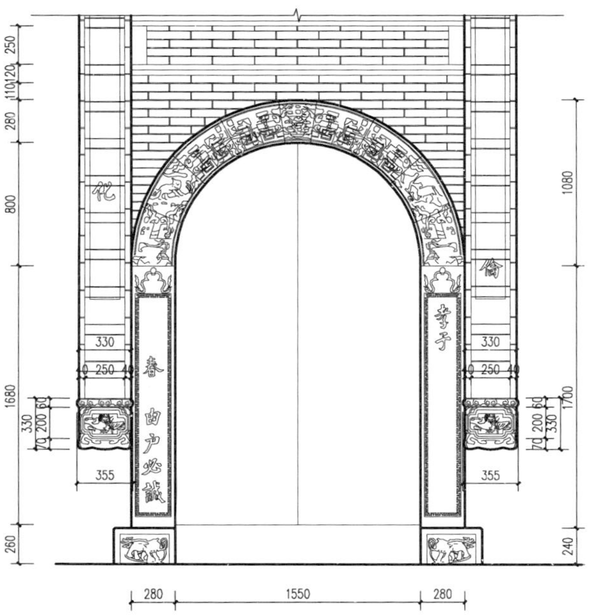

图8　牌楼左侧拱门、脚花、柱础大样图

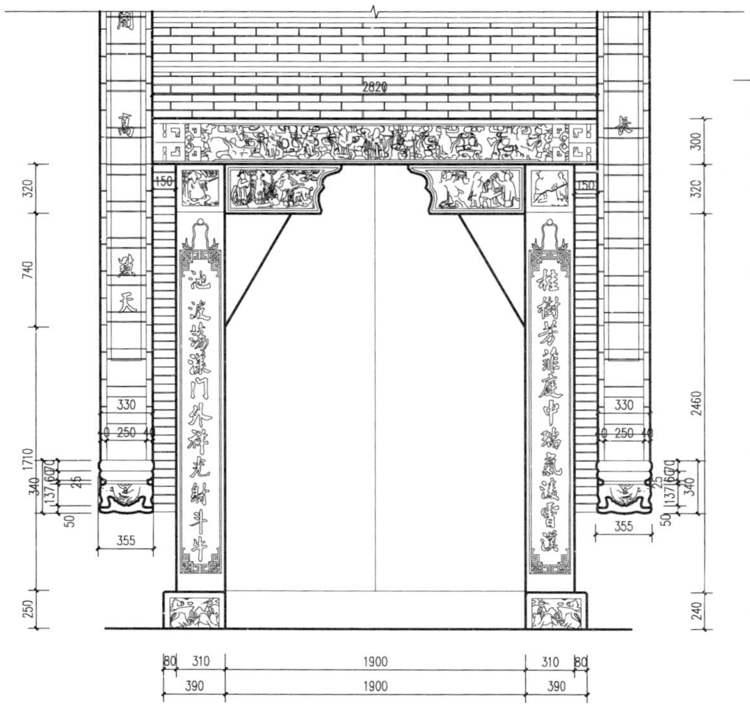

图9　牌楼正门、脚花、柱础大样图

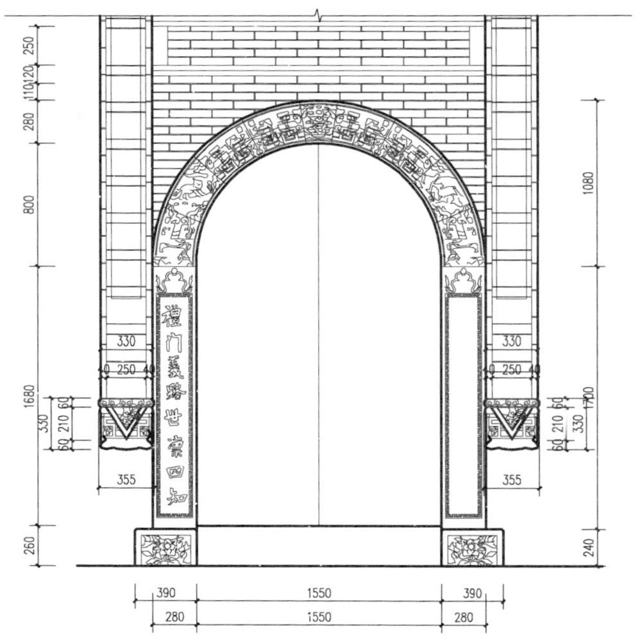

图10　牌楼右侧拱门、脚花、柱础大样图

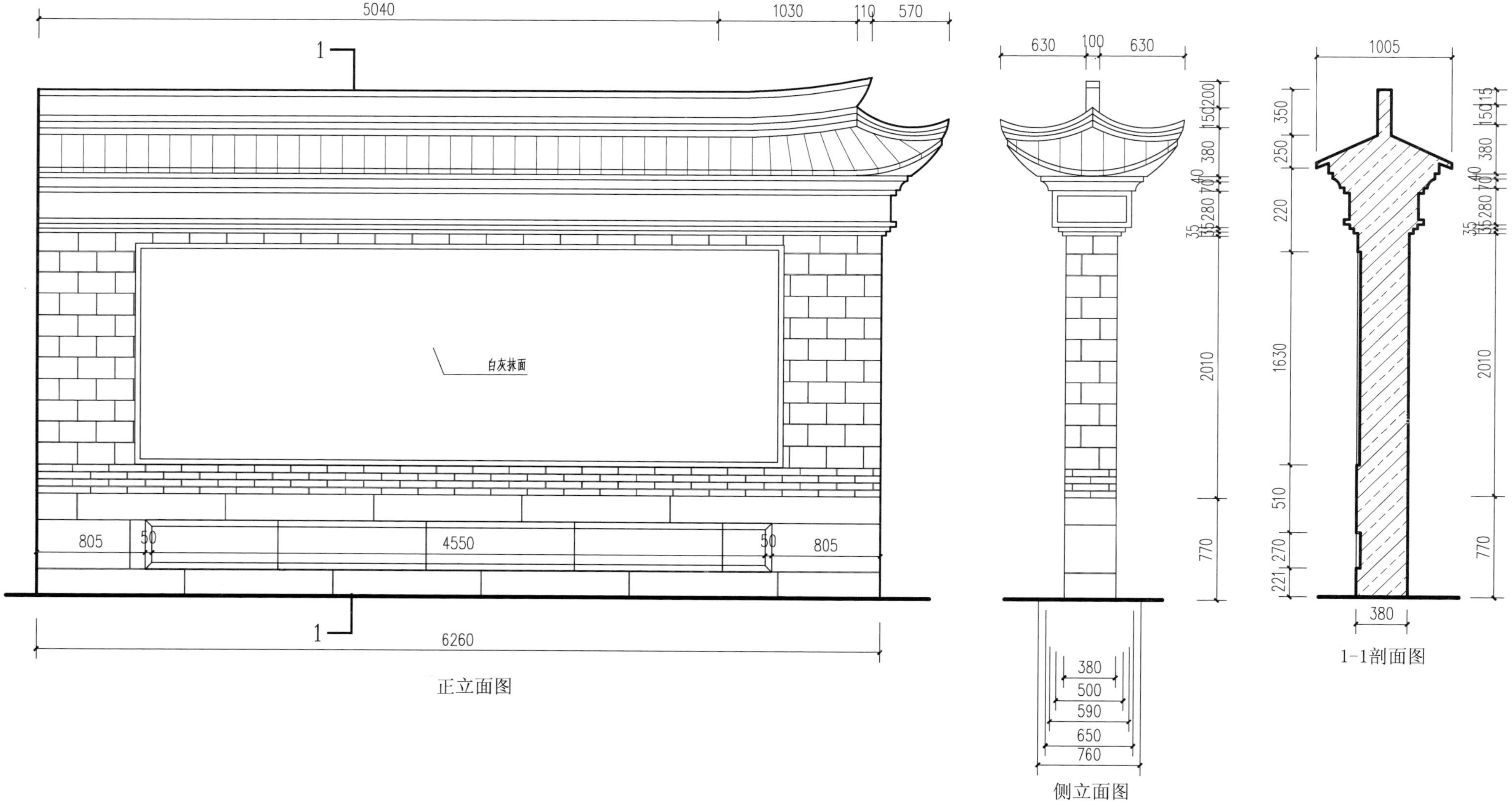

图11　牌楼八字墙大样图

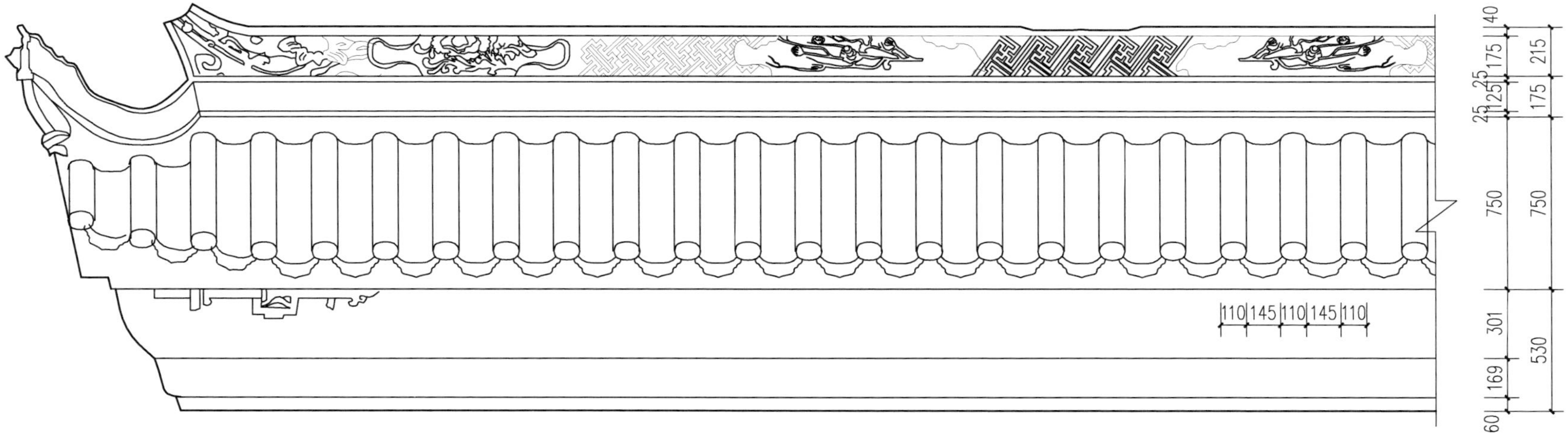

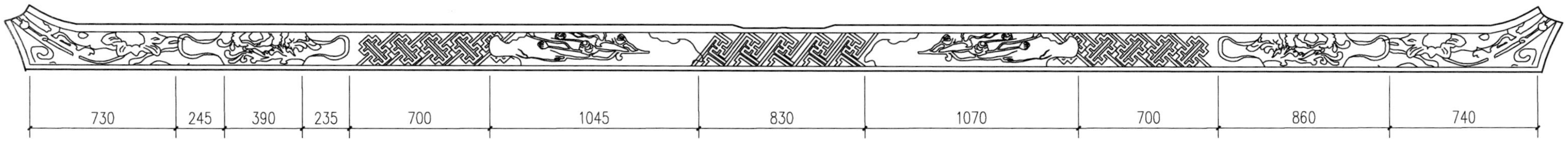

图12 牌楼明间墙帽大样图

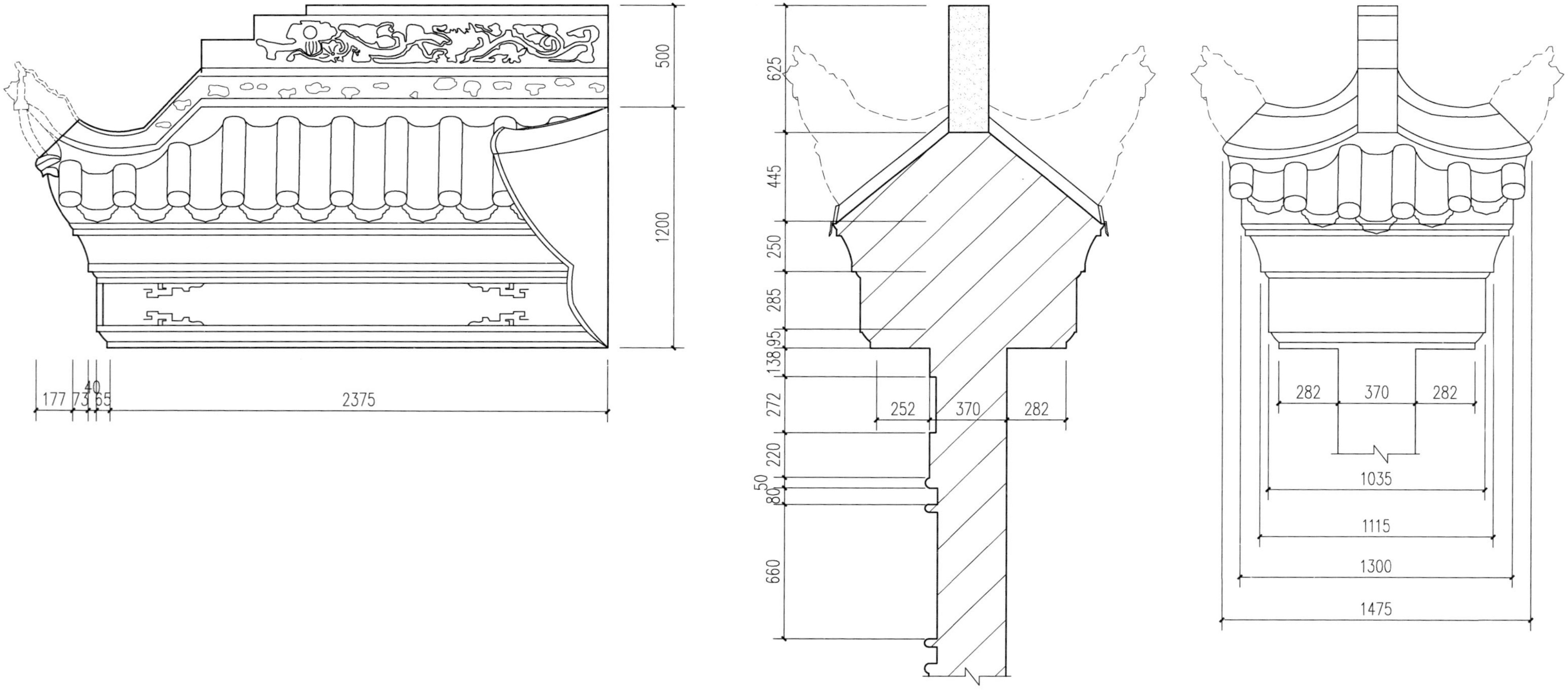

图13　牌楼次间墙帽大样图

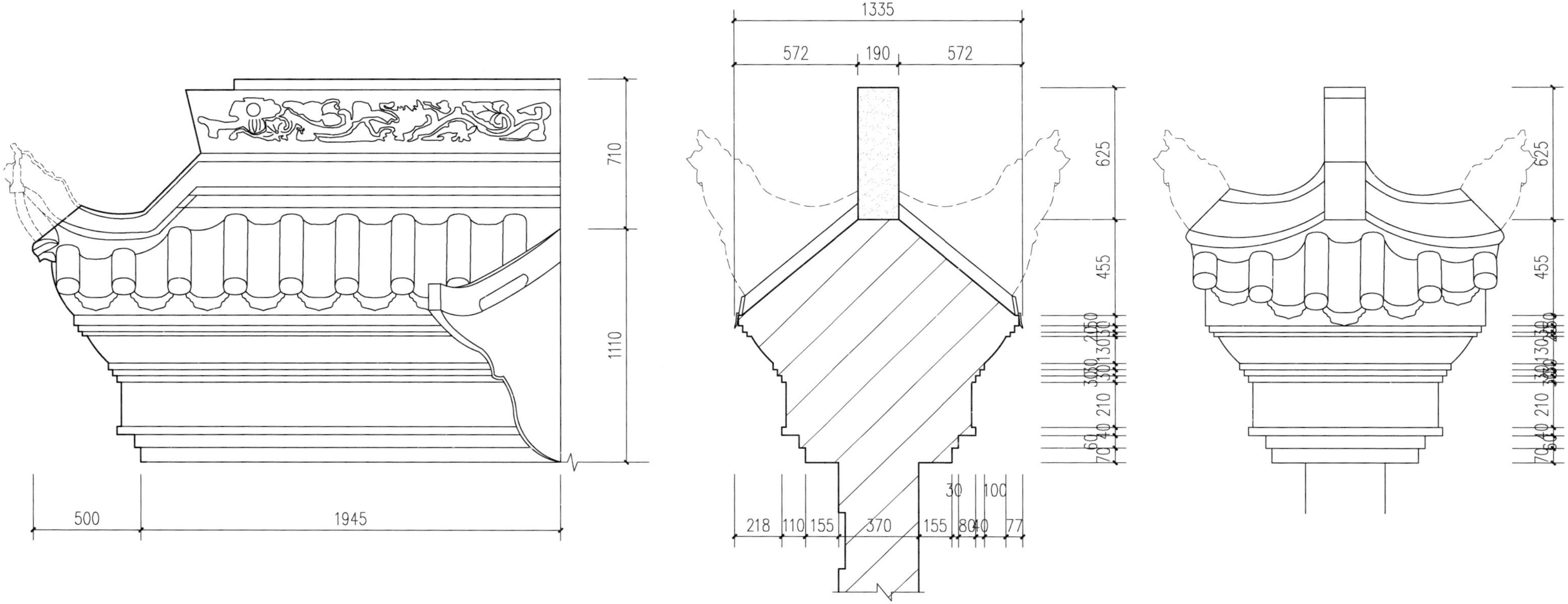

图14　牌楼梢间墙帽大样图

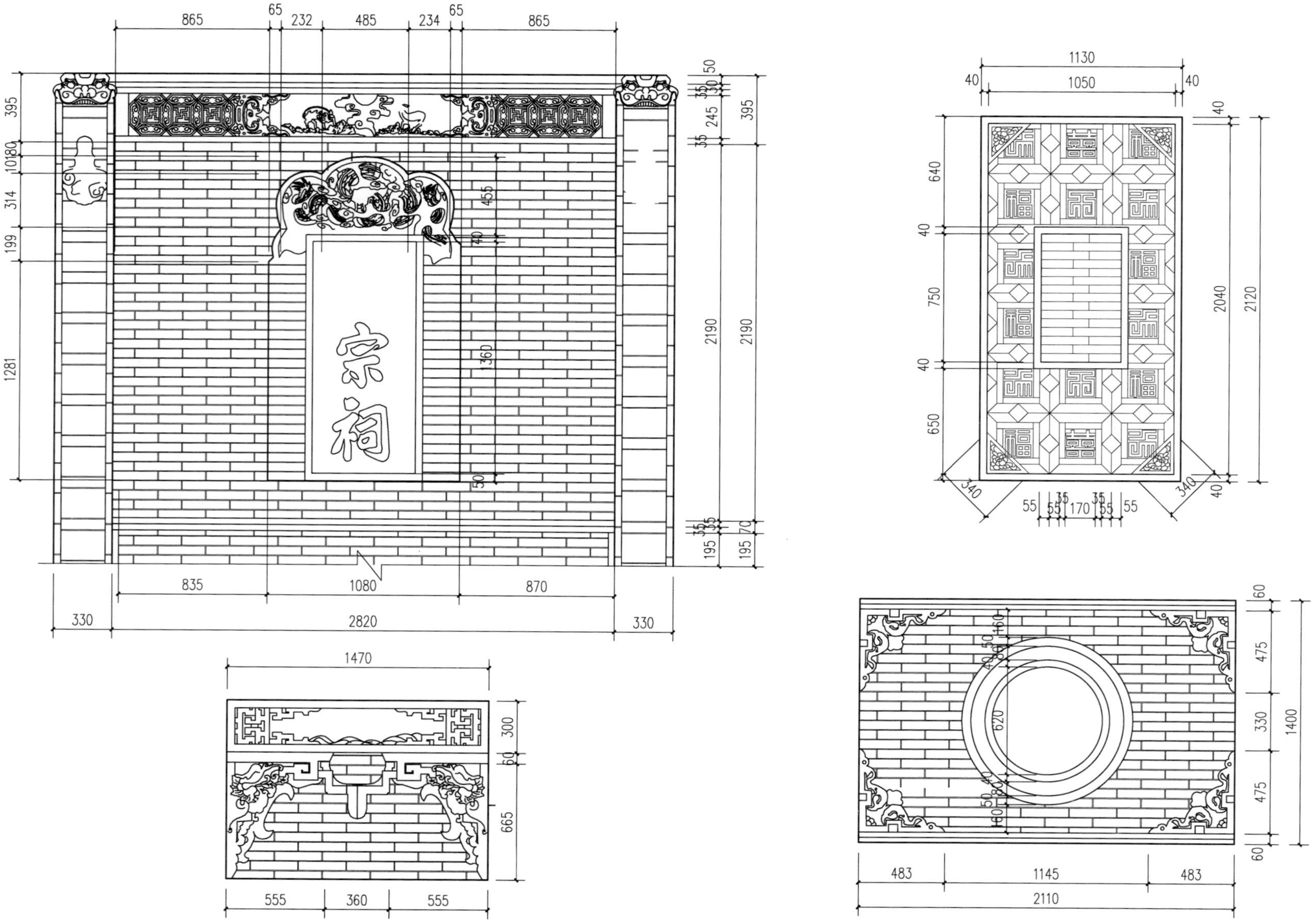

图15　牌楼装饰大样图

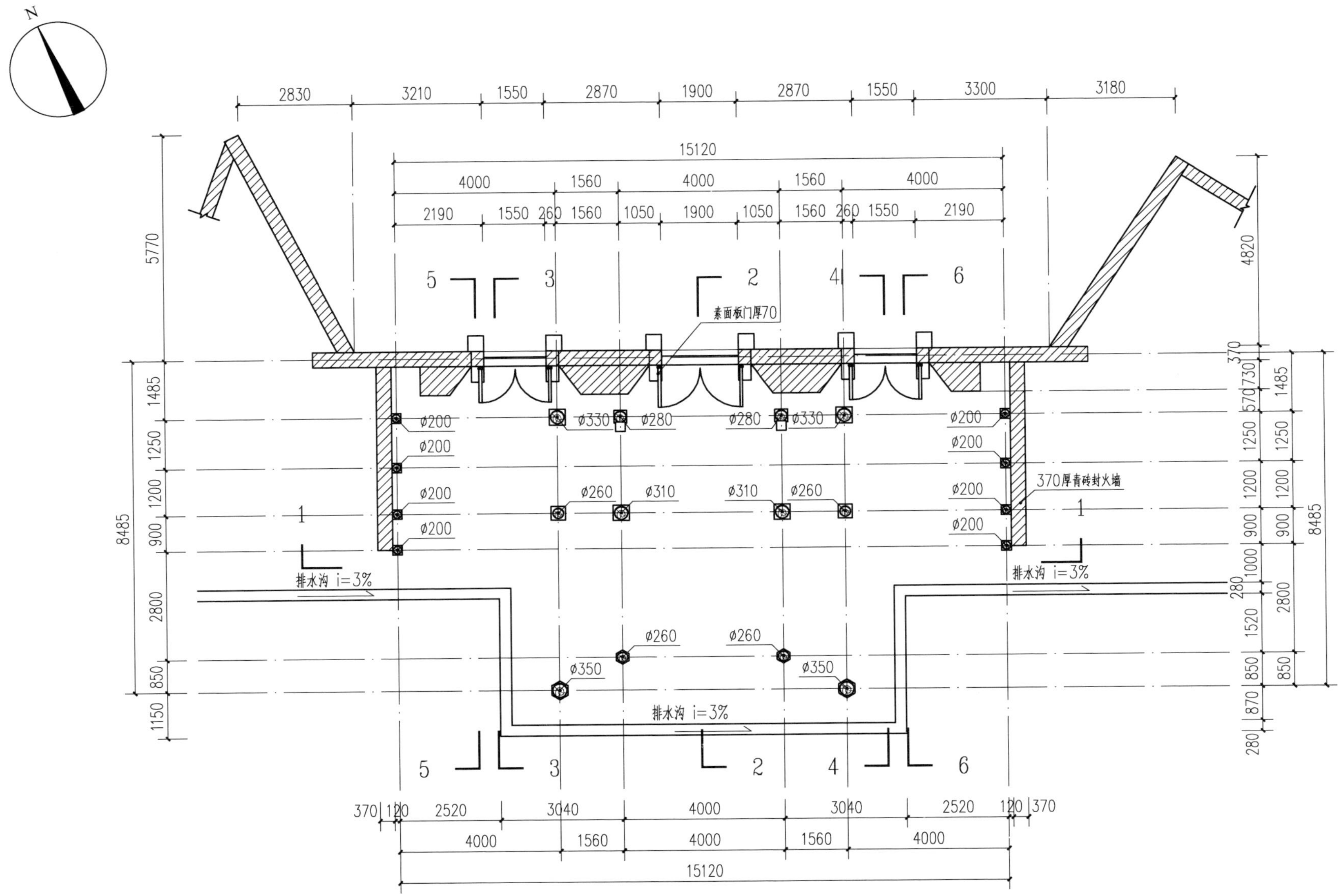
N
2830
3210
1550
2870
1900
2870
1550
3300
3180
15120
4000
1560
4000
1560
4000
2190
1550
260
1560
1050
1900
1050
1560
260
1550
2190
5770
4820
素面板门厚70
370厚青砖封火墙
ø200
ø330
ø280
ø280
ø330
ø260
ø310
ø310
ø260
ø260
ø260
ø350
ø350
排水沟 i=3%
排水沟 i=3%
排水沟 i=3%
1485
1250
1200
900
2800
850
1150
8485
370
730
570
1250
1200
900
1000
280
1520
850
870
280
370
120
2520
3040
4000
3040
2520
120
370
4000
1560
4000
1560
4000
15120
1
2
3
4
5
6

图16　戏楼一层平面图

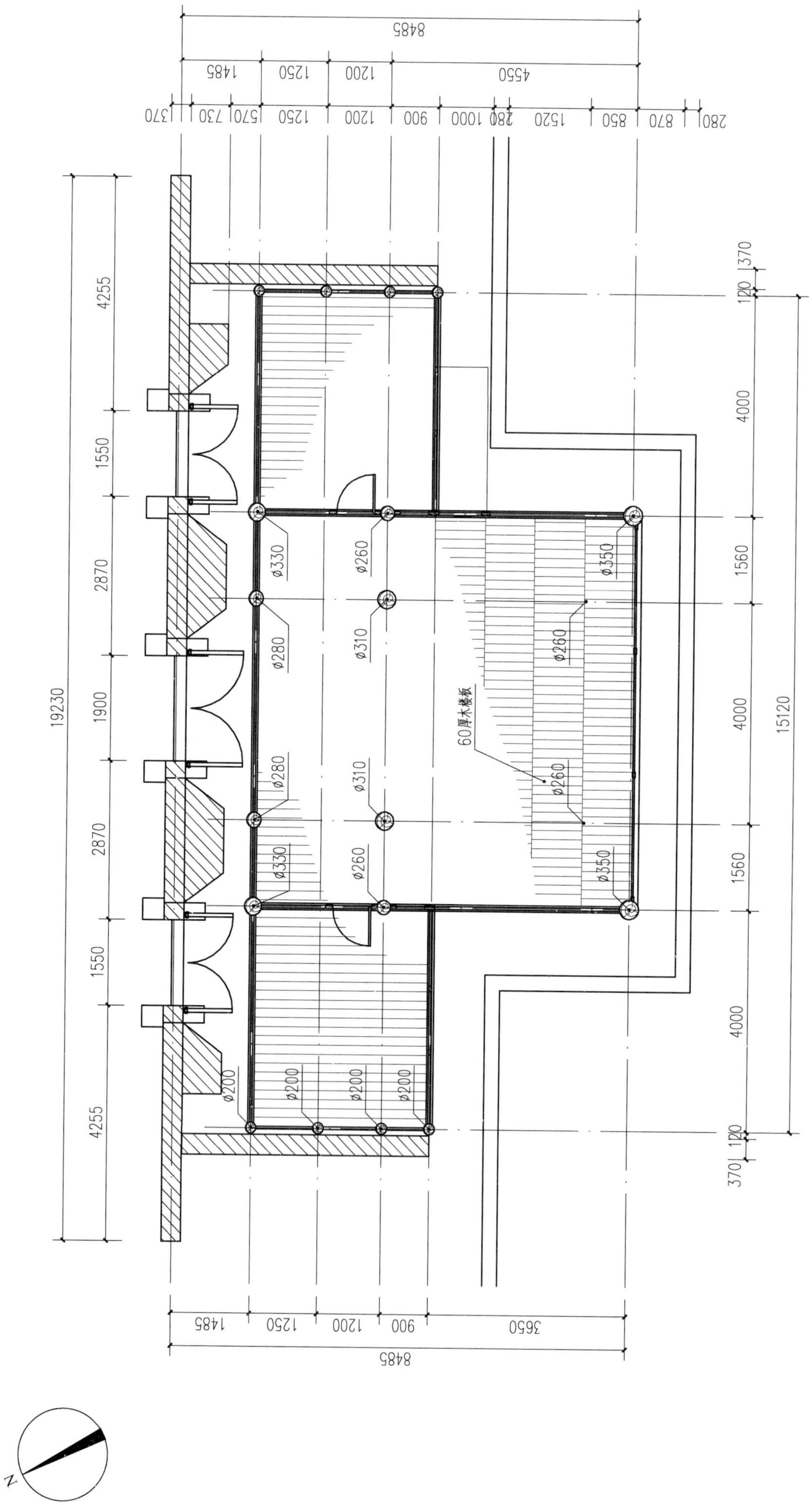
8485
1485
1250
1200
4550
370
730
570
900
1000
280
1520
850
870
19230
4255
1550
2870
1900
15120
4000
1560
120
φ330
φ280
φ260
φ310
φ350
φ200
60厚木楼板
3650
N

图17　戏楼二层平面图

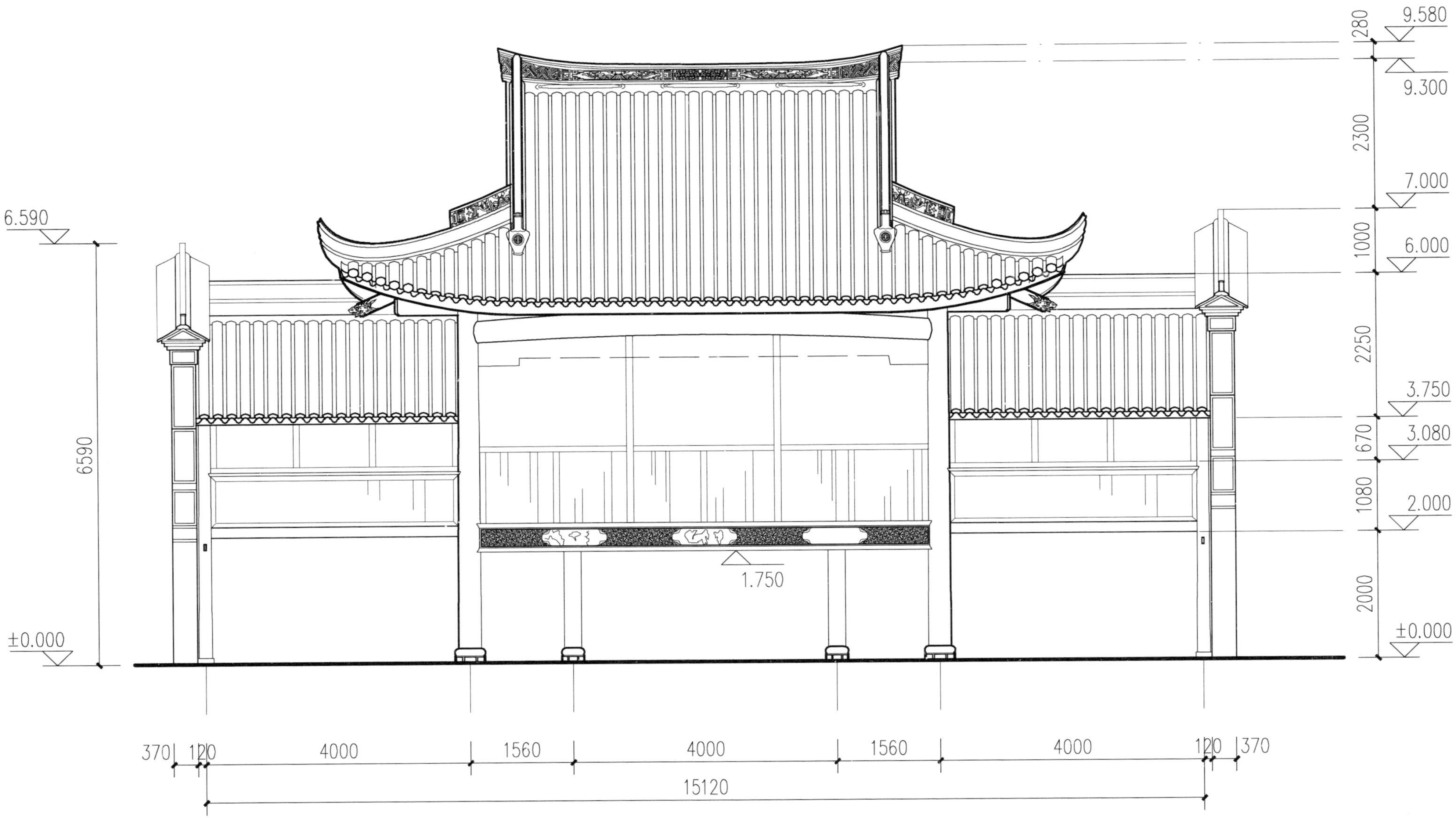

9.580
280
9.300
2300
7.000
1000
6.000
2250
3.750
670
3.080
1080
2.000
2000
±0.000
6.590
6590
±0.000
1.750
370
120
4000
1560
4000
1560
4000
120
370
15120

图18　戏楼正立面图

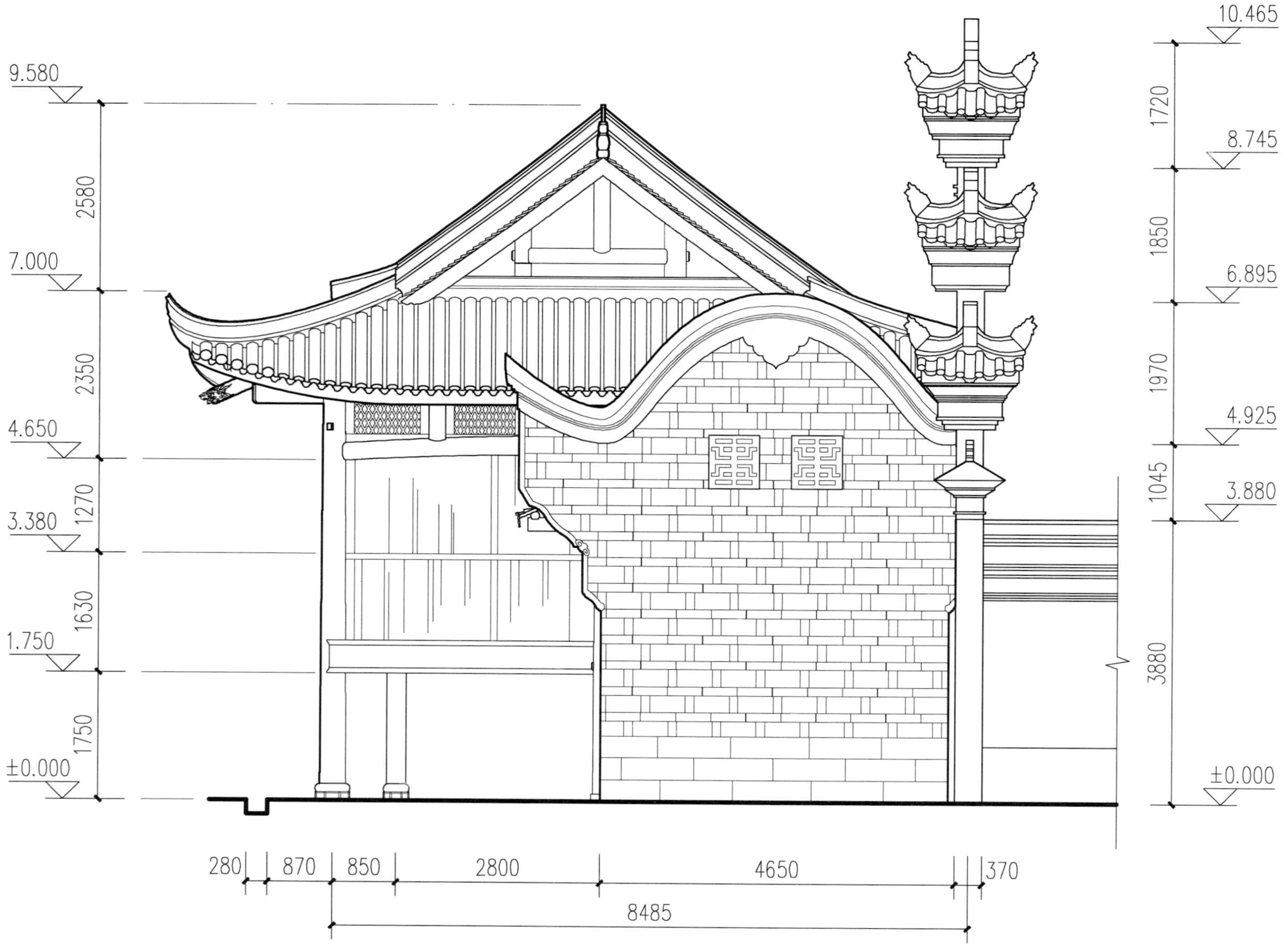
10.465
9.580
8.745
7.000
6.895
4.925
4.650
3.880
3.380
1.750
±0.000
±0.000
1720
1850
1970
1045
3880
2580
2350
1270
1630
1750
280
870
850
2800
4650
370
8485

图19　戏楼东立面图

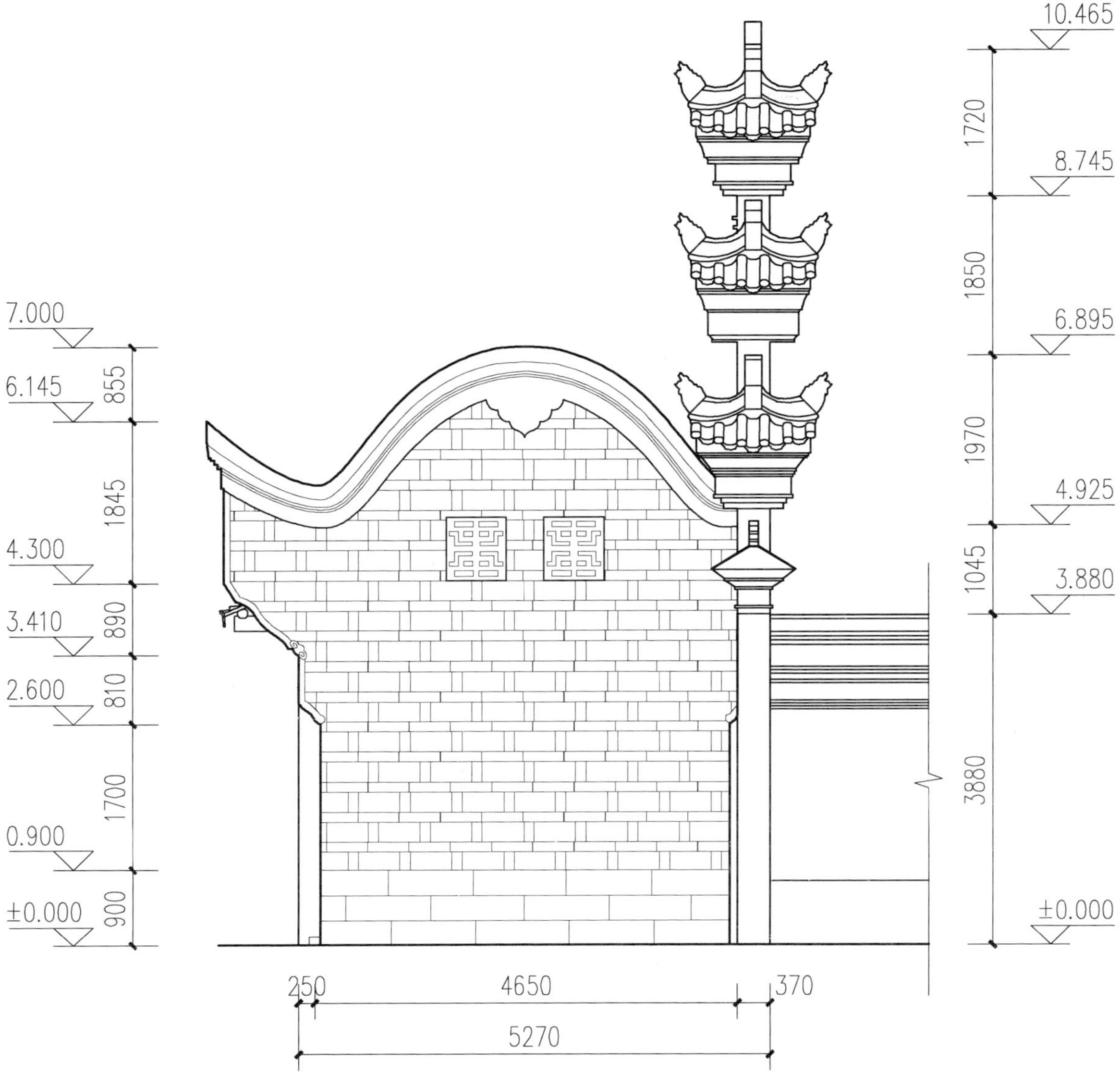
7.000
6.145
4.300
3.410
2.600
0.900
±0.000
855
1845
890
810
1700
900
10.465
8.745
6.895
4.925
3.880
±0.000
1720
1850
1970
1045
3880
250
4650
370
5270

图20　戏楼东面封火墙侧立面图

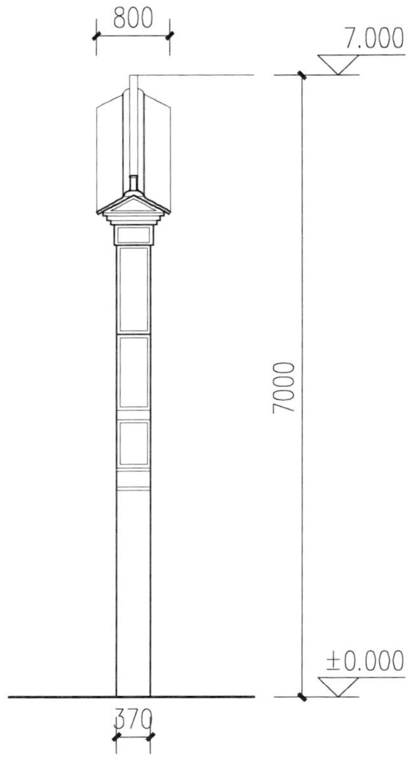
800
7.000
7000
±0.000
370

图21　戏楼东面封火墙立面图

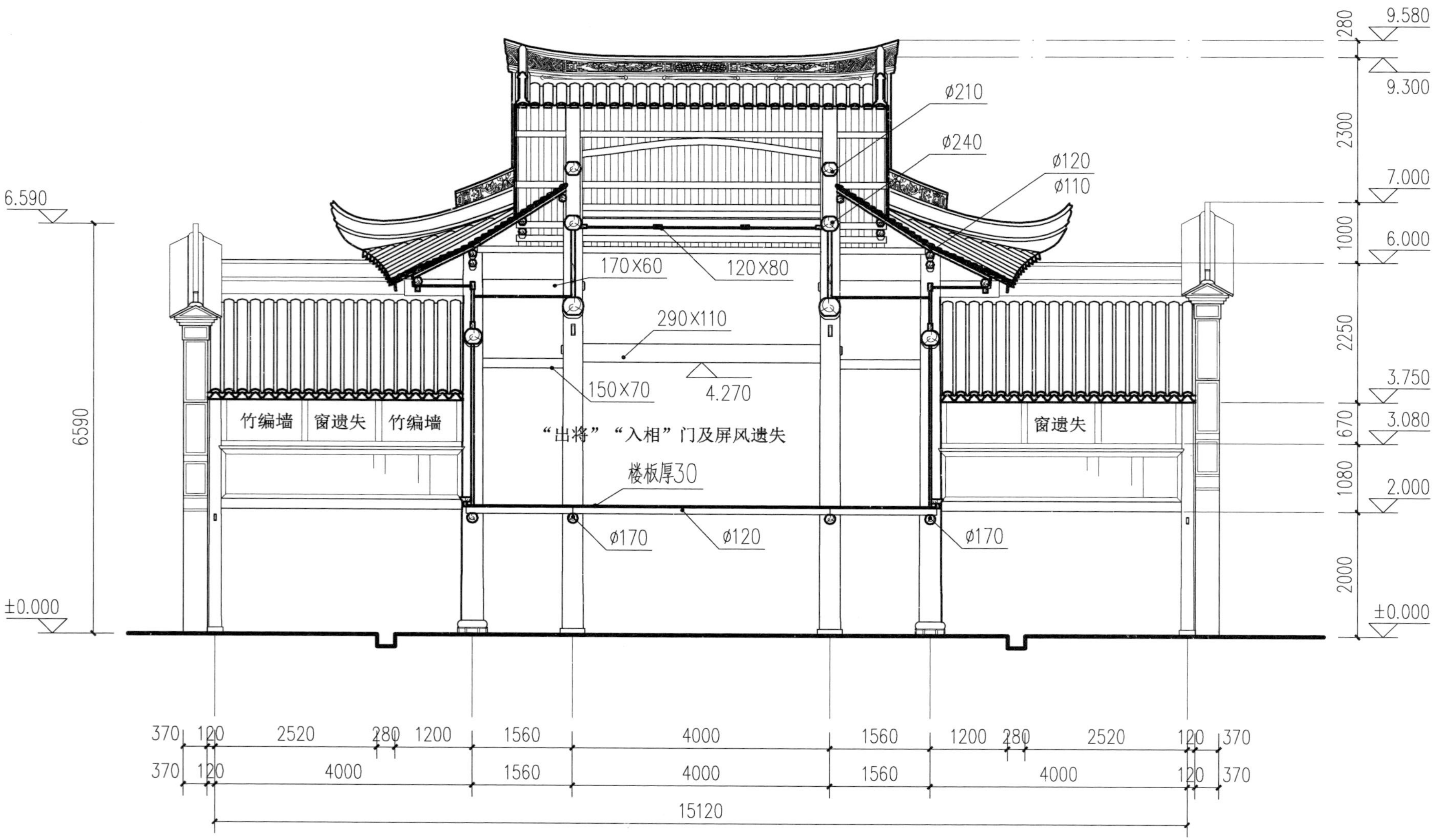
9.580
9.300
7.000
6.000
3.750
3.080
2.000
±0.000
280
2300
1000
2250
670
1080
2000
6.590
6590
±0.000
ø210
ø240
ø120
ø110
170X60
120X80
290X110
150X70
4.270
竹编墙
窗遗失
竹编墙
窗遗失
“出将”“入相”门及屏风遗失
楼板厚30
ø170
ø120
ø170
370
120
2520
280
1200
1560
4000
1560
1200
280
2520
120
370
370
120
4000
1560
4000
1560
4000
120
370
15120

图22　戏楼1-1剖面图

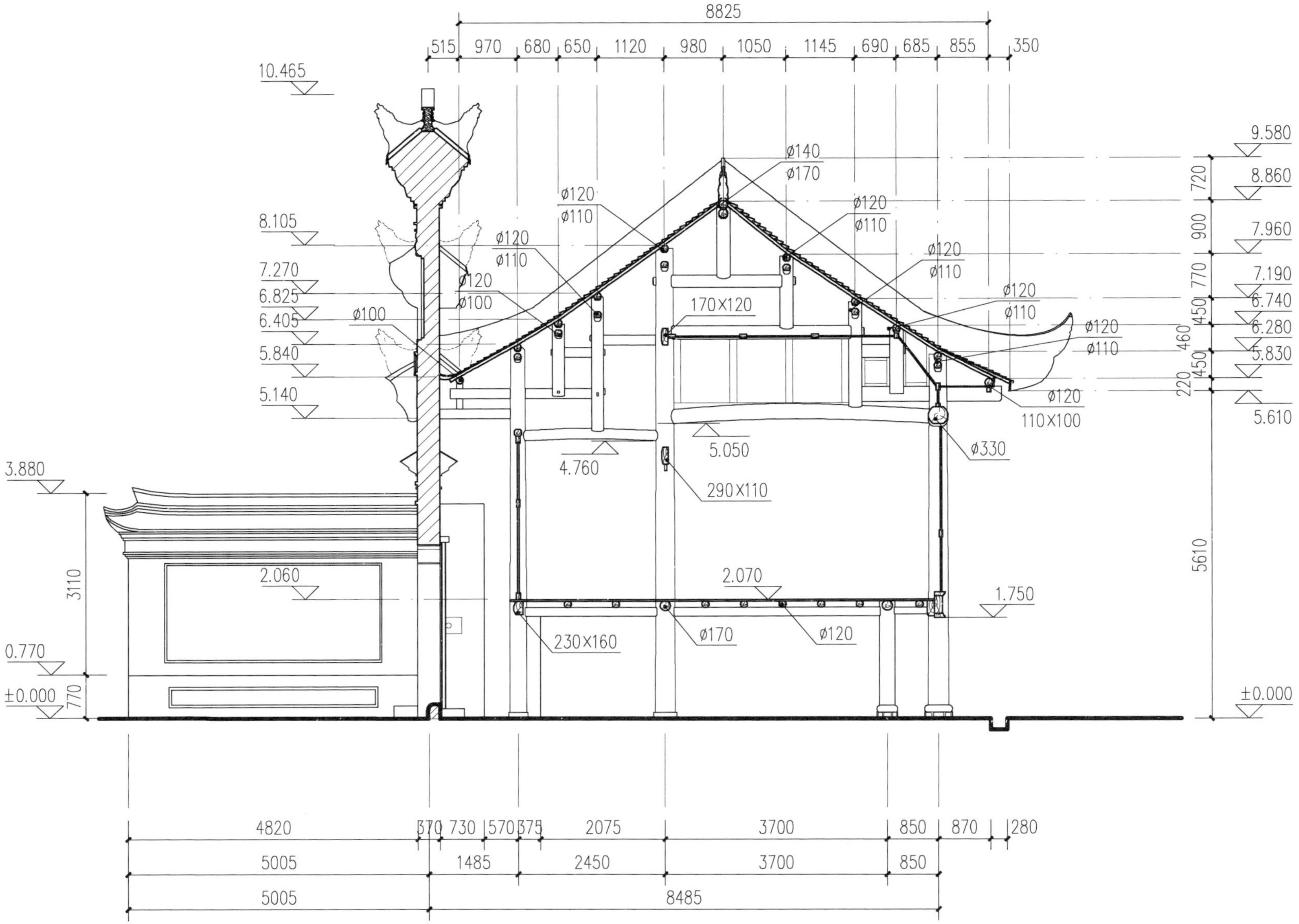
8825
515
970
680
650
1120
980
1050
1145
690
685
855
350
10.465
8.105
7.270
6.825
6.405
5.840
5.140
3.880
0.770
±0.000
770
3110
2.060
ø140
ø170
ø120
ø110
ø100
170X120
4.760
5.050
290X110
ø330
110X100
2.070
1.750
230X160
9.580
8.860
7.960
7.190
6.740
6.280
5.830
5.610
720
900
460
450
220
5610
4820
370
730
570
375
2075
3700
850
870
280
5005
1485
2450
8485

图23　戏楼2-2剖面图

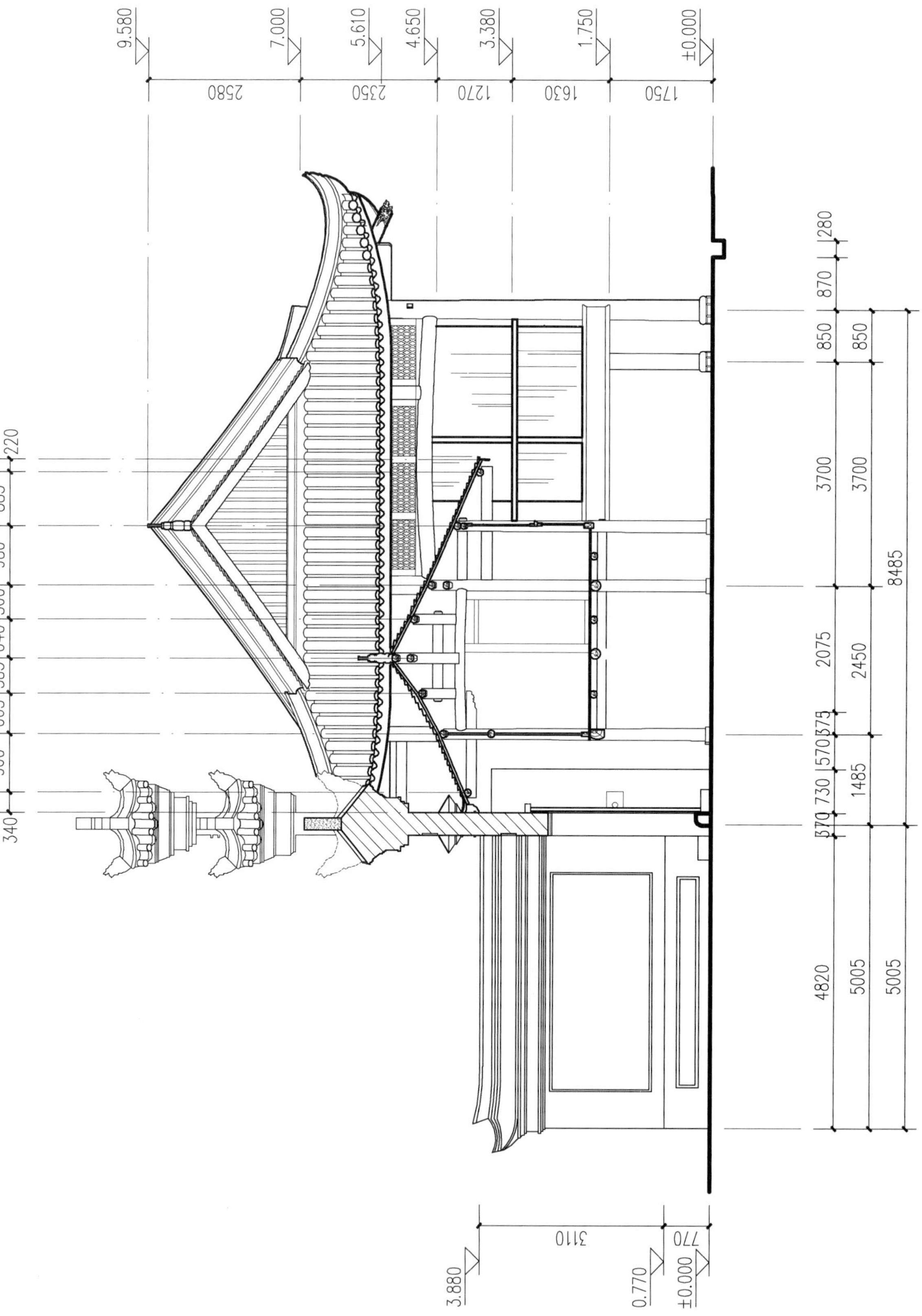
9.580
7.000
5.610
4.650
3.380
1.750
±0.000
2580
2350
1270
1630
1750
220
885
980
560
640
585
665
960
340
280
870
850
3700
2075
375
570
730
370
4820
1485
2450
8485
5005
3.880
0.770
3110
770

图24　戏楼3-3剖面图

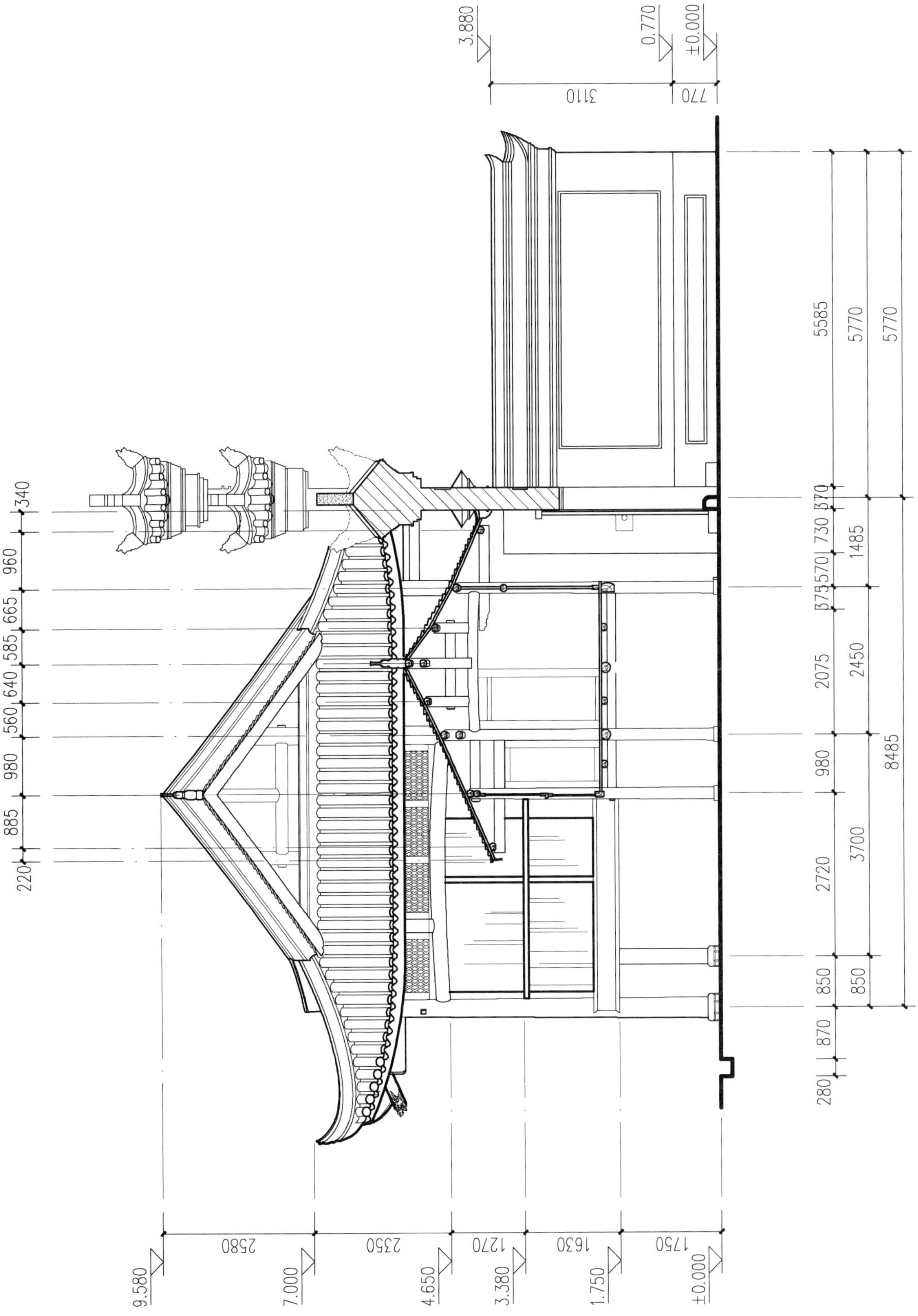
9.580
7.000
4.650
3.380
1.750
±0.000
2580
2350
1270
1630
1750
3.880
0.770
±0.000
3110
770
5585
5770
5770
2720
3700
8485
980
2075
2450
1485
850
850
870
280
885
220
340

图25 戏楼4-4剖面图

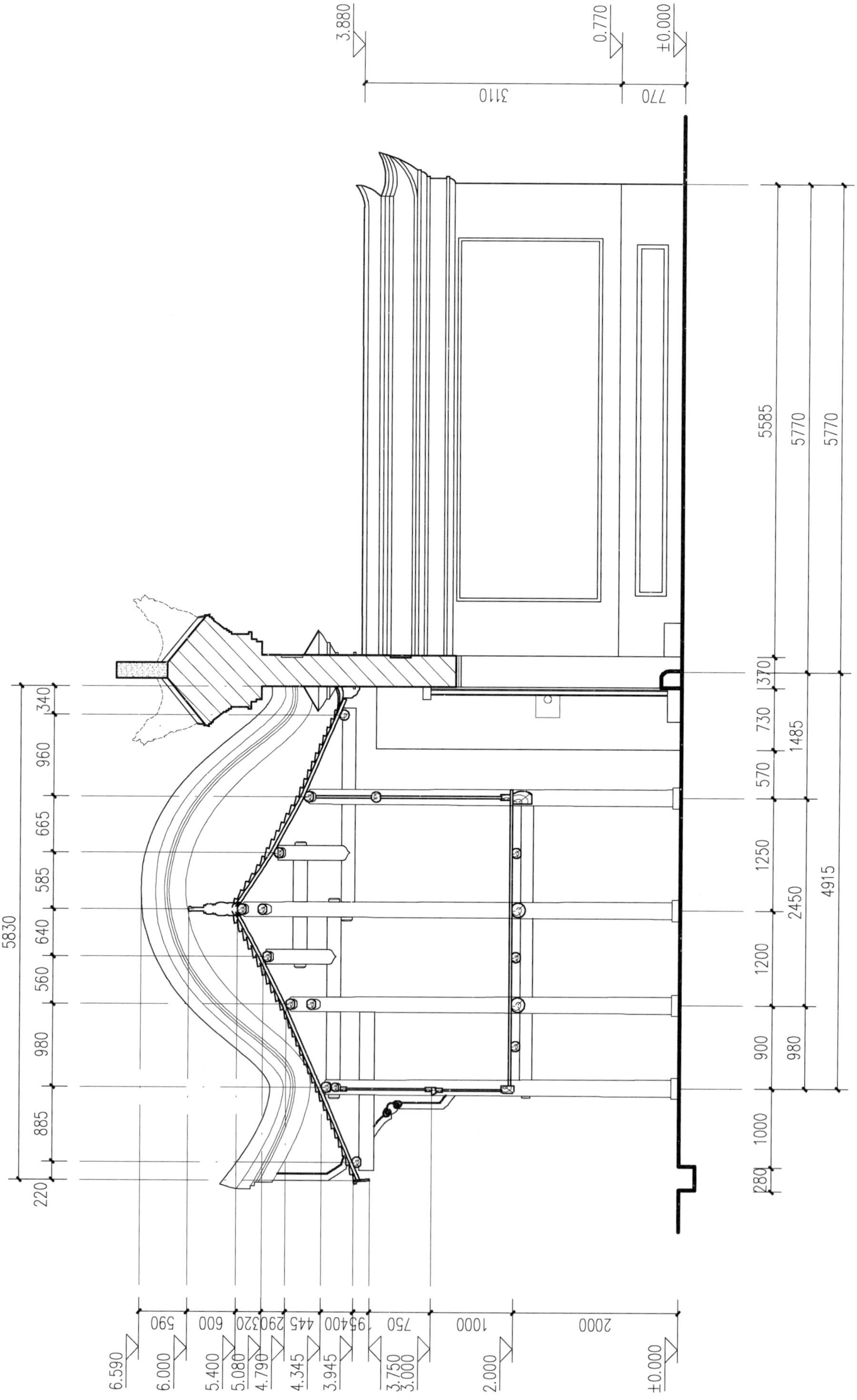

3.880
0.770
±0.000
3110
770
5585
5770
5770
5830
340
960
665
585
640
560
980
885
220
370
730
570
1250
1200
900
1000
280
1485
2450
980
4915
6.590
6.000
5.400
5.080
4.790
4.345
3.945
3.750
3.000
2.000
±0.000
590
600
320
290
445
400
195
750
1000
2000

图26 戏楼5-5剖面图

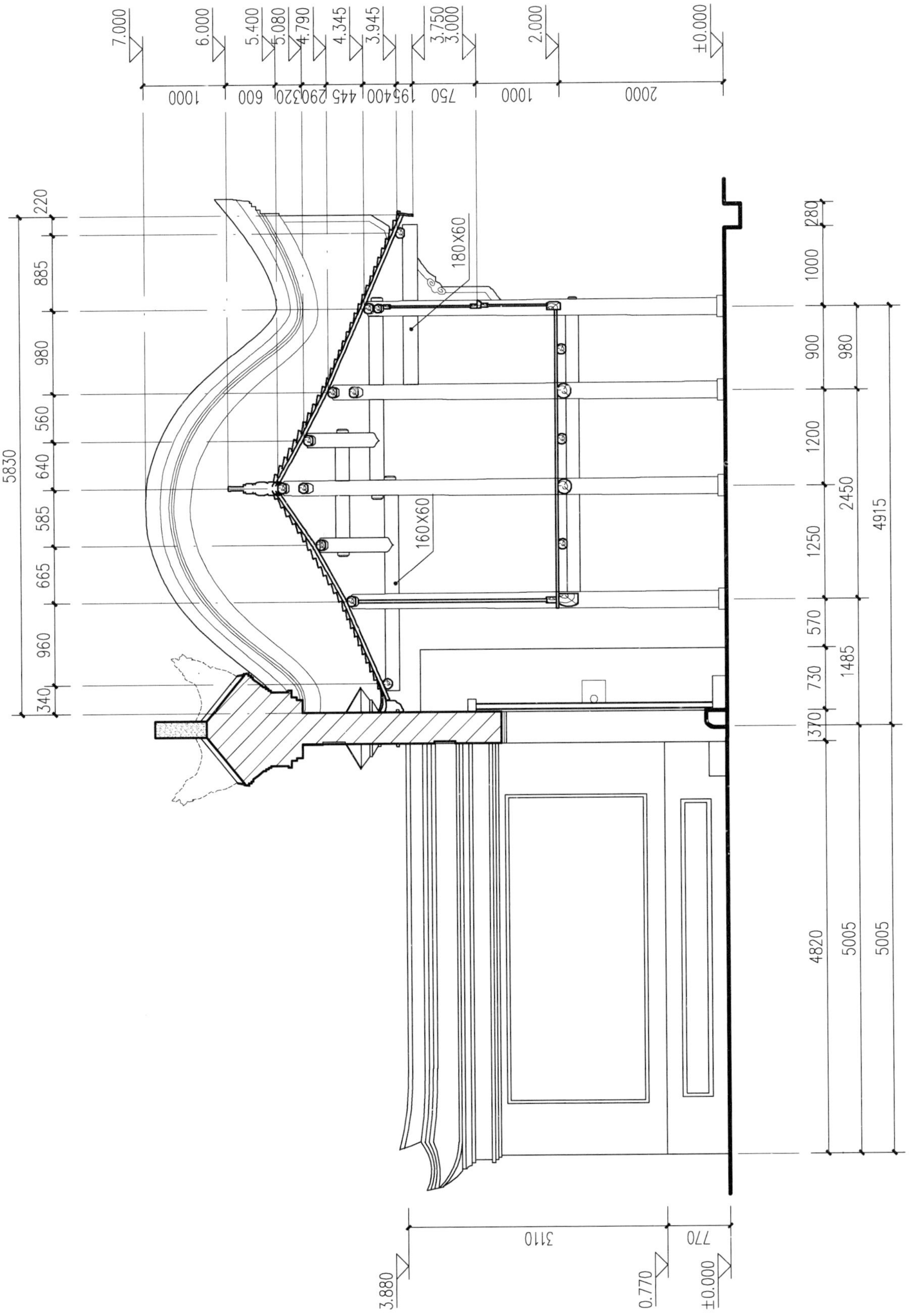

7.000
6.000
5.400
5.080
4.790
4.345
3.945
3.750
3.000
2.000
±0.000
1000
600
320
290
445
400
195
750
1000
2000
220
885
980
560
640
585
665
960
340
5830
180X60
160X60
280
1000
900
1200
1250
570
730
370
4820
980
2450
1485
5005
4915
5005
3110
770
3.880
0.770
±0.000

图27 戏楼6-6剖面图

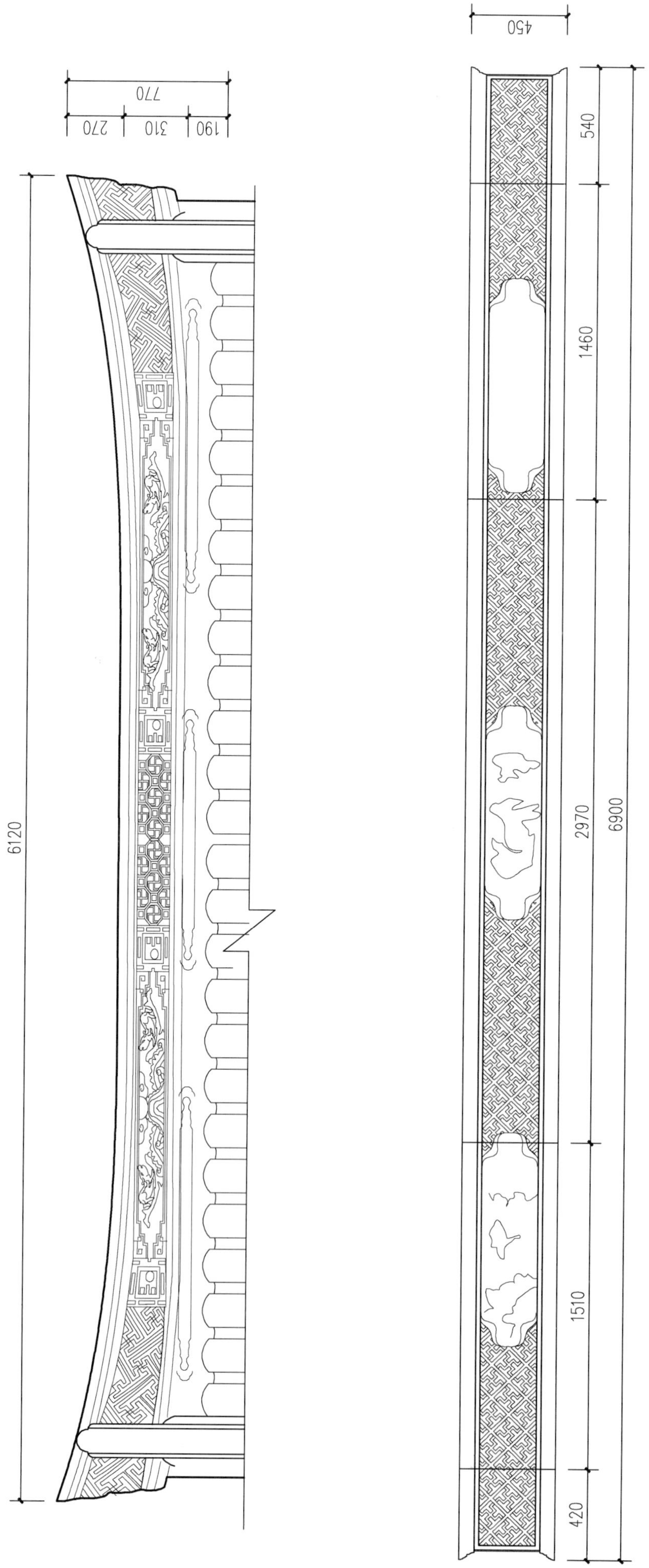

图28 正脊详图

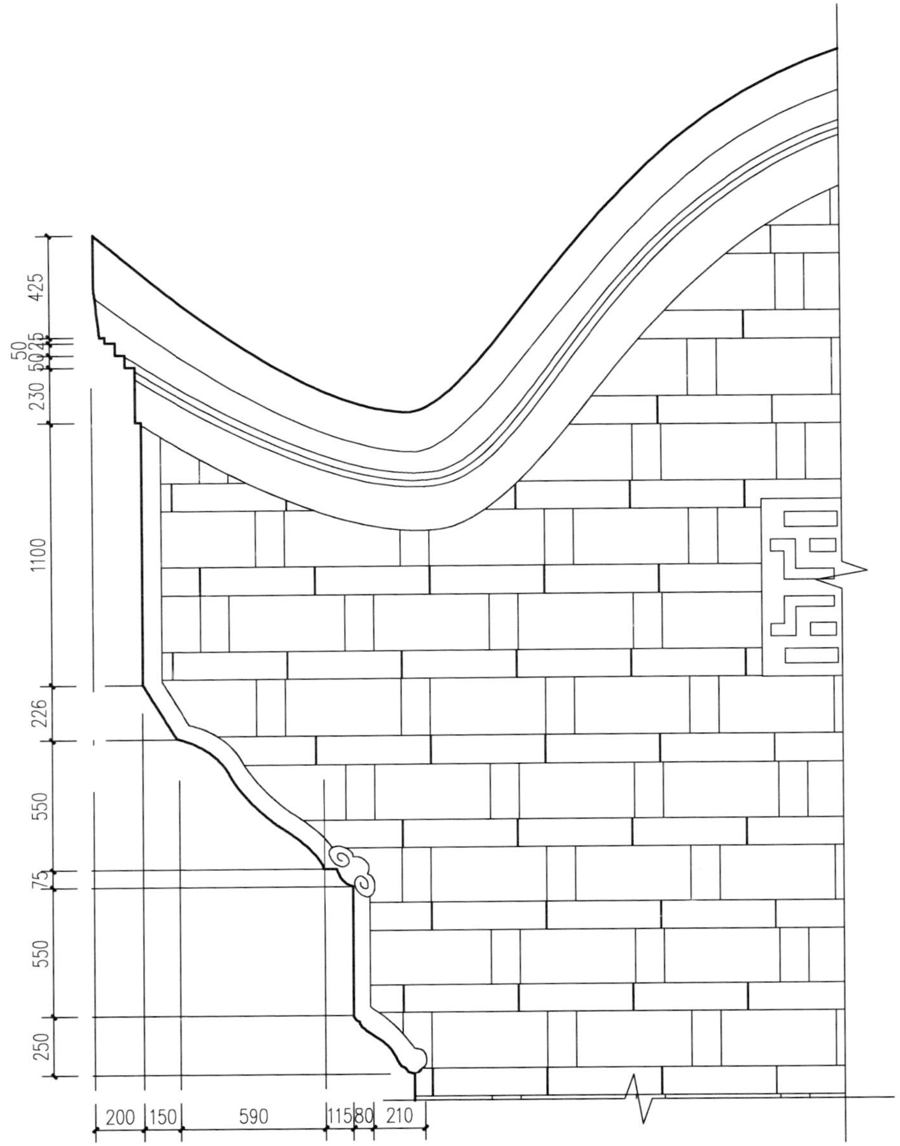

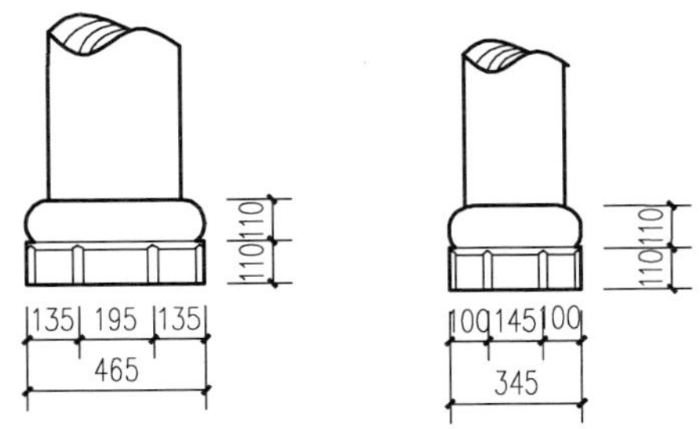

图29　封火墙、柱础石详图

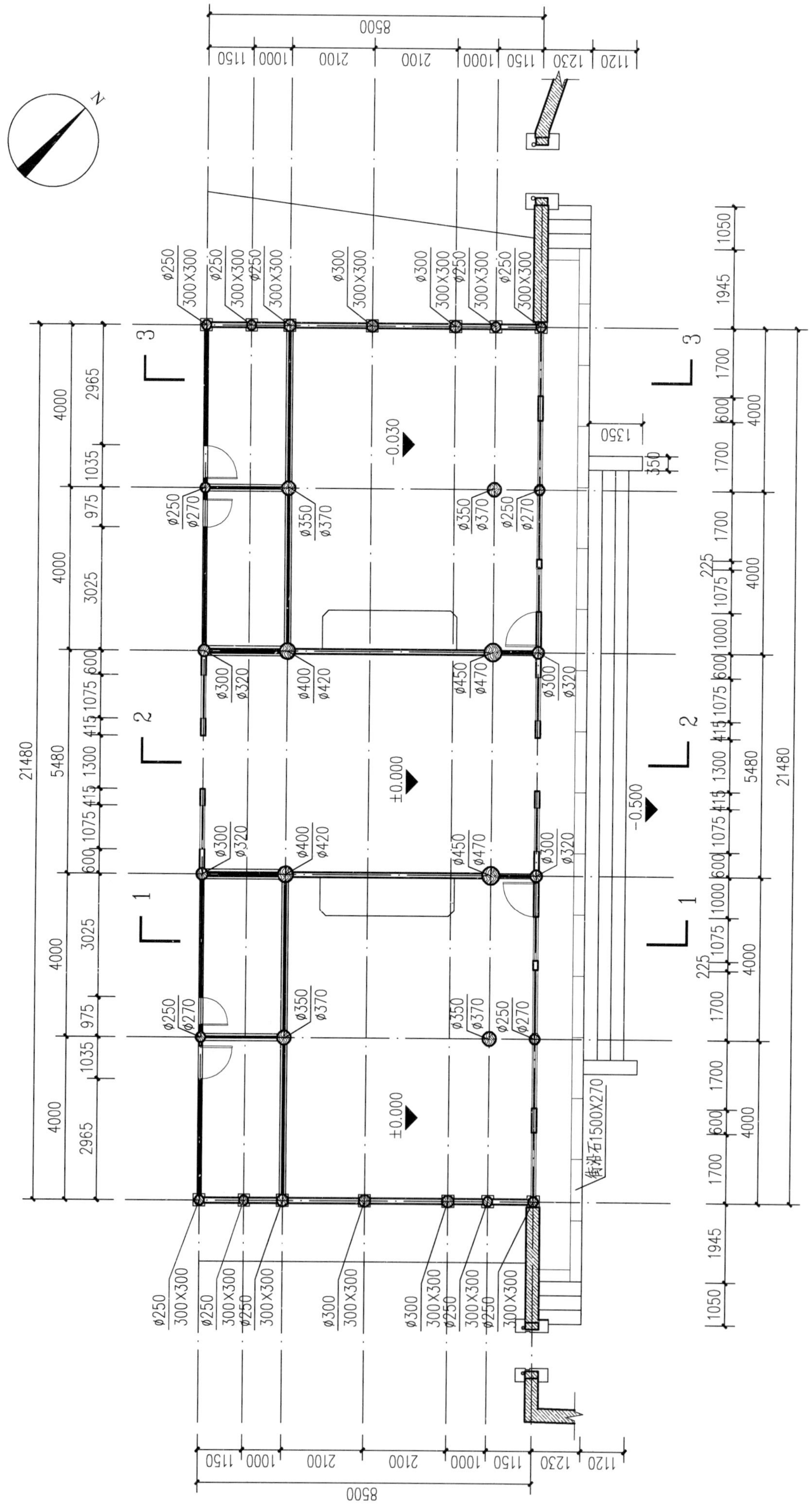

图30 前厅平面图

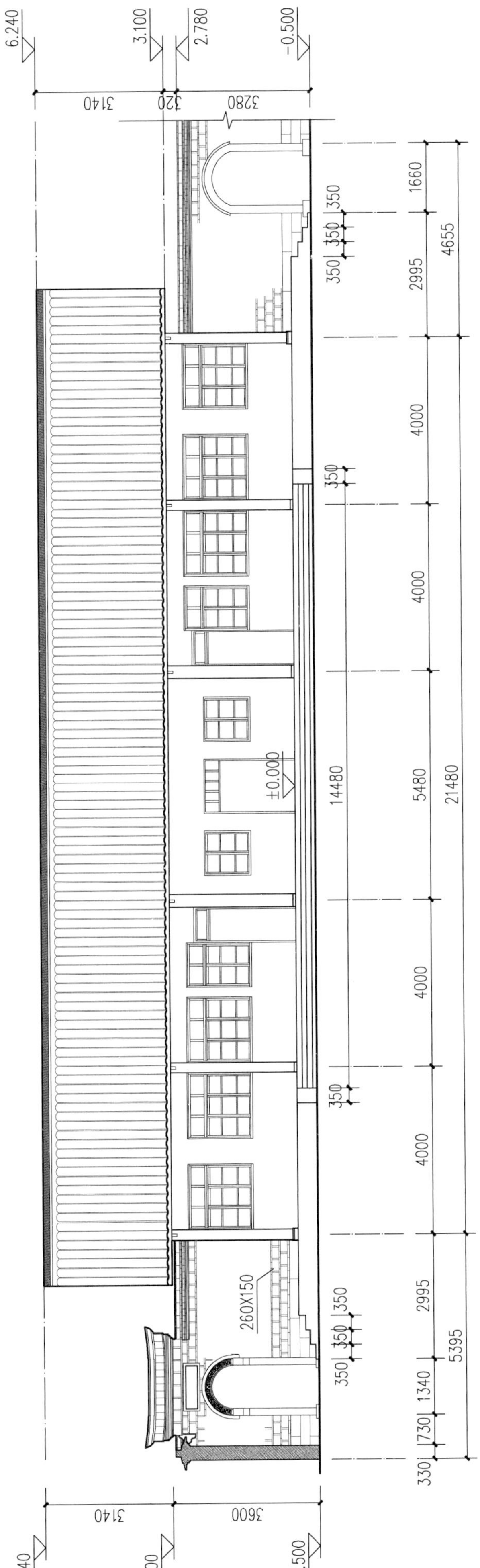
6.240
3.100
2.780
-0.500
3140
320
3280
1660
350
2995
4655
4000
5480
14480
21480
±0.000
260X150
5395
1340
730
330
3600
图31　前厅正立面图

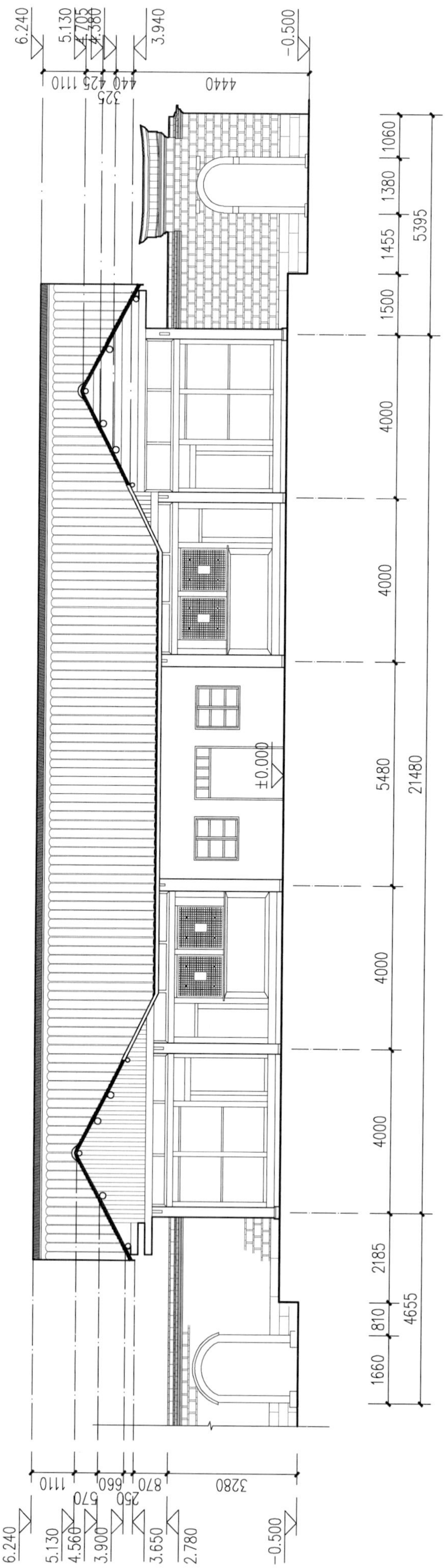
6.240
5.130
4.705
4.380
3.940
-0.500
1110
425
325
440
4440
1060
1380
1455
1500
5395
4000
4000
±0.000
5480
21480
4000
4000
2185
810
4655
1660
1110
570
660
250
870
3280
6.240
5.130
4.560
3.900
3.650
2.780
-0.500

图32　前厅背立面图

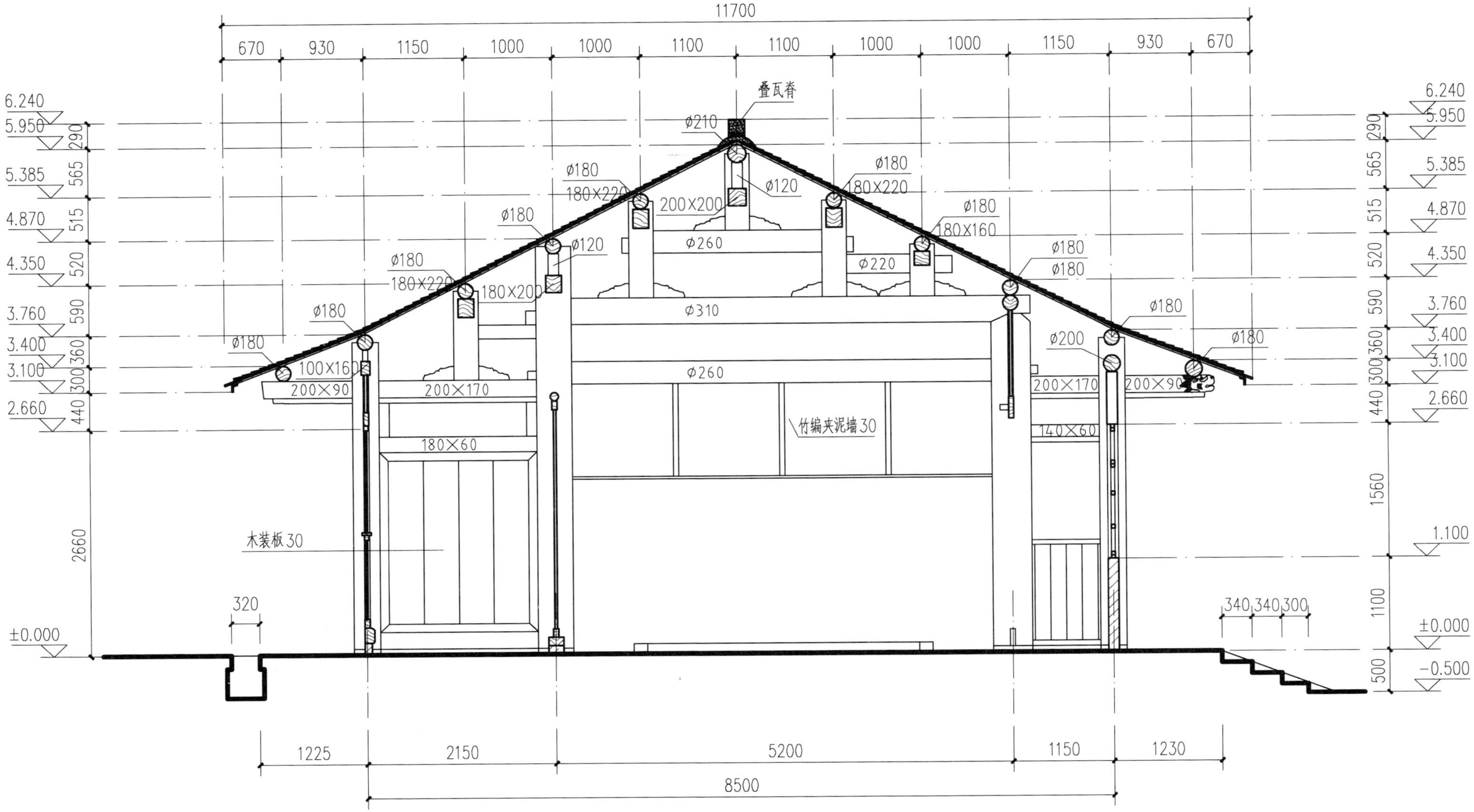
11700
670
930
1150
1000
1000
1100
1100
1000
1000
1150
930
670
叠瓦脊
Ø210
Ø120
Ø180
180×220
200×200
Ø180
180×220
Ø180
Ø120
Ø180
180×160
Ø260
Ø220
Ø180
180×220
180×200
Ø180
Ø180
Ø310
Ø180
Ø180
Ø200
Ø180
Ø180
100×160
200×90
200×170
Ø260
200×170
200×90
180×60
竹编夹泥墙30
140×60
木装板30
6.240
5.950
5.385
4.870
4.350
3.760
3.400
3.100
2.660
±0.000
290
565
515
520
590
360
300
440
2660
320
1.100
±0.000
−0.500
1560
1100
500
340
340
300
1225
2150
5200
1150
1230
8500

图33　前厅1-1剖面

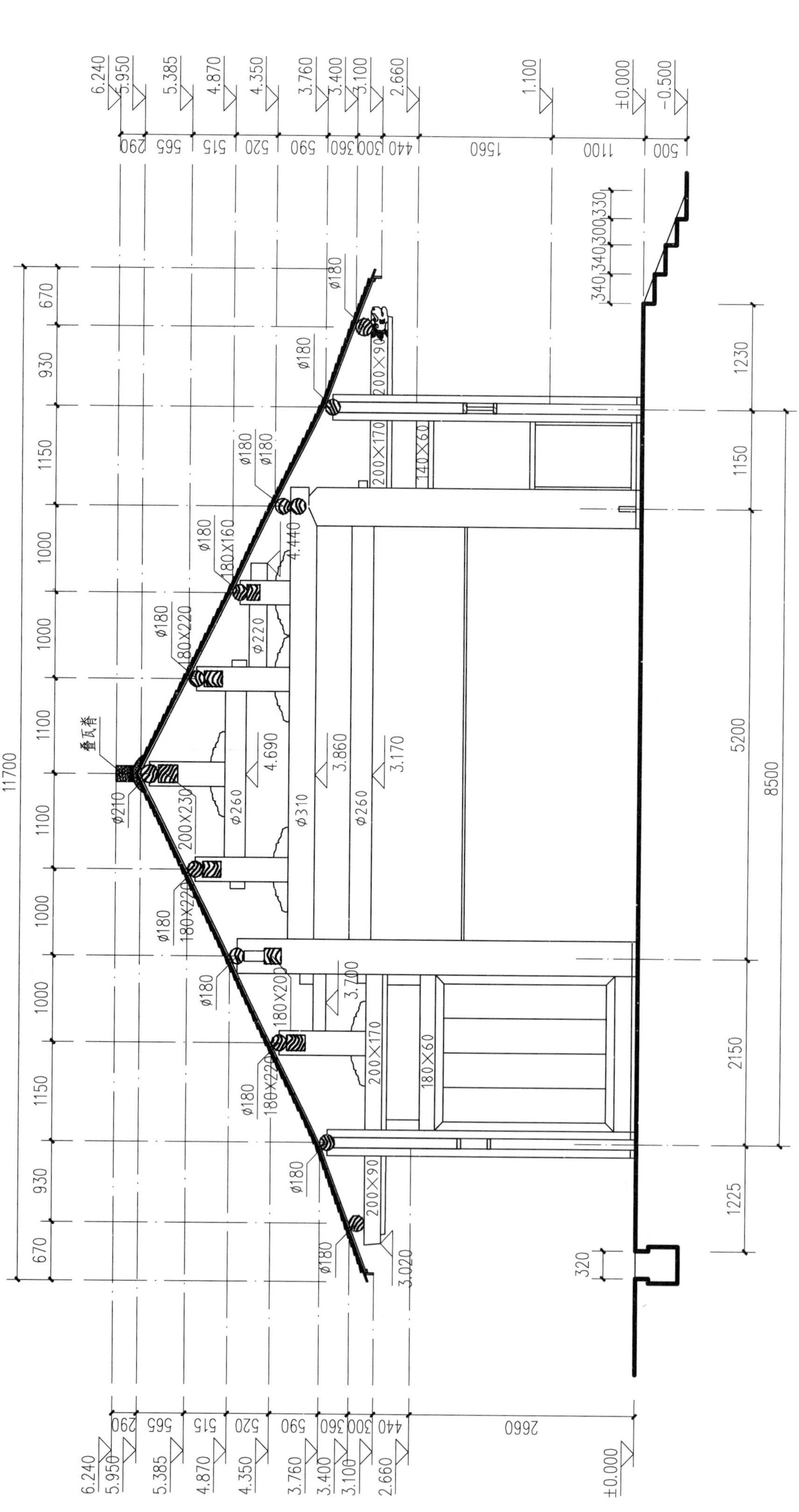
叠瓦脊
11700
8500
5200
2150
1150
1230
1225
6.240
5.950
5.385
4.870
4.350
3.760
3.400
3.100
2.660
1.100
±0.000
-0.500

图34 前厅2-2剖面

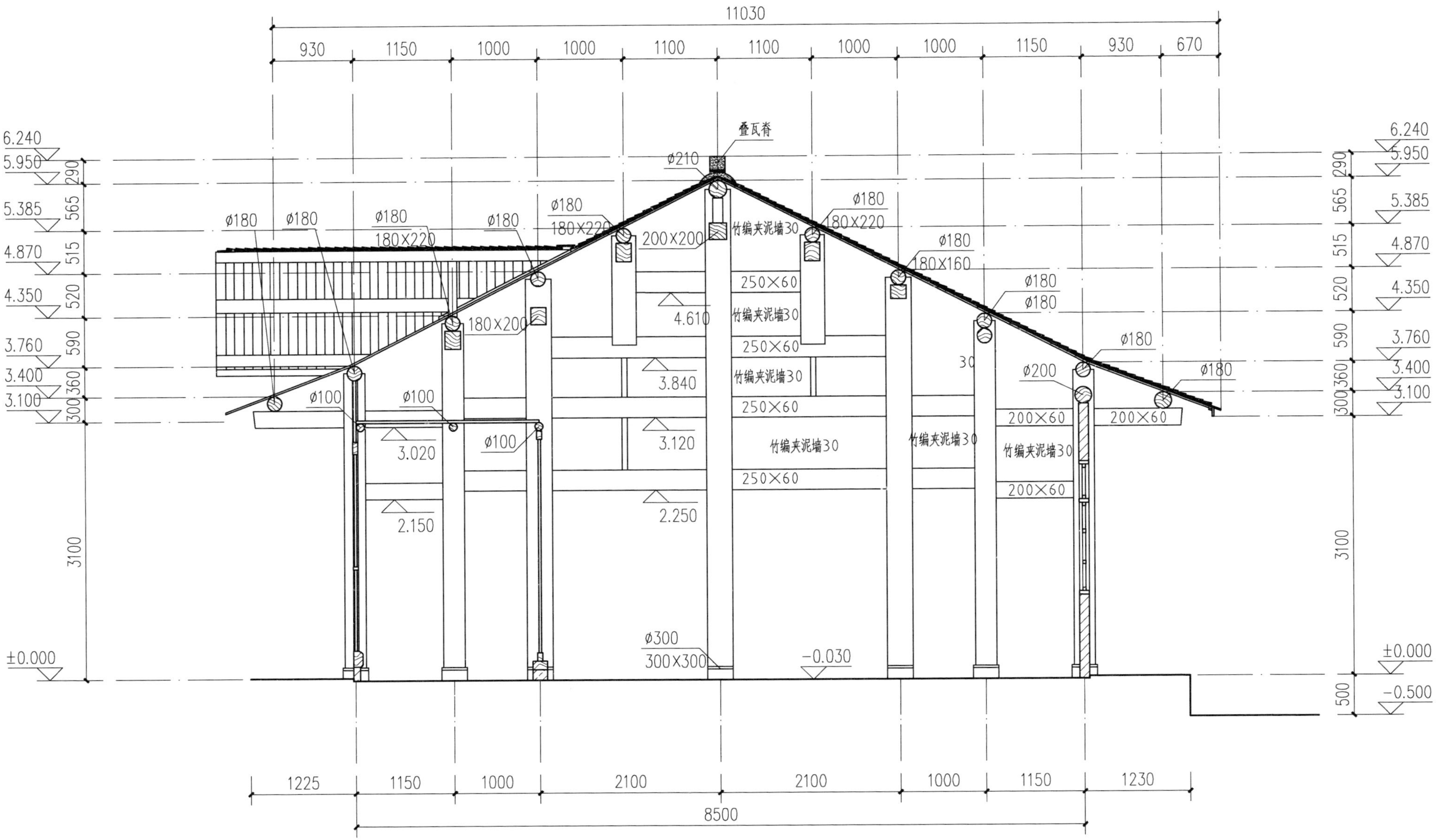
11030
930
1150
1000
1000
1100
1100
1000
1000
1150
930
670
叠瓦脊
ø210
6.240
5.950
5.385
4.870
4.350
3.760
3.400
3.100
±0.000
-0.500
290
565
515
520
590
360
300
3100
500
ø180
180X220
200X200
180X200
ø180
180X160
ø200
ø100
竹编夹泥墙30
250X60
200X60
4.610
3.840
3.120
2.250
3.020
2.150
ø300
300X300
-0.030
1225
1150
1000
2100
2100
1000
1150
1230
8500

图35 前厅3-3剖面

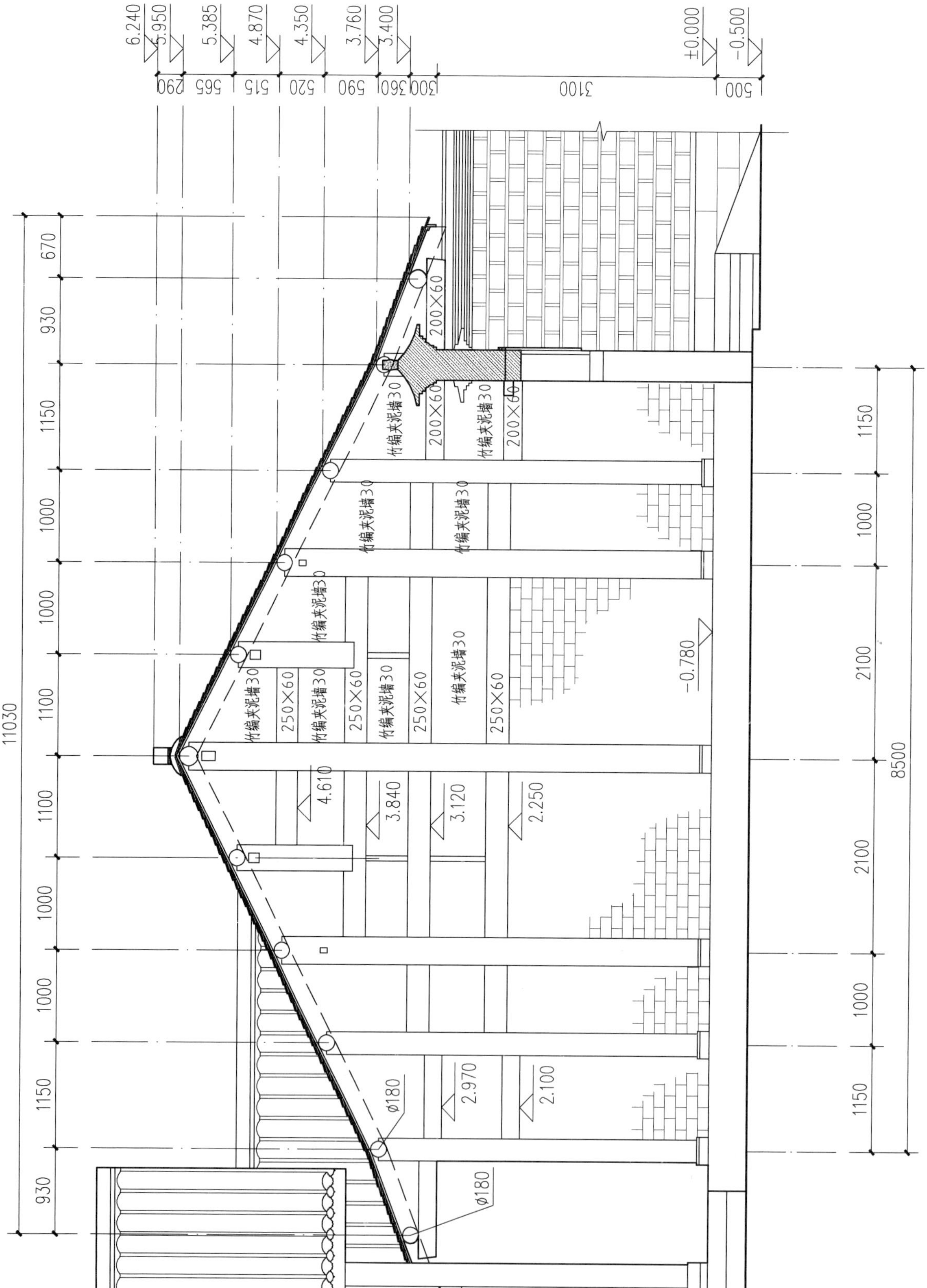
6.240
5.950
5.385
4.870
4.350
3.760
3.400
±0.000
-0.500
290
565
515
520
590
360
300
3100
500
11030
670
930
1150
1000
1100
8500
2100
200×60
250×60
竹编夹泥墙30
4.610
3.840
3.120
2.250
2.970
2.100
-0.780
ø180

图36 前厅侧立面图

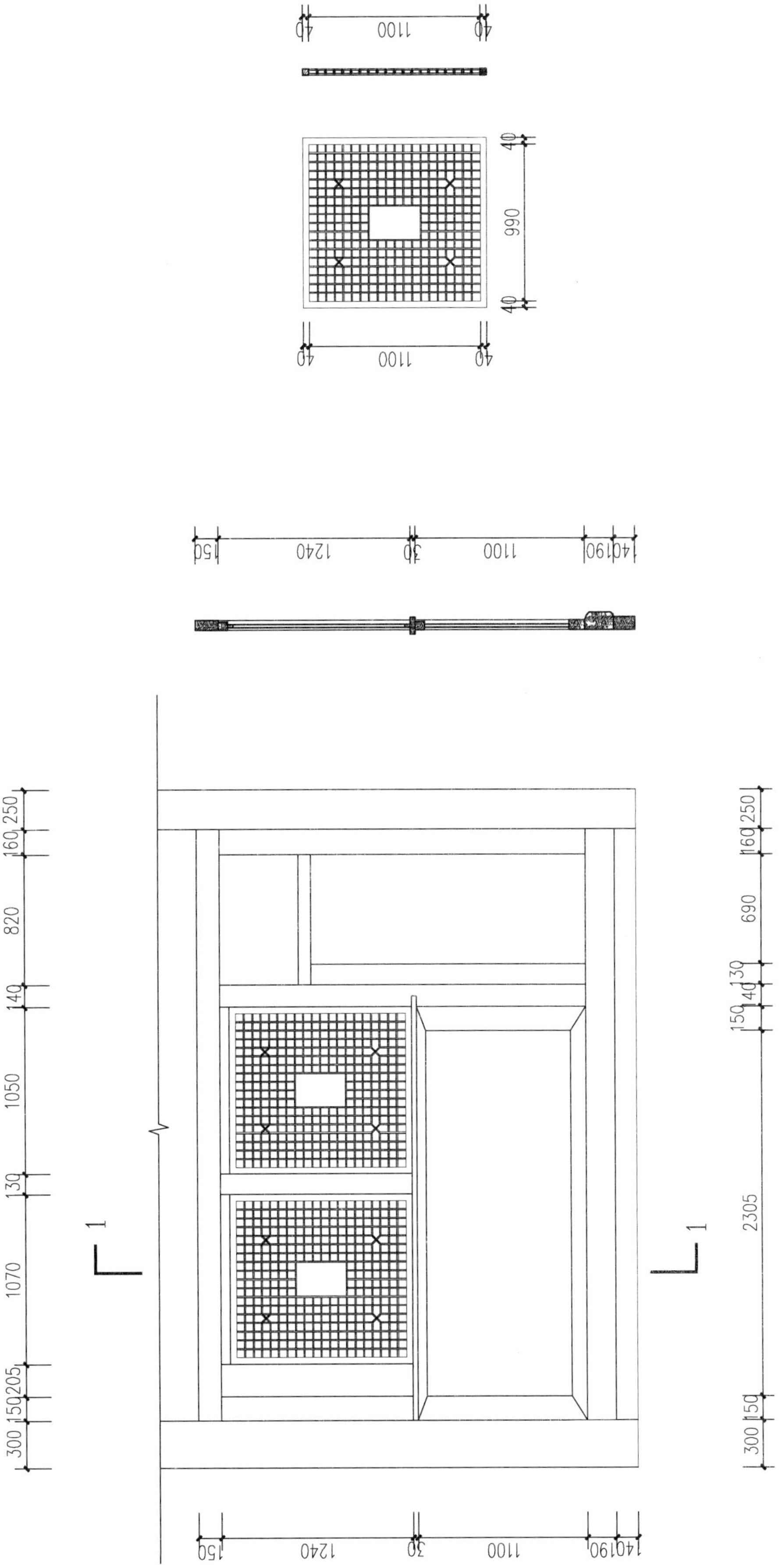

图37 前厅后檐门窗详图

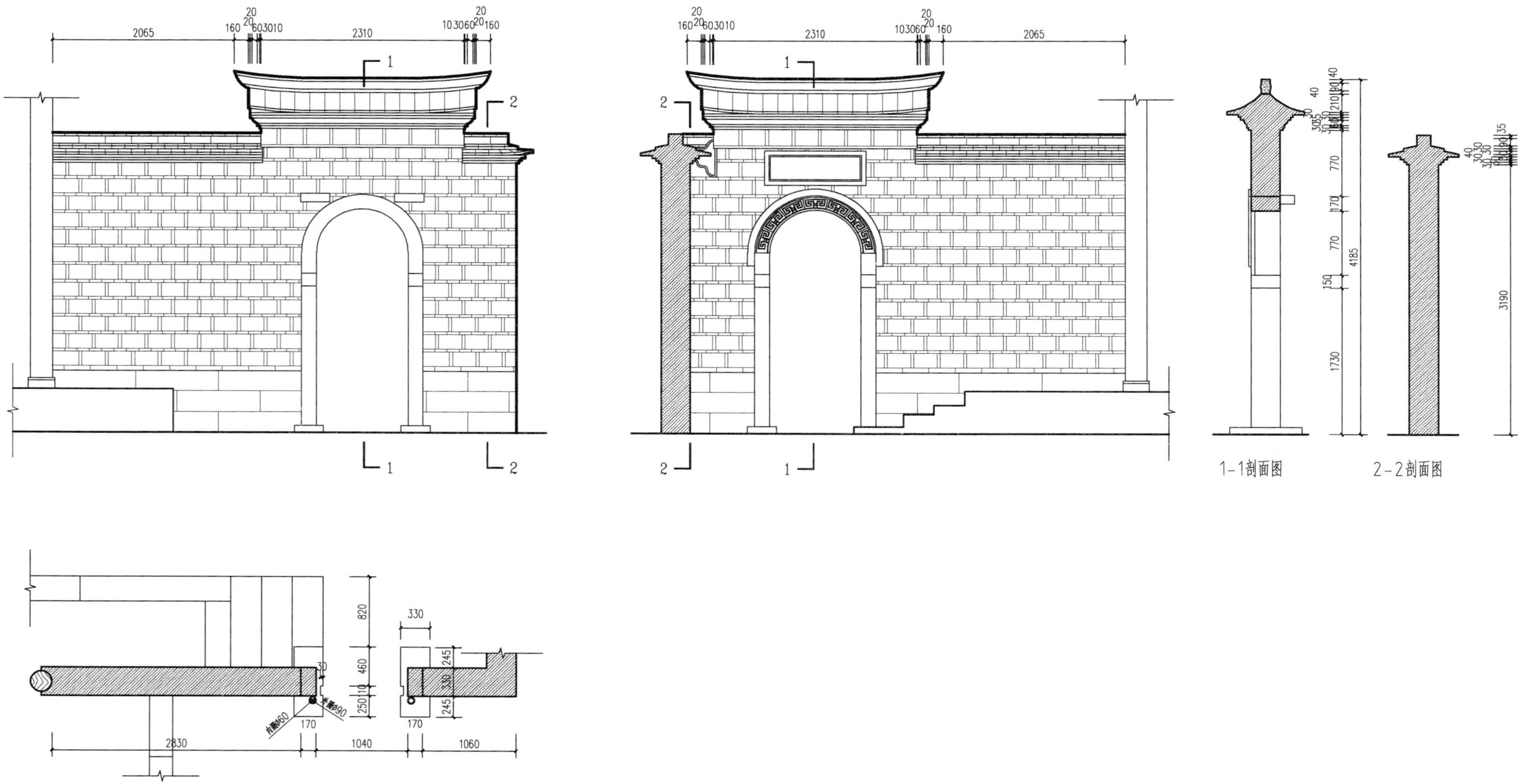

图38　前厅东侧门详图

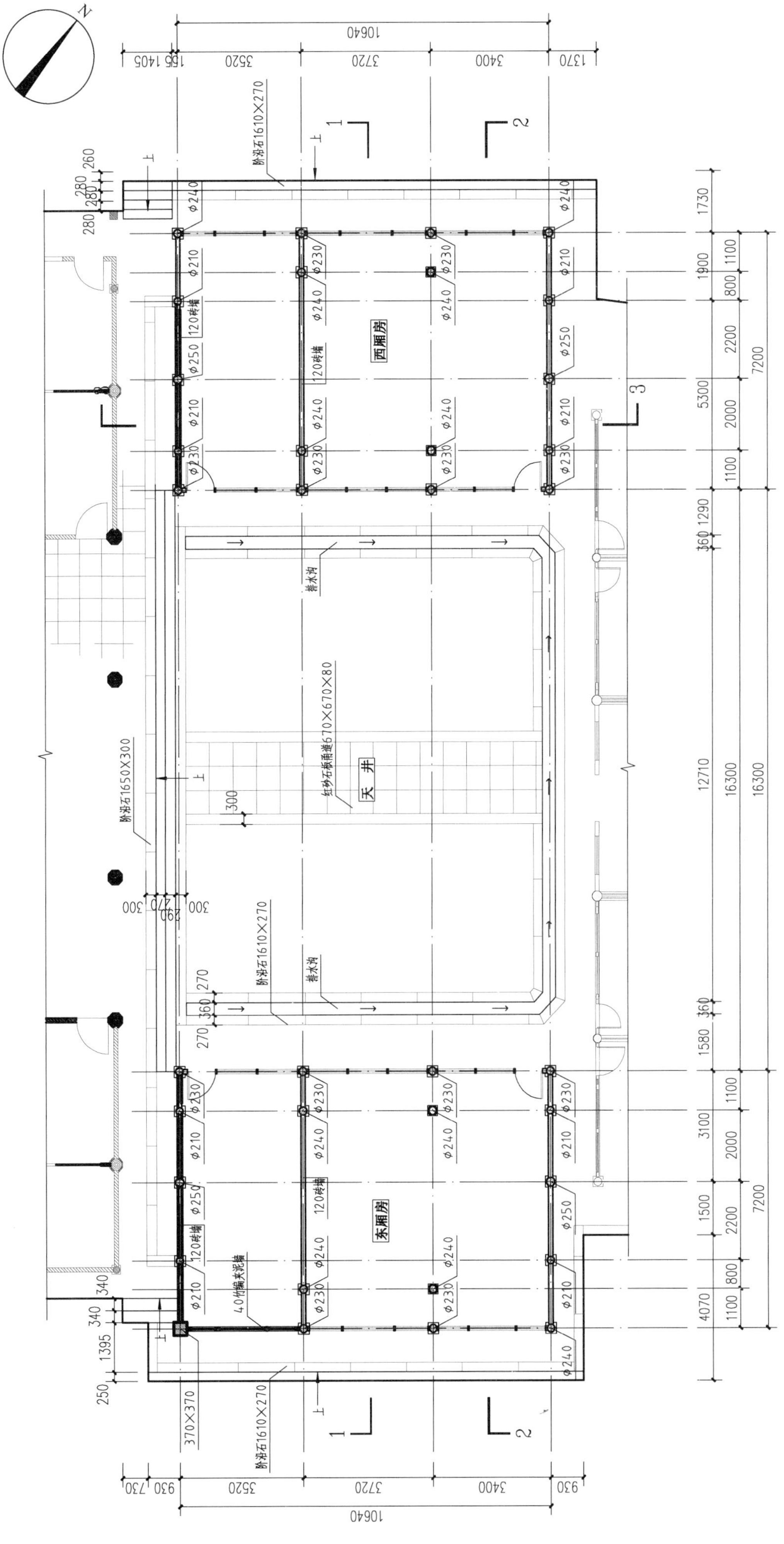

图39 厢房院落总平面图

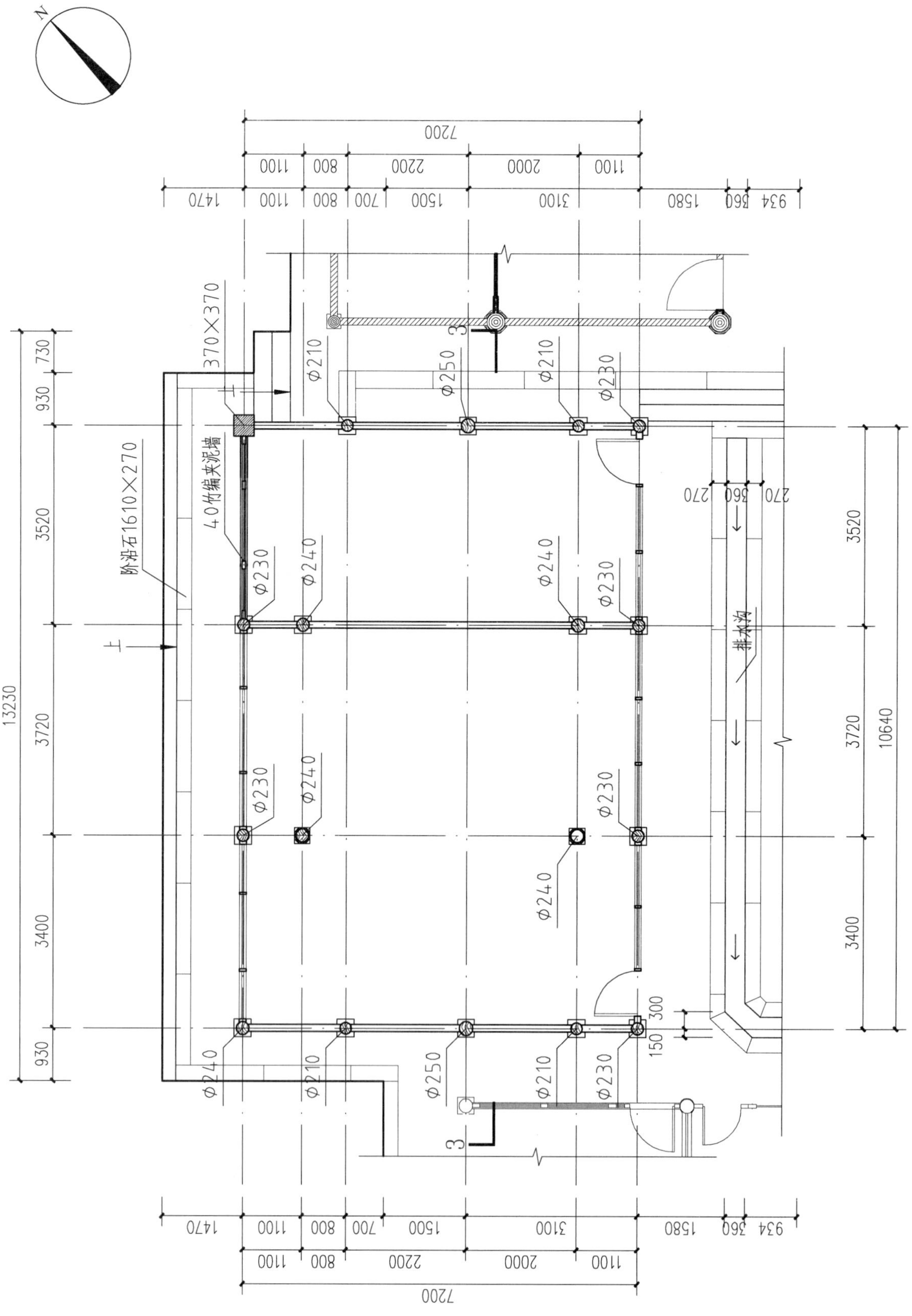

图40　东厢房一层平面图

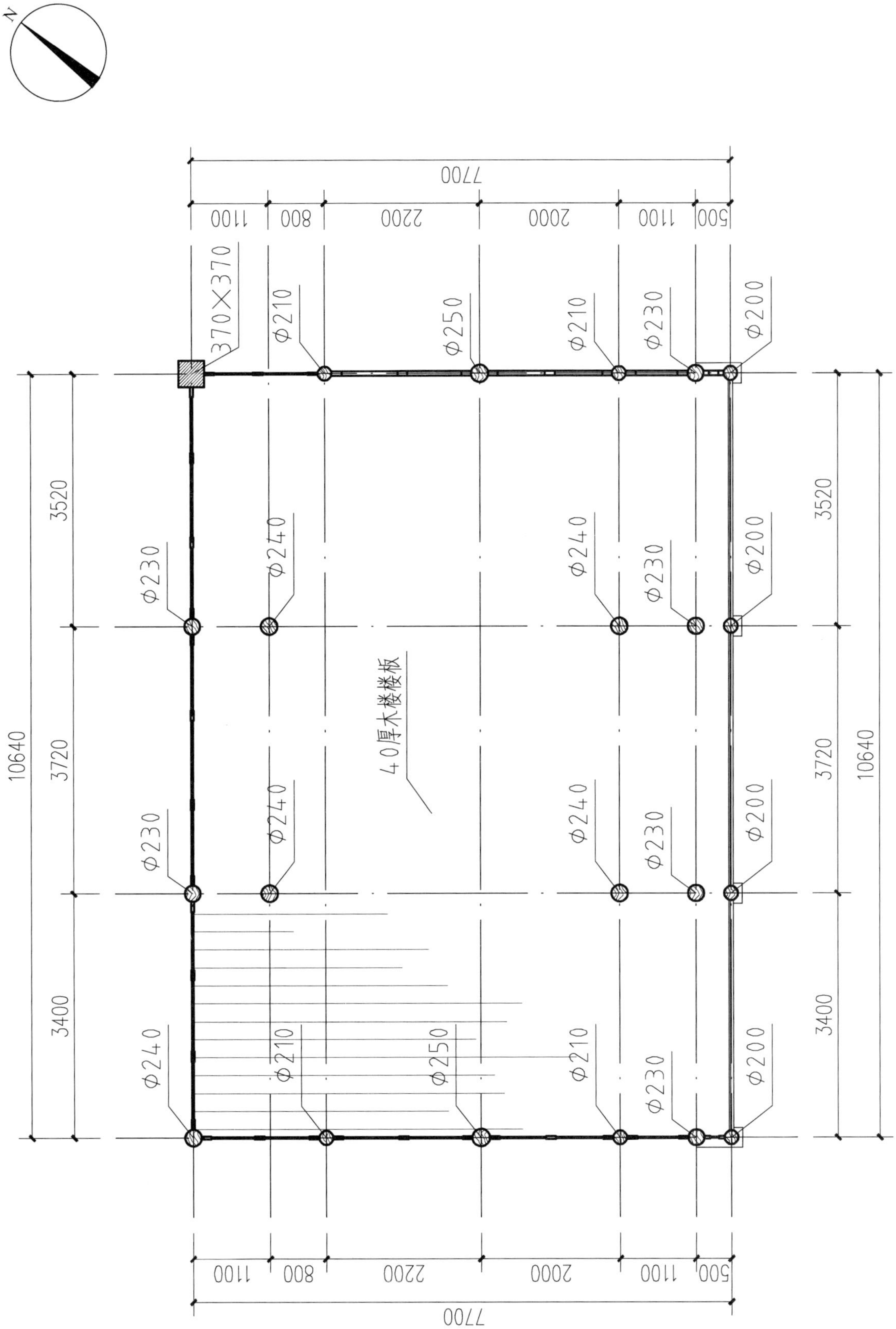

图41 东厢房二层平面图

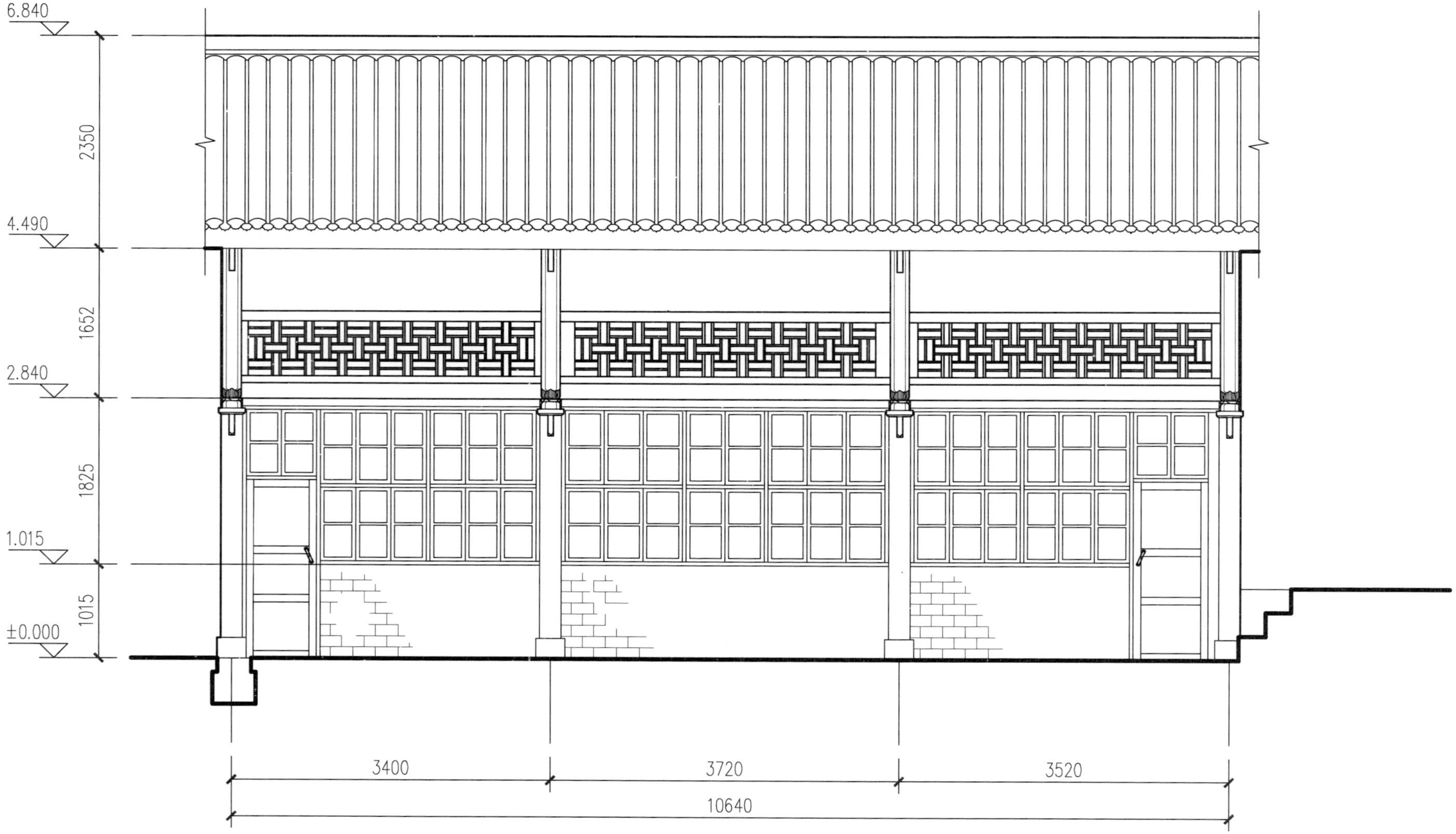
6.840
4.490
2.840
1.015
±0.000
2350
1652
1825
1015
3400
3720
3520
10640

图42　东厢房正立面图

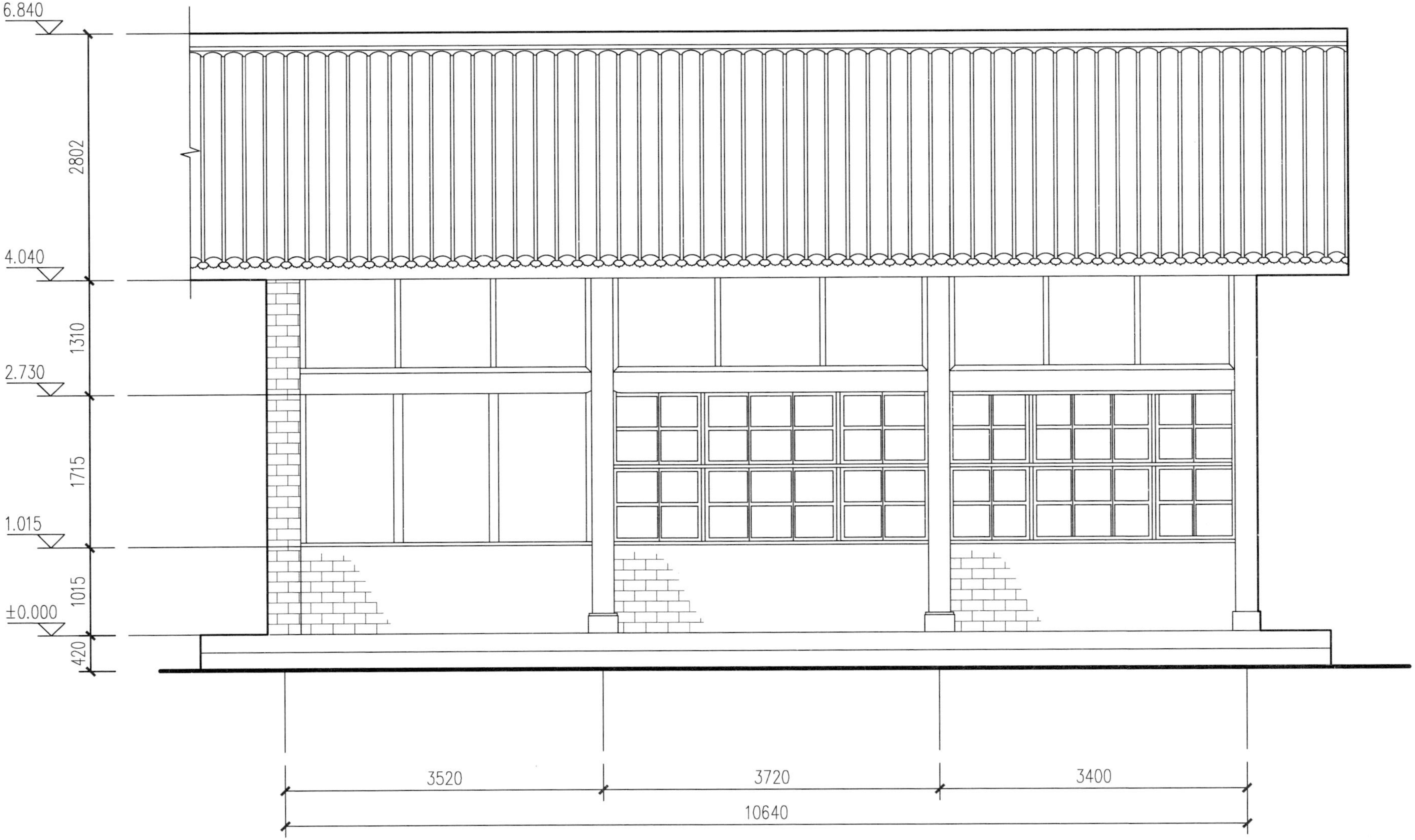
6.840
2802
4.040
1310
2.730
1715
1.015
1015
±0.000
420
3520
3720
3400
10640

图43　东厢房背立面图

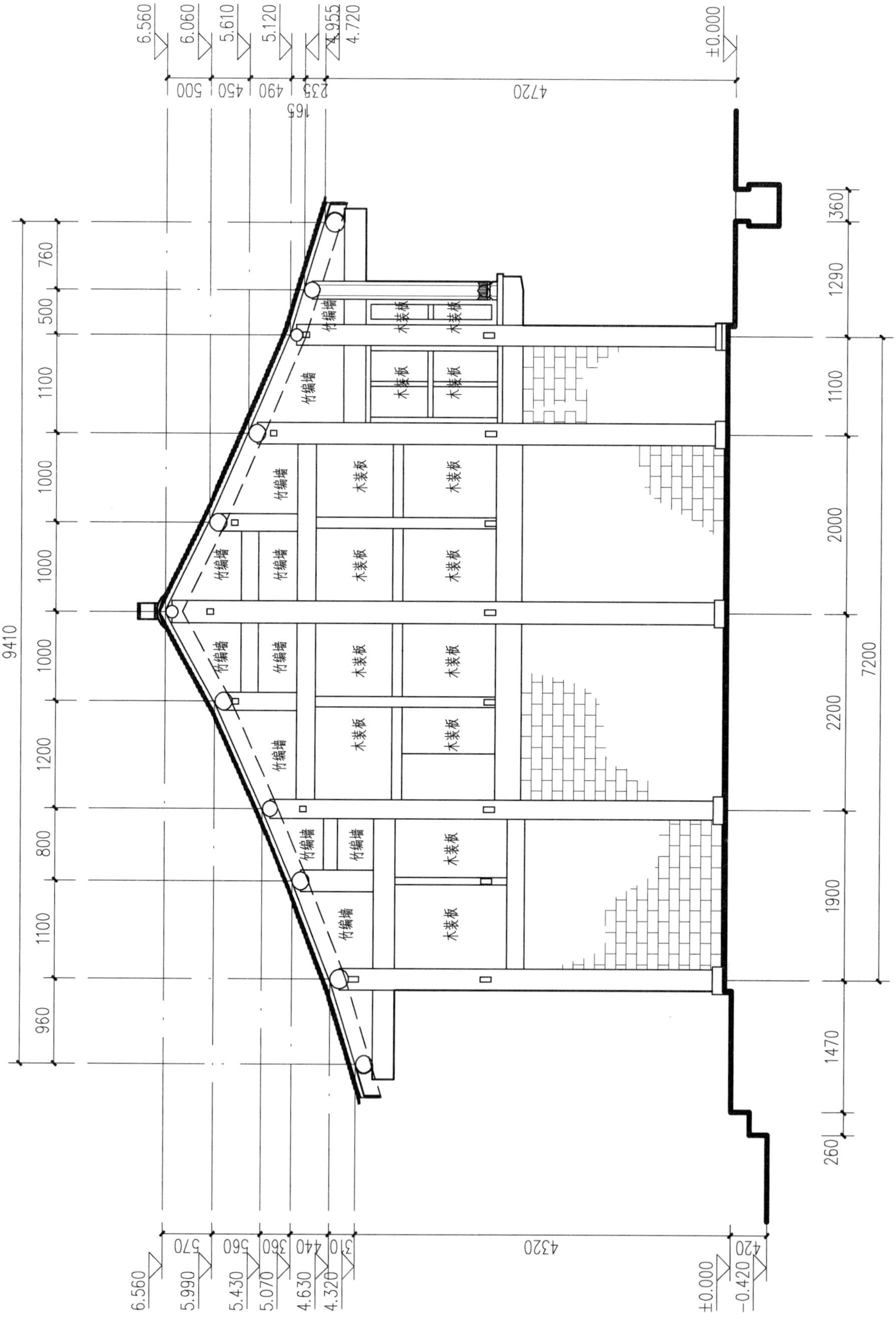
6.560
6.060
5.610
5.120
4.955
4.720
±0.000
500
450
490
235
165
4720
9410
760
500
1100
1000
1000
1000
1200
800
1100
960
竹编墙
木装板
360
1290
1100
2000
2200
1900
1470
260
7200
570
560
360
440
310
4320
420
6.560
5.990
5.430
5.070
4.630
4.320
±0.000
-0.420

图44 东厢房侧立面图

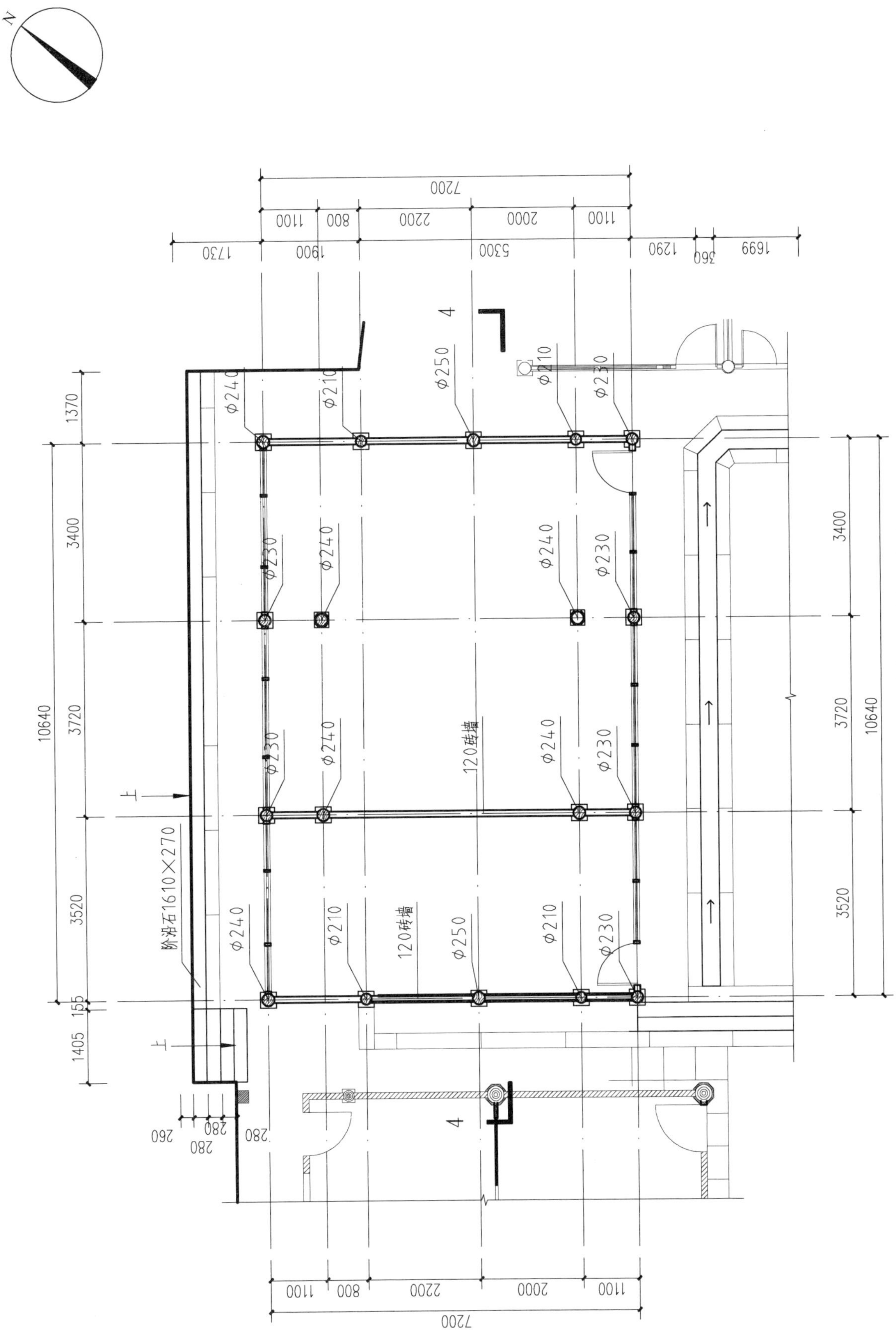

图45 西厢房一层平面图

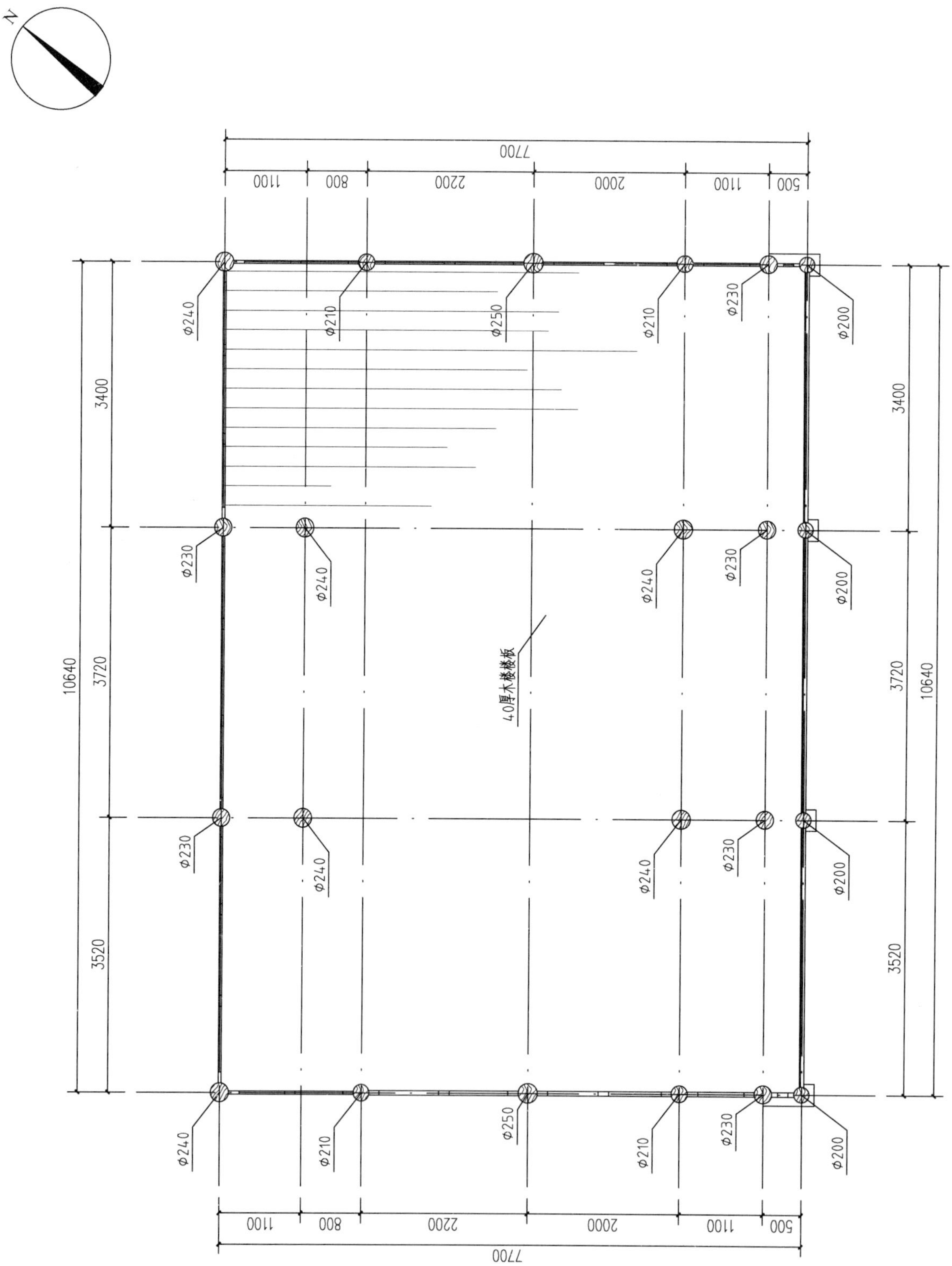

图46 西厢房二层平面图

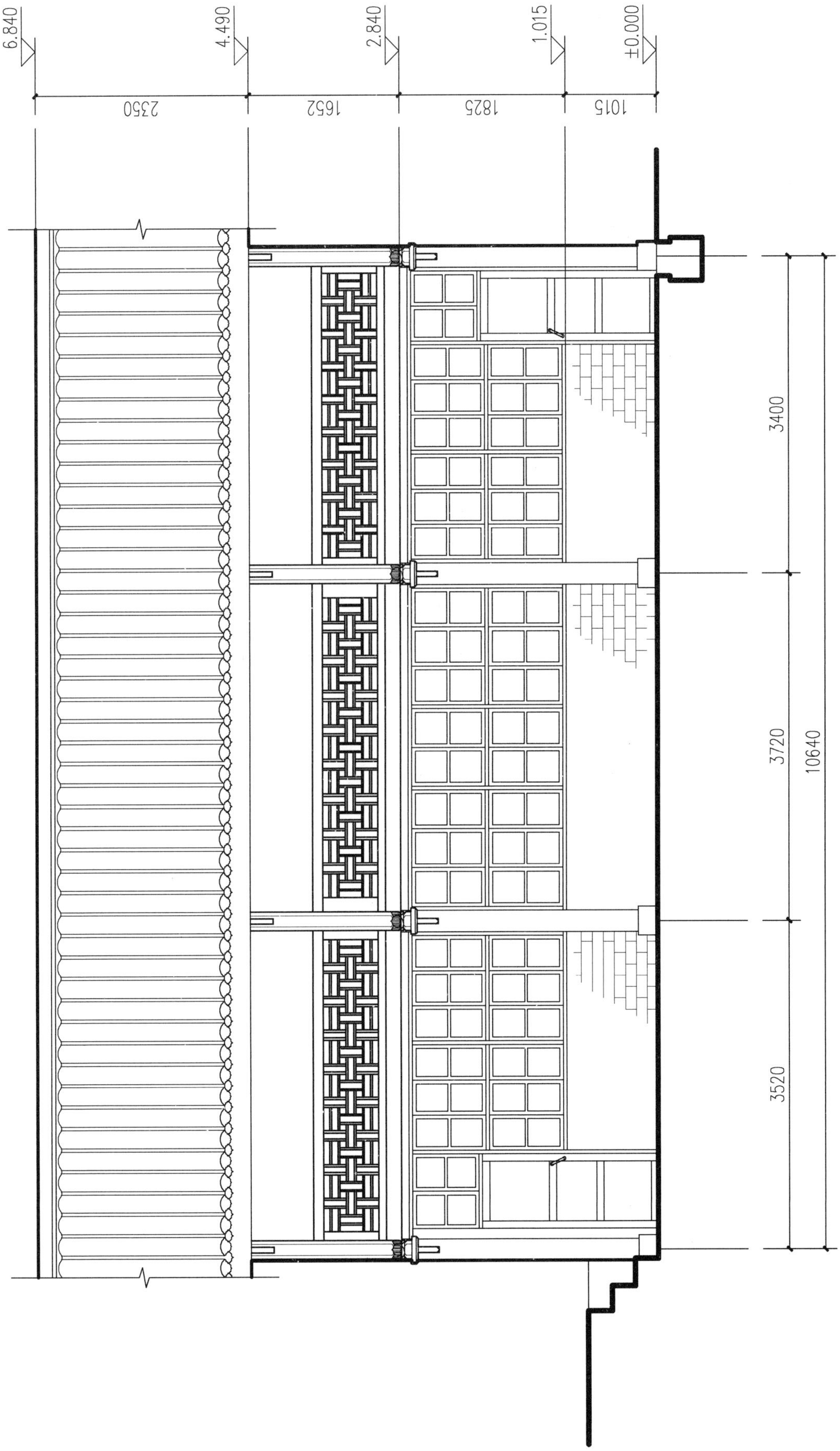
6.840
4.490
2.840
1.015
±0.000
2350
1652
1825
1015
3400
3720
3520
10640

图47 西厢房正立面图

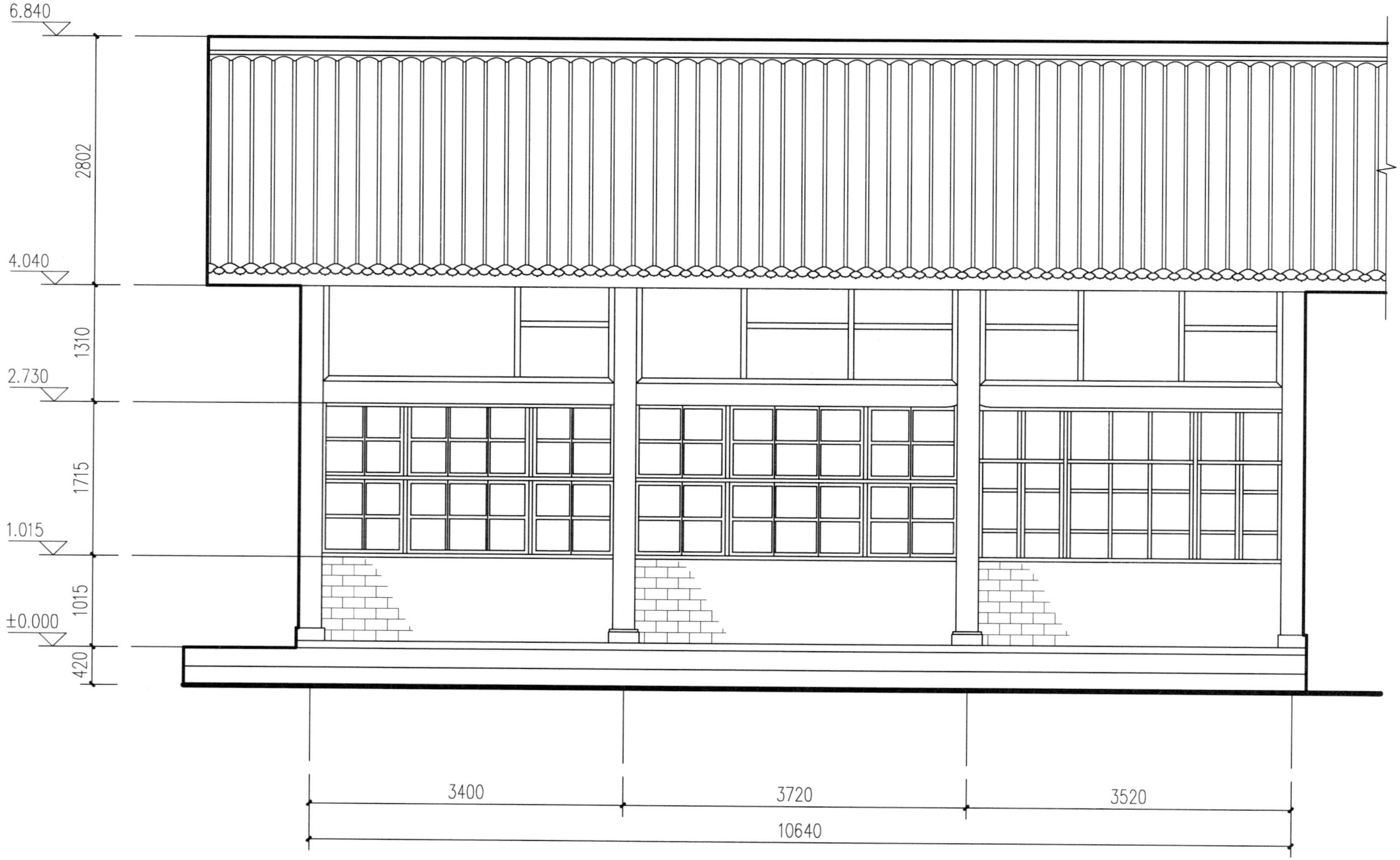
6.840
4.040
2.730
1.015
±0.000
2802
1310
1715
1015
420
3400
3720
3520
10640

图48 西厢房背立面图

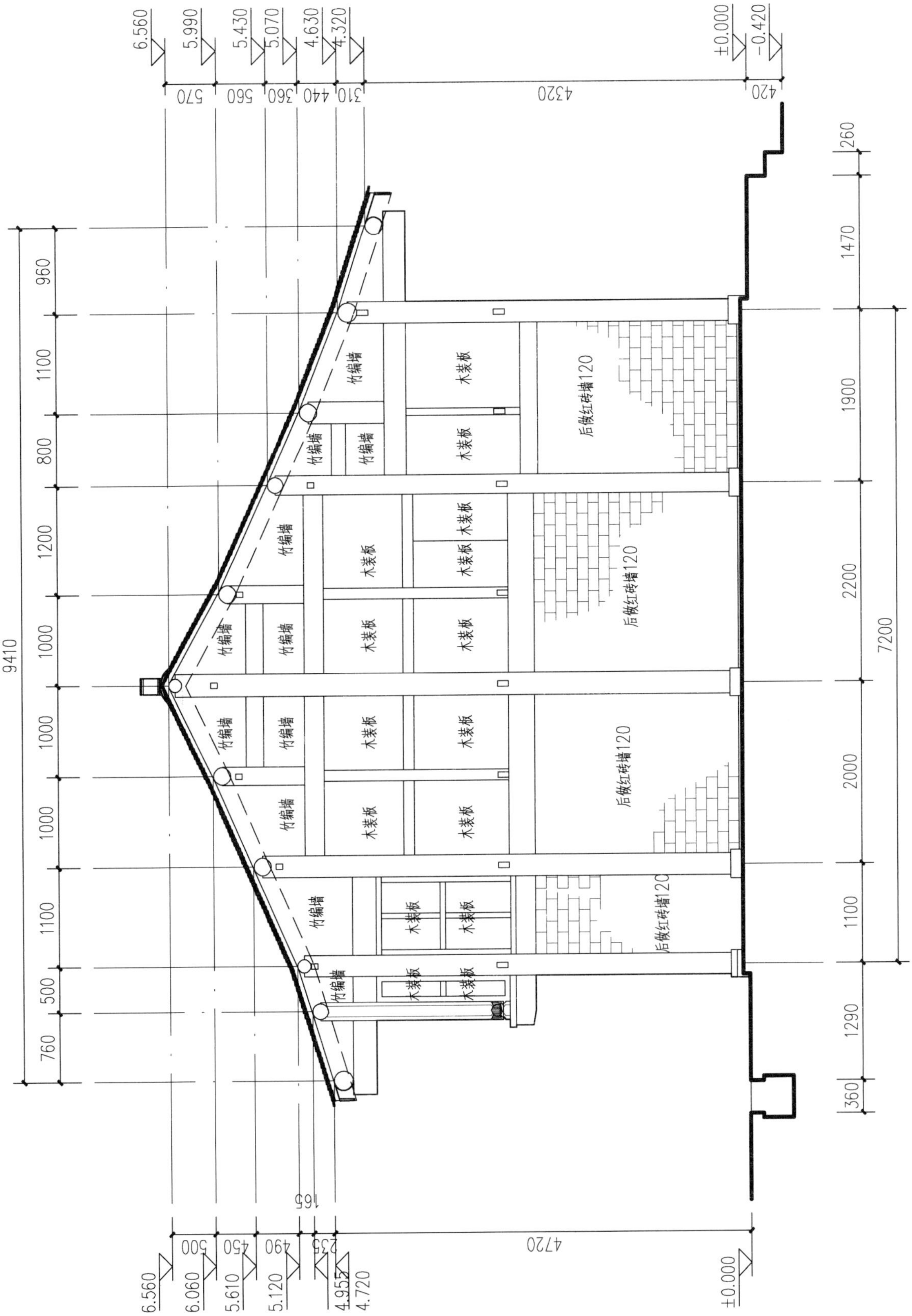

6.560
5.990
5.430
5.070
4.630
4.320
±0.000
-0.420
570
560
360
440
310
4320
420
9410
960
1100
800
1200
1000
1000
1000
1100
500
760
260
1470
1900
2200
2000
1100
1290
360
7200
竹编墙
木装板
后做红砖墙120
165
500
450
490
235
4720
6.560
6.060
5.610
5.120
4.955
4.720
±0.000

图49 西厢房侧立面图

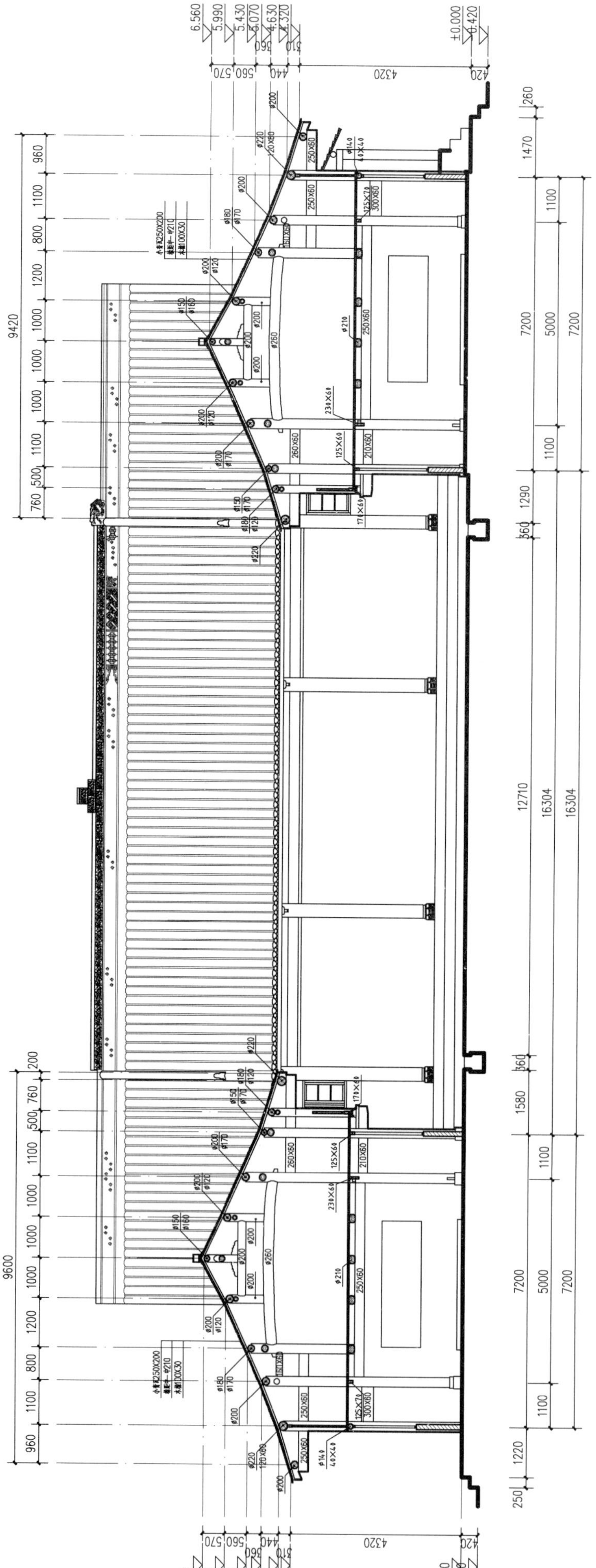

图50　厢房1-1剖面图

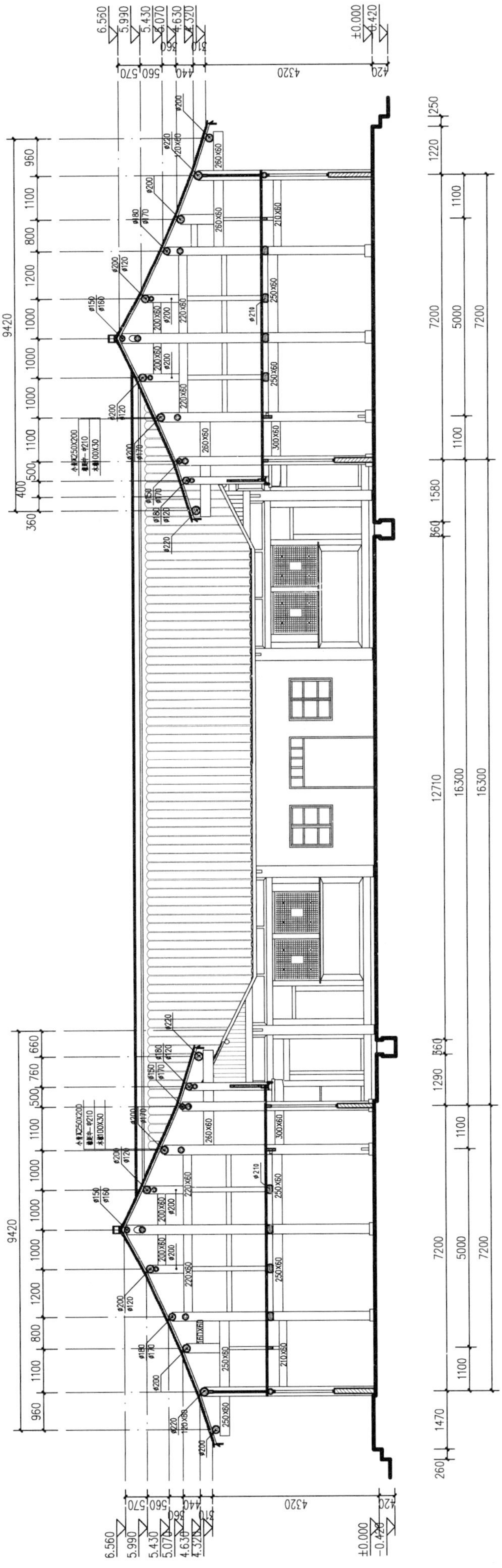
6.560
5.990
5.430
5.070
4.630
4.320
±0.000
-0.420
9420
7200
5000
16300
12710

图51　厢房2-2剖面图

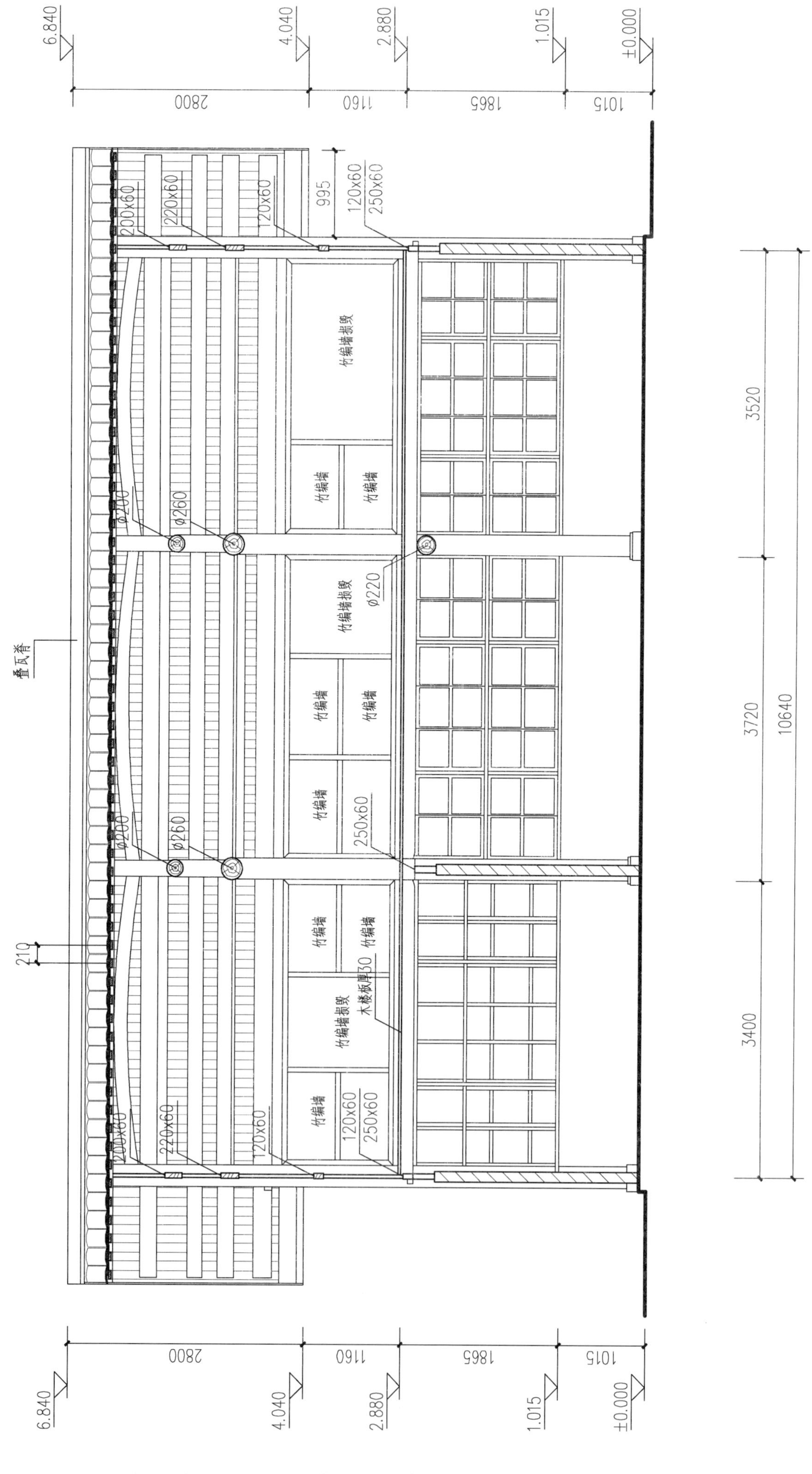

图52 东厢房3-3剖面图

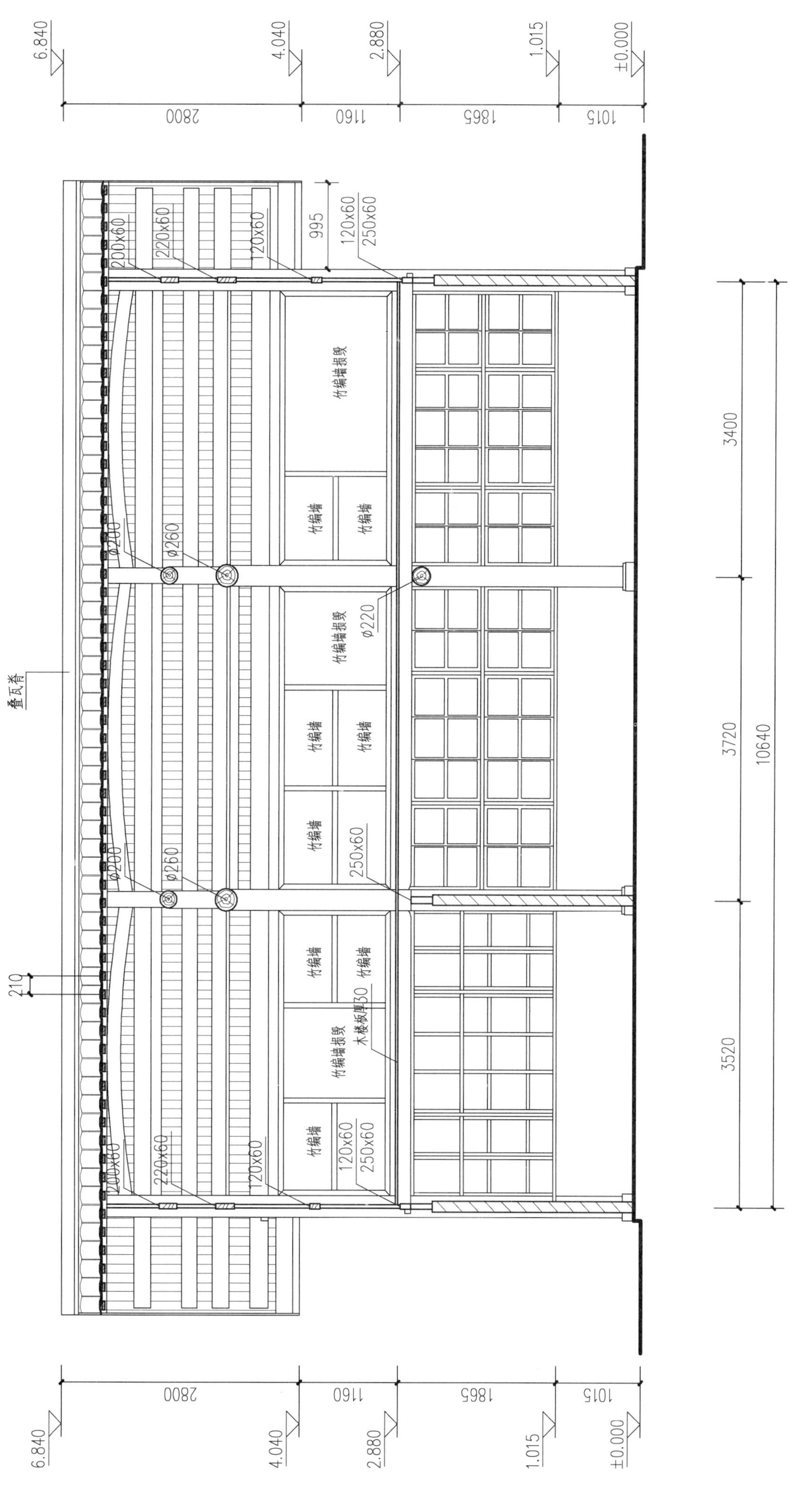

图53 西厢房4-4剖面图

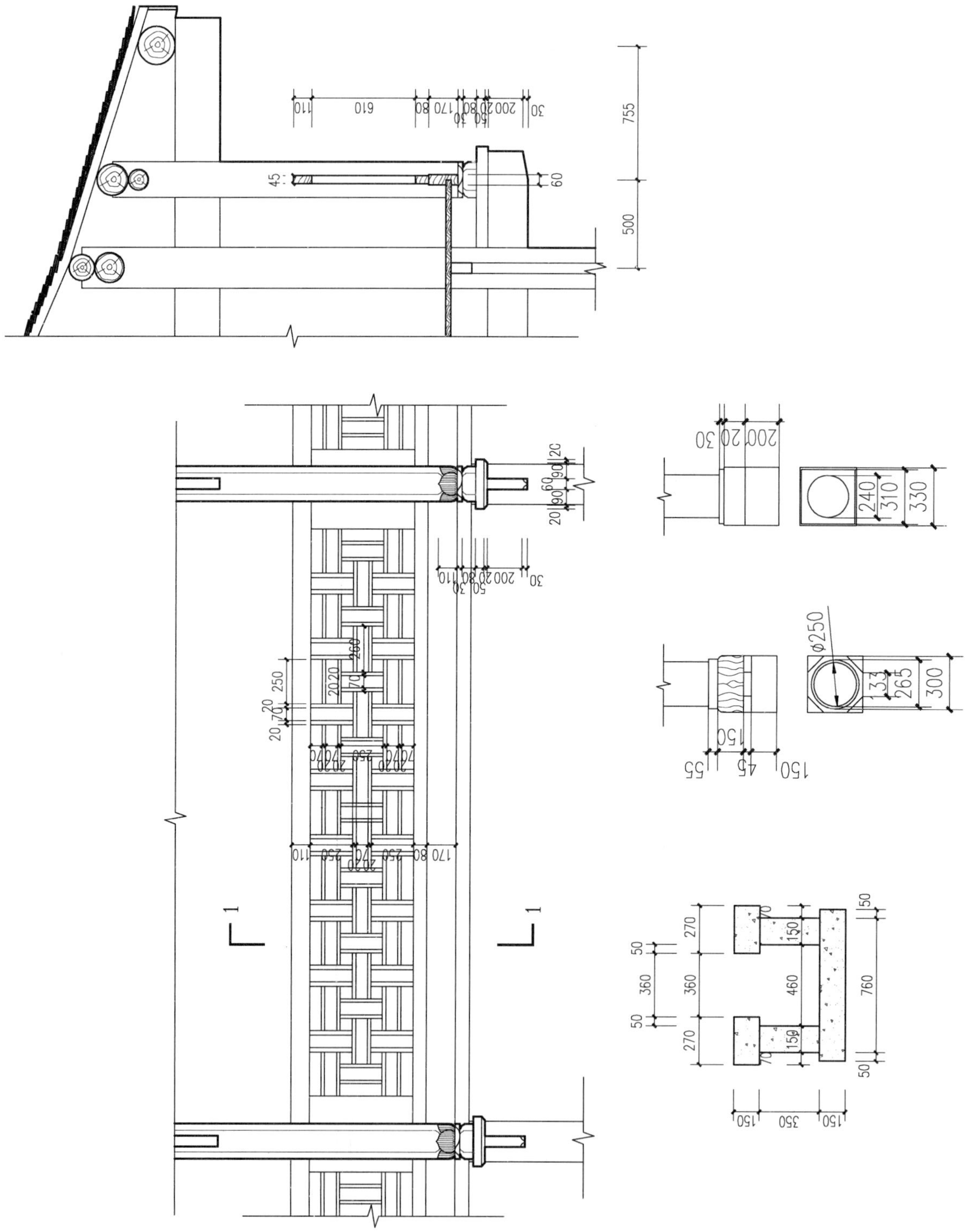
755
500
610
110
45
60
φ250
240
310
330
265
300
150
760
460
360
270
50
350

图54　大样图

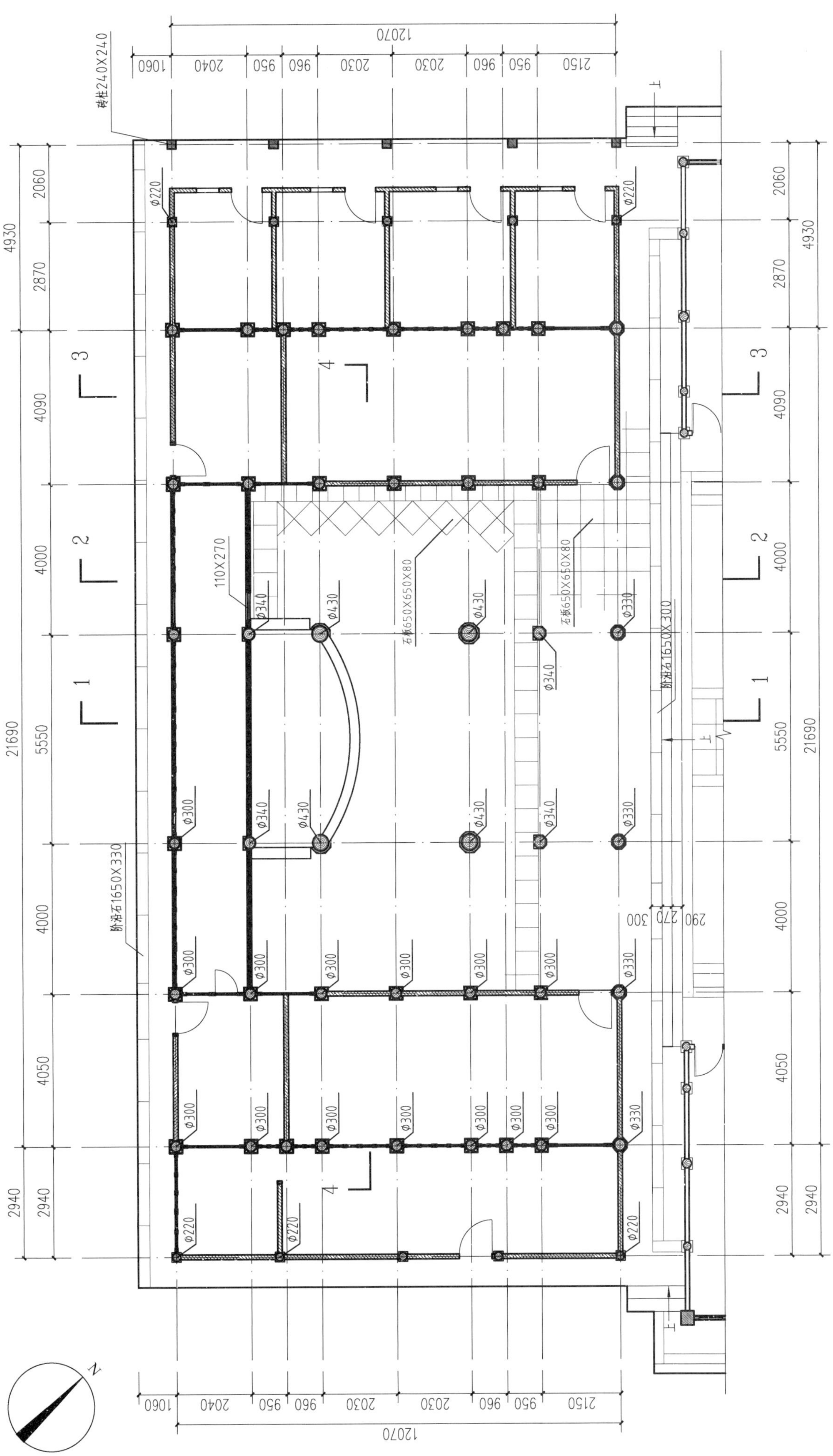
12070
1060
2040
950
960
2030
2150
砖柱240X240
4930
2060
2870
4090
4000
5550
21690
4050
2940
φ220
φ300
φ330
φ340
φ430
110X270
石板650X650X80
阶沿石1650X300
阶沿石1650X330
300
270
290
N

图55　正房平面图

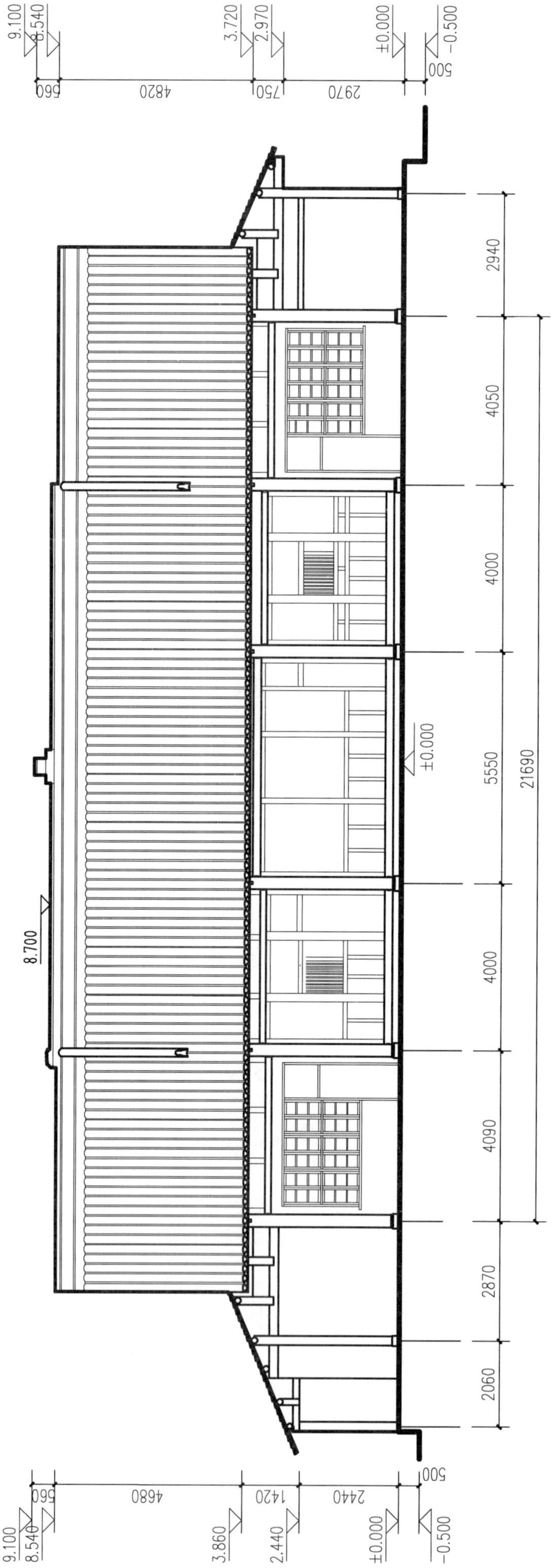
9.100
8.540
3.720
2.970
±0.000
-0.500
560
4820
750
2970
500
2940
4050
4000
5550
21690
4000
4090
2870
2060
8.700
±0.000
4680
1420
2440
3.860
2.440

图56 正房正立面图

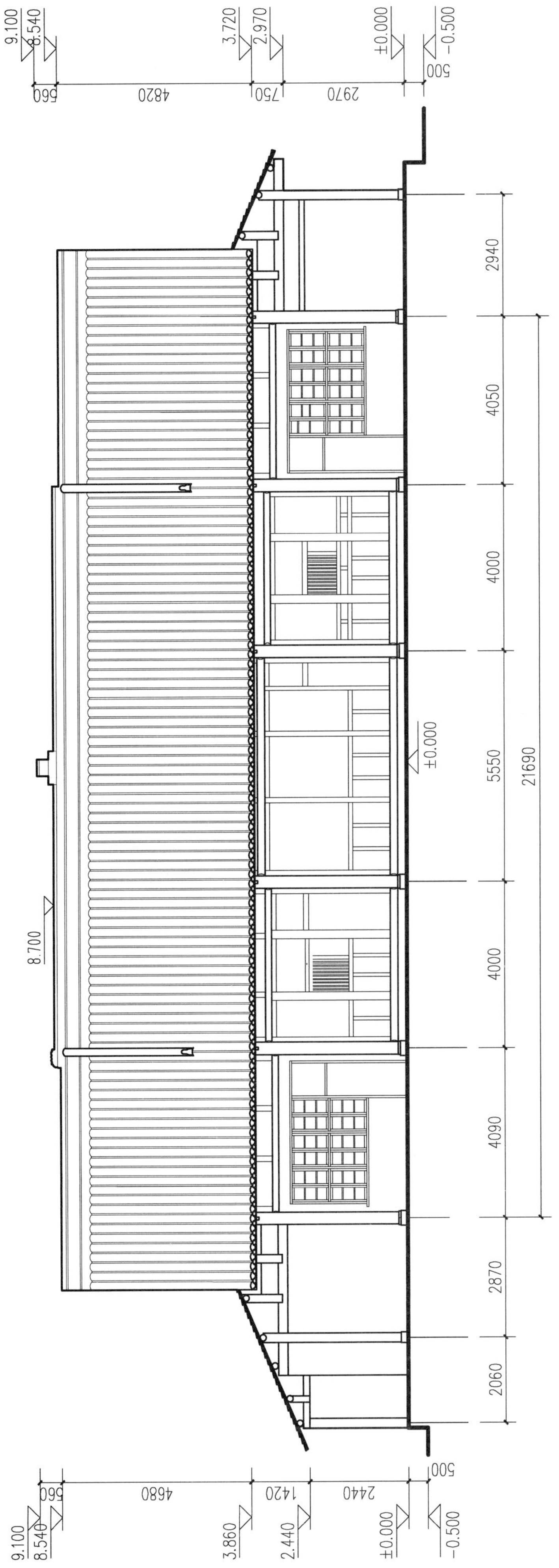
9.100
8.540
3.720
2.970
±0.000
-0.500
560
4820
750
2970
500
2940
4050
4000
5550
4000
4090
2870
2060
21690
±0.000
8.700
9.100
8.540
3.860
2.440
±0.000
-0.500
560
4680
1420
2440
500

图57 正房背立面图

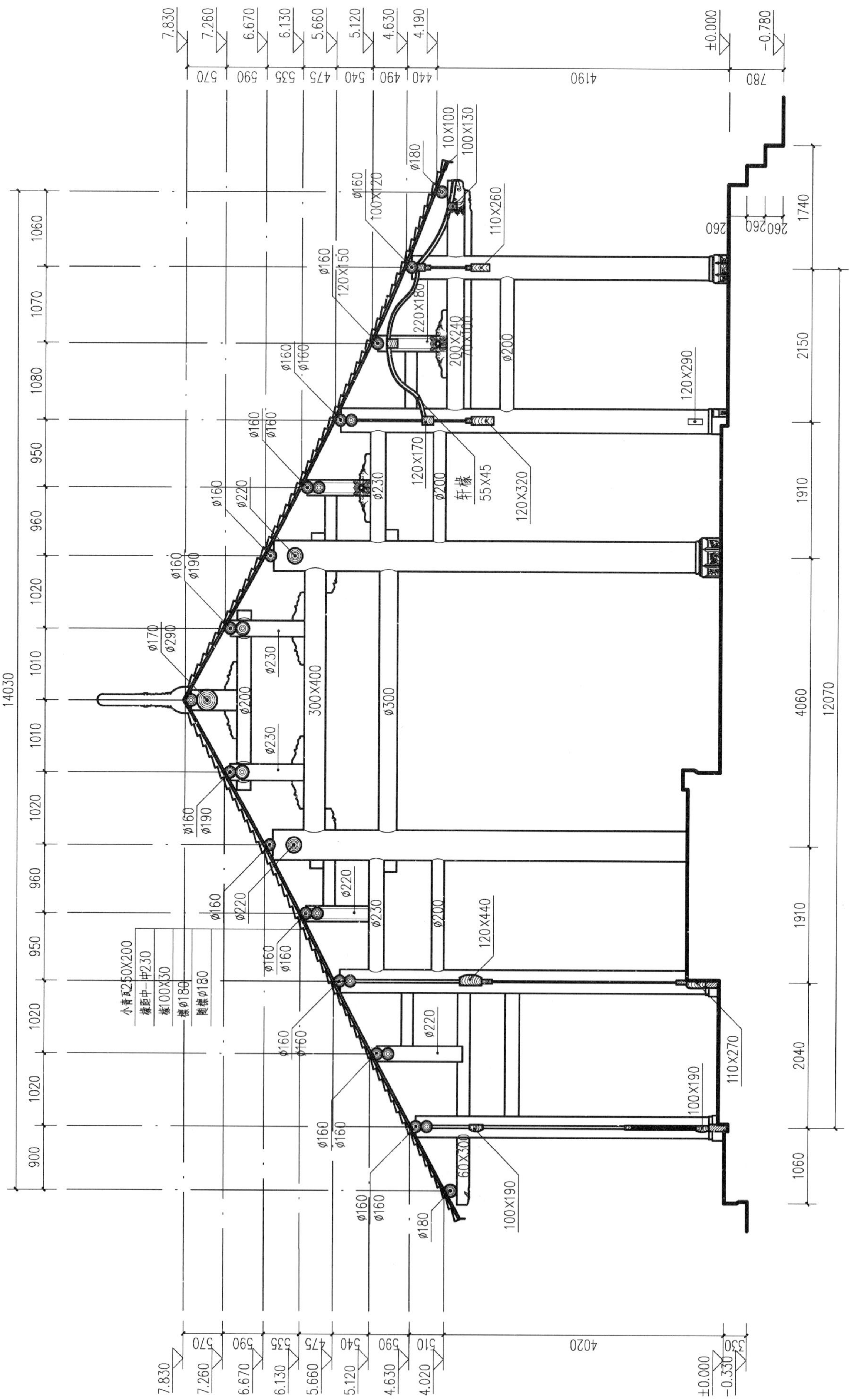
小青瓦250X200
椽距中—中230
椽100X30
檩ø180
随檩ø180
轩椽
55X45
14030
12070
300X400
ø300
ø200
ø230
7.830
±0.000
-0.780
-0.330

图58　正房1-1剖面图

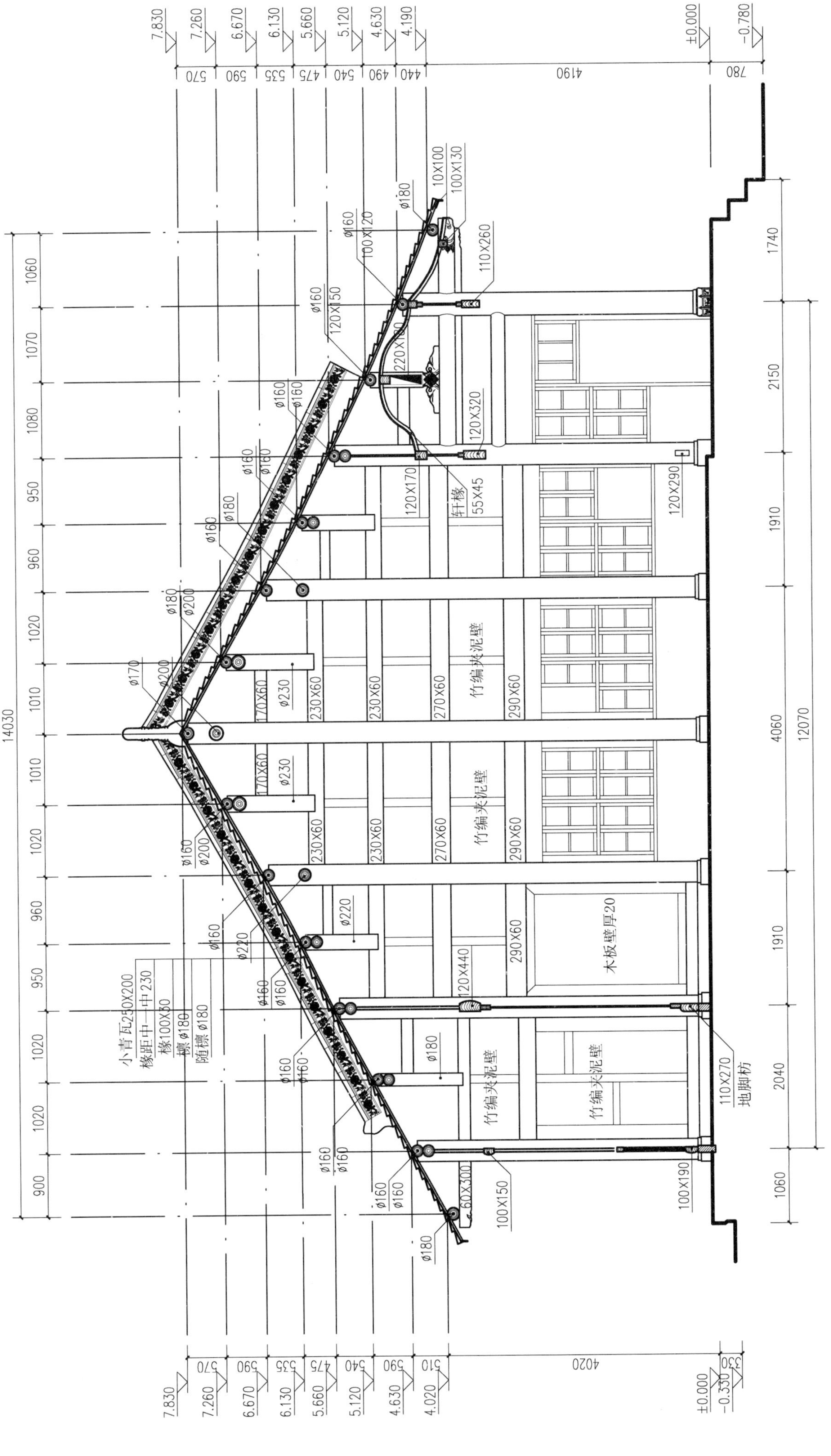
小青瓦250X200
椽距中—中230
椽100X30
檩Ø180
随檩Ø180
竹编夹泥壁
木板壁厚20
轩椽
55X45
地脚枋
110X270
14030
12070
4060
±0.000
-0.780
-0.330
7.830
7.260
6.670
6.130
5.660
5.120
4.630
4.190
4.020

图59　正房2-2剖面图

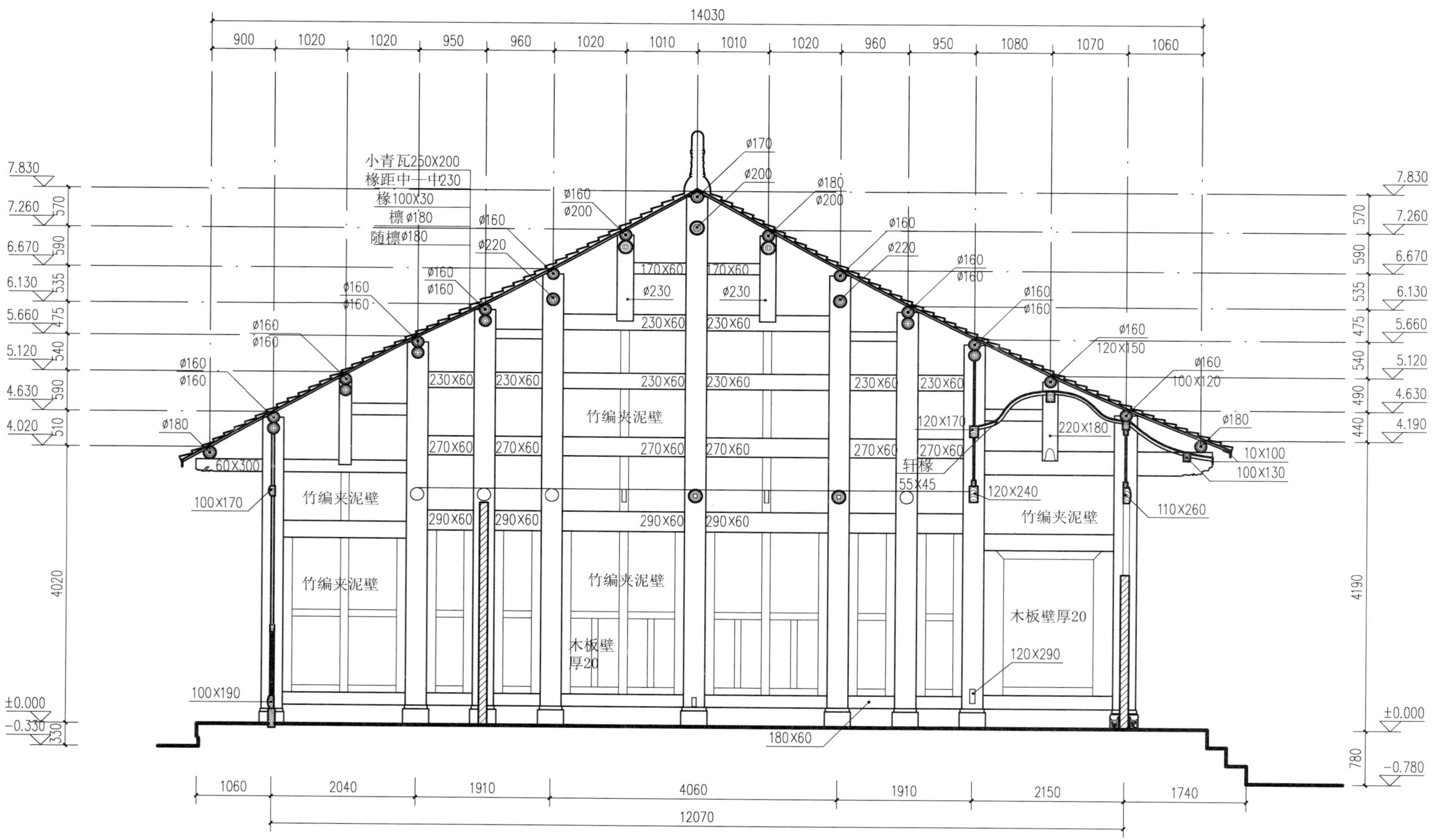
14030
小青瓦250X200
椽距中—中230
椽100X30
檩ø180
随檩ø180
竹编夹泥壁
木板壁厚20
轩椽
55X45
12070

图60 正房3-3剖面图

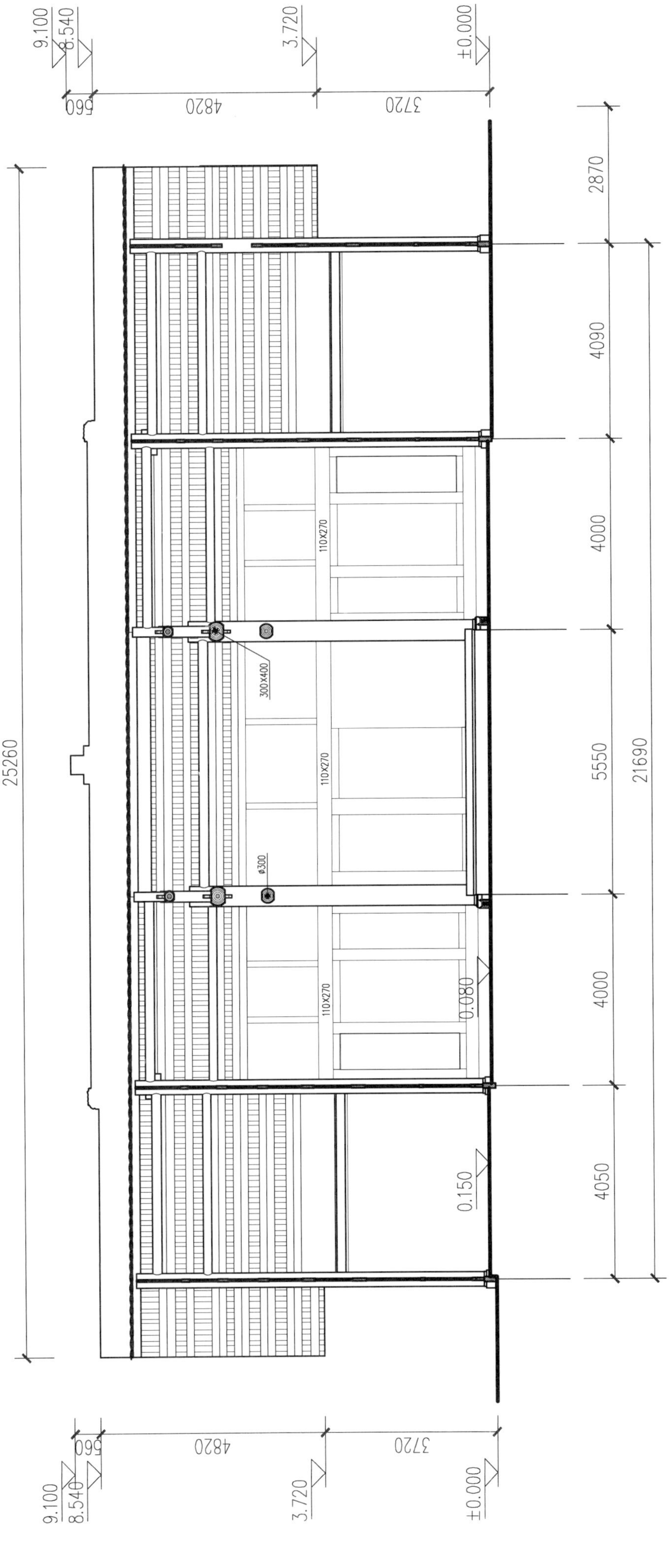
9.100
8.540
3.720
±0.000
560
4820
3720
2870
4090
4000
5550
4000
4050
21690
25260
110X270
300X400
ø300
0.080
0.150

图61　正房4-4剖面图

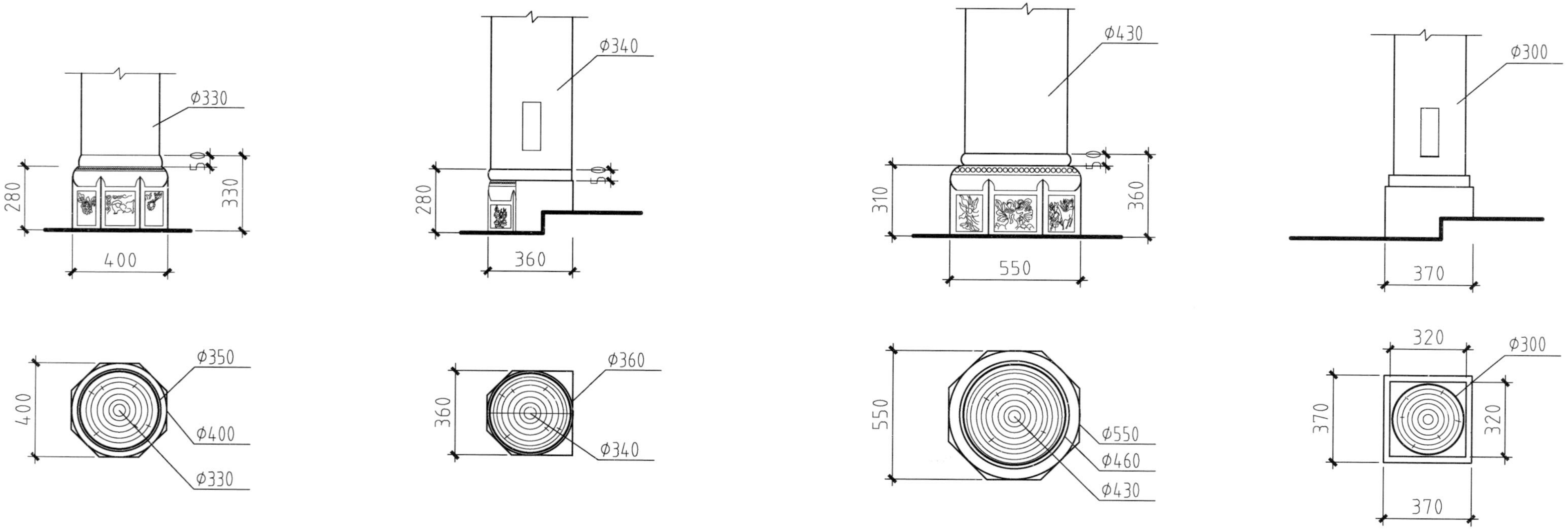
Φ330
280
330
50
400
Φ350
Φ400
Φ330
Φ340
280
50
360
Φ360
Φ340
Φ430
310
360
50
550
Φ550
Φ460
Φ430
Φ300
370
320
Φ300
370
320
370

图62　正房柱础详图

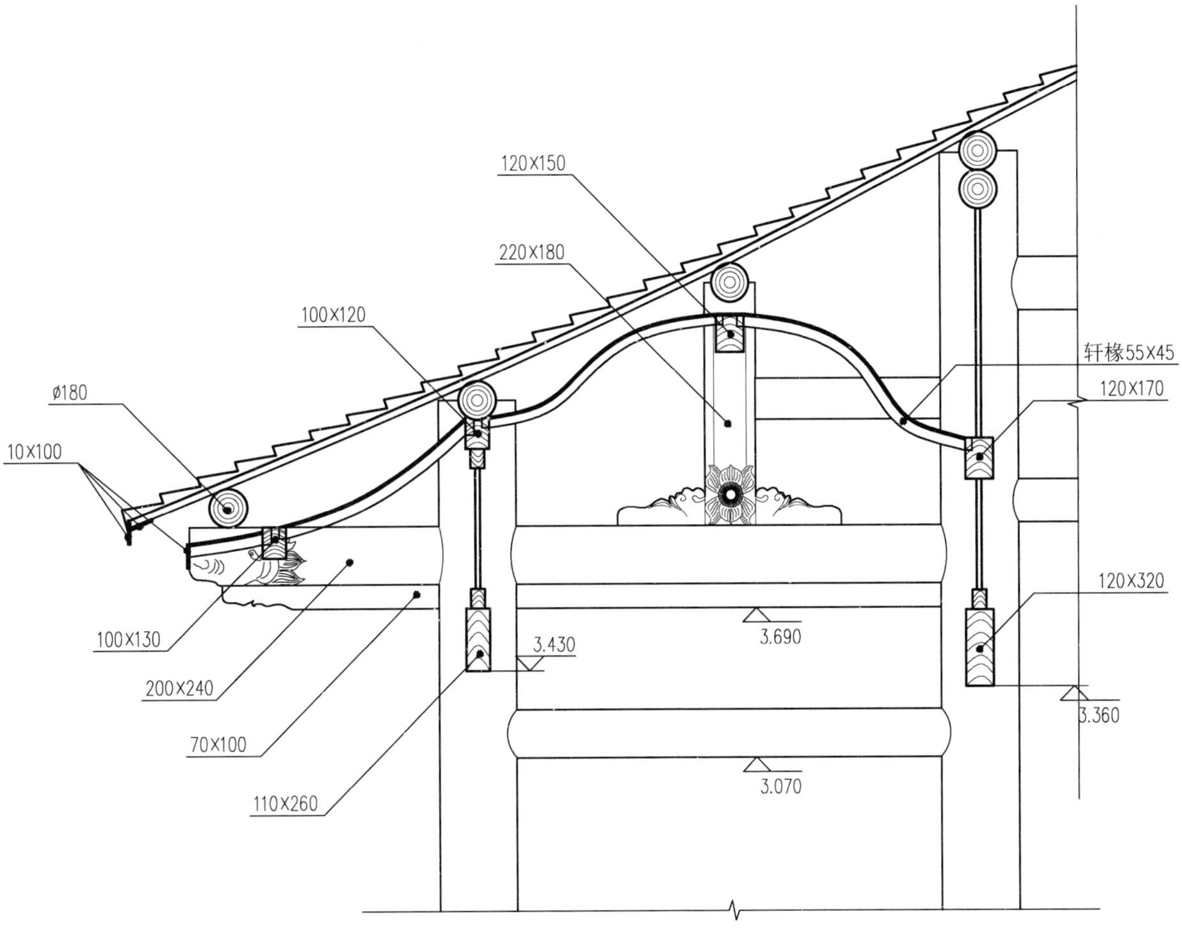
120X150
220X180
100X120
轩椽55X45
120X170
ø180
10X100
100X130
200X240
70X100
110X260
3.430
3.690
120X320
3.360
3.070

图63　正房挑、轩棚详图

渠县赵氏宗祠

赵氏宗祠位于渠县土溪镇石千村一组。坐北朝南，为传统四合院建筑,中轴线建筑依次为拥壁、戏楼、正房，画汝楼位于戏楼两侧，院内东、西两侧为厢房。

拥壁为“一”字牌楼式建筑，基部砌石，墙体砖砌。六柱五间，通高8.43米。正面五门，正门为六柱五间牌楼式，石柱，拱券顶门洞，施木板门。

戏楼背靠拥壁而建，由上、下两层组成，平面为正方形。底层十四柱，上施枋、楼板。上层为戏台，面阔6.7米、进深7.1米，通高9.2米。抬梁式结构。歇山顶。左、右两侧与画汝楼相连，小青瓦屋顶。

正房平面呈长方形，面阔为七间、进深9米，通高6.1米。抬梁穿斗混合式结构。东西两侧各加建披檐。悬山顶，小青瓦屋面。

厢房对称分布于内坝的两侧，形制、结构相同。面阔6间、进深3.1米，高5.2米。穿斗式构架。悬山顶，小青瓦屋面。

该建筑建于清乾隆年间。

四川省文物保护单位。

测绘制图：丛宇、陈玉

成图时间：2011年5月

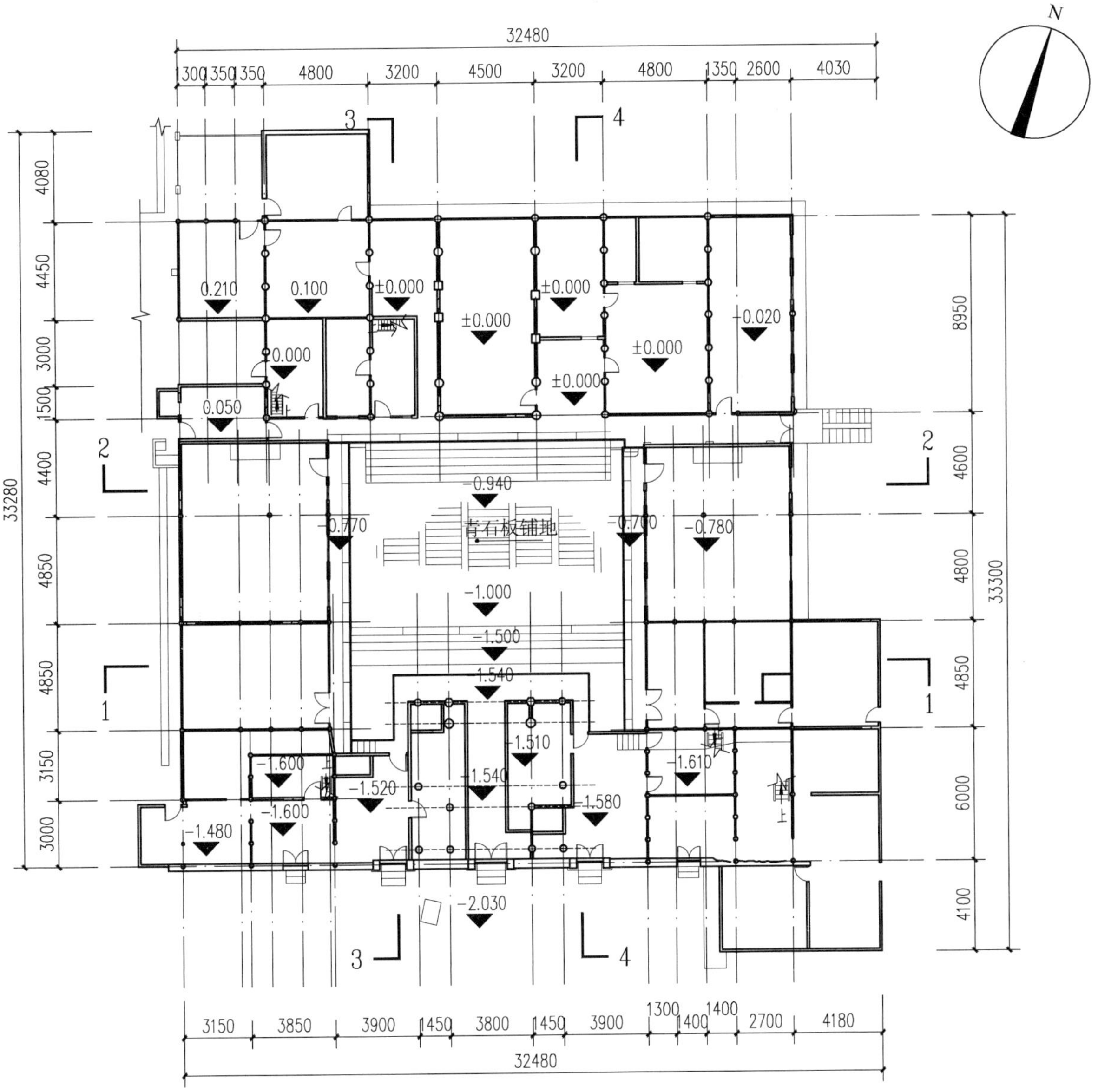
N
32480
1300
350
350
4800
3200
4500
3200
4800
1350
2600
4030
4080
4450
3000
1500
4400
4850
4850
3150
3000
33280
8950
4600
4800
4850
6000
4100
33300
0.210
0.100
±0.000
±0.000
±0.000
±0.000
±0.000
-0.020
0.000
0.050
-0.940
青石板铺地
-0.770
-0.760
-0.780
-1.000
-1.500
-1.540
-1.510
-1.540
-1.600
-1.600
-1.520
-1.480
-1.580
-1.610
-2.030
3150
3850
3900
1450
3800
1450
3900
1300
1400
1400
2700
4180
32480
1
2
3
4

图1　一层平面图

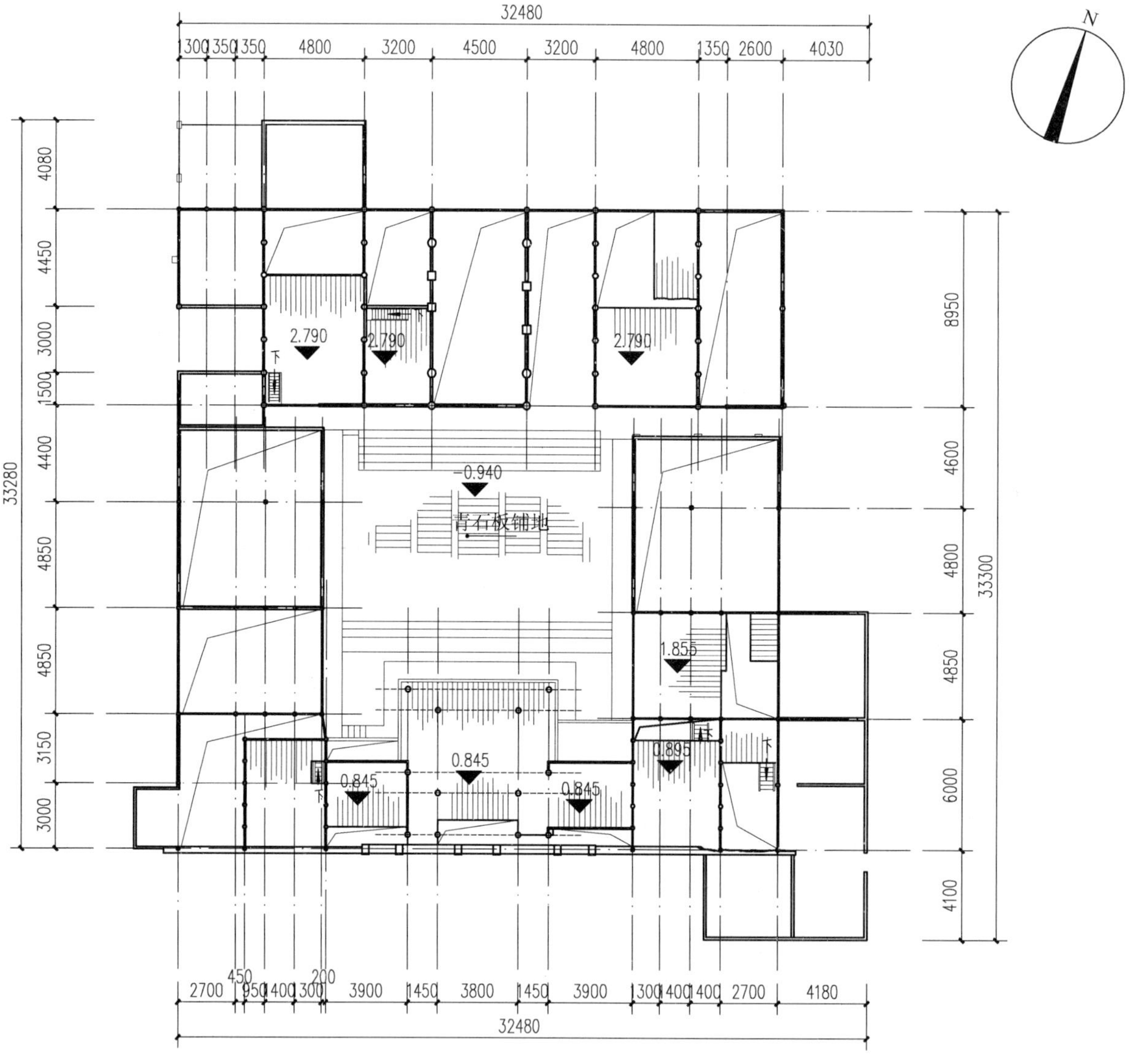
32480
1300 350 1350 4800 3200 4500 3200 4800 1350 2600 4030
N
4080
4450
3000
1500
4400
4850
4850
3150
3000
33280
8950
4600
4800
4850
6000
4100
33300
2.790
2.790
2.790
−0.940
青石板铺地
1.855
0.895
0.845
0.845
0.845
2700 450 950 1400 300 200 3900 1450 3800 1450 3900 1300 1400 1400 2700 4180
32480

图2　二层平面图

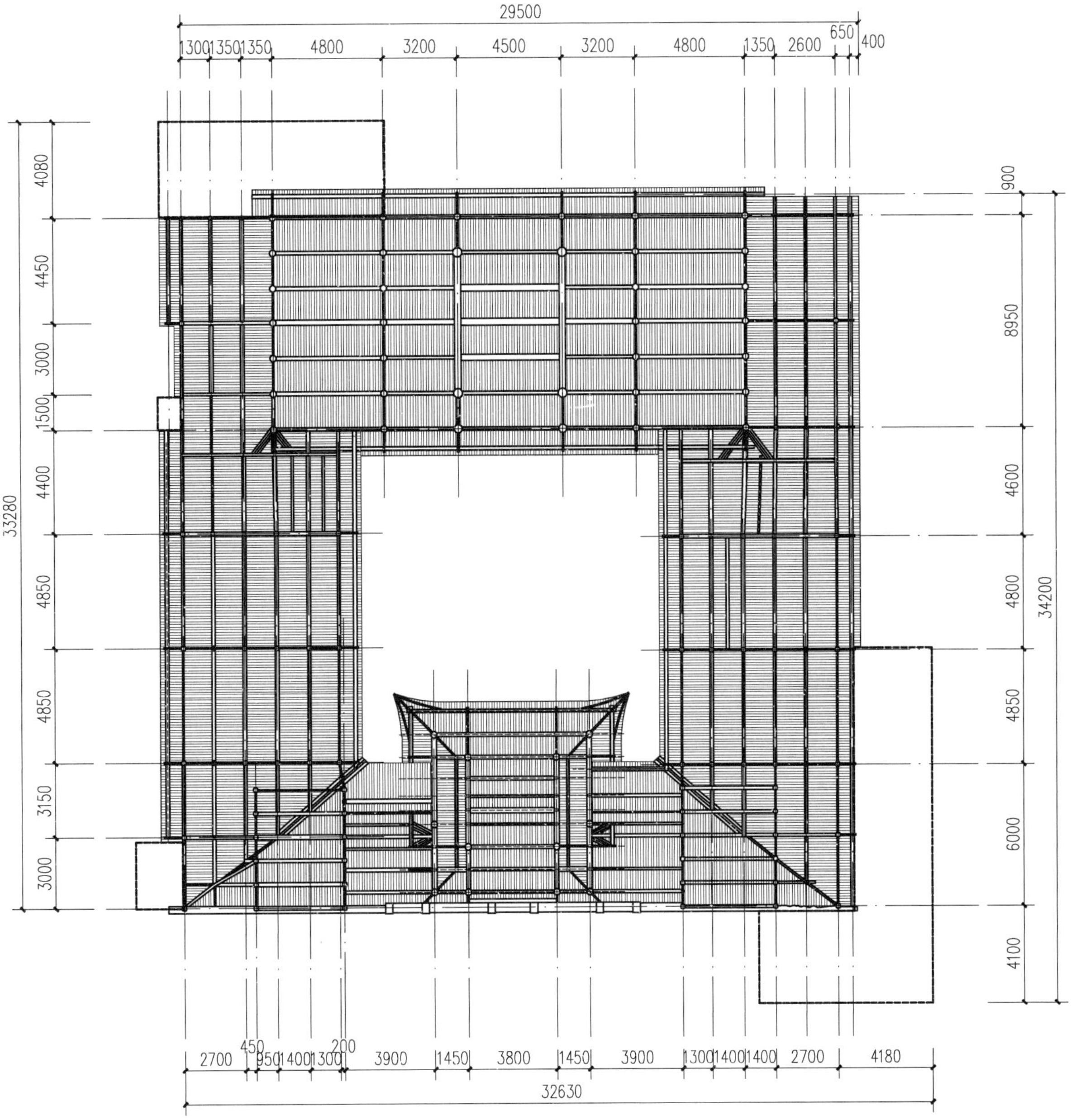
29500
1300 1350 1350 4800 3200 4500 3200 4800 1350 2600 650 400
4080
4450
3000
1500
4400
4850
4850
3150
3000
33280
900
8950
4600
4800
4850
6000
4100
34200
450 200
2700 950 1400 1300 3900 1450 3800 1450 3900 1300 1400 1400 2700 4180
32630

图3　仰视图

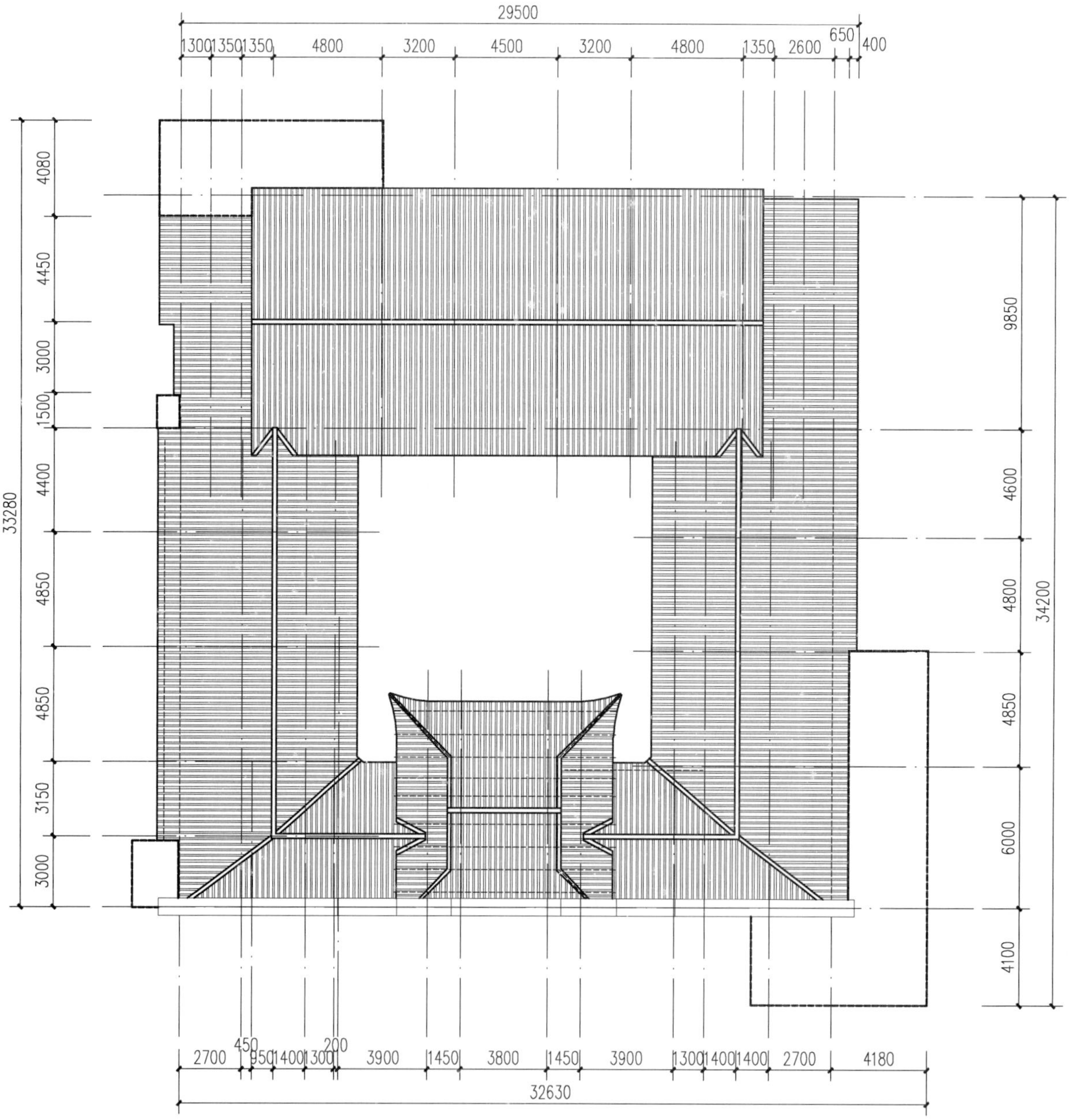
29500
1300
1350
1350
4800
3200
4500
3200
4800
1350
2600
650
400
4080
4450
3000
1500
4400
4850
4850
3150
3000
33280
9850
4600
4800
4850
6000
4100
34200
450
200
2700
950
1400
1300
3900
1450
3800
1450
3900
1300
1400
1400
2700
4180
32630

图4 顶视图

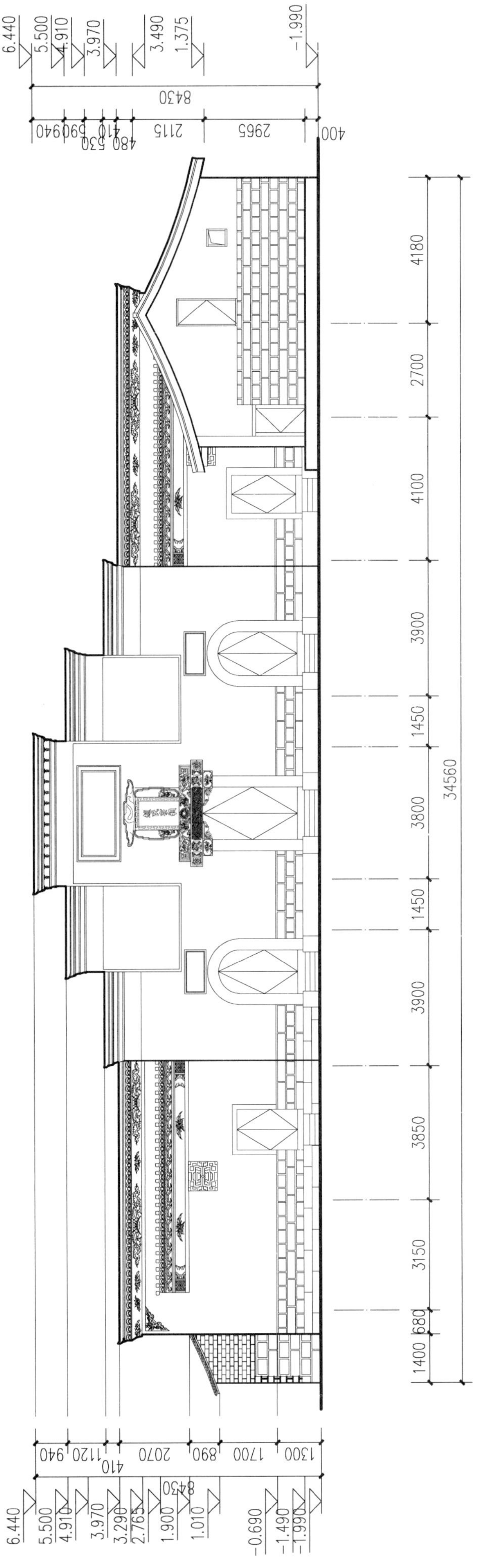

图5 正立面图

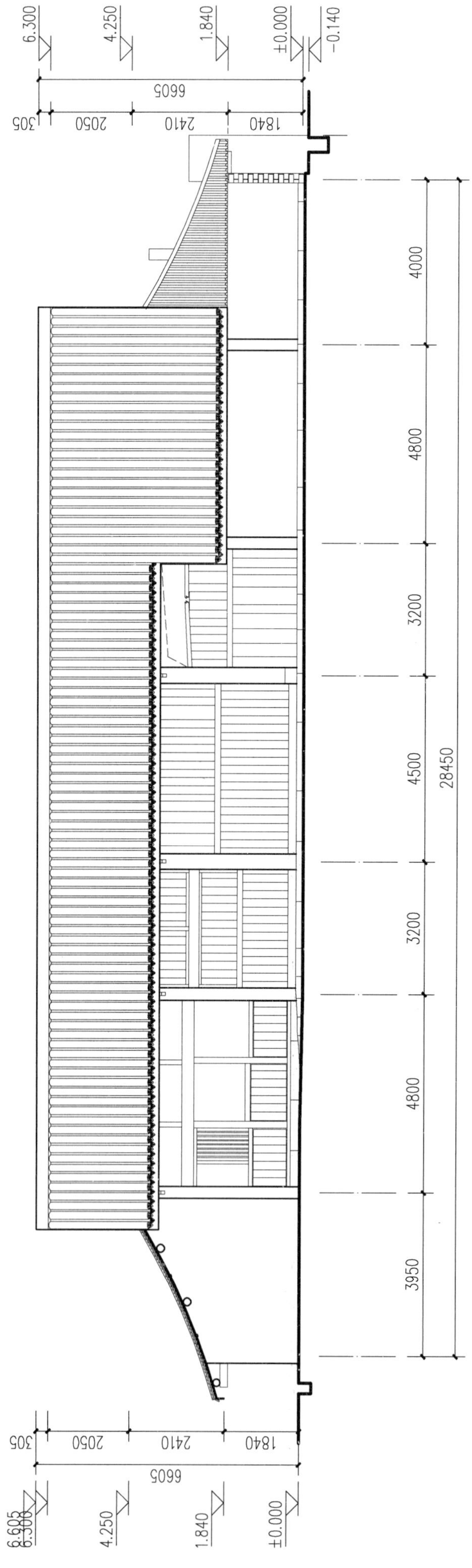
6.300
4.250
1.840
±0.000
-0.140
6605
305
2050
2410
1840
4000
4800
3200
4500
3200
4800
3950
28450
6.605

图6　背立面图

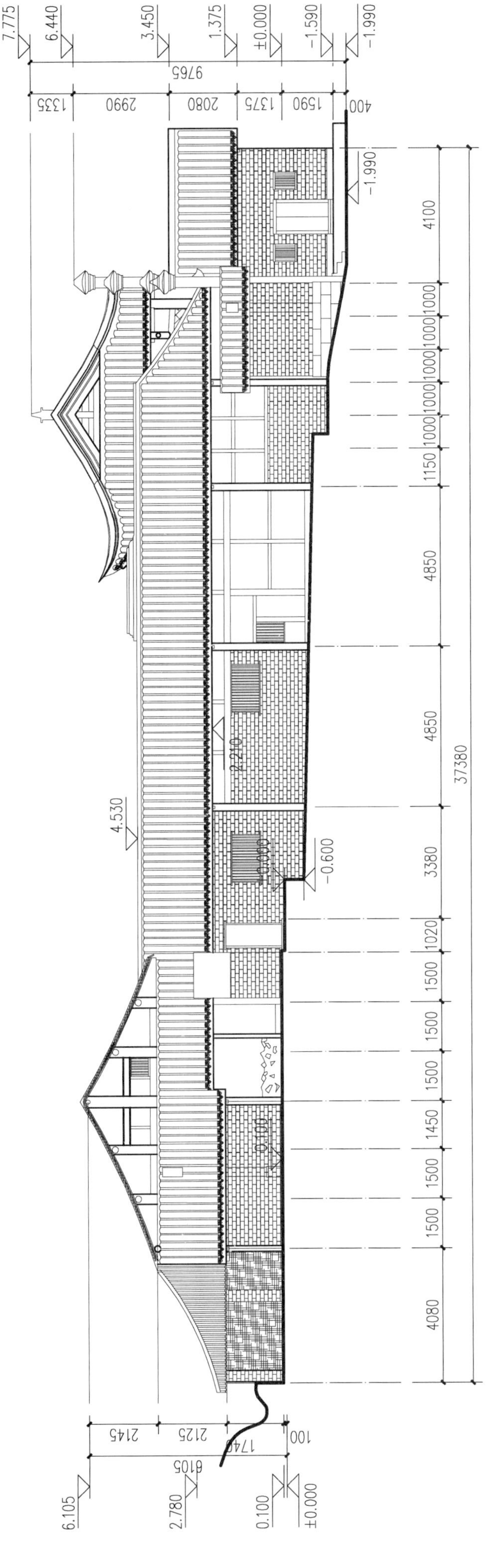

7.775
6.440
3.450
1.375
±0.000
-1.590
-1.990
9765
1335
2990
2080
1375
1590
400
-1.990
4100
1000
1000
1000
1000
1000
1000
1150
4850
4850
2.210
4.530
37380
3380
-0.600
±0.000
1020
1500
1500
1500
1450
0.100
1500
1500
4080
2145
2125
1740
100
6105
6.105
2.780
0.100
±0.000

图7　东侧立面图

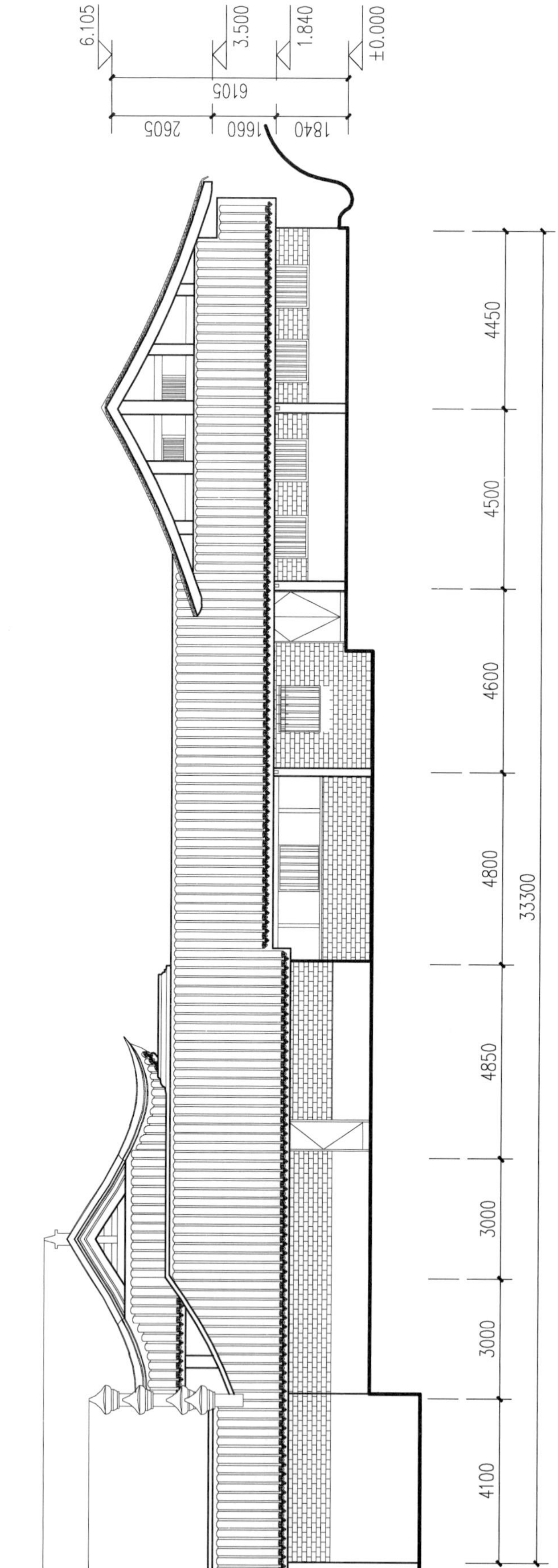
6.105
3.500
1.840
±0.000
6105
2605
1660
1840
4450
4500
4600
4800
33300
4850
3000
3000
4100
1215
3105
2080
3365
9765
7.770
6.555
3.450
1.400
-1.990

图8 西侧立面图

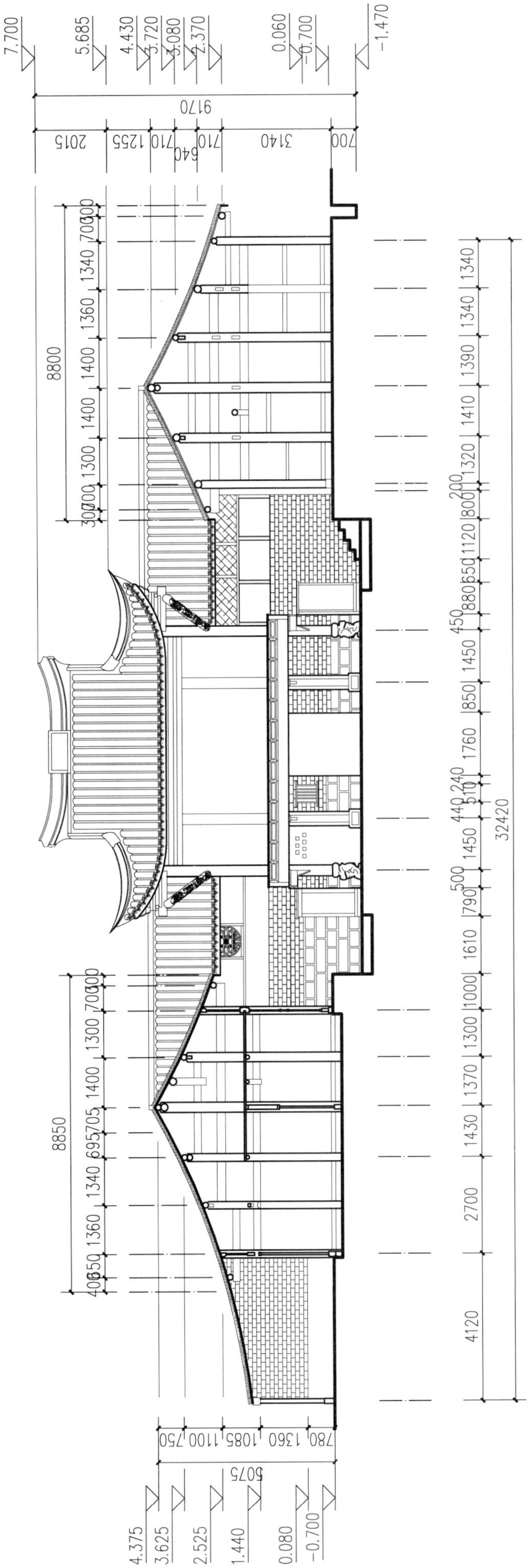
7.700
5.685
4.430
3.720
3.080
2.370
0.060
-0.700
-1.470
9170
2015
1255
710
640
3140
700
8800
8850
32420
4.375
3.625
2.525
1.440
0.080
-0.700
5075
750
1100
1085
1360
780
4120
2700

图9　1-1剖立面图

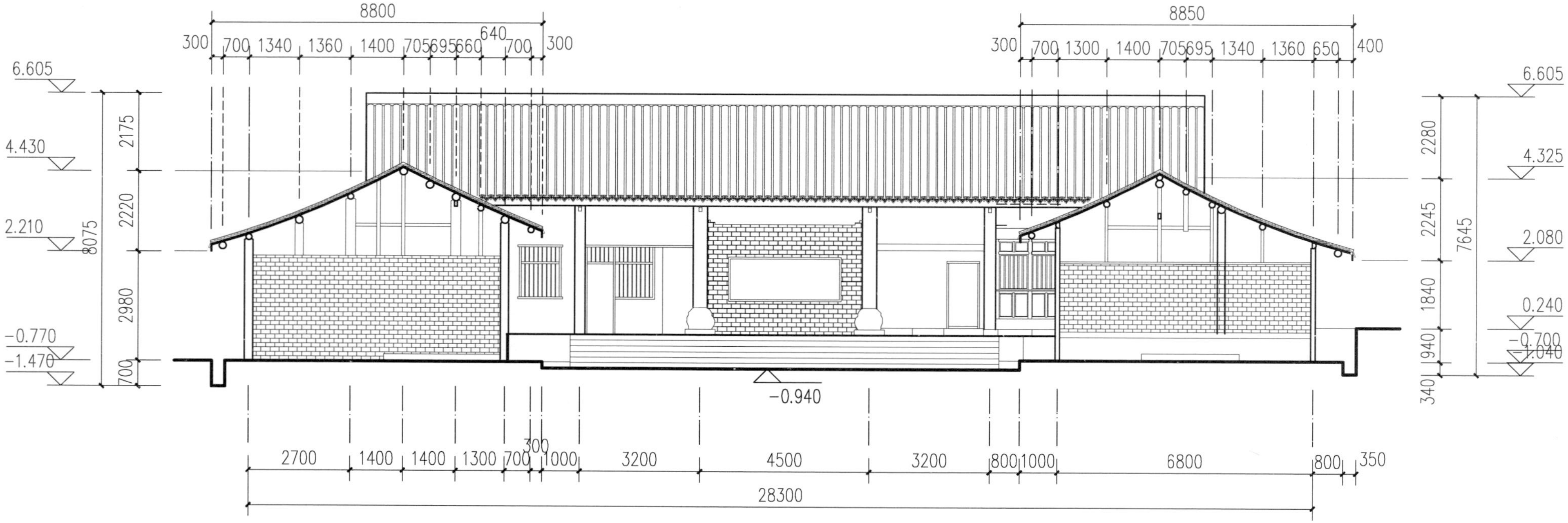
8800
300
700
1340
1360
1400
705
695
660
640
700
300
8850
300
700
1300
1400
705
695
1340
1360
650
400
6.605
4.430
2.210
−0.770
−1.470
2175
2220
2980
700
8075
6.605
4.325
2.080
0.240
−0.700
−1.040
2280
2245
1840
940
340
7645
−0.940
2700
1400
1400
1300
700
300
1000
3200
4500
3200
800
1000
6800
800
350
28300

图10　2-2剖立面图

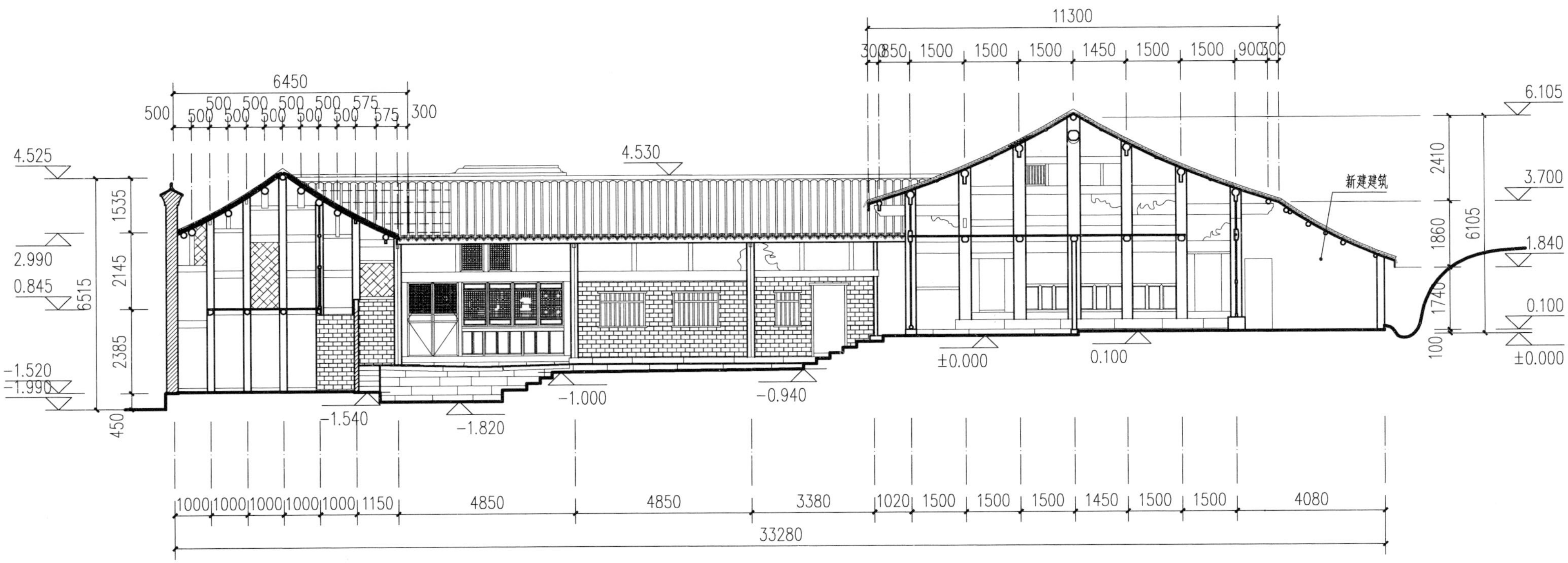
6450
500 500 500 500 575
500 500 500 500 500 500 575 300
11300
300 850 1500 1500 1500 1450 1500 1500 900 300
4.525
2.990
0.845
6515
1535
2145
2385
-1.520
-1.990
450
4.530
新建建筑
6.105
3.700
1.840
0.100
±0.000
2410
1860
1740
100
6105
±0.000
0.100
-1.540
-1.820
-1.000
-0.940
1000 1000 1000 1000 1000 1150 4850 4850 3380 1020 1500 1500 1500 1450 1500 1500 4080
33280

图11　3-3剖立面图

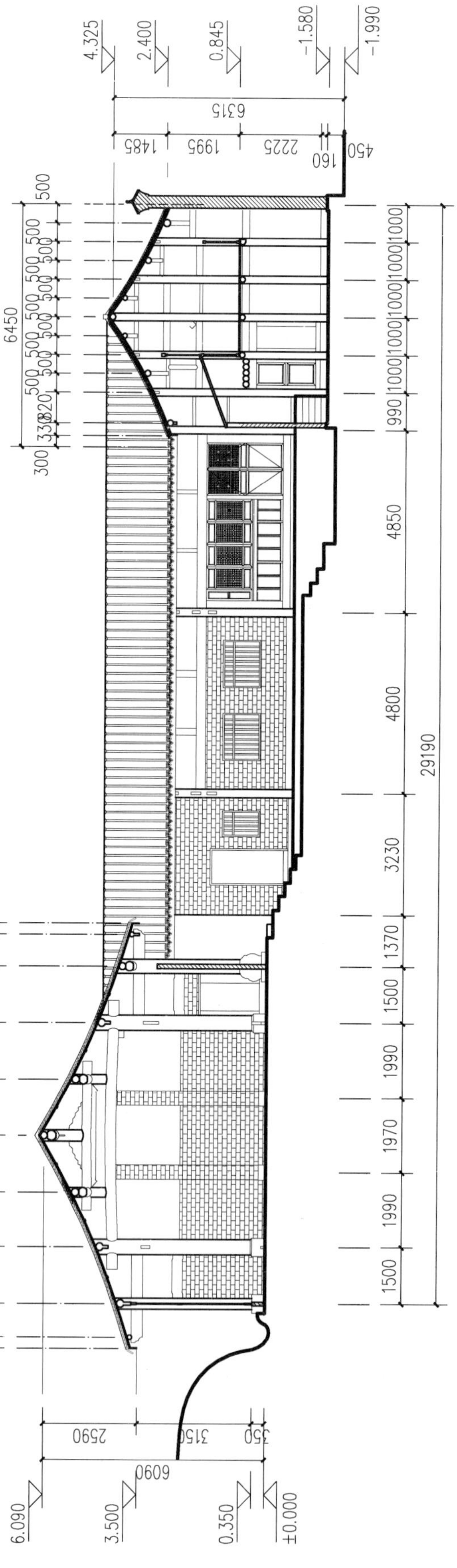

图12 4-4剖立面图

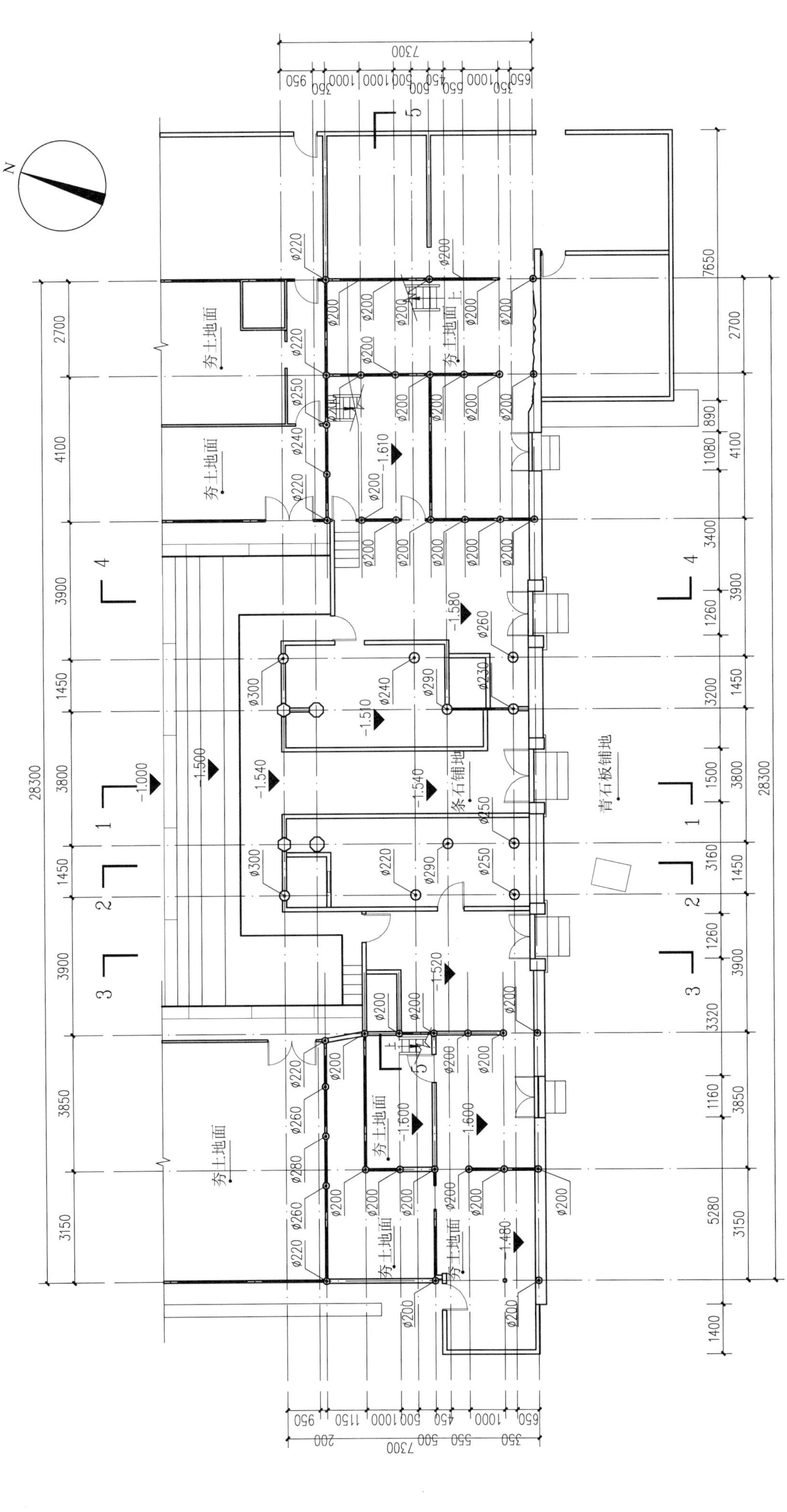
N
7300
7650
28300
夯土地面
青石板铺地
条石铺地
-1.000
-1.500
-1.510
-1.520
-1.540
-1.580
-1.600
-1.610
-1.480
ø200
ø220
ø240
ø250
ø260
ø280
ø290
ø300

图13 戏楼一层平面图

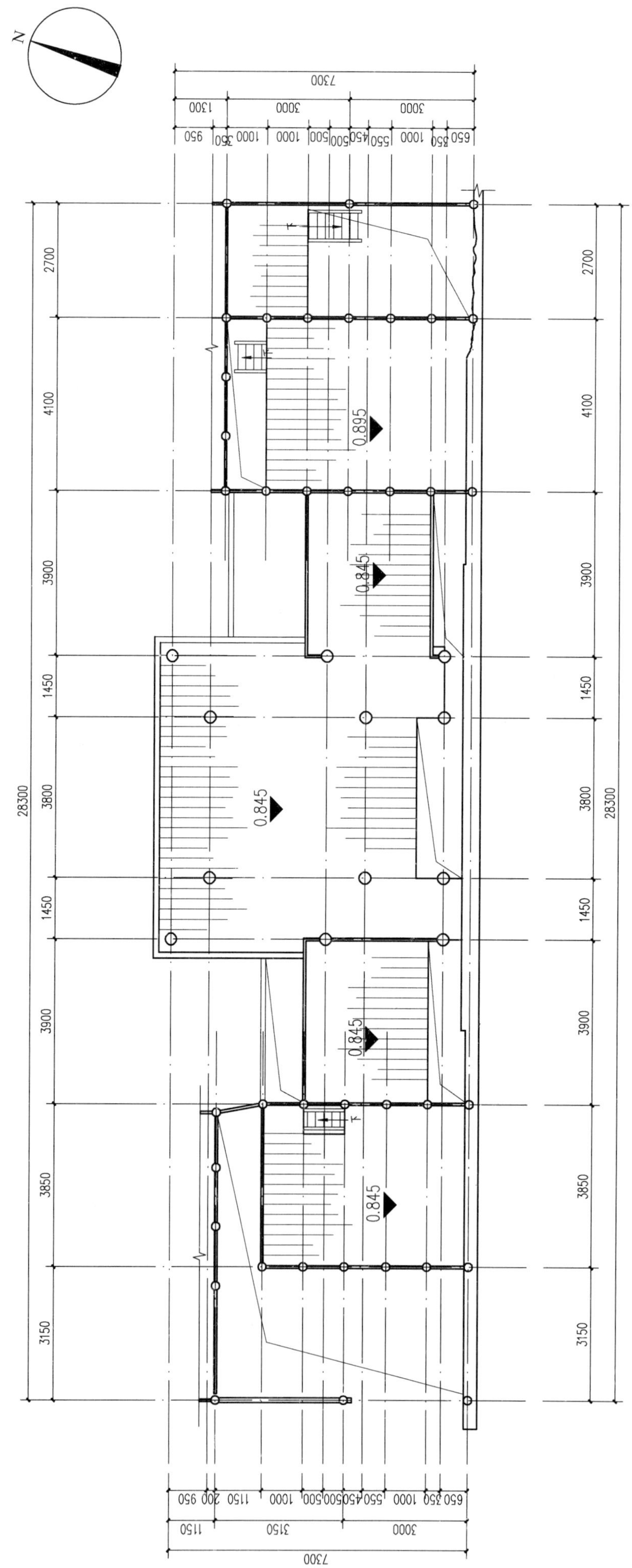
N
7300
1300
3000
3000
2700
4100
3900
1450
3800
1450
3900
3850
3150
28300
0.895
0.845
0.845
0.845
0.845
1150
3150
3000
7300

图14　戏楼二层平面图

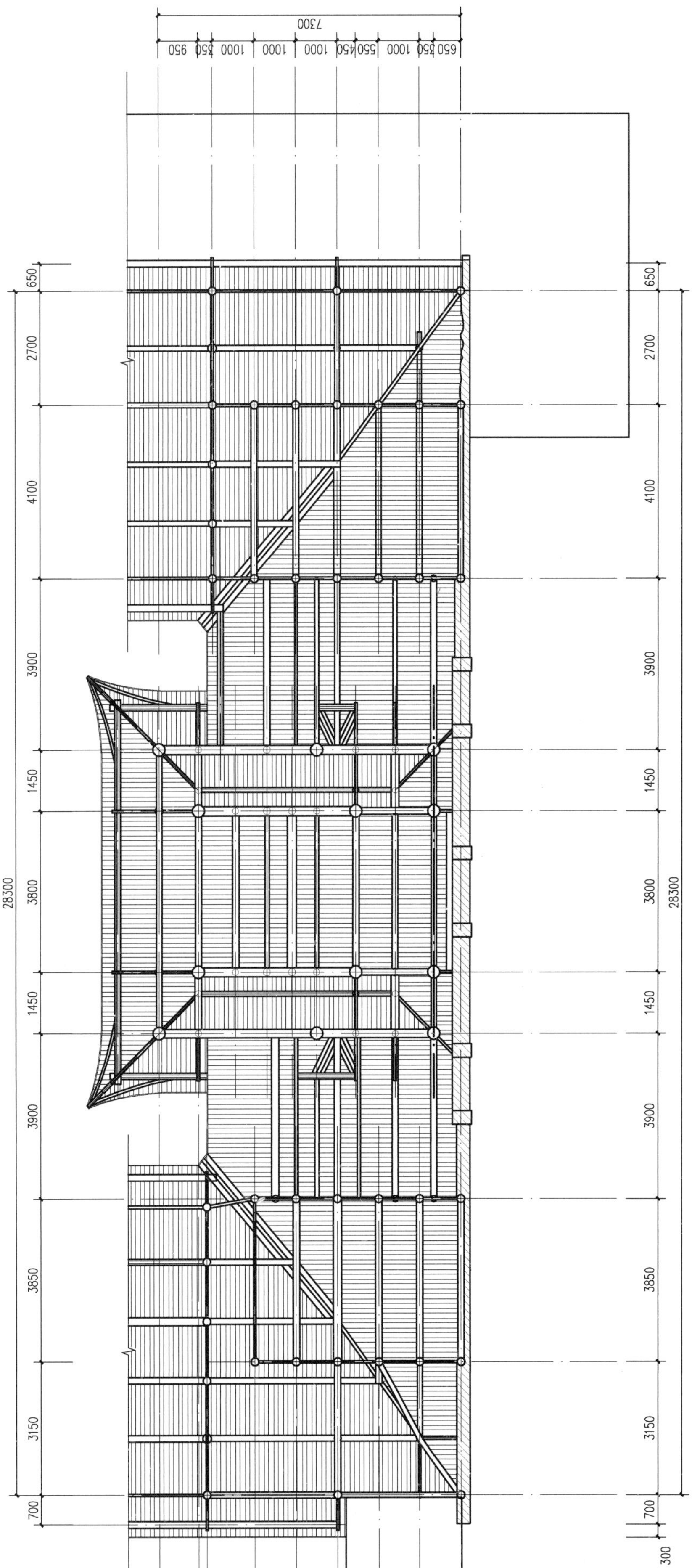
7300
650 350 1000 550 450 1000 1000 1000 350 350 950
650
2700
4100
3900
1450
3800
28300
1450
3900
3850
3150
700
300
650 350 1000 550 450 1000 1000 1150 200 950
7300

图15　戏楼仰视图

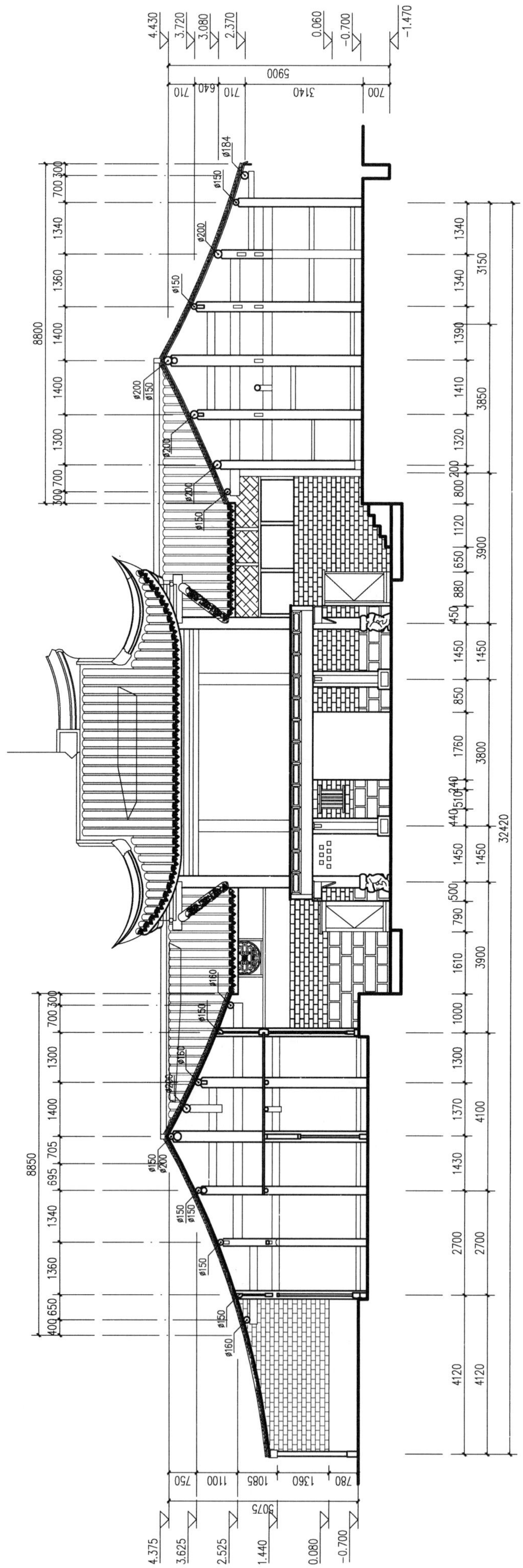
4.430
3.720
3.080
2.370
0.060
-0.700
-1.470
5900
710
640
710
3140
700
8800
8850
32420
4.375
3.625
2.525
1.440
0.080
-0.700
5075
750
1100
1085
1360
780

图16　戏楼正立面

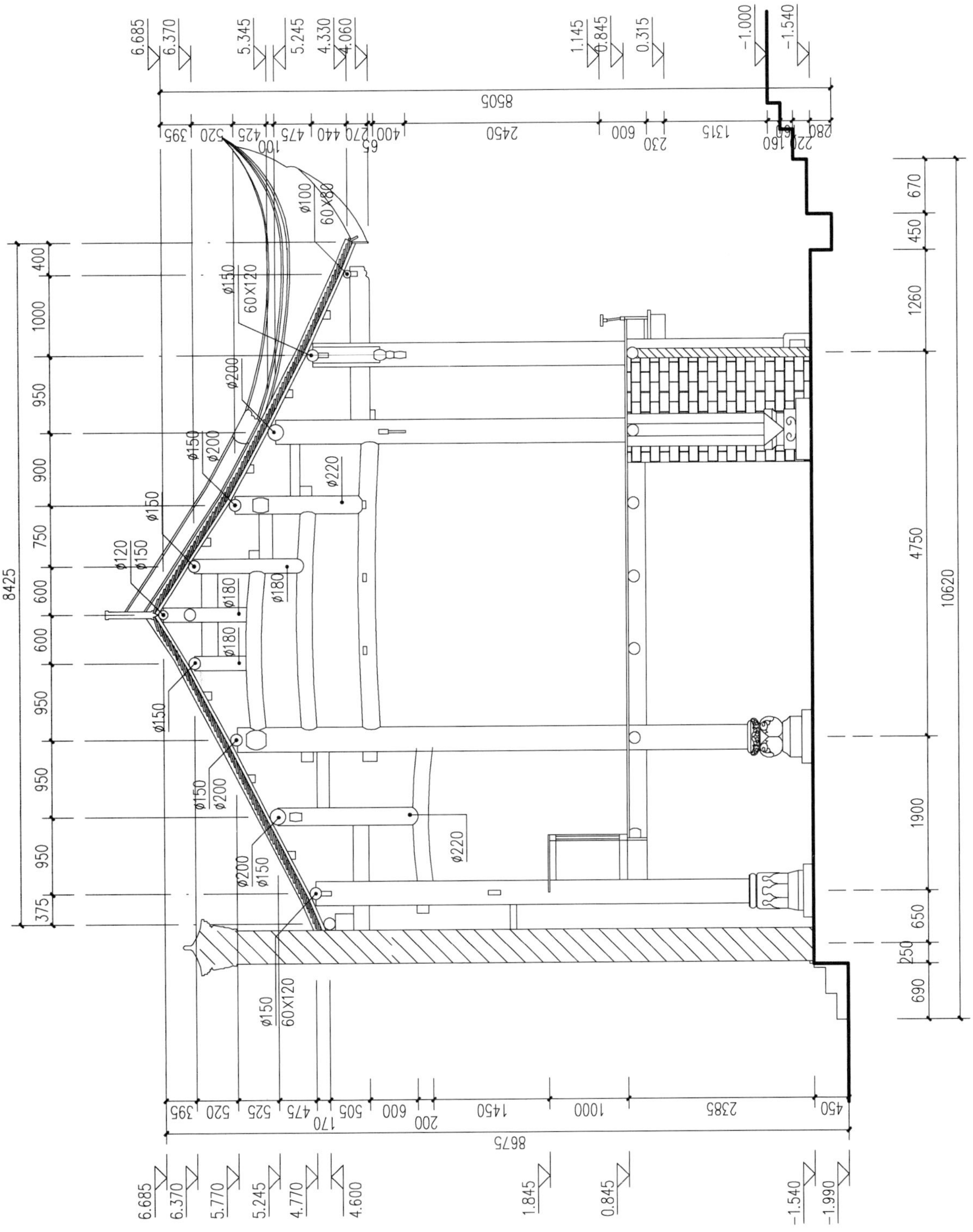

6.685
6.370
5.345
5.245
4.330
4.060
1.145
0.845
0.315
-1.000
-1.540
8505
395
520
425
100
475
440
270
65
400
2450
600
230
1315
160
220
160
280
670
450
1260
4750
1900
650
250
690
10620
8425
400
1000
950
900
750
600
600
950
950
950
375
ø100
60X80
ø150
60X120
ø200
ø150
ø200
ø220
ø150
ø120
ø150
ø180
ø180
ø180
ø150
ø150
ø200
ø220
ø200
ø150
ø150
60X120
395
520
525
475
170
505
600
200
1450
1000
2385
450
8675
6.685
6.370
5.770
5.245
4.770
4.600
1.845
0.845
-1.540
-1.990

图17 戏楼1-1剖面图

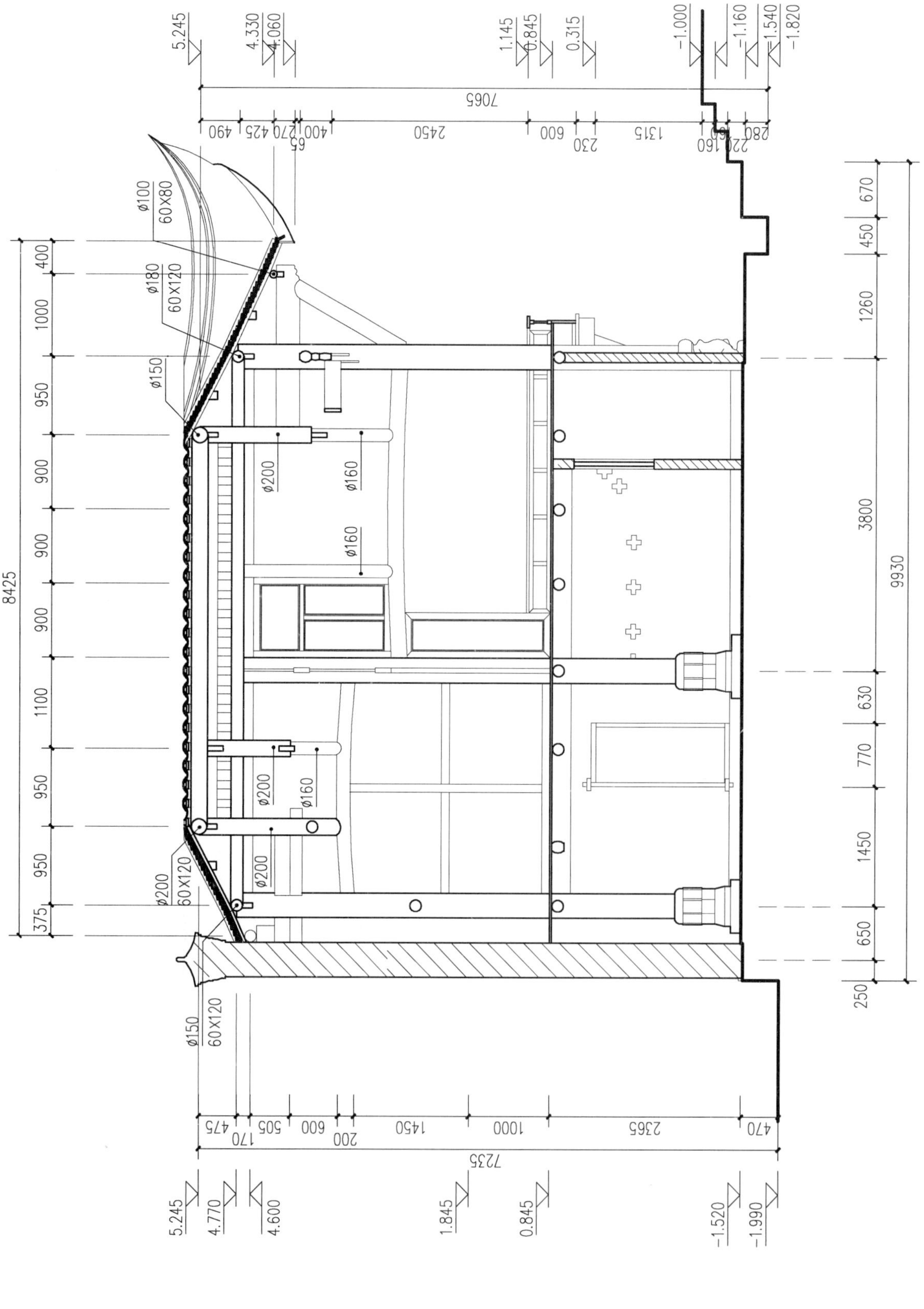
5.245
4.330
4.060
1.145
0.845
0.315
-1.000
-1.160
-1.540
-1.820
7065
490
425
270
400
65
2450
600
230
1315
60
160
220
280
ø100
60X80
ø180
60X120
ø150
ø200
ø160
ø200
60X120
8425
400
1000
950
900
900
900
1100
950
950
375
670
450
1260
3800
9930
630
770
1450
650
250
ø150
60X120
475
170
505
600
200
1450
1000
2365
470
7235
5.245
4.770
4.600
1.845
0.845
-1.520
-1.990

图18　戏楼2-2剖面图

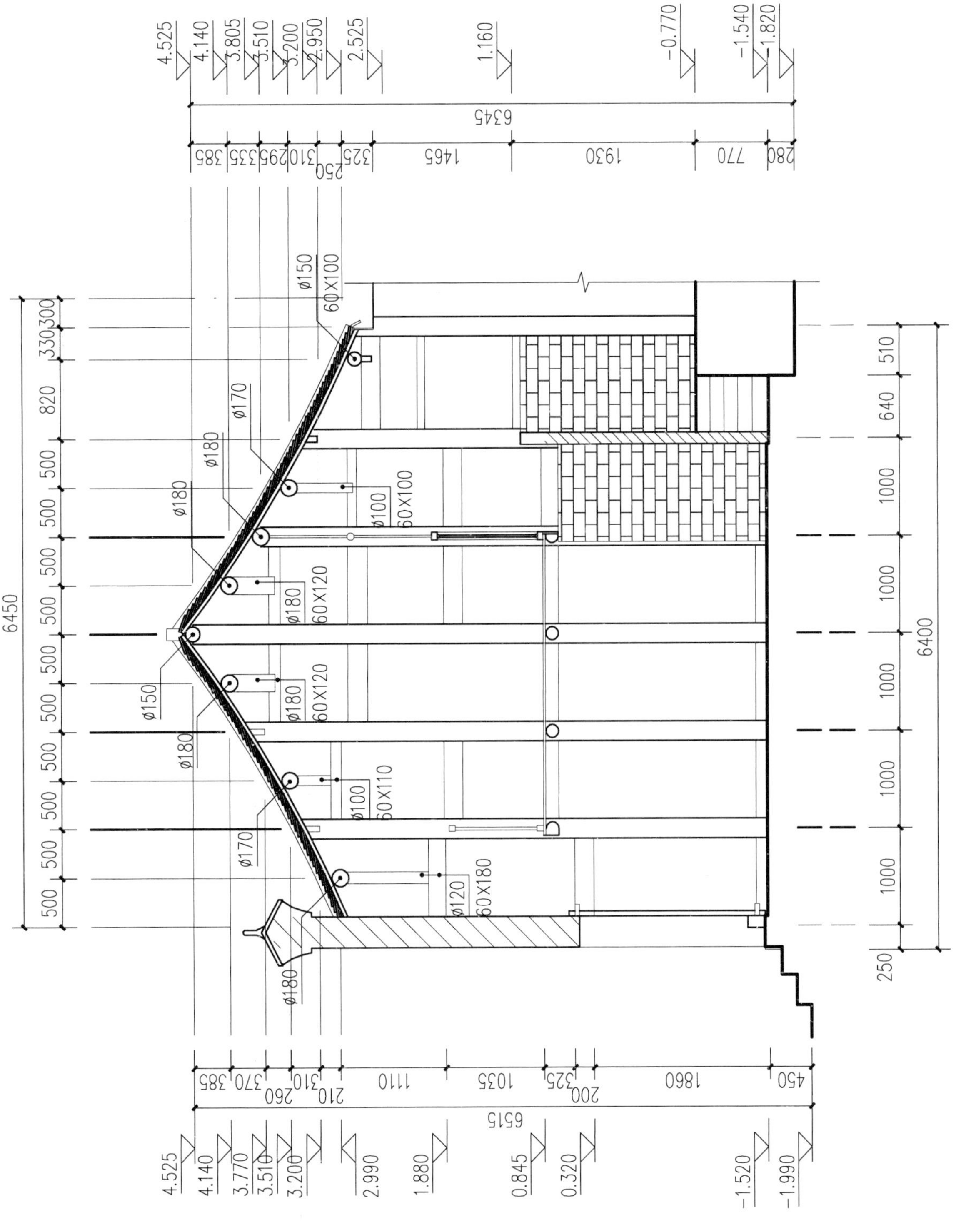
4.525
4.140
3.805
3.510
3.200
2.950
2.525
1.160
-0.770
-1.540
-1.820
6345
385
335
295
310
250
325
1465
1930
770
280
6450
330
300
820
500
ø150
60X100
ø170
ø180
ø100
60X120
60X110
ø120
60X180
6400
1000
510
640
250
3.770
2.990
1.880
0.845
0.320
-1.520
-1.990
6515
370
260
210
1110
1035
200
1860
450

图19 戏楼3-3剖面图

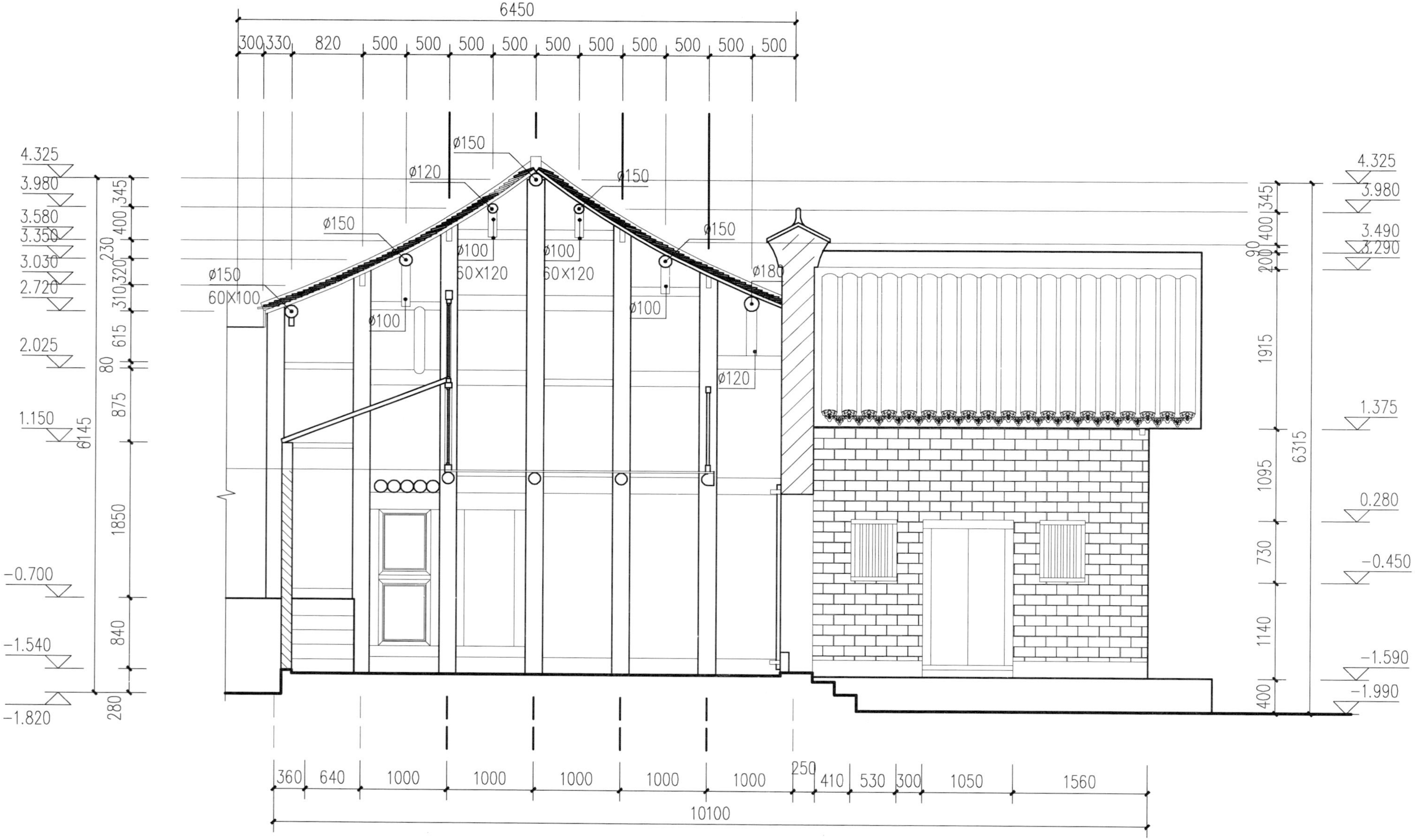
6450
300 330 820 500 500 500 500 500 500 500 500 500 500
ø150
ø120
ø150
ø150
ø150
60X100
ø100
60X120
ø100
60X120
ø100
ø100
ø180
ø120
4.325
3.980
3.580
3.350
3.030
2.720
2.025
1.150
−0.700
−1.540
−1.820
345 400 230 320 310 615 80 875 1850 840 280
6145
4.325
3.980
3.490
3.290
1.375
0.280
−0.450
−1.590
−1.990
345 400 90 200 1915 1095 730 1140 400
6315
360 640 1000 1000 1000 1000 1000 250 410 530 300 1050 1560
10100

图20　戏楼4-4剖面图

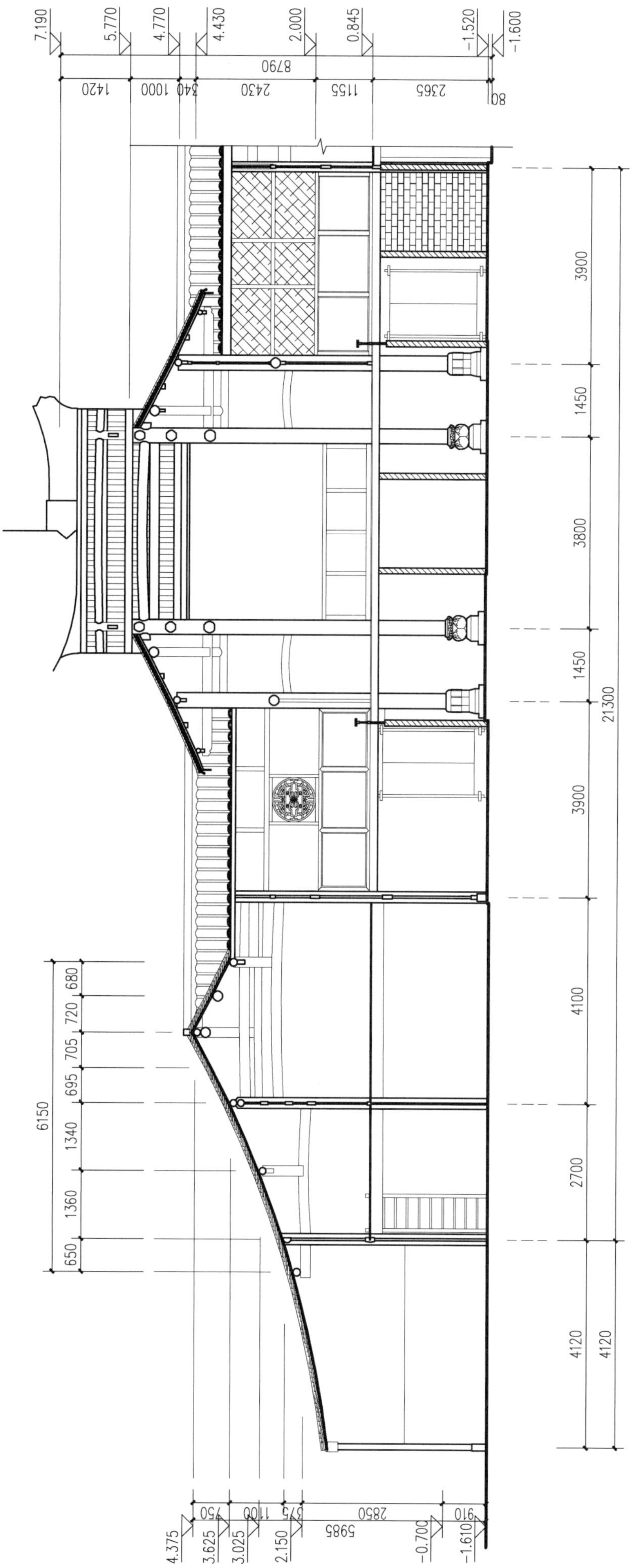
7.190
5.770
4.770
4.430
2.000
0.845
-1.520
-1.600
8790
1420
1000
340
2430
1155
2365
80
3900
1450
3800
1450
3900
4100
2700
4120
4120
21300
6150
680
720
705
695
1340
1360
650
4.375
3.625
3.025
2.150
-0.700
-1.610
750
1100
575
2850
910
5985

图21　戏楼5-5剖面图

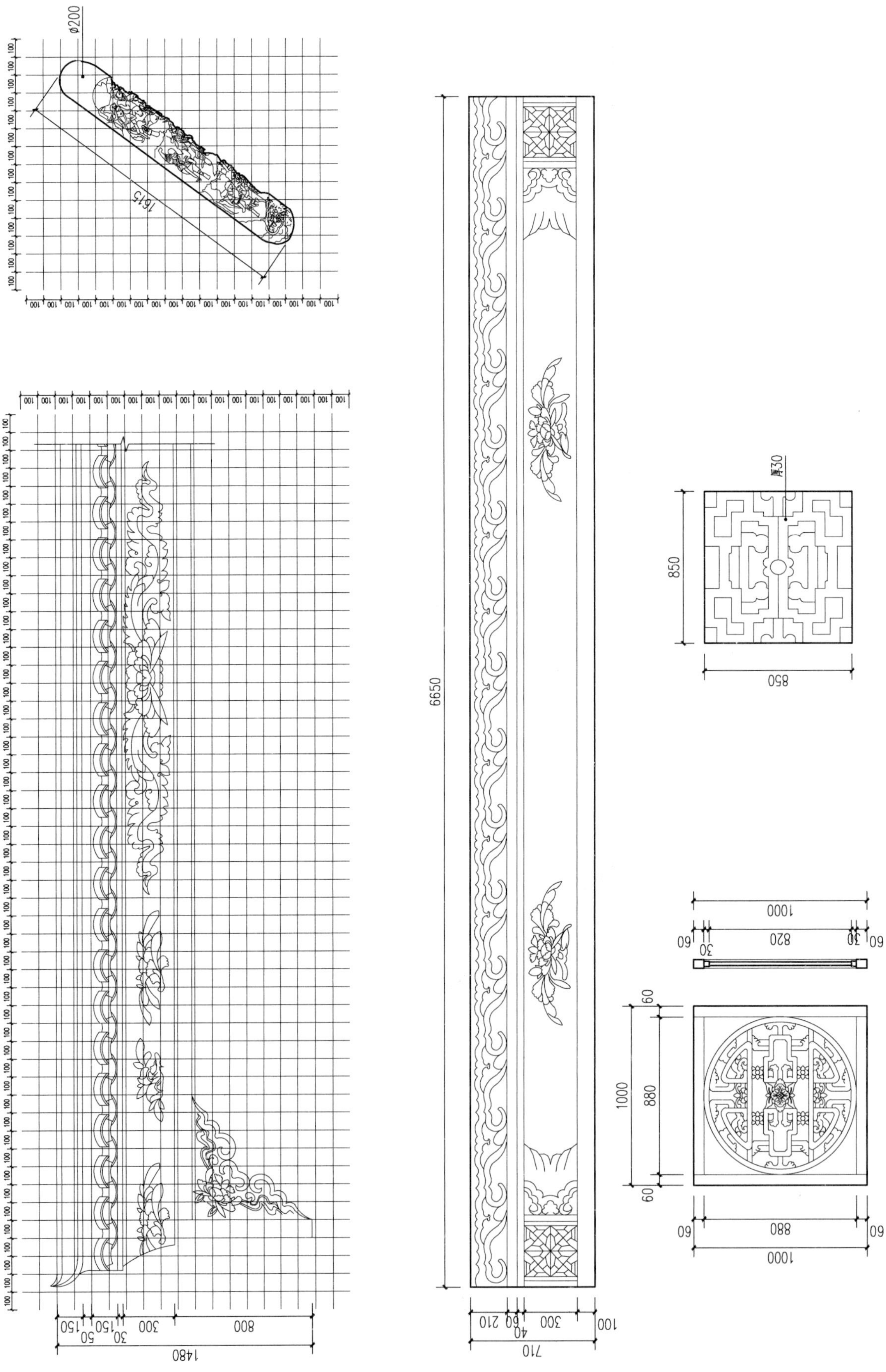
ø200
1615
1480
800
300
150
50
30
6650
710
300
210
60
40
100
厚30
850
1000
880
820

图22 详图

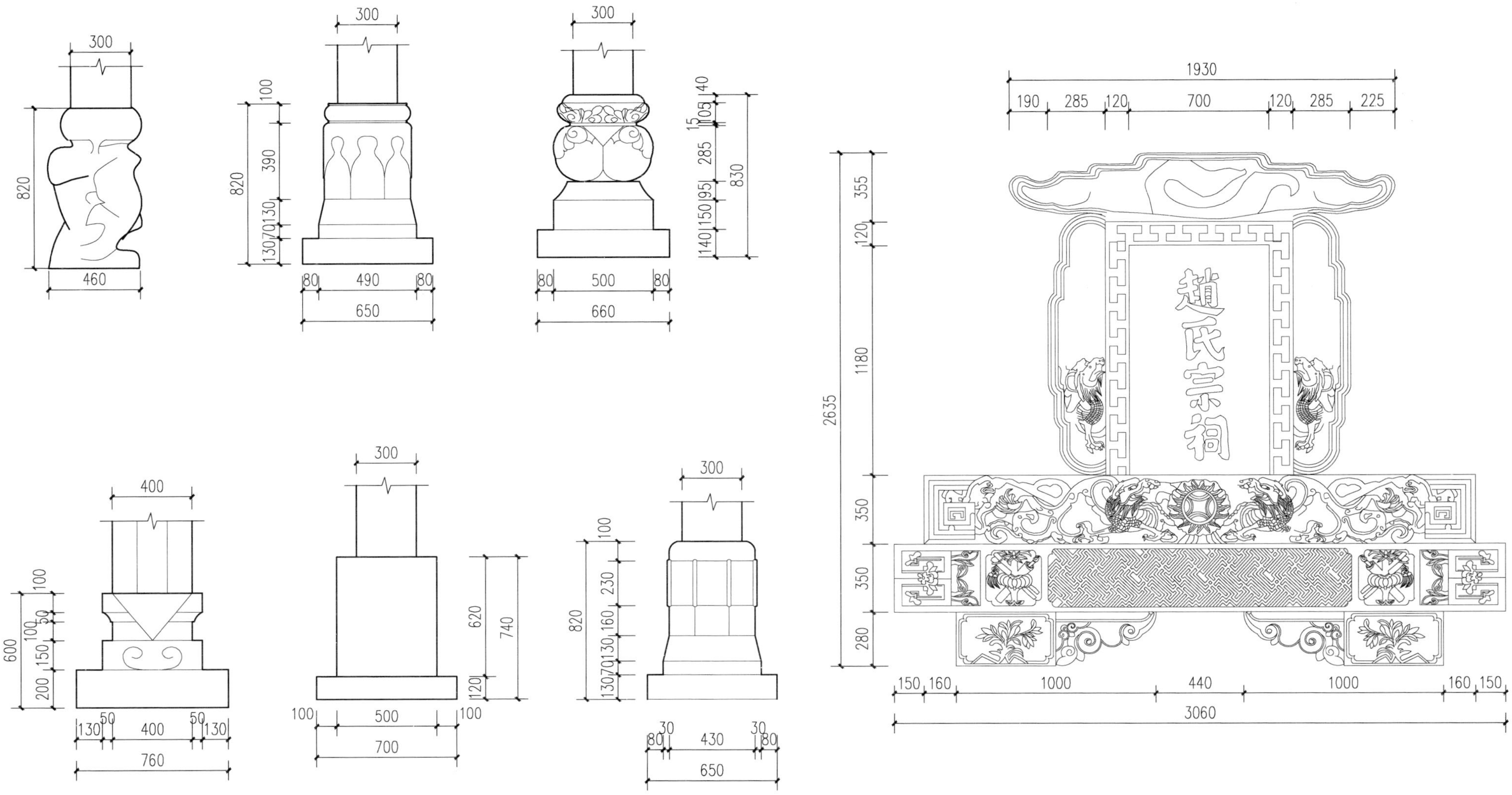

图23　详图

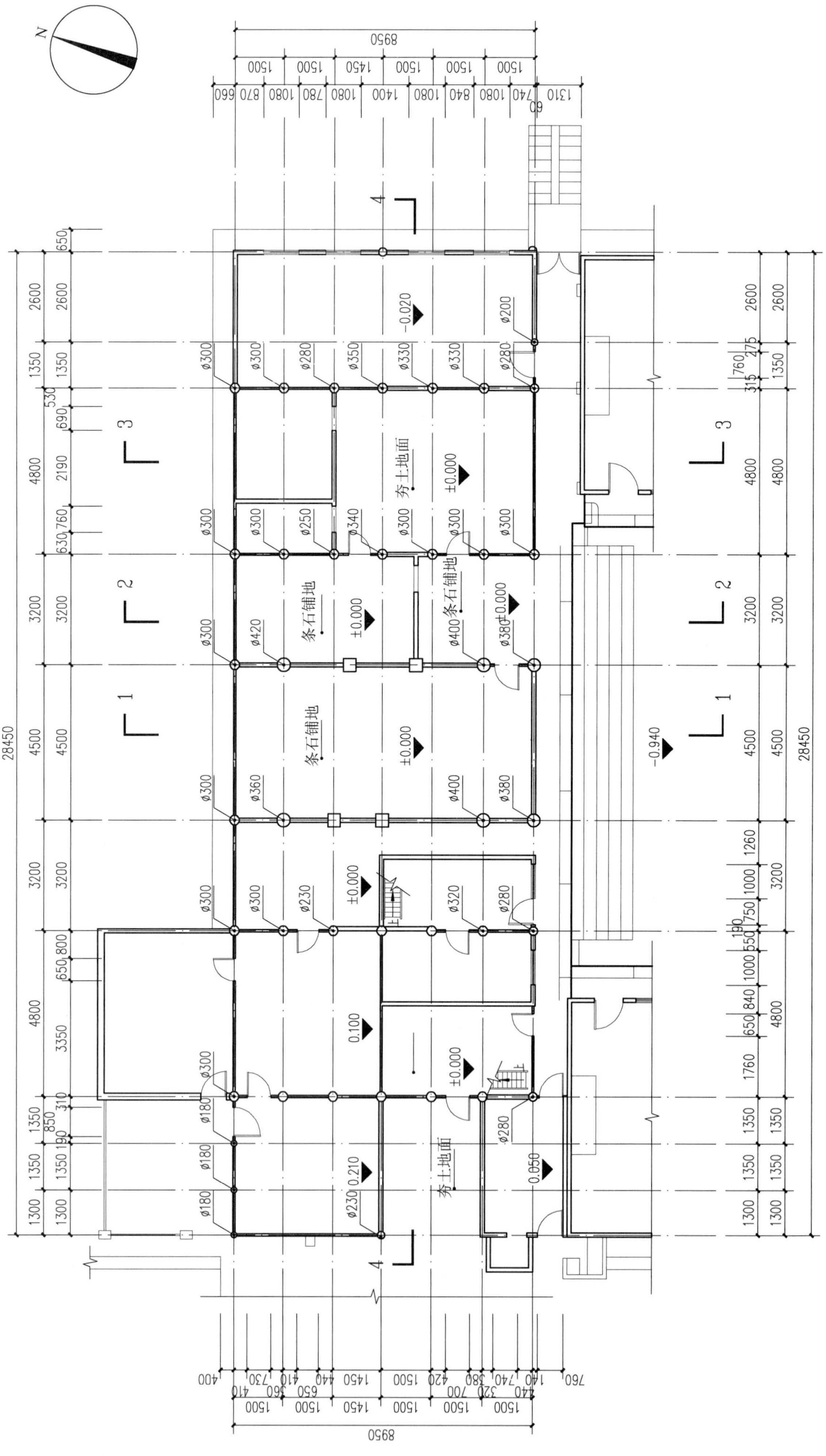
N
条石铺地
夯土地面
±0.000
-0.020
-0.940
0.100
0.210
0.050
28450
8950

图24　正房一层平面图

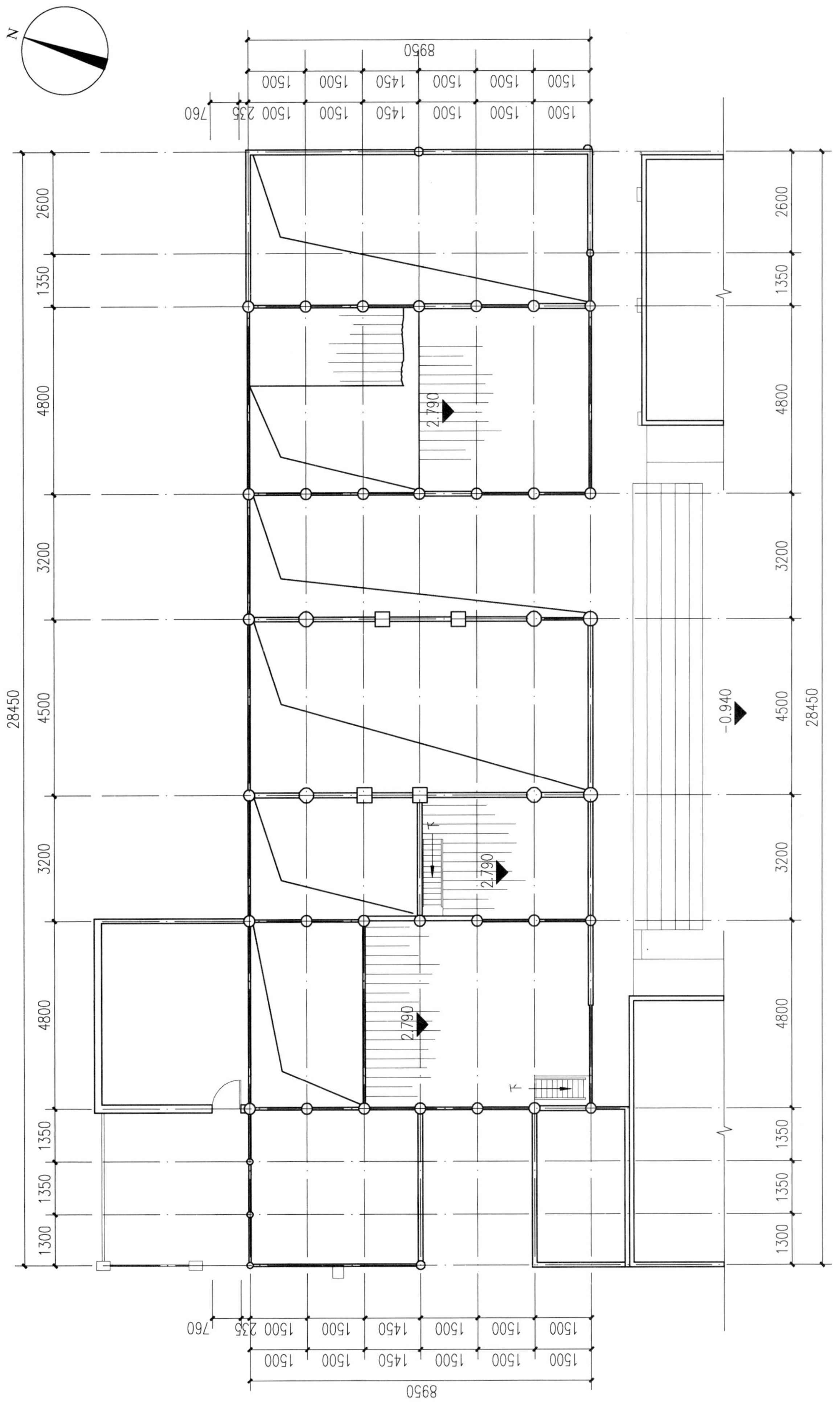

N
8950
1500
1450
760
235
2600
1350
4800
3200
4500
1300
28450
2.790
-0.940

图25 正房二层平面图

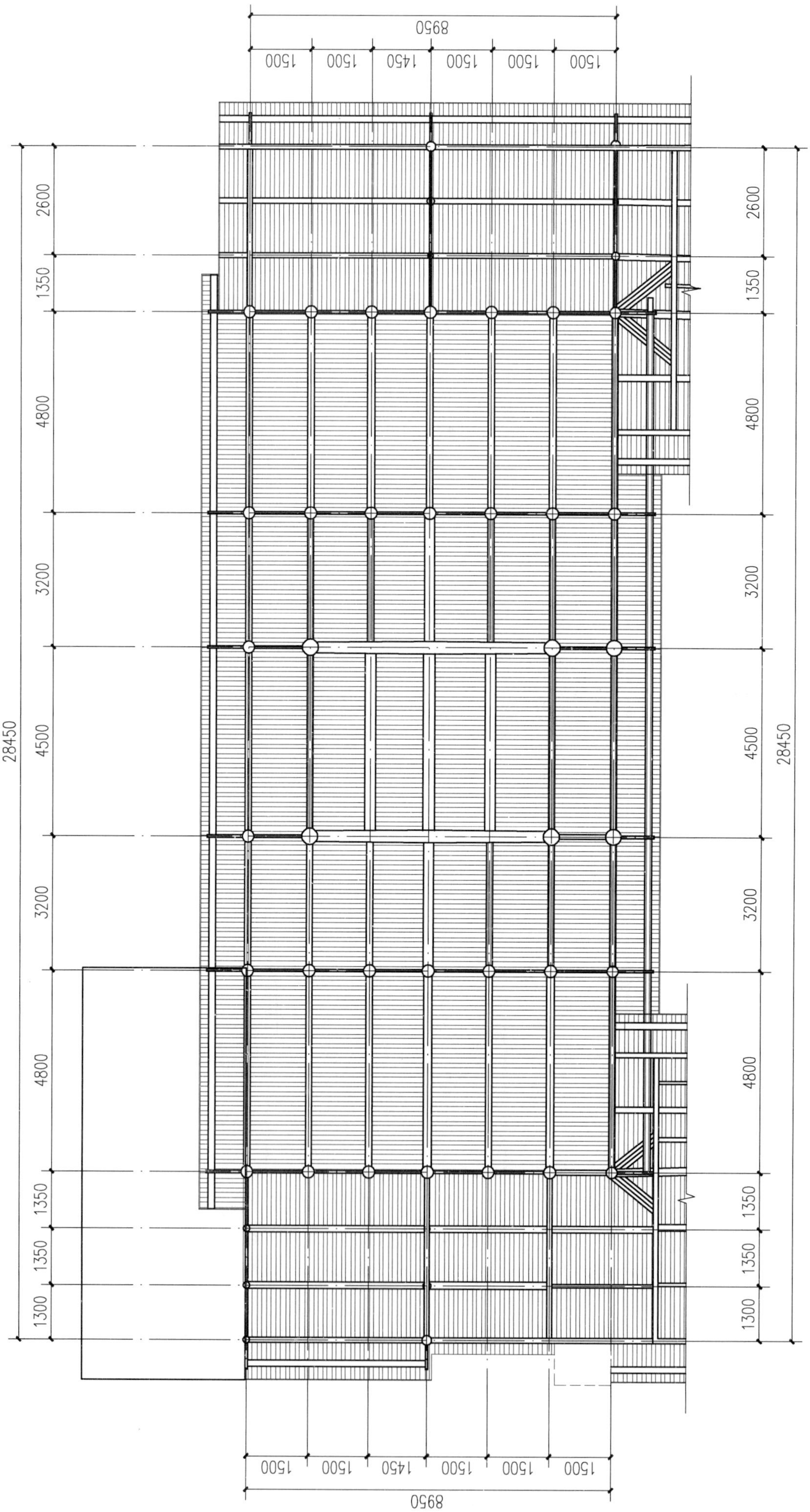
8950
1500
1500
1450
1500
1500
1500
2600
1350
4800
3200
4500
3200
4800
1350
1350
1300
28450

图26　正房仰视图

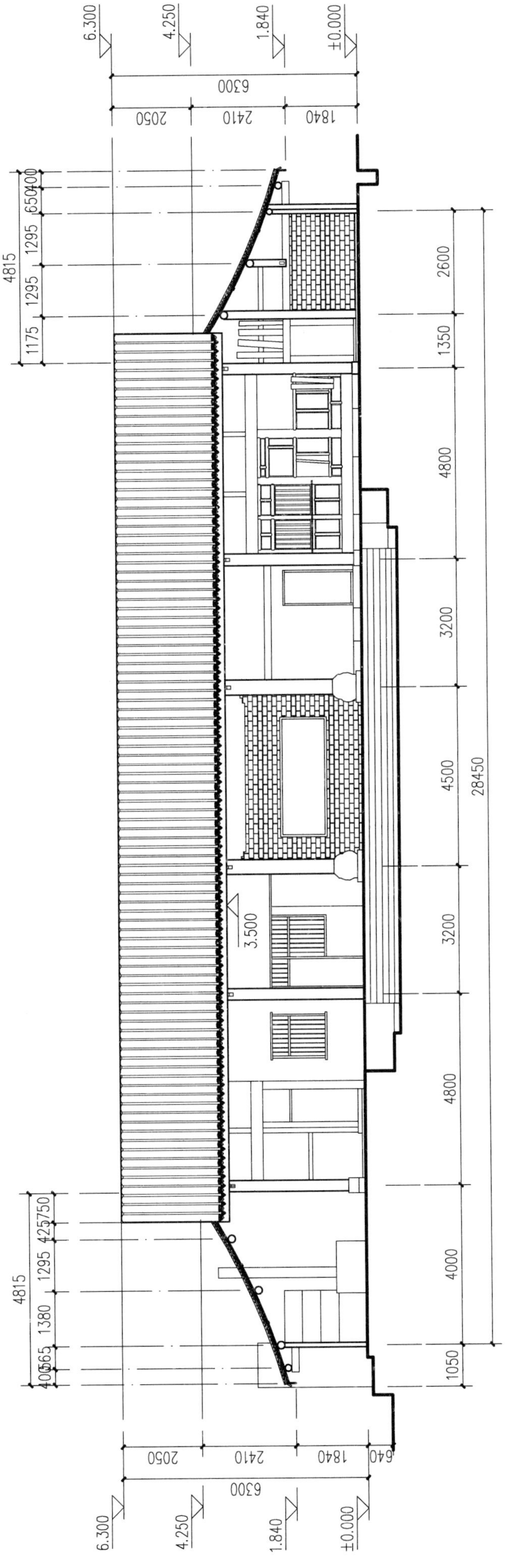
6.300
4.250
1.840
±0.000
6300
2050
2410
1840
4815
1175
1295
1295
650
400
2600
1350
4800
3200
4500
28450
3200
3.500
4800
4000
1050
1380
640

图27　正房正立面图

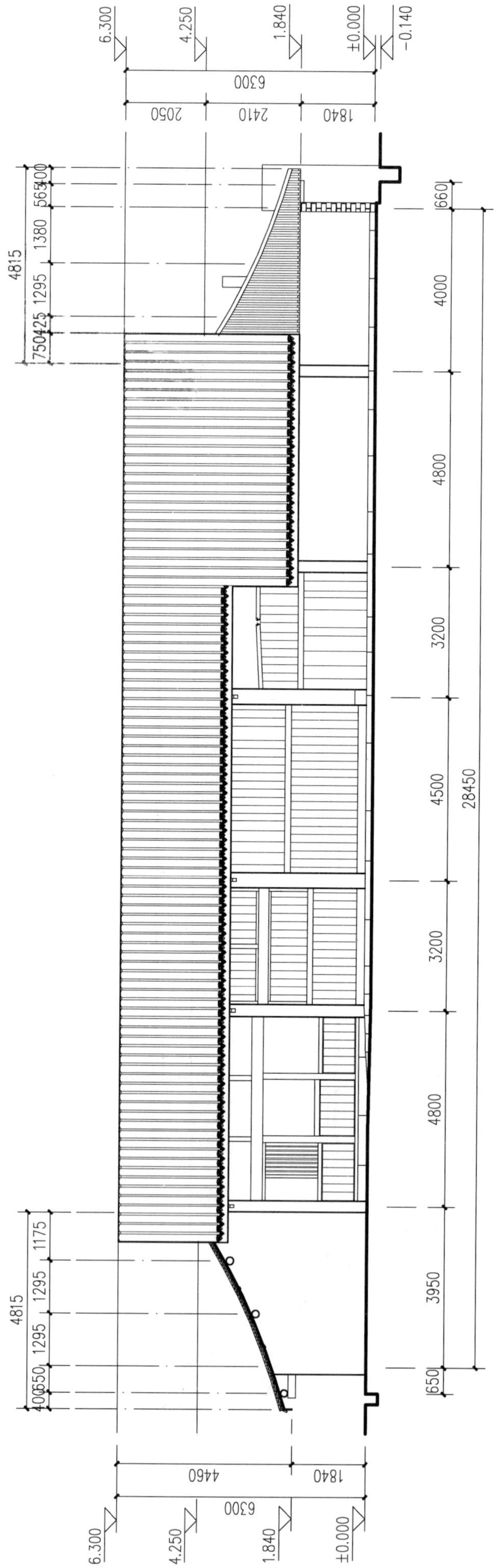
6.300
4.250
1.840
±0.000
-0.140
6300
2050
2410
1840
4815
1380
1295
4000
4800
3200
4500
28450
3950
660
650
1175
4460

图28 正房背立面图

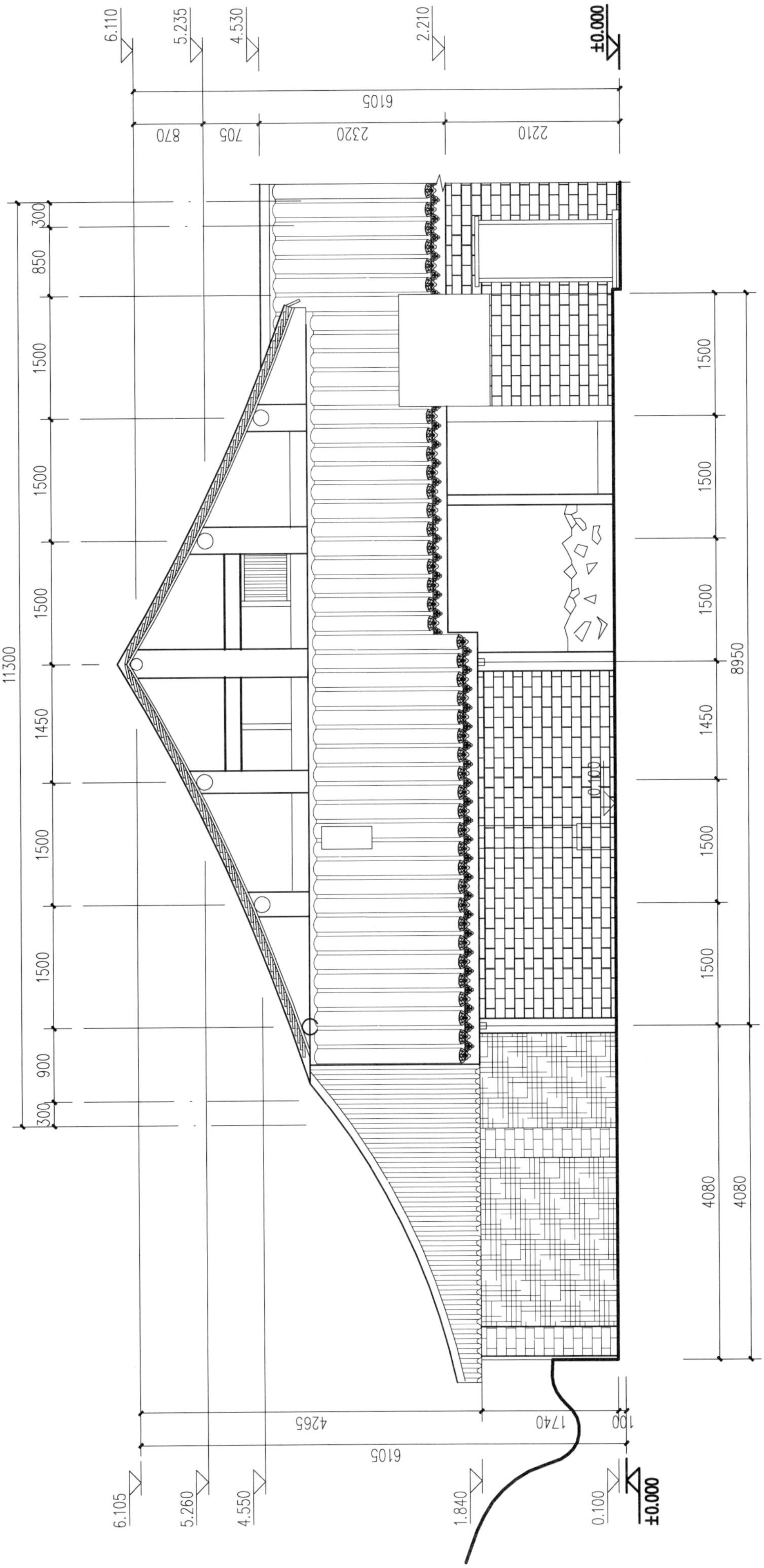
6.110
5.235
4.530
2.210
±0.000
6105
870
705
2320
2210
300
850
1500
1450
900
11300
8950
4080
0.100
4265
1740
100
6.105
5.260
4.550
1.840

图29 正房东侧立面图

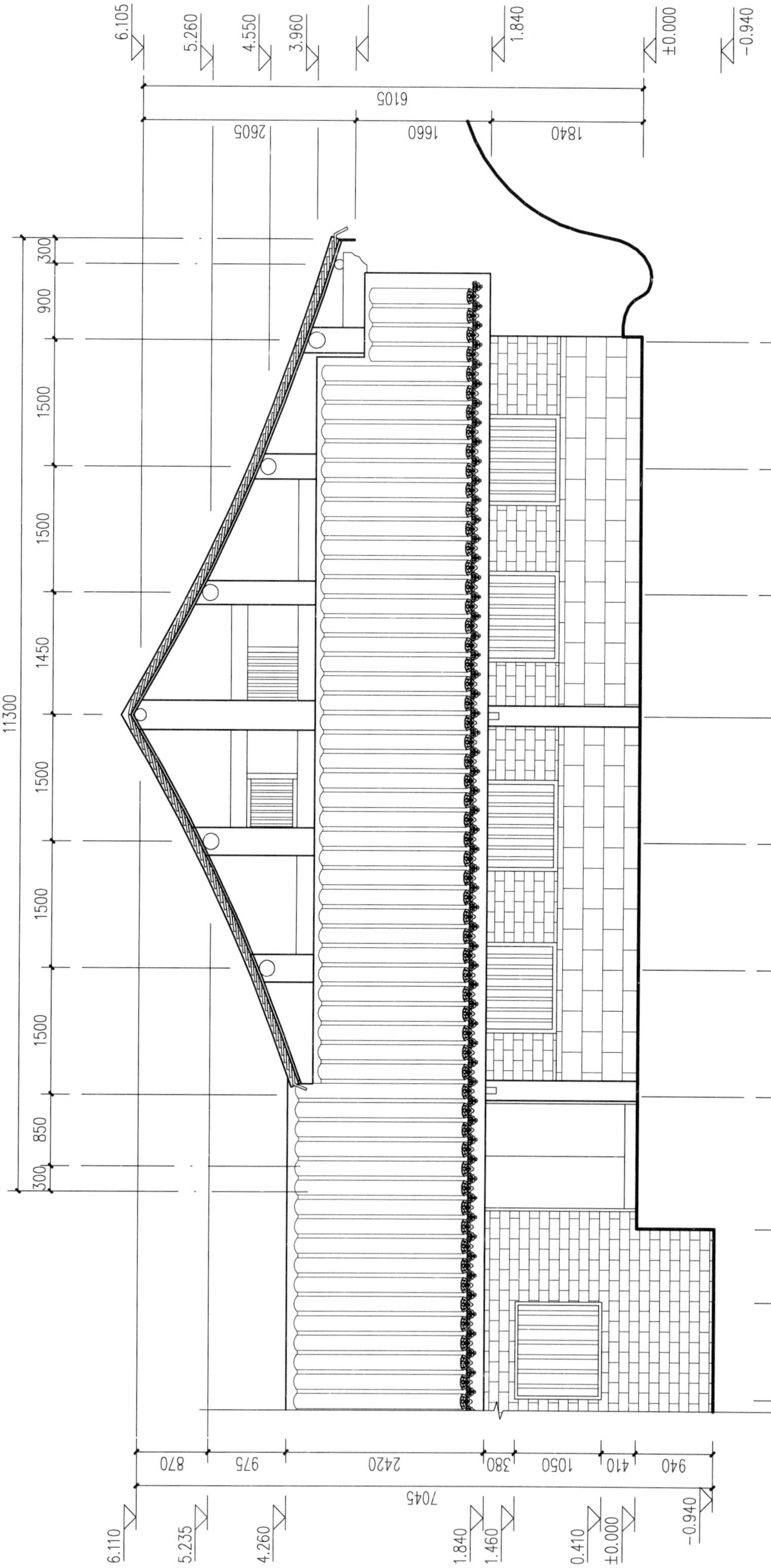
6.105
5.260
4.550
3.960
1.840
±0.000
-0.940
6105
2605
1660
1840
11300
300
900
1500
1500
1450
1500
1500
1500
850
300
8950
1500
1500
1450
1500
1500
1500
1570
870
1160
870
975
2420
380
1050
410
940
7045
6.110
5.235
4.260
1.840
1.460
0.410
±0.000
-0.940

图30 正房西侧立面图

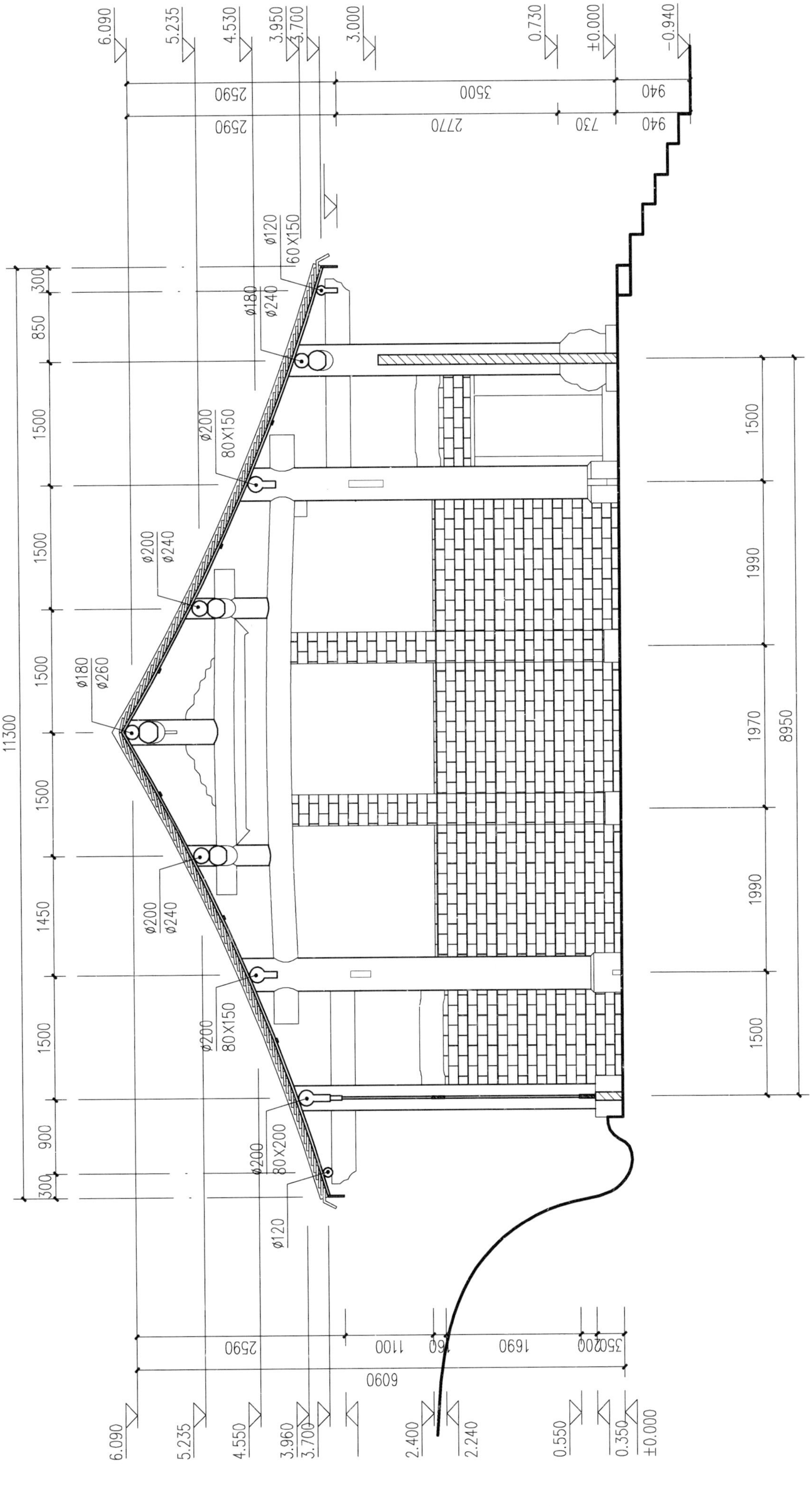

6.090
5.235
4.530
3.950
3.700
3.000
0.730
±0.000
-0.940
2590
3500
940
2770
730
Ø120
60×150
Ø180
Ø240
Ø200
80×150
Ø180
Ø260
Ø200
80×200
Ø120
11300
300
850
1500
1450
900
8950
1990
1970
1100
160
1690
350
200
6090
4.550
3.960
2.400
2.240
0.550
0.350

图31 正房1-1剖面图

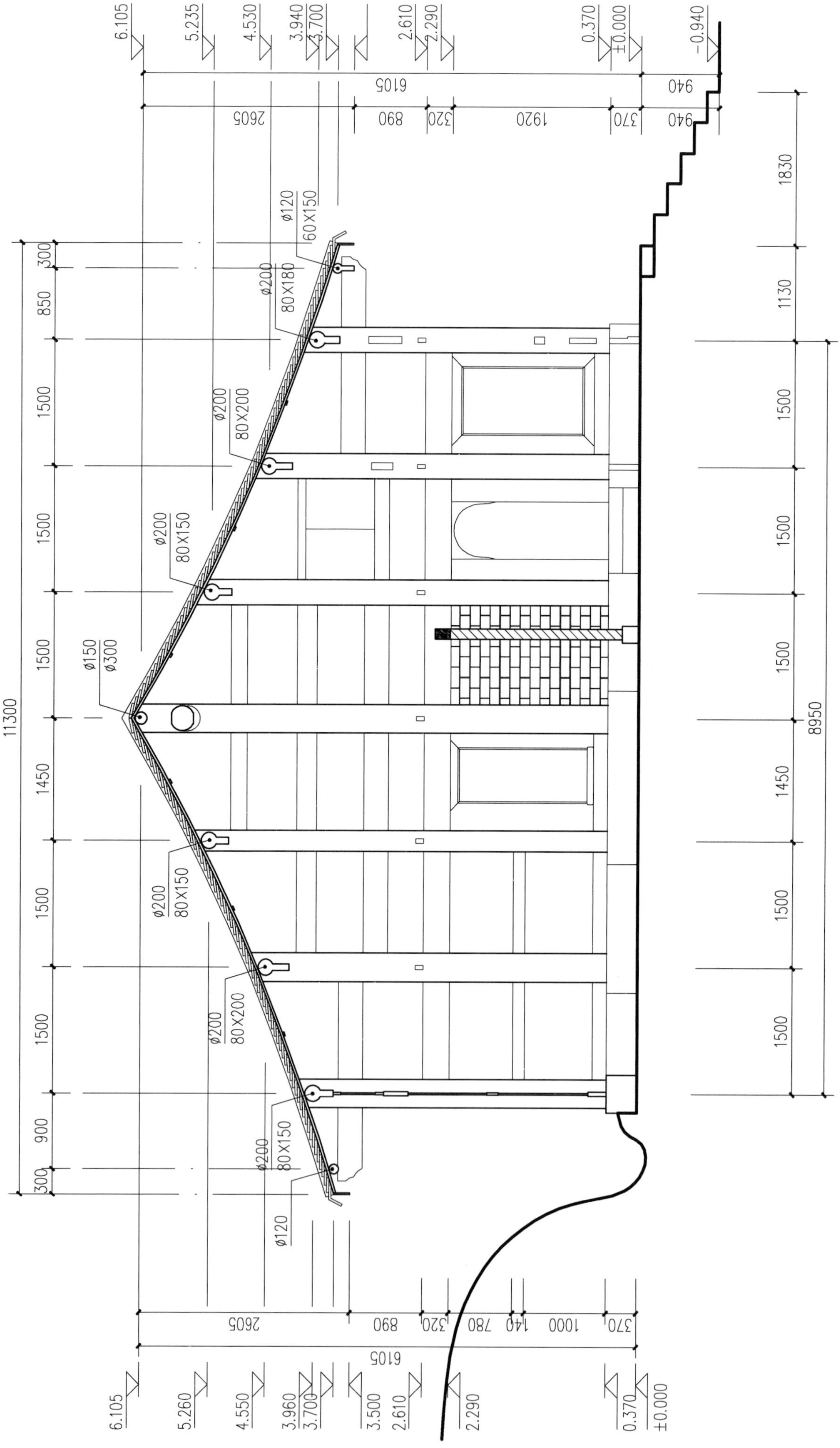
6.105
5.235
4.530
3.940
3.700
2.610
2.290
0.370
±0.000
−0.940
6105
940
2605
890
320
1920
370
1830
1130
1500
1450
8950
11300
300
850
900
ø120
60×150
ø200
80×180
80×200
80×150
ø150
ø300
5.260
4.550
3.960
3.500
780
140
1000

图32 正房2-2剖面图

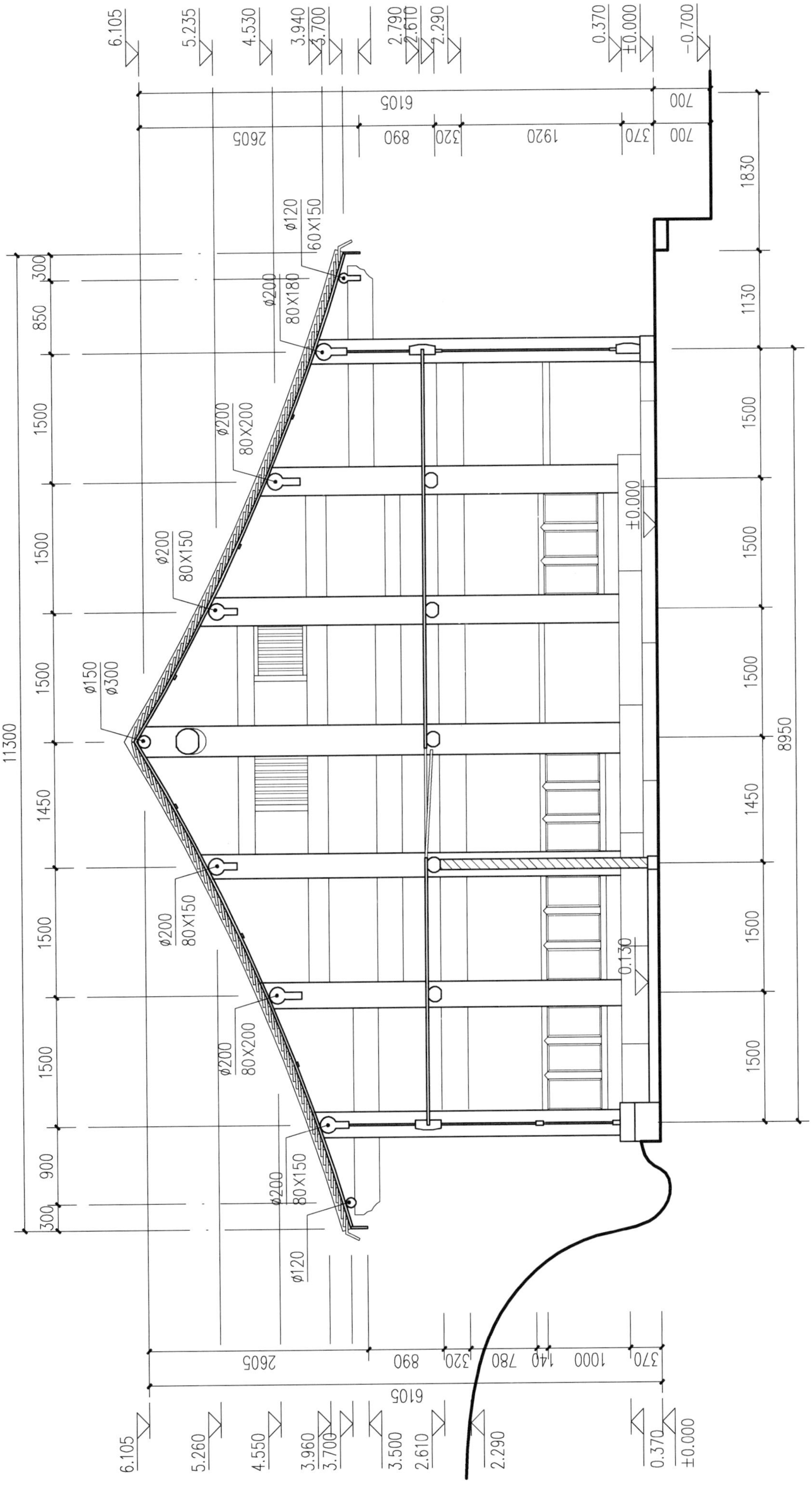
6.105
5.235
4.530
3.940
3.700
2.790
2.610
2.290
0.370
±0.000
-0.700
6105
700
2605
890
320
1920
370
1830
1130
1500
1500
1500
1450
1500
1500
8950
11300
300
850
1500
1500
1500
1450
1500
1500
900
300
ø120
60X150
ø200
80X180
ø200
80X200
ø200
80X150
ø150
ø300
ø200
80X150
ø200
80X200
ø200
80X150
ø120
±0.000
0.130
2605
890
320
780
140
1000
370
6105
6.105
5.260
4.550
3.960
3.700
3.500
2.610
2.290
0.370
±0.000

图33 正房3-3剖面图

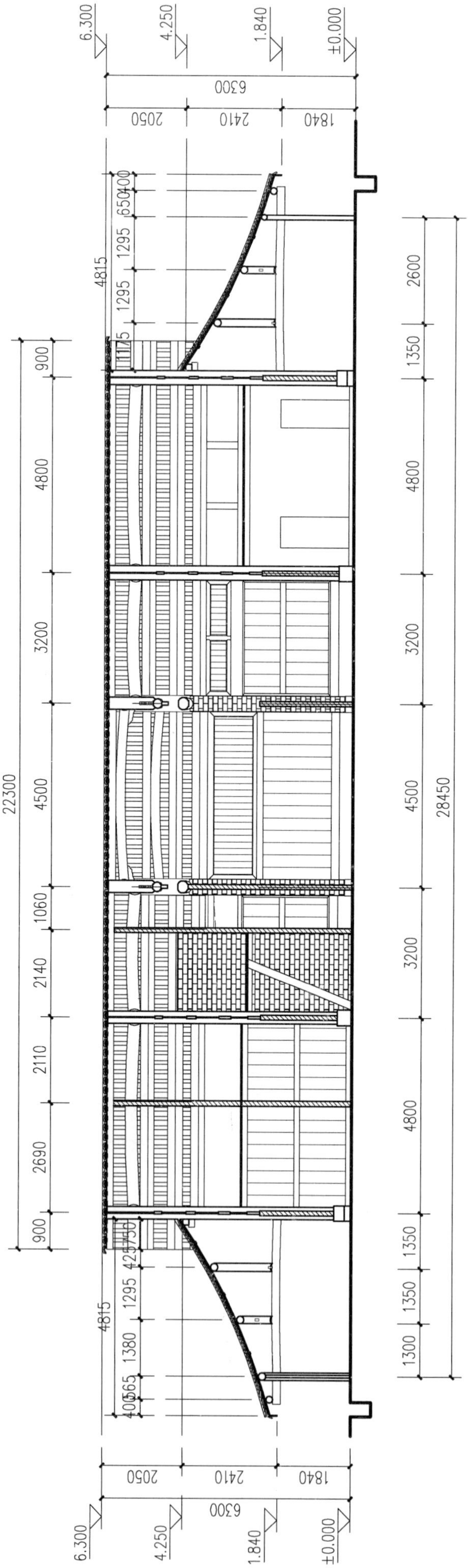
6.300
4.250
1.840
±0.000
6300
2050
2410
1840
22300
28450
4815
900
4800
3200
4500
1060
2140
2110
2690
2600
1350
1300
1295
1380

图34 正房4-4剖面图

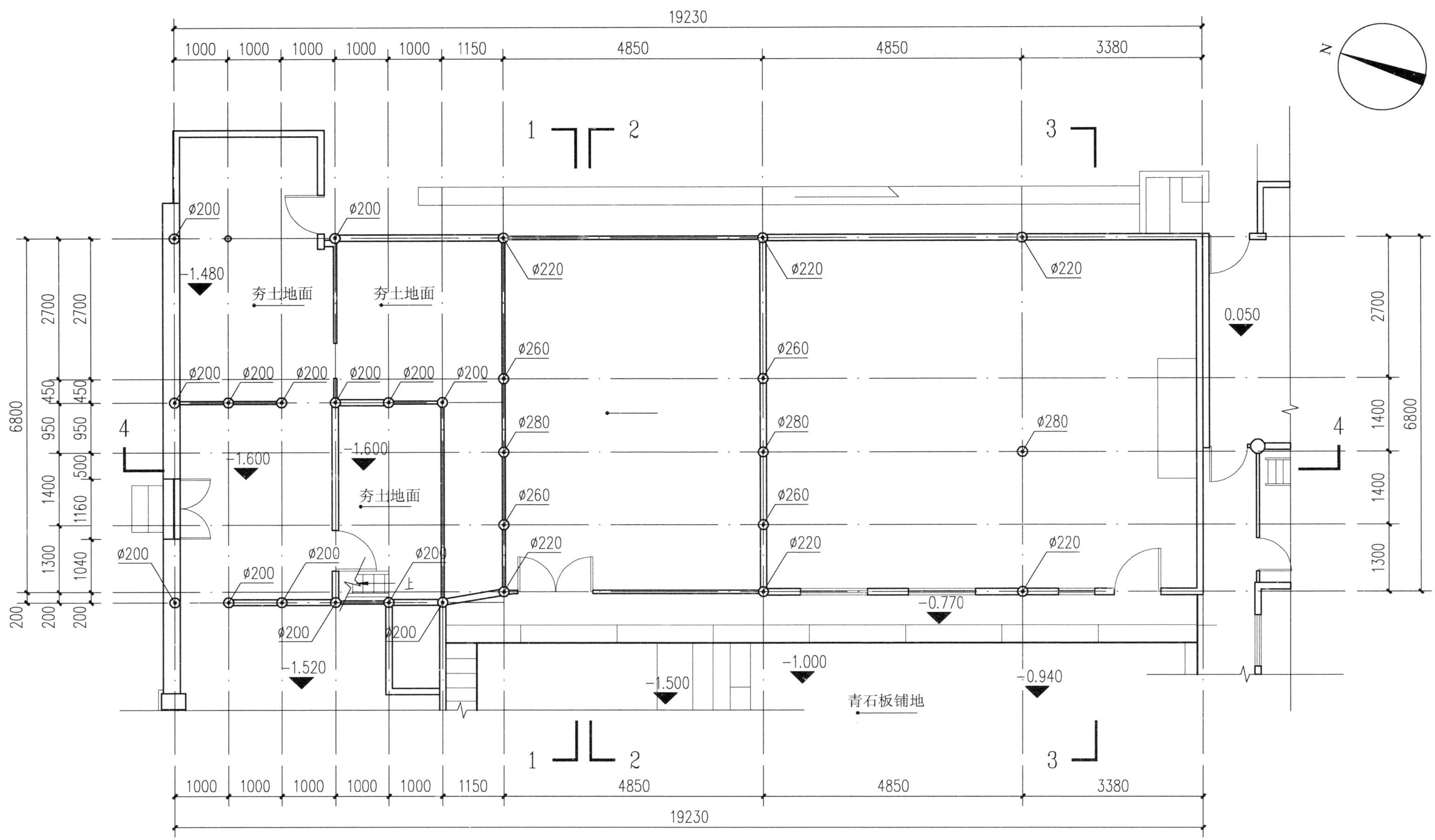

图35　西厢房一层平面图

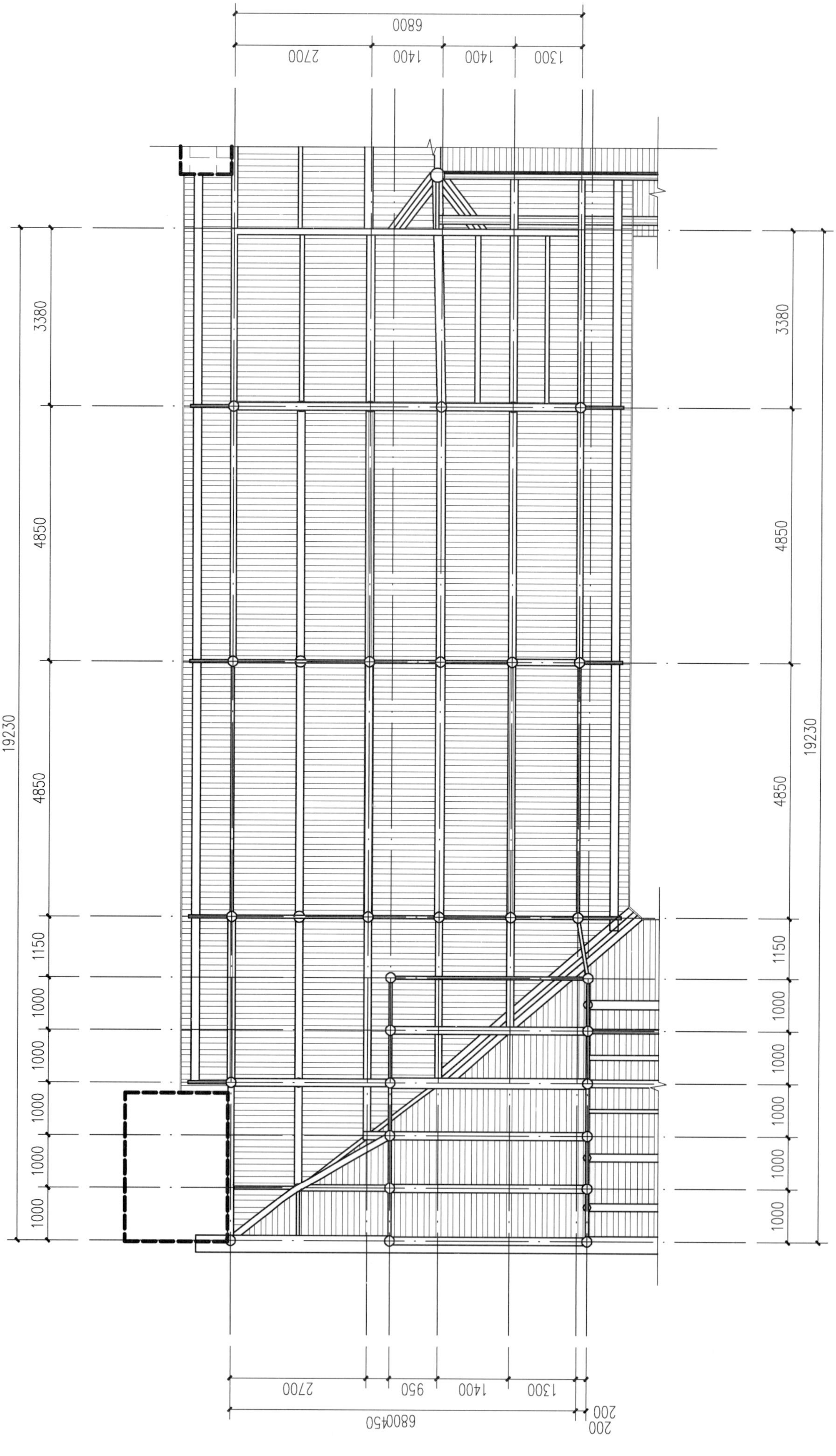
6800
2700
1400
1400
1300
3380
4850
4850
1150
1000
1000
1000
1000
1000
19230
950
200
200

图36　西厢房仰视图

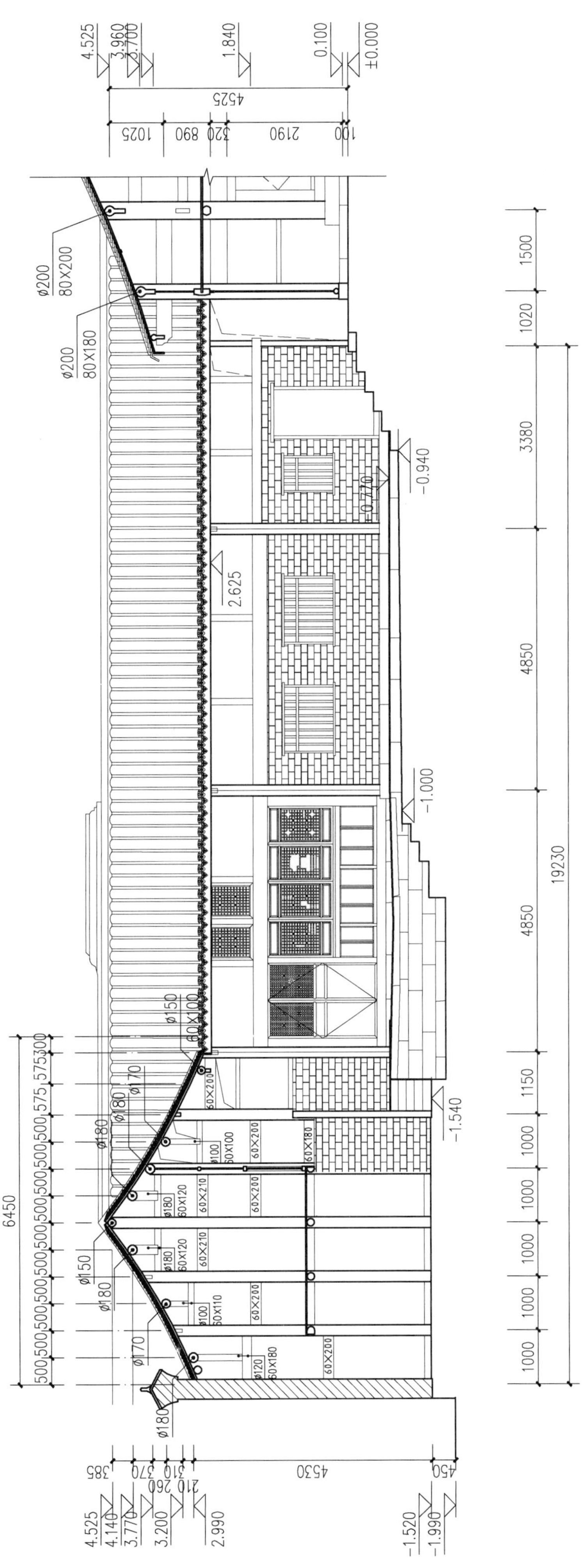
4.525
3.960
3.700
1.840
0.100
±0.000
4525
1025
890
320
2190
100
Ø200
80×200
Ø200
80×180
1500
1020
3380
4850
4850
1150
1000
1000
1000
1000
1000
19230
−0.940
−0.770
2.625
−1.000
−1.540
6450
Ø150
60×100
Ø170
Ø180
Ø150
Ø120
4530
450
385
370
310
260
210
4.140
3.770
3.200
2.990
−1.520
−1.990

图37 西厢房正立面图

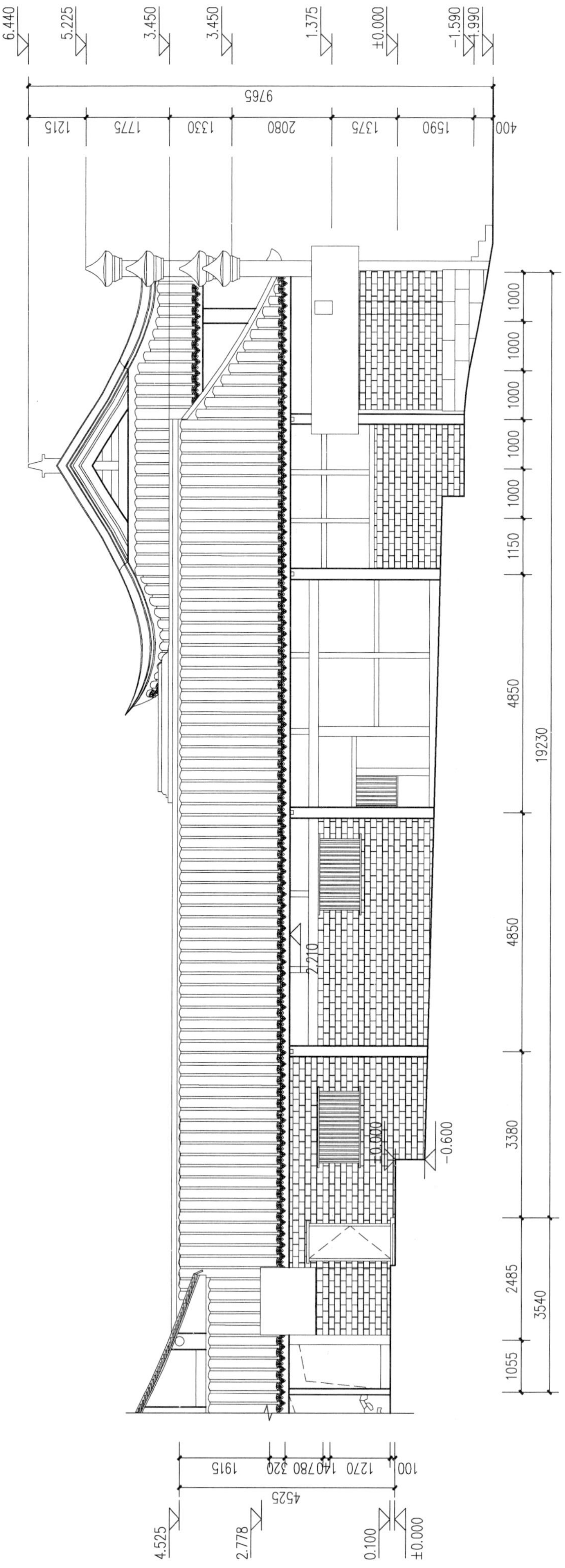

6.440
5.225
3.450
3.450
1.375
±0.000
-1.590
-1.990
9765
1215
1775
1330
2080
1375
1590
400
1000
1000
1000
1000
1000
1150
4850
4850
3380
2485
1055
19230
3540
2.210
-0.300
-0.600
1915
320
780
140
140
1270
100
4525
4.525
2.778
0.100
±0.000

图38 西厢房背立面图

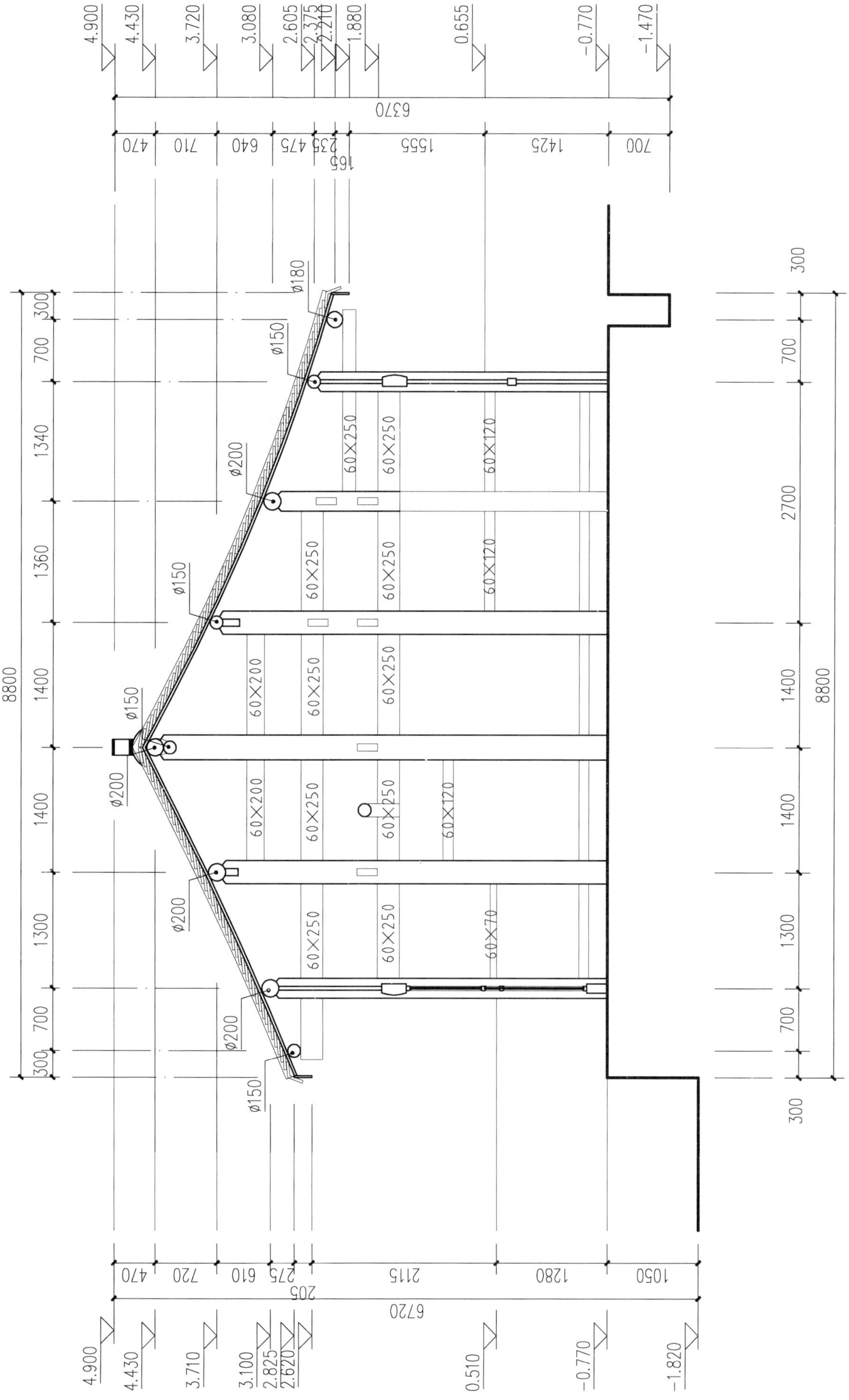

图39　西厢房1-1剖面图

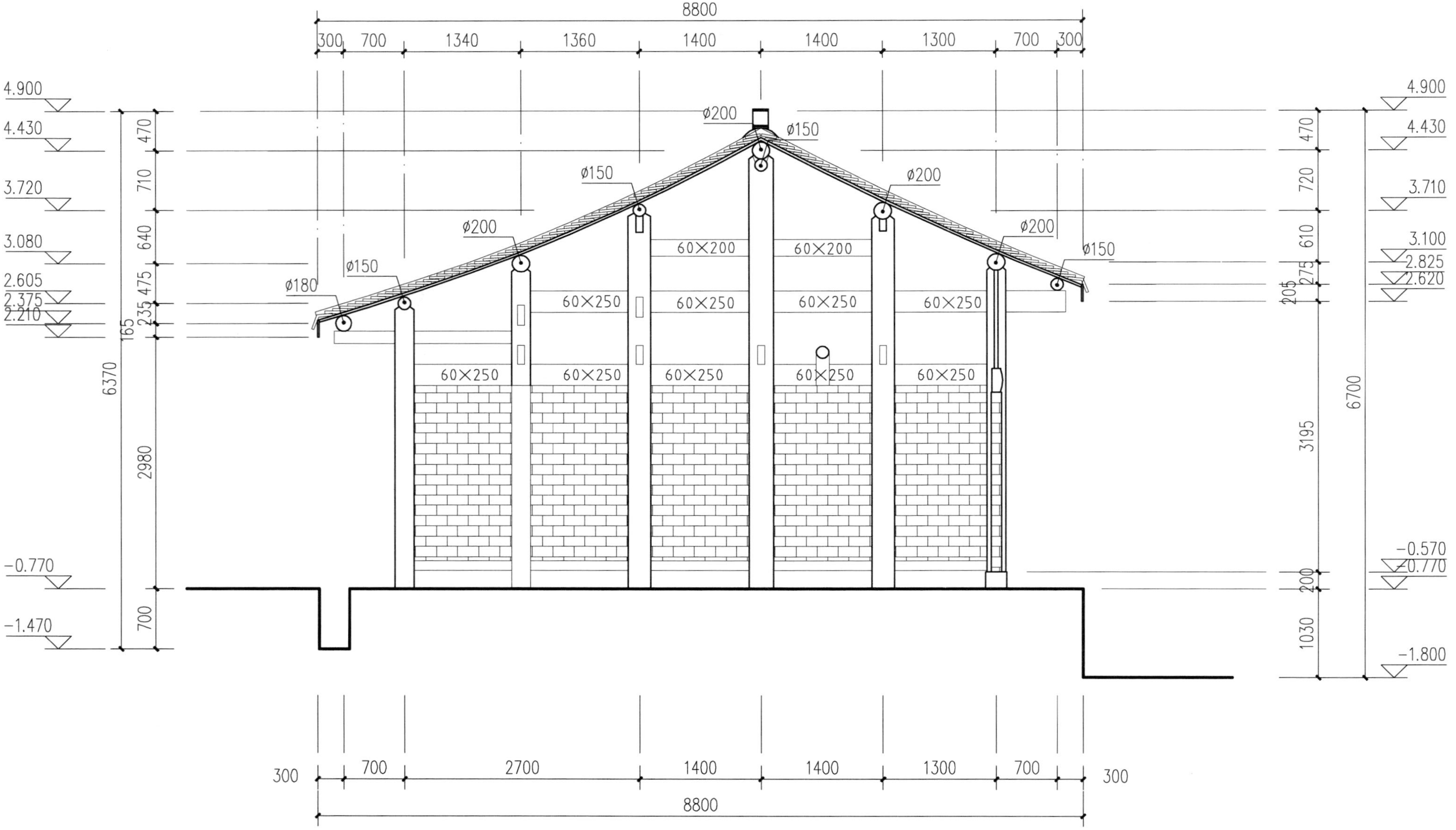

图40　西厢房2-2剖面图

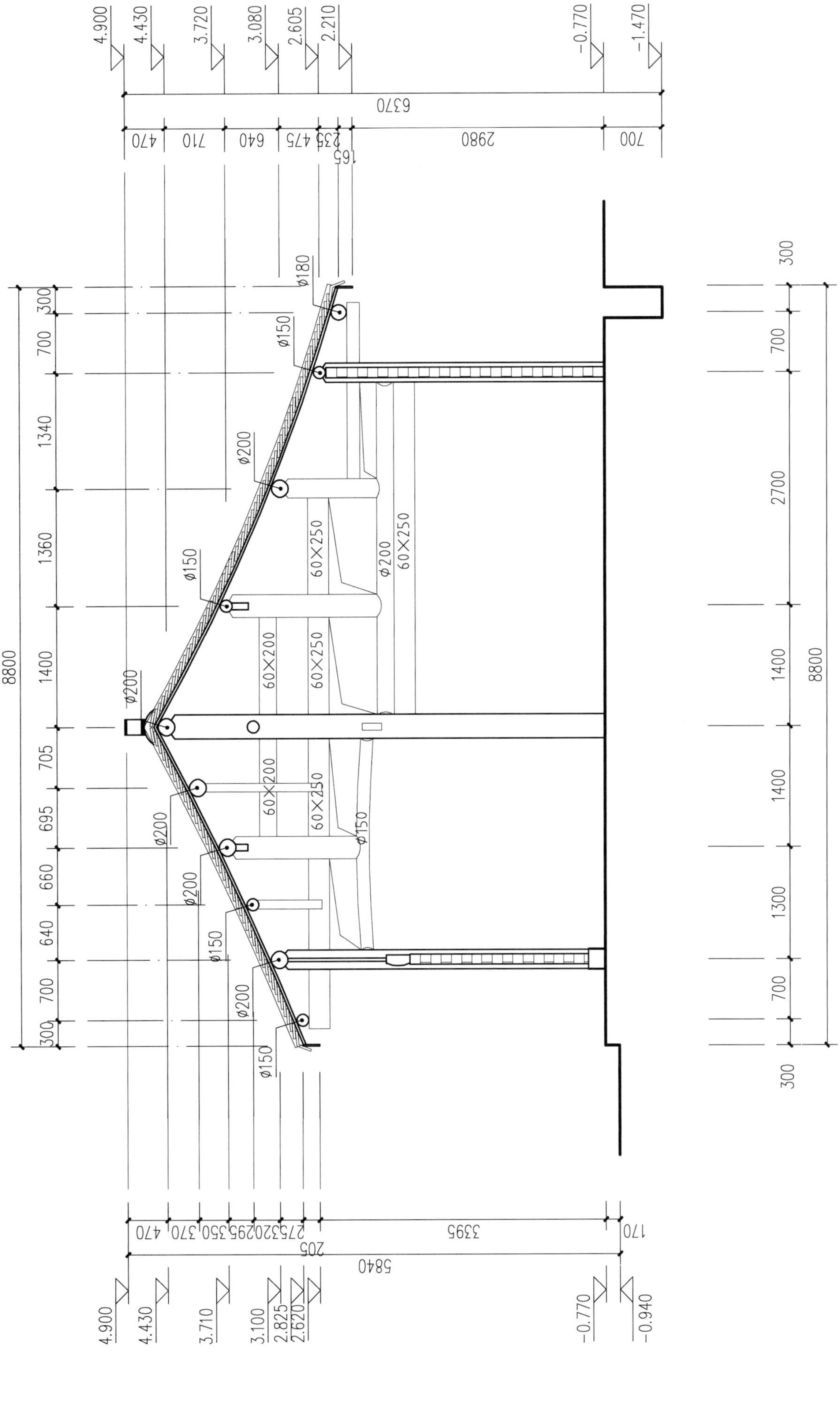

图41 西厢房3-3剖面图

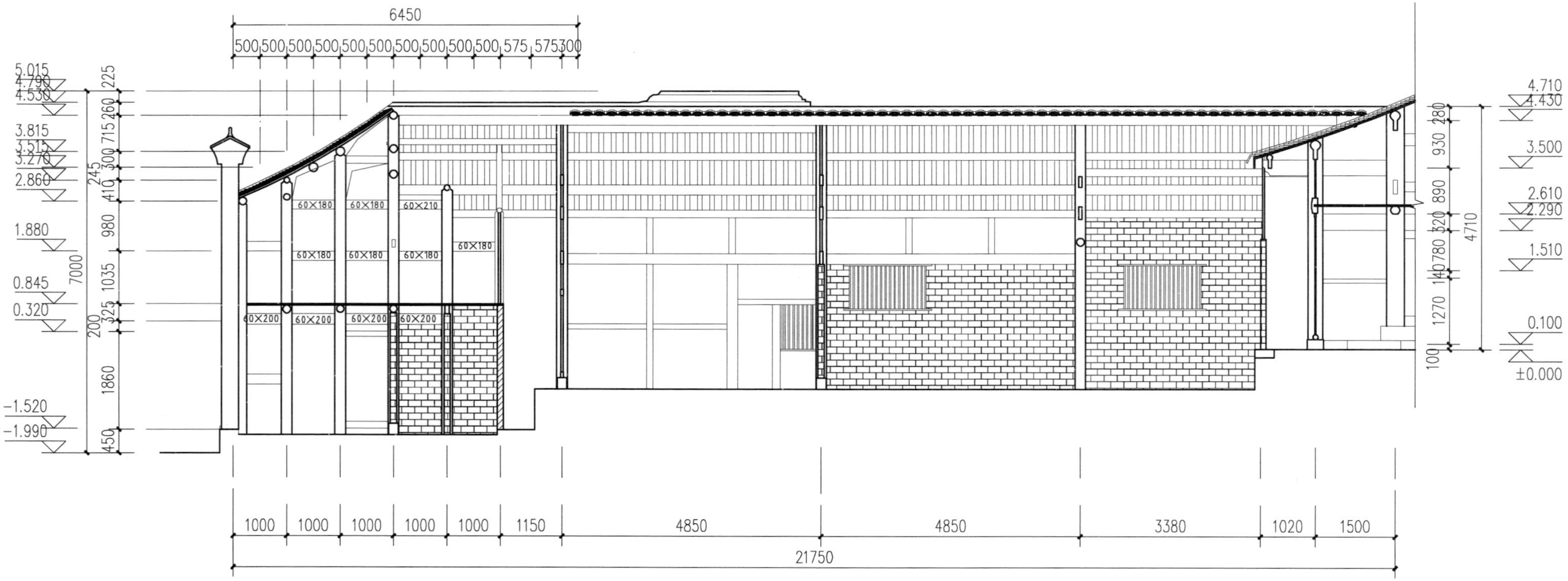

图42　西厢房4-4剖面图

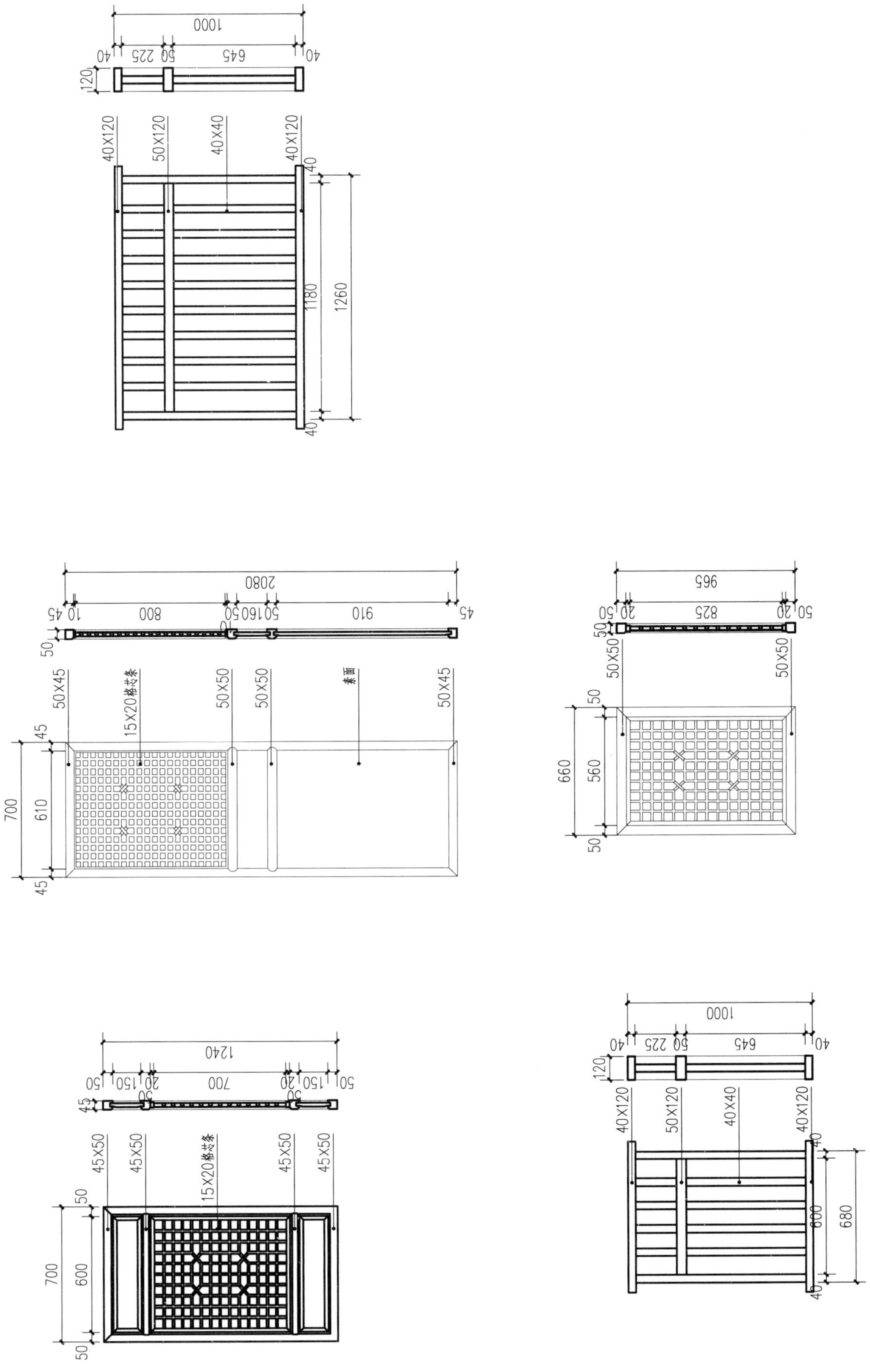
40X120
50X120
40X40
50X45
15X20格芯条
50X50
素面
45X50
1000
1260
1180
2080
700
610
965
660
560
1240
600
680
800

图43 大样图

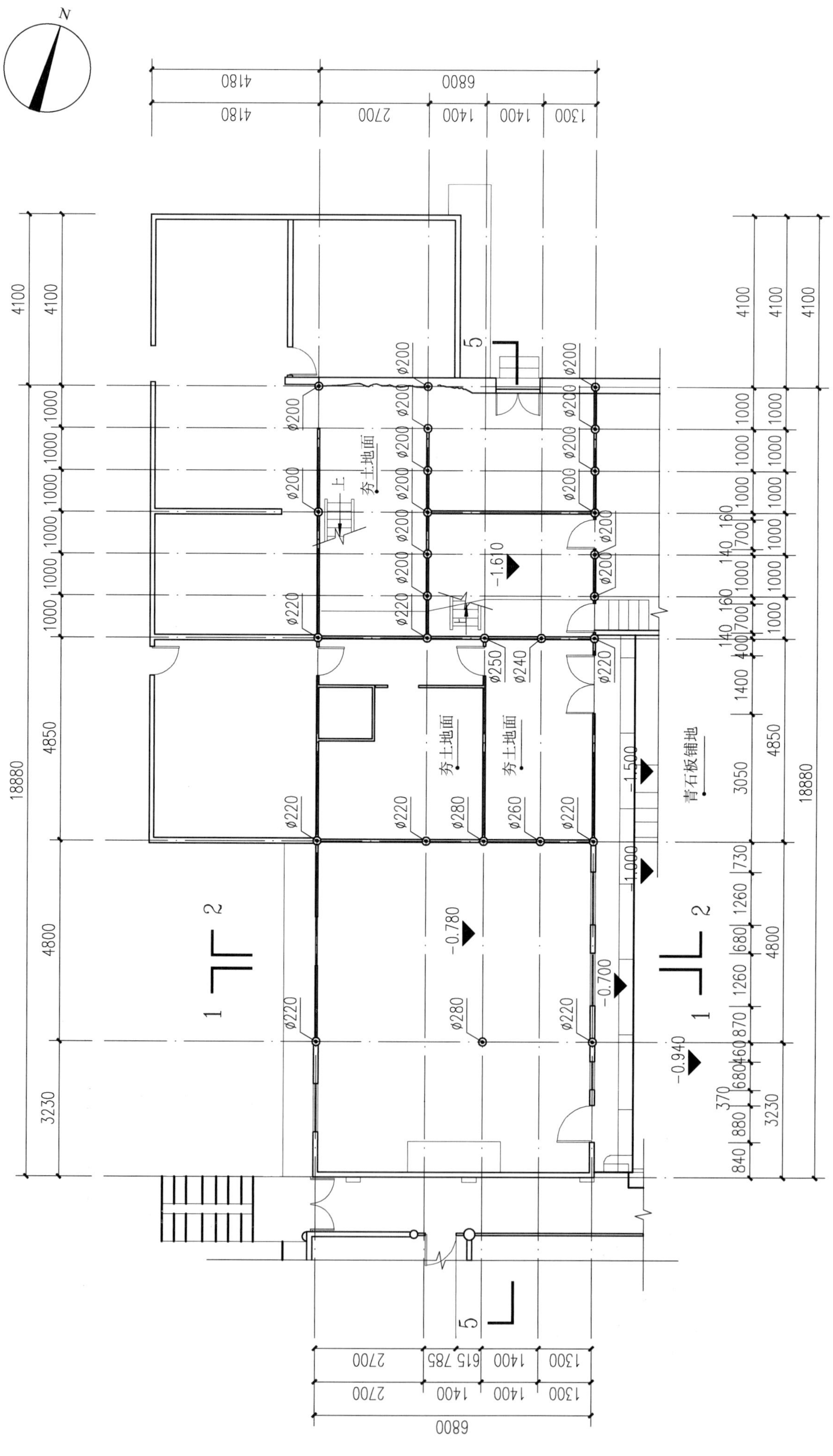

图44 东厢房一层平面图

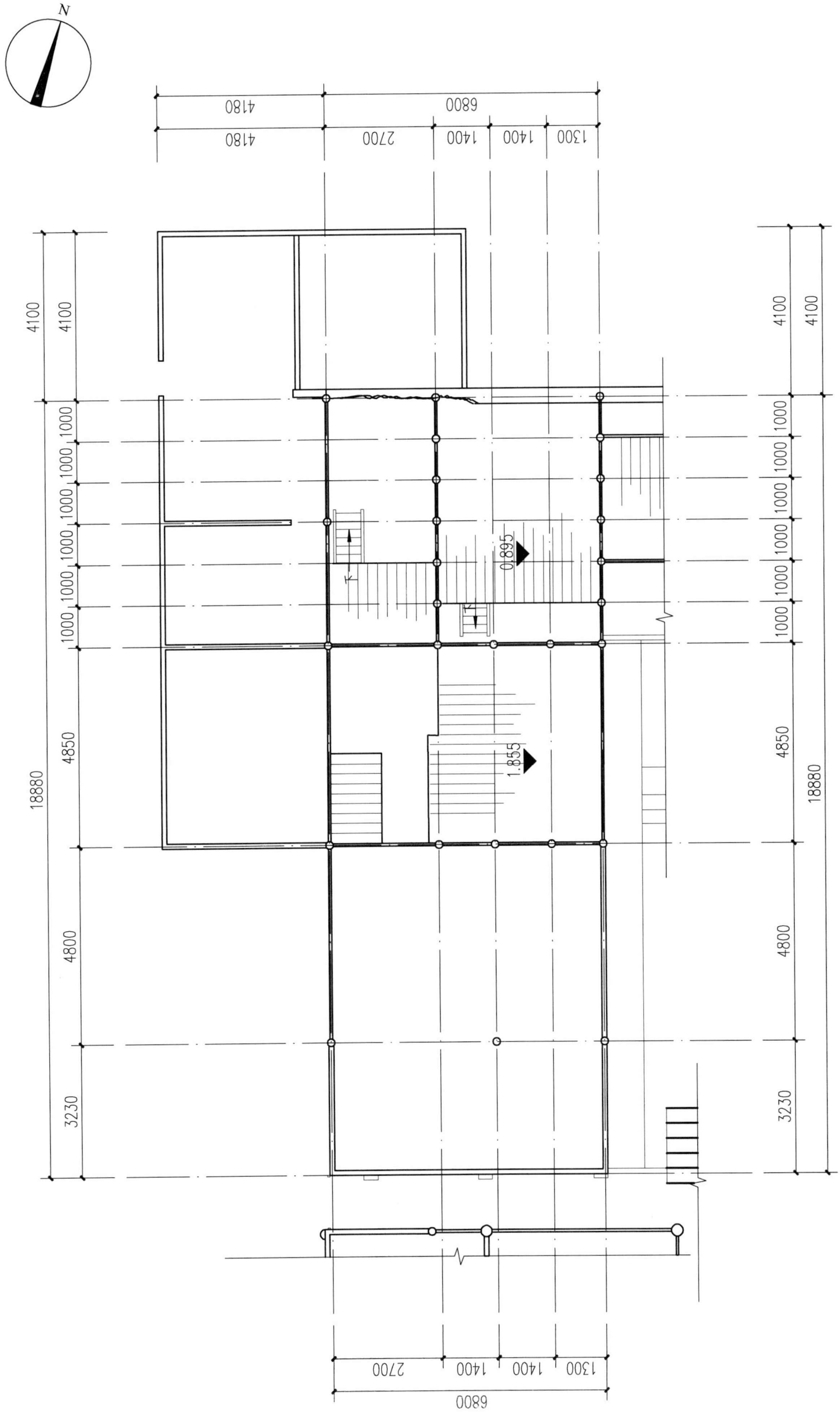

图45 东厢房二层平面图

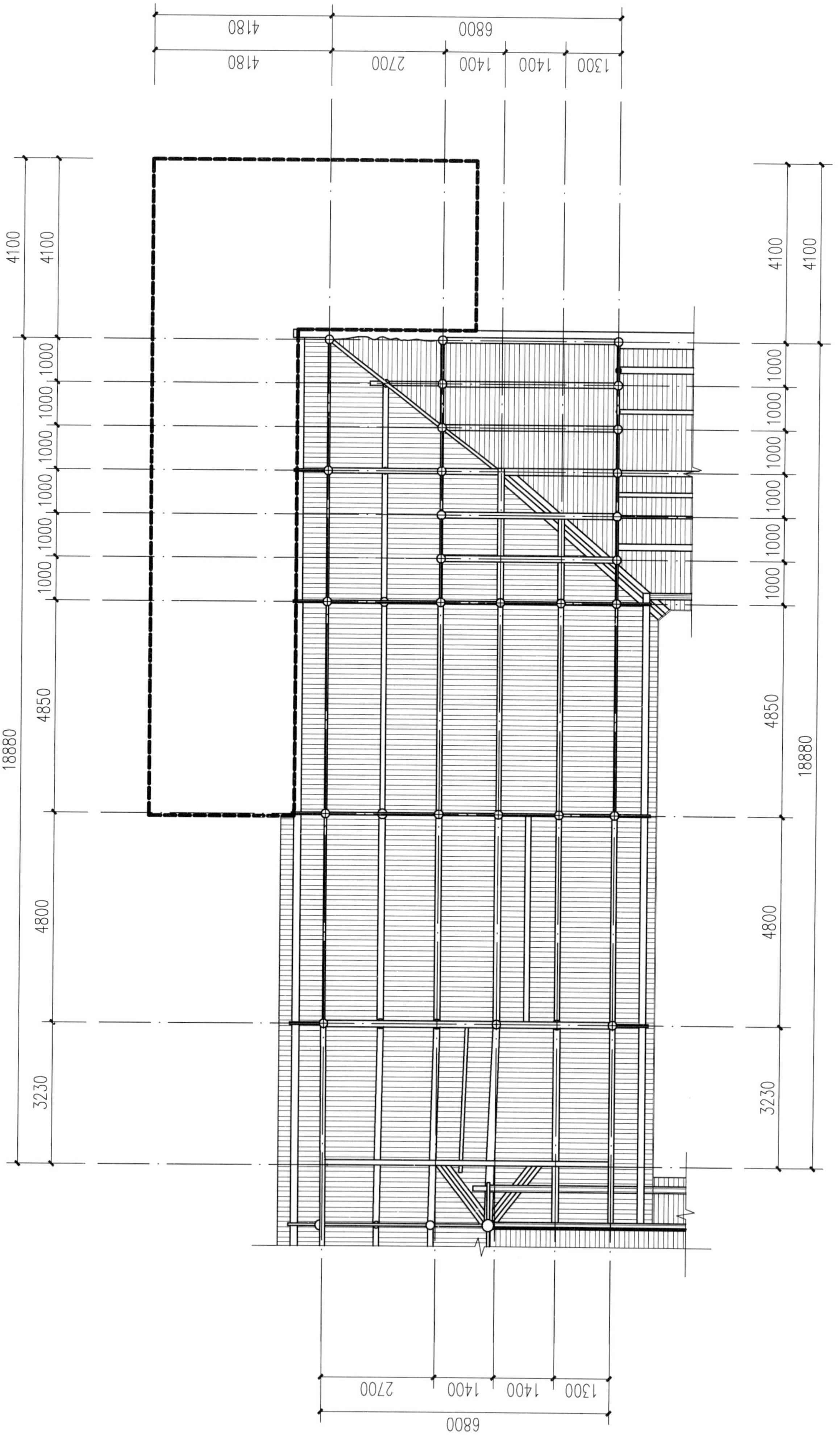
6800
4180
2700
1400
1400
1300
4100
1000
1000
1000
1000
1000
1000
4850
4800
3230
18880

图46 东厢房仰视图

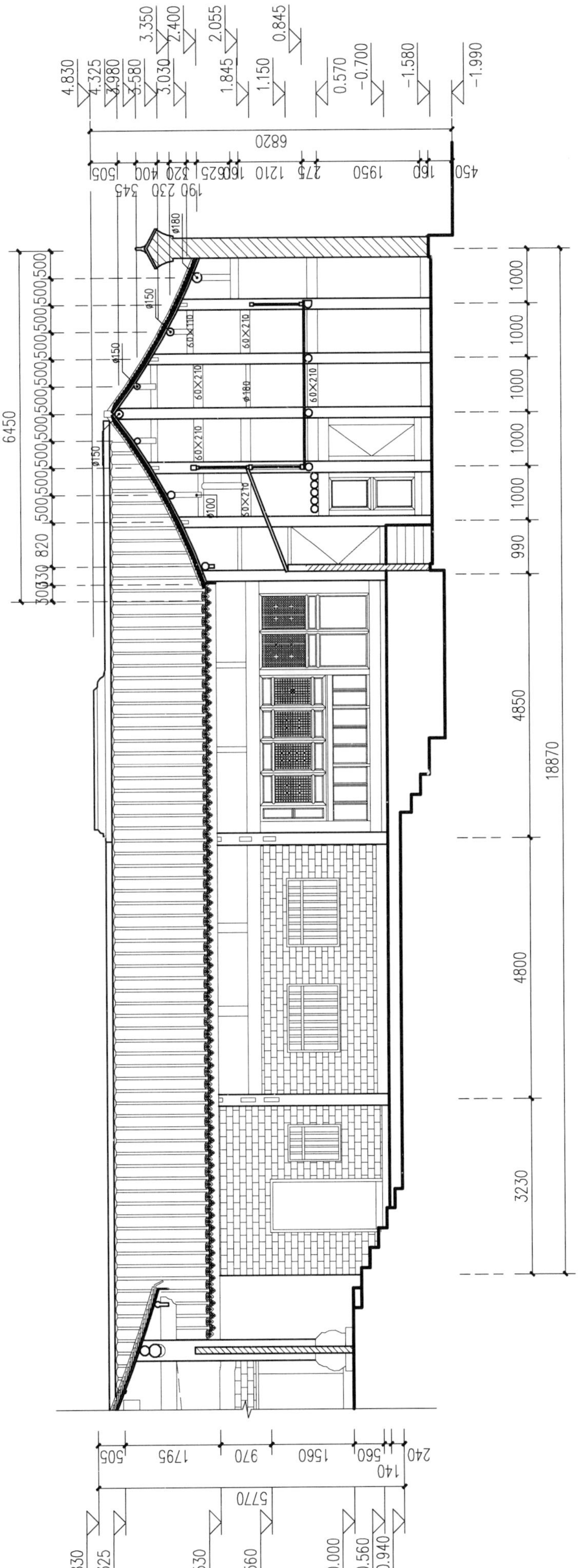

图47 东厢房正立面图

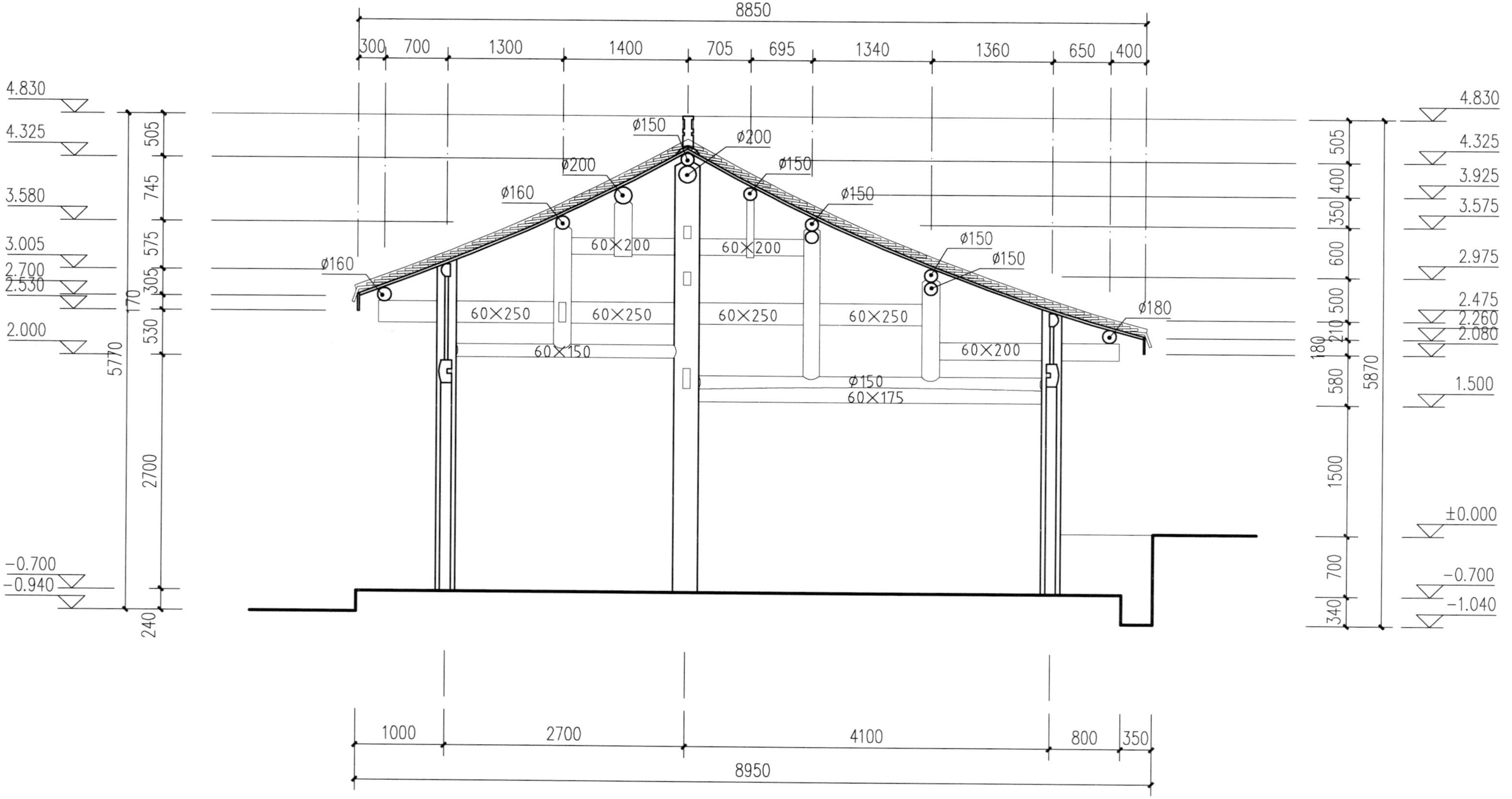

图48　东厢房1-1剖面图

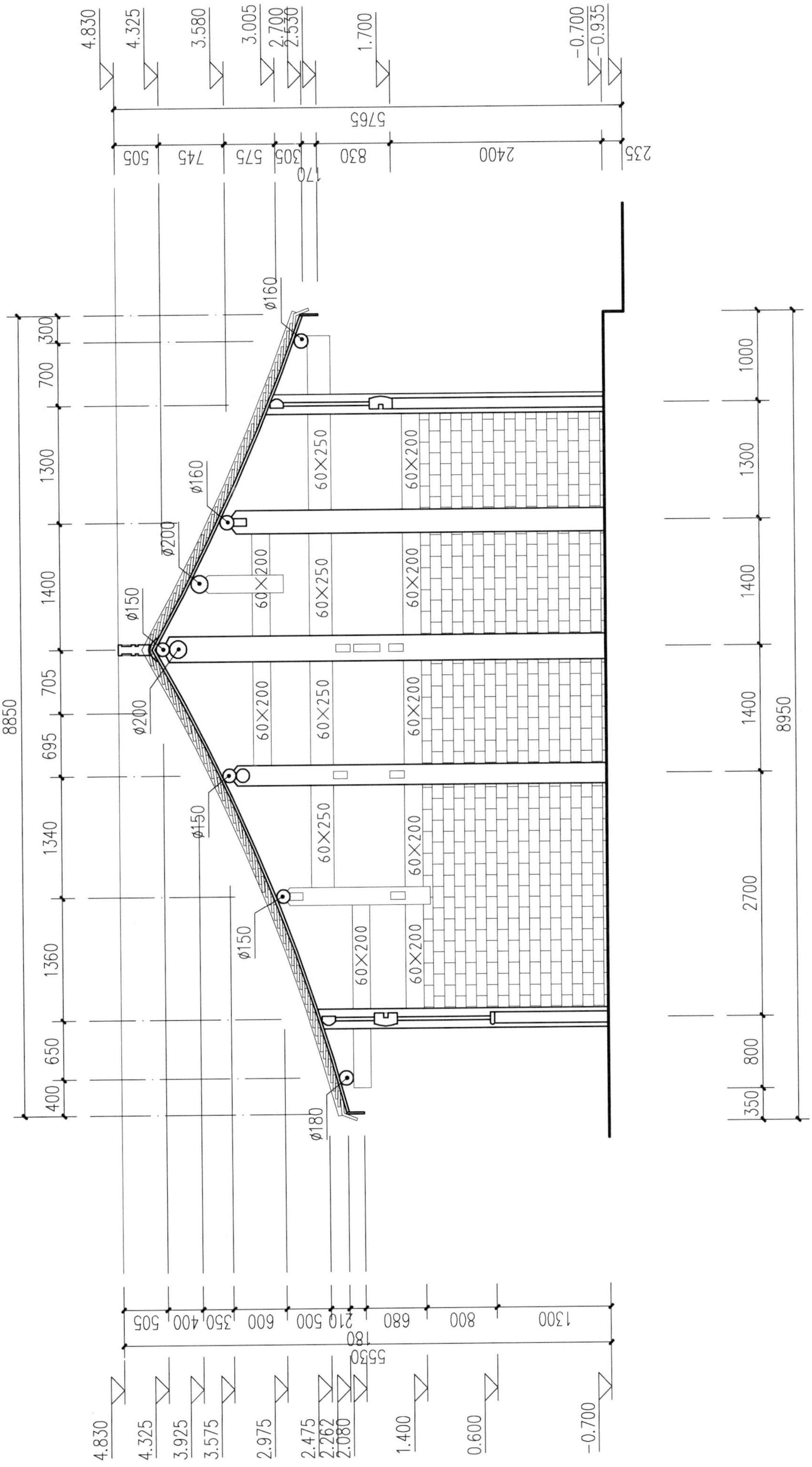

图49 东厢房2-2剖面图

兴文禹王宫正殿

禹王宫位于宜宾市兴文县九丝镇龙泉村玉屏墩南麓。

禹王宫正殿面阔五间，通面阔20.81米，通进深11.70米，十五檩，前施廊道，后施挑檐，三架梁下施驼峰。抬梁式穿斗混合式结构。悬山顶，小青瓦屋面。

创建年代不详，根据建筑结构分析，当创建于清代。

四川省文物保护单位。

测绘制图：朱绍文

成图时间：2011年5月

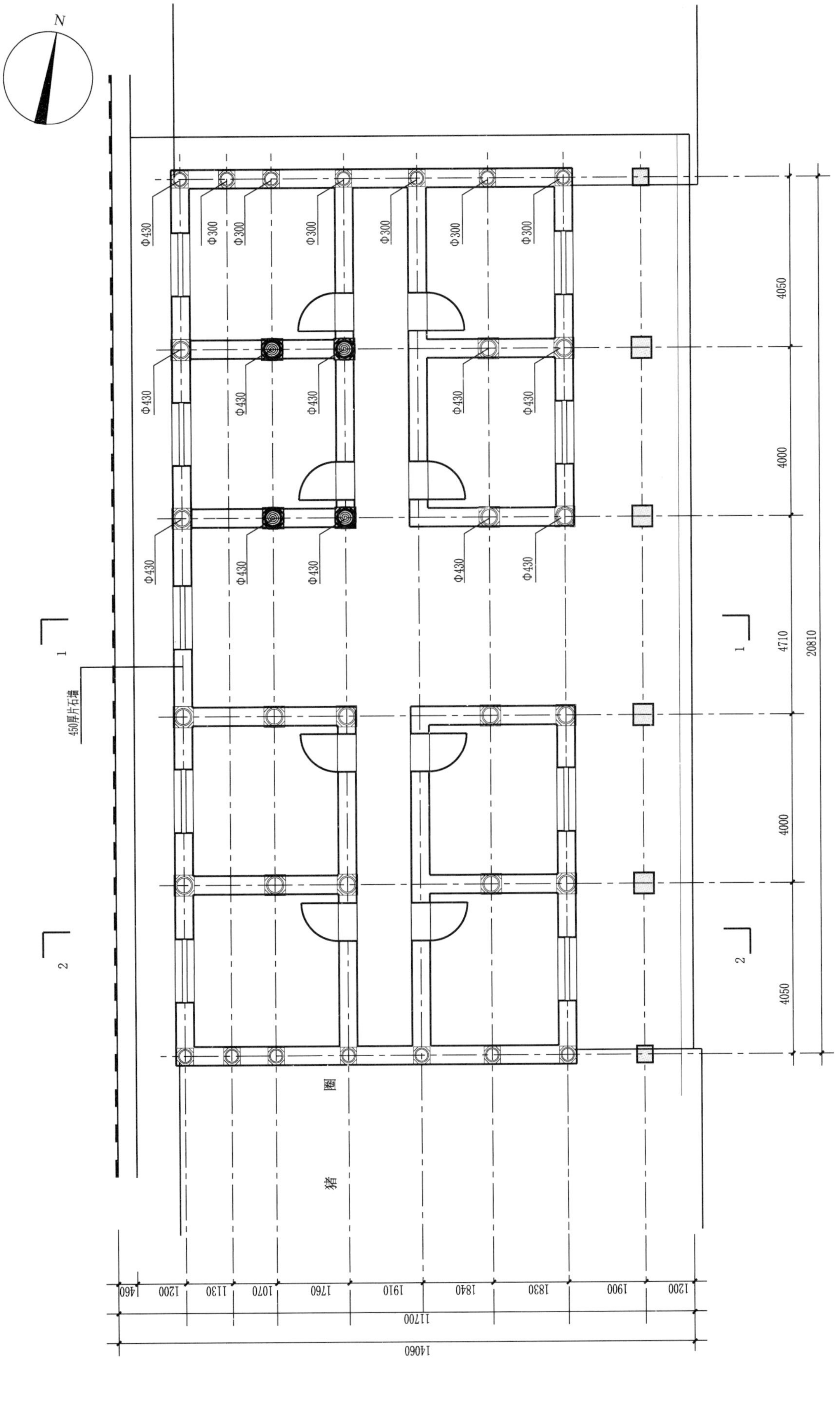
N
Φ430
Φ300
4050
4000
4710
20810
450厚片石墙
1
2
猪圈
1460
1200
1130
1070
1760
1910
1840
1830
1900
11700
14060

图1 平面图

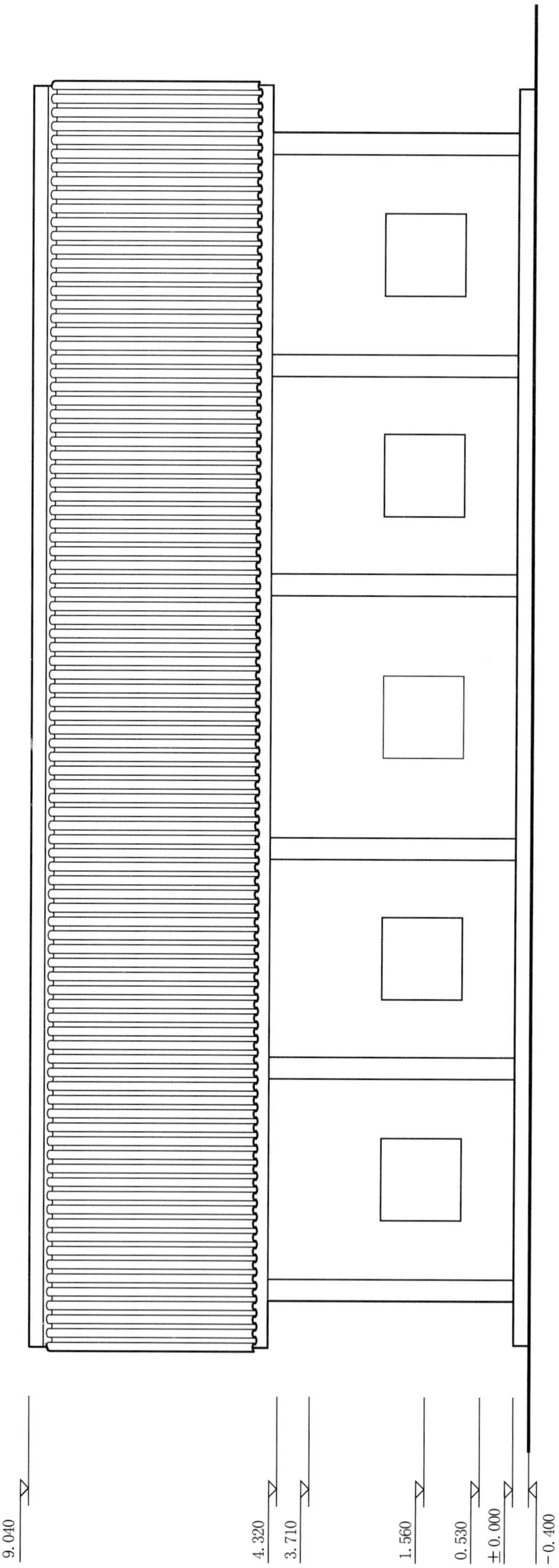
9.040
4.320
3.710
1.560
0.530
±0.000
-0.400

图2　正立面图

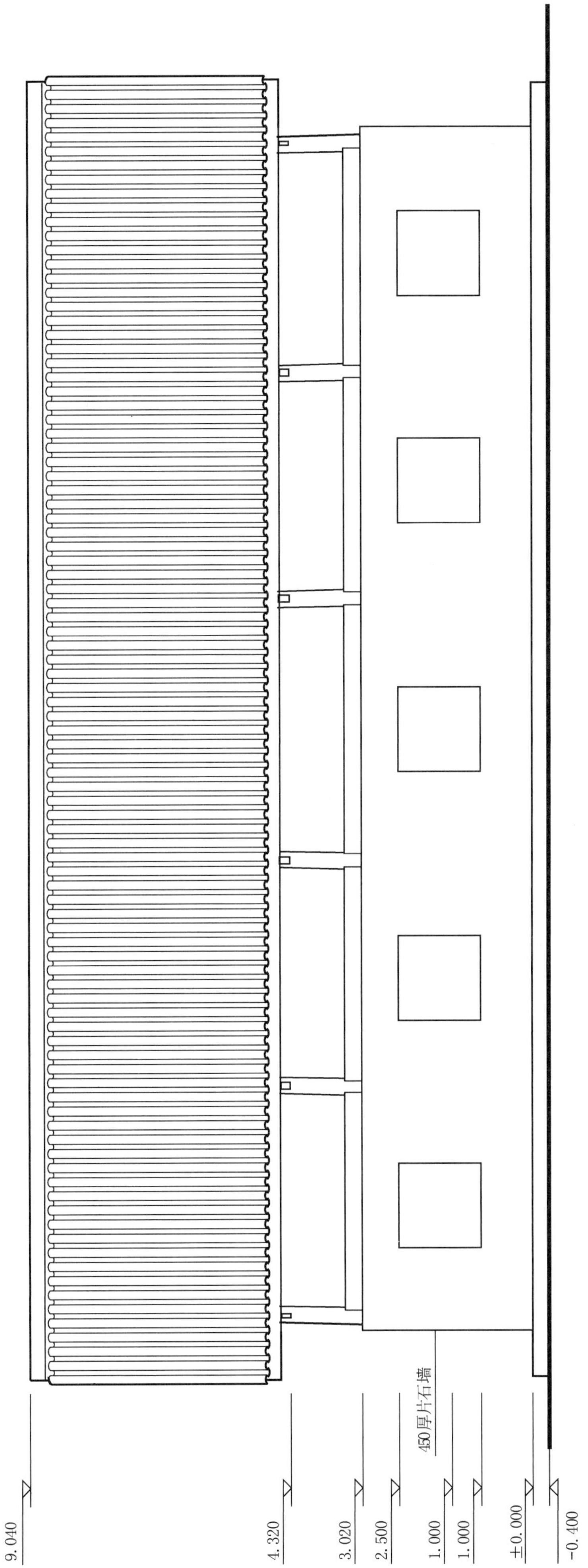
9.040
4.320
3.020
2.500
450厚片石墙
1.000
1.000
±0.000
-0.400

图3 背立面图

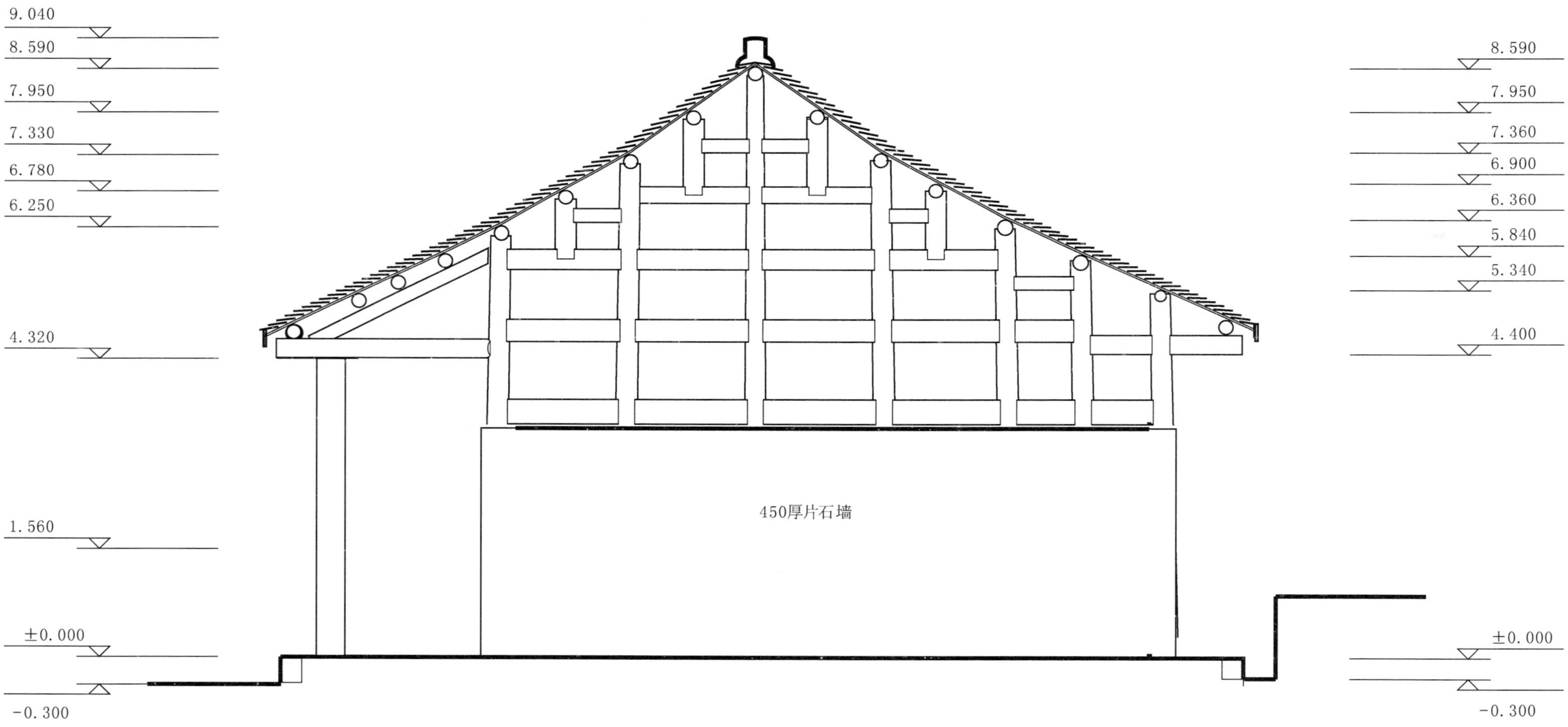
9.040
8.590
7.950
7.330
6.780
6.250
4.320
1.560
±0.000
-0.300
8.590
7.950
7.360
6.900
6.360
5.840
5.340
4.400
±0.000
-0.300
450厚片石墙

图4　侧立面图

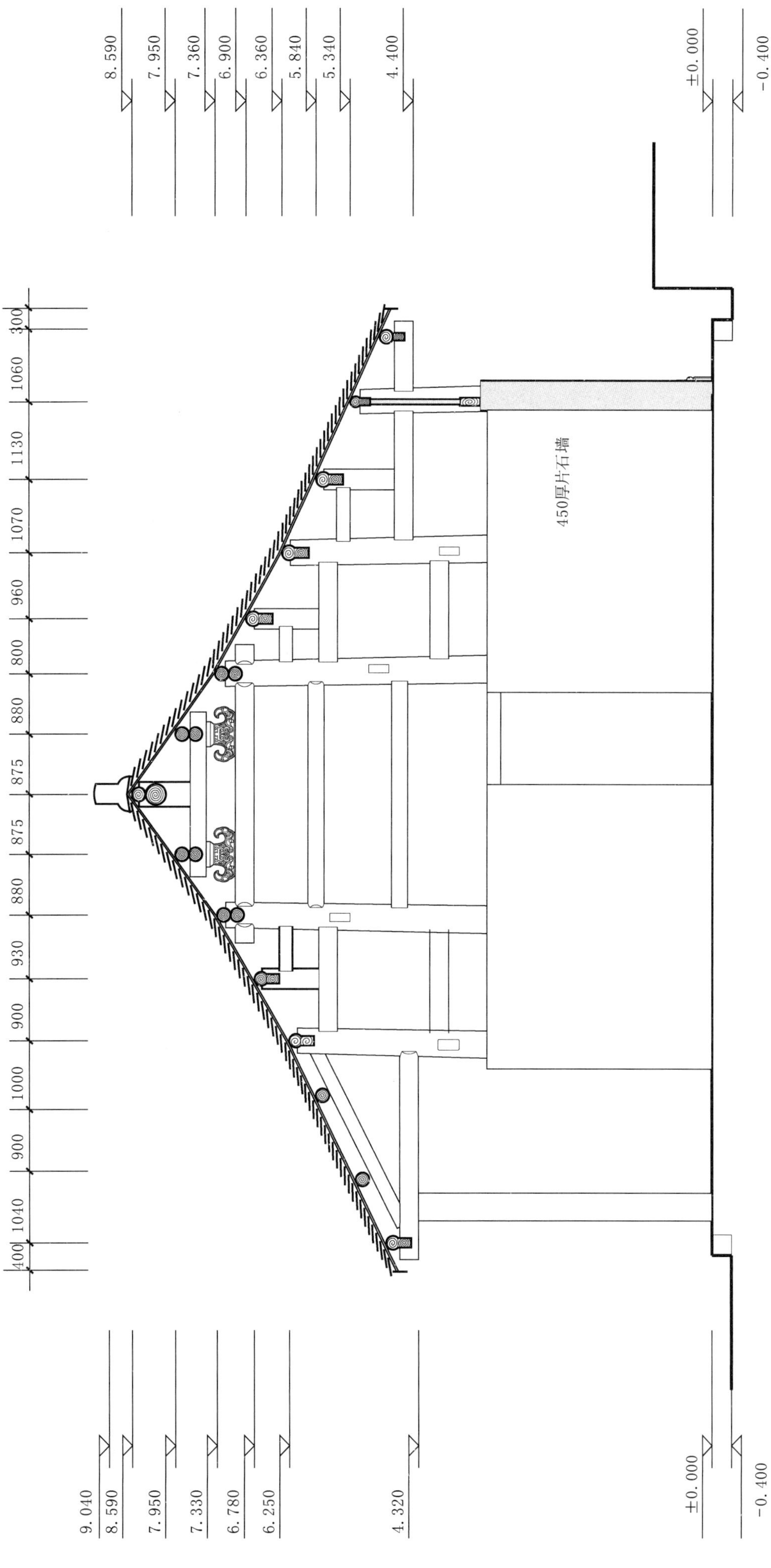
8.590
7.950
7.360
6.900
6.360
5.840
5.340
4.400
±0.000
-0.400
300
1060
1130
1070
960
800
880
875
875
880
930
900
1000
900
1040
400
450厚片石墙
9.040
8.590
7.950
7.330
6.780
6.250
4.320
±0.000
-0.400

图5 1-1剖面图

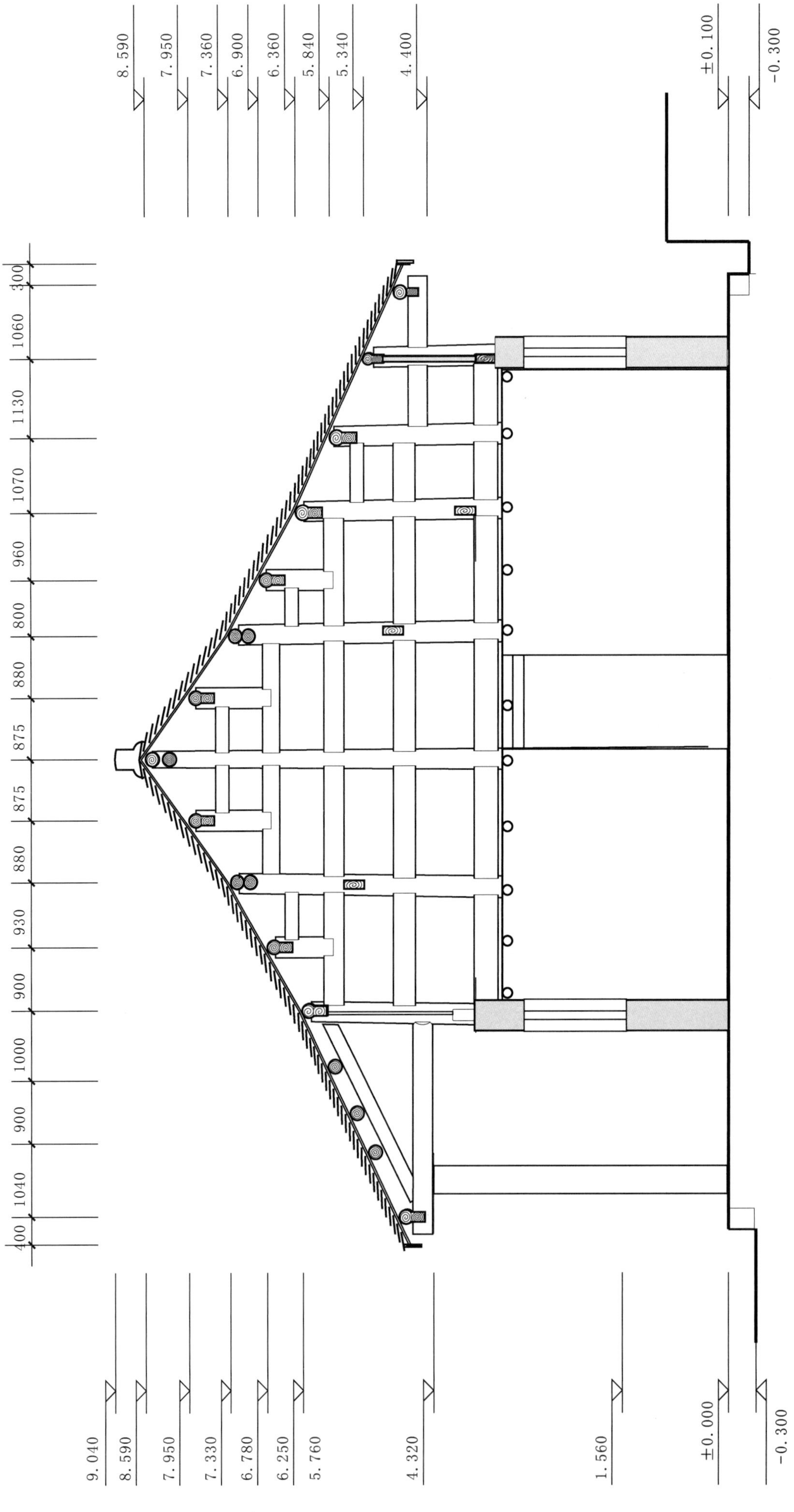
8.590
7.950
7.360
6.900
6.360
5.840
5.340
4.400
±0.100
-0.300
300
1060
1130
1070
960
800
880
875
875
880
930
900
1000
900
1040
400
9.040
8.590
7.950
7.330
6.780
6.250
5.760
4.320
1.560
±0.000
-0.300

图6　2-2剖面图

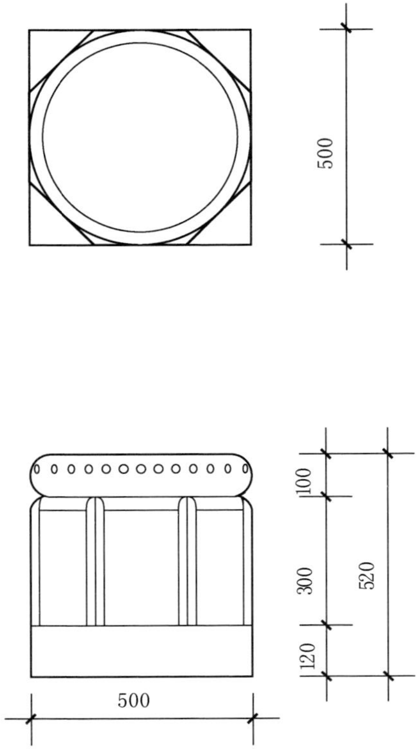

柱础大样图

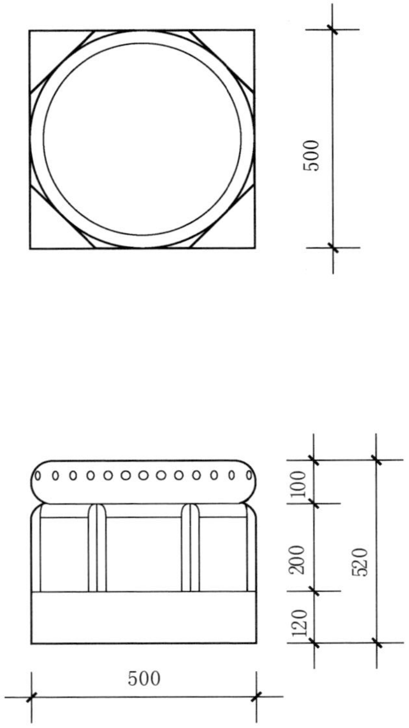

柱础大样图

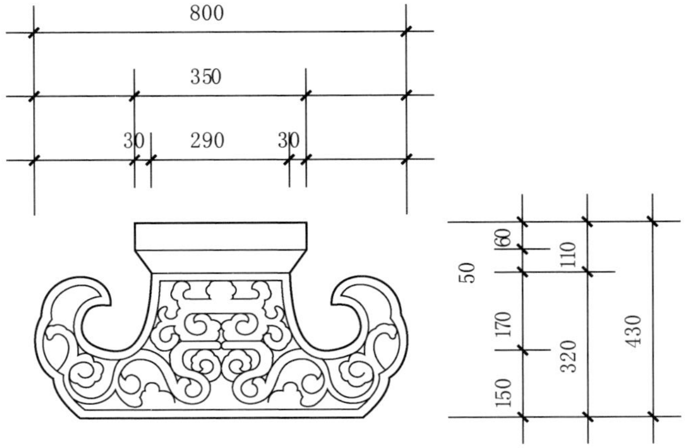

驼峰大样图

图7　柱础、驼峰大样图

岳池县文庙

岳池文庙位于岳池县城中南街。坐东向西，现存大成门、大成殿、东西庑殿围合成四合院建筑。

大成门素面台基，施如意式踏道三级。面阔七间、进深四间,高7米。穿斗式梁架结构，前后施卷棚。单檐悬山顶，小青瓦屋面。

大成殿平面呈长方形，石砌须弥座台基高0.8米，施垂带式踏道五级。面阔五间、进深五间,高11.6米，用28柱，明间四柱柱径达60厘米。抬梁穿斗混合式结构。重檐歇山顶，筒瓦屋面。

左、右庑殿结构、形制相同。素面台基高25厘米。面阔六间、进深二间5.3米,高6米。穿斗式梁架，用十八柱。单檐悬山顶，小青瓦屋面。

该建筑重建于雍正三年（1725年）。

四川省文物保护单位。

测绘制图：刘波、范雪松

成图时间：2011年5月

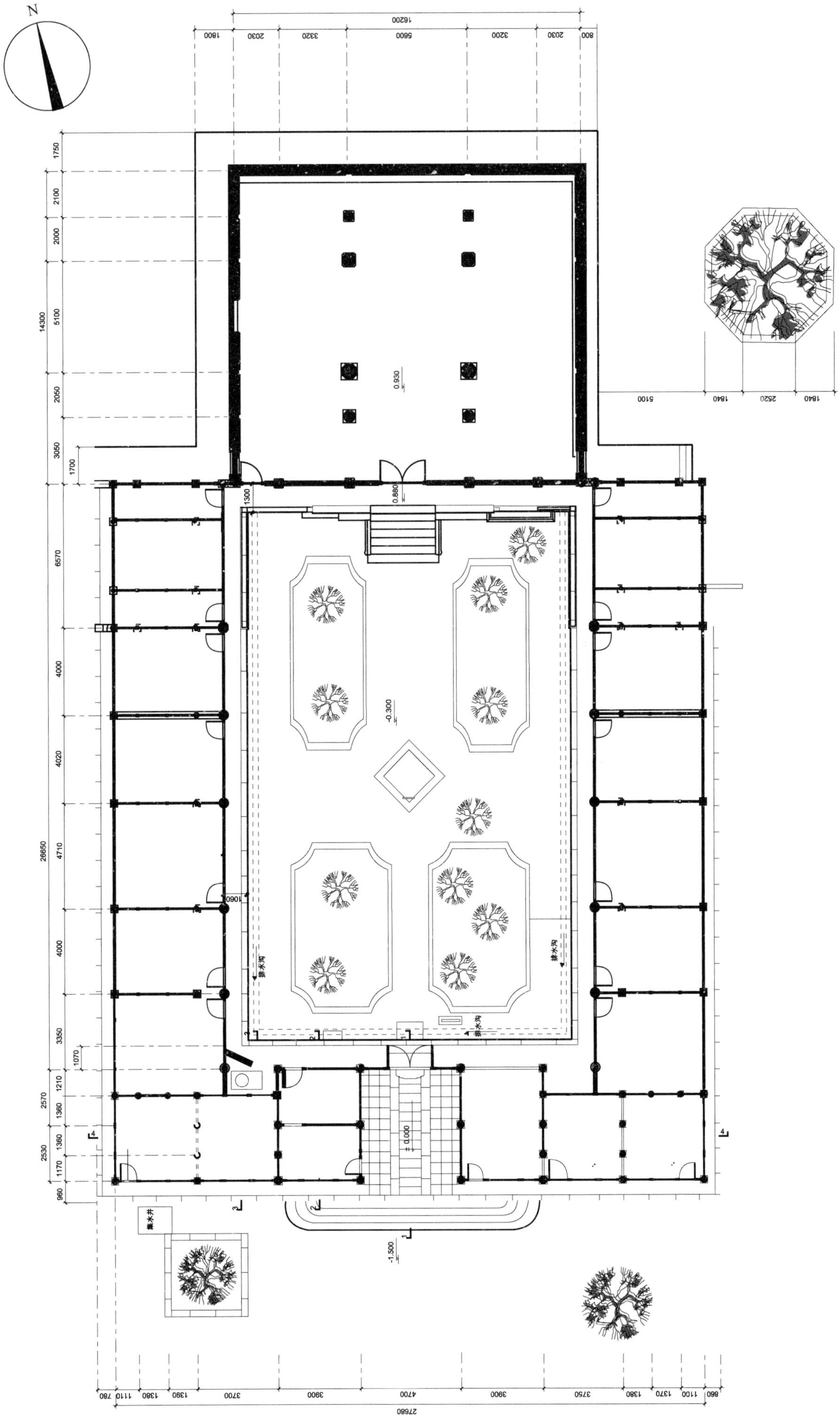

图1　岳池文庙总平面图

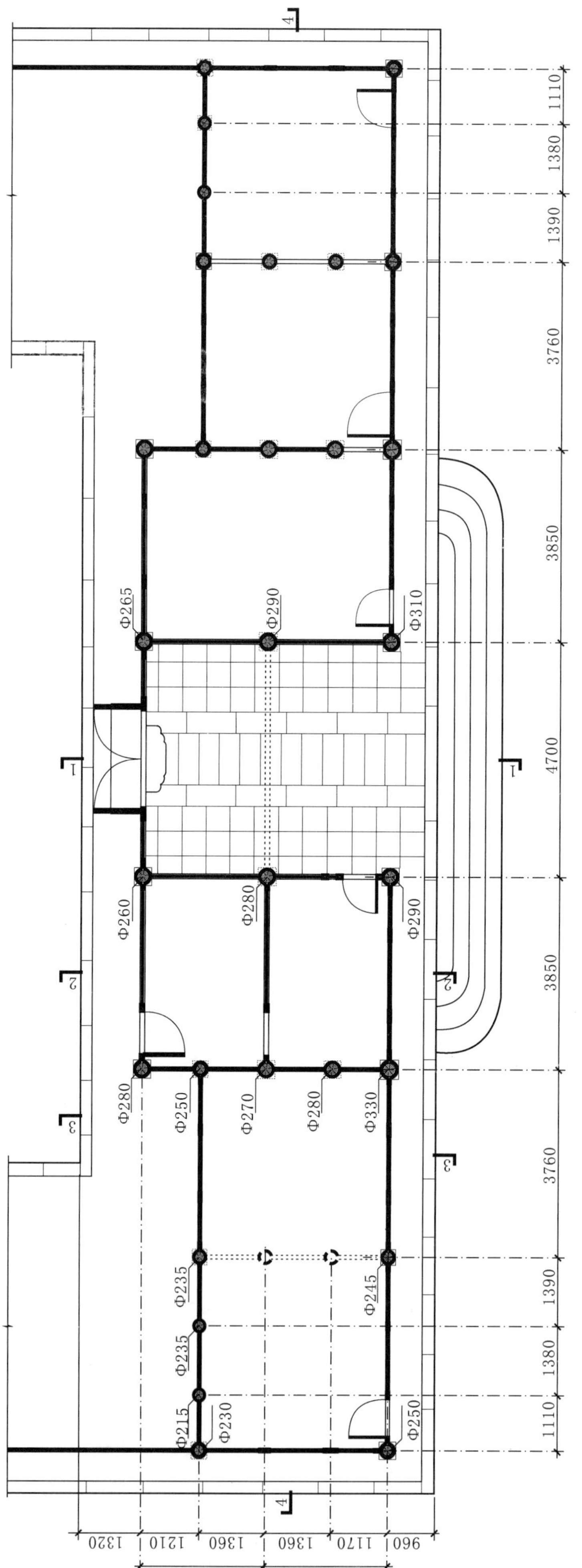
1110
1380
1390
3760
3850
4700
3850
3760
1390
1380
1110
Φ265
Φ290
Φ310
Φ260
Φ280
Φ290
Φ280
Φ250
Φ270
Φ280
Φ330
Φ235
Φ245
Φ235
Φ215
Φ230
Φ250
1320
1210
1360
1360
1170
960
2570
2530

图2 大成门平面图

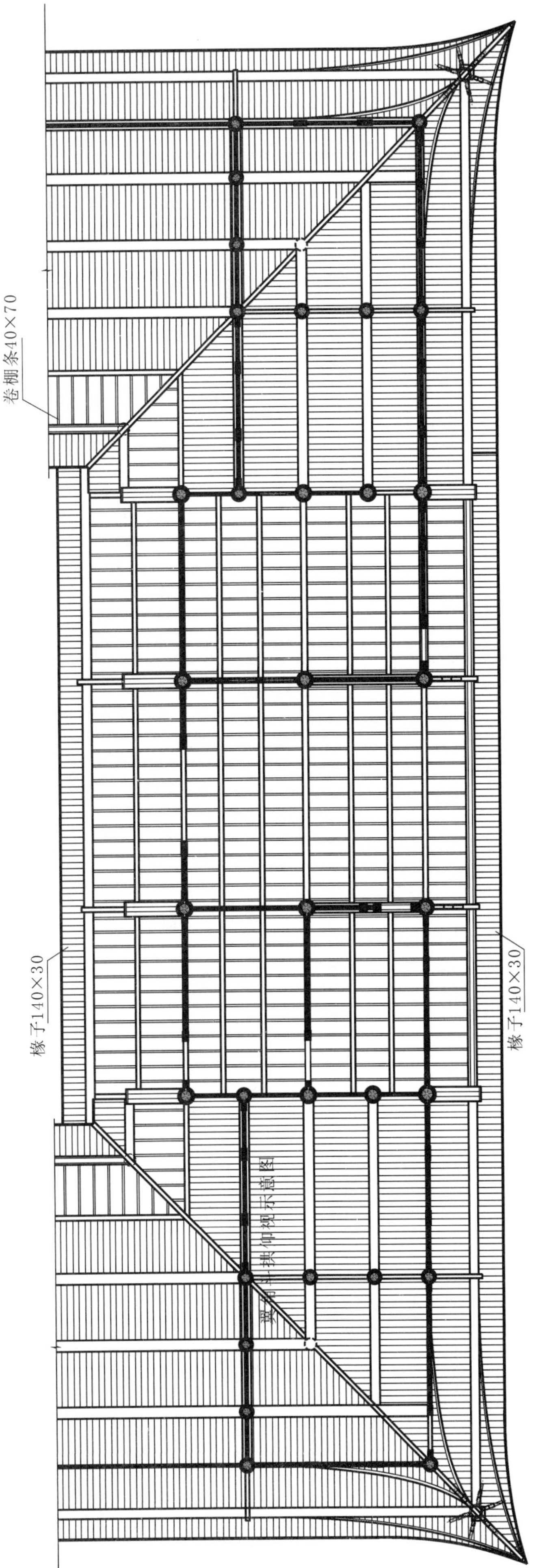
卷棚条40×70
椽子140×30
椽子140×30
斗拱仰视示意图

图3 大成门仰视图

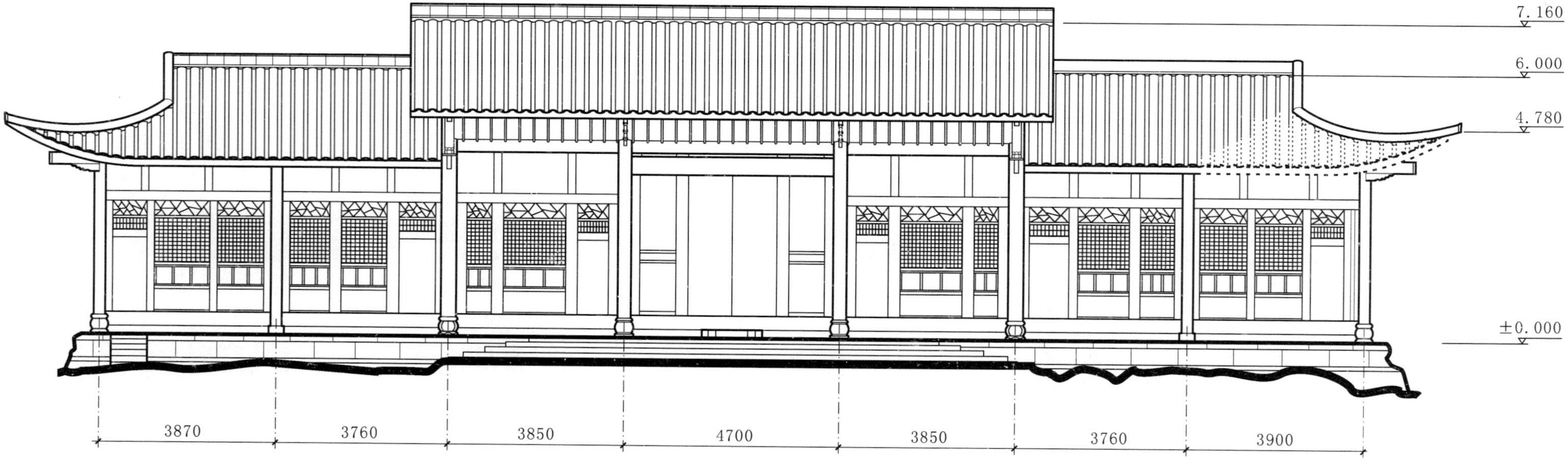
7.160
6.000
4.780
±0.000
3870
3760
3850
4700
3850
3760
3900

图4　大成门立面图

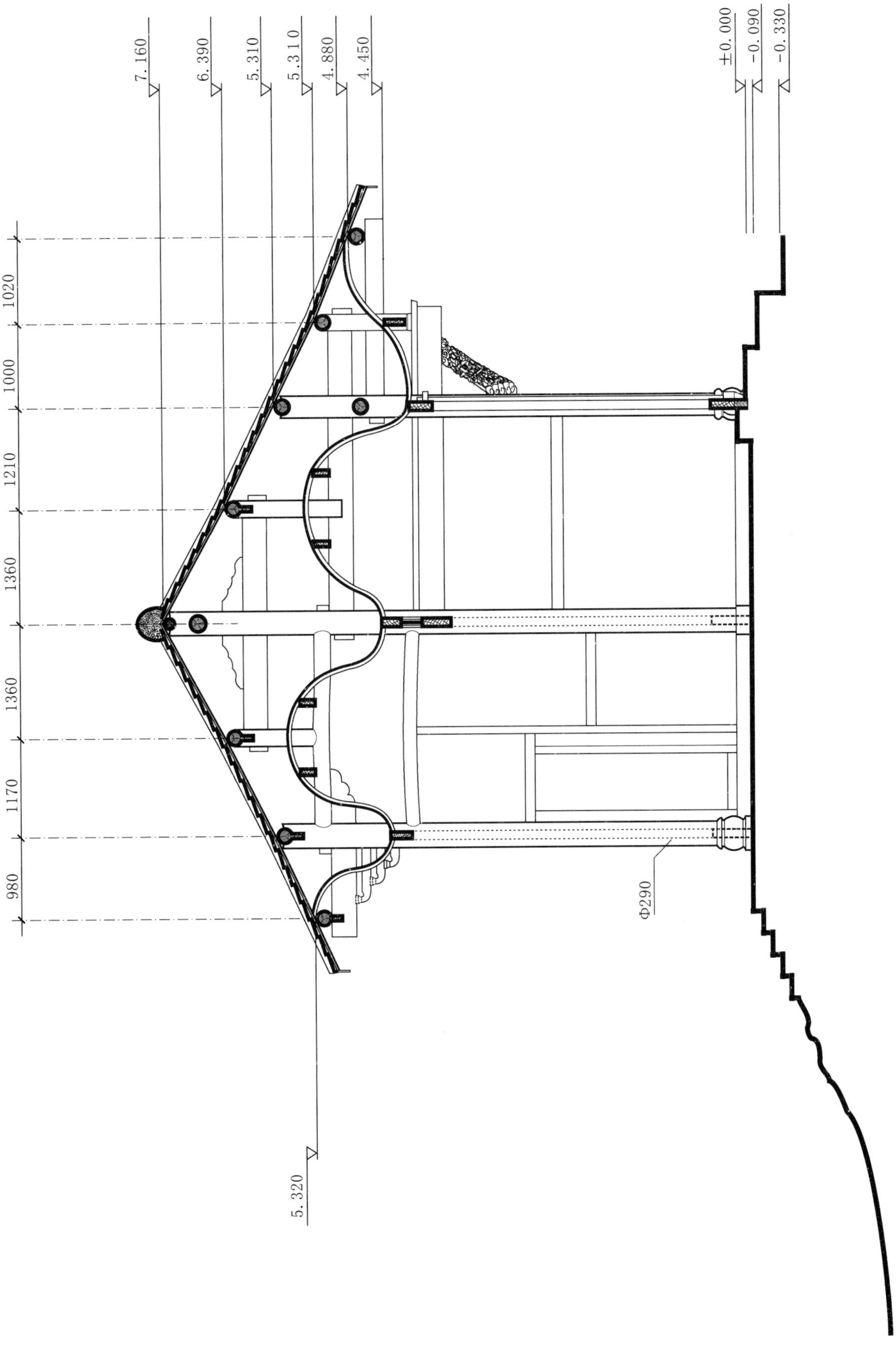
7.160
6.390
5.310
5.310
4.880
4.450
±0.000
-0.090
-0.330
1020
1000
1210
1360
1360
1170
980
Φ290
5.320

图5　大成门1-1剖面图

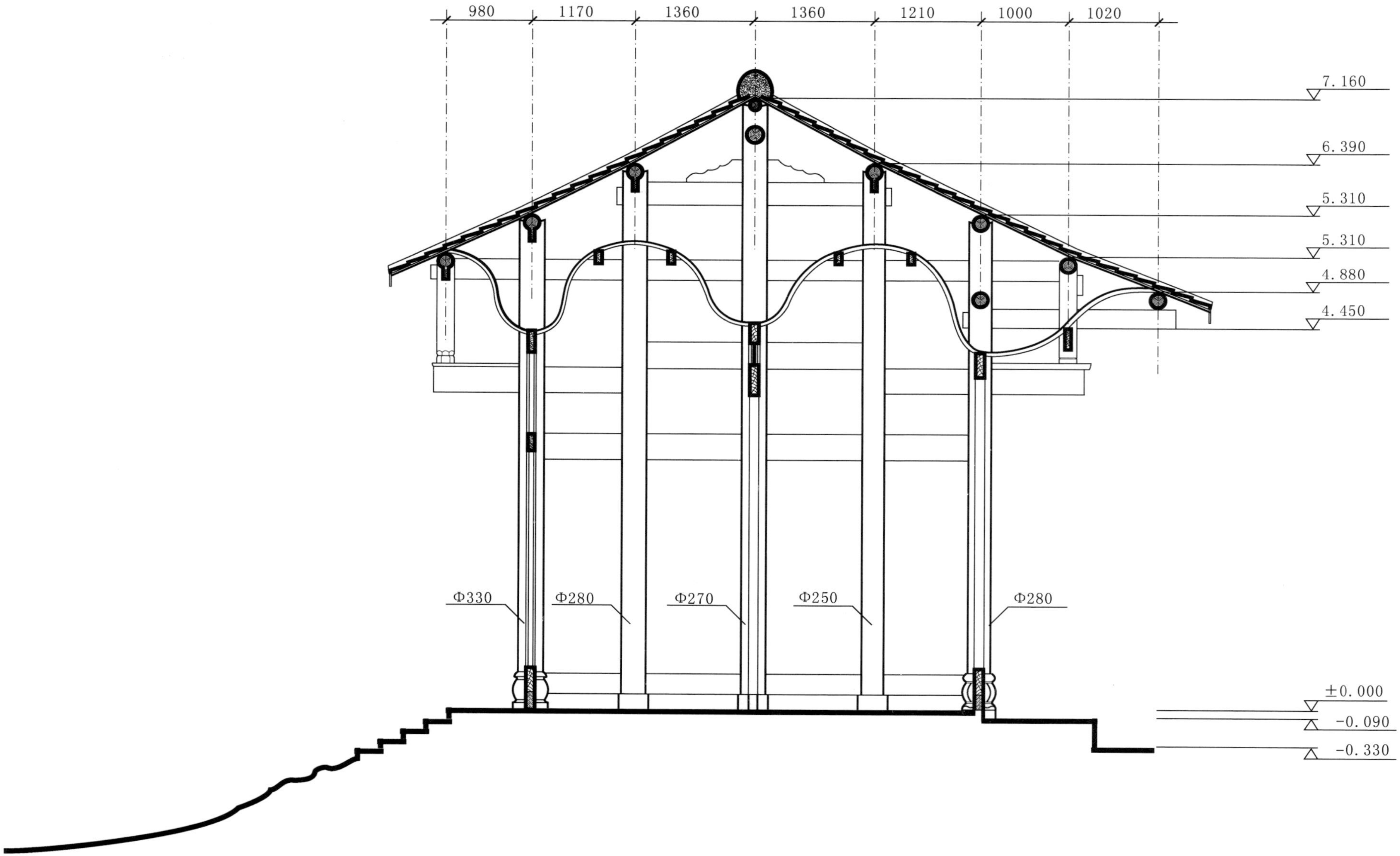
980
1170
1360
1360
1210
1000
1020
7.160
6.390
5.310
5.310
4.880
4.450
Φ330
Φ280
Φ270
Φ250
Φ280
±0.000
-0.090
-0.330

图6　大成门2-2剖面图

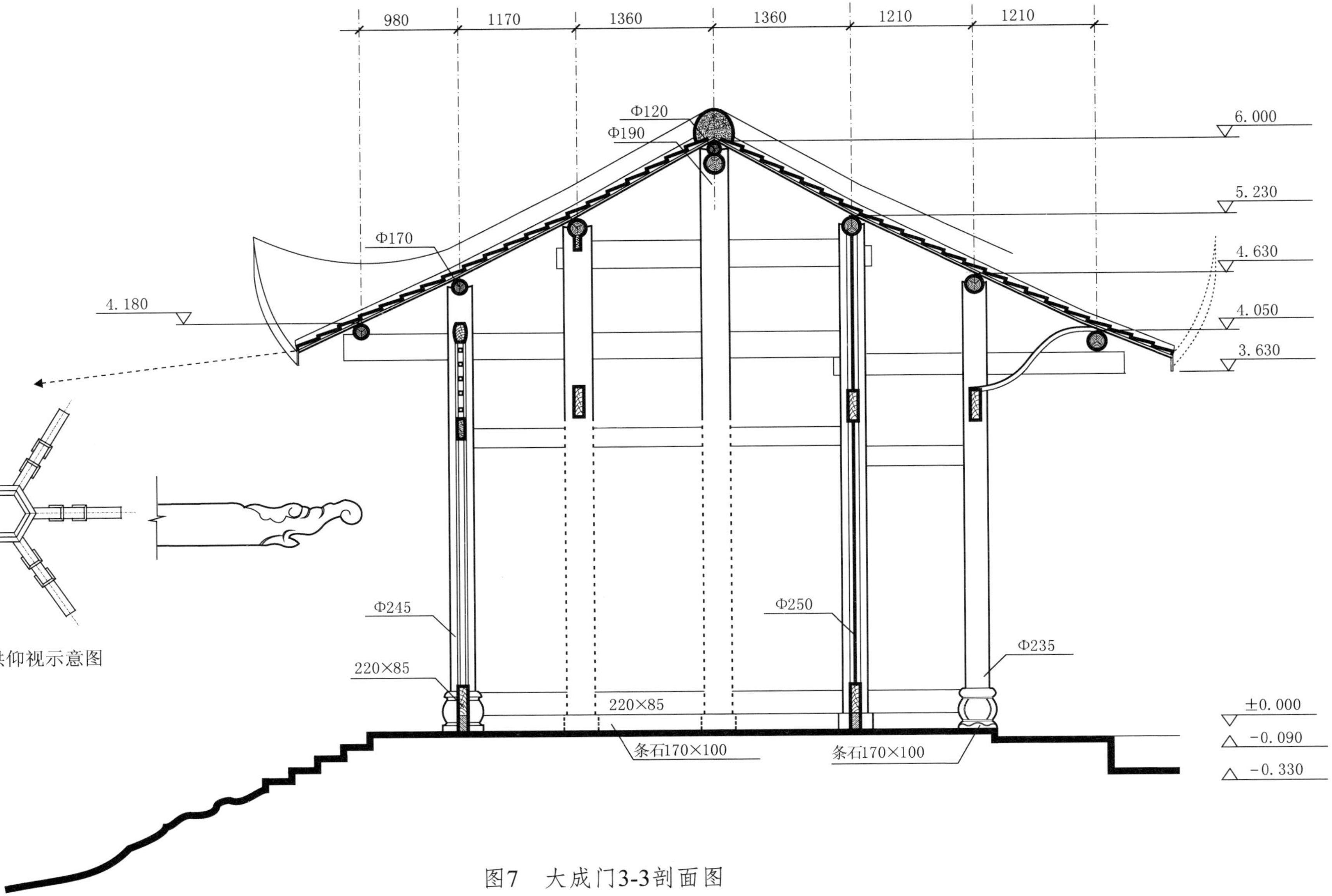
980
1170
1360
1360
1210
1210
Φ120
Φ190
Φ170
6.000
5.230
4.630
4.050
3.630
4.180
Φ245
220×85
Φ250
Φ235
220×85
条石170×100
条石170×100
±0.000
-0.090
-0.330

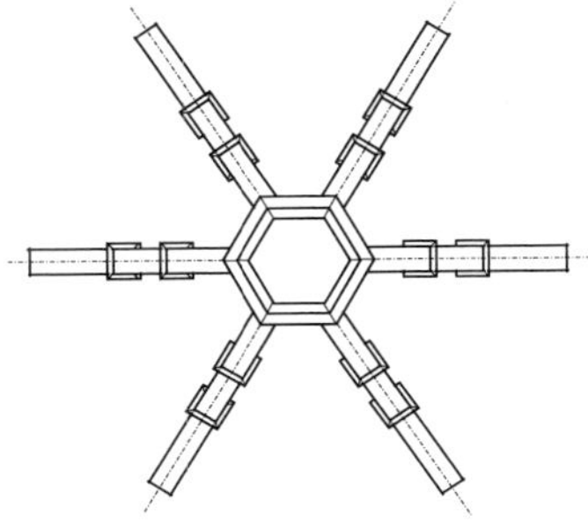

翼角斗拱仰视示意图

图7 大成门3-3剖面图

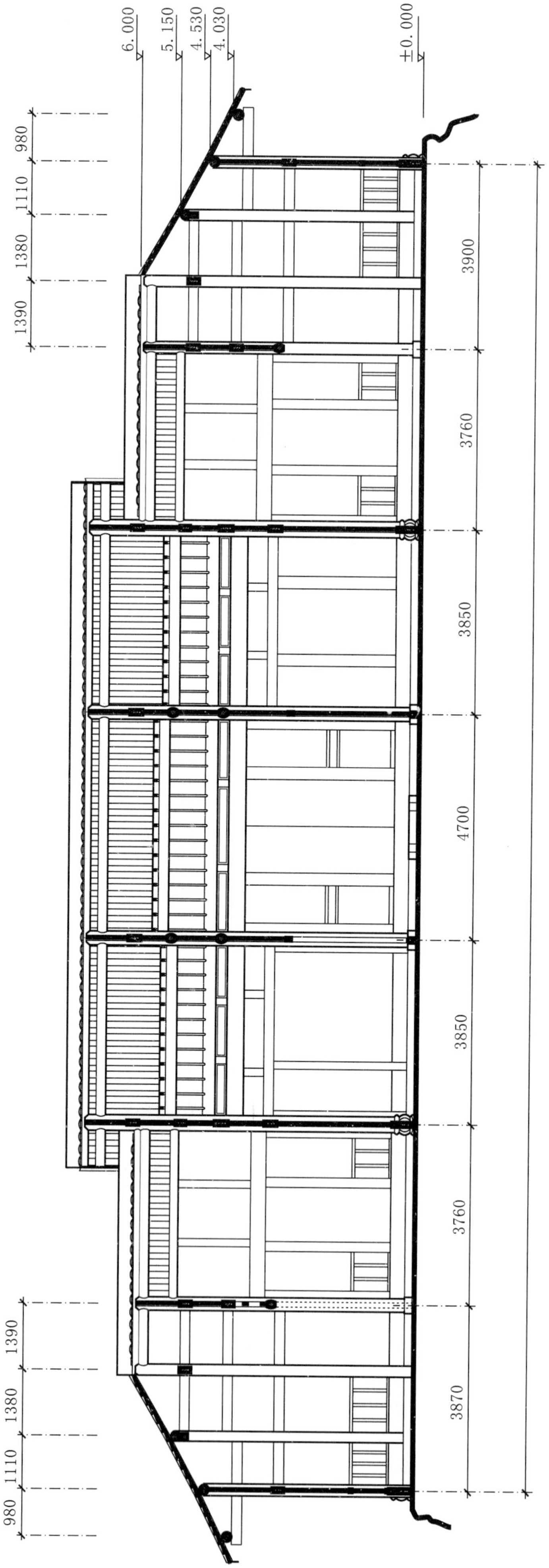
6.000
5.150
4.530
4.030
±0.000
980
1110
1380
1390
3900
3760
3850
4700
3850
3760
3870
1390
1380
1110
980

图8 大成门4-4剖面图

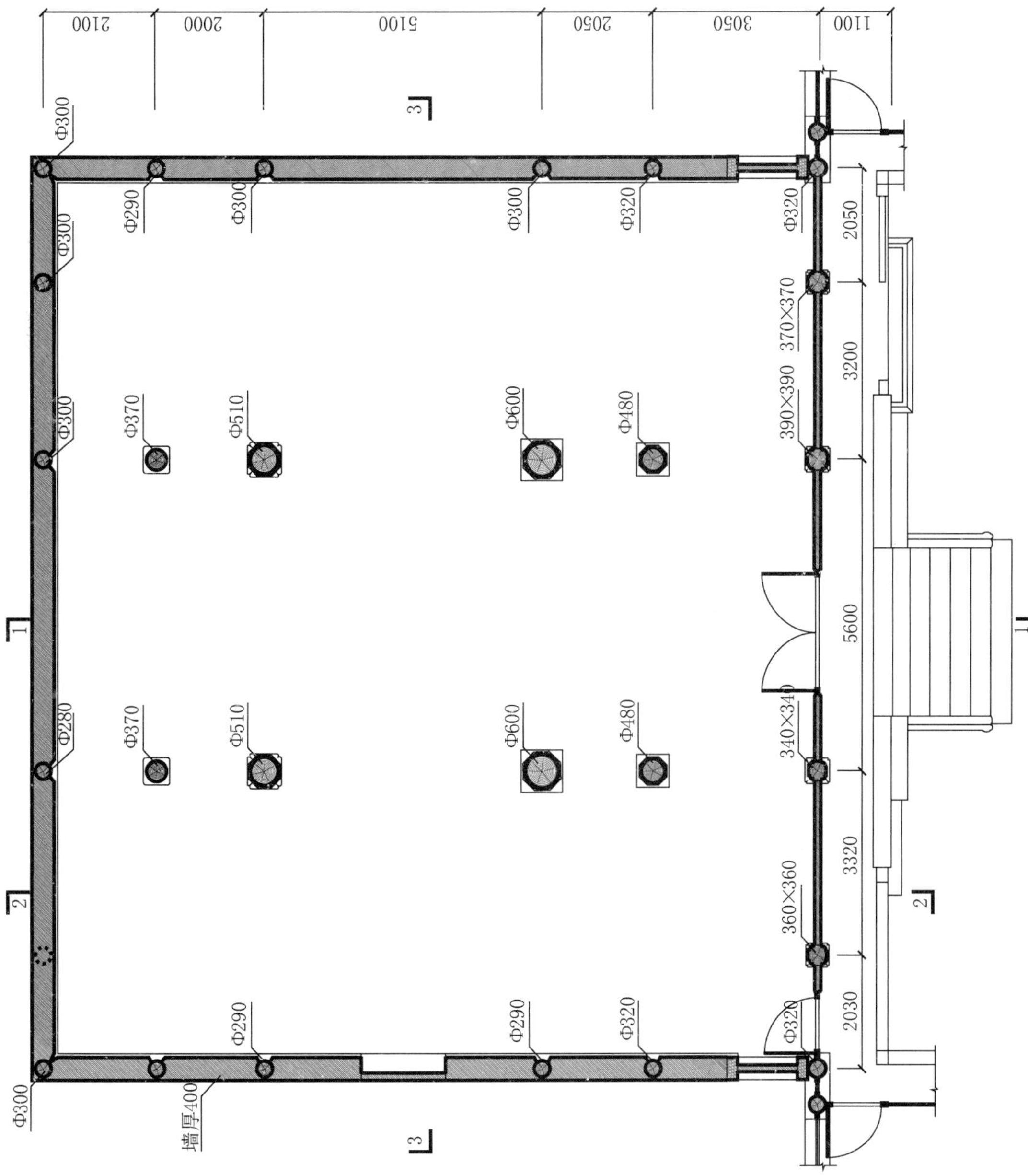
2100
2000
5100
2050
3050
1100
Φ300
Φ290
Φ320
2050
370×370
3200
390×390
5600
340×340
3320
360×360
2030
Φ370
Φ510
Φ600
Φ480
Φ280
墙厚400
1
2
3

图9 大成殿一层平面图

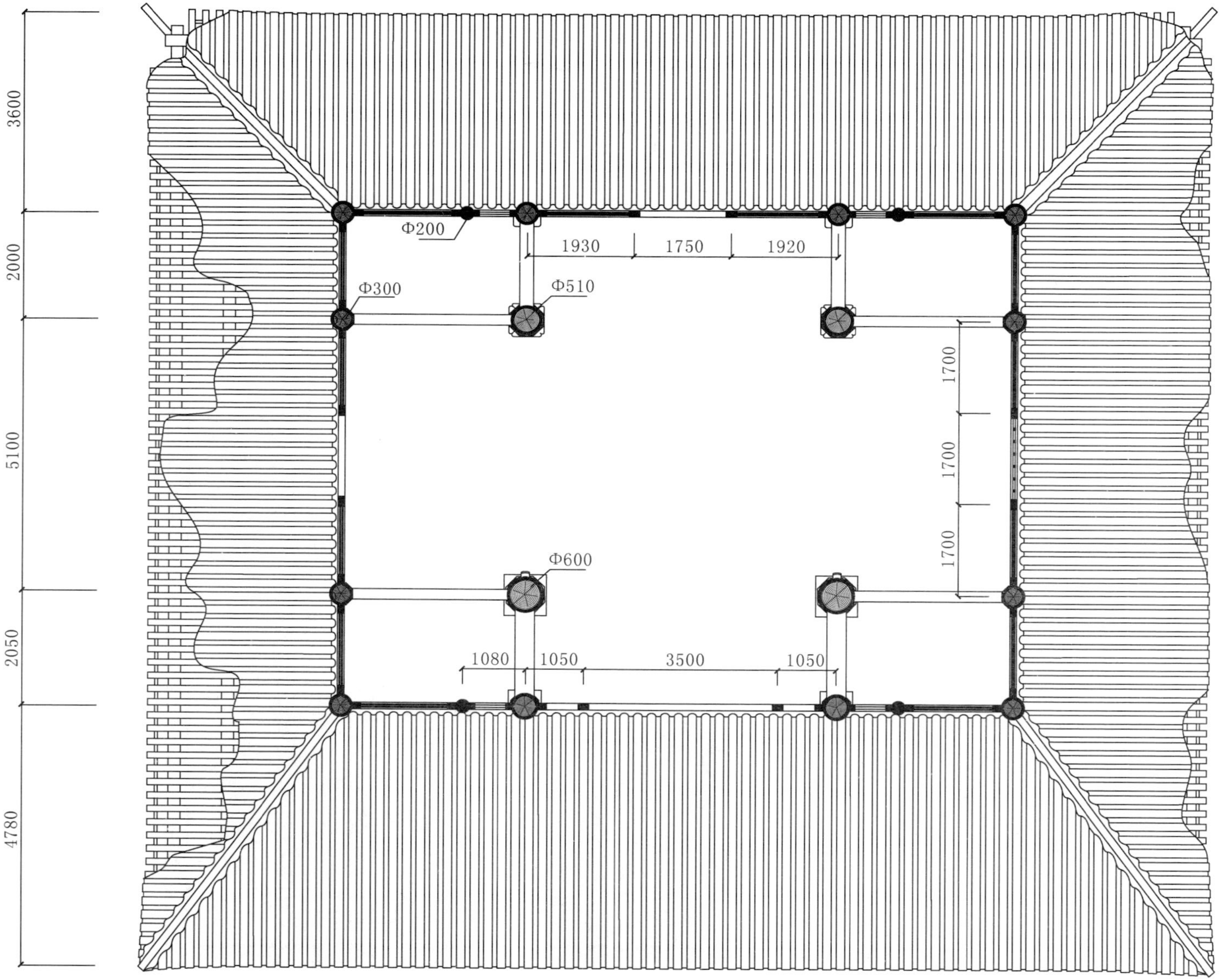

图10　大成殿二层平面图

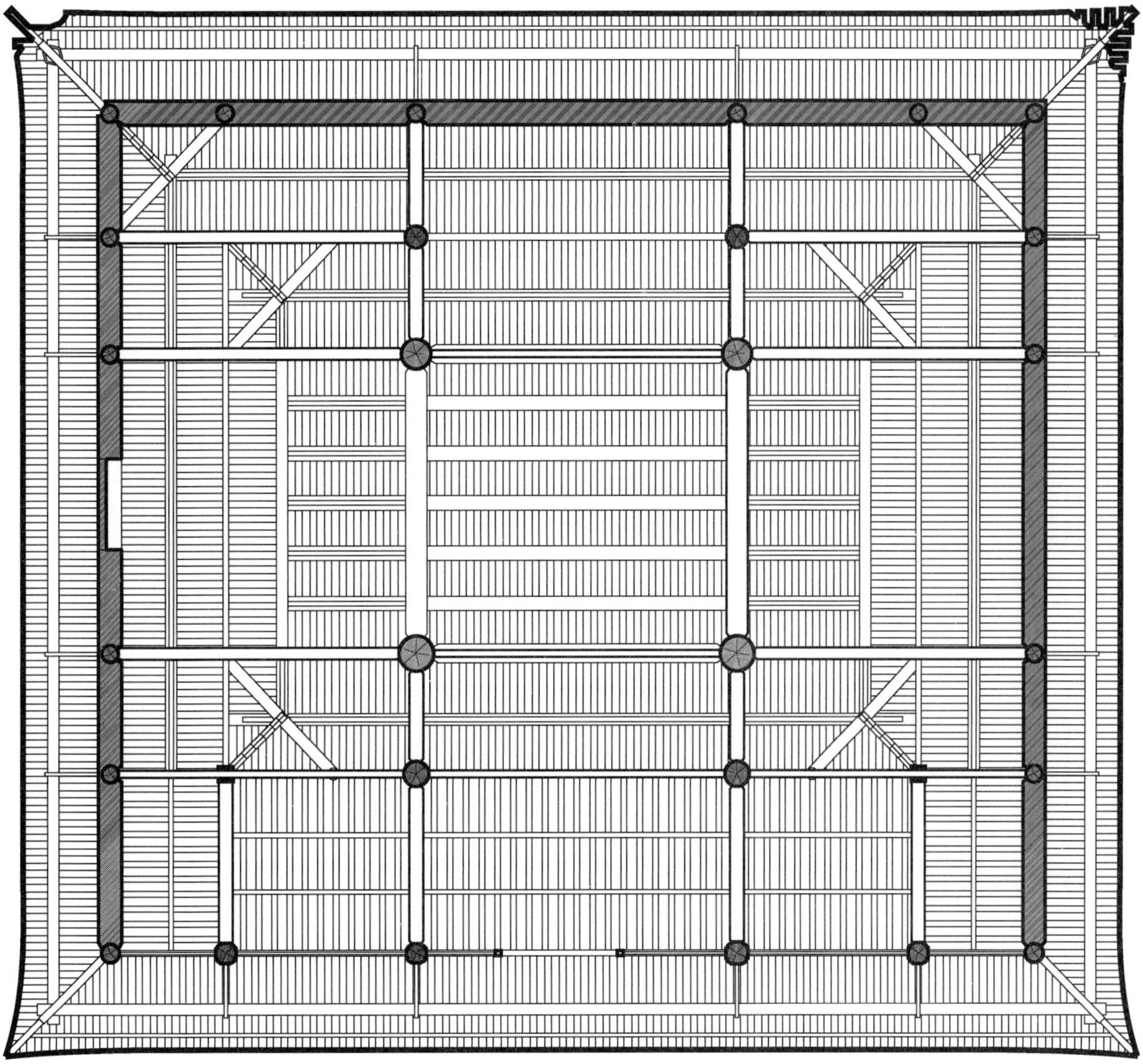

图11　大成殿仰视图

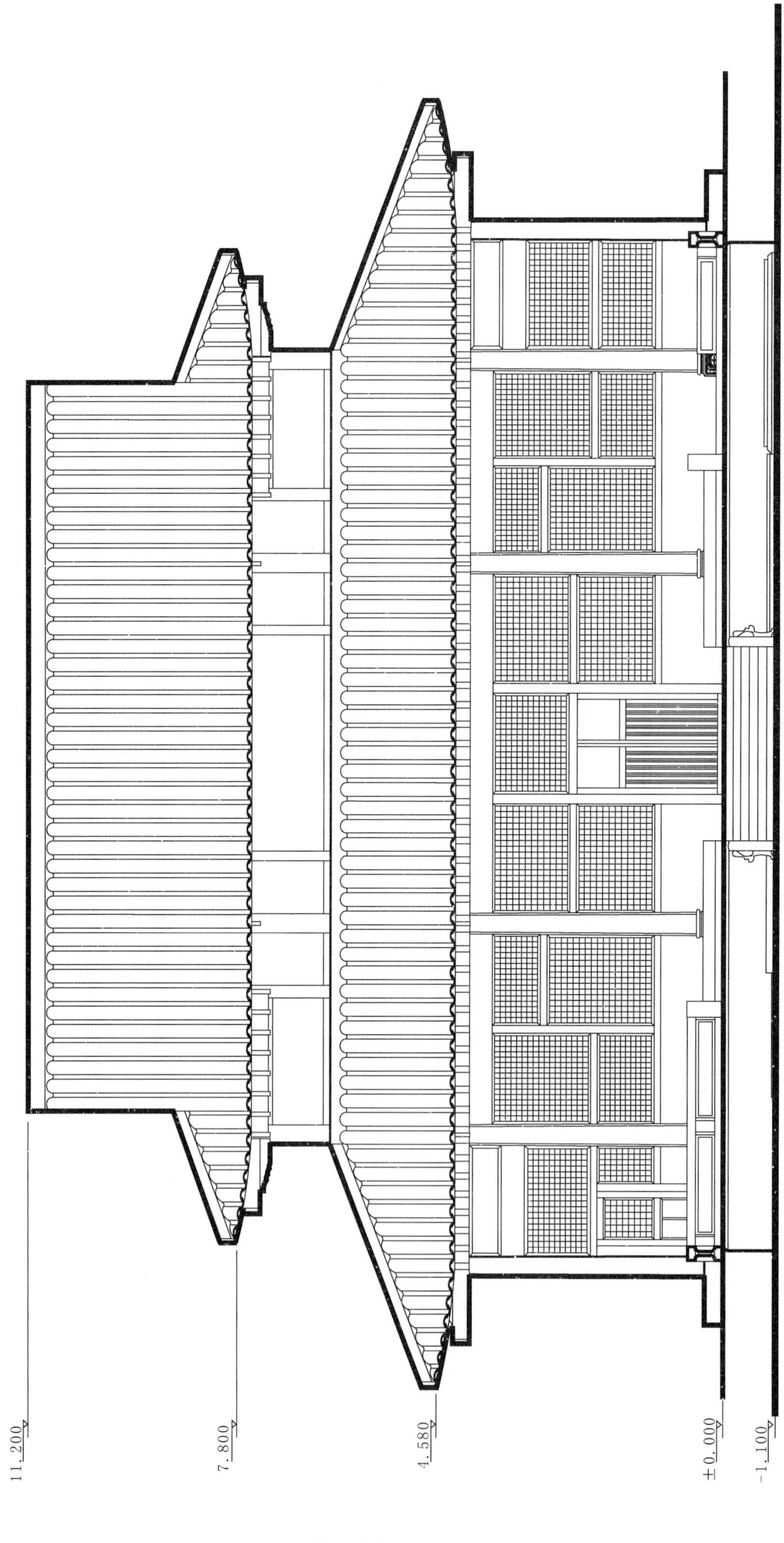
11.200
7.800
4.580
±0.000
-1.100

图12　大成殿正立面图

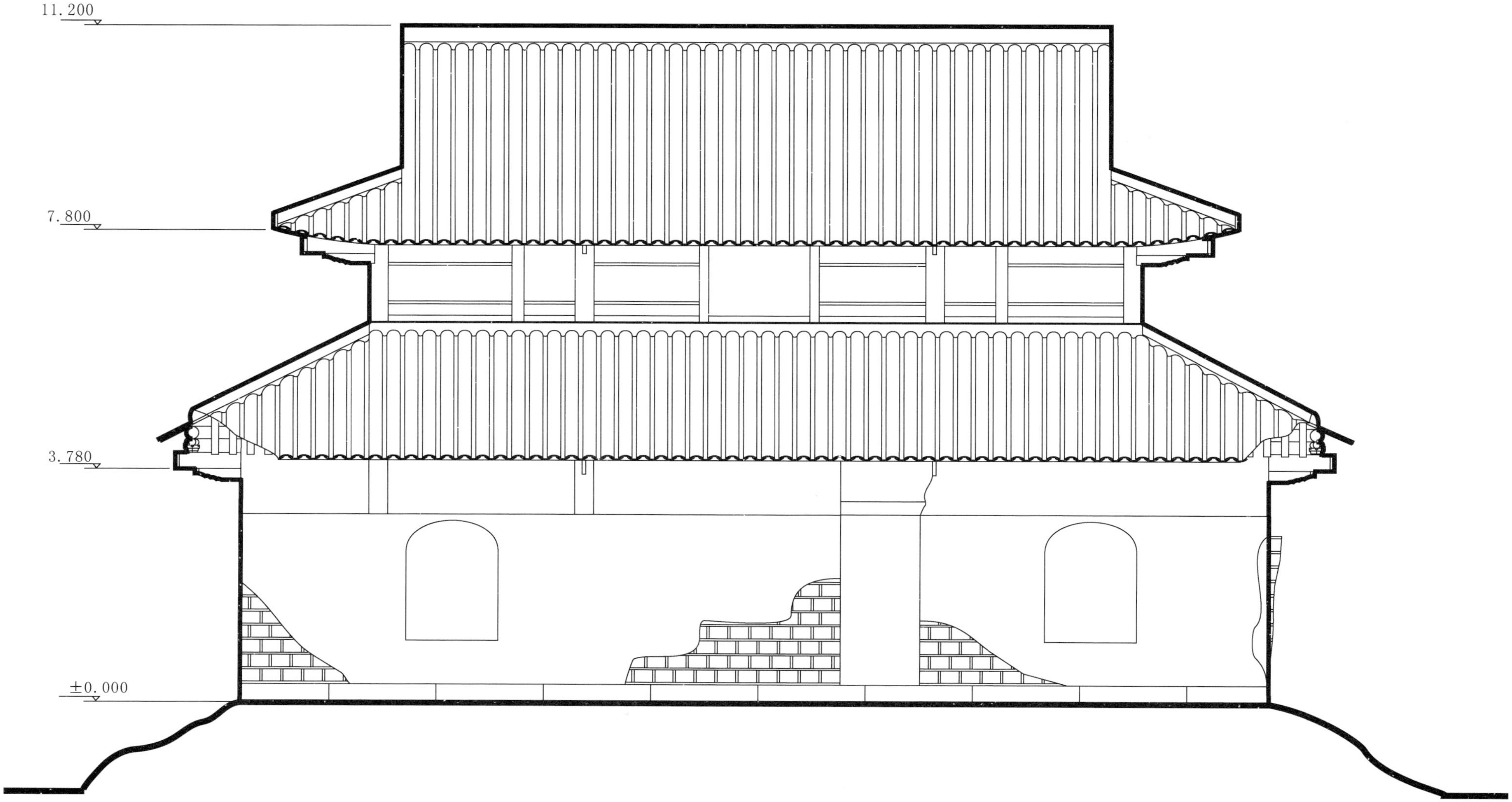

图13　大成殿背立面图

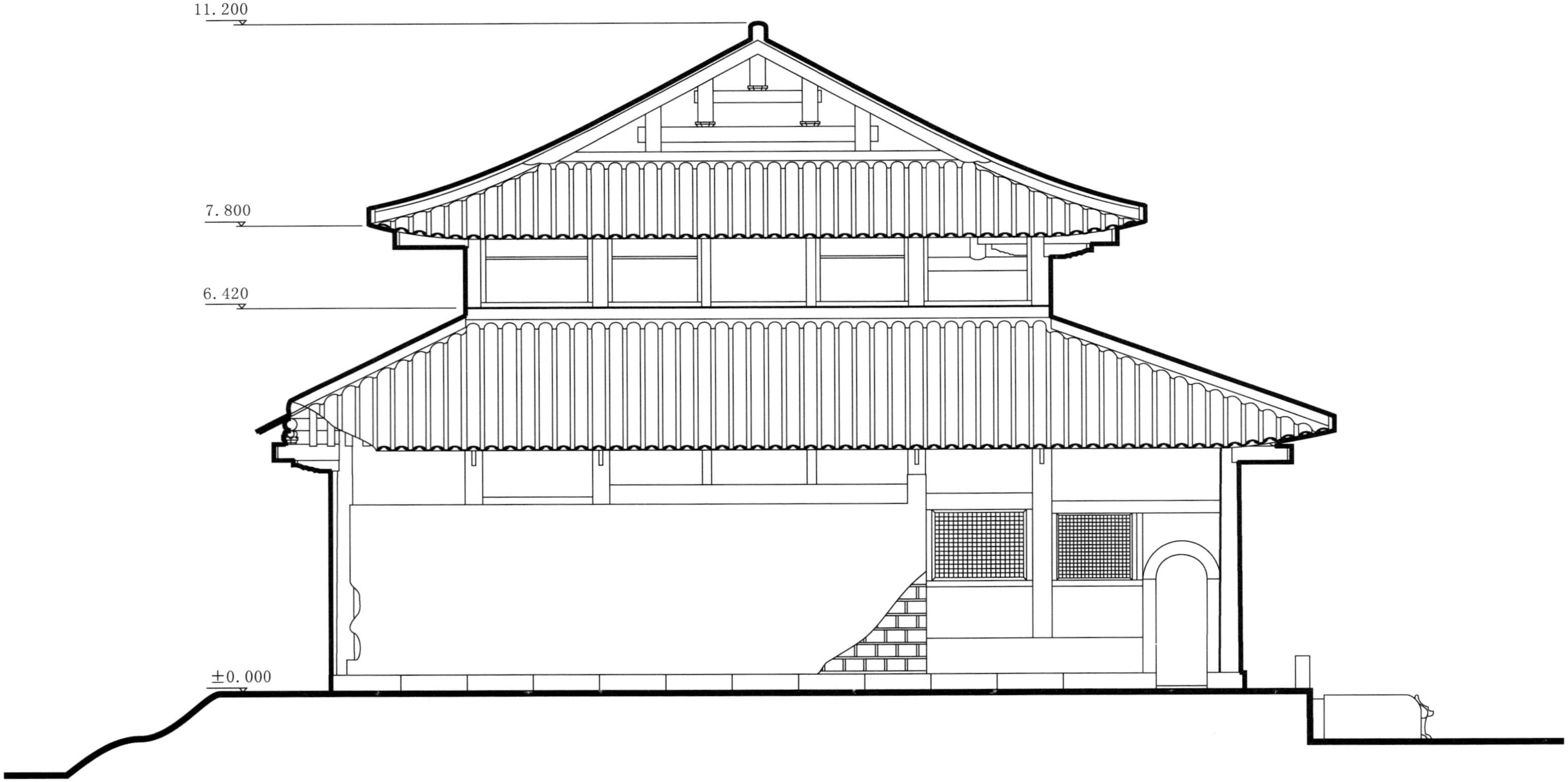
11.200
7.800
6.420
±0.000

图14　大成殿西立面图

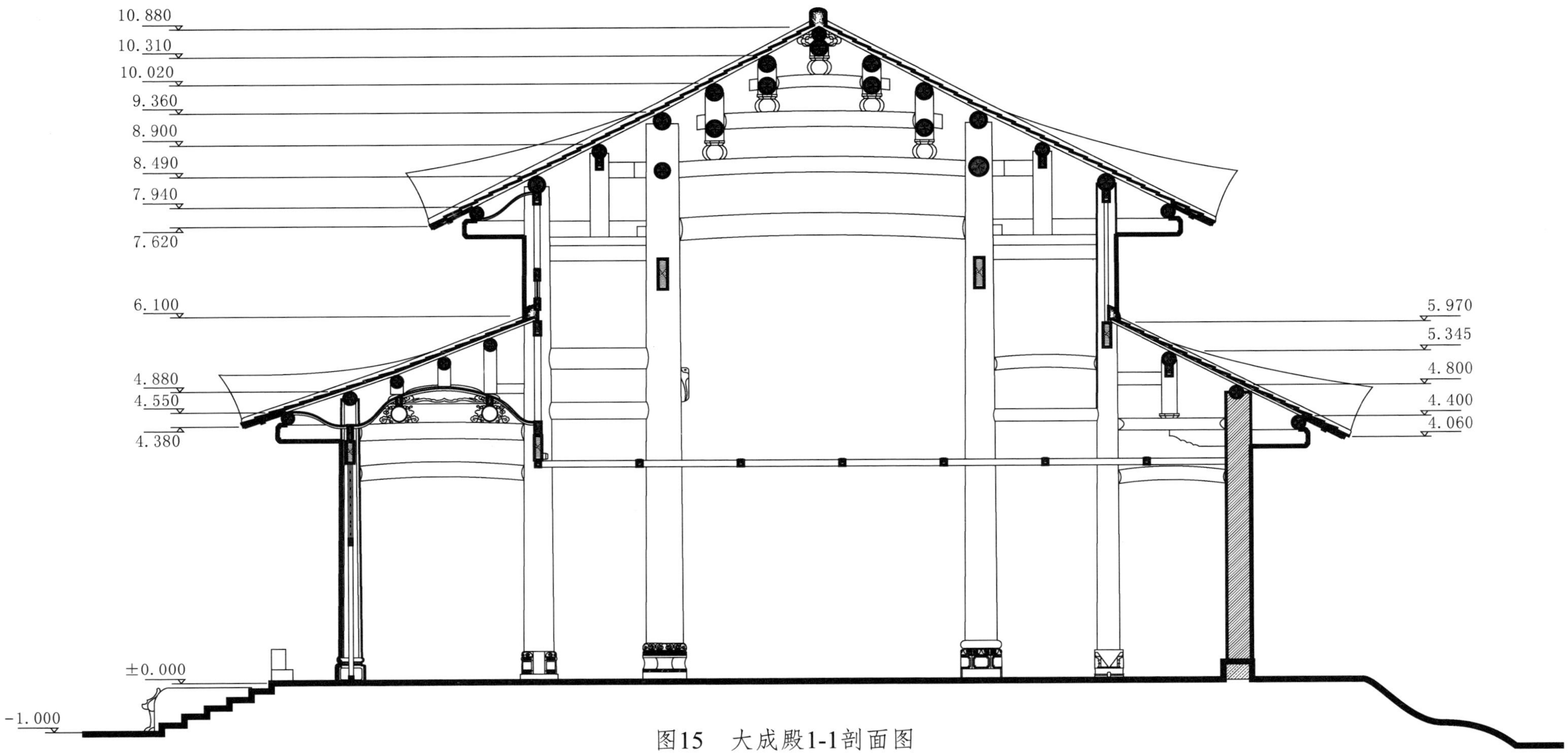

图15　大成殿1-1剖面图

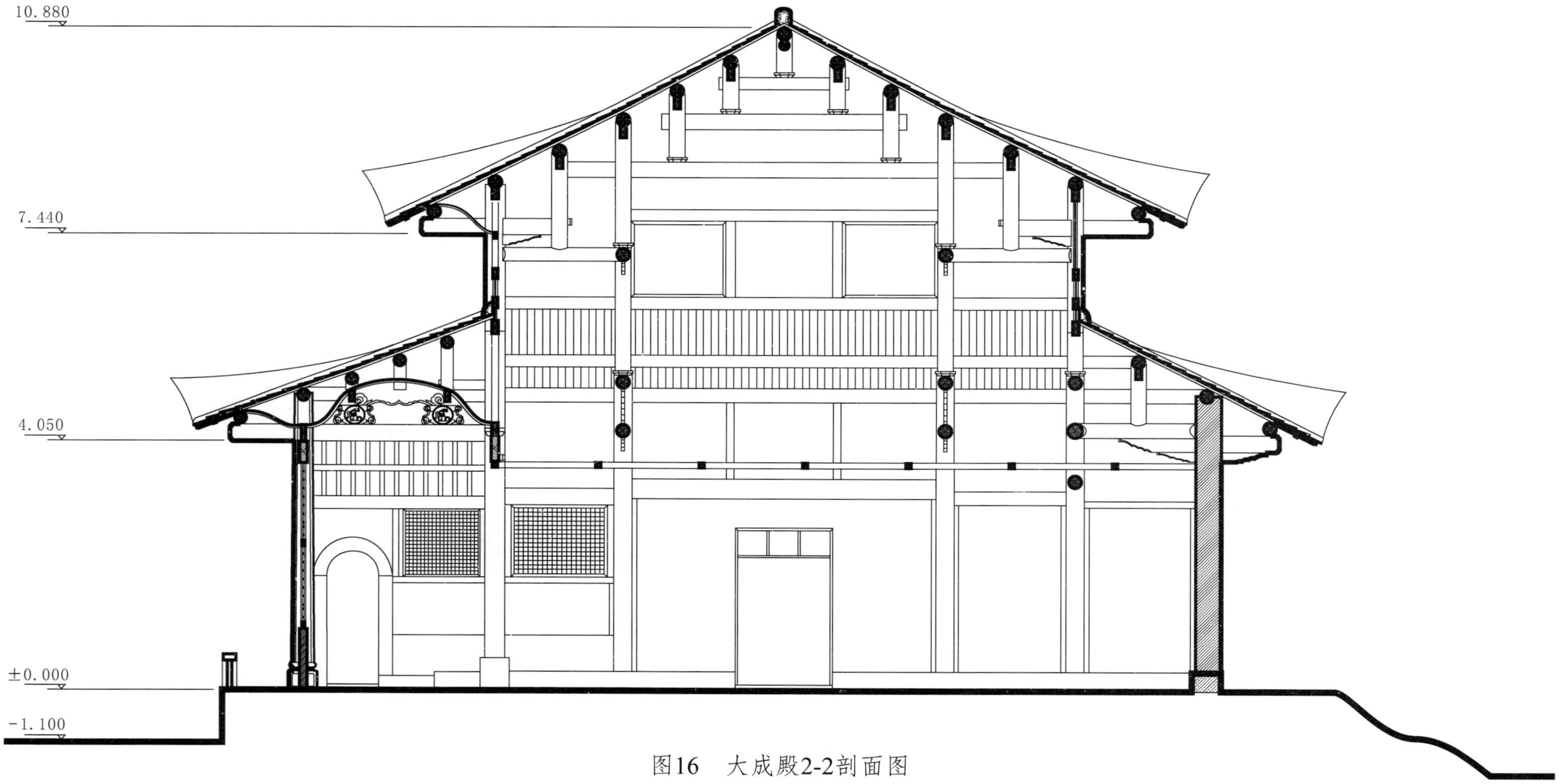
10.880
7.440
4.050
±0.000
-1.100

图16　大成殿2-2剖面图

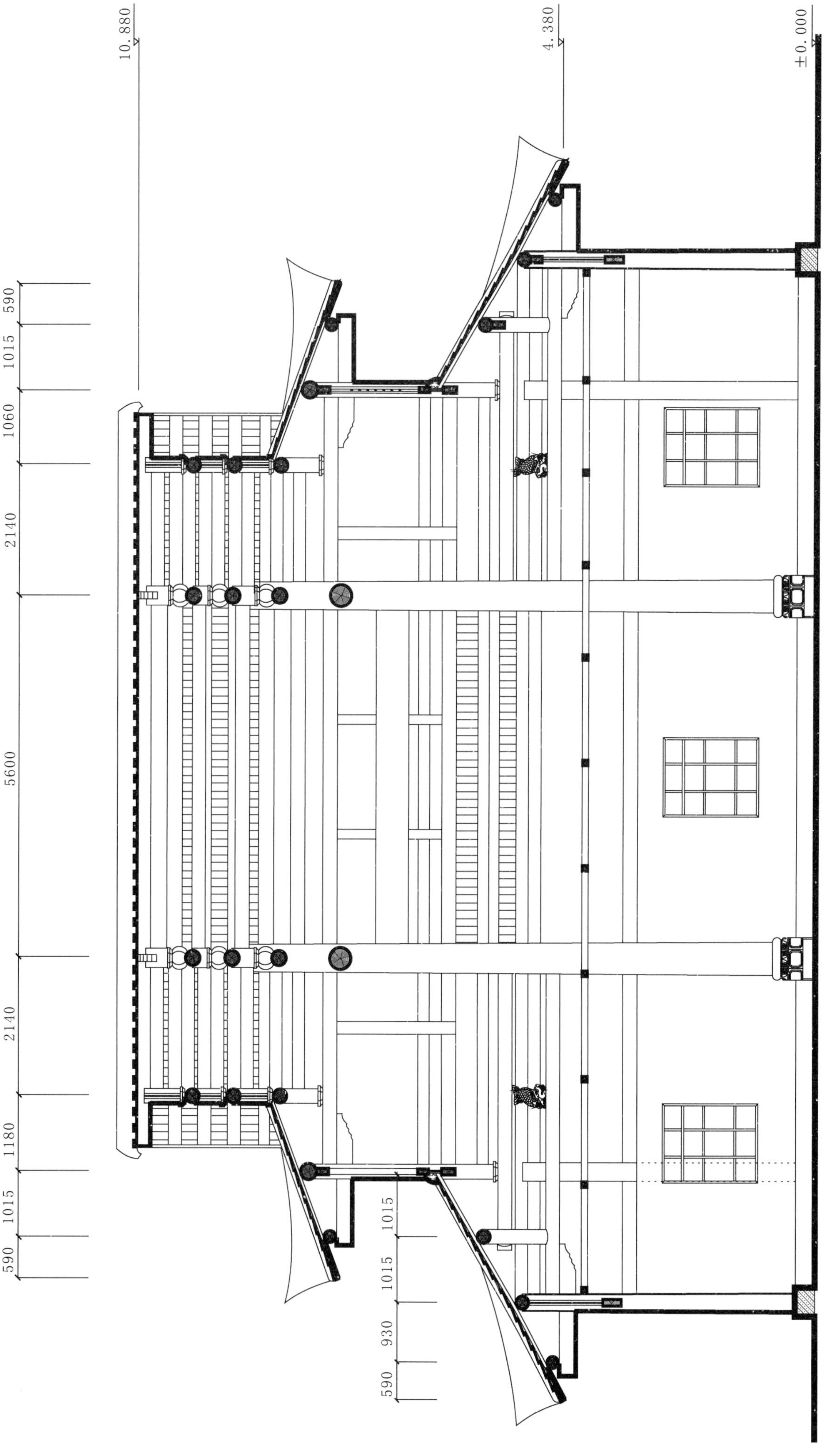
10.880
4.380
±0.000
590
1015
1060
2140
5600
2140
1180
1015
590
1015
1015
930
590

图17 大成殿3-3剖面图

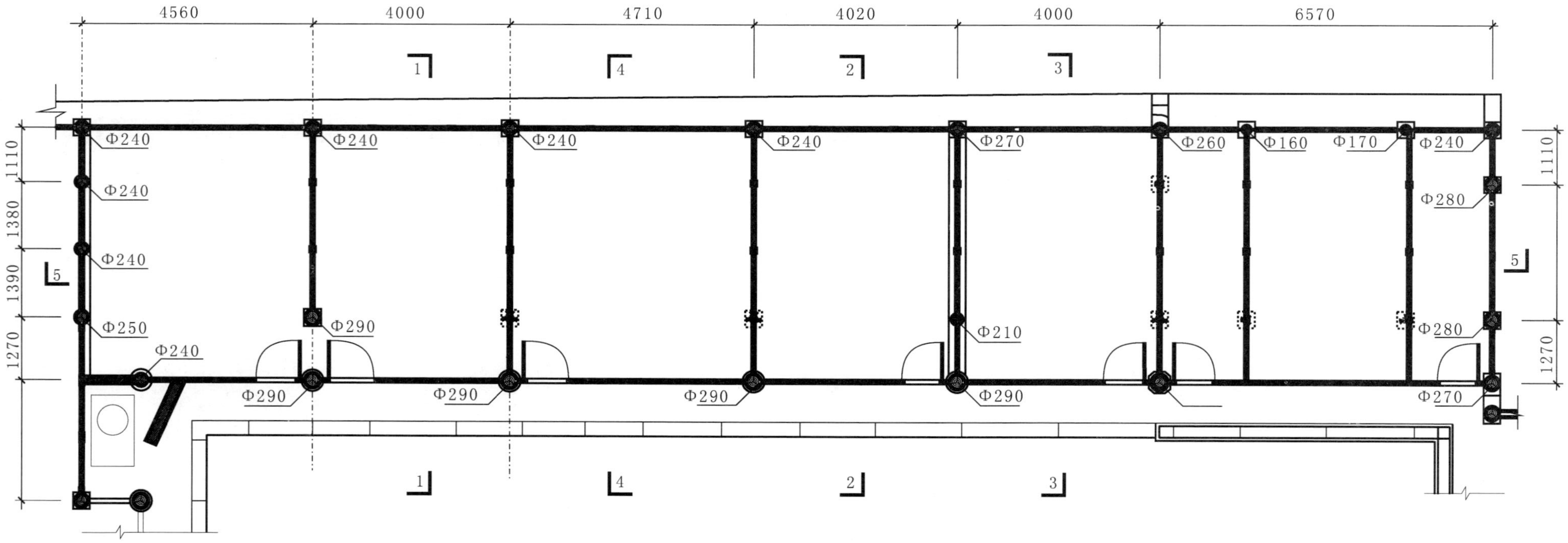

4560
4000
4710
4020
4000
6570
1110
1380
1390
1270
1110
1270
Φ240
Φ240
Φ240
Φ240
Φ270
Φ260
Φ160
Φ170
Φ240
Φ240
Φ240
Φ250
Φ240
Φ290
Φ210
Φ280
Φ280
Φ290
Φ290
Φ290
Φ290
Φ270
1
4
2
3
5

图18　东（西）庑殿平面图

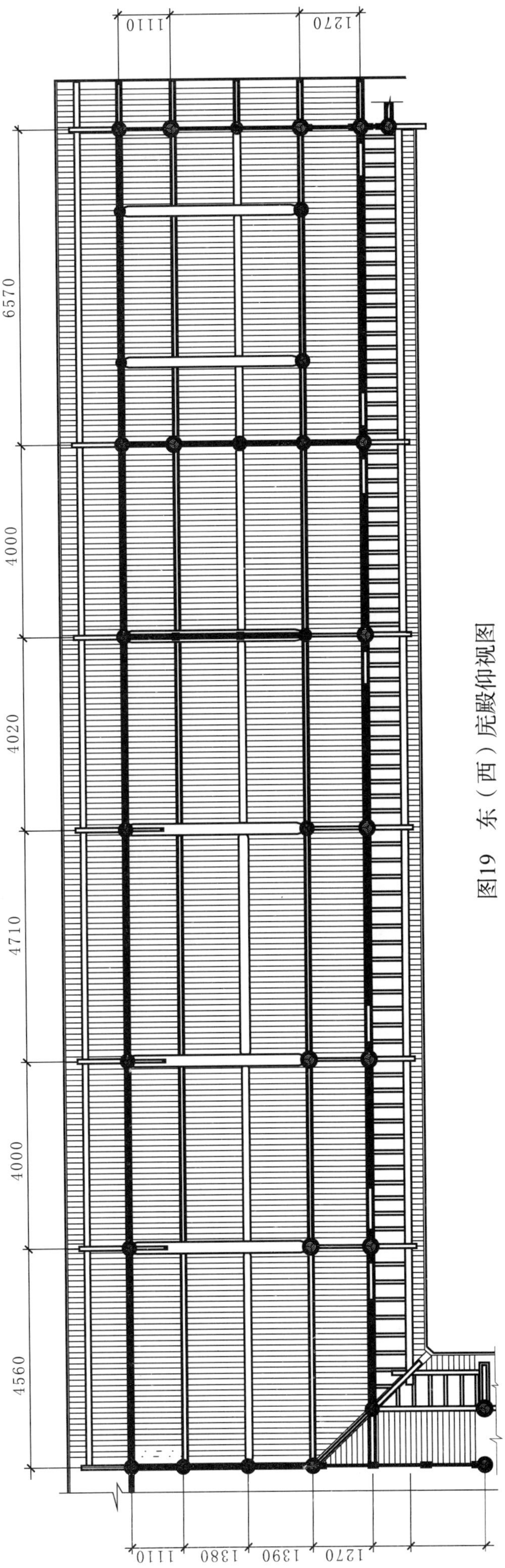

图19 东（西）庑殿仰视图

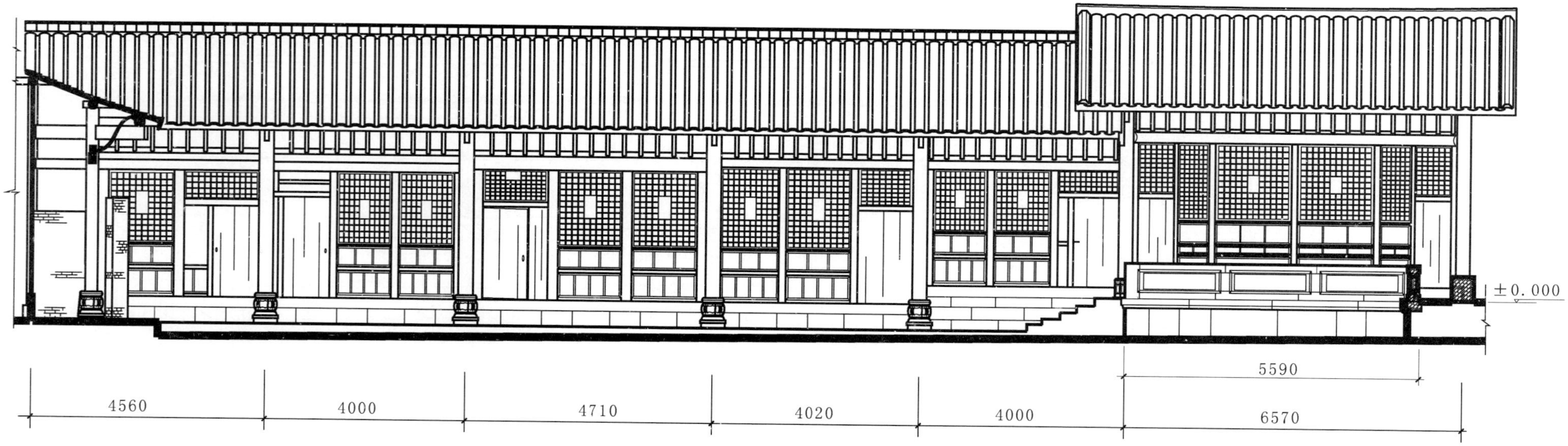

图20　东（西）庑殿正立面图

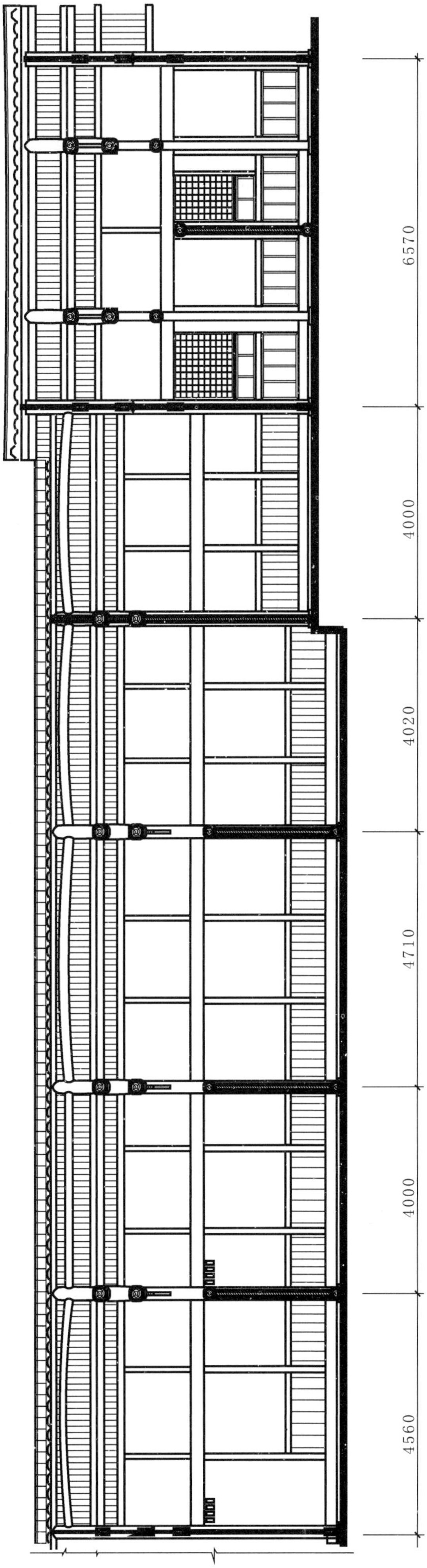
6570
4000
4020
4710
4000
4560

图21 东（西）庑殿5-5剖面图

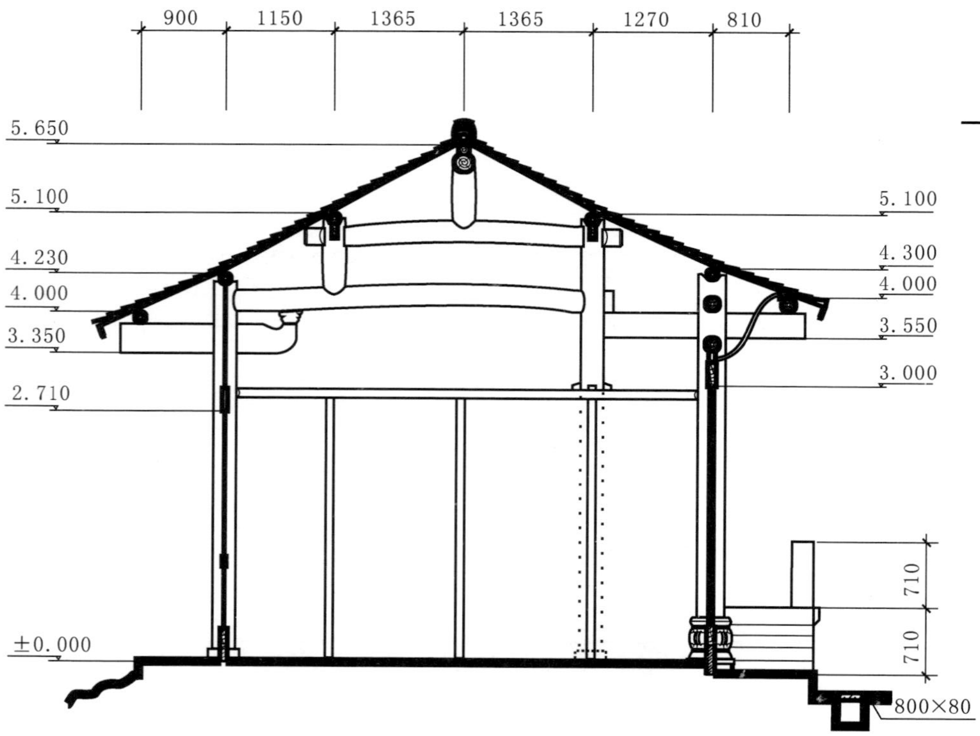

东西庑殿1-1剖面图

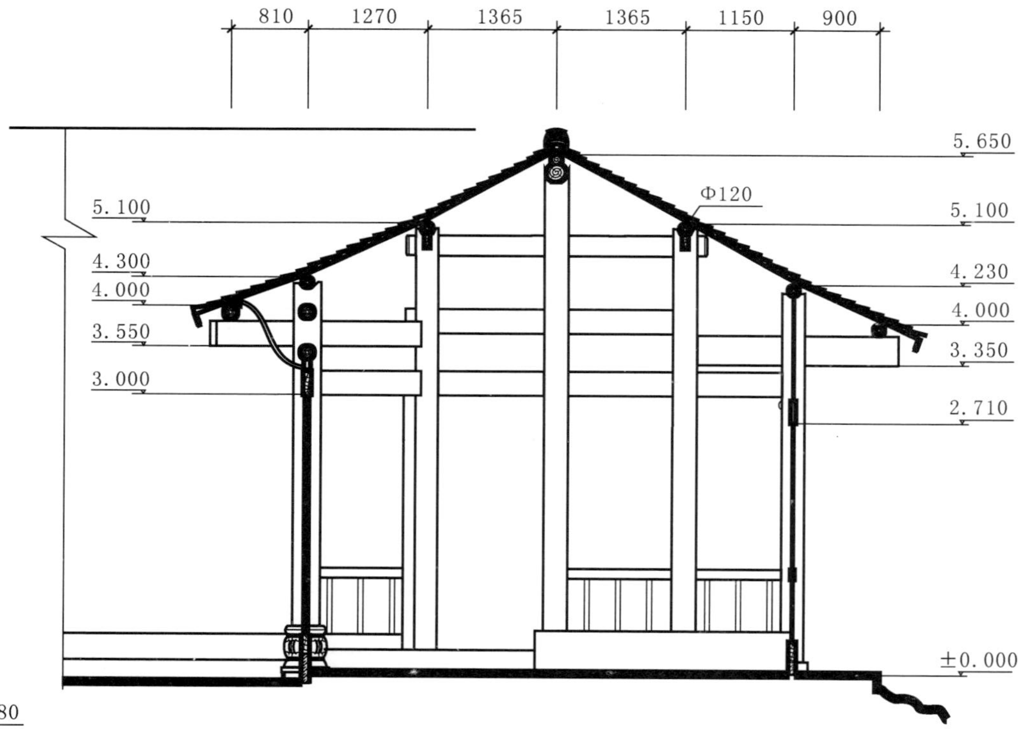

东西庑殿4-4剖面图

图22　东西庑殿1-1、4-4剖面图

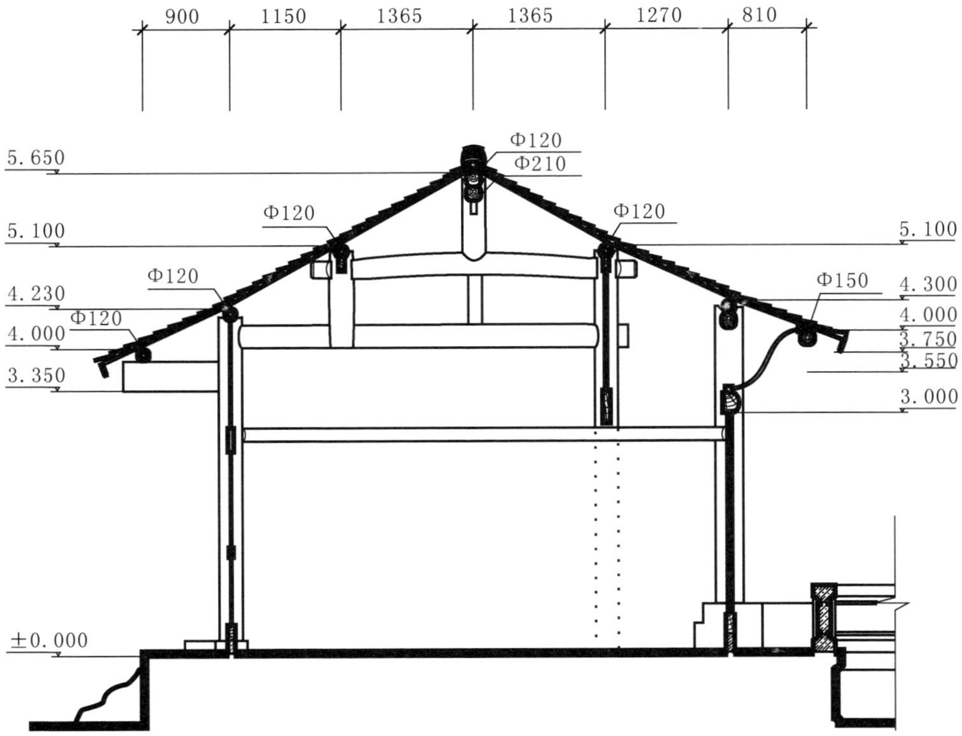

东西庑殿2-2剖面图

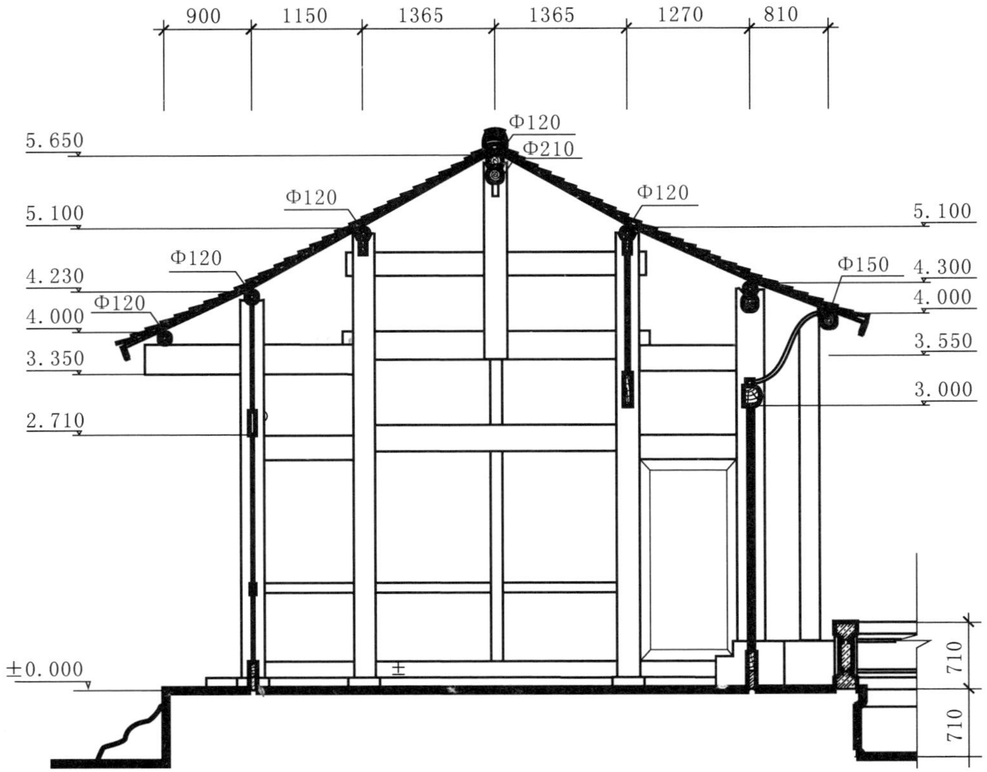

东西庑殿3-3剖面图

图23　东（西）庑殿2-2、3-3剖面图

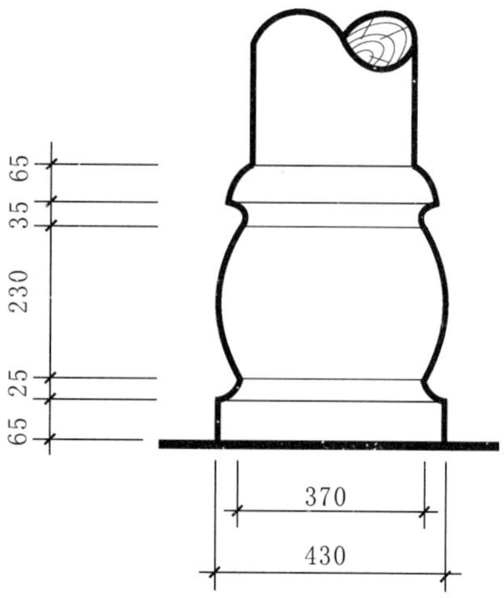

大成门柱础大样图（一）

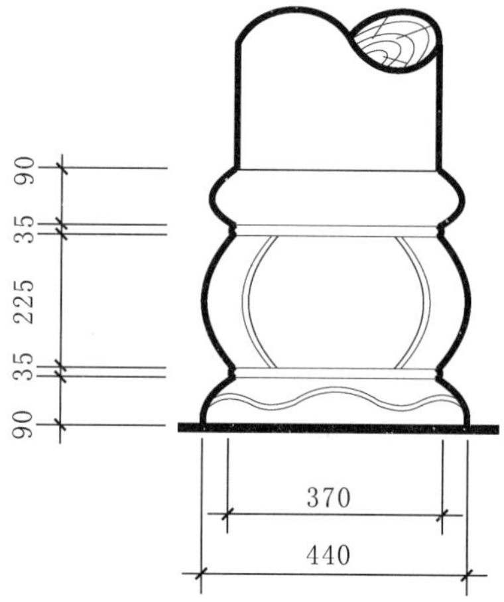

大成门柱础大样图（二）

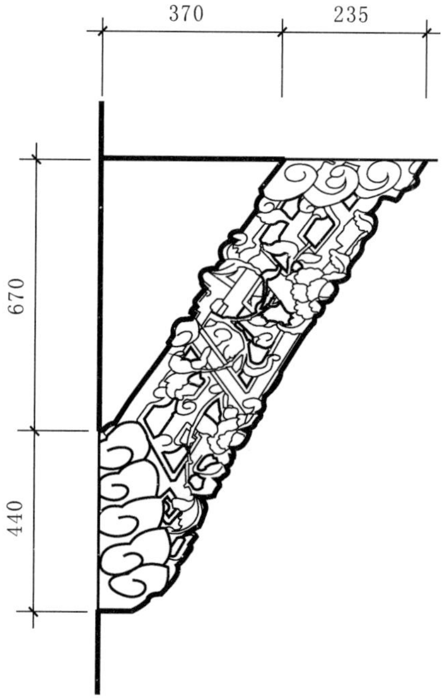

大成门撑拱大样图

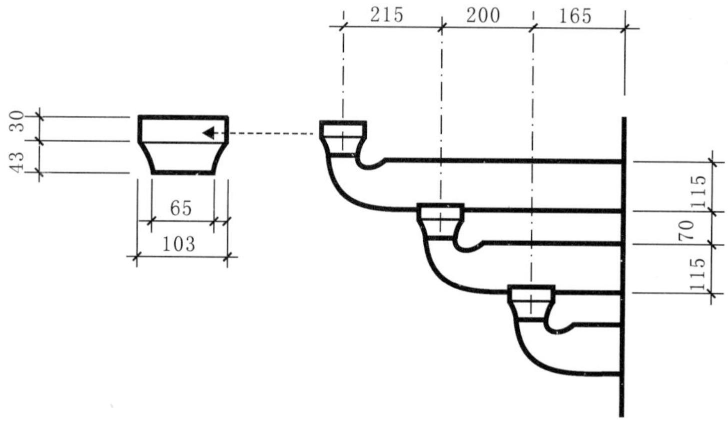

大成门斗拱大样图

图24　大成门柱础、撑拱、斗拱详图

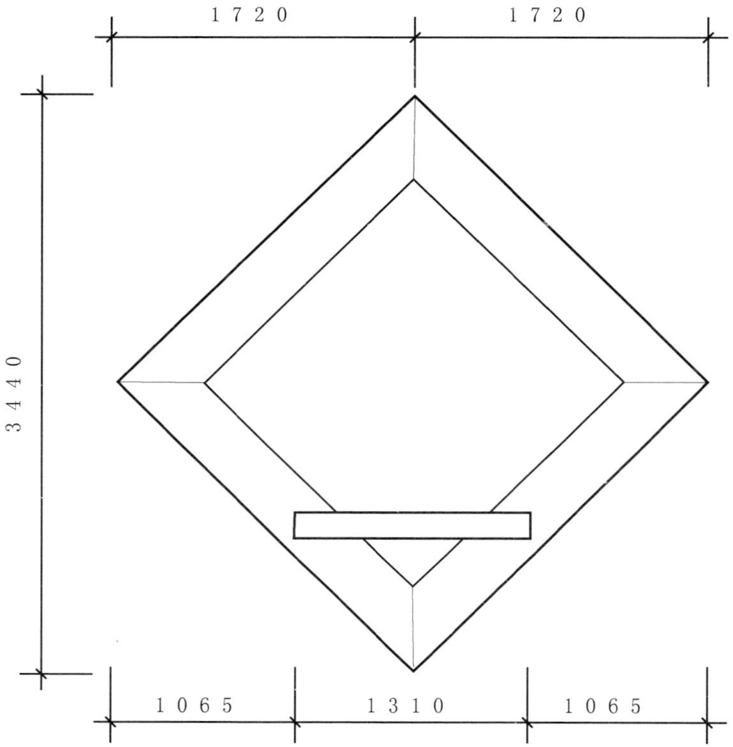

水池平面图

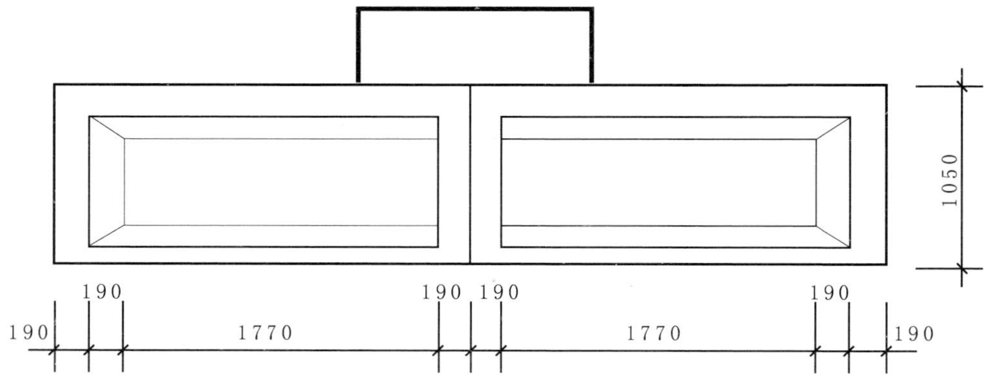

水池立面图

水池剖面图

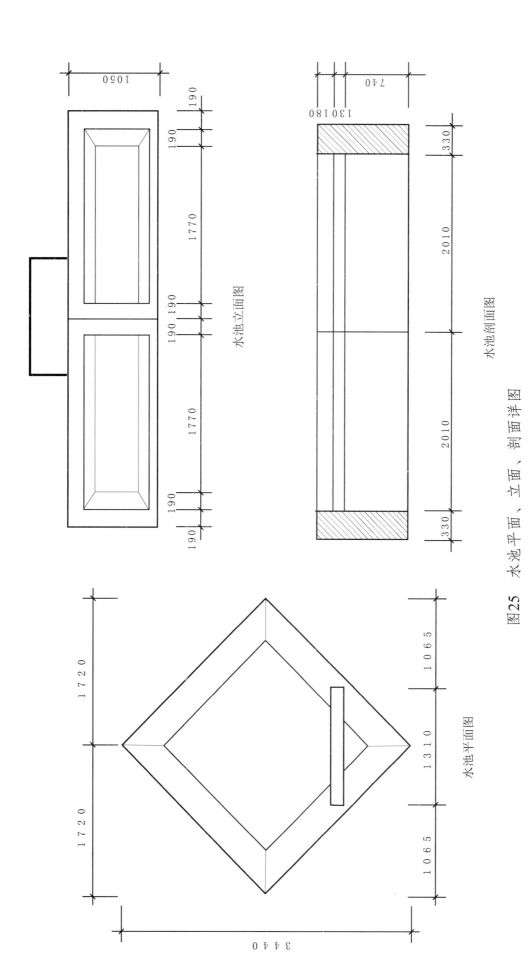

图25　水池平面、立面、剖面详图

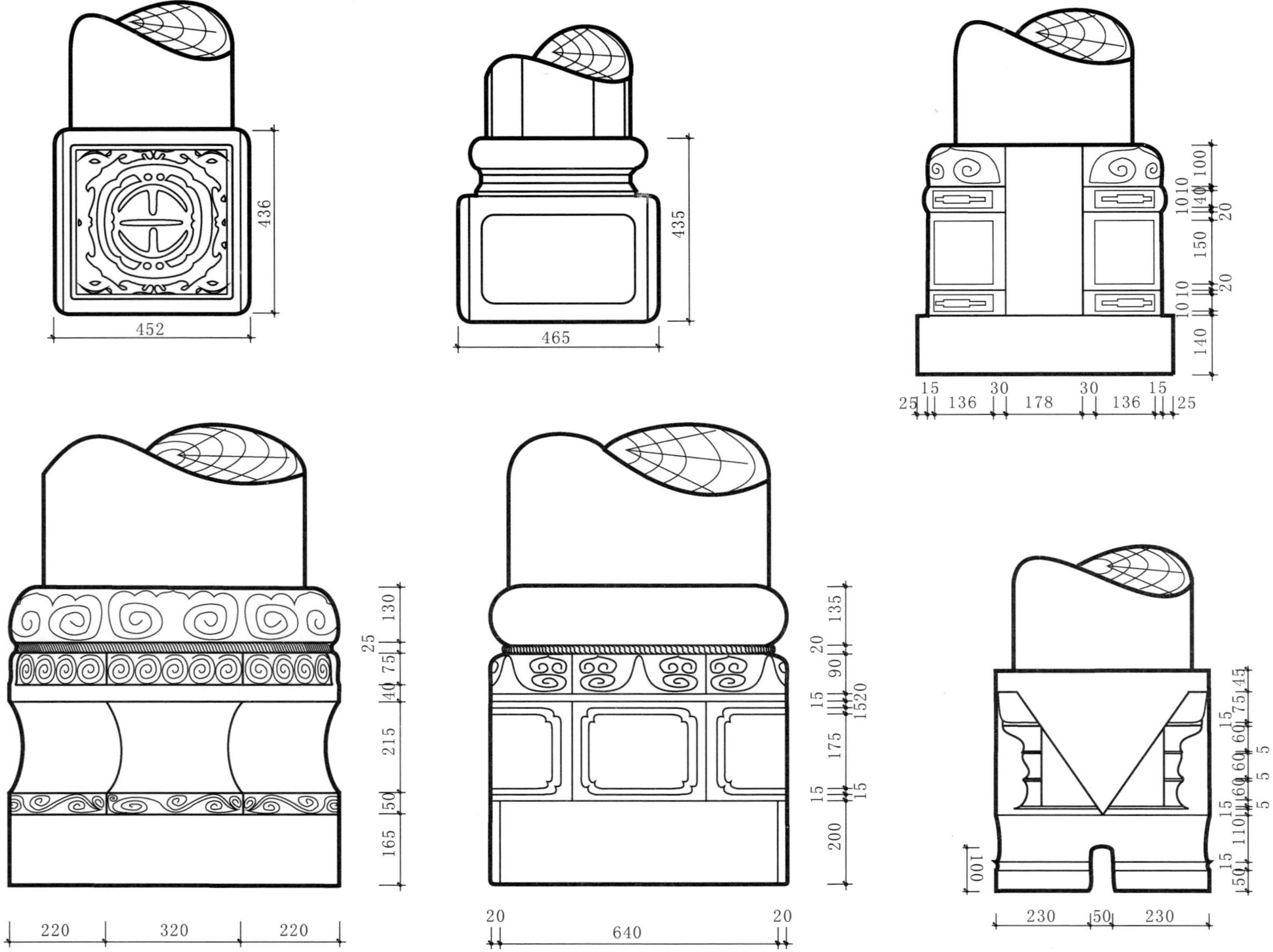
436
452
465
435
100 40 150 140
1010 20 1010 20
25 15 136 30 178 30 136 15 25
130 25 75 40 215 50 165
220 320 220
135 20 90 15 1520 175 15 15 200
20 640 20
45 75 15 60 60 5 60 5 15 110 5 15 50
100
230 50 230

图26　大成殿柱础详图

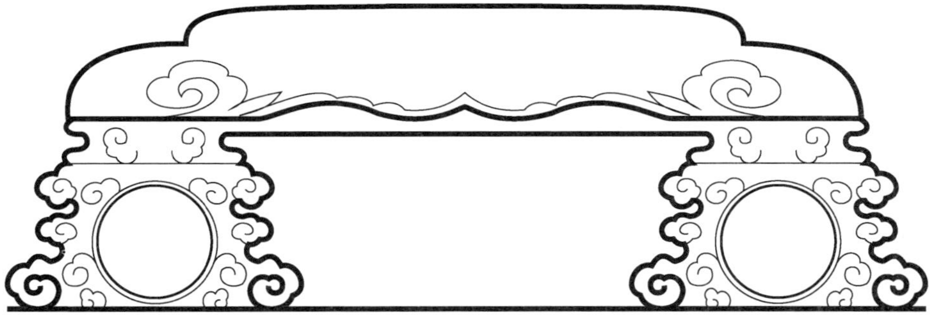

驼峰大样图（一）

驼峰大样图（二）

驼峰大样图（三）

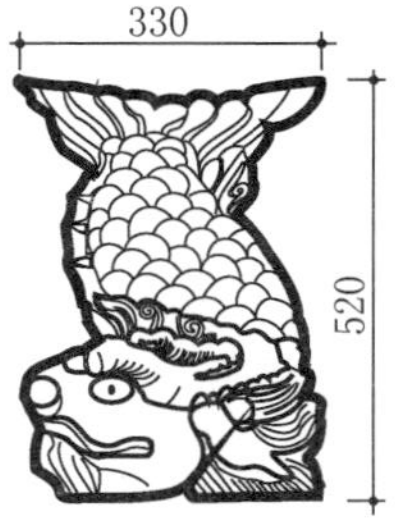

驼峰大样图（四）

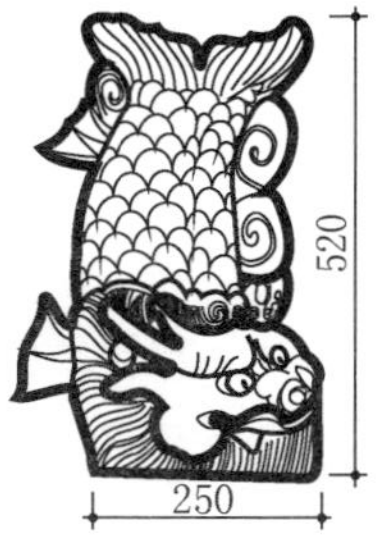

驼峰大样图（五）

驼峰大样图（六）

图27　大成殿驼峰详图

会理县城北门

会理县城北门位于会理县城关镇北大街北端，由城门、城楼和东段城墙组成。

城门墙基底部长43米、宽21.64米，高8.84米，外墙收分。城门洞高3.67米、宽4.7米，上有城门楼。城门顶部四周设墙垛。

城门楼高两层。一层面阔五间、进深四间。四周设廊道，明间设隔扇门，次间设雕花槛窗。二层面阔三间、进深二间，明间、次间设雕花隔扇窗。通高9.17米。抬梁穿斗混合式梁架结构。歇山顶，素筒瓦屋面，筒瓦塑花脊。

城门东段城墙由两段组成。城墙宽6.07米，高6.12～6.79米，顶部设墙垛。

重建于明洪武三十一年（1398年），清道光二十一年（1841年）重修城楼。

四川省文物保护单位。

测绘制图：刘波、范雪松

成图时间：2011年5月

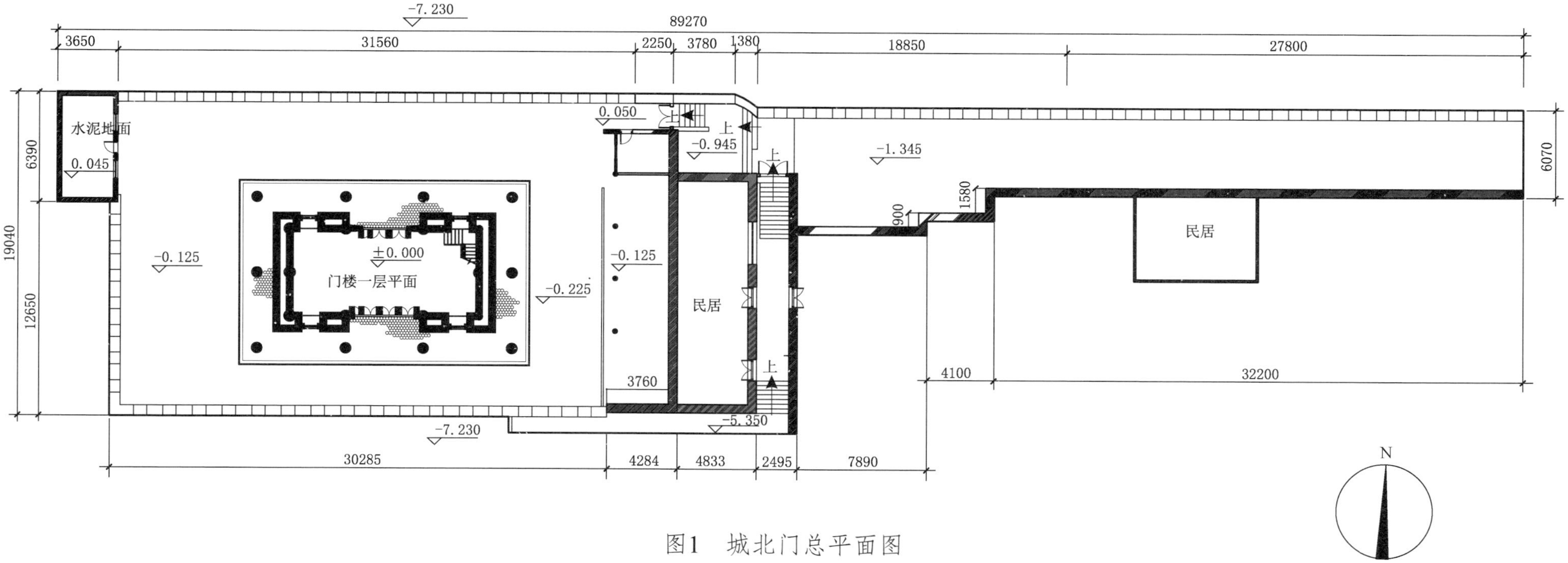

图1　城北门总平面图

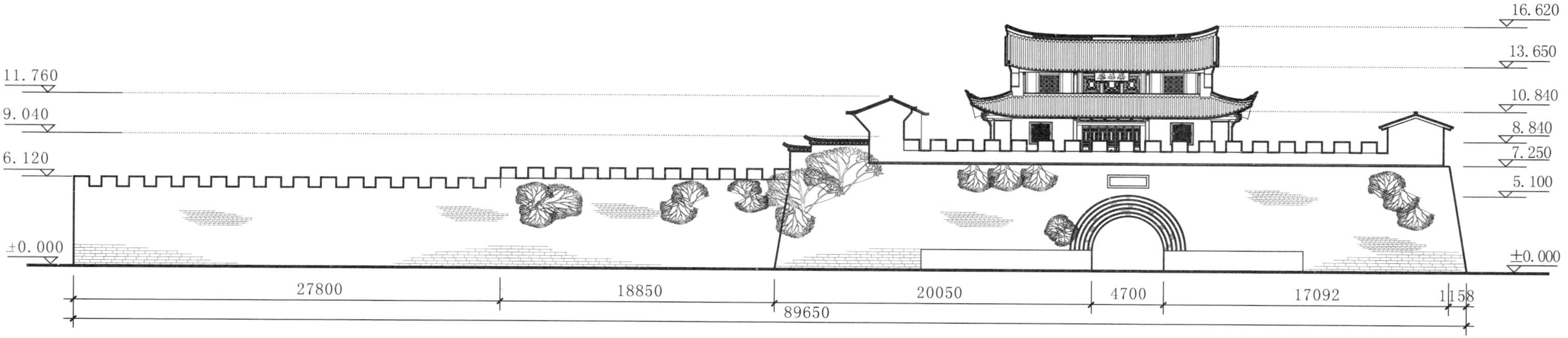

图2　城北门立面图

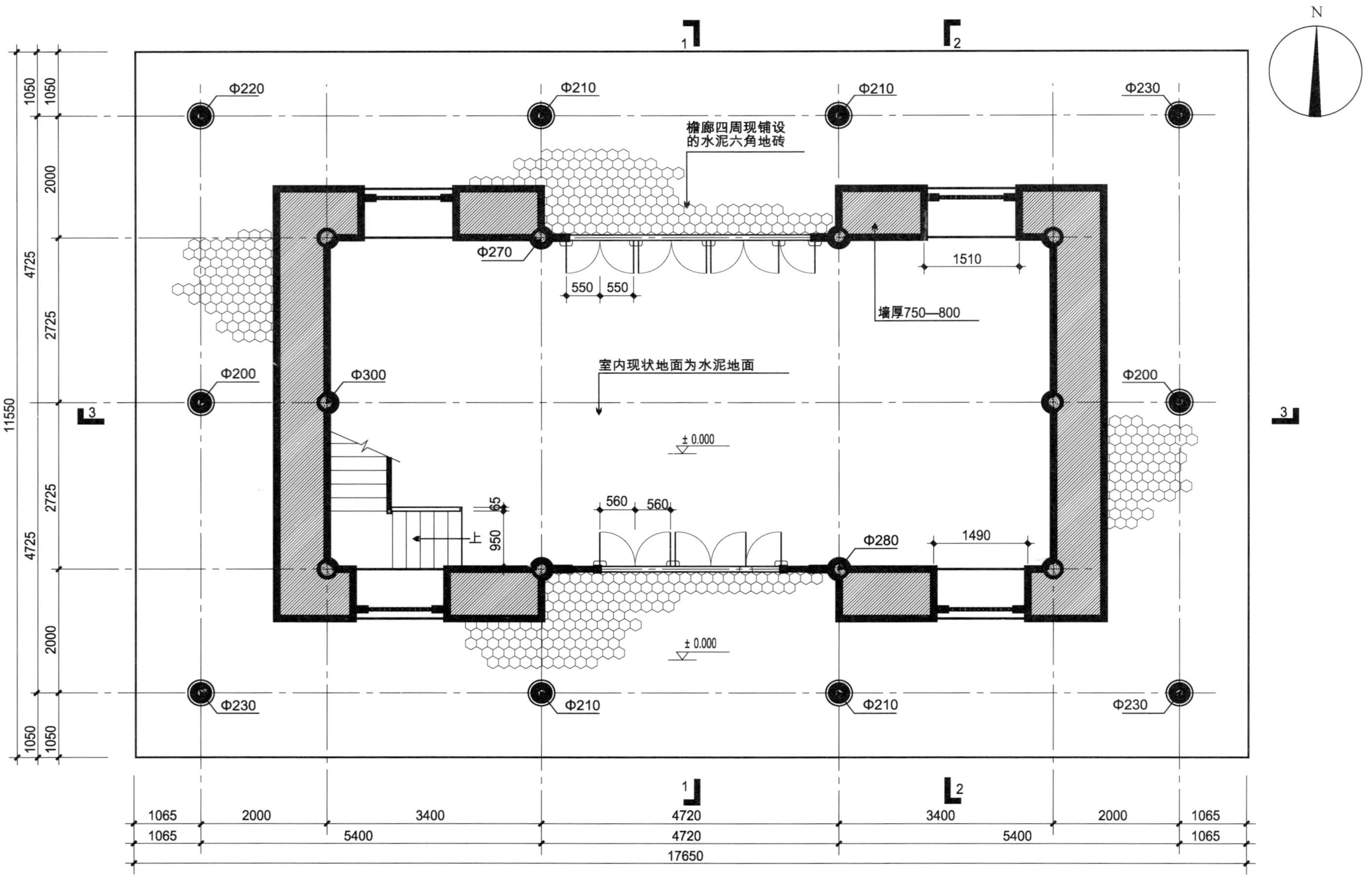
N
Φ220
Φ210
Φ210
Φ230
檐廊四周现铺设的水泥六角地砖
Φ270
550
550
1510
墙厚750—800
室内现状地面为水泥地面
Φ200
Φ300
Φ200
± 0.000
65
950
上
560
560
Φ280
1490
± 0.000
Φ230
Φ210
Φ210
Φ230
1050
2000
4725
2725
11550
1065
3400
4720
5400
17650

图3　城门楼一层平面图

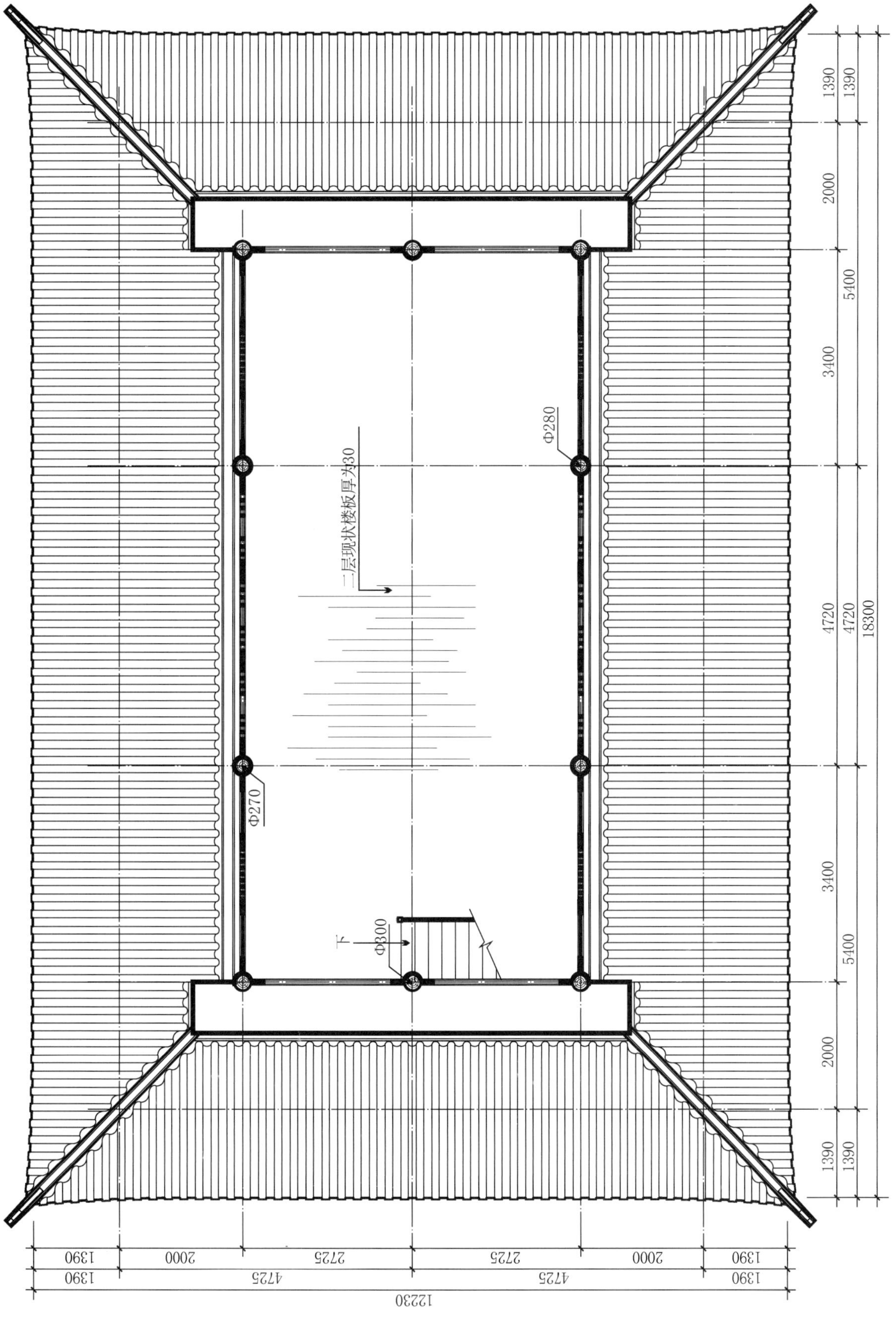
二层现状楼板厚为30
Φ280
Φ270
Φ300
下
1390
2000
5400
3400
4720
18300
2725
4725
12230

图4　城门楼二层平面图

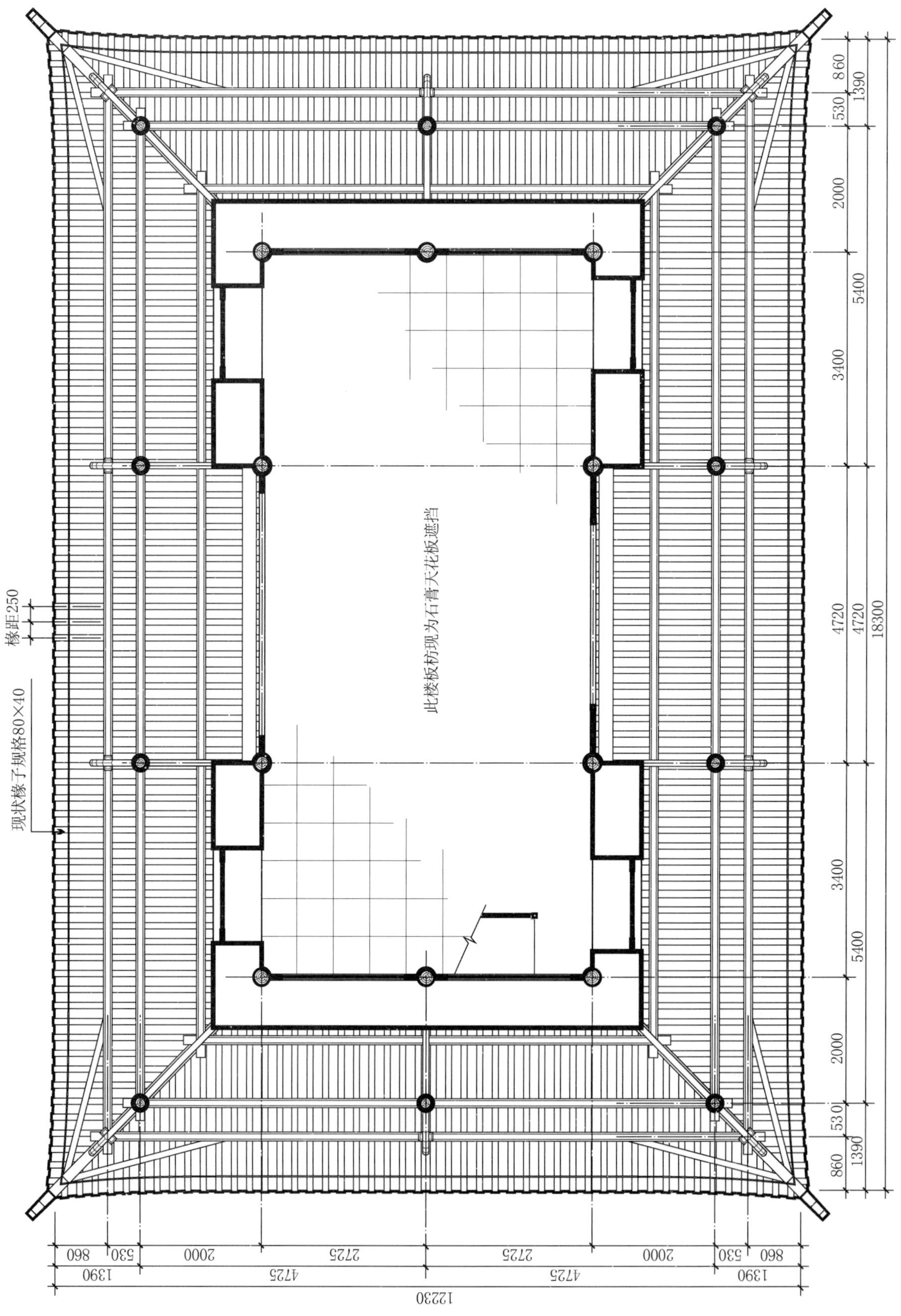
此楼板枋现为石膏天花板遮挡
椽距250
现状椽子规格80×40
860
530
1390
2000
5400
3400
4720
4720
18300
3400
5400
2000
530
1390
860
860
530
2000
2725
2725
2000
530
860
1390
4725
4725
1390
12230

图5 城门楼一层仰视图

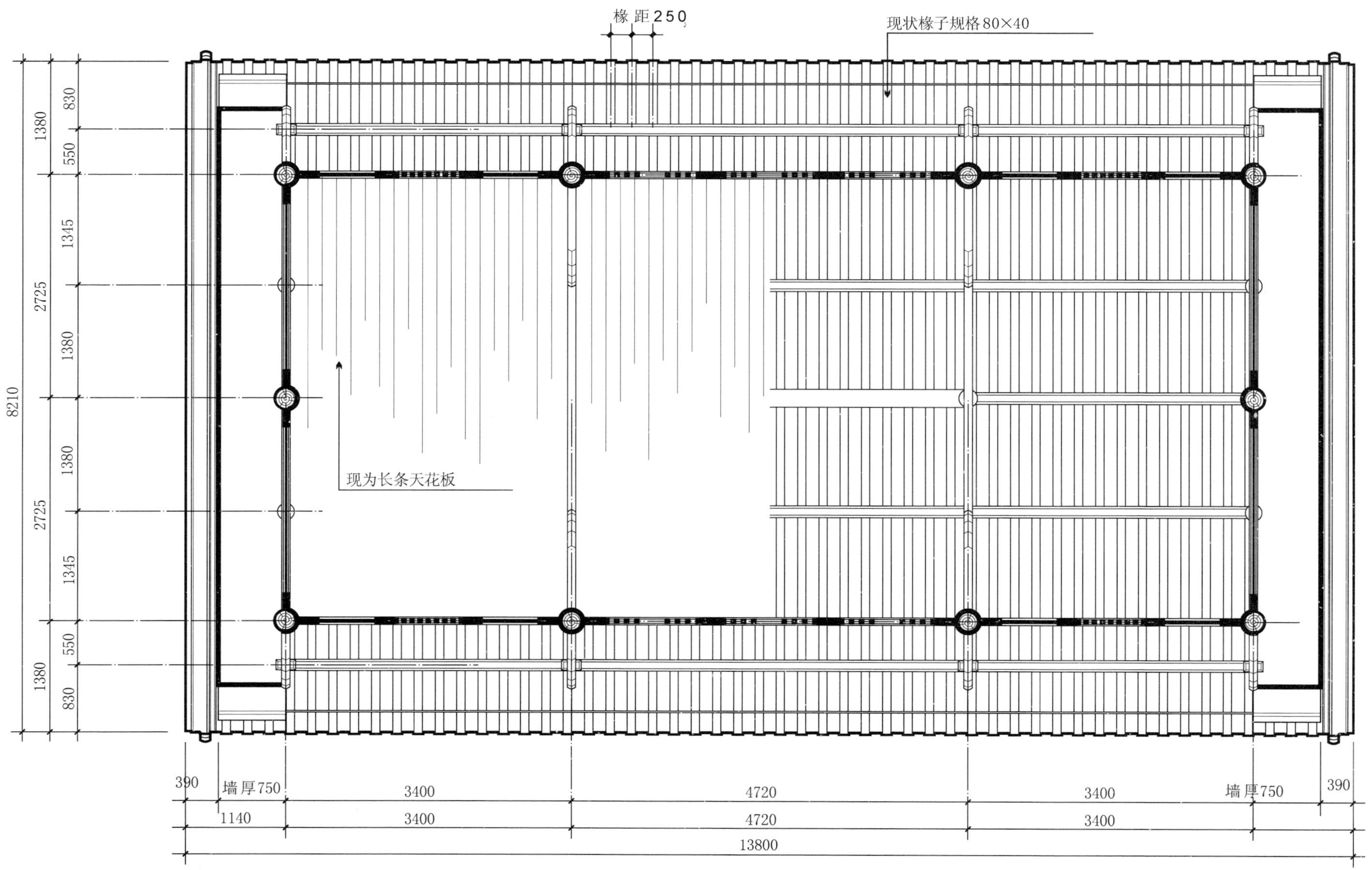
椽距250
现状椽子规格80×40
现为长条天花板
1380
830
550
1345
2725
1380
8210
1380
2725
1345
550
1380
830
390
墙厚750
3400
4720
3400
墙厚750
390
1140
3400
4720
3400
13800

图6 城门楼二层仰视图

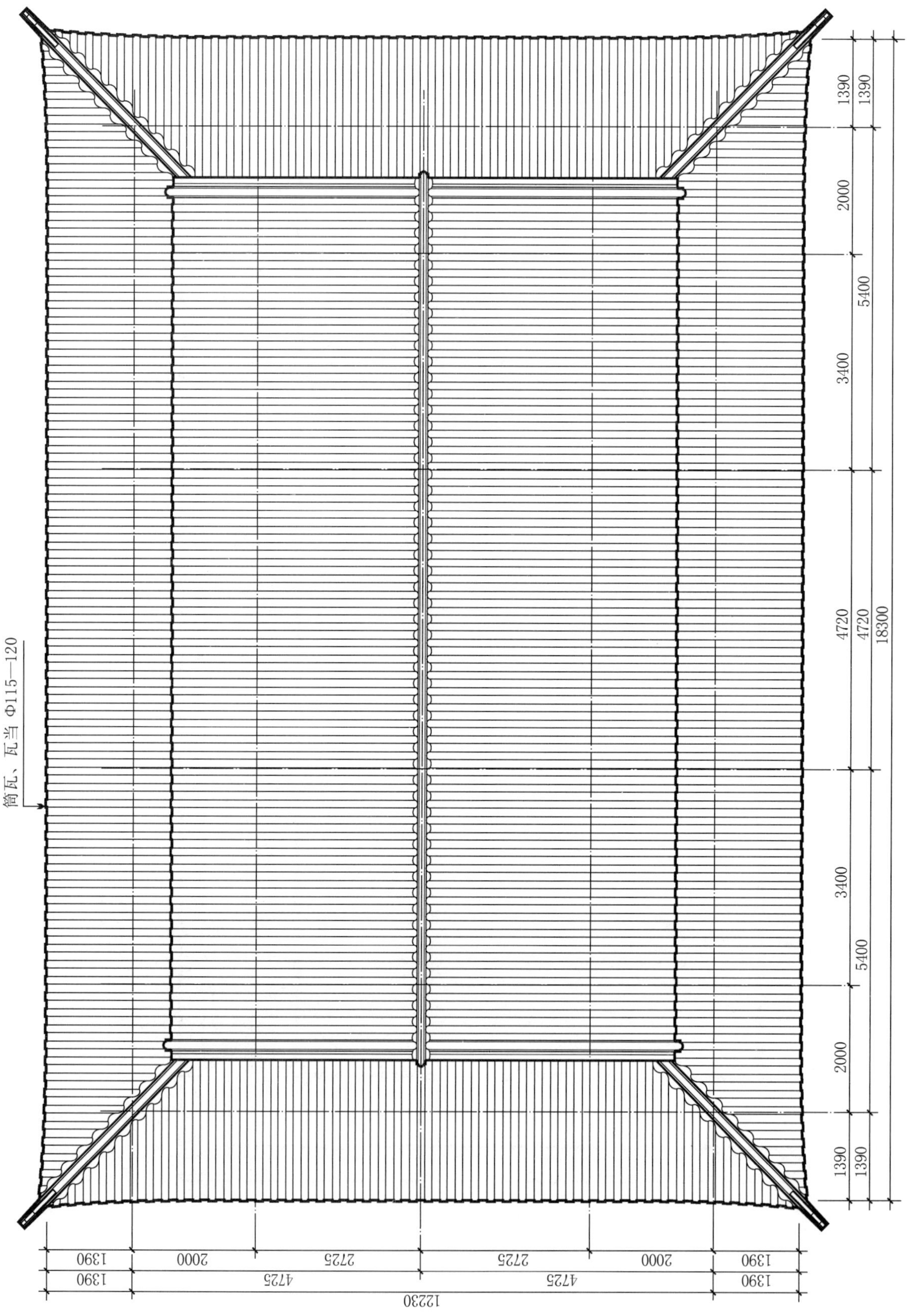
筒瓦、瓦当 Φ115—120
1390
1390
2000
5400
3400
4720
4720
18300
3400
5400
2000
1390
1390
1390
2000
2725
2725
2000
1390
1390
4725
4725
1390
12230

图7 城门楼俯视图

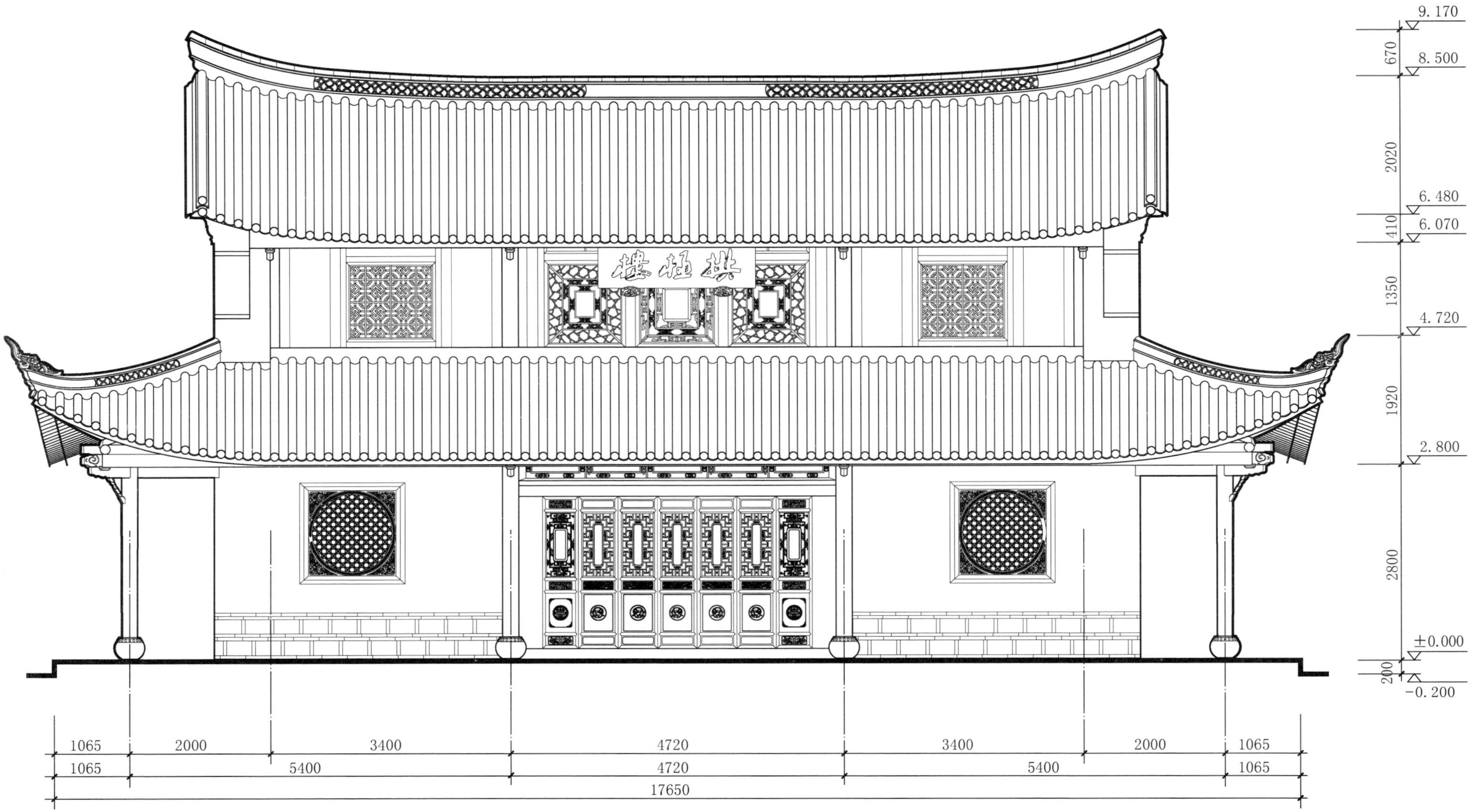
9.170
8.500
6.480
6.070
4.720
2.800
±0.000
-0.200
670
2020
410
1350
1920
2800
200
1065
2000
3400
4720
3400
2000
1065
1065
5400
4720
5400
1065
17650

图8　城门楼（南）正立面图

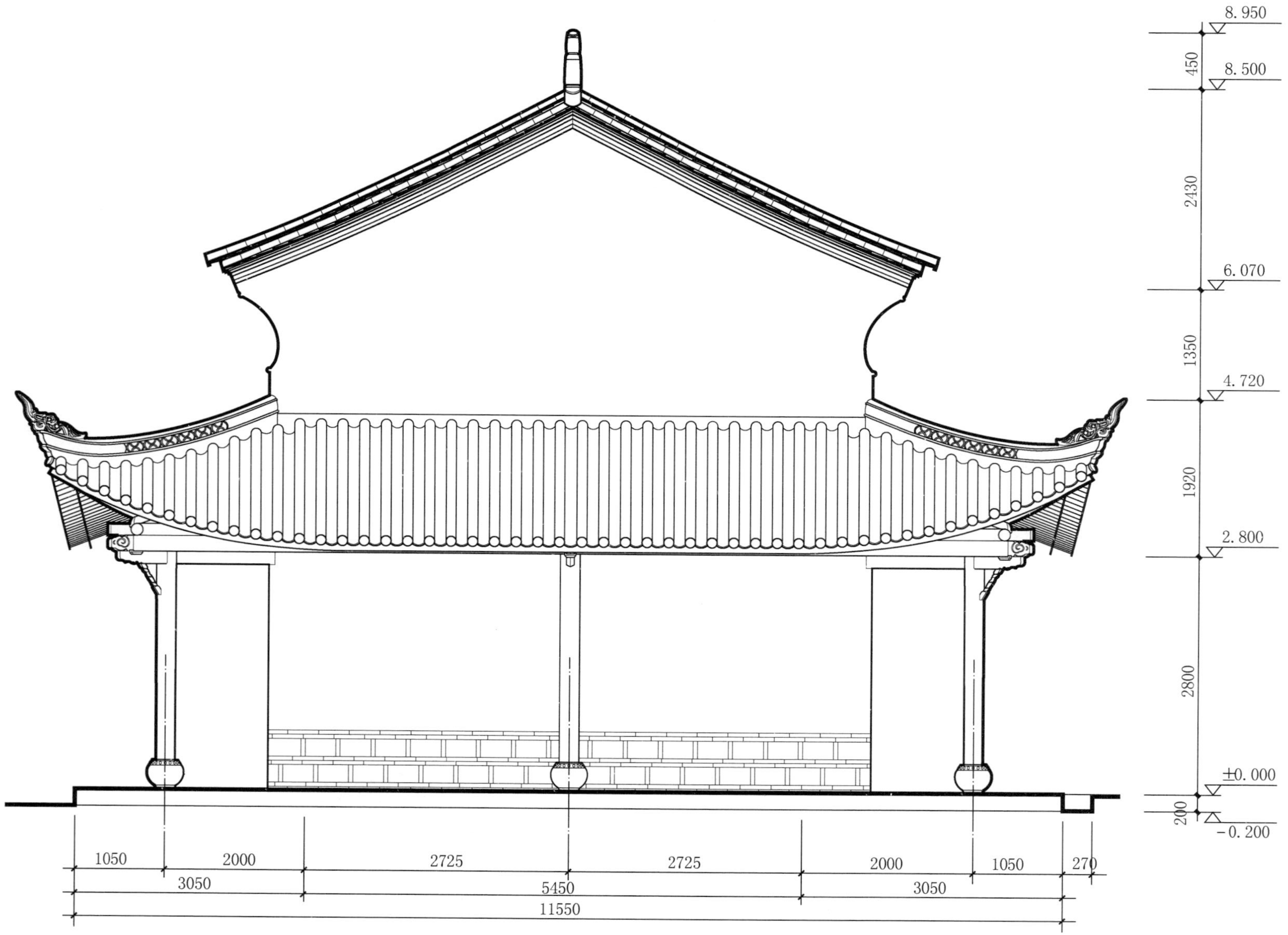
8.950
8.500
6.070
4.720
2.800
±0.000
-0.200
450
2430
1350
1920
2800
200
1050
2000
2725
2725
2000
1050
270
3050
5450
3050
11550

图9　城门楼（西）侧立面图

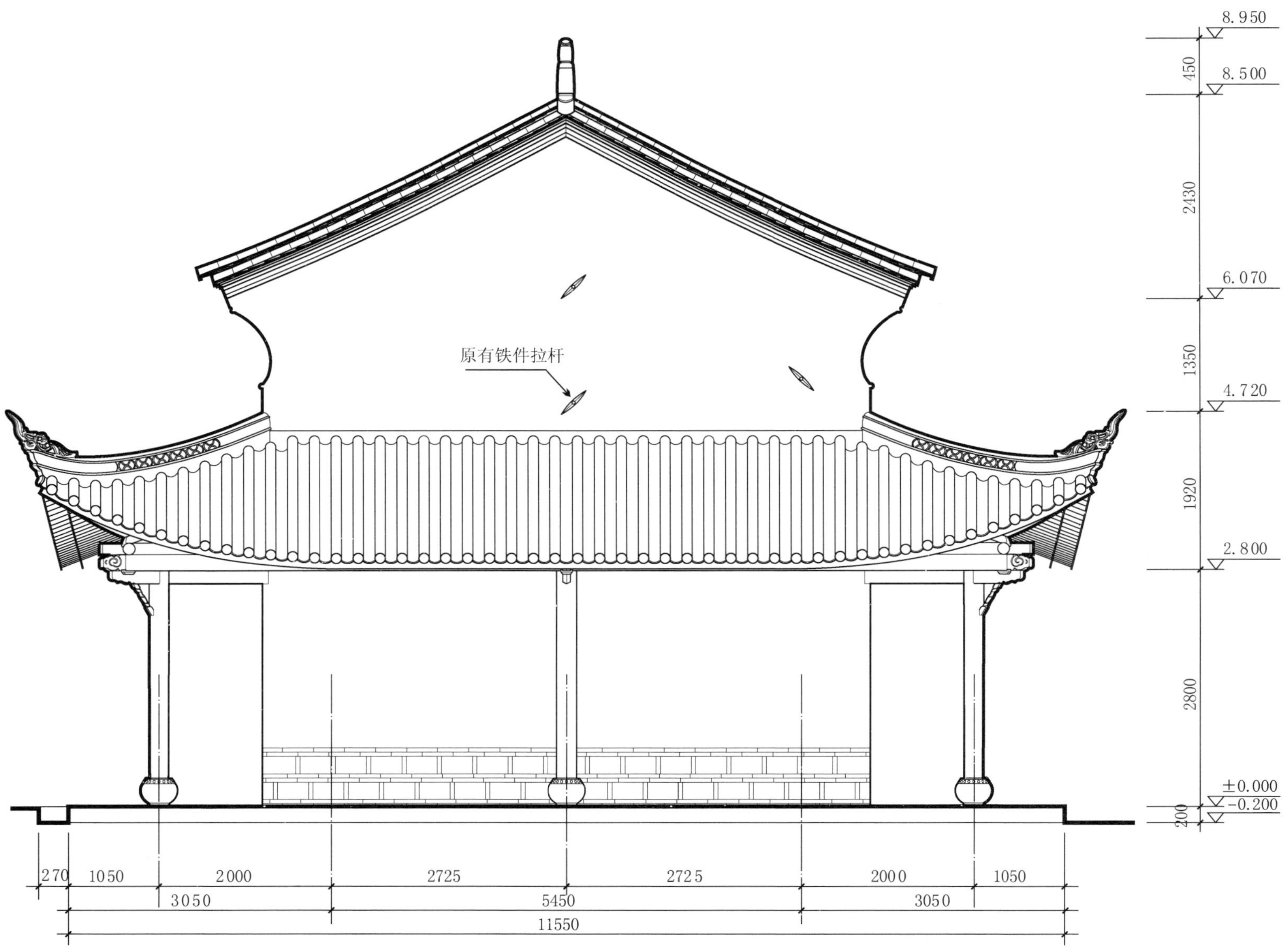

图10 城门楼（东）侧立面图

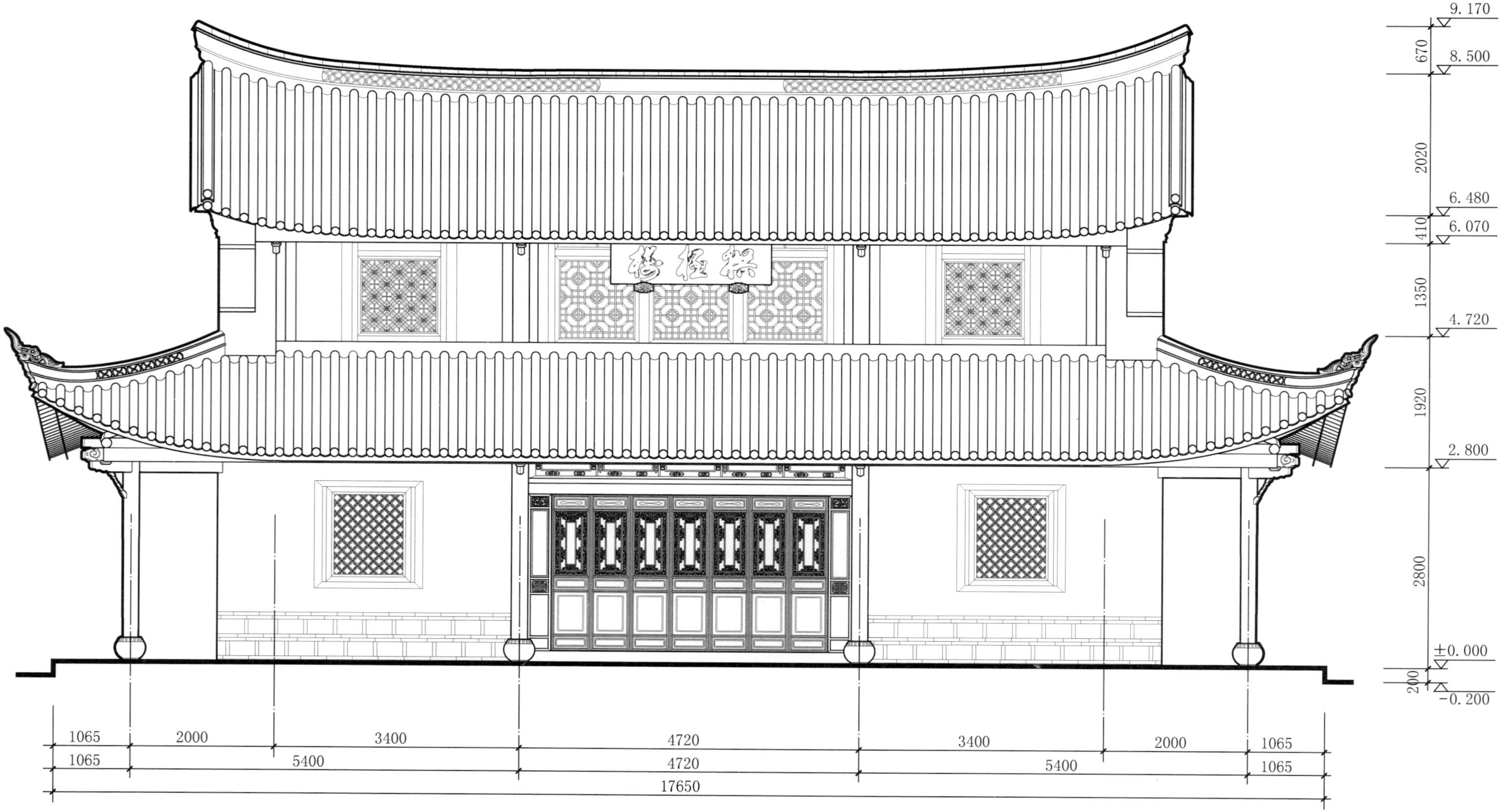
9.170
8.500
6.480
6.070
4.720
2.800
±0.000
-0.200
670
2020
410
1350
1920
2800
200
1065
2000
3400
4720
3400
2000
1065
1065
5400
4720
5400
1065
17650

图11　城门楼（北）背立面图

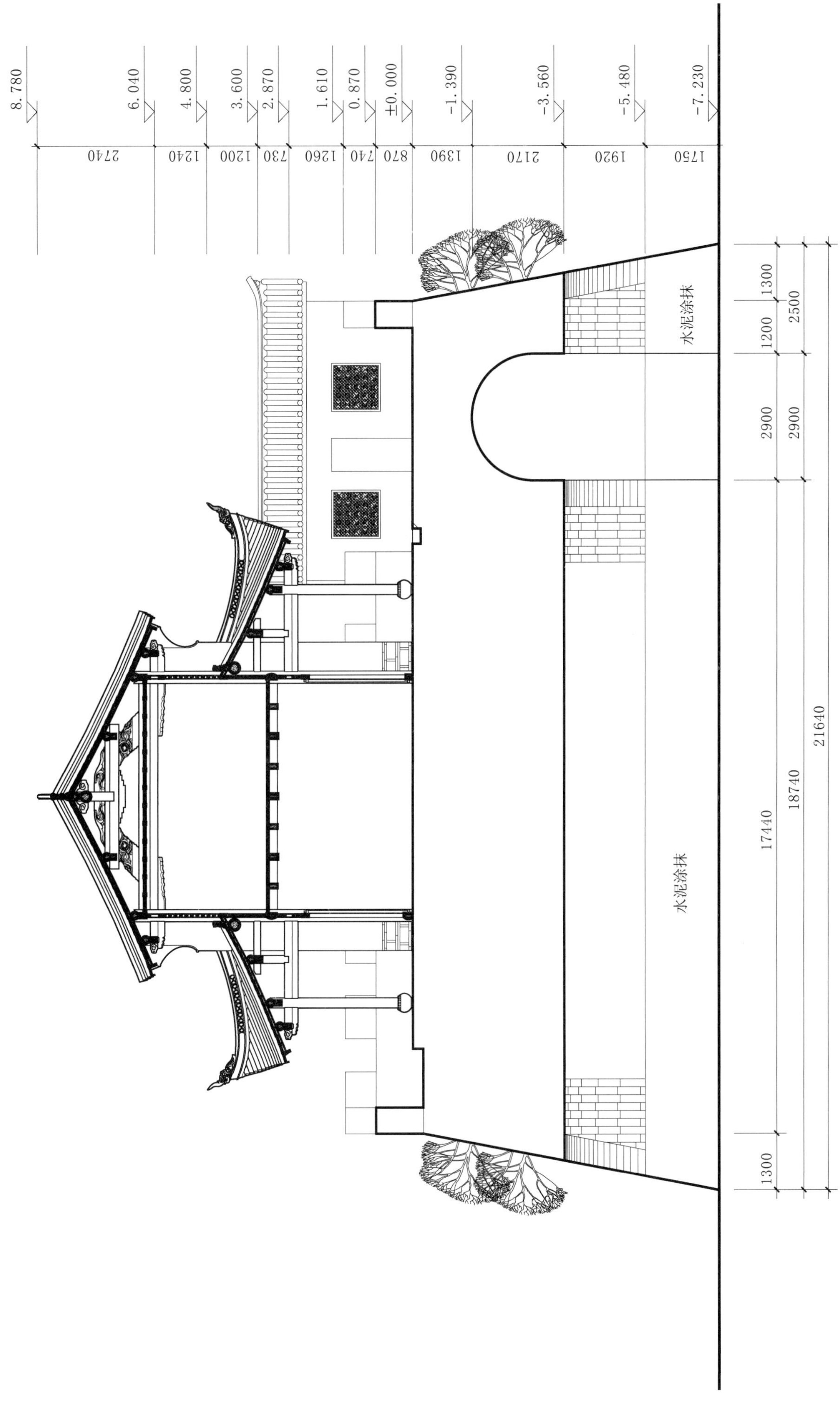
8.780
6.040
4.800
3.600
2.870
1.610
0.870
±0.000
-1.390
-3.560
-5.480
-7.230
2740
1240
1200
730
1260
740
870
1390
2170
1920
1750
水泥涂抹
水泥涂抹
1300
1200
2500
2900
2900
17440
18740
21640
1300

图12 城北门剖面图

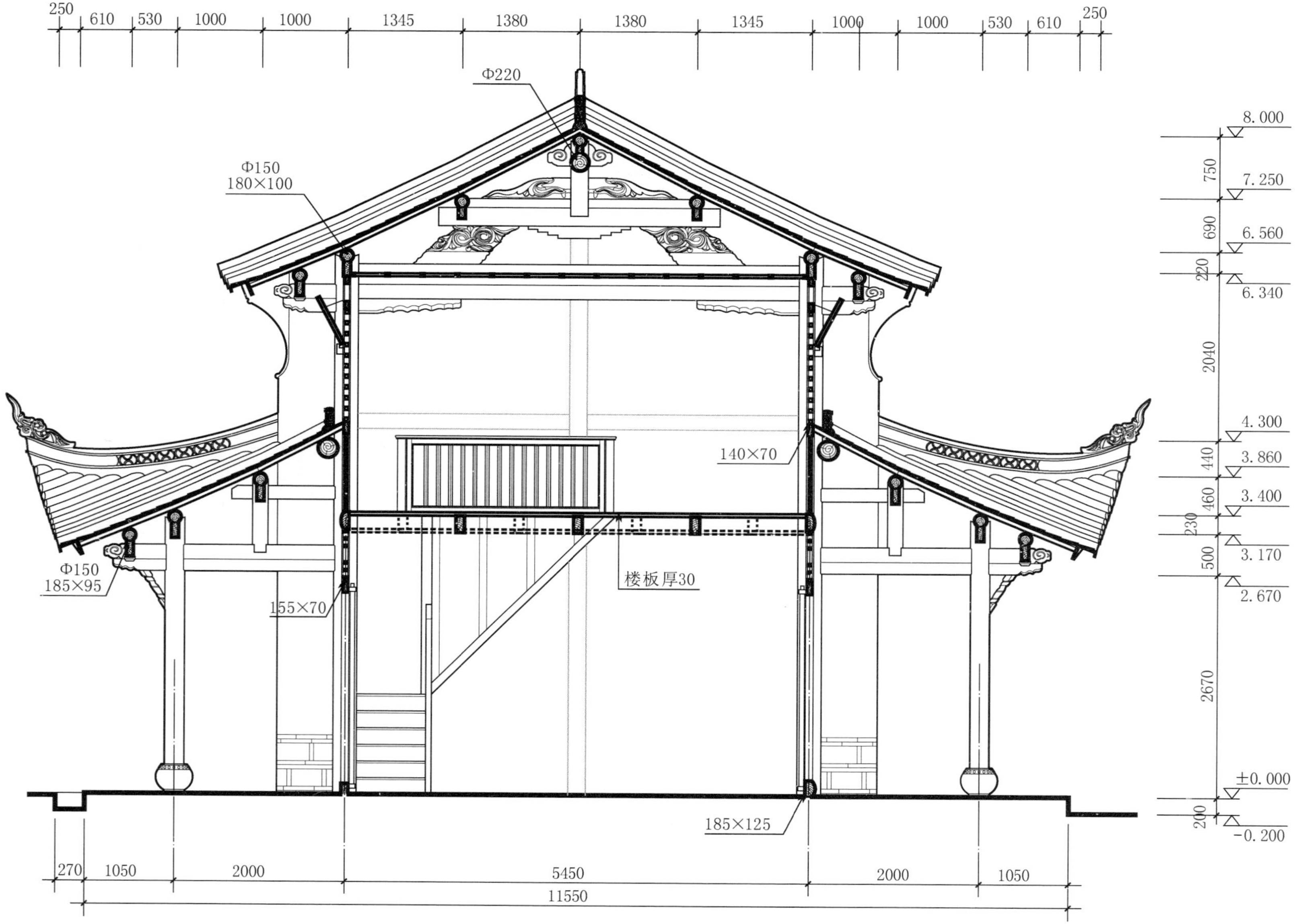
250
610
530
1000
1000
1345
1380
1380
1345
1000
1000
530
610
250
Φ220
Φ150
180×100
Φ150
185×95
155×70
140×70
楼板厚30
185×125
8.000
7.250
6.560
6.340
4.300
3.860
3.400
3.170
2.670
±0.000
-0.200
750
690
220
2040
440
460
230
500
2670
200
270
1050
2000
5450
2000
1050
11550

图13 城门楼1-1剖面图

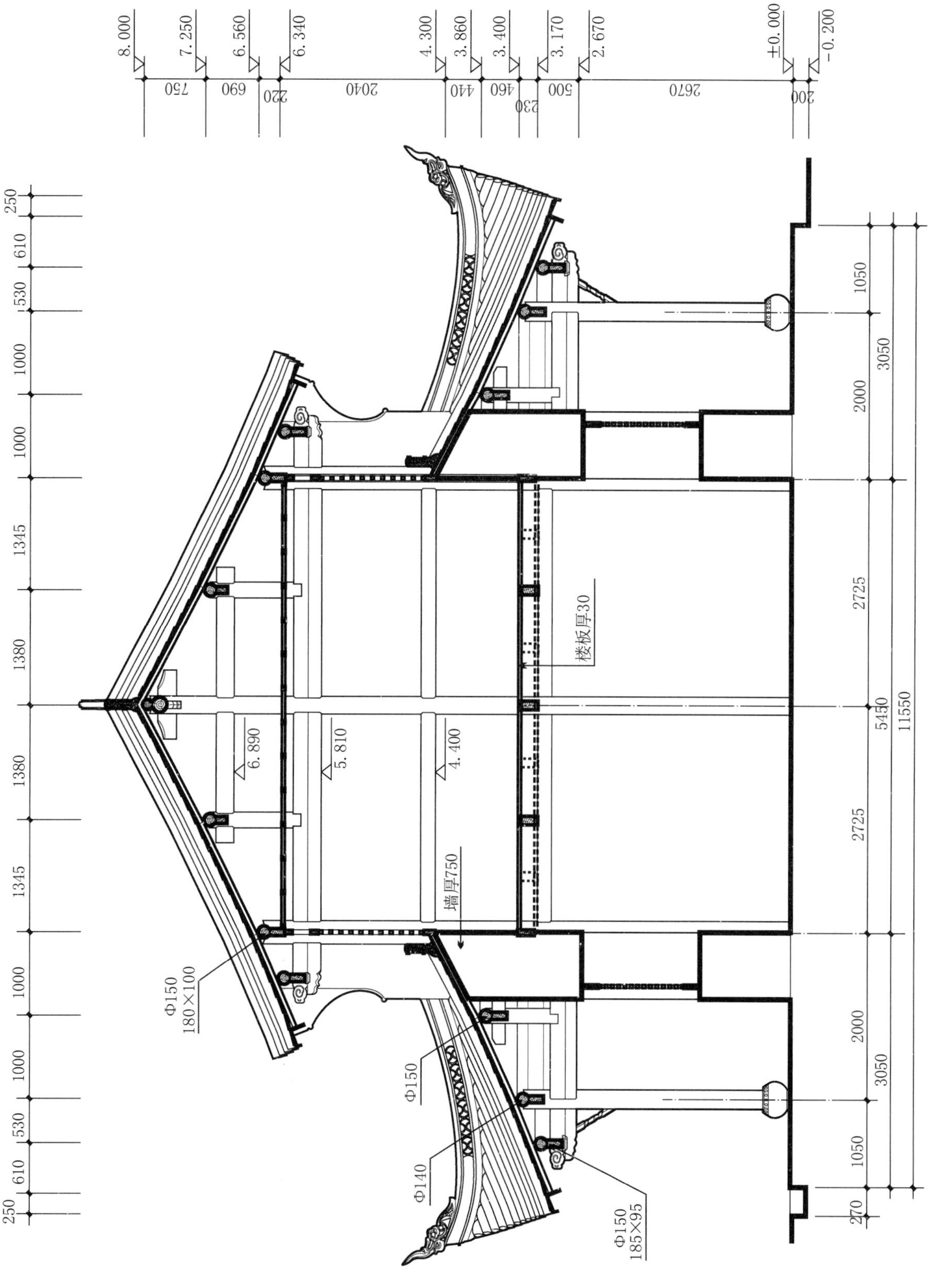
8.000
7.250
6.560
6.340
4.300
3.860
3.400
3.170
2.670
±0.000
−0.200
750
690
220
2040
440
460
230
500
2670
200
6.890
5.810
4.400
楼板厚30
墙厚750
Φ150
180×100
Φ150
Φ140
Φ150
185×95
250
610
530
1000
1000
1345
1380
1380
1345
1000
1000
530
610
250
1050
2000
3050
2725
5450
11550
2725
2000
3050
1050
270

图14　城门楼2-2剖面图

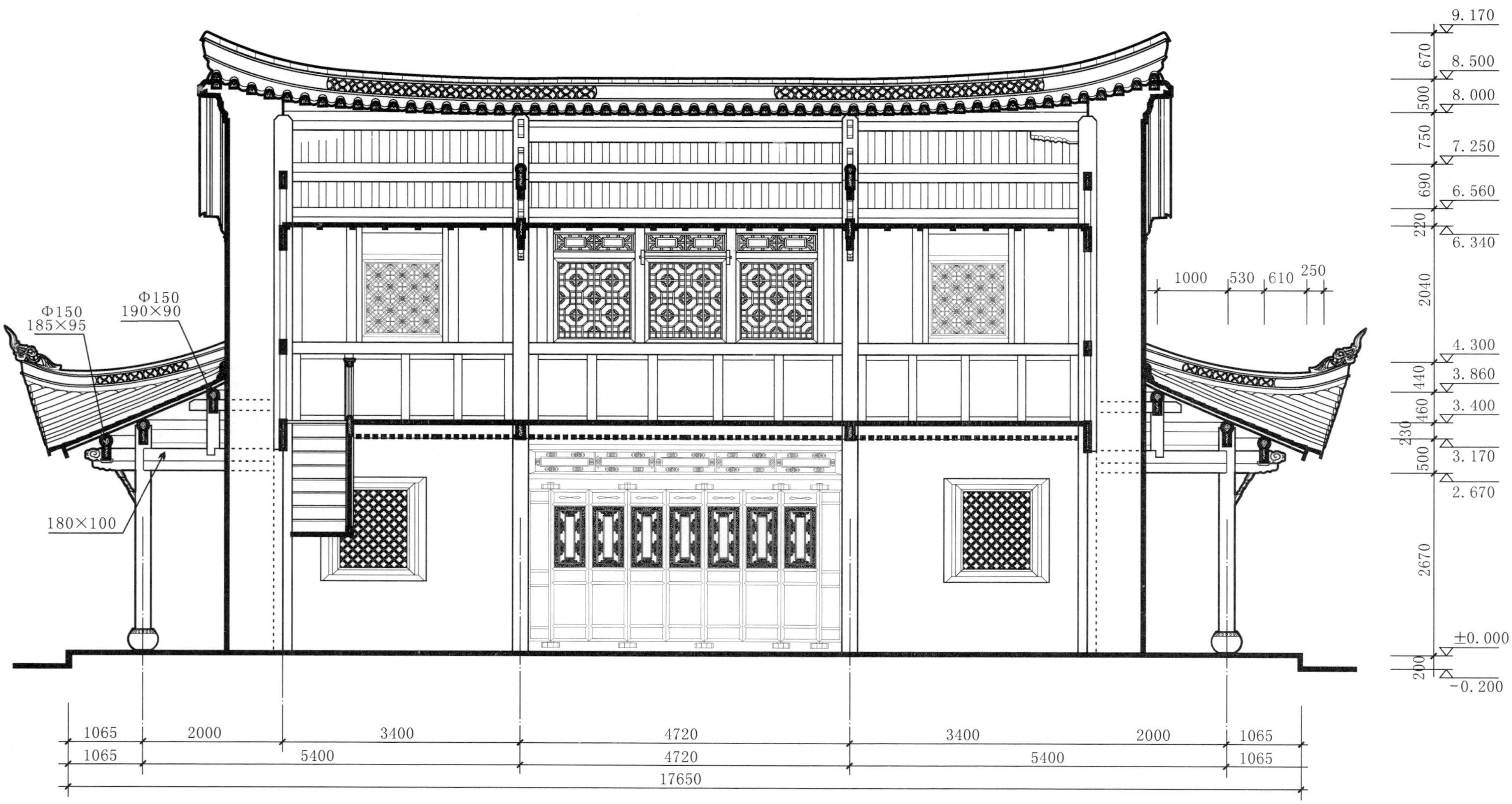

图15　城门楼3-3剖面图

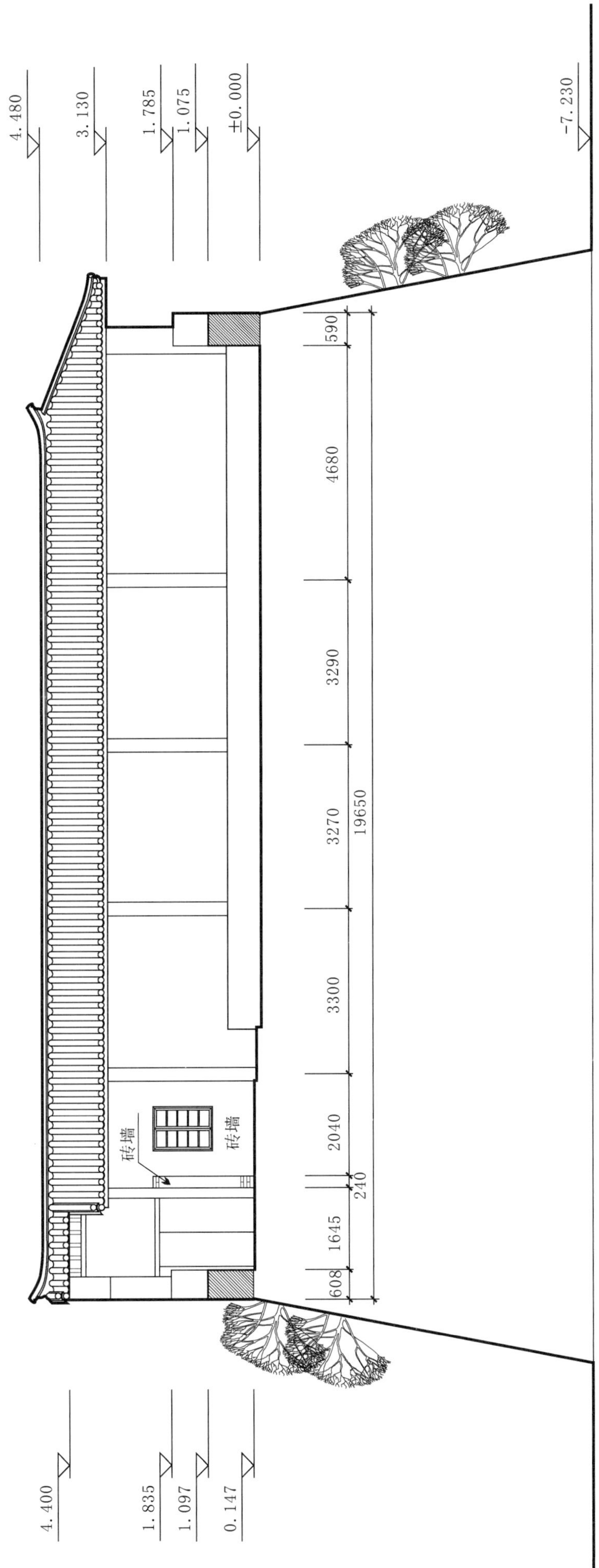

图16 城门楼东侧附属建筑立面图

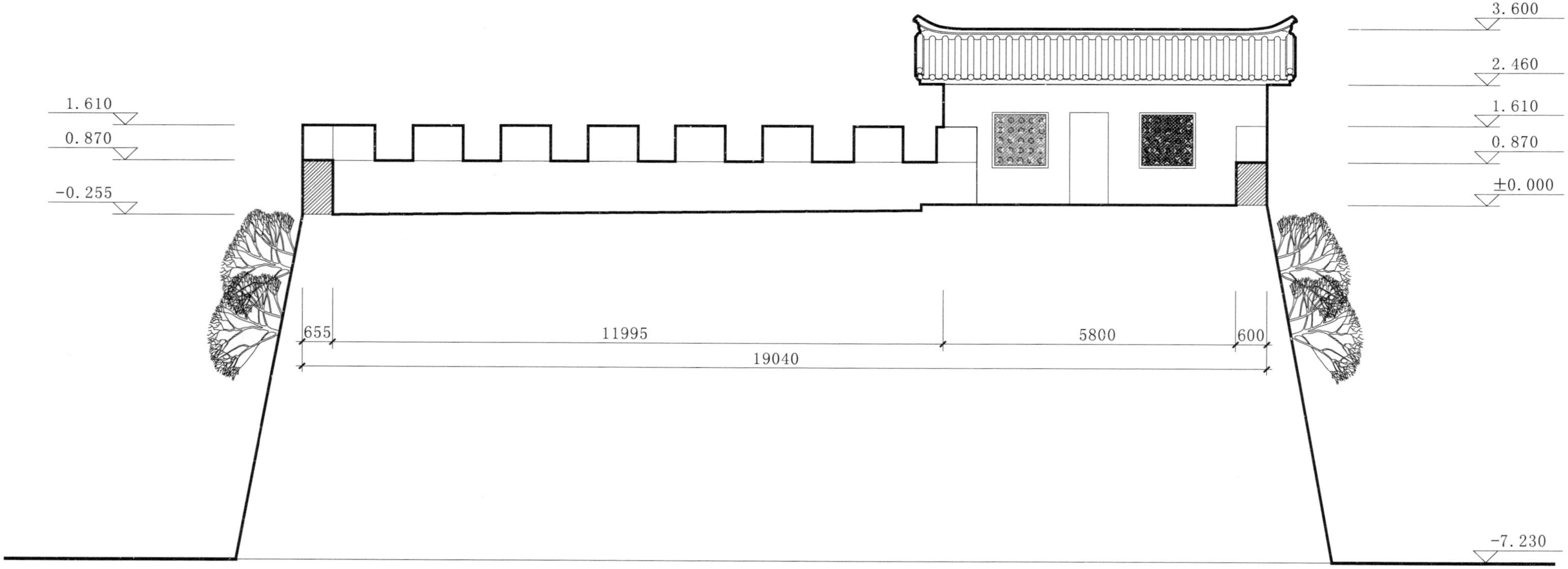

图17　城门楼西侧附属建筑立面图

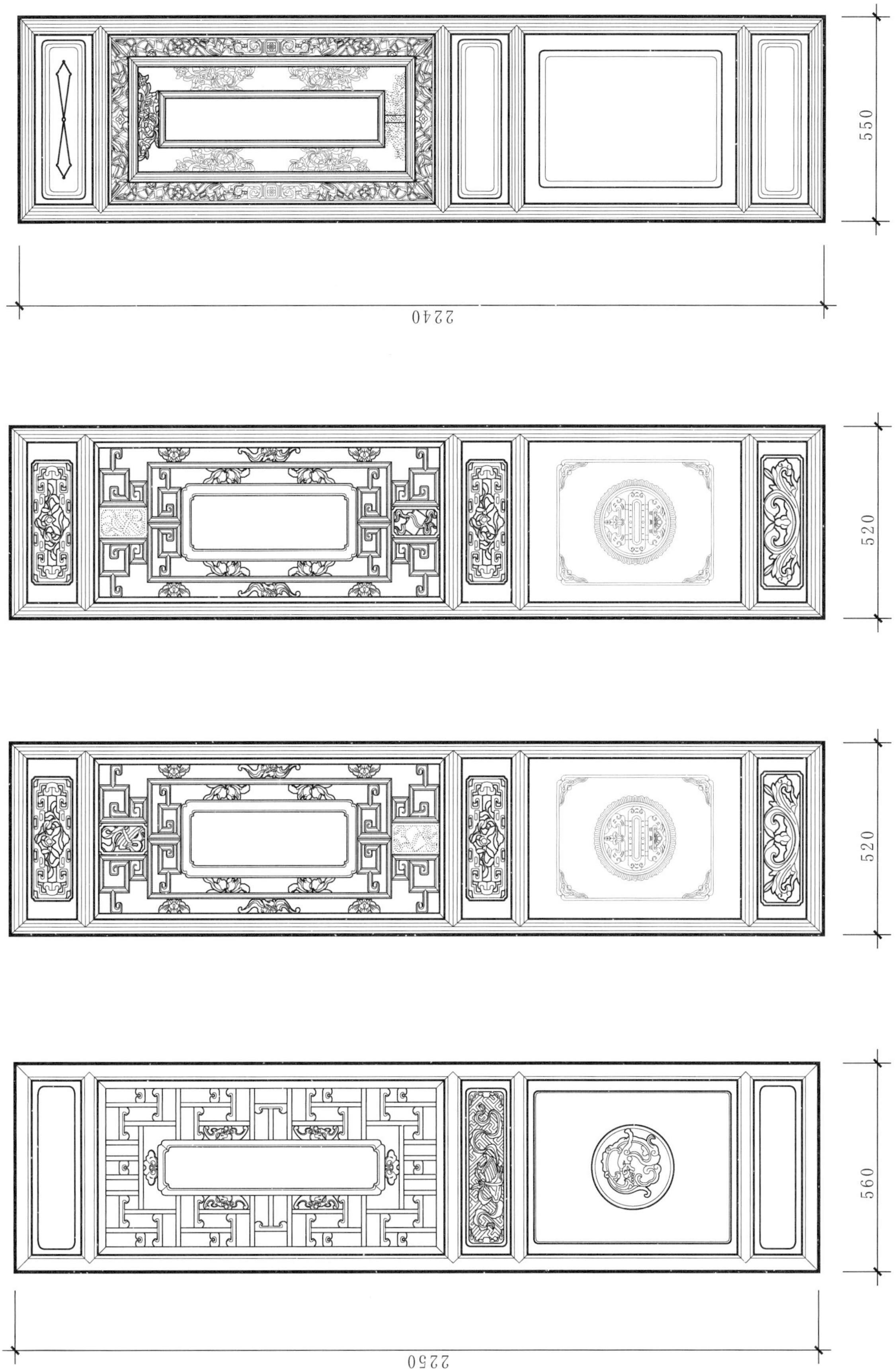

图18 城门楼隔扇门详图

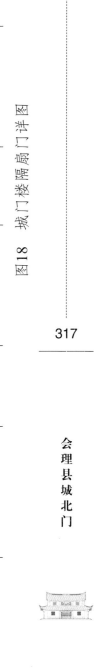

理县筹边楼

筹边楼位于阿坝州理县东北23公里处的薛城老街北面一巨石上。坐东北朝西南，以巨石台面为基础，沿石梯顺势而上。为二层楼阁，后带有一干阑式平顶建筑。

主体建筑高两层，面阔三间、进深三间。穿斗式梁架结构。天花、藻井、脊檩及横梁上残留题记、彩绘。单檐歇山顶式，素筒瓦屋面。附属建筑为干阑式平顶建筑，面阔四间，一半悬空于台基之外，用木柱支撑。建筑除正面大门外，耳房东侧设一偏门。地面为青石斜墁，木质檐柱，抱鼓形石质柱础。素筒瓦屋面，正脊、垂脊及戗脊均用砖石混砌，石灰砂浆勾缝。屋架结构为土黑色油饰，大门、墙壁及栏杆为土红色油饰。

该建筑建于清乾隆四年（1739年）。

四川省文物保护单位。

测绘制图：范雪松、贺小东

成图时间：2011年5月

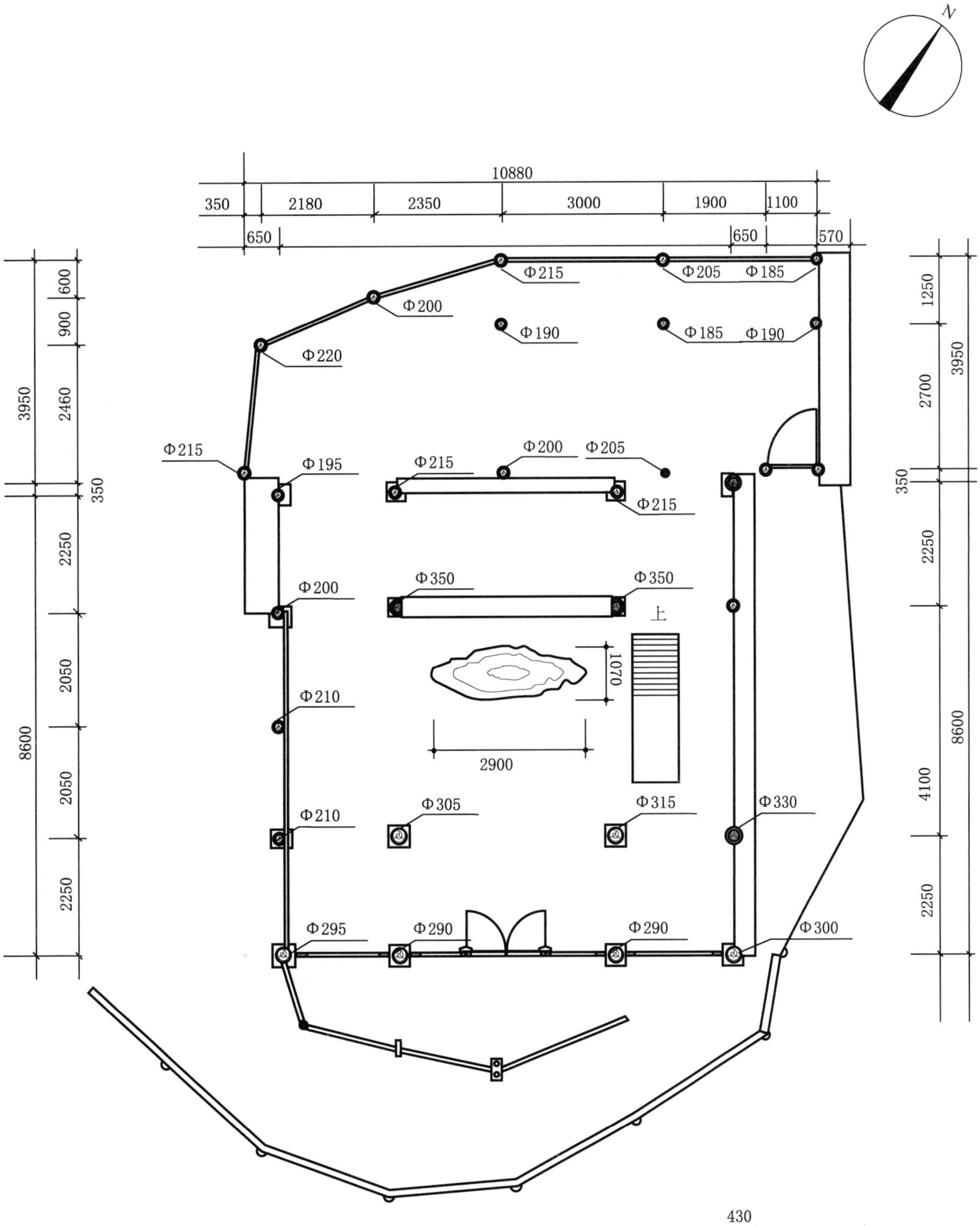

N
10880
350
2180
2350
3000
1900
1100
650
650
570
Φ215
Φ205
Φ185
Φ200
Φ190
Φ185
Φ190
Φ220
Φ215
Φ195
Φ215
Φ200
Φ205
Φ215
Φ350
Φ350
Φ200
上
1070
Φ210
2900
Φ210
Φ305
Φ315
Φ330
Φ295
Φ290
Φ290
Φ300
600
900
2460
3950
350
2250
2050
8600
2050
2250
1250
2700
3950
350
2250
8600
4100
2250
430
2260
4100
2250
2000
8600

图1　筹边楼一层平面图

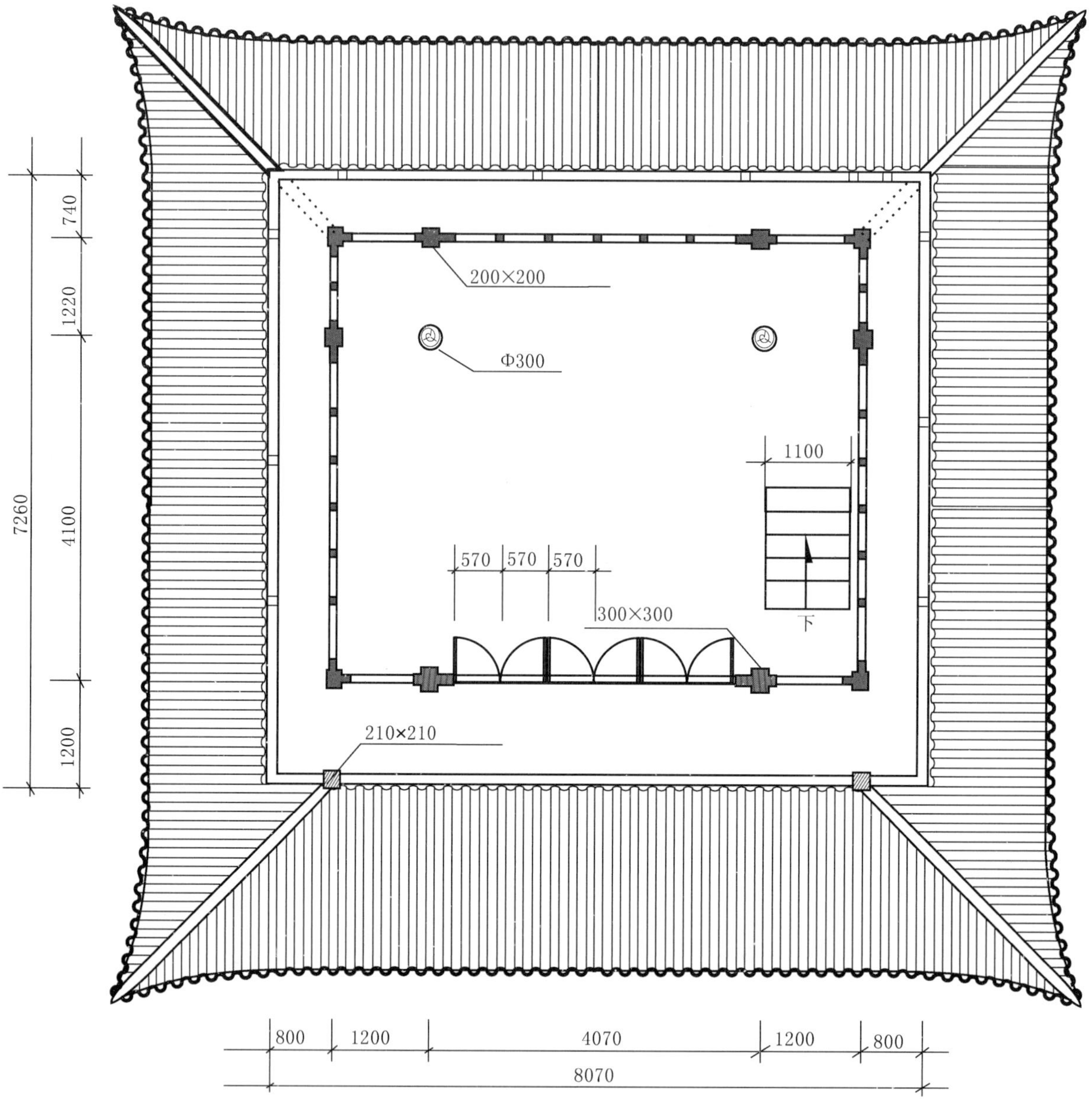
200×200
Φ300
1100
570
570
570
300×300
下
210×210
740
1220
4100
1200
7260
800
1200
4070
1200
800
8070
图2　筹边楼二层平面图

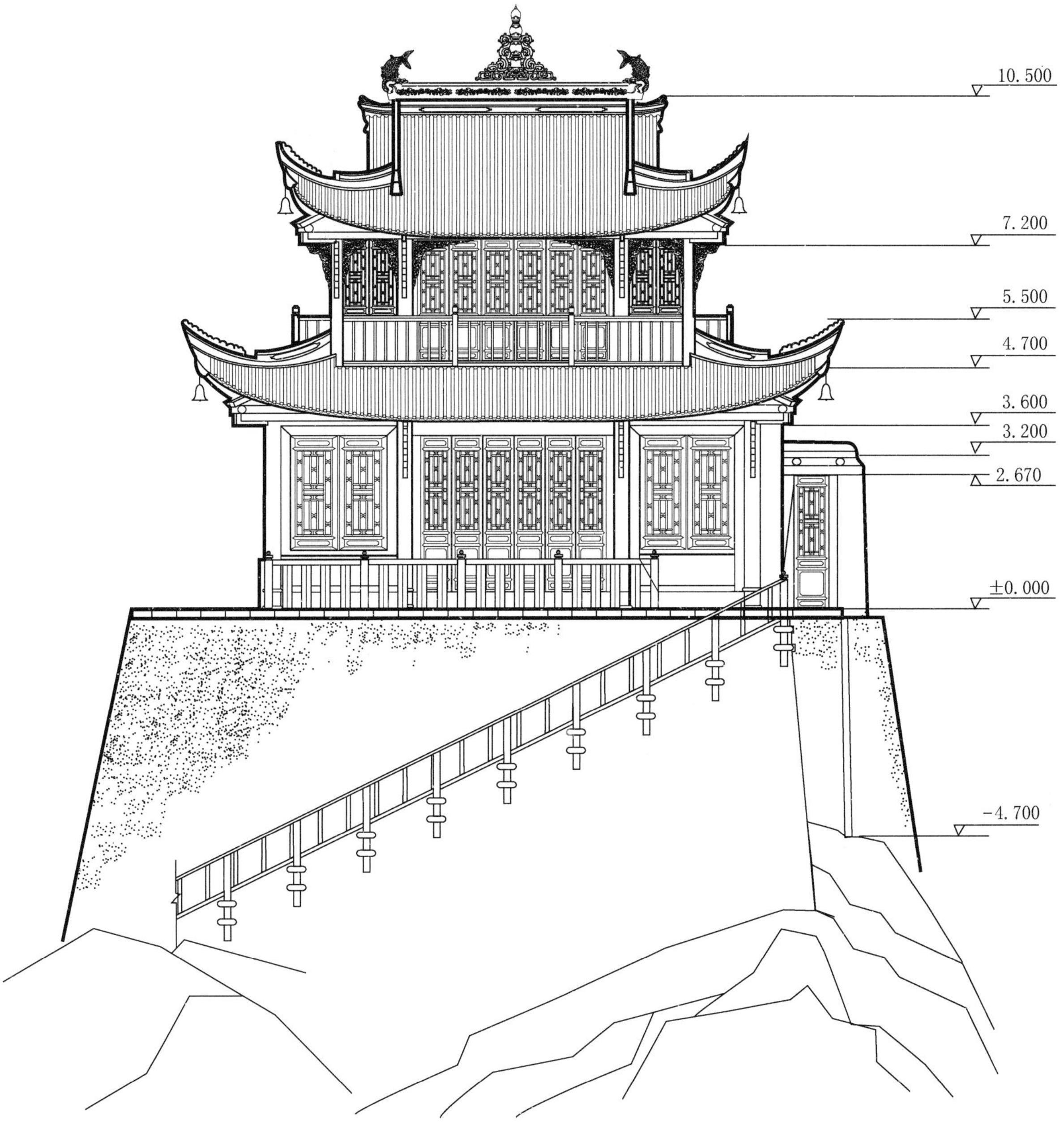
10.500
7.200
5.500
4.700
3.600
3.200
2.670
±0.000
-4.700

图3　筹边楼正立面图

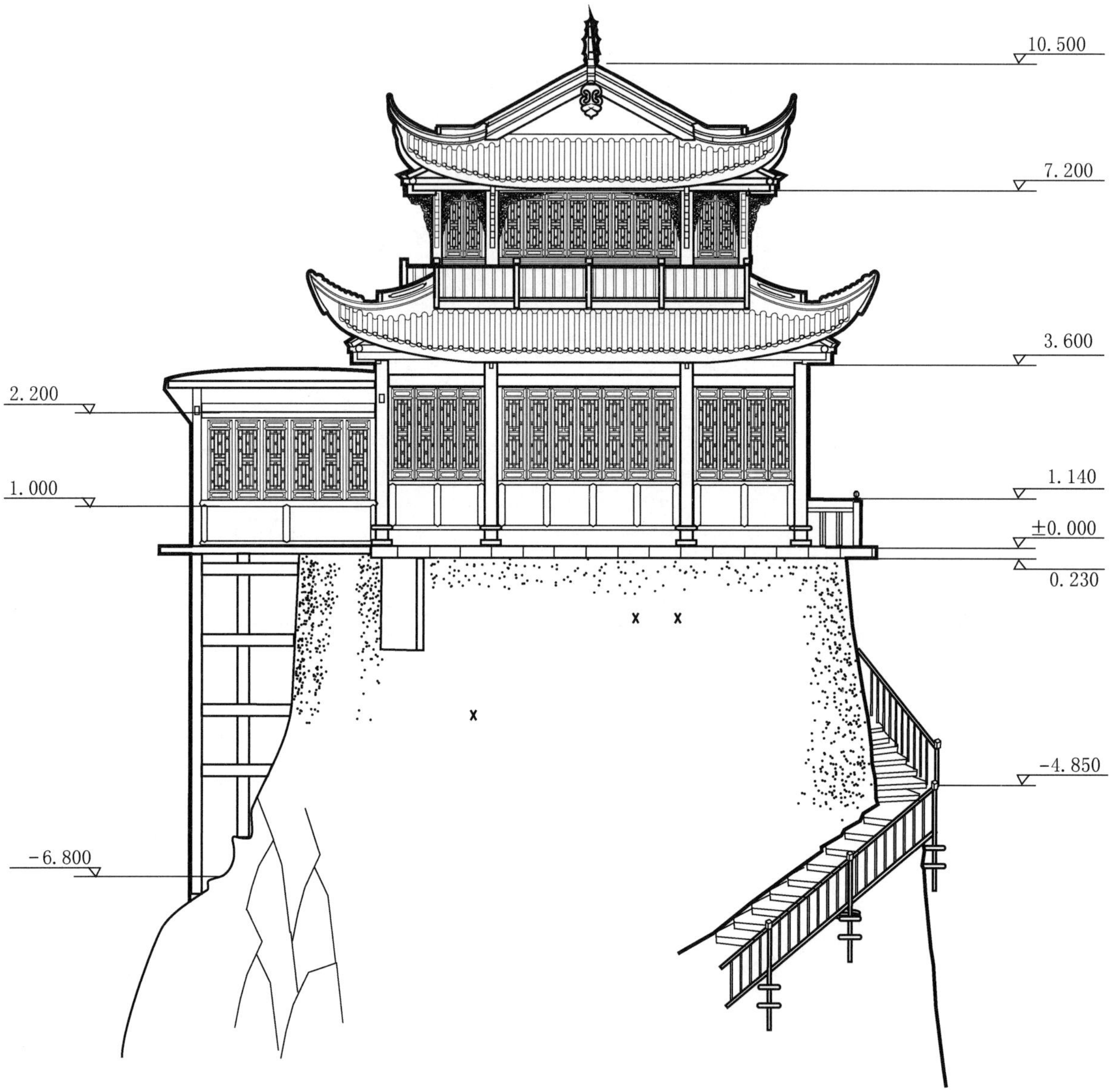
10.500
7.200
3.600
2.200
1.000
1.140
±0.000
0.230
-4.850
-6.800

图4 筹边楼侧立面

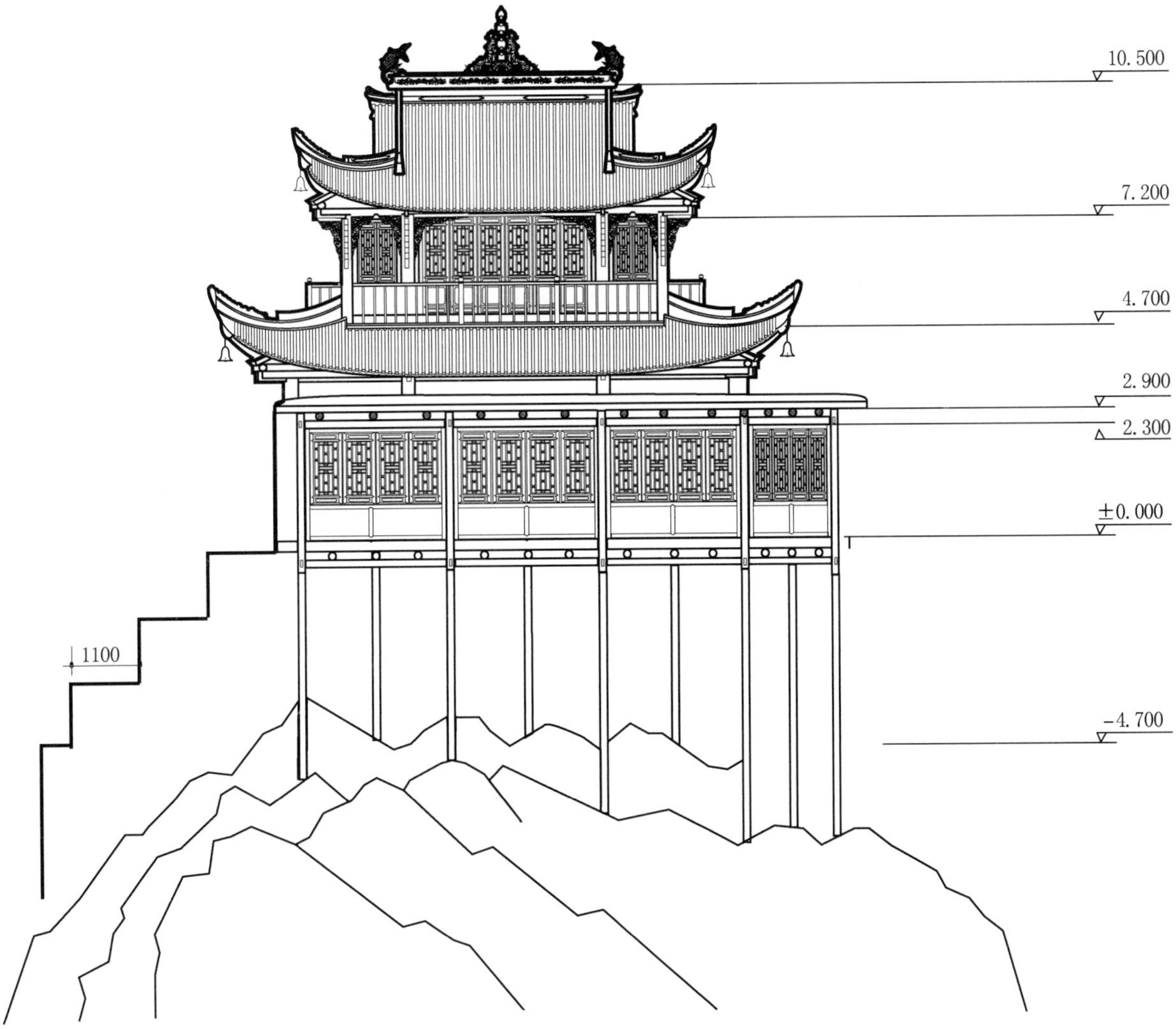
10.500
7.200
4.700
2.900
2.300
±0.000
1100
-4.700

图5　筹边楼背立面图

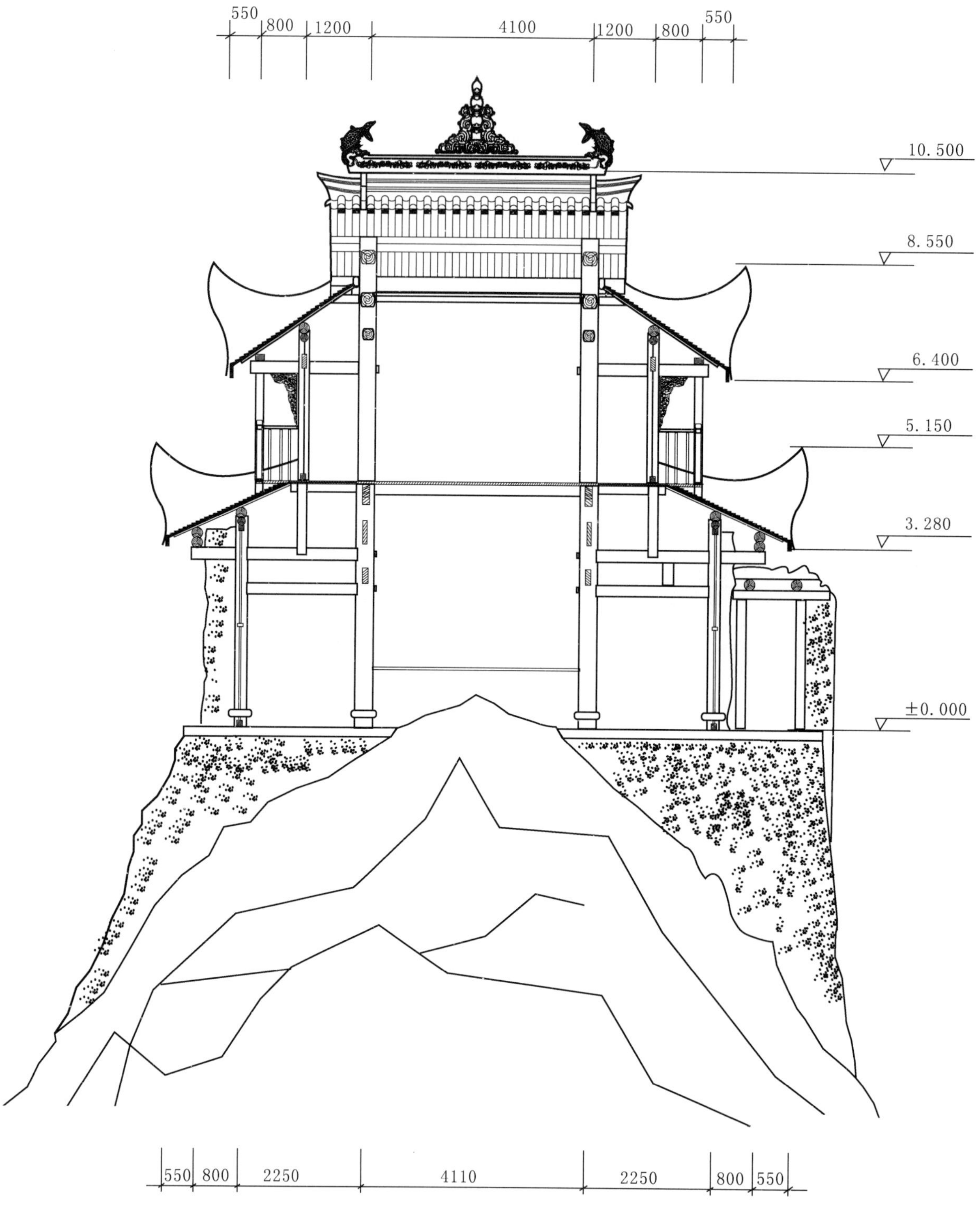
550
800
1200
4100
1200
800
550
10.500
8.550
6.400
5.150
3.280
±0.000
550
800
2250
4110
2250
800
550

图6　筹边楼纵剖图

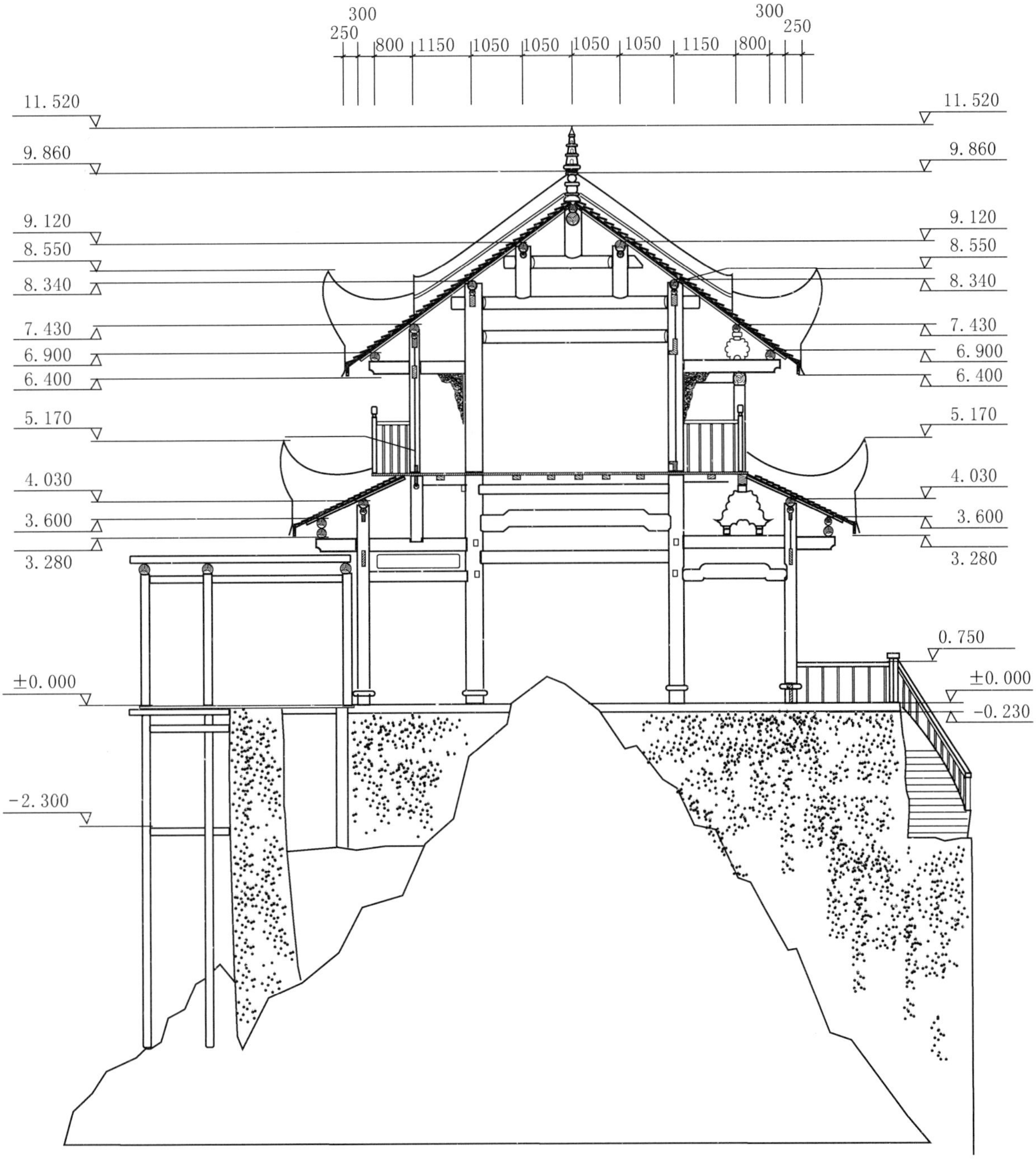
300
250
800
1150
1050
1050
1050
1050
1150
800
300
250
11.520
9.860
9.120
8.550
8.340
7.430
6.900
6.400
5.170
4.030
3.600
3.280
0.750
±0.000
-0.230
-2.300

图7 筹边楼横剖图

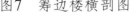

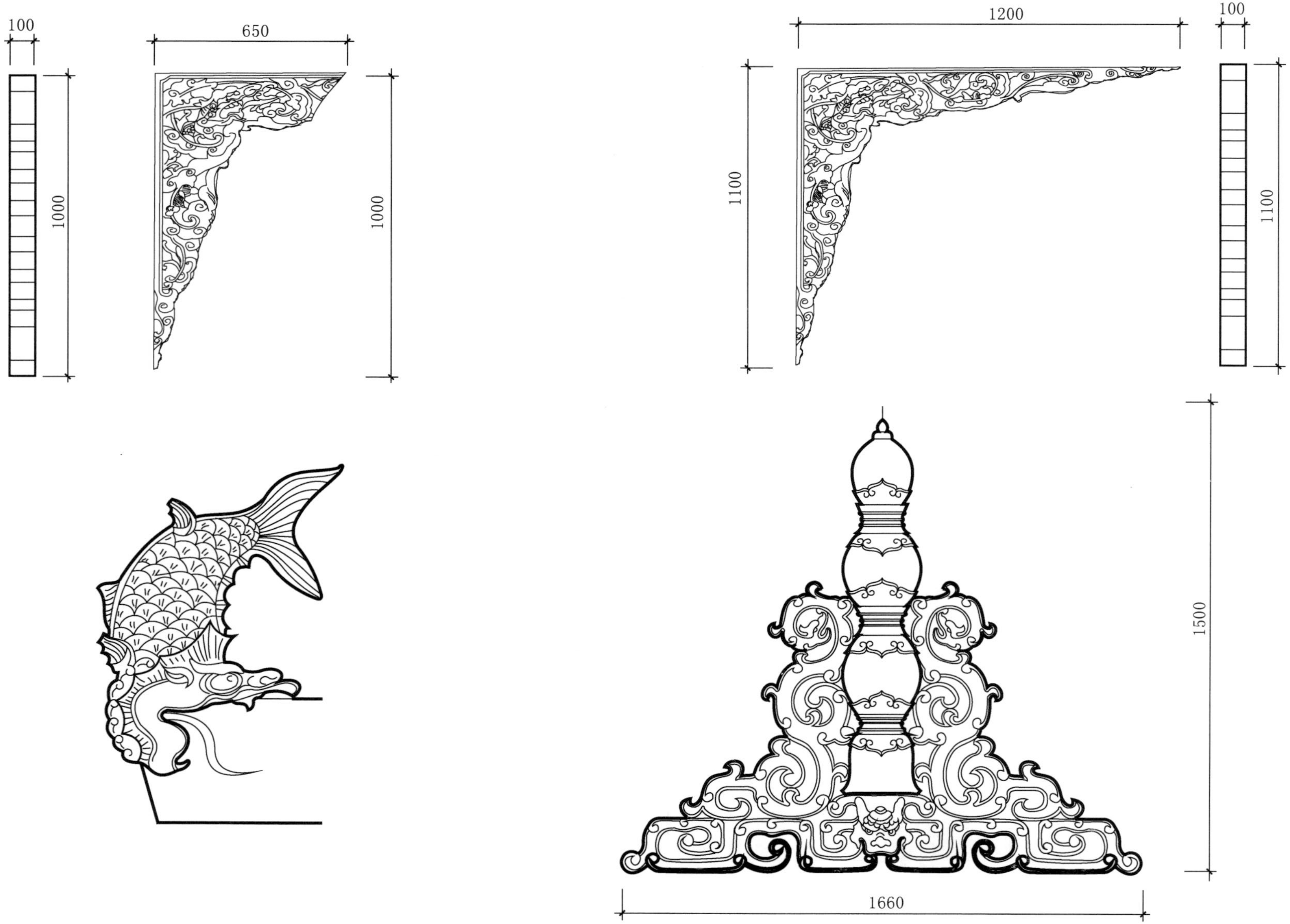
100
1000
650
1000
1200
100
1100
1100
1500
1660

图8　筹边楼雀替、吻兽、宝顶详图

达县红三十军政治部旧址

红三十军政治部旧址位于达县梓桐乡红军路1号。为坐落在四级平台上的四合院布局，由平台、大门、侧门、院落和四级平台上的正房、耳房、厢房组成。

大门为牌楼式建筑，石柱，面阔三间，进深二间，建筑通高6.63米。抬梁穿斗混合式梁架结构，单檐歇山顶，素筒瓦屋面。

正房平面呈长方形，面阔三间、进深四间，通高5米，前檐设廊道。抬梁穿斗混合式梁架结构，单檐悬山顶，小青瓦屋面，叠瓦脊。

耳房位于正房东、西两侧，为一楼一底建筑。一层和西厢房一层相通。抬梁穿斗混合式梁架结构，单檐悬山顶，小青瓦屋面，叠瓦脊。

厢房西厢房为一楼一底建筑，建筑一层坐落在三级平台上，和正房西耳房一层相通。穿斗式梁架结构。单檐悬山顶，小青瓦屋面，叠瓦脊。

该建筑建于清光绪年间。

四川省文物保护单位。

测绘制图：刘波、范雪松 、吕熠

成图时间：2011年5月

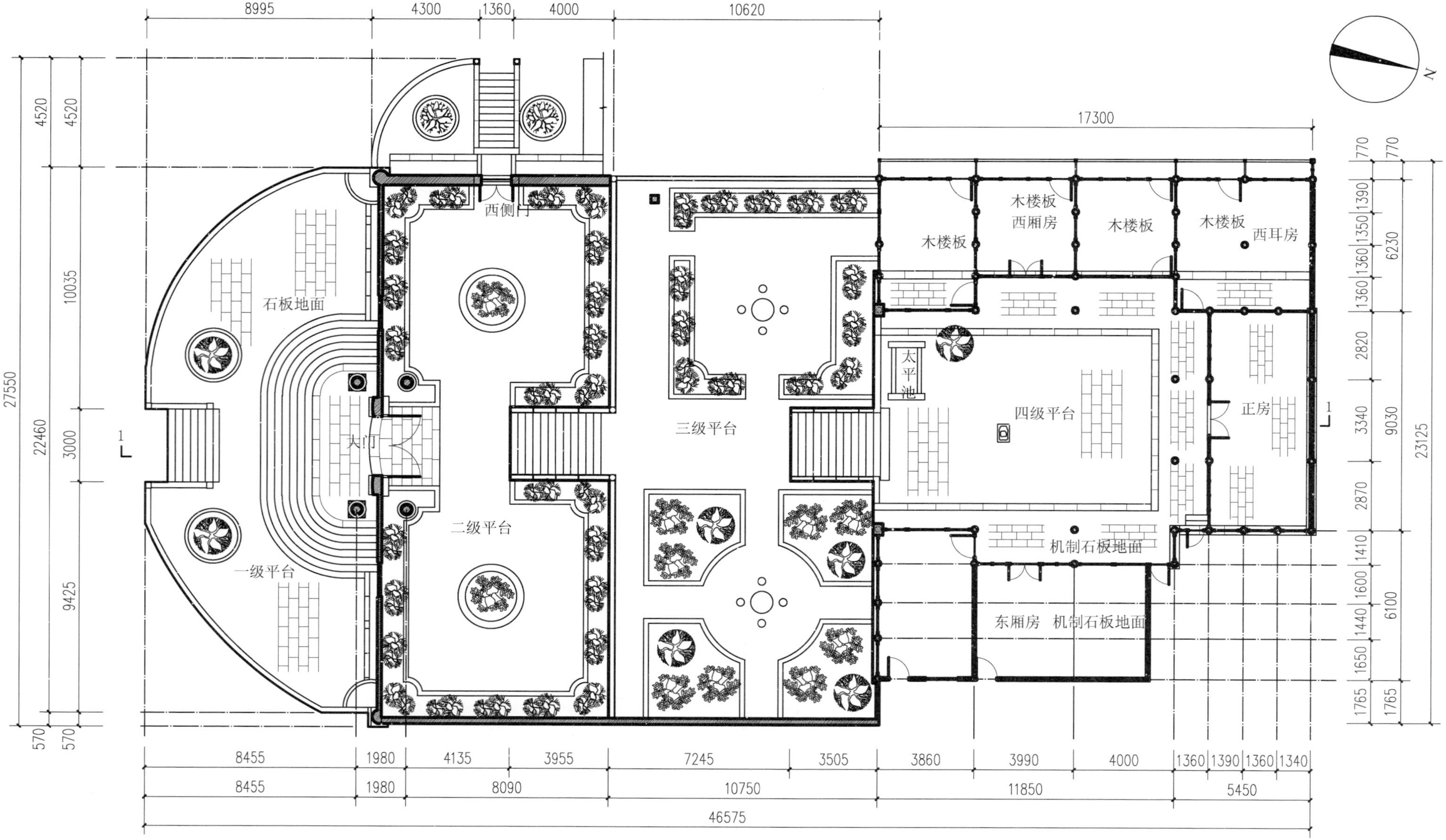
西耳房
木楼板
木楼板
西厢房
木楼板
木楼板
正房
太平池
四级平台
机制石板地面
东厢房 机制石板地面
三级平台
西侧门
二级平台
大门
石板地面
一级平台
N
17300
10620
4000
1360
4300
8995
770
1390
1350
1360
1360
2820
3340
2870
1410
1600
1440
1650
1765
6230
9030
6100
23125
4520
10035
3000
9425
570
22460
27550
3860
3990
4000
1340
5450
11850
3505
7245
10750
3955
4135
8090
1980
8455
46575

图1　总平面图

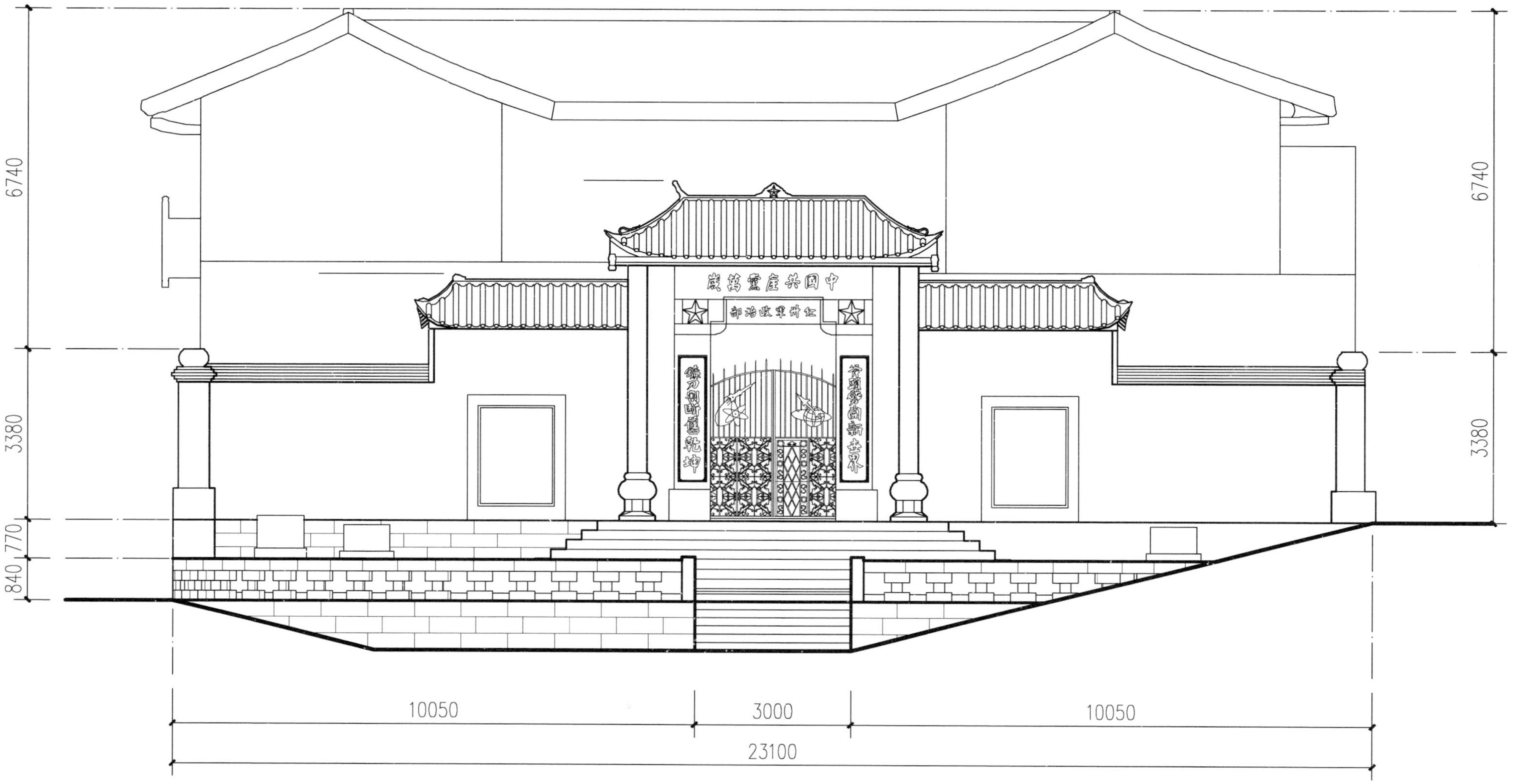
6740
3380
770
840
6740
3380
中國共產黨萬歲
紅卅軍政治部
10050
3000
10050
23100

图2　南（正）立面图

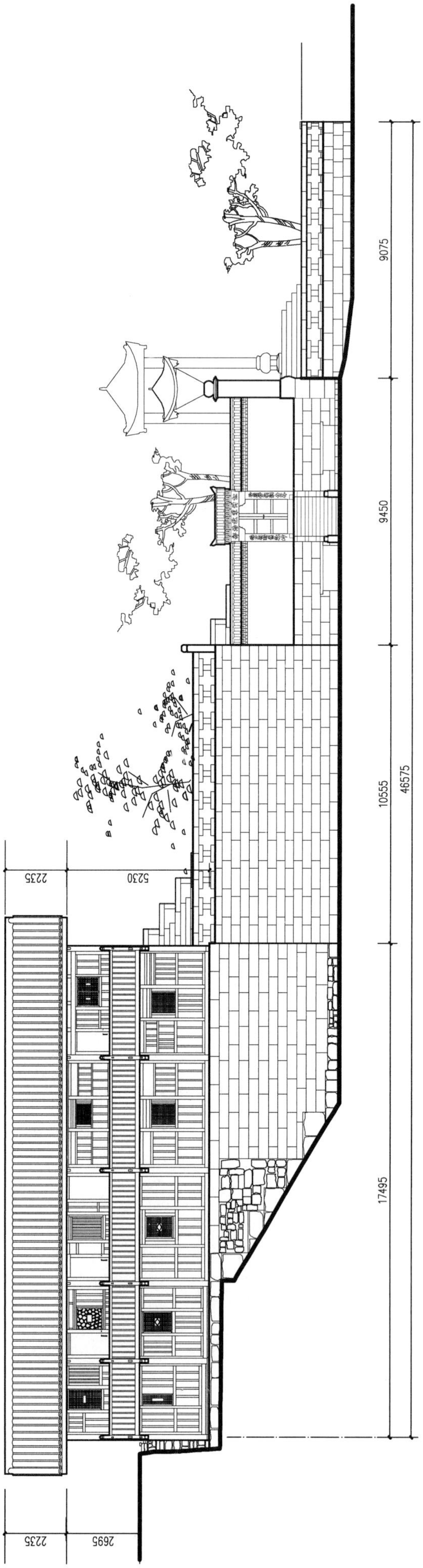

图3 西侧立面图

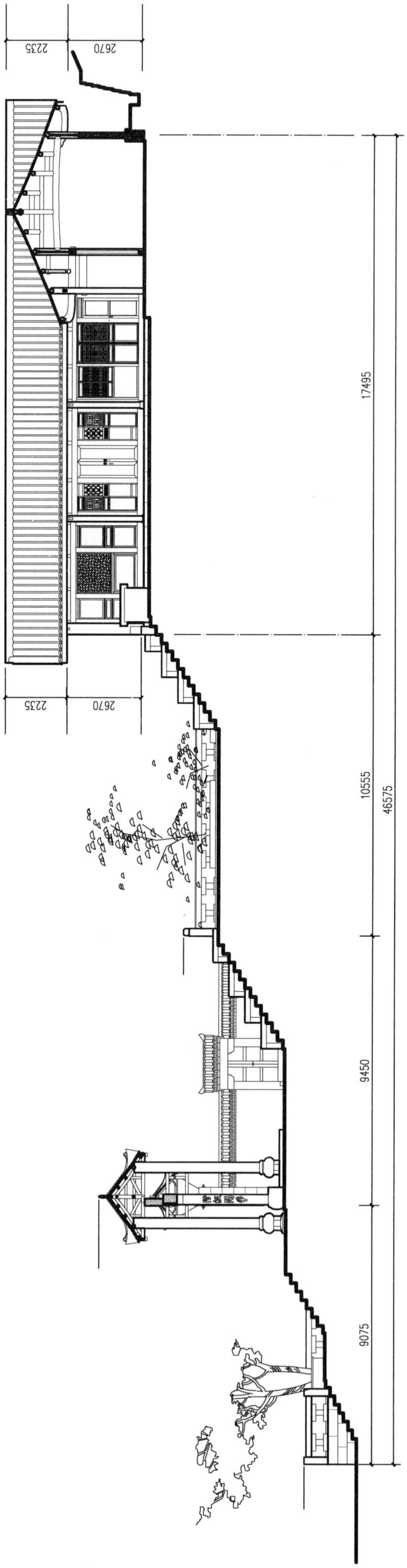

图4 1-1总纵剖面图

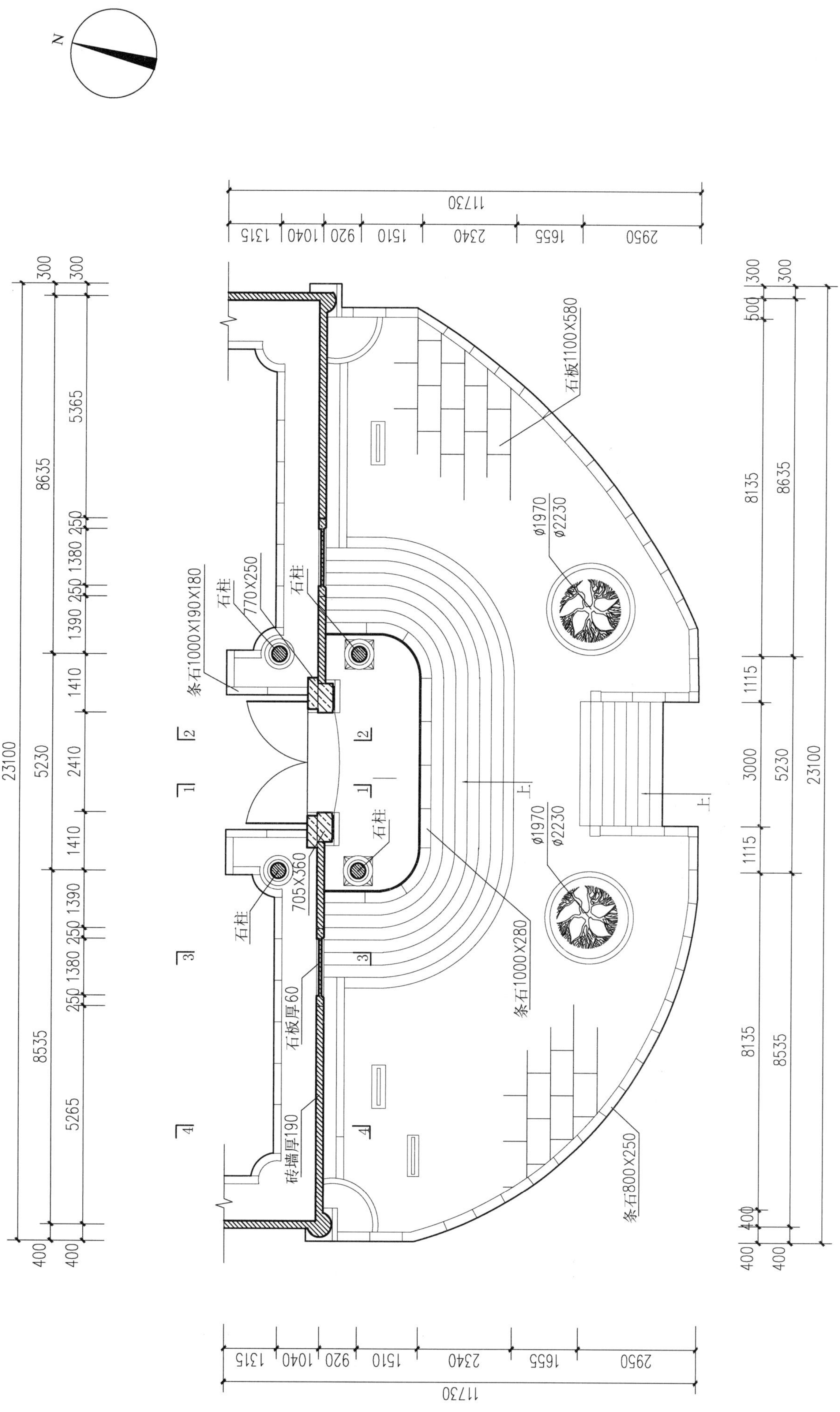
N
11730
1315
1040
920
1510
2340
1655
2950
23100
8635
5365
250
1380
1390
1410
5230
2410
8535
5265
400
300
500
8135
1115
3000
条石1000X190X180
石柱
770X250
705X360
石板厚60
砖墙厚190
条石1000X280
石板1100X580
ø1970
ø2230
条石800X250
上

图5 大门平面图

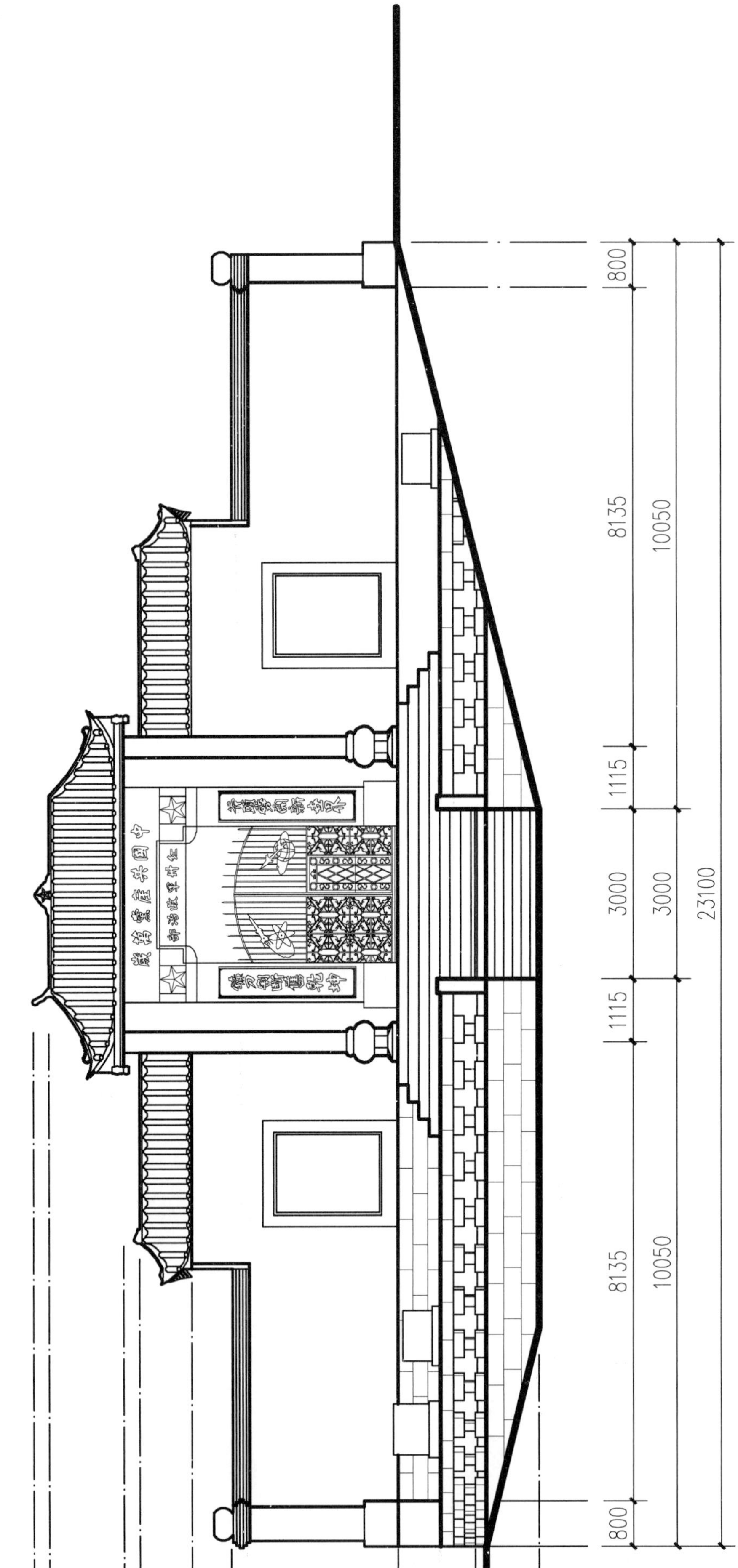
800
8135
10050
1115
3000
3000
23100
1115
8135
10050
800
280
1375
290
970
290
730
3060
1405
1165

图6 大门正立面图

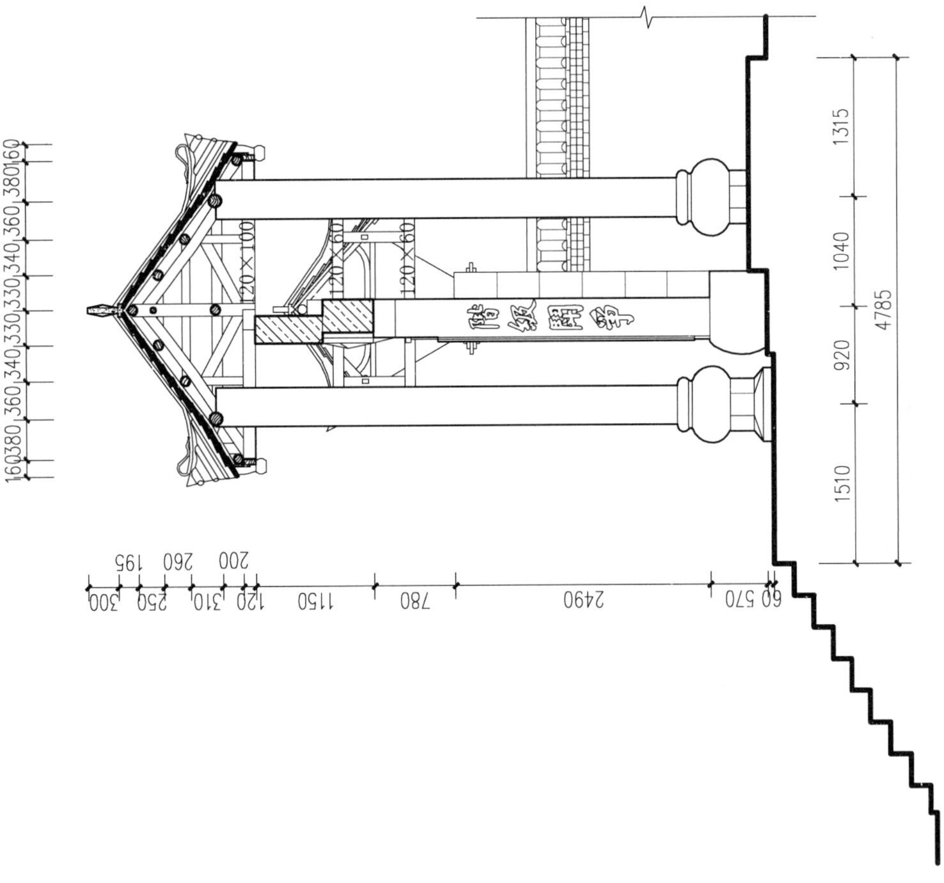

图7　大门1-1剖面图

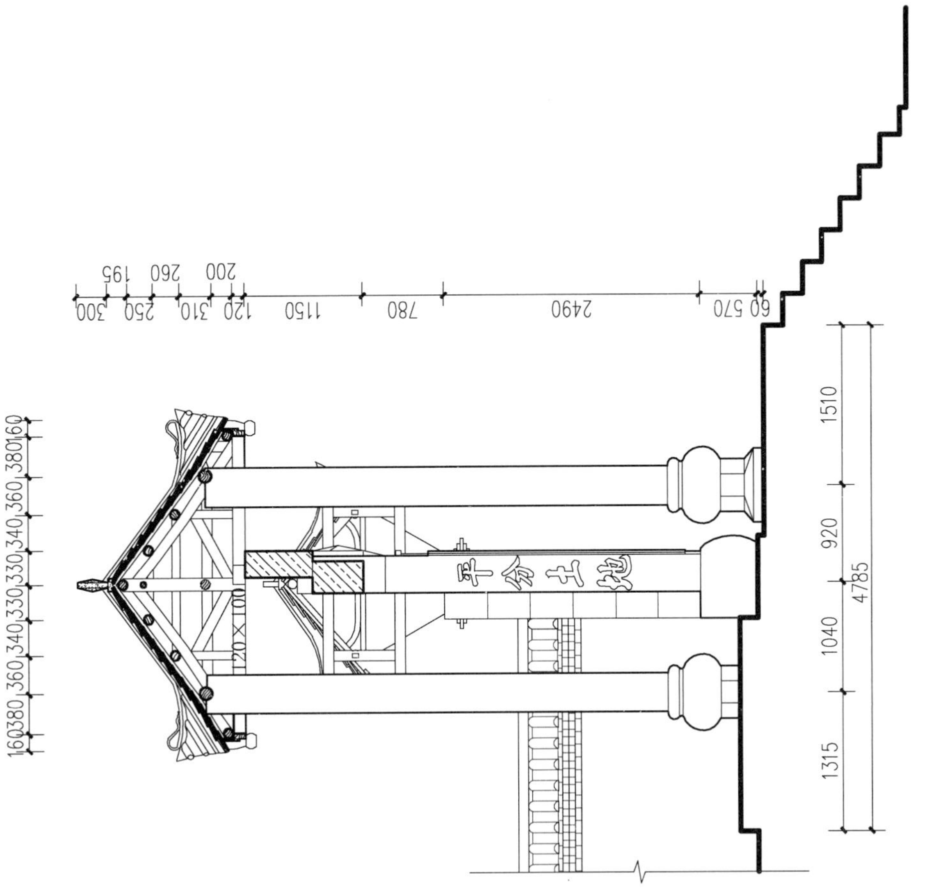

图8　大门2-2剖面图

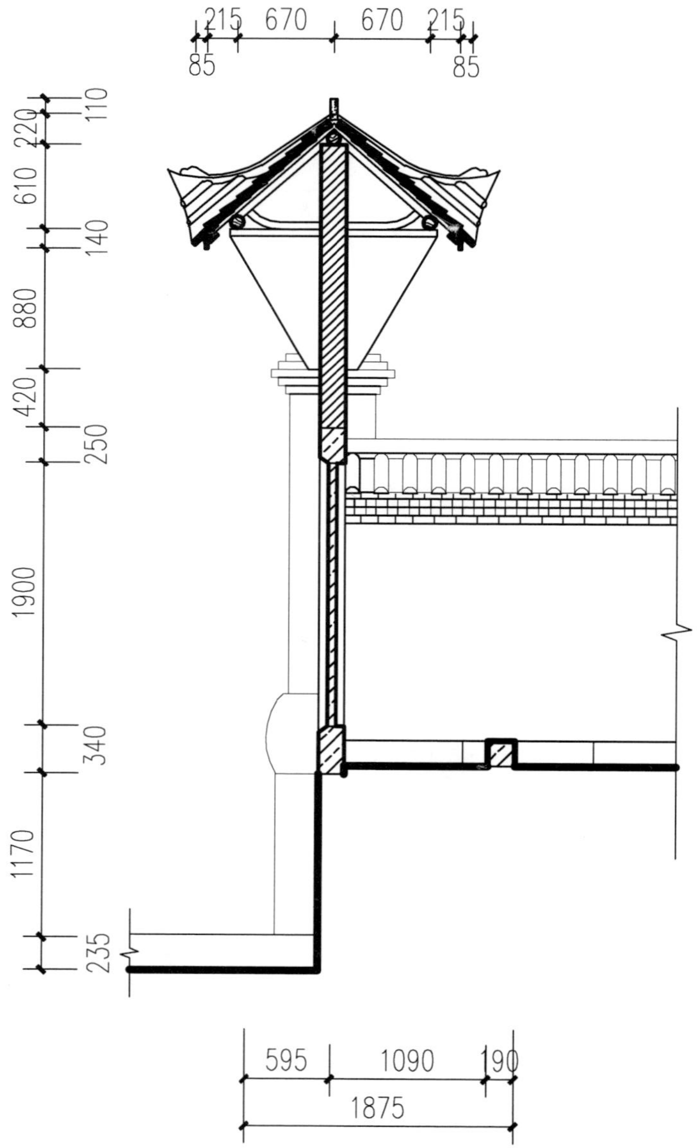

图9　大门3-3剖面图

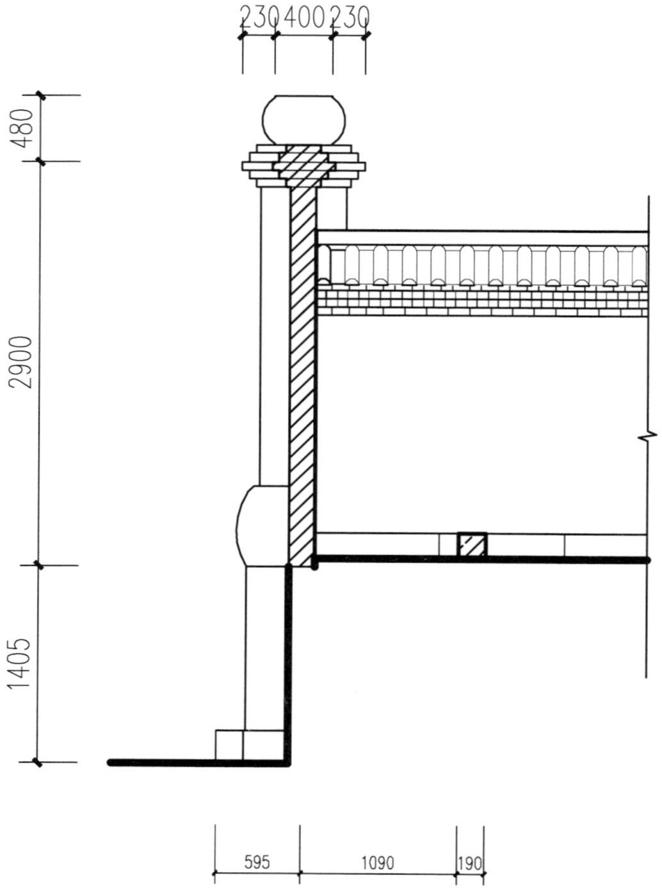

图10　大门4-4剖面图

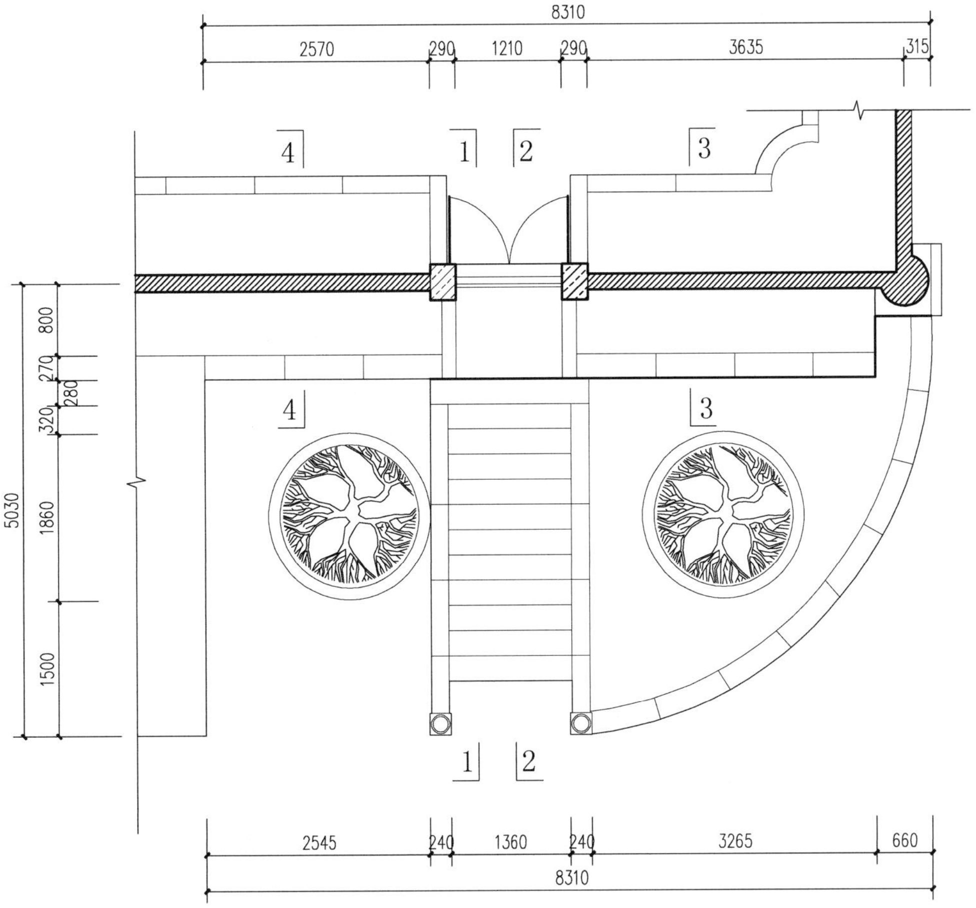

图11　西侧门平面图

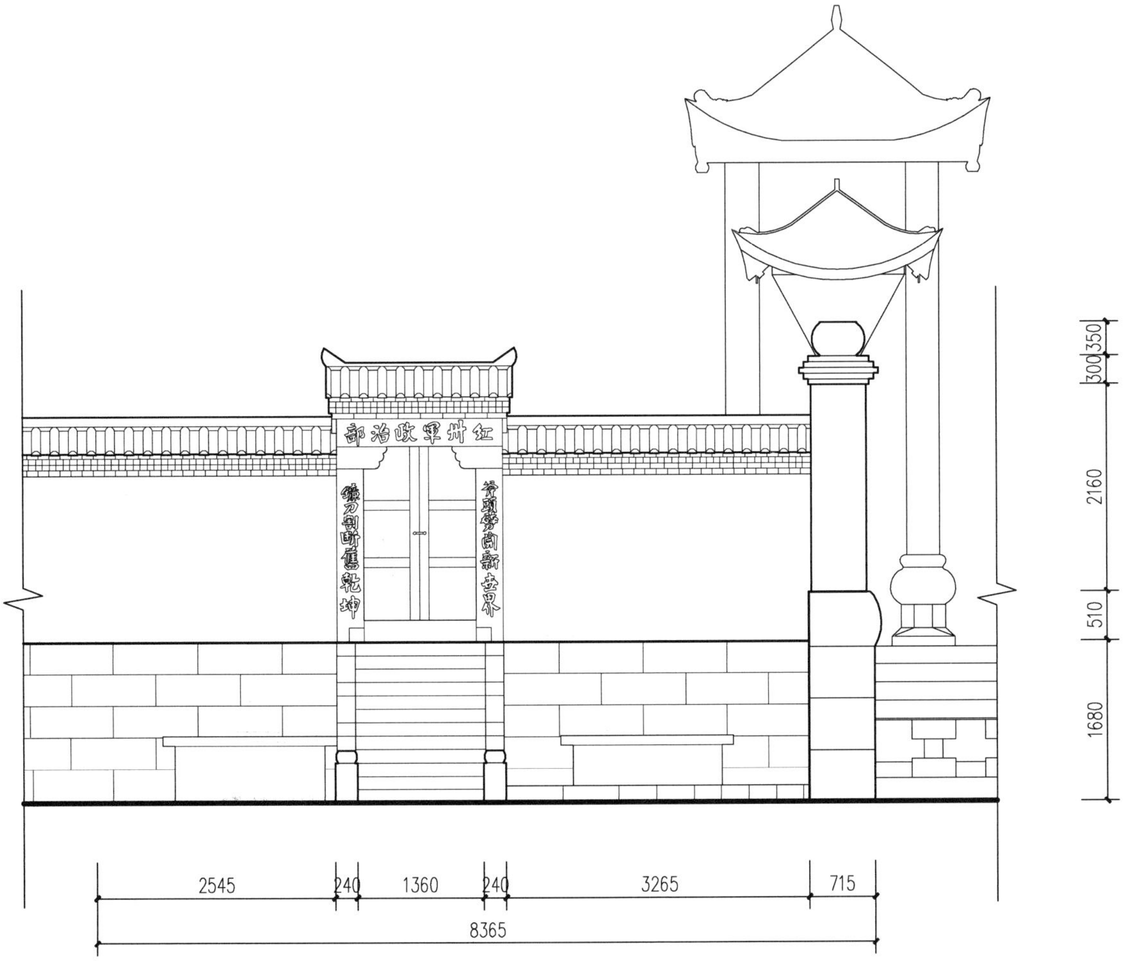

图12　西侧门正立面图

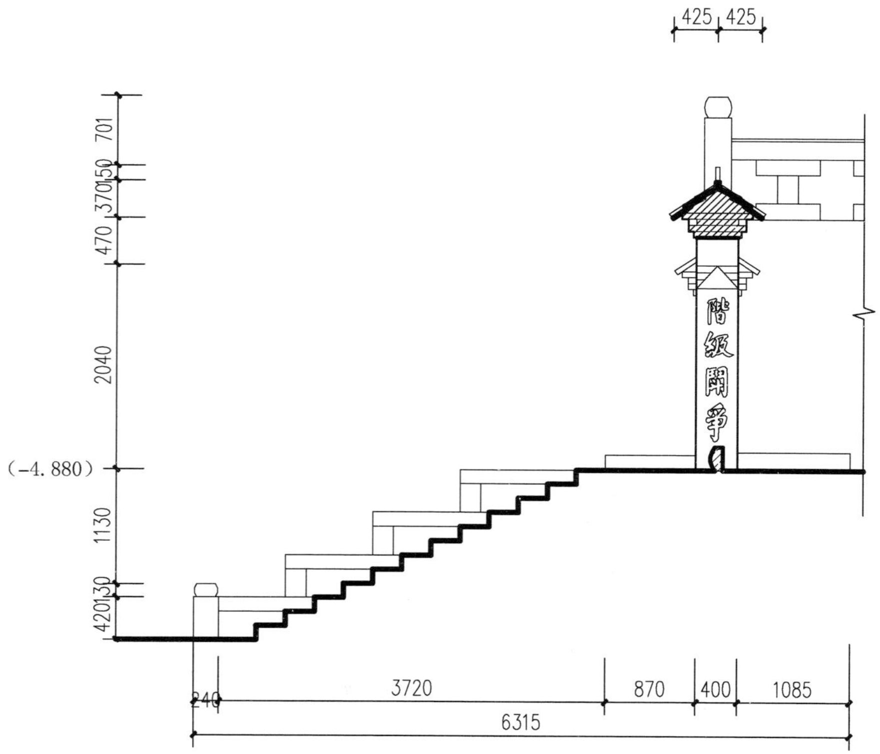

图13　西侧门1-1剖面图

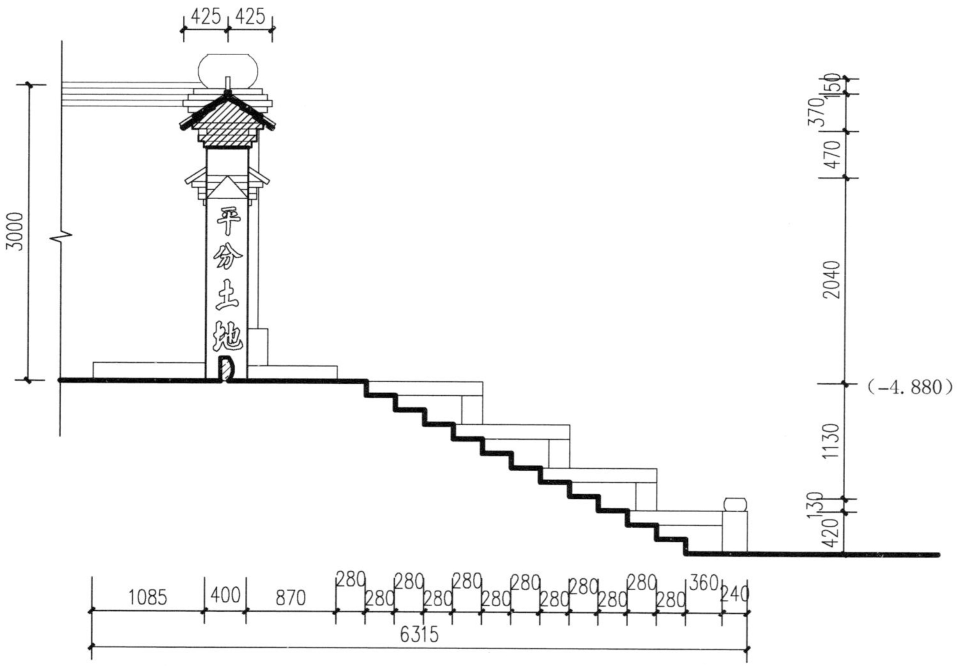

图14　西侧门2-2剖面图

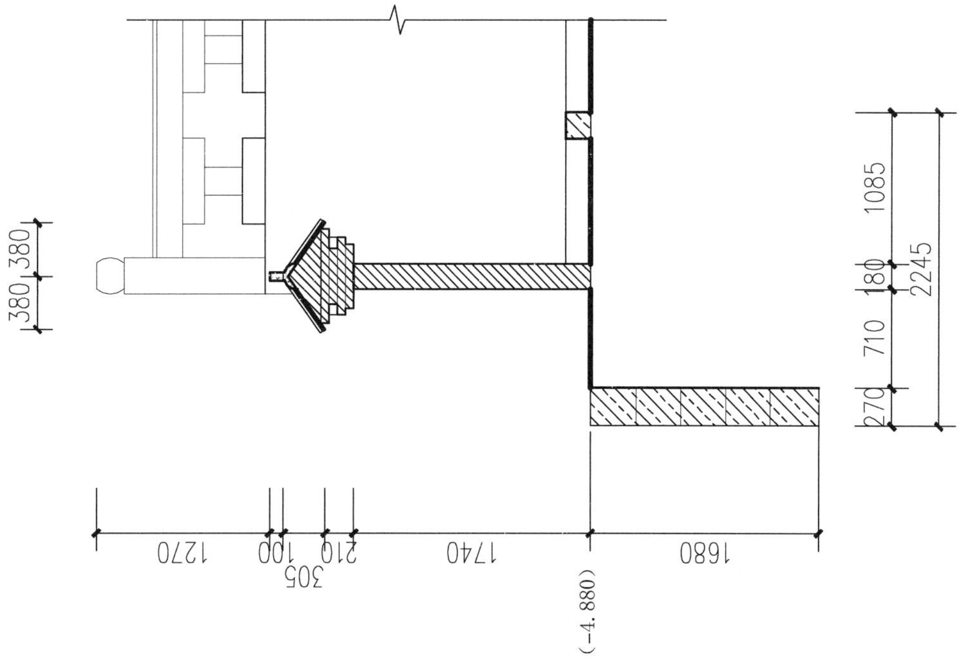

图16　西侧门4-4剖面图

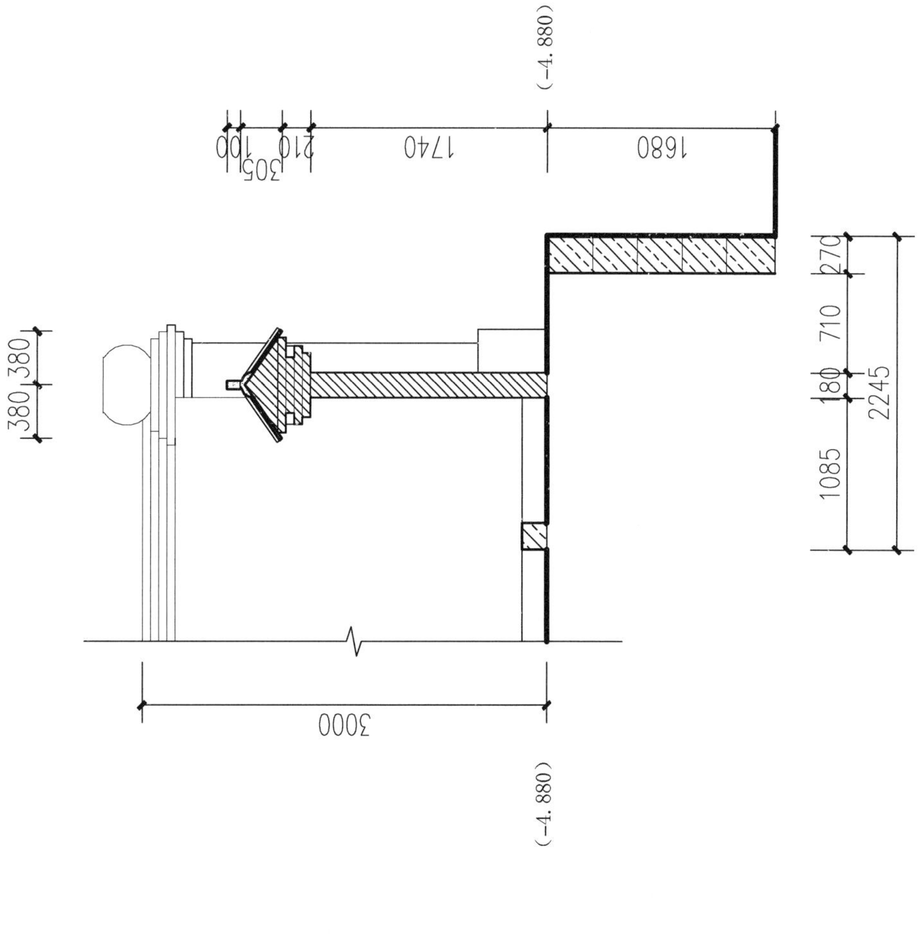

图15　西侧门3-3剖面图

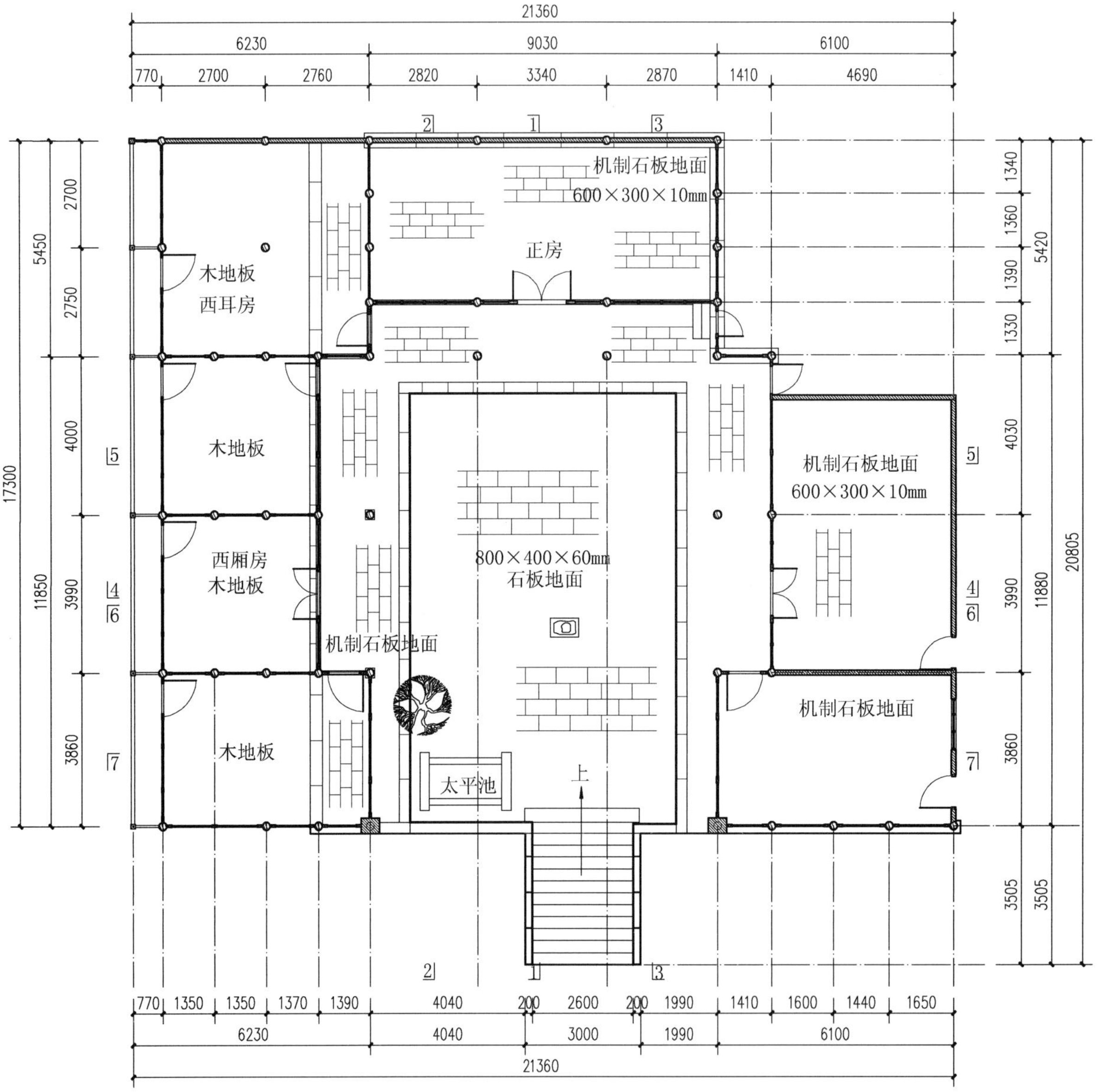
21360
6230
9030
6100
770
2700
2760
2820
3340
2870
1410
4690
机制石板地面
600×300×10mm
正房
木地板
西耳房
木地板
西厢房
木地板
机制石板地面
木地板
太平池
800×400×60mm
石板地面
上
机制石板地面
600×300×10mm
机制石板地面
5450
2700
2750
4000
3990
3860
17300
11850
1340
1360
1390
1330
5420
4030
3990
3860
11880
20805
3505
3505
770
1350
1350
1370
1390
4040
200
2600
200
1990
1410
1600
1440
1650
6230
4040
3000
1990
6100
21360

图17　正房、厢房平面图

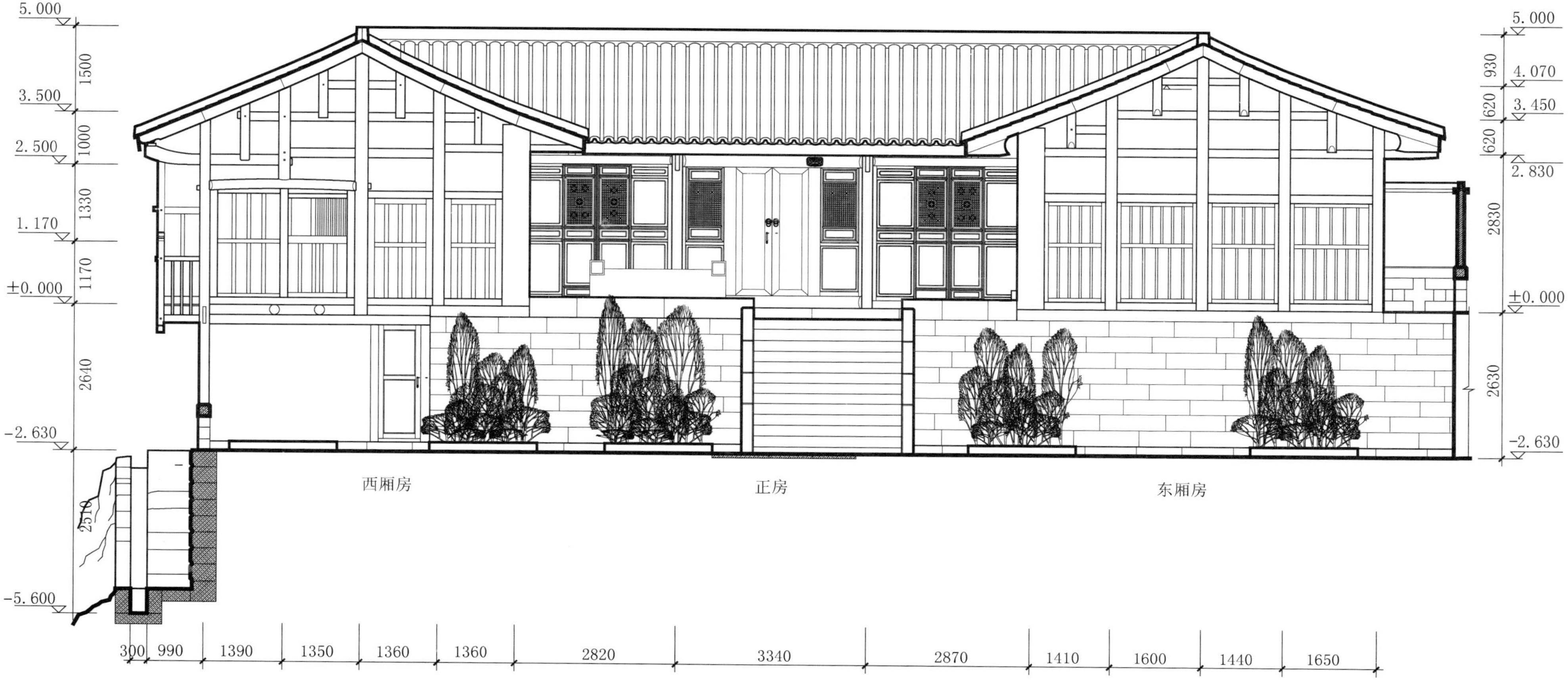

图18 正房、厢房南（正）立面图

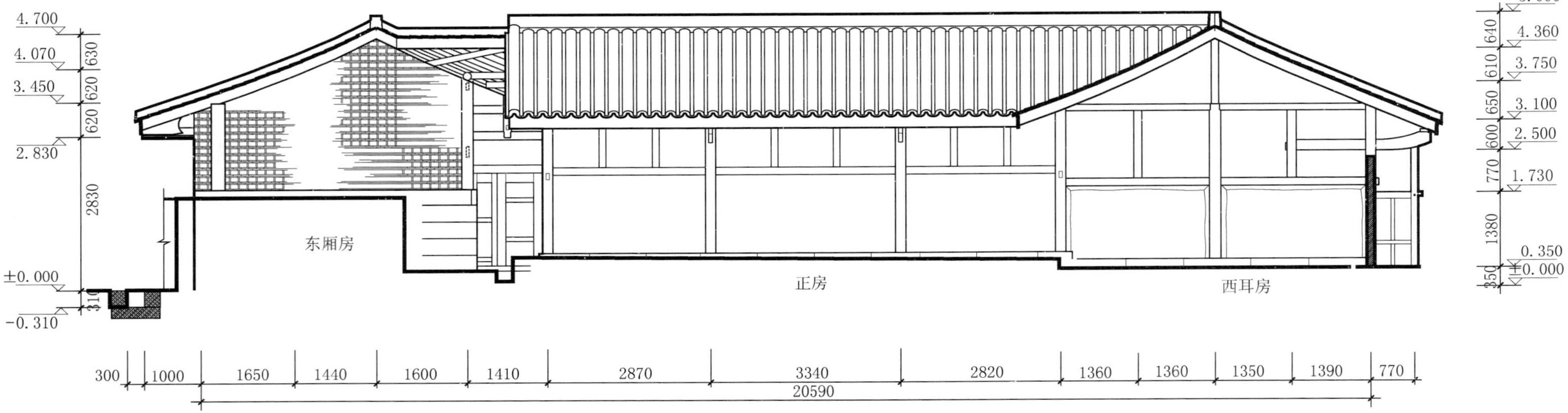

图19　正房、厢房北（背）立面图

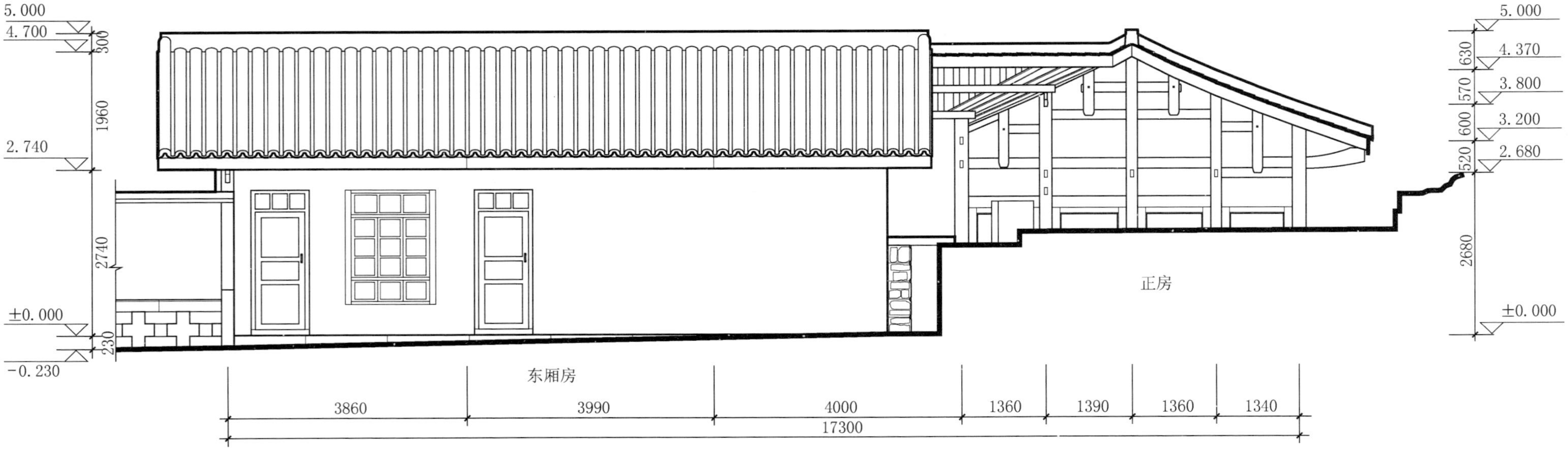

图20　东厢房东（背）立面图

图21　西厢房西（背）立面图

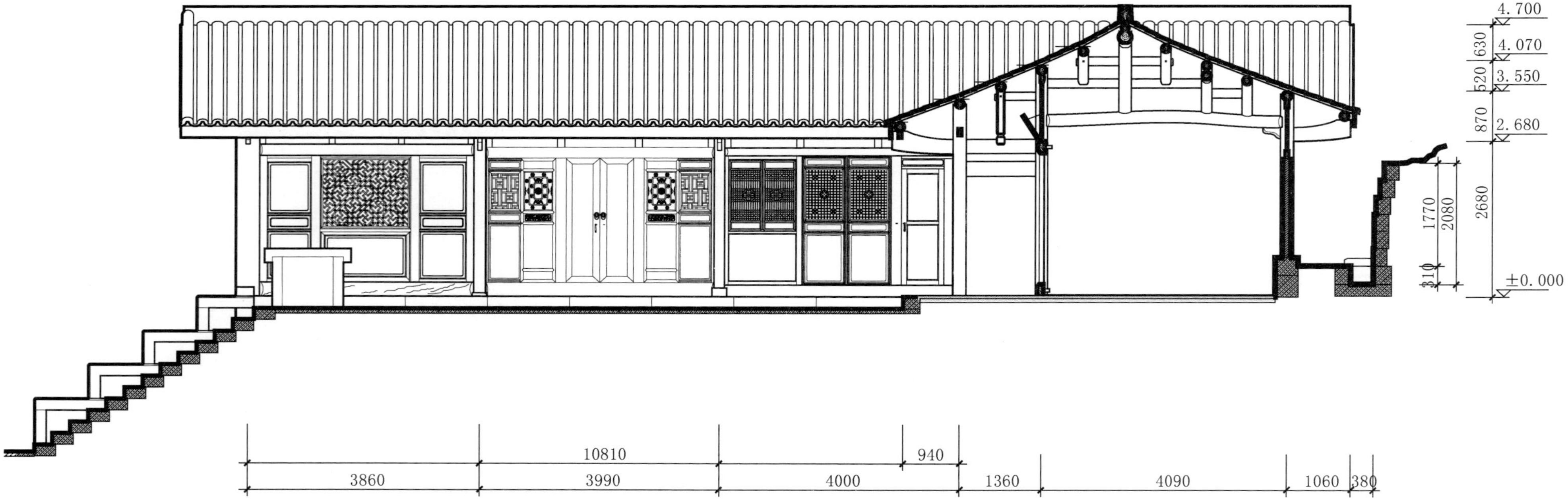

图22　西厢房东（正）立面、明间1-1剖面图

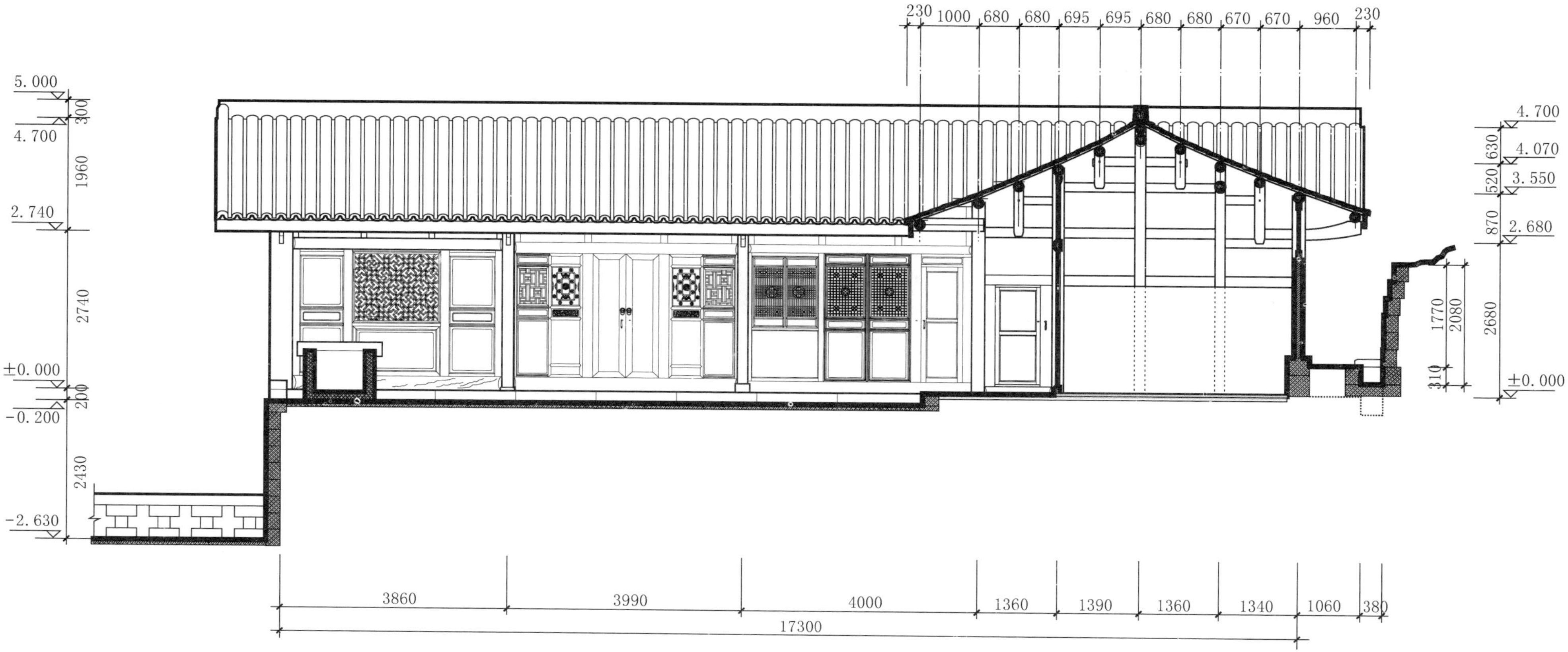

图23　西厢房立面图、（北）正房西次间2-2剖面图

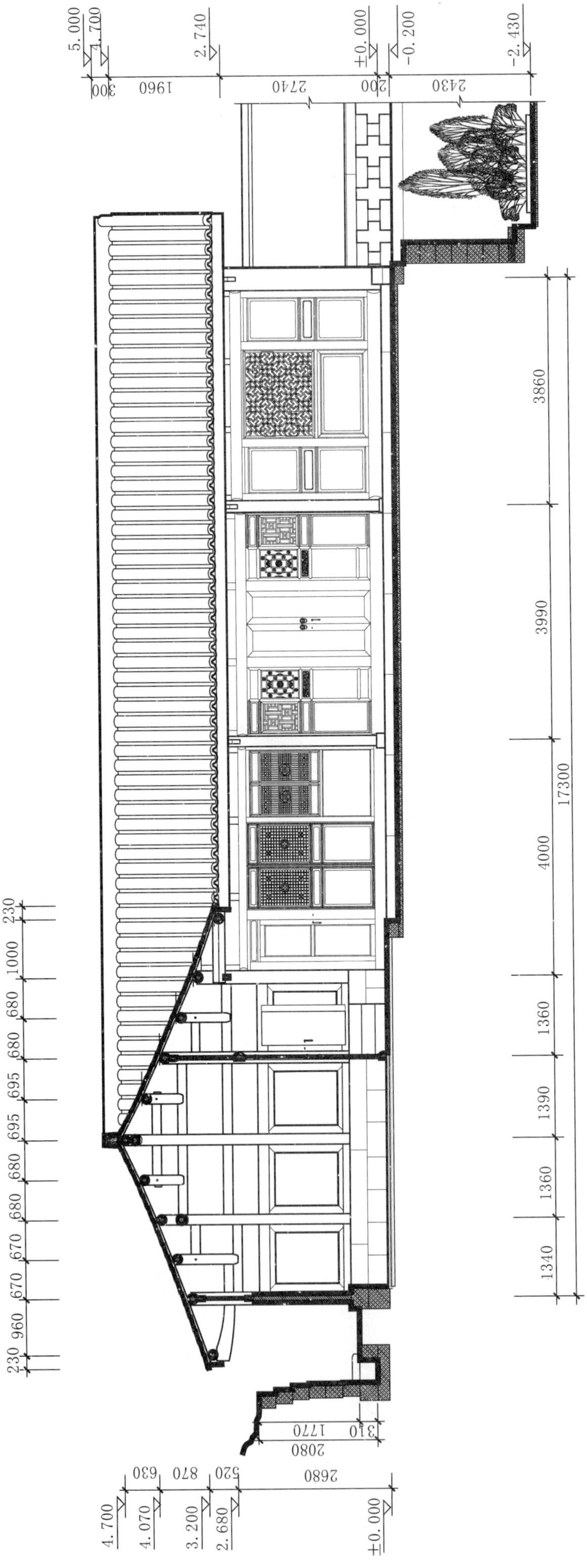

图24 东厢房立面、正房东次间3-3剖面图

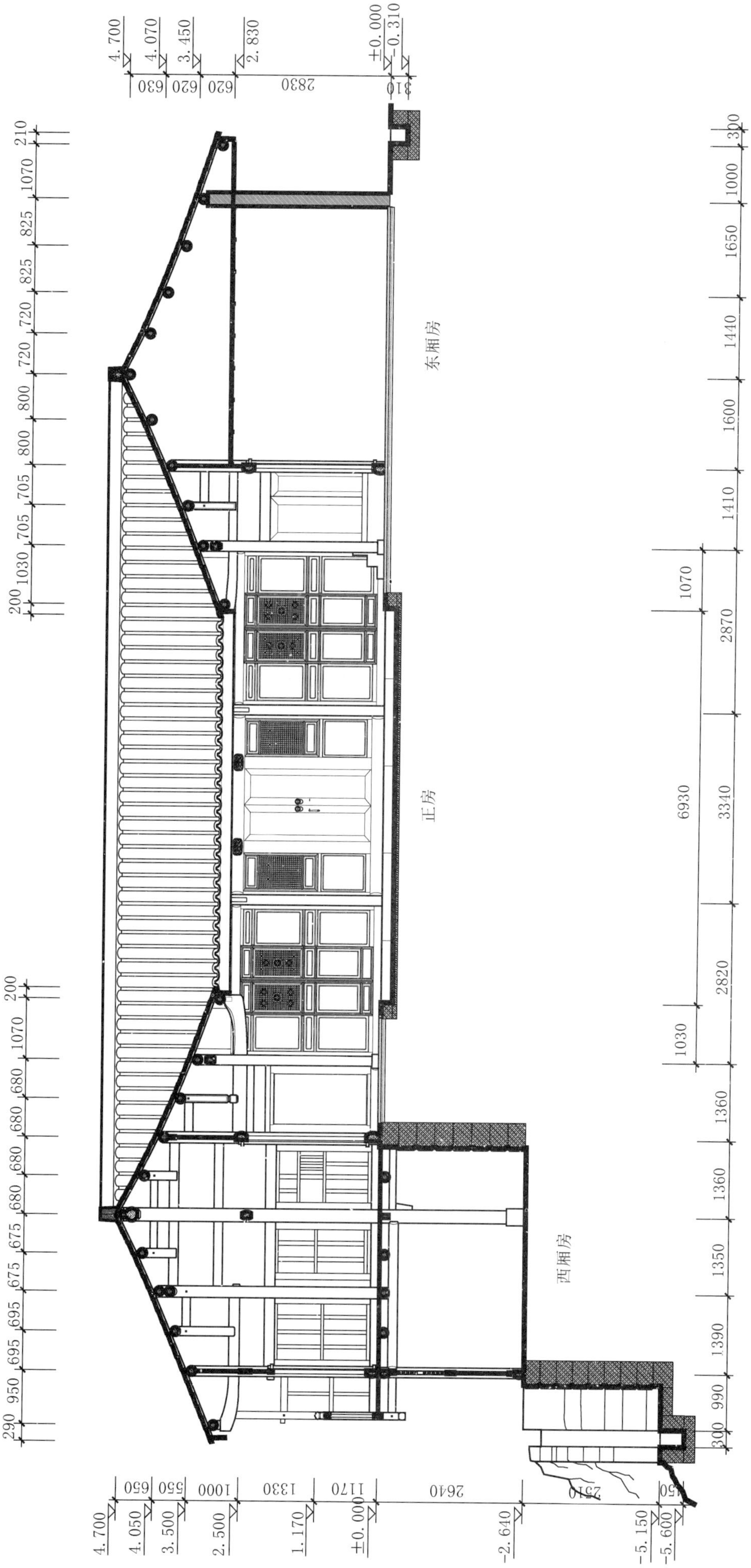

图25　东西厢房4-4剖面图

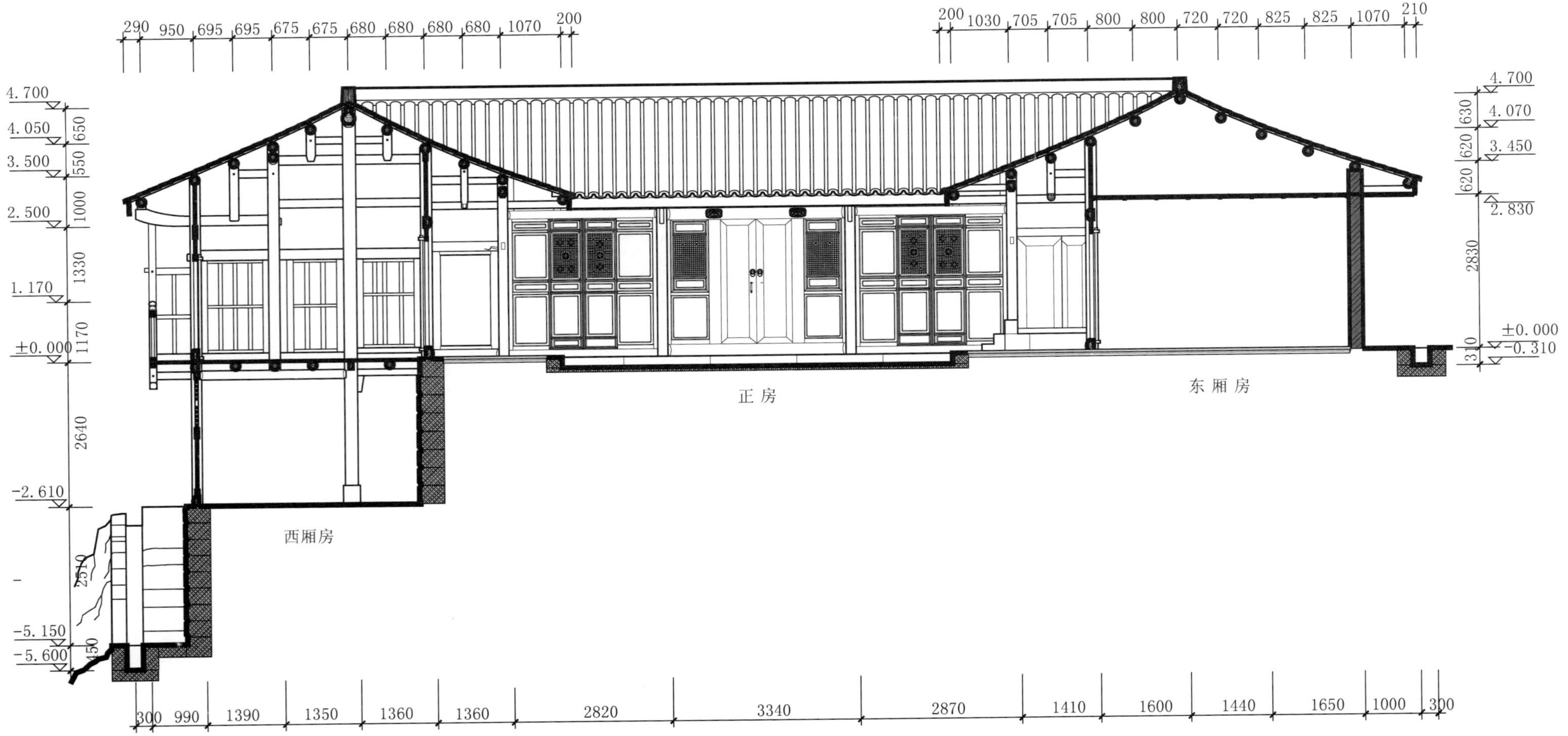

图26　东西厢房5-5剖面图

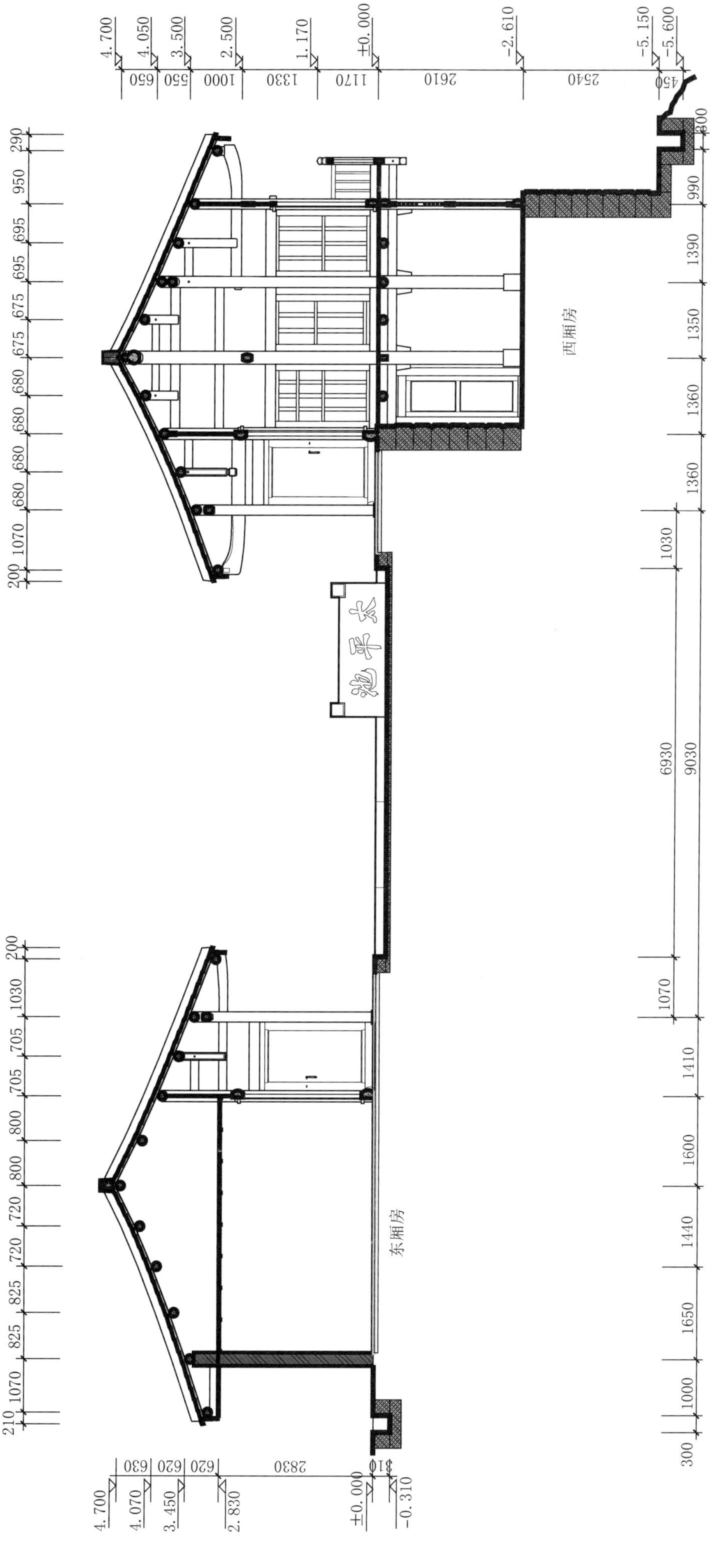

图27 东西厢房6-6剖面图

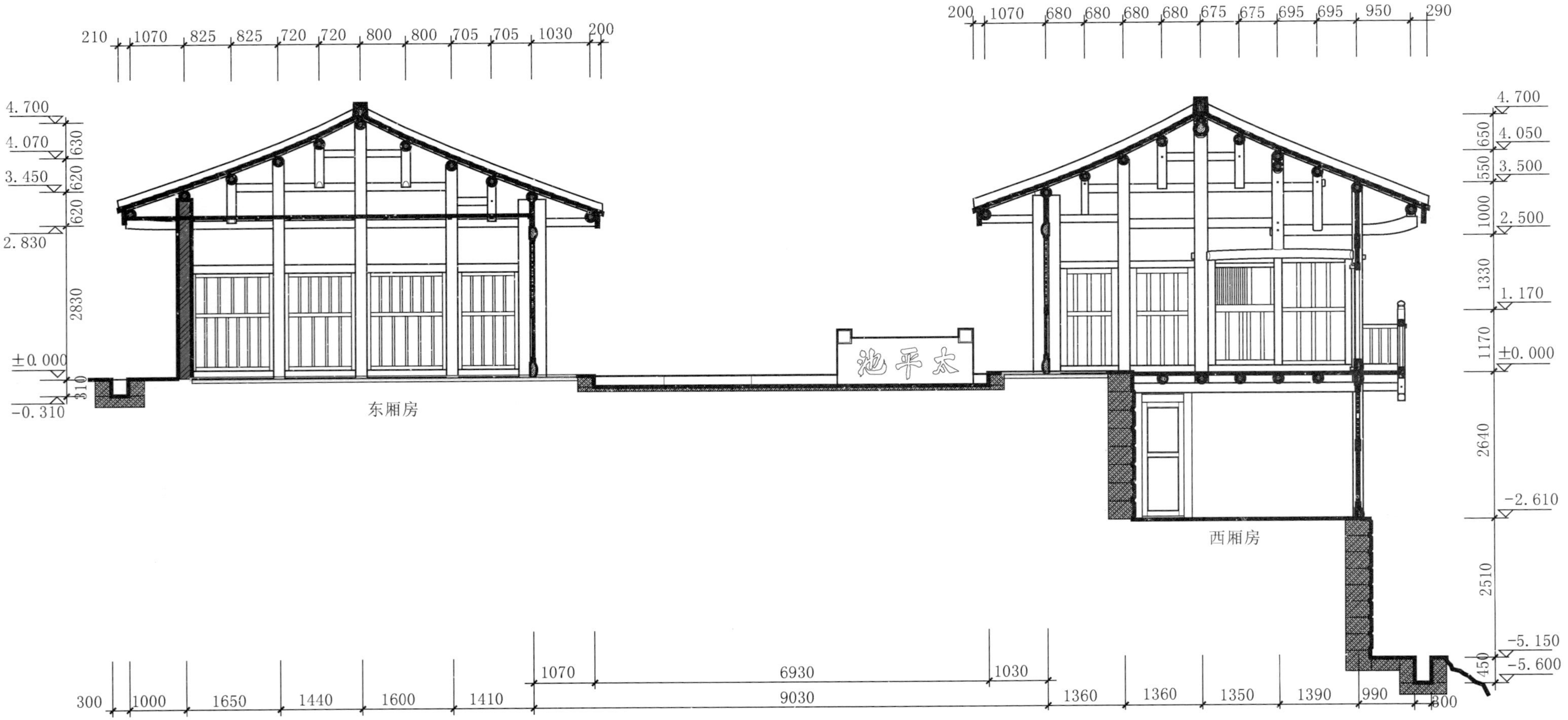

图28　东西厢房7-7剖面图

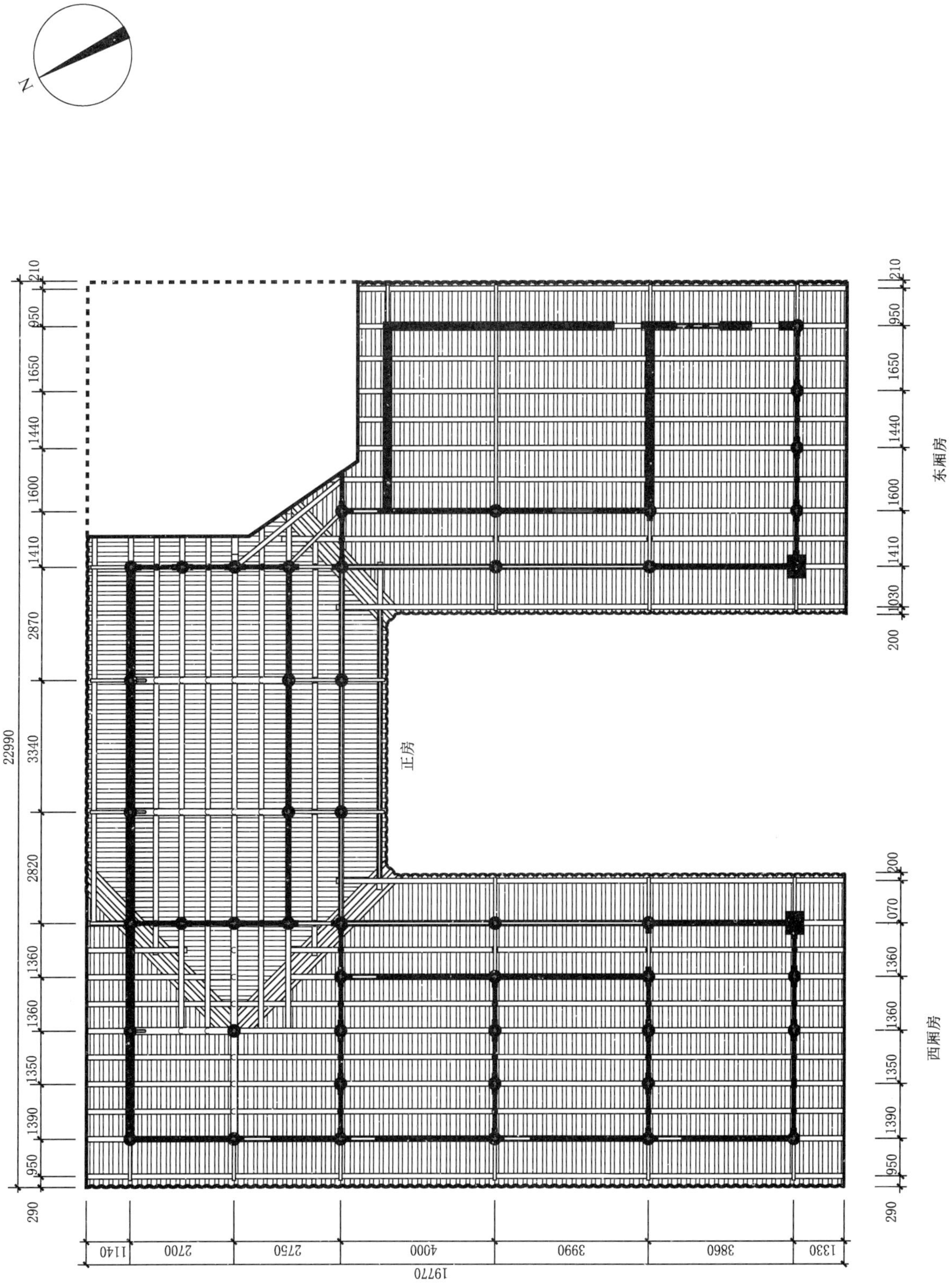

图29　正房、东、西厢房仰视图

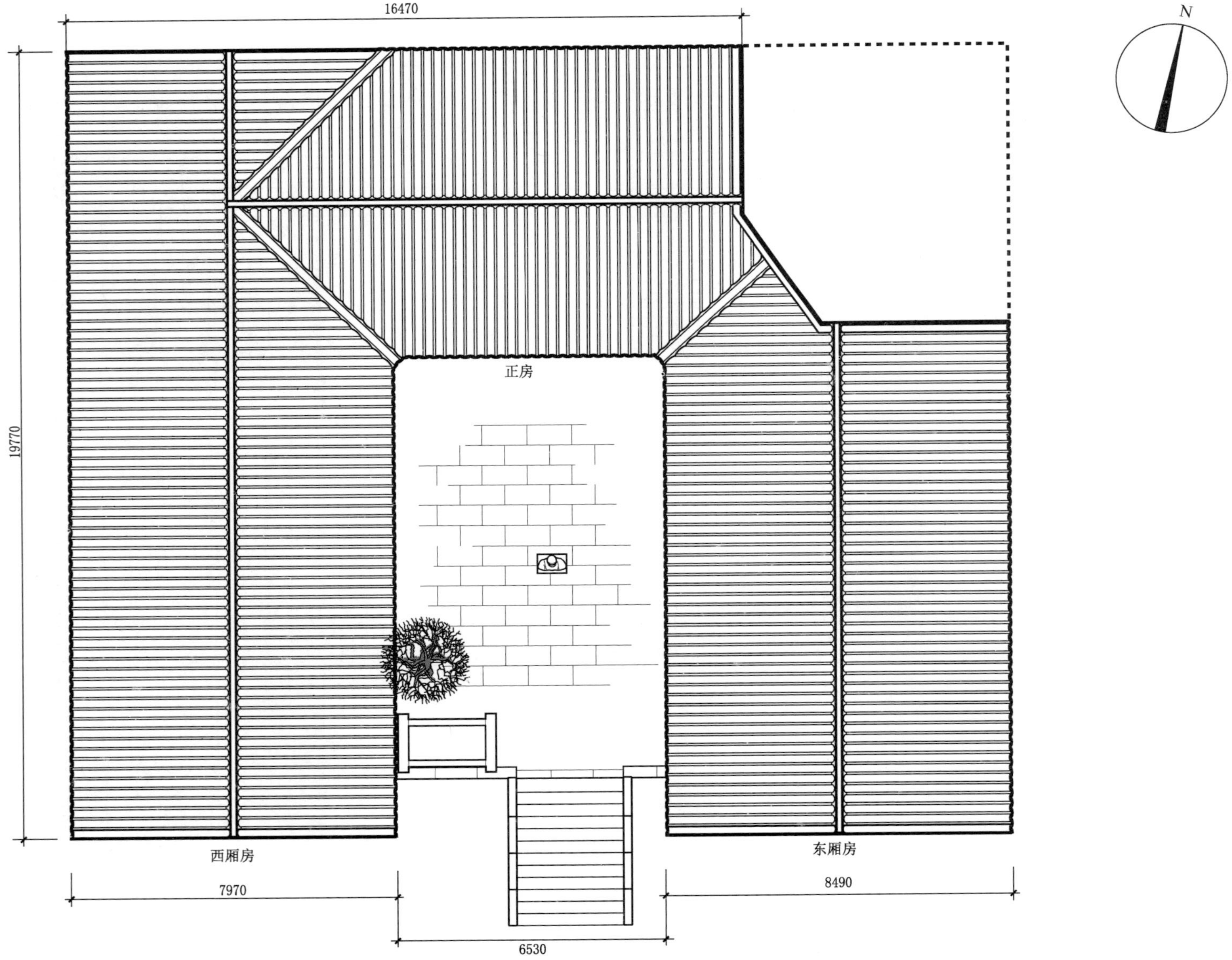
N
16470
19770
正房
西厢房
东厢房
7970
6530
8490

图30 正房、东、西厢房俯视图

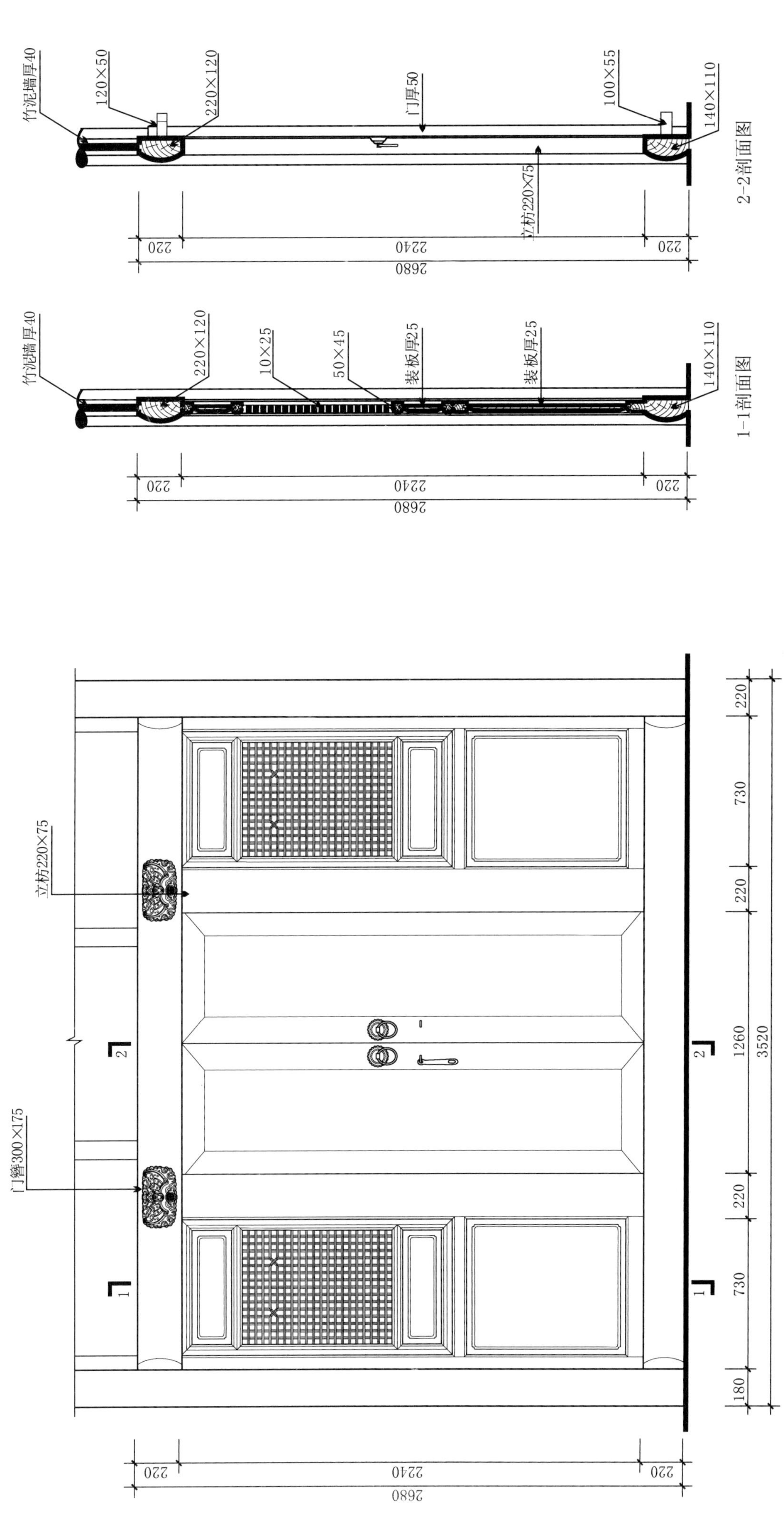
竹泥墙厚40
120×50
220×120
门厚50
100×55
140×110
立枋220×75
2-2剖面图
220
2240
220
2680
竹泥墙厚40
220×120
10×25
50×45
装板厚25
装板厚25
140×110
1-1剖面图
220
2240
220
2680
立枋220×75
门簪300×175
220
730
220
1260
220
730
180
3520
220
2240
220
2680

图31 正房明间门窗详图

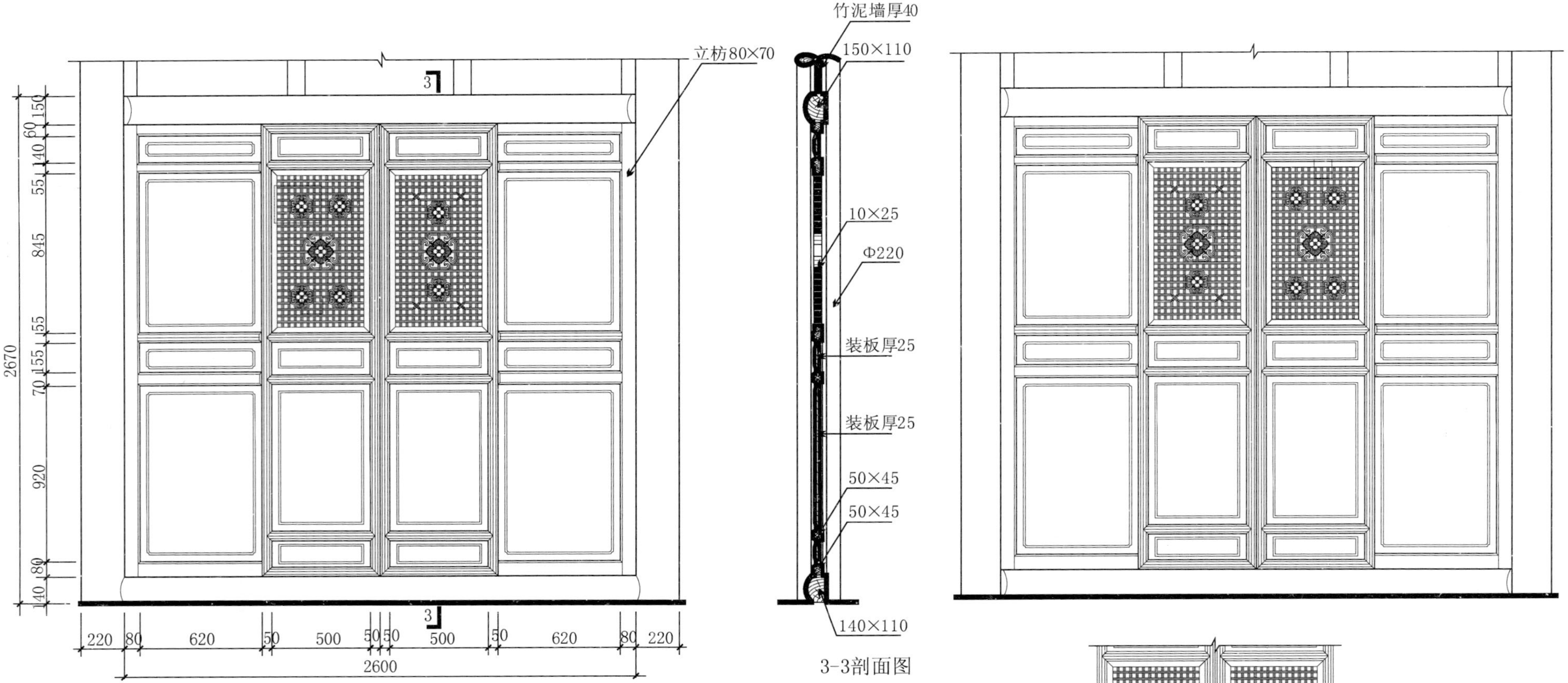
立枋80×70
150
60
140
55
845
55
155
70
920
80
140
2670
220
80
620
50
500
50
50
500
50
620
80
220
2600
3
3
竹泥墙厚40
150×110
10×25
Φ220
装板厚25
装板厚25
50×45
50×45
140×110
3-3剖面图

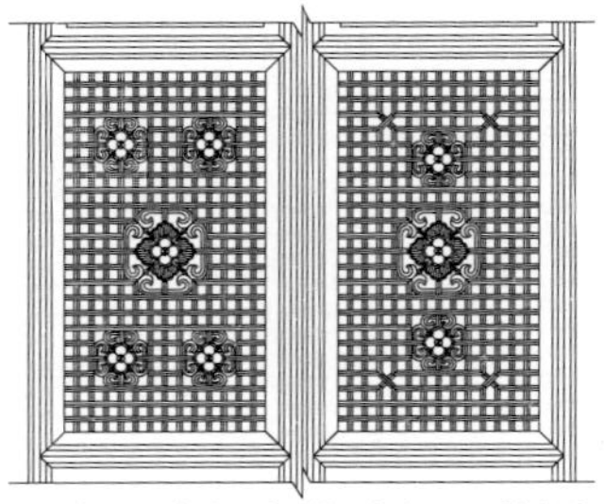
正房西次间窗花残损现状图

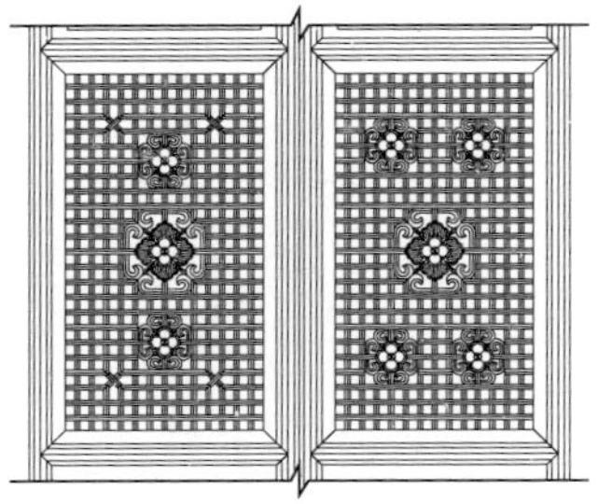
正房东次间窗花残损现状图

图32　正房东西次间隔扇、窗详图

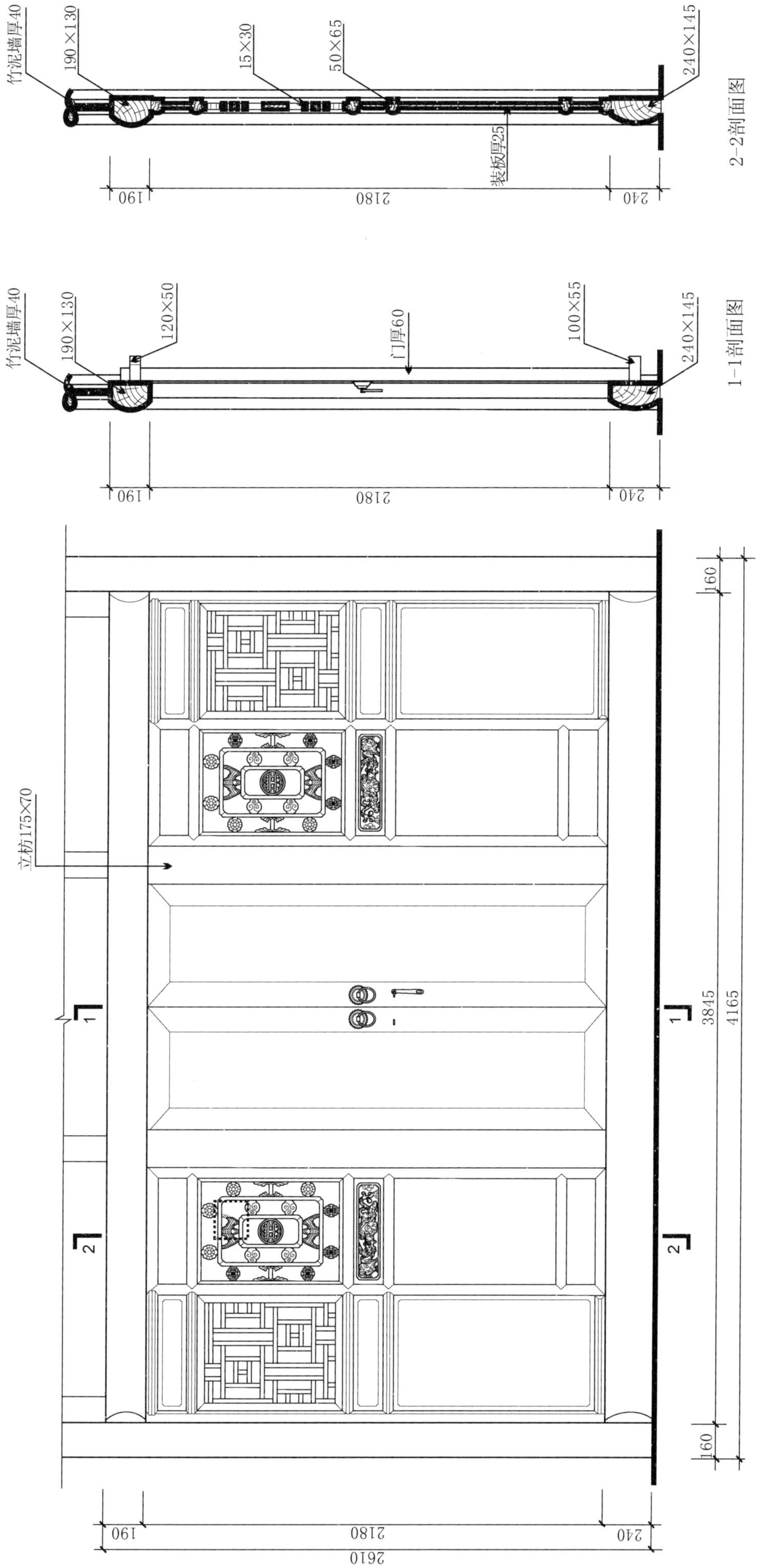
竹泥墙厚40
190×130
15×30
50×65
240×145
装板厚25
190
2180
240
2-2剖面图
120×50
门厚60
100×55
1-1剖面图
立枋175×70
160
3845
4165
2610
1
2

图33　东西厢房明间门、窗详图

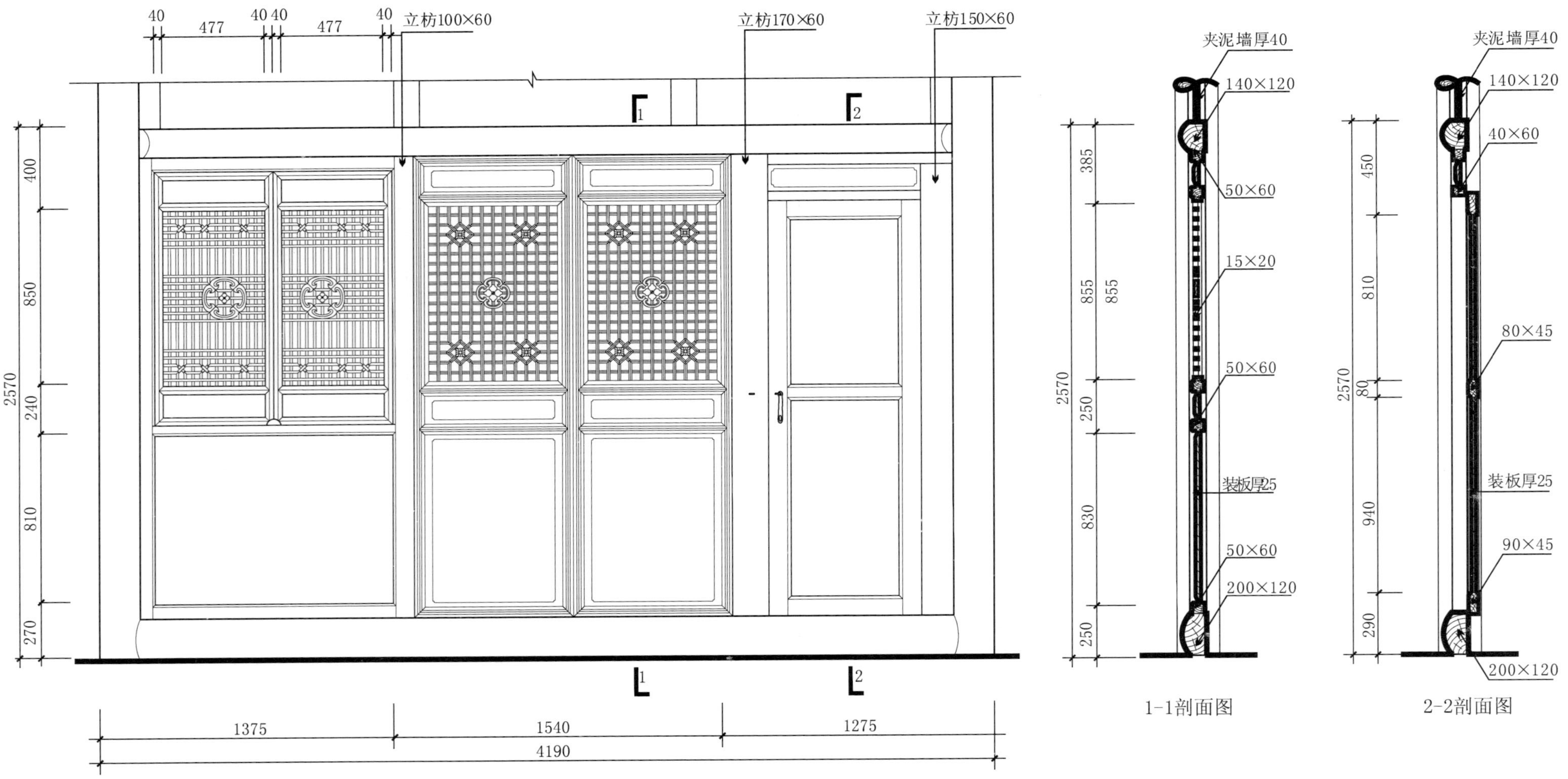
40
477
40 40
477
40
立枋100×60
立枋170×60
立枋150×60
400
850
240
810
270
2570
1375
1540
1275
4190
夹泥墙厚40
140×120
50×60
15×20
50×60
装板厚25
50×60
200×120
385
855
855
250
830
250
2570
1-1剖面图
夹泥墙厚40
140×120
40×60
80×45
装板厚25
90×45
200×120
450
810
80
940
290
2570
2-2剖面图

图34　东西厢房北次间槛窗详图

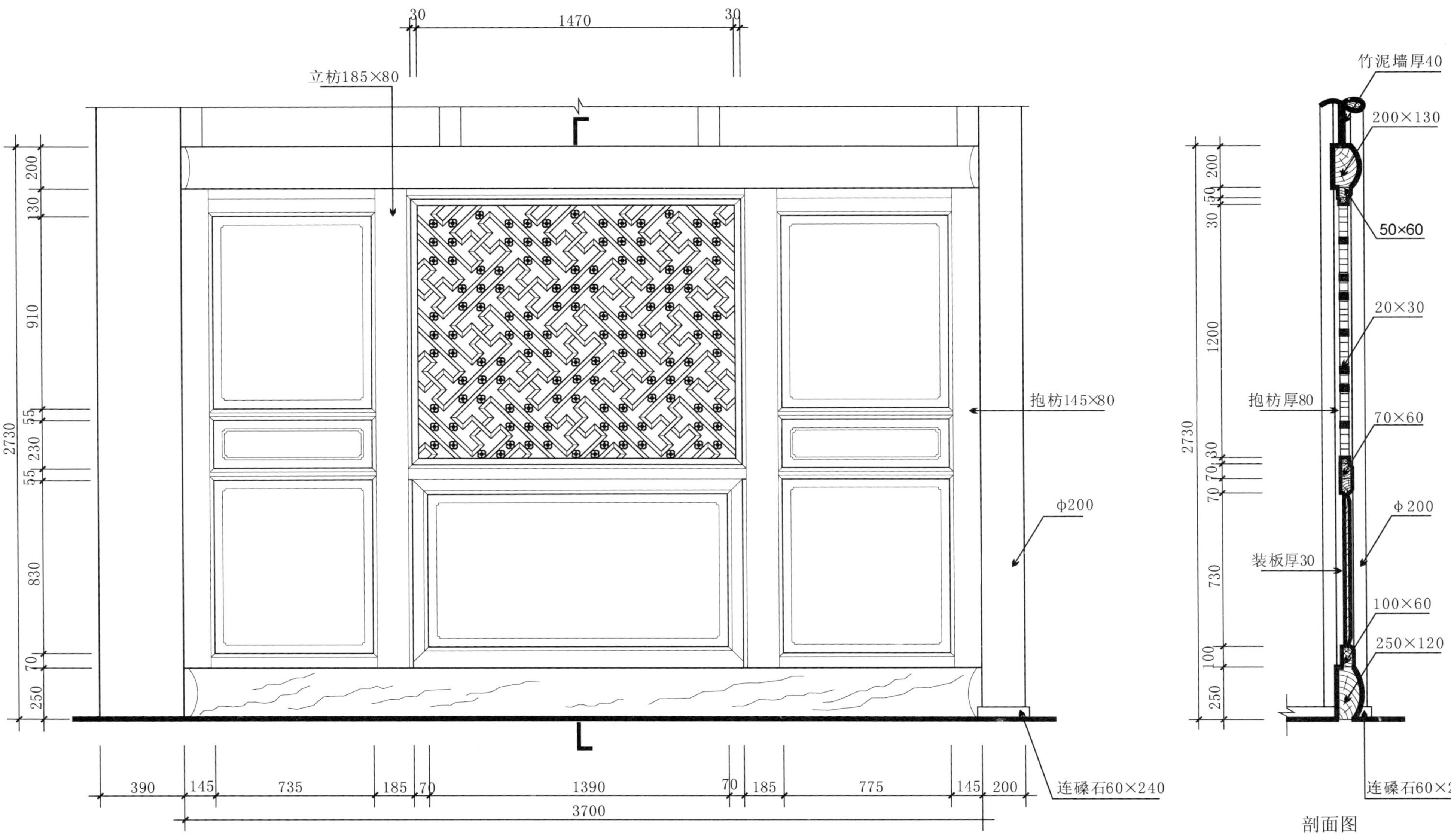

立枋185×80
抱枋145×80
ϕ200
连磉石60×240
竹泥墙厚40
200×130
50×60
20×30
抱枋厚80
70×60
ϕ200
装板厚30
100×60
250×120
连磉石60×240
剖面图

图35　东西厢房南次间槛窗详图

后　记

《四川古建筑测绘图集》已经出版3辑。

在古建筑保护中，原始资料越来越得到重视。现在回过头再看，尽管我们编辑出版的测绘图集仍存在这样那样的问题，但我们也是在发现问题，并在积极解决问题；加之现代科学技术手段越来越广泛地运用于古建筑测绘，所以测绘变得更为精确和精细。我们也在努力，使我们的测绘更为规范，成果更为全面。

我们在《四川古建筑测绘图集》前三辑的基础上，根据各方的反馈意见和建议，进一步规范图纸，并配以简介和具有明显特征的照片，通过公布的这些资料，尽可能使读者对文物本体有个较为全面的认识。

由于是实测图，所以基本按照现状公布资料，这样似乎提供的信息更为丰富，使用者更具有针对性。部分早期测绘的资料，仍保持原貌，缺少的图纸也未作补充。

本辑内容包括广元长阳寺、岳池县文庙等13处四川省内各级文物保护单位或文物点，涵盖寺庙、塔、祠堂、楼等多种建筑类型。

本辑资料收集、整理和编辑由戴旭斌同志完成，相关照片由我院古建筑石窟保护研究所业务人员提供。

书中错误在所难免，敬请专家不吝指正，我们将在以后的工作中进行完善。

本辑的编撰得到了四川省文物局的大力支持。感谢王琼副厅长百忙之中作序，为本书增色不少。

感谢各地、市、州及县级文物保护管理部门和机构的大力支持，没有他们的协助，我们的工作是不可能顺利进行的。

感谢科学出版社的雷英、吴书雷二位编辑给予本书出版的极大支持，以及为本书出版付出的艰辛劳动。

编　者

2016年3月